de Gruyter Lehrbuch
Buerger · Kristallographie

Martin J. Buerger

Kristallographie

Eine Einführung in die geometrische und röntgenographische Kristallkunde

ins Deutsche übertragen von Kurt Weber
unter Mitarbeit von Margret Weber

Walter de Gruyter · Berlin · New York 1977

Titel der Originalausgabe
Contemporary Crystallography
McGraw-Hill Book Company, New York

Autor der Originalausgabe
Martin J. Buerger, Massachusetts Institute of Technology

Deutschsprachige Ausgabe

ins Deutsche übertragen von Dr. rer. nat. habil. Kurt Weber
Professor am Institut für Mineralogie und Kristallographie
der Technischen Universität Berlin
unter Mitarbeit von Dr. rer. nat. Margret Weber

Dieses Buch enthält 194 Abbildungen

CIP-Kurztitelaufnahme der Deutschen Bibliothek

Buerger, Martin J.

Kristallographie: e. Einf. in d. geometr. u. röntgenograph. Kristallkunde. – 1. Aufl. – Berlin, New York: de Gruyter, 1977.

(De-Gruyter-Lehrbuch)
Einheitssacht.: Modern Crystallography ⟨dt.⟩
ISBN 3-11-004286-X

Satz: IBM-Composer, Walter de Gruyter, Berlin.
Druck: Karl Gerike, Berlin, Bindearbeiten: Dieter Mikolai, Berlin.

Vorwort des Übersetzers

Der Bitte des Verlages, die deutsche Ausgabe der vorliegenden Einführung in die Kristallographie von M. J. Buerger zu übernehmen, bin ich gerne nachgekommen. Vor allem haben mich die folgenden Gründe dazu bewogen: Erstens gibt es im deutschen Sprachraum keine damit vergleichbar originelle Einführung. Buerger hat als Forscher und Hochschullehrer die großen Fortschritte der Kristallographie in diesem Jahrhundert miterlebt und mitgestaltet und seine große Erfahrung bereits in mehreren Fachbüchern zugänglich gemacht, bevor er dieses Buch schrieb. Zweitens kommt der Stoffaufbau meinen eigenen Vorstellungen über den Kristallographieunterricht für Nebenfächler ziemlich nahe. Drittens war die von Buerger entwickelte und heute weit verbreitete Präzessionsmethode, deren Grundlagen hier behandelt sind, bislang nur über das englische Schrifttum zugänglich.

Die vorliegende Ausgabe wäre ohne die fachkundige Unterstützung meiner Frau und die bereitwillige Mitarbeit von Frau I. Stolle, die das Manuskript schrieb und uns bei der Korrektur mit Rat und Tat zur Seite stand, nicht zustande gekommen. Wir haben uns bemüht, die Gedanken des Autors möglichst getreu wiederzugeben, und nur dort geringfügige Änderungen und Ergänzungen vorgenommen, wo wir glaubten, daß es zum besseren Verständnis beitragen könnte. Wer sich intensiver mit kristallographischen Fragen befaßt, muß häufig englische Fachliteratur lesen; ihm wird vielleicht das angefügte englische Fachwörterverzeichnis eine erste Hilfe für den Umgang mit den neuen Fachausdrücken sein.

Dem Verlag Walter de Gruyter, insbesondere Herrn Dr. R. Weber, gebührt der Dank für die Auswahl dieses Buches und für die ständige technische Beratung, die ich dem Verlag nicht immer leicht gemacht habe. Im übrigen möchte ich die von Herrn Buerger im letzten Satz seines Vorwortes gehegte Hoffnung teilen.

Berlin, April 1977 Kurt Weber

Vorwort des Autors zur deutschsprachigen Ausgabe

Mit der englischen Originalfassung dieses Buches war beabsichtigt, dem Studenten der Naturwissenschaften einen kurzen Abriß zur Theorie und Praxis der Bestimmung der Atomanordnungen in den Kristallen in die Hand zu geben. Die günstige Entwicklung der Kristallographie hat sich in den letzten Jahren weiter fortgesetzt; ihre Ergebnisse erwiesen sich auch in anderen Bereichen als nützlich, und Chemiker, Metallurgen, Mineralogen und Keramiker haben die praktischen Methoden zum Fortschritt ihrer eigenen Arbeitsgebiete übernommen. Leider werden aber die Meßdaten heute bereits weitgehend automatisch gesammelt, und die Übertragung dieser Daten in Kristallstrukturinformation geschieht über entsprechend programmierte elektronische Hochleistungsrechner. Damit ist die Kristallstrukturanalyse schon weitgehend automatisiert, und die ihr zugrunde liegende Theorie geht dem Benutzer mehr und mehr verloren. Eines der Ziele dieses Buches war daher, diesen Zusammenhang ohne allzu viel verwickelte Einzelheiten darzulegen.

Die Leser der deutschen Ausgabe genießen den Vorteil, daß der Übersetzer, Prof. Dr. K. Weber, selbst an einer Hochschule Kristallographie lehrt und auf diesem Gebiet forscht und daher mit der Materie gründlich vertraut ist. Somit konnten er und seine Frau eine ausgezeichnete Übersetzung vorlegen. Dabei wurden nicht nur einige Fehler beseitigt, die dem amerikanischen Autor und seinen Studenten entgangen waren, sondern es wurden auch textliche Änderungen zum besseren Verständnis für den Leser an verschiedenen Stellen vorgenommen; schließlich wurden an einigen wenigen Stellen zusätzliche Erklärungen eingefügt, die den Studenten nützlich sein werden. Sicher wird die nunmehr verfügbare deutsche Ausgabe vielen Studenten helfen, und ich hoffe sogar, daß darunter einige soviel Anregung erhalten, daß sie sich unter die zukünftigen forschenden Kristallographen einreihen werden.

Cambridge, Mass., März 1977

M. J. Buerger

Vorwort zur Originalausgabe

Unsere gesicherten Kenntnisse über den Feinbau der kristallinen Materie reichen rund ein halbes Jahrhundert zurück. Es ist jedoch recht merkwürdig, daß der am Festkörper interessierte große Personenkreis nur einen kleinen Ausschnitt aus diesem Wissensgebiet wirklich nutzt. Zumindest teilweise liegt die Schuld beim Kristallographen, der diese Kenntnisse vermittelt. Der Kristallograph, mit seiner eigenen, rasch anwachsenden Forschung sowie deren interessanten Grenzgebieten beschäftigt, war davon so gefesselt, daß er den Zeitaufwand scheute, seine Wissenschaft in einer Form darzustellen, die sie auch anderen verständlich macht. Seit einiger Zeit ist es mir nun klar, daß ich an diesem Umstand mitschuldig bin, indem ich meine Schriften nur an Berufskristallographen und Hauptfachstudenten richtete. So nehme ich hier die Gelegenheit wahr, einige spezifische Kristalleigenschaften einem breiteren Leserkreis in größerem Rahmen darzustellen.

Das vorliegende Buch ist für Studenten geschrieben, die sich einen Einblick in die charakteristischen Eigenschaften der Kristalle verschaffen möchten. Insbesondere werden Theorie und Ergebnisse der fundamentalen kristallgeometrischen Eigenschaften einschließlich der modernen experimentellen Methoden diskutiert, mit denen sie bestimmt werden. Wenn man die vielen wünschenswerten Themen in einem kleinen Band behandeln will, ist es einleuchtend, daß man sie nicht im Detail erörtern kann, ebensowenig wie man die Ergebnisse für alle interessanten Fälle ableiten kann – andernfalls ginge der Überblick verloren. Es wurde daher hier der Versuch unternommen, Sinn und Bedeutung der Thematik darzustellen, indem man die großen Höhepunkte entlang des Weges aufzeigt, ohne dabei den Weg selbst aus den Augen zu verlieren.

Für die Studenten der verschiedenen Fachrichtungen ist es ratsam, das Studium der Kristalle ernst zu nehmen. Die Ermahnung richtet sich insbesondere an die Interessenten der Festkörperphysik und der „materials science", gilt aber ebenso für Mineralogen, Chemiker, Metallurgen, Keramiker und Biologen; denn deren Fachgebiete befassen sich – wenn nicht überwiegend, so doch teilweise – mit Kristallen. Diesen Wissenschaftlern stehen nicht nur die im letzten Jahrhundert entwickelten Grundlagen zur Verfügung, sondern auch die im letzten Jahrhundert zusammengetragenen Ergebnisse äußerst fruchtbarer experimenteller Arbeit. Wer sich jedoch diesen reichen Kenntnissen verschließt, wird zu seinem eigenen Fachgebiet, sobald es um Kristalle geht, wahrscheinlich kaum einen Beitrag leisten können.

Wenn man ein Buch schreibt, steht man vor der Frage, welches Niveau die Ausführungen erreichen sollen. Bei diesem Buch leitete mich folgender Gesichtspunkt: Für die Kristallographie gibt es in diesem Land kaum eine methodische Unterweisung; der kristallographische Wissensstoff bildet jedoch die Grundlage für ein tieferes Verständnis dessen, was in Chemie, Physik, Metallurgie, Mineralogie und in neuerer Zeit sogar in der Biologie mit kristalliner Materie zu tun hat. Das Studium der Kristalle sollte möglichst früh beginnen, entweder vor oder während der Anfangskurse der gerade aufgezählten bekannteren Fächer, und könnte wohl im ersten Semester einsetzen. Ich habe die Diskussion deshalb so angelegt, daß ihr Studenten mit einem mathematischen Kenntnisstand folgen können, wie er von einer höheren Schule für das Leistungsfach angeboten wird. Allerdings habe ich die Gelegenheit ergriffen, die Anfangsgründe der Vektoralgebra und der Algebra der komplexen Ebene einzuführen, in der Absicht den Studenten zu ermuntern, sich etwas gründlicher mit diesen Dingen auseinanderzusetzen.

Das vorliegende Buch bietet nur eine elementare Einführung in das weite Gebiet der Kristallographie. Viele Einzelthemen, die eigentlich in dieses Gebiet gehören, wurden nur kurz behandelt oder aus bestimmten Gründen gänzlich weggelassen (hauptsächlich, um keine Enzyklopädie zu schreiben). Zu den nur schweren Herzens weggelassenen Themen gehört auch die Anwendung der anomalen Dispersion für die Symmetriebestimmung und für die Direktbestimmung der Kristallstrukturen. Die traditionellen Verfahren der stereographischen und der gnomonischen Projektion wurden nicht aufgenommen, weil sie nicht eigentlich Kristallographie sind, sondern eher konventionelle Mittel bei der Übertragung kristallographischer Gedanken; früher waren sie weit verbreitet, heute werden sie jedoch nicht mehr verlangt und demgemäß geht ihr Gebrauch zurück. Ebenso ist bei der Beugung der Röntgenstrahlen eine ins einzelne gehende Diskussion der Laue- und der Pulvermethoden weggelassen. Diese Methoden liefern nämlich nur wenig Information über die Kristalle und sind bei der wissenschaftlichen Arbeit inzwischen weitgehend durch wirksamere Verfahren ersetzt. Dennoch werden sie auch weiterhin in der Industrie bei kristallographischen Routinearbeiten eingesetzt, wenn bestimmte Aspekte eines Problems den Einsatz wirksamerer Methoden schwierig oder unmöglich machen (meist dann, wenn es um die Probenbeschaffenheit geht).

Im vorliegenden Buch sind die Röntgenaufnahmen so genau wie möglich in Originalgröße wiedergegeben. Hauptsächlich geschah dies in der Absicht, den Studenten in die Lage zu versetzen, sich mit Hilfe eines einfachen Millimetermaßstabes Daten zur Berechnung von Elementarzellen zu beschaffen.

Die Kristallographie von ehedem war Kristallgeometrie. Unsere heutige Kristallographie ist die großartige experimentelle Bestätigung der Theorie jener Kristallgeometrie. Die Würdigung zeitgemäßer Kristallographie erfordert daher eine gewisse Auseinandersetzung mit der Kristallgeometrie; in diesem Sinn wird sie im Kapitel 2 umrissen. Einige Leser möchten vielleicht mehr darüber erfahren, aber nicht so viel, wie der zukünftige Berufskristallograph; für diese Leser hat der Autor eine weitere Abhandlung mit dem Titel „Introduction to crystal geometry“ verfaßt.

Schließlich sei festgehalten, daß das Studium der Kristalle einen breiteren Raum einnimmt als der in diesem Buch abgegrenzte Bereich der Kristallographie. Die Grundlagen, die hier aufgebaut werden, führen aber unmittelbar an solche Themen heran, wie die Bindung der Atome im Kristall, die relative Stabilität unterschiedlich möglicher Atomanordnungen (Polymorphie), Kristallwachstumsfragen, Unregelmäßigkeiten im periodischen Aufbau als Folge des Wachstums (Verzweigung, Versetzung), Verwachsungen zweier oder mehrerer Kristalle derselben Art (Zwilling), fehlgeordnete Kristalle, sowie die makroskopisch mechanischen Eigenschaften der Kristalle. All diese Themen aufzunehmen, war dieses kleine Buch ungeeignet; doch werden sie in einem anderen Werk besprochen, das in Vorbereitung steht.

Für die Hilfe bei der Vorbereitung dieses Buches bin ich vielen zu Dank verpflichtet. Das Manuskript diente als Vorlesungstext für nichtgraduierte Studenten, die mich, zusammen mit graduierten Studenten und ehemaligen Schülern, auf Fehler und Unklarheiten aufmerksam machten. An Hand meiner Skizzen wurden die Strichzeichnungen von zwei graduierten Studenten, Richard M. Beger und Felix Trojer, sorgfältig nachgezeichnet (meist mehrfach wiederholt, sofern eine Verbesserung wünschenswert schien). Die Röntgenaufnahmen sind das sorgfältige Werk der graduierten Studentin Martha Redden, die sie aus Freude an der Überprüfung der verschiedenen Symmetrien übernahm. Ich bin dankbar, daß mir die Fähigkeiten und kristallographischen Kenntnisse all dieser Helfer zur Verfügung standen. Das Manuskript wurde von Joyce Everitt und Joan Ellison mehrfach überarbeitet.

Für einige Studenten ist die Kristallographie so faszinierend, daß sie – einmal in diese Wissenschaft eingeführt – ihren wissenschaftlichen Lebensweg darin sehen. Obgleich dieses Buch nicht für diese Studenten geplant ist, werde ich mich glücklich schätzen, wenn es einigen den Weg dahin öffnen sollte.

Martin J. Buerger

Inhaltsübersicht

Kapitel 1
Einführung

Die Geometrie des Kristallbaues

Der Kristall als Zustandsform der Materie

Die Anisotropie der Kristalle

Festkörperphysik und Festkörperchemie waren im letzten halben Jahrhundert einem gewaltigen Wandel unterworfen und haben nur noch wenig mit dem gemein, was sie früher einmal waren. Während uns heute der strukturelle Feinbau der Festkörper weithin geläufig ist, hatte man ihm noch vor etwa 65 Jahren kaum Beachtung geschenkt, sofern man von einer kleinen Gruppe von Theoretikern absieht. Leider gab es auch keine entsprechenden Experimente, die irgend eine der von den Theoretikern vertretenen Ansichten hätte festigen können. Für den überwiegenden Teil der Physiker und Chemiker bedeutete die Unwissenheit über die Natur des festen Zustandes nicht nur eine Lücke, sondern verleitete sie auch zu elementaren Fehlern, von denen sich einige bis in unsere Tage erhalten haben.

Ein Durchbruch im Verständnis des festen Körpers bahnte sich 1912 mit einem Experiment an, das sich der Physiker Max von Laue, damals Privatdozent an der Münchener Universität, ausgedacht hatte: Er wollte versuchen, Röntgenstrahlen an jenem dreidimensionalen Gitter zu beugen, das die Kristallographen als charakteristische Struktur der Kristalle vermuteten. Zur Durchführung des Experiments fanden sich die beiden damaligen Assistenten W. Friedrich und P. Knipping bereit. Nach anfänglicher Schwierigkeit erzielten sie ein glänzendes Ergebnis, das einen der großen Wendepunkte in der Wissenschaft markieren sollte: Die Versuche zeigten eindeutig, daß sich Kristalle wie dreidimensionale Gitter verhalten, und gleichzeitig, daß die Röntgenstrahlen Wellennatur besitzen. Aus den Beugungsversuchen ließ sich folgern, daß die Periodenlängen des Kristallgitters dieselbe Größenordnung besitzen wie die Wellenlängen der Röntgenstrahlen. Unter Einbeziehung chemischer und physikalischer Kenntnisse über den Kristall (chemische Zusammensetzung, Dichte) war man nunmehr in der Lage, sowohl die Gitterperioden als auch die Wellenlängen rasch zu bestimmen.

Mit der von Laueschen Versuchsanordnung war allen an Kristallen interessierten Forschern ein neues Werkzeug in die Hand gegeben. Schon nach kurzer Zeit hatte man die Methodik so weit verbessert, daß sich den gewonnenen Daten äußerst detaillierte Aussagen über die Anordnung der Atome in den Kristallen entnehmen ließen. In der Zeit zwischen den beiden

Weltkriegen wurden die Atomanordnungen von tausenden von Kristallen aufgeklärt. Diese Untersuchungen lieferten den Physikern, den Chemikern und allen anderen am festen Zustand der Materie interessierten Forschern Informationen von unfaßbarem Wert.

Die Geometrie des Kristallbaues

Mitunter gelingt es, das Wesentliche einer Sache mit einem einzigen Schlagwort zu kennzeichnen. Für die Kristalle heißt dieses Schlagwort „geordnet"; denn in Gegenüberstellung mit anderen Zustandsformen der Materie zeichnen sich die Kristalle vor allem durch ihre geometrische Ordnung aus. Läßt man die vergleichsweise geringen, hauptsächlich durch thermische Bewegung der Atome bedingten Abweichungen einmal außer acht, so stellt der Kristall denjenigen Zustand der Materie dar, in welchem die Atome nach einem regelmäßig wiederholten Muster angeordnet sind. Das entscheidende Merkmal eines Kristalls ist die *periodische Wiederholung* einer im allgemeinen aus nur wenigen Atomen bestehenden Konfiguration, oder – geometrisch ausgedrückt – eines bestimmten, von dieser Atomkonfiguration geprägten *Musters*. Die grundlegenden Angaben über einen Kristall betreffen daher die Eigenart seines Musters, d. h. dessen Symmetrie und dessen Weise, sich periodisch im Raum zu wiederholen. Um einen vorläufigen Begriff davon zu gewinnen, welche geometrischen Muster die Kristalle überhaupt bilden können, ist es zweckmäßig, einfachere, insbesondere zweidimensionale Muster zu untersuchen. Eine derartige Betrachtung zeigt im einzelnen, daß nur eine begrenzte Anzahl qualitativ unterscheidbarer Mustertypen existiert – in der (zweidimensionalen) Ebene genau 17. Je ein Vertreter dieser 17 zweidimensionalen Typen ist in Abb. 1 dargestellt, wobei als willkürlich gewähltes, allen gemeinsames Motiv ein ungleichseitiges Dreieck benutzt ist. Als *Motiv* bezeichnet man das kleinste Gebilde, das sich in einem Muster wiederholt. Man kann den Inhalt der gesamten Abb. 1 auch folgendermaßen ausdrücken: Es gibt genau 17 geometrisch unterschiedliche Wege, ein beliebig vorgegebenes Motiv so zu wiederholen, daß eine streng periodische Ordnung entsteht. Andererseits kann ein und derselbe Mustertyp dazu dienen, ein beliebiges Motiv zu wiederholen, wie beispielsweise die zum Typ p4gm gehörende Abb. 2B zeigt.

Jedes Muster ist durch drei Merkmale charakterisiert:

(a) seine *Symmetrie,* eine qualitative Eigenschaft, die den Mustertyp festlegt,

(b) zwei Vektoren, die periodisch als *Translationsoperationen* angesetzt werden, um den Inhalt eines geeignet begrenzten Flächenausschnitts zu wiederholen, eine quantitative Eigenschaft, die Abb. 2A illustriert,

(c) die *Einzelheiten des Motivs,* eine weitere quantitative Eigenschaft des Musters.

Jeder der drei unter (a) bis (c) aufgezählten Eigenschaften begegnet man bei einer geometrischen Betrachtung der Kristalle wieder. Die wirklichen

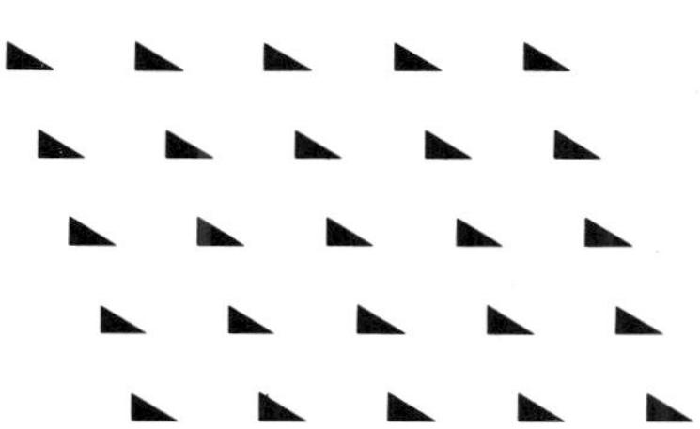

*p*1

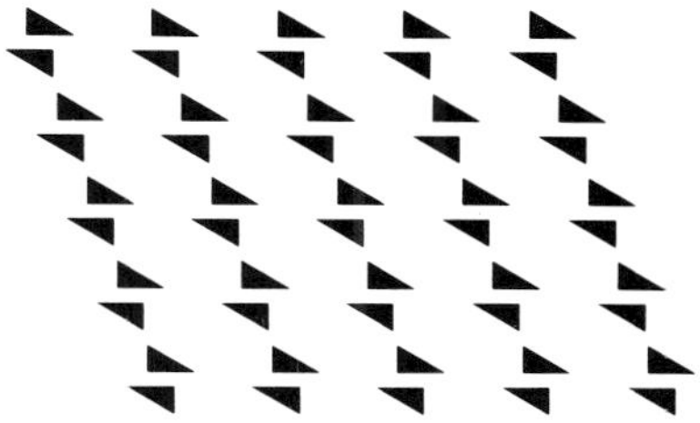

*p*2

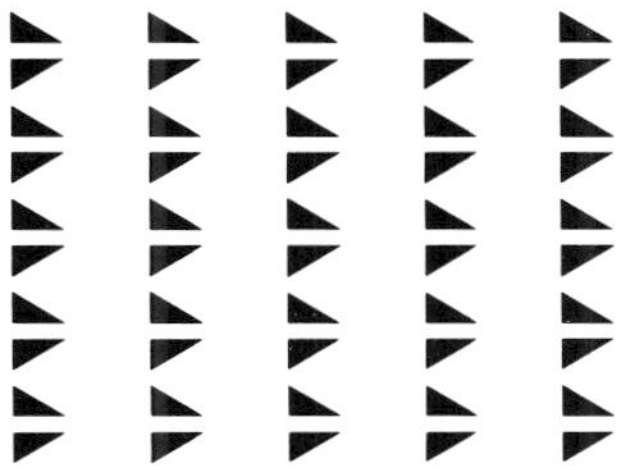

pm

*p*2*mm*

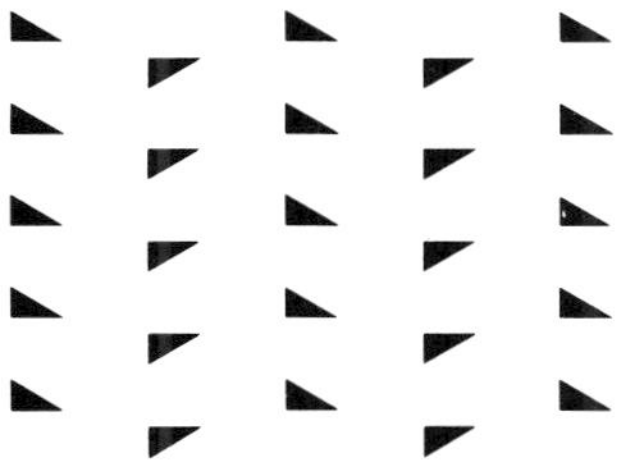

pg

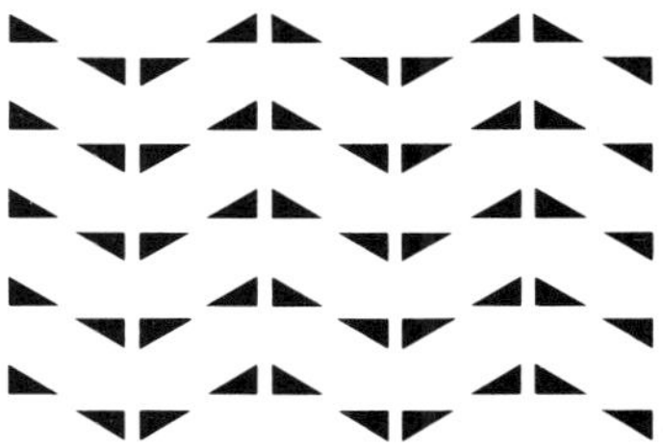

*p*2*mg*

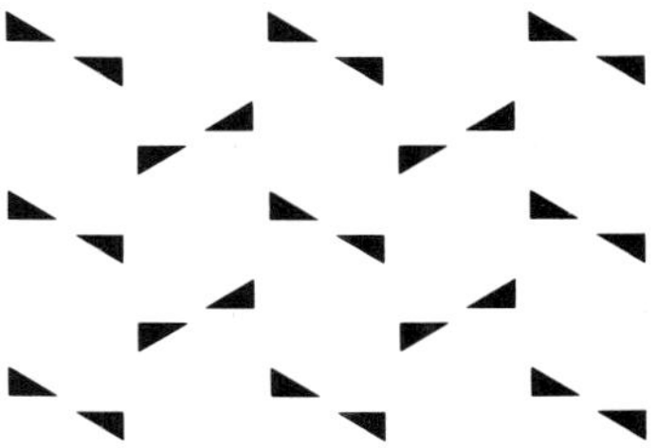

*p*2*gg*

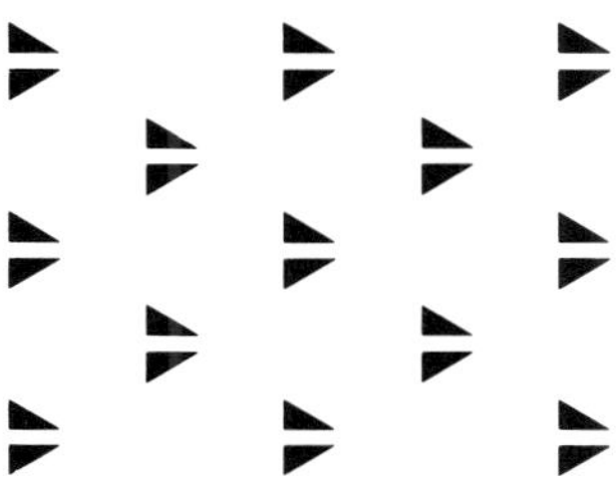

cm

*c*2*mm*

Abb. 1. (Fortsetzung S. 4)

Abb. 1. Die 17 ebenen Mustertypen. [Aus M. J. Buerger: Elementary crystallography (Wiley, New York, 1956 u. 1963) Schutzblatt].

Kristallmuster weichen jedoch in zwei wesentlichen Punkten von den vorgenannten Mustern ab: Erstens sind die Kristallmuster dreidimensional, wobei die neu hinzukommende Dimension die Geometrie der Muster nicht nur viel komplexer gestaltet, sondern auch deren Typenzahl von 17 auf 230 erhöht. Zweitens sind die Motive im Kristall keine willkürlich geometrischen Zeichnungen, vielmehr bestehen sie aus Atomen, aus denen sich der Kristall chemisch zusammensetzt (allerdings nicht notwendig in der Form abgegrenzter Moleküle).

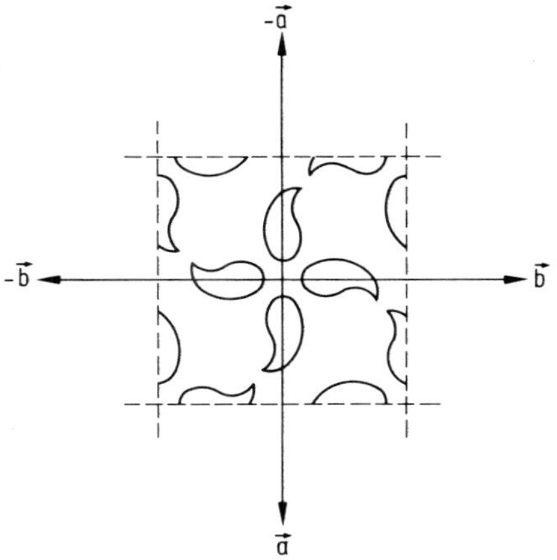

Abb. 2A. Minimales Muster der Abb. 2B. Wendet man die zum Muster gehörenden beiden Translationsvektoren **a** und **b** (bzw. **-a** und **-b**) auf den Inhalt des gestrichelt umrandeten Flächenausschnitts an, entsteht die periodische Figur der Abb. 2B. Die Vektoren und die Flächenbegrenzung sind so eingezeichnet, daß sie die Symmetrie (d. h. den Mustertyp) nicht stören.

Die Abbildungen 3 bis 5 zeigen drei Beispiele von atomaren Mustern, wie sie in Kristallen gefunden wurden. Man sieht, daß sie sich in den oben beschriebenen Merkmalen (a) bis (c) unterscheiden: Die Symmetrien, d. h. die allgemeinen Wege der Motivwiederholung, sind verschieden, die von den Motiven überdeckten Bereiche sind unterschiedlich begrenzt, und schließlich weichen auch Zahl und Art der Atome in allen drei Motiven voneinander ab.

Die Symmetrie eines Musters ist ein hoch interessantes Merkmal. In vorläufiger Umgehung ihrer Definition und in Umgehung der Aufzählung all ihrer verschiedenen Arten sei hier nur festgehalten, daß sich die Symmetrie eines jeden Musters durch ein Symbol charakterisieren läßt; für die zweidimensionalen Muster der Abb. 1 sind die *Symmetriesymbole* bei den entsprechenden Teilbildern vermerkt. Im folgenden Kapitel werden Wesen der Symmetrie und Bedeutung der Symbole im einzelnen besprochen.

Zum Schluß dieser kurzen Einführung in die Muster sei dem Leser empfohlen, nach derartigen Mustern in seiner täglichen Umgebung Ausschau zu halten. Man findet sie insbesondere auf Tapeten, gekachelten Wänden und Textildrucken, im Textilgewebe und bei Ziegelsteinwänden. Einmal darauf aufmerksam gemacht, wird man ihnen vielerorts begegnen. Dabei wird sich der Versuch als nützlich erweisen, jedes Muster, gleichgültig wo man es antrifft und welches Motiv es zeigt, an Hand der Abb. 1 mit einem der 17 Typen zu identifizieren.

Abb. 2B. Beispiel für den Mustertyp p4gm der Abb. 1 mit einem anderen Motiv.

Abb. 3. Atomares Muster der Kristallstruktur von Cyanürtriazid C_3N_{12}.

Abb. 4. Atomares Muster der Kristallstruktur von Durol $C_6H_2(CH_3)_4$.

Abb. 5. Atomares Muster der Kristallstruktur von Markasit FeS_2.

Der Kristall als Zustandsform der Materie

Um einzusehen, warum sich die Materie zum Kristall ordnet, ist es hilfreich, sich der spezifischen Eigenheiten der Aggregatzustände zu erinnern. Für den vorliegenden Zweck genügt es, die Existenz von jeweils drei stabilen Materiezuständen, nämlich gasförmig, flüssig und kristallin, vorauszusetzen. Im gasförmigen sowie im flüssigen Aggregatzustand bewegen sich einzelne Atome oder kleinere Gruppen von Atomen gegeneinander. Diese Teilchen – Atome oder Atomgruppen – hängen untereinander nicht durch feste Bindungen zusammen, da ihre thermische Energie, also die Energie ihrer Wärmebewegung, ausreicht, jeden größeren, sich vorübergehend bildenden Komplex wieder zu zerstören. Wenn nun die Temperatur des Gases oder der Flüssigkeit sinkt, verringert sich die thermische Energie der Teilchen und es wird schließlich ein Punkt erreicht, an dem die Bindungsenergie zwischen den Teilchen deren thermische Energie überwiegt. In diesem Fall können die Bindungen zwischen verschiedenen Teilchen intakt bleiben, woraus sich ein umfassenderer, „höherer" Bindungszustand der Materie entwickelt; flüssige Materie geht dabei normalerweise in kristalline Materie über und selbst gasförmige kann direkt zu kristalliner Materie kondensieren. Mit anderen Worten: Es bildet sich ein ununterbrochen gebundener und damit verfestigter Zustand aus.

Der allgemeine Verlauf des Kondensationsprozesses läßt sich mit einem auf die nachstehende Weise vereinfachten Modell verständlich machen:

(I) Es wird das zweidimensionale Analogon eines einatomigen Dampfes betrachtet.

(II) Jedes Atom besitzt die Möglichkeit, vier Bindungen einzugehen; diese vier Bindungen, die als *latente Bindungen* bezeichnet werden mögen, sollen im Winkelabstand 90° auseinanderliegen.

Bei geringem Druck besteht die dampfförmige zweidimensionale Modellsubstanz aus unabhängigen, sich frei bewegenden Atomen, deren durchschnittliche kinetische Energie proportional zur absoluten Temperatur T, d. h. gleich kT, ist und deren gegenseitige Abstände groß gegen den effektiven Atomdurchmesser sind. Wenn die Temperatur T nun so weit gefallen ist, daß kT gerade unterhalb der Bindungsenergie liegt, können sich die Atome miteinander verbinden. Dieser Vorgang endet indes nicht mit der Paarbildung zweier Atome. Ein drittes Atom kann sich nämlich diesem Paar zugesellen, wobei eine kurze Kette entsteht, die entweder gerade angelegt sein kann, wie in Abb. 6A, oder geknickt, wie in Abb. 6B. Kondensiert jetzt ein viertes Atom an eine dieser beiden Kettentypen, so liegt die *innere Energie* des entstehenden Viererkomplexes tiefer, wenn sich das neue Atom in die Ecke der geknickten Kette einnistet und so eine quadratische Anordnung entsteht (Abb. 6D), als wenn es sich anderswo an die geknickte Kette oder an irgend eine beliebige Stelle der geraden Kette hängt, wie z. B. in Abb. 6C. Denn in der Stellung 6D sättigt das vierte Atom gleich zwei seiner vier latenten Bindungen ab; damit bildet sich eine

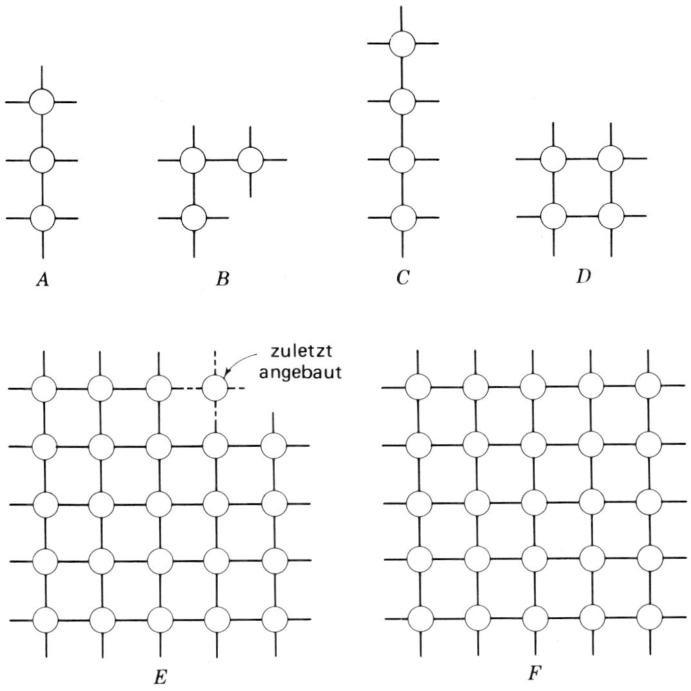

Abb. 6. Zweidimensionales Modell des Kristallisationsprozesses.

Anordnung zu vier Atomen, die insgesamt nur noch 8 latente Bindungen besitzt; wohingegen 10 latente Bindungen verbleiben, wenn sich das vierte Atom an irgend einer anderen Stelle anlagert und dabei immer nur eine Bindung schließen kann. Jede latente Bindung bildet einen Teil der freien *Oberflächenenergie* des Komplexes. Die quadratische Anordnung hat die niedrigere freie Oberflächenenergie und ist demgemäß stabiler. Würde eine viergliedrige gerade Kette, wie in Abb. 6C, oder eine gewinkelte Kette entstehen, so würde diese unter Verminderung ihrer freien Oberflächenenergie in die stabilere Form der Abb. 6D übergehen.

Wenn auch mit dem vorstehend beschriebenen Anlagerungsvorgang noch nicht alle verschiedenen Fälle erfaßt sind, wird daraus doch deutlich, daß sich neu ankommende Atome oder Atomgruppen an Stellen anlagern, wo sie die relativ größte Zahl ihrer latenten Bindungen absättigen können und wo für den wachsenden Kristall die verbleibende Anzahl latenter Bindungen möglichst niedrig bleibt. Dies führt auf zwei charakteristische Merkmale der Kristalle. Das eine besteht in der relativ hohen Bindungsdichte im Kristallinnern, was durch ein dicht gepacktes Muster der Atome erreicht wird.

Das zweite charakteristische Merkmal läßt sich ebenfalls mit Hilfe des Modells verstehen. In dem einfachen Fall der Abbildungen 6 wird der vorstehend diskutierte Wachstumsvorgang spezifisch so ablaufen, daß jedes neu ankommende Atom stets eine Position besetzt, in der es zwei seiner latenten Bindungen am Kristall absättigen kann (Abb. 6E), es sei denn, eine derartige Position ist nicht mehr frei (Abb. 6F). Letzteres ist dann gegeben, wenn eine Wachstumszeile gerade vollständig aufgefüllt ist. Zu Beginn jeder neuen Zeile kann daher ein neu ankommendes Atom nur eine latente Bindung absättigen; im Anschluß daran stehen jedoch wieder laufend neue Zweierpositionen zur Verfügung, bis auch diese Zeile komplett ist. Der beschriebene Prozeß bedingt zeilen- bzw. schichtweises Wachstum eines Kristalls, und das wachsende Kristallmuster zeigt daher im dreidimensionalen Raum die Tendenz, ebene Oberflächen auszubilden. Aus diesem Grund zeigen Kristalle, die von ihrer Umgebung unbehindert gewachsen sind, vorwiegend polyedrische Begrenzungsformen. Die Formen stehen in Übereinstimmung mit den sog. Punktgruppensymmetrien, oder kürzer: Punktsymmetrien, der Muster, die im Kap. 2 zu besprechen sind.

Unser einfaches Modell umreißt die grundlegenden Eigenschaften des Zusammenschlusses von Atomen zu Mustern. In Wirklichkeit treten zwar gewisse Komplikationen hinzu, die jedoch das allgemeine Schema nicht mehr in Frage stellen. Im einzelnen sind folgende Unterschiede hervorzuheben:

(A) Der tatsächliche Kristall ist dreidimensional.

(B) Der Aufbau des wachsenden Kristalls schließt gewöhnlich mehr als eine Atomsorte ein. Somit können auch mehrere verschiedene Bindungsarten und unterschiedliche Bindungsenergien beteiligt sein. Die stärksten Bindungen können bereits im flüssigen Zustand zur Bildung von Atomgruppierungen begrenzter Größe führen, so daß sich der Kondensationsvorgang viel komplizierter und gegebenenfalls stufenweise vollziehen kann. Unter diesen Umständen übernehmen die verschiedenen Atomgruppierungen mit ihren äußeren latenten Bindungen die Rolle des Einzelatoms unseres einfachen Modells.

(C) In den unter (B) genannten Komplikationen müssen die latenten Bindungen nicht unbedingt in der einfachen geometrischen Weise wie im Modellfall angeordnet sein. Die Bindungen in einem aus Atomgruppierungen entstandenen Muster können daher unter schwacher elastischer Spannung stehen. Eine derartige Spannung wirkt sich erhöhend auf die innere Energie des Kristalls aus, was seine Festigkeit schwächt. Wie groß der Gesamtbetrag auch sein mag, er liegt jedenfalls immer tiefer als die innere Energie einer zufälligen Anhäufung von Atomen, die den *amorphen Zustand* desselben chemischen Materials darstellt.

Die Anisotropie der Kristalle

Der Aufbau kristalliner Materie nach Mustern bringt ganz typische Eigenschaften hervor, die bei ungeordneter Materie, nämlich den gasförmigen, flüssigen und amorphen Zuständen, nicht in Erscheinung treten. In sämtlichen Aggregatzuständen besitzt die Materie sog. *skalare Eigenschaften,*

z. B. Volumen, Masse und Dichte. Aber mit den Mustern der kristallinen Materie ist eine Art von Gefüge mitentstanden, das gewisse Ähnlichkeit mit der Maserung von Holz zeigt, und das bewirkt, daß sich eine Reihe von Eigenschaften mit der Richtung quantitativ ändert: Derartige Eigenschaften bezeichnet man folglich als gerichtete, richtungsabhängige oder *vektorielle Eigenschaften*. Spannungsfreie Gase, Flüssigkeiten und amorphe Substanzen besitzen keine vektoriellen Eigenschaften und werden daher *isotrop* genannt (gr.: isos = gleich, tropos = Richtung). Im Gegensatz dazu bezeichnet man Substanzen mit vektoriellen Eigenschaften als anisotrop; für das Vorhandensein vektorieller Eigenschaften hat man den Begriff der *Anisotropie* geprägt.

In einem gegebenen Kristall kann sich eine Eigenschaft mit der Richtung um einen großen oder um einen kleinen Betrag ändern, was im einzelnen von der Art seines Musters abhängt. Auf Grund der Symmetrie kann die Änderung der Eigenschaft auch verschwinden, also den Wert Null erreichen, so daß auch ein Kristall in einigen seiner Eigenschaften isotrop sein kann. Folglich besteht die Möglichkeit, daß sich derselbe Kristall im Hinblick auf einige Eigenschaften als anisotrop, im Hinblick auf andere als isotrop erweist.

Eine qualitativ leicht verständliche mechanische Eigenschaft ist die *Zugfestigkeit*. Sie hängt von der Summe atomarer Bindungen ab, die eine durch den Kristall gelegte Ebene pro Flächeneinheit durchtrennt; die Orientierung der Ebene bezieht man auf bekannte Richtungen des zugehörigen Musters. Für spannungsfreie amorphe Stoffe weist die Zugfestigkeit für alle Ebenenorientierungen den gleichen Betrag auf. Dagegen fordert das Muster, nach dem ein Kristall angelegt ist, eine richtungsabhängige Zugfestigkeit. Für gewisse Kristallarten, deren Feinbau eine Schichtstruktur zeigt, erweist sich die Änderung der Zugfestigkeit in der beschriebenen Weise als evident: *Schichtstrukturen* haben Muster aus planaren parallelen Schichten, die nur durch relativ schwache Bindungen zusammengehalten werden; wohlbekannte Beispiele sind die Glimmer. Eine kleine Zugkraft quer zu den Schichten läßt die schwache Bindung leicht zerreißen und die Schichten auseinandergleiten; dagegen ist eine hohe Zugkraft parallel der Schichten erforderlich, wenn man die Struktur in diesen Richtungen auseinanderreißen will. In anderen Kristallarten werden sich die Zerreißkräfte nicht derart extrem mit der Richtung ändern, aber die meisten Kristalle zeigen immerhin meßbare, viele sogar sehr deutliche Effekte. Setzt man Kristalle in willkürlicher Orientierung unter Druck, neigen sie zum Bruch entlang von Ebenen des Musters, die quer zur schwächsten Bindung liegen, wobei diese Bindung zerstört wird. Die soeben beschriebene qualitative Eigenschaft bezeichnet man als *Spaltbarkeit*; Kristalle, die sie zeigen, bezeichnet man als *spaltbar* parallel einer oder mehrerer verschiedener Ebenenlagen, deren symbolische Kennzeichnung im Kap. 2 behandelt wird.

Eine weitere charakteristische Eigenschaft ist die Fortpflanzungsgeschwindigkeit des Lichtes, die sich in einer Brechung des Lichtweges äußert. Im allgemeinen ändert sich die Brechzahl von Licht, das einen Kristall durchquert, mit der Schwingungsrichtung des Lichtvektors (als Lichtvektor bezeichnet man den elektrischen Feldvektor der elektromagnetischen Lichtwelle). Die Symmetrie gewisser Kristallarten, die dem sog. „*kubischen System*" angehören, und die man kurz auch als „*kubische Kristalle*" bezeichnet, verlangt, daß die Brechung bei Änderung der Schwingungsrichtung des Lichtvektors oder der Laufrichtung des Lichtes konstant bleibt; deshalb sind kubische Kristalle *optisch isotrop*. Jedoch verlangt die Symmetrie nicht notwendig, daß diese Kristalle auch hinsichtlich anderer Eigenschaften isotrop sind. Zum Beispiel gehören die festen chemischen Verbindungen NaCl (Steinsalz) und CaF_2 (Flußspat oder Fluorit) dem kubischen System an. Sie sind daher optisch isotrop, in ihren mechanischen Eigenschaften jedoch stark anisotrop. Werden Kristalle dieser Substanzen zerdrückt, besitzen die Bruchstücke von NaCl Oberflächen parallel den drei Paaren gegenüberliegender Würfelseiten (Abb. 7); deshalb spricht man hier von einer „*Spaltbarkeit nach dem Würfel*". Die Fragmente von CaF_2 lassen dagegen als Oberflächen vier Paare von gegenüberliegenden Ebenen eines Oktaeders erkennen (Abb. 8, linkes Teilbild); aus diesem Grunde sagt man, der Kristall besitzt eine „*Spaltbarkeit nach dem Oktaeder*".

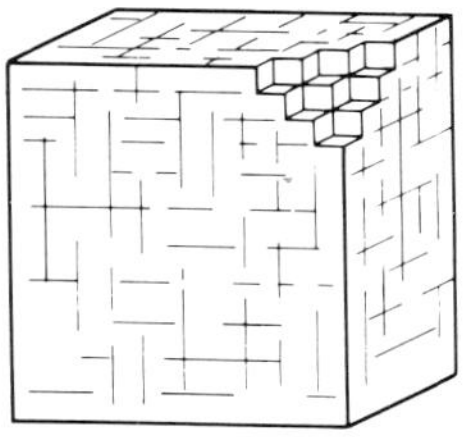

Abb. 7

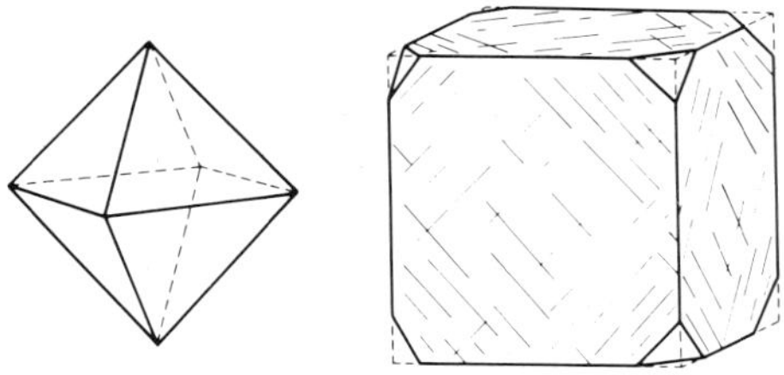

Abb. 8

Abb. 7. Kristall mit Spaltbarkeit nach dem Würfel.
Abb. 8. Ein Oktaeder (links) und ein Kristall mit Spaltbarkeit nach dem Oktaeder.

Mit den vorstehend behandelten wenigen Beispielen sollte vor Augen geführt werden, daß die charakteristischen Eigenschaften eines Kristalls in spezifischer Weise von seinem Muster abhängen. Allein schon aus der Symmetrie des Musters lassen sich einige wichtige qualitative Schlüsse ziehen. Quantitative Folgerungen hängen von den speziellen physikalischen Verhältnissen jedes einzelnen Musters ab; der Zweig der Physik, der sich mit diesen Problemen befaßt, ist die *Kristallphysik*. Auch die Chemie, besonders die physikalische Chemie, beschäftigt sich mit quantitativen Merkmalen der Muster, speziell mit deren Energieinhalt und der Art und Weise, wie die Wärme gespeichert wird.

Im nachstehenden Kap. 2 stehen die Symmetrieeigenschaften der Kristalle zur Diskussion.

Kapitel 2

Die Geometrie der kristallinen Ordnung

Homogene Muster

Bedeutung der Ordnung. In der Geometrie bezeichnet man eine Anordnung von Motiven als *homogen,* wenn jedes Motiv eine Umgebung besitzt, die sich in nichts von der Umgebung eines beliebig herausgegriffenen anderen Motivs unterscheidet, d. h. wenn alle Motive identische Umgebung besitzen. Enthält die homogene Anordnung mehrere Motive, müssen die Motive notwendig periodisch geordnet sein.

Die periodische Ordnung ist im Kap. 1 als Schlüsselmerkmal der Kristalle herausgestellt worden. Das Motiv war dort das kleinste Gebilde, das sich in einem Muster wiederholt. Zweifellos besteht deshalb eine nahe Verwandtschaft zwischen Kristallmustern und homogenen Anordnungen von Motiven, die ihrerseits *homogene Muster* sind.

Ein Unterschied besteht insbesondere hinsichtlich der Translation, die bei den echten Kristallmustern endlich oft, bei den homogenen Mustern aber unendlich oft wiederkehrt. Die Betrachtung homogener Muster ist daher allgemeiner und einfacher.

Homogene Folgen deckungsgleicher Motive. Die geometrischen Bedingungen für eine homogene Motivfolge hängen davon ab, ob sämtliche Motive deckungsgleich, also kongruent, sind oder nicht. Bei uneingeschränkter Kongruenz kann die allgemeinste *homogene Motivfolge* als die Wiederholung eines Motivs in gleichmäßigem Abstand entlang eines schraubenförmig gewundenen Bandes entsprechend Abb. 1 dargestellt werden. Die geometrische Operation, durch die benachbarte Motive ineinander überführt werden, besteht in einer Drehung um die (zentrale) Windungsachse und einer zusätzlichen Translation parallel dieser Achse. Die Kombinationsbewegung besitzt Ähnlichkeit mit der einer vorrückenden Schraube und wird daher als *Schraubung* bezeichnet. Die beiden Komponenten sind:

A_α, eine Drehung der Achse A um den Winkel α und

τ, eine Translation um eine Wegstrecke τ parallel zu A.

Die kombinierte Operation soll im folgenden symbolisch mit $A_{\alpha,\tau}$ bezeichnet werden. $A_{\alpha,\tau}$ kann man benutzen, um mit irgend einem Motiv das jeweils Nachstehende der Motivfolge zu erzeugen. Etwas allgemeiner läßt sich sa-

Abb. 1. Die Schraubung als allgemeinste homogene Folge kongruenter Motive.

Abb. 2

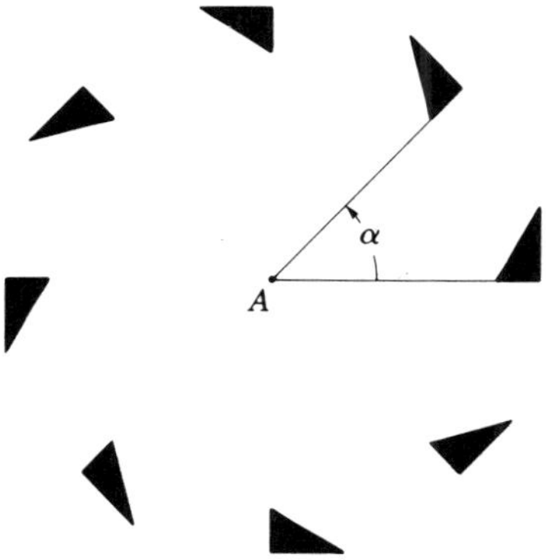

Abb. 3

Abb. 2. Entsteht aus Abb. 1, wenn die Drehkomponente entfällt.
Abb. 3. Entsteht aus Abb. 1, wenn die Translationskomponente entfällt.

gen, daß mit einem gegebenen Motiv und gegebenen Werten α und τ die Operation $A_{\alpha,\tau}$ dazu dienen kann, ein Duplikat des Ausgangsmotivs (am richtigen Ort) herzustellen, sodann durch erneute Anwendung von $A_{\alpha,\tau}$, mit Hilfe des Duplikates, ein drittes Motiv zu erzeugen, dann mit dem dritten ein viertes usw. In dieser Weise kann die Operation $A_{\alpha,\tau}$ als *Erzeugende* eines homogenen Musters zu einem gegebenen Motiv angesehen werden. Die fortgesetzte Operation heißt *Erzeugungsoperation* des Musters.

Sowohl der Betrag von α als auch der von τ kann verschwinden. Ist $\alpha = 0$, artet das Muster in eine Folge parallel orientierter Motive aus, die entlang einer geraden Linie im festen Intervallabstand τ aufgereiht sind (Abb. 2). Wird dagegen $\tau = 0$, entsteht eine kreisförmig angeordnete Motivfolge, wobei benachbarte Motive um den festen Winkelabstand α auseinanderliegen (Abb. 3). In einem derartigen Muster verlangt die Periodizität bzw. die Homogenität, daß das letzte Glied der Motivfolge und das erste zusammenfallen. Dies läßt sich nur erfüllen, wenn α ein ganzzahliger Teil von 360° bzw. 2π ist, also

$$n\alpha = 2\pi \tag{1}$$

gilt. Man sagt dann auch, α ist Stammbruch oder *Submultiple* von 2π.

Enantiomorphe Motive. Aus dem Vorstehenden folgt, daß jedes Motiv einer homogenen Folge mit einem dazu kongruenten Motiv durch eine Kombination von Drehung und Translation zur Deckung gebracht werden kann. Zwei auf diese Art kongruente Motive sind in strengem Sinn identisch. Es gibt nun aber auch Paare von Motiven, die, obgleich nicht kongruent, trotzdem gleich sind nach Art der rechten und linken Hand. Durch keine Operation $A_{\alpha,\tau}$ läßt sich die eine in die andere überführen. Die Beziehung zwischen den Individuen eines solchen Paares bezeichnet man als *Enantiomorphie* (gr.: enantios = entgegengesetzt, morphe = Form, Gestalt). Jedes Individuum eines Paares heißt *enantiomorph* zu seinem Partner und eines ist das *Enantiomorphe* des anderen.

Im dreidimensionalen Raum kann das Enantiomorphe eines Motivs durch *Spiegelung* an einer Ebene, wie in Abb. 4, wahlweise aber auch durch *Inversion,* d. h. durch Spiegelung an einem Punkt, wie in Abb. 5, erzeugt werden. Um sich die Überführung enantiomorpher Motive klarzumachen, paßt man zweckmäßigerweise in Abb. 4 ein kartesisches Achsenkreuz so in den Spiegel ein, daß die X- und Z-Achse in der Spiegelebene und die Y-Achse senkrecht dazu verlaufen; entsprechend legt man in Abb. 5 den Ursprung des Achsenkreuzes ins Inversionszentrum. Man erkennt dann, daß bei einer Spiegelung nach Abb. 4 alle Punkte des enantiomorphen Motivs aus den entsprechenden Punkten (X, Y, Z) des Ausgangsmotivs, allein durch einen Vorzeichenwechsel der Y-Koordinate, hervorgehen, symbolisch ausgedrückt:

$$(X, Y, Z) \rightarrow (X, -Y, Z) \qquad \text{(Spiegelung)}.$$

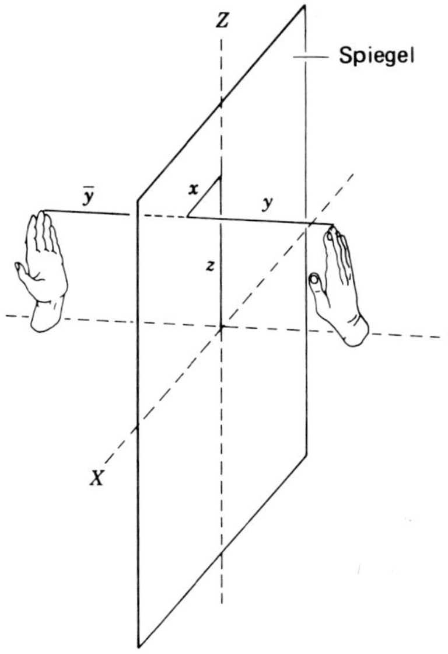

Abb. 4

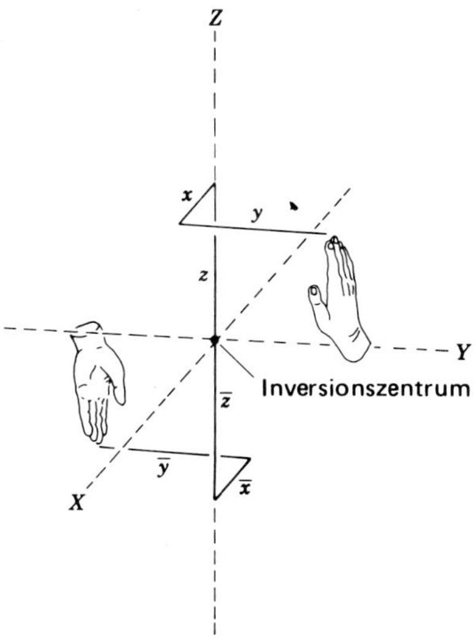

Abb. 5

Abb. 4. Entstehung eines enantiomorphen Motivs durch Spiegelung.

Abb. 5. Entstehung eines enantiomorphen Motivs durch Inversion. [Abb. 4 u. 5 abgeändert aus M. J. Buerger: Encyclopedia Britannica article Crystallography (1963) **6**, 851–863].

Im Fall der Inversion (Abb. 5) verläuft die Operation unter der Vorzeichenumkehrung aller drei Koordinaten:

$$(X, Y, Z) \rightarrow (-X, -Y, -Z) = -(X, Y, Z) \qquad \text{(Inversion).}$$

Der Leser wird sich leicht selbst ableiten können, daß eine Änderung des Vorzeichens zweier Koordinaten gleichbedeutend ist mit einer Drehung des Motivs von 180° um die dritte Koordinate als Drehachse; in diesem Fall sind Ausgangs- und Endmotiv im strengen Sinn kongruent.

Homogene Folgen enantiomorpher Motive. Das Muster einer homogenen Folge alternierend enantiomorpher Motive kann nicht durch eine Erzeugungsoperation $A_{\alpha,\tau}$ entstehen, es sei denn, die Translation τ verschwindet. Die alternierende Folge entartet für diesen Fall in eine, die sich durch kombinierte Drehung und Reflexion (Abb. 6) oder durch kombinierte Drehung und Inversion (Abb. 7) erzeugen läßt. Ob die Motive des Musters alternierend, wie in Abb. 6, oder paarweise, wie in Abb. 7, aufeinanderfolgen, hängt davon ab, ob eine gerade oder eine ungerade Anzahl von Drehschritten α die vollständige Drehung von 360° ergeben, d. h. ob n in Gl. (1) gerad- oder ungeradzahlig ist.

Spezielle Fälle beider Musterarten treten auf, wenn der Radius der Drehachse unendlich wird und gleichzeitig α gegen Null geht; aus den Abbn. 6/7 gehen dann die Abbn. 8/9 hervor. Aus später ersichtlichen Gründen ist es

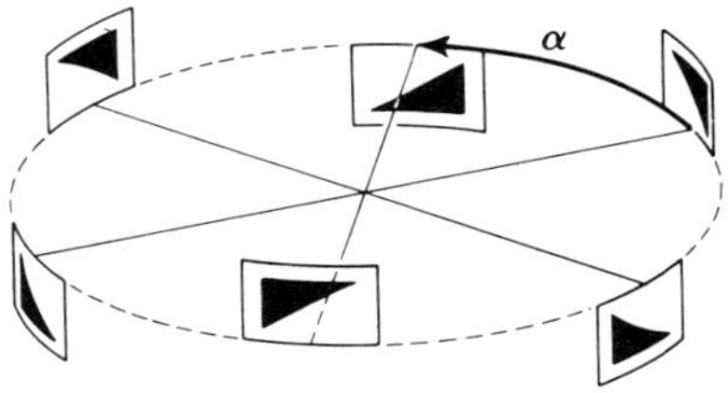

Abb. 6. Die Drehspiegelung $A_{\alpha, m}$.

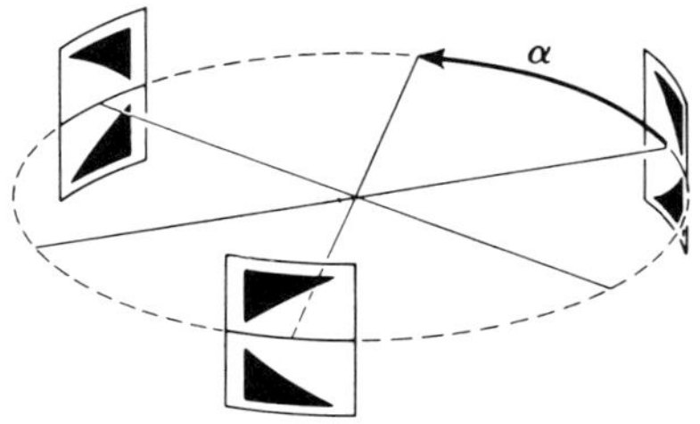

Abb. 7. Die Drehinversion $A_{\alpha, i}$.

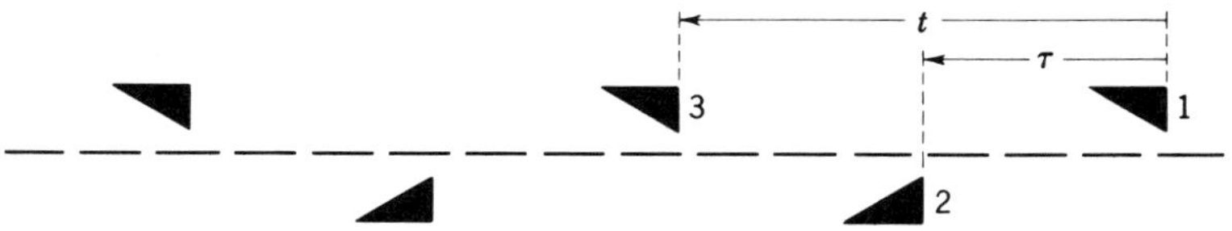

Abb. 8. Die Gleitspiegelung m_τ (entsteht aus Abb. 6 bei unendlich großem Radius).

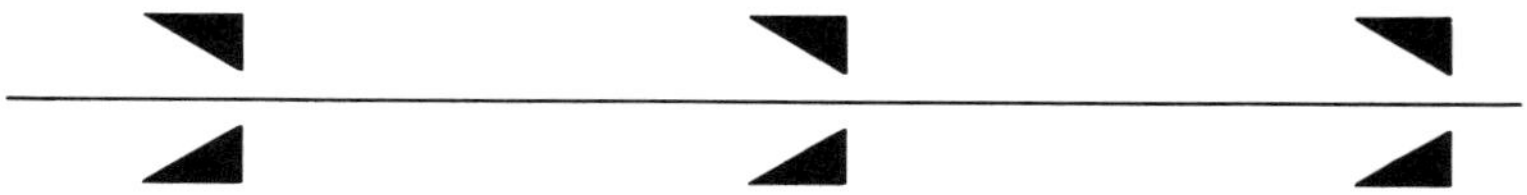

Abb. 9. Die Spiegelung m (entsteht aus Abb. 7 bei unendlich großem Radius).

vorteilhaft, als Bezugsoperationen der betrachteten Muster folgende Bezeichnungen neu einzuführen:

Zu Abb. 6: Die *Drehspiegelung* mit dem Symbol $A_{\alpha,m}$,

Zu Abb. 7: Die *Drehinversion* mit dem Symbol $A_{\alpha,i}$,

Zu Abb. 8: Die *Gleitspiegelung*, eine Kombination aus Translation τ und Spiegelung m, mit dem Symbol m_τ.

Die neu eingeführten Operationen beschreiben besonders einfach gelagerte Fälle.

Mit $\alpha = 360°$ entartet das durch $A_{\alpha,m}$ erzeugte Muster zu dem der Abb. 4, einem durch Spiegelung m gekoppelten enantiomorphen Paar; die nämliche Erzeugungsoperation bringt dagegen für $\alpha = 180°$ das Muster der Abb. 5 hervor, in welchem das Paar durch die Inversion gekoppelt ist. Auf entsprechende Weise findet man: $A_{\alpha,i} \to$ i für $\alpha = 360°$ bzw. $A_{\alpha,i} \to$ m für $\alpha = 180°$.

Symmetrieelemente. Die vorstehenden Ausführungen haben gezeigt, daß jeder der mit einem eigenen Symbol bedachten Operationstypen bei wiederholter Anwendung auf ein gegebenes Motiv zu einem einfachen homogenen Muster führt. In Tab. 1 sind diese Operationen mit ihren charakte-

Tabelle 1. Merkmale von Operationen, die, wiederholt auf ein Motiv angewandt, homogene Muster erzeugen.

Operation			Benennung des zugehörigen Symmetrieelementes
Symbol	Beschreibung	Geometr. Ort unbewegter Punkte	
$A_{\alpha,\tau}$	Schraubung	Achse A	Schraubenachse
A_α	Drehung	Achse A	Drehachse
t	Translation	—	—
$\{A_{\alpha,m}$	Drehspiegelung	Achse A, Ebene m	Drehspiegelachse }
$A_{\alpha,i}\}$	Drehinversion	Achse A, Punkt i	Drehinversionsachse }
m_τ	Gleitspiegelung	Ebene m	Gleitspiegelebene
m	Spiegelung	Ebene m	Spiegelebene
i	Inversion	Punkt i	Inversionszentrum

ristischen Merkmalen aufgeführt. Abgesehen von der reinen Translation gibt es bei allen aufgelisteten Typen spezifische geometrische Örter, die beim Operationsvorgang in sich selbst überführt werden, also unbewegt bleiben. Derartige geometrisch unbewegte Örter erweisen sich als nützlich für die geometrische Beschreibung sowohl der Operation selbst, als auch des Musters. Dazu ein Beispiel: Ein Muster werde unter Anwendung einer Drehachse vom Typ A_α erzeugt. Da nach Gl. (1) auf eine volle Umdrehung n Operationen mit dem Drehwinkel α kommen, bietet das Muster in n verschiedenen Richtungen den gleichen Anblick. Man sagt daher, A sei eine Achse mit n-zähliger Symmetrie oder kürzer und genauer: A sei eine *n-zählige Symmetrieachse.* Die Achse A ist zugleich der geometrische Ort aller in sich selbst überführten Punkte, bildet also das *Symmetrieelement.*

In Tab. 1 sind Drehinversion und Drehspiegelung in geschweifte Klammern gesetzt. Damit soll ausgedrückt werden, daß sich alle mit beliebigen Drehspiegelachsen erzielten Ergebnisse auch mit Drehinversionsachsen erhalten lassen, wenn auch im allgemeinen für unterschiedliche Werte von n der Gl. (1) (nur wenn n durch 4 teilbar ist, gilt derselbe Wert für beide Darstellungen). *In der heutigen kristallographischen Praxis verzichtet man auf die Drehspiegelachsen zugunsten der Drehinversionsachsen.*

Zusammengesetzte homogene Muster. Bislang beschränkte sich die Diskussion auf homogene Muster, die allein durch Motivwiederholung mit einem einzigen Operationstyp der Tab. 1 entstehen. Jedes dieser einfachen Muster enthält genau ein Symmetrieelement, sofern das Muster nicht mit Hilfe der Translationsoperation entstanden ist. Durch geeignete Kombination mehrerer Operationstypen lassen sich auch kompliziertere Muster ausdenken, die ebenfalls homogen sind. Vorausgesetzt, die Kombination entwickelt sich widerspruchsfrei – was in jedem Fall nachzuprüfen ist – kann ein homogenes, mit der ersten Operation entstandenes Muster seinerseits als Motiv für die zweite Operation gelten. Ein einfaches Beispiel dazu ergibt sich, wenn man die Translationsfolge der Abb. 2 als Ausgangsmotiv für eine weitere (in einer anderen Raumrichtung wirkende) Translationsoperation ansieht. Als Ergebnis entsteht das mit p1 bezeichnete Muster der Abb. 1,1; offensichtlich handelt es sich hier um ein homogenes Muster, denn jedes der Dreiecksmotive besitzt die gleiche Umgebung (wenn man sich die Anordnung bis ins Unendliche fortgesetzt denkt).

Anwendungen homogener Muster auf Kristalle

Definition eines Kristalls. Unendlich große Kristalle sind Beispiele für homogene Muster, jedoch in zweierlei Hinsicht Einschränkungen unterworfen: Erstens ist das jeweilige Motiv ein bestimmtes Atom oder eine bestimmte Gruppe von Atomen, die sich entsprechend der chemischen Formel der Substanz zusammensetzt. Zweitens muß der Kristall – unabhängig davon, welche möglichen Symmetrieoperationen sein Muster sonst noch charakterisieren – stets drei nicht komplanare Translationen besitzen; das Muster ist also in drei Dimensionen periodisch. Ein Kristall kann somit als ein Muster von dreidimensional translatorisch wiederholten Atomen definiert werden, das möglicherweise (jedoch nicht notwendig) weitere Symmetrien aufweist.

Vereinbarkeit von Symmetrie und Translation. Da ein Kristall stets Translationen besitzt, muß jede weitere Symmetrie notwendig mit diesen Translationen verträglich sein. Z. B. sind in Abb. 8 zwei aufeinanderfolgende Gleitoperationen für die Erzeugung des Motivs 3 erforderlich, das mit Motiv 1 auch direkt über die reine Translation **t** verknüpft ist. Daher muß die Ebene einer jeden Gleitspiegelebene (also die Ebene, in der das Symmetrieelement liegt) gleichzeitig eine reine Translation vom Betrag t enthalten, die Translationskomponente τ der Gleitoperation muß parallel zu **t** und halb so groß wie diese sein:

$$m_\tau : \ \vec{\tau} = \mathbf{t}/2 \tag{2}$$

In gleicher Weise muß eine Schraubenachse $A_{\alpha,\tau}$ parallel einer reinen Translation verlaufen, und eine gewisse (ganze) Anzahl von Schraubenoperationen (die eine ebenso große Anzahl von Translationskomponenten τ einschließt) muß mit der reinen Translation t parallel dieser Richtung verträglich sein. Dies verlangt

$$n\vec{\tau} = q\mathbf{t} \qquad \text{mit n, q = ganzzahlig und } n = 2\pi/\alpha,$$

$$\vec{\tau} = (q/n)\,\mathbf{t}. \tag{3}$$

Endlich muß noch untersucht werden, in welcher Weise die Operationen A_α, $A_{\alpha,\tau}$, $A_{\alpha,m}$ und $A_{\alpha,i}$ durch die Anwesenheit neuer Translationen in ihren Drehwinkeln α eingeengt sind. Zur numerischen Ableitung dieser – wie sich herausstellen wird – erheblichen Einschränkung von α, sei Abb. 10 betrachtet. Darin stehe die Achse A ((A)), die etwa eine reine Drehachse sein kann, senkrecht zur Papierebene und senkrecht zu einer eingezeichneten reinen Translation **t** vom Betrag a. A′, A, A″ bilden eine translatorische Mo-

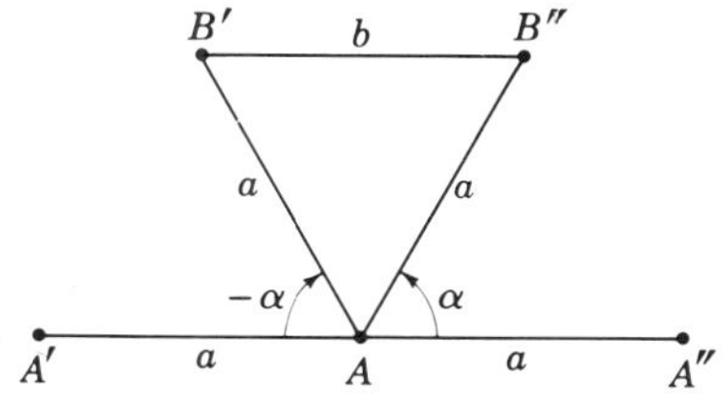

Abb. 10. Die Ableitung der möglichen Zähligkeiten kristallographischer Drehachsen.

tivfolge mit Achsen der Art A als Motive. Die Symmetrie um A verlangt zusätzlich, daß sich die Translationsstrecke AA″ ((A″)) unter dem Winkel $\pm\alpha$ wiederholt und somit entlang AB″ – bzw. von AA′ ausgehend entlang AB′ – erneut auftritt. Die vier Strecken AA′, AA″, AB′ und AB″ haben daher alle die gleiche Länge a. Die neu entstandene Strecke B′B″ liegt parallel zu AA″ und ist daher mit letzterer translatorisch gleichwertig; deshalb muß die Länge b von B′B″ mit der Länge a von AA″ verträglich sein, was die Gleichung

$$b = pa \qquad \text{mit } p = \text{ganzzahlig} \tag{4}$$

ausdrückt. Der Symmetrie der Abb. 10 entnimmt man die geometrische Bedingung

$$b/2 = a \cos\alpha, \tag{5}$$

woraus der Reihe nach folgt:

$$\cos\alpha = b/2a = pa/2a = p/2. \tag{6}$$

Der Cosinus von α kann daher nur halbzahlige Werte annehmen, also: $0, \pm\frac{1}{2}, \pm 1$, jedoch keine höheren Werte, da dies die linke Seite der Gl. (6) verbietet. Somit sind die allein zulässigen Winkel $\alpha = 90°, 60°, 120°, 360°$ und $180°$. Unter Berücksichtigung der Gl. (1) läßt sich abschließend feststellen, daß die Translationsbedingungen die Symmetrieachsen auf

1-, 2-, 3-, 4- und 6-zählige

beschränkt, und zwar für reine Drehachsen ebenso wie für Schrauben-, Drehinversions- und Drehspiegelachsen.

Bemerkungen zur nachfolgenden Ableitung kristallographischer Mustertypen. Diejenigen Mustertypen, die für die Atomanordnungen in Kristallen allein in Frage kommen, ließen sich vollständig ableiten, indem man zuerst den allgemeinsten Mustertyp einführt, der durch die wiederholte Anwendung dreier nichtkomplanarer Translationen auf ein beliebiges Motiv entsteht. Anschließend könnte dieser Typ in systematischer Weise durch Hinzunahme von weiteren Symmetrieelementen der Tab. 1 und unter Berücksichtigung ihrer gegenseitigen Verträglichkeit spezialisiert werden und auf diese Weise alle komplexen Mustertypen liefern.

Die soeben skizzierte Untersuchung ist offensichtlich ziemlich kompliziert; sie gestaltet sich indessen einfacher, wenn man einen anderen Weg einschlägt, der sich in relativ einfache Etappen zerlegen läßt. Ein derartiges Vorgehen, wie es auch in diesem Kapitel demonstriert wird, bietet verschiedene Nebenvorteile: Erstens sind die einzelnen Schritte relativ leicht zu verstehen, zweitens besitzen die erhaltenen Zwischenergebnisse selbständig verwertbare Bedeutung und drittens gewinnt man mit den einzelnen Stufen eine mühelose Einführung in die Symbolbenennung der Symmetrie, wie sie in der heutigen kristallographischen Literatur benutzt wird.

Symmetrieuntersuchungen stellen eine schöne Anwendung der mathematischen *Gruppentheorie* dar; als Folge davon tragen einige Ergebnisse der Symmetrietheorie Bezeichnungen gruppentheoretischer Herkunft. Auf diese Art sind auch die allgemeinen, die Kristalle betreffenden Muster (in eindeutiger und vollständiger Weise) den *Raumgruppen* zugewiesen. Ein Zwischenergebnis auf dem Weg zu den Raumgruppen bilden die kristallographischen *Punktgruppen.*

Die Ableitung beginnt mit der Aufstellung aller kristallographischen Symmetrien, die als einziges Symmetrieelement eine Achse ohne Translationskomponente τ haben. Im Anschluß daran werden Symmetrien mit mehr als einer derartigen Achse entwickelt. Die Gesamtheit der so gewonnenen axialen Symmetrien liefert als nützliches Teilergebnis die *32 kristallographischen Punktgruppen.* Bis hierher ist die Translation, die ja notwendiger Bestandteil jedes Kristallmusters ist, nur mittelbar – über die Beschränkung in der Zähligkeit der Drehachsen – berücksichtigt.

Sodann werden in knapper Form die Eigenschaften von Mustern mit drei nichtkomplanaren Translationen untersucht und daraus die Eigenschaften des *räumlichen Punktgitters* gewonnen. Indem man, weiter, das allgemein räumliche Punktgitter sukzessive den Symmetrieforderungen der 32 Punktgruppen unterwirft, gelangt man zu speziellen Punktgittern. Ihr vollständiger Satz, die 14 Bravais-Gittertypen, ist das nächste Zwischenergebnis.

Schließlich gelangt man mit der Ableitung der 230 Raumgruppen zum Endergebnis. Es ist relativ leicht zu erreichen, wenn man die Vorteile sog. Isogonalitätsbeziehungen ausnutzt, die zwischen einer Punktgruppe und gewissen Raumgruppen bestehen.

Der noch ausstehende Teil dieses Kapitels befaßt sich in Umrissen mit der genannten Ableitung. Darin sind die Drehsymmetrien von vornherein auf die kristallographisch erlaubten Zähligkeiten n = 1, 2, 3, 4 und 6 beschränkt.

Drehsymmetrie

Eigentliche und uneigentliche Drehungen. Für die Erzeugung von Mustern gibt es zwei Operationstypen. Operationen, die eine Folge kongruenter Motive liefern, bezeichnet man als *Operationen erster Art,* solche, die in alternierender Folge enantiomorphe Motive erzeugen, heißen *Operationen* *zweiter Art.* In Tab. 1 sind beide Arten durch die gestrichelte Linie voneinander getrennt.

Als Drehoperationen ohne Translationskomponente gehören die A_α zu den Operationen erster Art, die $A_{\alpha,i}$ und $A_{\alpha,m}$ zu den Operationen zweiter Art. Die Drehoperationen und die durch sie bestimmte Symmetrieachse werden speziell im Fall der A_α *eigentliche Drehungen*, im Fall der $A_{\alpha,i}$ und $A_{\alpha,m}$ *uneigentliche Drehungen* genannt.

Die einachsigen Punktgruppen. Die Mustertypen, die den eigentlichen Erzeugungsoperationen A_α entsprechen, bilden für $n = 2\pi/\alpha = 1, 2, 3, 4$ und 6 den oberen Teil der Abb. 11. Jedes Muster ist mit einem Zahlensymbol versehen, nämlich dem zugehörigen Wert für n. Die jeweilige Lage der n-zähligen Symmetrieachse ist in ihrem Durchstoßungspunkt mit der Zeichenebene durch ein n-seitiges Polygon angegeben; es fehlt für n = 1 und wird für n = 2 durch das Zeichen ⬮ ersetzt; ein gleichseitiges Dreieck steht für n = 3, ein Quadrat für n = 4 und ein regelmäßiges Sechseck für n = 6.

Im unteren Teil der Abb. 11 befinden sich alle Mustertypen, die den uneigentlichen Erzeugungsoperationen $A_{\alpha,i}$ mit den nämlichen Werten $n = 2\pi/\alpha$ entsprechen. Die Muster sind wiederum mit dem Zahlensymbol n gekennzeichnet, jedoch zur Unterscheidung von den obenstehenden Fällen mit einem darüber gesetzten Querstrich versehen. Man schreibt also $\bar{1}$, $\bar{2}$, $\bar{3}$, $\bar{4}$ und $\bar{6}$ und spricht „eins quer" usw. Untersucht man die $\bar{n}$-Muster, so zeigt sich, daß sie mit Ausnahme von $\bar{4}$ auch durch andere Symmetrieelemente der Tab. 1 beschrieben werden können. Im einzelnen gilt:

$\bar{1}$ stellt eine Inversion dar, entsprechend der Tabellenbezeichnung i,

$\bar{2}$ beschreibt eine Spiegelung an einer Ebene, entsprechend m,

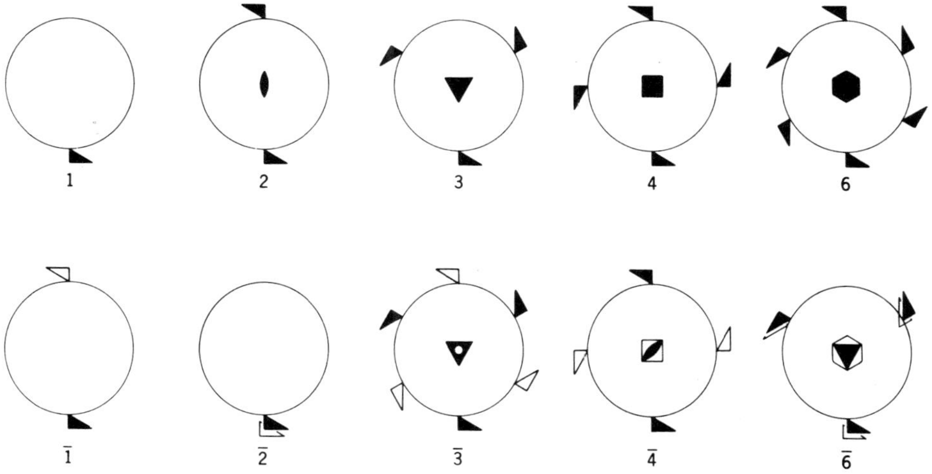

Abb. 11. Die 10 Mustertypen, die jeweils durch eine einzige Art kristallographischer Drehoperationen erzeugt werden. Die Zahlen sind die Symmetriesymbole. Für die fünf oberen Muster ist die Erzeugungsoperation eine eigentliche Drehung, für die fünf unteren eine uneigentliche.

$\bar{3}$ erzeugt ein Muster, das auch in Kombination der beiden Erzeugungsoperationen 3 und i entsteht,

$\bar{6}$ führt auf ein Muster, das der Kombination von 3 und m entspricht, wobei die Normale der Spiegelebene mit der 3-zähligen Achse zusammenfällt.

Je nach Bequemlichkeit arbeitet man entweder mit der $\bar{n}$-Achse oder den vorstehenden äquivalenten Bezeichnungen. Nur die uneigentliche Drehung $\bar{4}$ besitzt keine zweite Darstellung. Die Lagen der $\bar{3}$-, $\bar{4}$- und $\bar{6}$-Achsen werden mit den in Abb. 11 eingetragenen besonderen Zeichen angegeben.

Kombinationen eigentlicher Drehungen. Werden zwei mechanische Drehungen kombiniert, so läßt sich das gleiche Ergebnis allgemein auch durch eine einzige Ersatzdrehung erzielen. Ein leicht verfolgbares Beispiel enthält Abb. 12, in der zwei verschiedene 3-zählige Achsen entlang der gestrichelten Raumdiagonalen des Würfels angebracht sind. Eine 120°-Drehung des Würfels um die Achse A bringt u. a. die Fläche I nach II und den Punkt 1 an die Stelle des Punktes 2. Mit einer anschließenden 120°-Drehung um B kehrt II nach I zurück, aber der Punkt 2 kommt nun an die Stelle 3. Das Endergebnis der beiden Drehbewegungen überführt also den Punkt 1 nach 3, was gleichwertig ist mit der Ersatzdrehung der Würfelfläche I um die eingetragene Achse C über einen Winkel von 180°. Die Achse C steht senkrecht auf I.

Die Ergebnisse von kombinierten Drehungen, wie sie Abb. 12 zeigt, lassen sich mit Hilfe einer von Euler aufgestellten Beziehung, bei der die Winkel sphärischer Dreiecke benutzt sind, analytisch prüfen. Ist $A \wedge B$ der Winkel zwischen den beiden Drehachsen A und B, so gilt:

$$\cos(A \wedge B) = \frac{\cos(\gamma/2) + \cos(\alpha/2)\cos(\beta/2)}{\sin(\alpha/2)\sin(\beta/2)} \tag{7}$$

α und β bedeuten die Drehwinkel um A und B, γ die Ersatzdrehung um C. Die α, β, γ sind kristallographisch auf die fünf Werte 360°/n beschränkt.

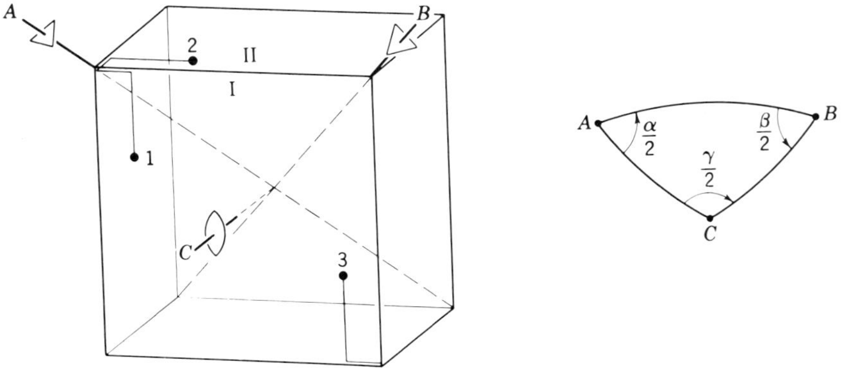

Abb. 12. Die Kombination einer Drehung um A mit einer Drehung um B und die Ersatzdrehung um C am Beispiel der Symmetrieoperationen am Würfel.

Setzt man sukzessive alle diese Werte in die rechte Seite der Gl. (7) ein, findet man nur für wenige Kombinationen Ergebnisse, die für die links stehende Funktion cos $(A \wedge B)$ möglich sind. Zu jeder Lösung liefert Gl. (7), nach entsprechender zyklischer Vertauschung der Variablen, auch die Winkel $B \wedge C$ und $C \wedge A$.

Die sechs unterschiedlichen, nichtkomplanaren Lösungen sind in Abb. 13 dargestellt. Behandelt man die drei Achsen A, B, C jeweils als gleichberechtigt in der Weise, daß jedes Symmetrieelement uneingeschränkt auf die beiden anderen wirken darf, erhält man das *vollständige Symmetriegerüst* nach Abb. 14.

Die Gesamtmenge der Symmetrien, die sich aus den eigentlichen Drehungen allein aufbauen, besteht aus den fünf einfachen Symmetrien des oberen Teils der Abb. 11 und den sechs erlaubten Kombinationsfällen der Abb. 14. Diese $5 + 6 = 11$ Symmetrien sind mit ihren Standardsymbolen in Tab. 2 einander gegenübergestellt. Während die nicht kombinierten Symmetrien wie in Abb. 11 als Bezeichnung den Zahlenwert von n tragen, sind die kombinierten durch drei hintereinanderstehende Zahlen, entsprechend den Achsenkombinationen, symbolisiert.

Obgleich in der Bezeichnungsweise der Punktgruppen noch gewisse bislang nicht erörterte Feinheiten stecken, vermittelt die hier gebrauchte Dreiersymbolik (in Anlehnung an die drei miteinander verknüpften Drehbewegungen) eine Einführung in die Symmetrien der Punktgruppen. Unser Schema (Tab. 2) bedarf zur Bezeichnung der Raumgruppe nur noch geringfügiger Änderungen.

Es ist wichtig, sich ein richtiges Bild von der wechselseitigen Verknüpfung dreier gekoppelter Drehbewegungen zu machen. Die Eulersche Beziehung beinhaltet, daß eine Drehung A_α, gefolgt von einer weiteren Drehung B_β, gleichwertig mit einer dritten Drehung $C_{-\gamma}$ ist. Sind die Drehungen um die Beträge α und β mit positivem Drehsinn ausgeführt, gehört zu γ ein negativer Drehsinn, wovon man sich an Hand der Abb. 12 überzeugen kann. Den Sachverhalt kann man formal durch Gl. (8) ausdrücken:

$$A_\alpha \cdot B_\beta = C_{-\gamma} \, . \tag{8}$$

Hierin ist die Kombination der Drehungen A_α und B_β (einer gruppentheoretisch begründeten Schreibweise folgend) als Produkt formuliert. Werden jetzt beide Seiten von rechts mit der entgegengesetzten Drehung C_γ „multipliziert", ergibt sich:

$$A_\alpha \cdot B_\beta \cdot C_\gamma = C_{-\gamma} \cdot C_\gamma \tag{9}$$

Die rechte Seite bedeutet – entsprechend dem Sinn einer solchen Produktbildung – daß nacheinander zwei Drehungen um $-\gamma$ und um $+\gamma$ auszuführen sind, jeweils um dieselbe Achse C, was offensichtlich die Gesamtdrehung Null (oder 360°) ergibt. Setzt man dafür das Zeichen I ein, in An-

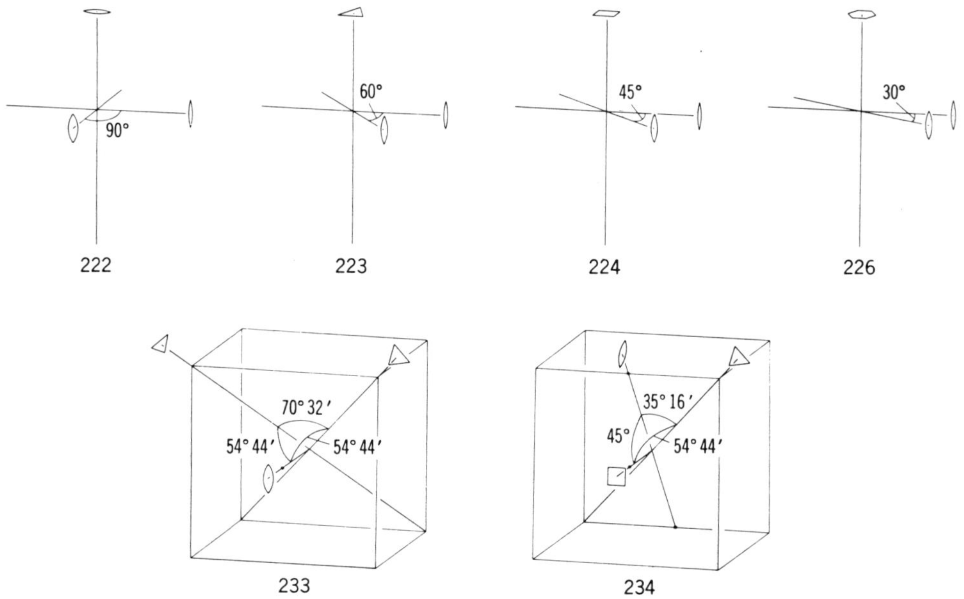

Abb. 13. Die 6 zulässigen nichttrivialen kristallographischen Kombinationen von Drehachsen. [Aus M. J. Buerger: Elementary crystallography (Wiley, New York, 1956 u. 1963) 43].

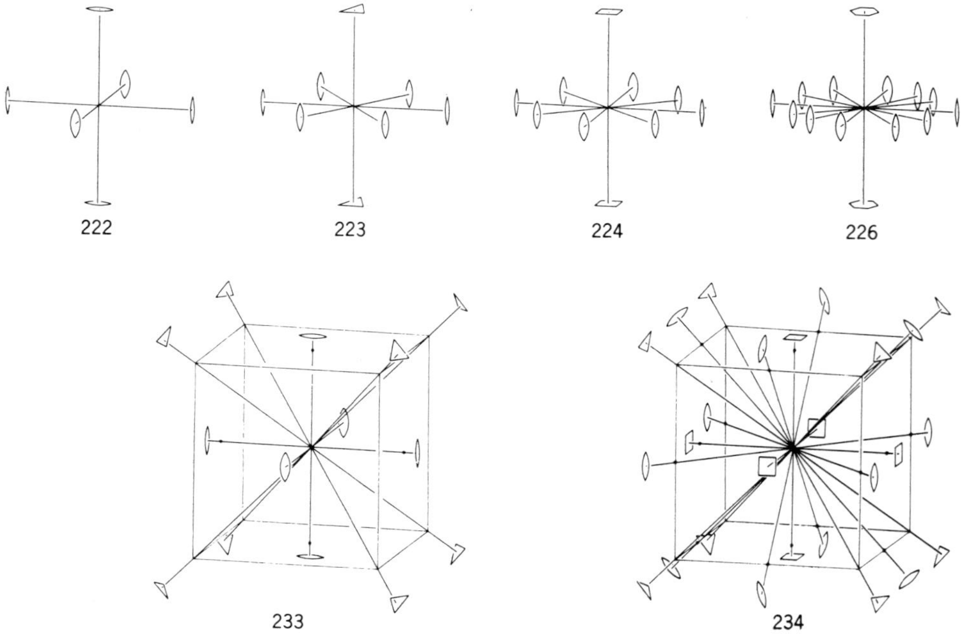

Abb. 14. Die vollständige Darstellung der kristallographischen Drehsymmetrien, entstanden aus den Kombinationen der Abb. 13. [Aus M. J. Buerger: Elementary crystallography (Wiley, New York, 1956 u. 1963) 44].

Tabelle 2. Mögliche kristallographische Symmetrien, die nur eigentliche Drehachsen enthalten.

Einfache Symmetrien	Erlaubte Kombinationen
1	
2	222
3	322 (gekürzt: 32)
4	422
6	622
	233 (gekürzt: 23)
	432

lehnung an die 1-zählige Drehachse (Abb. 11), deren Anwendung ja zum selben Effekt führt, kann man (9) umschreiben in:

$$A_\alpha \cdot B_\beta \cdot C_\gamma = I. \tag{10}$$

Gl. (10) unterstreicht die Unmöglichkeit, die drei Drehungen zu trennen. Sind irgend zwei Drehungen vorgegeben, ist auch die dritte festgelegt.

Um die Gleichung in diesem Sinne umzuformen, müssen stets beide Seiten – entweder gleichzeitig von links oder gleichzeitig von rechts – mit dem gewünschten Term multipliziert werden. Auf diese Weise findet man

nach (8):

$$\begin{aligned} A_\alpha \cdot B_\beta &= I \cdot C_{-\gamma} = C_{-\gamma} \\ B_\beta \cdot C_\gamma &= A_{-\alpha} \cdot I = A_{-\alpha} \\ B_\beta &= A_{-\alpha} \cdot I \cdot C_{-\gamma} = A_{-\alpha} \cdot C_{-\gamma} \end{aligned} \tag{11}$$

und damit

$$A_\alpha \cdot C_\gamma = B_{-\beta}. \tag{12}$$

Es stehe G für eine eigentliche, U für eine uneigentliche Drehung. Eine erste Drehung G erzeugt aus einem rechtshändigen Motiv ein weiteres rechtshändiges Motiv; eine zweite Drehung G erzeugt daraus ein drittes Motiv der gleichen Art. Die kombinierte Ausführung zweier G-Drehungen erhält daher die Deckungsgleichheit eines Motivs, d. h. auch die Ersatzdrehung ist eine eigentliche Drehung vom Typ G. Der Charakter der mit (10) beschriebenen drei Drehungen läßt sich durch die Folge GGG ausdrücken.

Kombinationen uneigentlicher Drehungen. Die Erhaltung des kongruenten Charakters bei der Kombination zweier eigentlicher Drehungen schreibt man symbolisch

$G \cdot G = G$ Charakter G G G

Andererseits führt jede uneigentliche Drehung zu einer Rechts-links-Vertauschung. Die möglichen Kombinationen zwischen eigentlichen und uneigentlichen Drehungen umfassen drei Fälle:

U · U = G	Charakter U U G
U · G = U	Charakter U G U
G · U = U	Charakter G U U

Jede Kombination enthält also eine gerade Anzahl uneigentlicher Drehungen: entweder keine oder zwei U. Bis auf die Festlegung des Typs (G oder U), kombinieren zwei beliebige Drehungen ansonsten genau wie zwei eigentliche Drehungen.

Ableitung der 32 Punktgruppen. Nach diesen Vorbereitungen läßt sich jede weitere der noch fehlenden Symmetrien genauso ableiten, als sei sie eine der elf in Tab. 2 verzeichneten. Jede Zahl n dieser Tabelle kann darin als n verbleiben (Fall G) oder in ein $\bar{n}$ übergehen (Fall U), mit der Nebenbedingung, daß die Kombinationsdrehung einen der vorstehenden Charaktere aufweisen muß. Des weiteren kann jede in Tab. 2 durch n gegebene Position gleichzeitig durch n und $\bar{n}$ besetzt werden, was bedeutet, daß sowohl n wie auch $\bar{n}$ entlang derselben Achse wirkt. Die gleichzeitige Anwesenheit entlang derselben Achse drückt man durch einen Bruch $n/\bar{n}$ aus – jeweils mit der uneigentlichen Achse im Nenner – und spricht: „n über n-quer" oder (seltener) „n durch n-quer". Viele Kombinationen, die $\bar{n}$ einschließen, lassen sich mit Hilfe der bereits früher abgeleiteten Beziehungen

$$\bar{1} = i$$
$$\bar{2} = m$$
$$\bar{3} = 3 + \bar{1}$$

umformen.

Die nachstehend tabellarisch aufgeführten weiteren Beziehungen sind für die Umformung der erhaltenen Resultate hilfreich:

Produkt zweier Symmetrieoperationen	Ersatzoperation bzw. erzeugte Symmetrie
2 (⊥ m) · m	i = $\bar{1}$ (jede Richtung erlaubt)
2 · i	m (⊥ 2)
i · m	2 (⊥ m)
$n/\bar{n}$	n/m falls n = gerade $\bar{n}$ falls n = ungerade

Anm.: Mit dem Produktzeichen wird, wie in Gl. (8), eine Ersatzoperation für zwei aufeinanderfolgende Symmetrieoperationen eingeführt. – Die runden Klammern geben Hinweise, wie die Symmetrieelemente orientiert sind.

Die Ableitung der Punktgruppen ist in Tab. 3 skizziert. Die in eckige Klammern gesetzten Symbole beschreiben Symmetrien, die bereits vorher in der gleichen Zeile auftreten. Insgesamt führt die Tabelle 32 unterschiedliche Symmetrien auf, die in gebräuchlicher Form in Tab. 4 endgültig geordnet sind. Die dort in der Spalte „Kristallsystem" gebrauchten Bezeichnungen werden später verständlich.

Tabelle 3. Punktgruppen, die uneigentliche Drehungen einschließen.

Einfache Achsen $\bar{n}$	G: eigentliche Drehung, U: uneigentliche Drehung. Kombinationen konform mit				
	$\frac{n}{\bar{n}}$	GUU	UGU	UUG	$\frac{GGG}{UUU}$
$\bar{1}$	$\left[\frac{1}{\bar{1}} = \bar{1}\right]$				
$\bar{2} = m$	$\frac{2}{\bar{2}} = \frac{2}{m}$	$2\,\bar{2}\,\bar{2} = 2\,m\,m$	$[\bar{2}\,2\,\bar{2} = m\,2\,m]$	$[\bar{2}\,\bar{2}\,2 = m\,m\,2]$	$\frac{2\,2\,2}{\bar{2}\,\bar{2}\,\bar{2}} = \frac{2\,2\,2}{m\,m\,m}$
$\bar{3}$	$\left[\frac{3}{\bar{3}} = \bar{3}\right]$	$3\,\bar{2}\,(\bar{2}) = 3\,m$			$\frac{3}{\bar{3}}\frac{2}{\bar{2}}(\frac{2}{\bar{2}}) = \bar{3}\frac{2}{m}$
$\bar{4}$	$\frac{4}{\bar{4}} = \frac{4}{m}$	$4\,\bar{2}\,\bar{2} = 4\,m\,m$	$\bar{4}\,2\,\bar{2} = \bar{4}\,2\,m$	$[\bar{4}\,\bar{2}\,2 = \bar{4}\,m\,2]$	$\frac{4\,2\,2}{\bar{4}\,\bar{2}\,\bar{2}} = \frac{4\,2\,2}{m\,m\,m}$
$\bar{6}$	$\frac{6}{\bar{6}} = \frac{6}{m}$	$6\,\bar{2}\,\bar{2} = 6\,m\,m$	$\bar{6}\,2\,\bar{2} = \bar{6}\,2\,m$	$[\bar{6}\,\bar{2}\,2 = \bar{6}\,m\,2]$	$\frac{6\,2\,2}{\bar{6}\,\bar{2}\,\bar{2}} = \frac{6\,2\,2}{m\,m\,m}$
		$2\,\bar{3}(\bar{3}) = \frac{2}{m}\,\bar{3}$			$\left[\frac{2}{\bar{2}}\frac{3}{\bar{3}}(\frac{3}{\bar{3}}) = \frac{2}{m}\,\bar{3}\right]$
		$4\,\bar{3}\,\bar{2} = \frac{4}{m}\,\bar{3}\,\frac{2}{m}$	$\bar{4}\,3\,\bar{2} = \bar{4}\,3\,m$	$\left[\bar{4}\,\bar{3}\,2 = \frac{4}{m}\,\bar{3}\,\frac{2}{m}\right]$	$\left[\frac{4}{\bar{4}}\frac{3}{\bar{3}}\frac{2}{\bar{2}} = \frac{4}{m}\,\bar{3}\,\frac{2}{m}\right]$

Tabelle 4. Die 32 kristallographischen Punktgruppen.

Kristallsystem	Typ						
	n	$\bar{n}$	$\frac{n}{m}$	$n\,2\,2$	$n\,m\,m$	$\bar{n}\,2\,m$	$\frac{n\,2\,2}{m\,m\,m}$
Triklin	1	$\bar{1}$					
Monoklin	2	$\bar{2} = m$	$\frac{2}{m}$				
Orthorhombisch				$2\,2\,2$	$2\,m\,m$		$\frac{2\,2\,2}{m\,m\,m}$
Hexagonal	3	$\bar{3}$	$\left[\frac{3}{m} = \bar{6}\right]$	$3\,2$	$3\,m$	$\bar{3}\frac{2}{m}$	
Tetragonal	4	$\bar{4}$	$\frac{4}{m}$	$4\,2\,2$	$4\,m\,m$	$\bar{4}\,2\,m$	$\frac{4\,2\,2}{m\,m\,m}$
Hexagonal	6	$\bar{6}$	$\frac{6}{m}$	$6\,2\,2$	$6\,m\,m$	$\bar{6}\,2\,m$	$\frac{6\,2\,2}{m\,m\,m}$
Kubisch				$2\,3$			$\frac{2}{m}\,\bar{3}$
				$4\,3\,2$		$\bar{4}\,3\,m$	$\frac{4}{m}\bar{3}\frac{2}{m}$

Räumliche Punktgitter

Zusammensetzung von Translationen. Wendet man eine Translationsoperation wiederholt auf ein Motiv an, entsteht schließlich ein homogenes Muster vom Typ der Abb. 2. Schon früher war erwähnt worden, daß ein derartiges Muster seinerseits als Motiv dienen kann, um mit einer zweiten, in anderer Richtung zielenden Translationsoperation, ein flächenhaftes Muster vom Typ p1 der Abb. 1,1 aufzubauen. Auf die nämliche Weise kann noch eine dritte, mit den beiden vorhergehenden nicht komplanare Translation eingeführt werden, um das Muster vom Typ p1 auf ein dreidimensionales, ebenfalls homogenes Muster vom Typ der Abb. 15 A zu erweitern.

Für manche Zwecke ist es nützlich, die spezielle Form der verwendeten Motive aus der Betrachtung auszuklammern. Um dies zu erreichen, stellt man jedes Motiv eines Musters durch einen mathematischen Punkt dar. Der Punkt ist dann zwar kein physikalisches Objekt mehr, besitzt aber selbstverständlich geometrische Bedeutung. Das Ergebnis einer derartigen, in Abb. 15 A durchgeführten Substitution ist die dreidimensional geordnete Schar von Punkten der Abb. 15 B, die man als *„räumliches Punktgitter“*, kürzer oft auch als *„Raumgitter“* oder *„Gitter“* bezeichnet. Es sei jedoch nachdrücklich darauf hingewiesen, daß die beiden letztgenannten Ausdrücke in der Fachliteratur nicht in einheitlicher Bedeutung gebraucht und häufig auch im Sinne des hier benutzten Begriffes „Muster“ verwendet werden. – Ein Punktgitter ist kein physikalisches Gitter, sondern eine rein geometrische Abstraktion. Der Begriff hat sich beim Studium geometrischer, auf der Wiederholung dreier nichtkomplanarer Translationen beruhenden Eigenschaften als ungemein nützlich erwiesen.

Gitterzellen. Die drei (nichtkomplanaren) Translationen, die zur Erzeugung sowohl des Musters aus dem Ausgangsmotiv wie auch des räumlichen

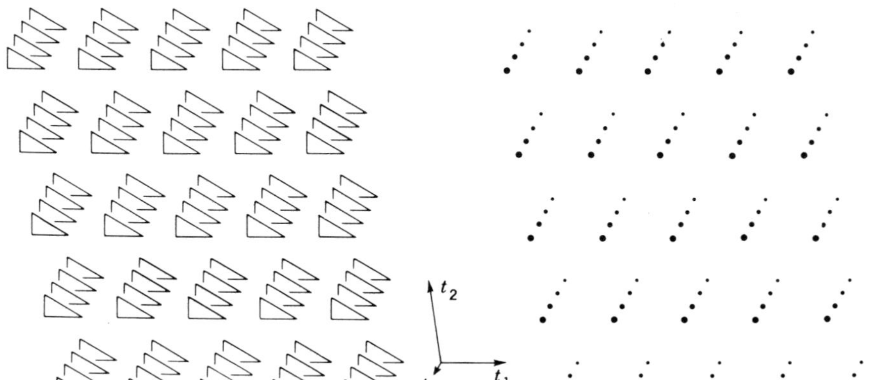

Abb. 15. Ausschnitt aus einem allgemeinen homogenen Kristallmuster (A) und seinem zugehörigen Gitter (B).

Punktgitters aus dem Ausgangspunkt dienen, definieren die Kanten eines *Parallelepipeds*[1], der sog. *Gitterzelle* oder *„Zelle“*. Eine Zelle, die in jeder Ecke an einen Gitterpunkt grenzt und in ihrem Innern keine weiteren Gitterpunkte besitzt, heißt *primitive Zelle*, genauer *einfach primitive Zelle*. Die drei nichtkomplanaren Kanten einer primitiven Zelle bestimmen in eindeutiger Weise das räumliche Punktgitter; umgekehrt kann man jedoch aus einem gegebenen Gitter eine unendliche Anzahl unterschiedlicher primitiver Zellen ableiten. – Die Zelle mit den kürzesten nichtkomplanaren Kanten heißt *reduzierte Zelle*.

Zur Wahrung der Vorteile, die eine vorhandene Symmetrie mit sich bringt, beschreibt man das Muster eines Kristalls gelegentlich mit einer Zelle, die einen oder mehrere zusätzliche Gitterpunkte enthält; die Zelle heißt dann *nichtprimitive* oder *mehrfach primitive Zelle*. Die Multiplizität oder Vielfachheit einer Zelle nennt die Zahl der Gitterpunkte pro Zelle; sie beträgt 1 im Fall der einfach primitiven Zelle (das sind 8 Eckpunkte zu je 1/8). In den übrigen Fällen ist die Multiplizität stets niedrig; wichtig sind die *zweifach*, *dreifach* und *vierfach primitiven Zellen*.

Indizes. Von irgend einem Punkt als Ursprung ausgehend, läßt sich jeder Gitterpunkt erreichen, indem man eine geeignete Anzahl Translationsschritte entlang der drei Zellkanten $\mathbf{t}_1$, $\mathbf{t}_2$, $\mathbf{t}_3$ zurücklegt. Ist $\mathbf{T}$ der Verbindungsvektor des Ursprungs mit dem ins Auge gefaßten Gitterpunkt, läßt sich dieser Sachverhalt in die vektorielle Form kleiden:

$$\mathbf{T} = u\mathbf{t}_1 + v\mathbf{t}_2 + w\mathbf{t}_3 \qquad \text{mit } u, v, w = \text{ganzzahlig} \tag{13}$$

Der Vektor $\mathbf{T}$ weist vom Ursprung direkt zum fraglichen Gitterpunkt und definiert eine sog. *rationale Richtung* im Gitter, die gemäß (13) durch drei ganze Zahlen u, v und w charakterisiert ist. Zur symbolischen Bezeichnung der *Gitterrichtungen* setzt man die drei ganzen Zahlen in der vorstehenden Reihenfolge *in eckige Klammern:* [uvw].

Jede Ebene ist durch drei Punkte (die nicht auf einer gemeinsamen Geraden liegen) fixiert. Sind diese Punkte speziell drei Gitterpunkte, liegt eine sog. *rationale Ebene* oder *Netzebene* vor. Die Bezeichnung „Netzebene“ rührt daher, daß diese Ebene, da sie drei Gitterpunkte enthält, zwei nichtparallele Translationen $\mathbf{T}$ und $\mathbf{T}'$ aufweisen muß und damit gleichmäßig – nach Art der Knoten eines Netzes – mit Gitterpunkten überdeckt ist. Mit einer derartigen Netzebene als Motiv und einer geeigneten weiteren Translation des Gitters als Erzeugungsoperator entsteht eine Schar dazu paralleler Netzebenen. Das von diesen Ebenen gebildete Muster – nämlich das Gitter selbst – muß homogen sein, was bedeutet, daß jede Ebene die gleiche Umgebung besitzt. Das kann nur in der Weise geschehen, daß die Abstände zwischen benachbarten Netzebenen identisch sind. Zu jedem Netzebenensatz gehört daher ein gemeinsamer Abstand, eine bestimmte *Identitätsperiode*, die immer *mit* d *symbolisiert* wird. Da die Lage einer rationalen Ebene

---

[1] Eines Körpers, der von sechs, paarweise parallelen, ebenen Flächen begrenzt ist.

bereits durch drei Gitterpunkte festgelegt ist, läßt sich ein dreidimensionales Punktgitter auf vielerlei Weise in Netzebenenscharen zerlegen. Jede Zerlegung ist vollständig, d. h. sie umfaßt alle Gitterpunkte.

Alle Gitterpunkte, insbesondere auch die Gitterpunkte in den Ecken der Zelle, müssen auf Netzebenen eines vorgegebenen Satzes liegen. Da die Netzebenen in gleichmäßigem Abstand aufeinanderfolgen, müssen sie notwendigerweise jede Zellkante gleichmäßig unterteilen, so daß die Anzahl der entstehenden Teilstücke immer ganzzahlig ist, wie es Abb. 16A skizziert. Die *Zellkanten* bezeichnet man *gewöhnlich mit* a, b *und* c, die ganzen Zahlen, mit denen die Kanten unterteilt werden, mit h, k und l. Im einzelnen unterteilt ein Netzebenensatz:

die a-Achse in h gleiche Teile
die b-Achse in k gleiche Teile
die c-Achse in l gleiche Teile.

Um die h, k, l in ihrer Bedeutung besser zu verstehen, sei eine weitere Betrachtungsweise herangezogen. In der analytischen Geometrie wird die Achsenabschnittsgleichung einer Ebene, bezogen auf ein beliebiges räumliches Parallelkoordinatensystem x_1, x_2, x_3 durch

$$x_1/s_1 + x_2/s_2 + x_3/s_3 = 1 \qquad (14)$$

beschrieben. Die Gleichung besagt, daß die 3 Punkte $(s_1, 0, 0)$, $(0, s_2, 0)$ und $(0, 0, s_3)$ dieser Ebene angehören, wovon man sich durch Einsetzen überzeugt. Legt man die Koordinatenachsen parallel a, b und c und führt – wie in Abb. 16B – diese Größen gleichzeitig als Maßeinheiten für die Koordinaten ein, so gilt

$$ax = x_1, \quad by = x_2, \quad cz = x_3.$$

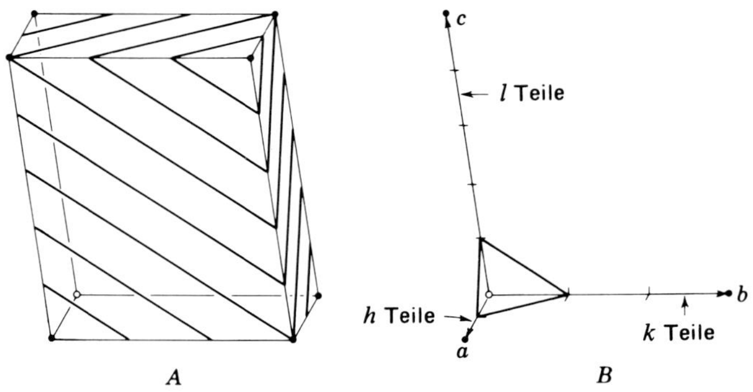

Abb. 16. Zur Ableitung der Flächenindizes (hkl).

Die erste, auf den Nullpunkt folgende Netzebene hat die Achsenabschnitte

$$s_1 = a/h, \quad s_2 = b/k, \quad s_3 = c/l,$$

womit aus Gl. (14) schließlich entsteht:

$$xh + yk + zl = 1. \tag{15}$$

Die drei ganzen Zahlen h, k und l werden Indizes[2] der rationalen Ebene genannt und bilden, in *runde Klammern* gesetzt, das *Ebenensymbol* (hkl). Mit den Symbolen, z. B. (312), (100), (201), ist der Netzebenensatz bei gegebener Zelle festgelegt. Schließlich sei bemerkt, daß die drei Indizes keinen gemeinsamen Faktor $\neq 1$ besitzen können, also immer teilerfremd sind. Gäbe es einen gemeinsamen Faktor $p > 1$, würde sich der vollständige Satz aus dem Netzebenensatz zusammensetzen, der den teilerfremden Indizes $(\frac{h}{p}\,\frac{k}{p}\,\frac{l}{p})$ entspricht, zuzüglich $p - 1$ weiteren Ebenen, die in gleichmäßigem Abstand jeweils zwischen zwei benachbarten Netzebenen gelagert wären. Diese zusätzlichen Ebenen enthalten keine Gitterpunkte und sind daher nicht rational im hier gebrauchten Sinne.

Symmetrische Punktgitter. Da einerseits dem Muster eines Kristalls ein räumliches Punktgitter zugrunde liegt, andererseits dieser Kristall eine der 32 möglichen Symmetrien von Tab. 4 besitzt, muß auch sein Punktgitter mit der Kristallsymmetrie konform sein. Die symmetrischen Punktgitter sind schon seit dem frühen 19. Jahrhundert bekannt. Sie lassen sich bereits mit elementaren Methoden leicht ableiten, jedoch soll die etwas langwierige Prozedur hier umgangen werden. Es stellt sich heraus, daß es zu jeder Symmetrie – ausgenommen zur allgemeinsten 1 und $\bar{1}$ – zumindest zwei mögliche Gittertypen gibt. Die Typen sind, zusammen mit weiteren Informationen, die noch diskutiert werden müssen, in Tab. 5 zusammengestellt und in Abb. 17 abgebildet; einige Erläuterungen der Symbolik enthält Tab. 6.

Tab. 5 zeigt, wie sich die einzelnen Typen auf die verschiedenen Symmetrien verteilen. Die Anordnung bedarf einiger erklärender Worte: In der zweiten Zeile wird zwischen I, A und B nicht ausdrücklich unterschieden, da die drei Typen lediglich für verschiedene erlaubte Wege stehen, die bei der Auswahl der Gitterzelle eingeschlagen werden können. In der dritten Zeile unterscheiden sich die Typen A, B und C, die sog. *einfach flächenzentrierten Zellen*, nur durch die Orientierung der Zelle bei ihrer Aufstellung. In der 5. Zeile sei schließlich festgehalten, daß die mit P beschriebenen Zellen für den 3-zähligen und für den 6-zähligen Fall (siehe 3. Spalte)

---

2 Oft werden sie auch als Millersche Indizes bezeichnet. M. J. Buerger bemerkt dazu in der engl. Originalausgabe dieses Buches, daß diese Bezeichnung bei den Nichtkristallographen üblich sei, jedoch abgeschafft werden sollte, da erstens keine andere Art von Indizes für diese Ebene im Gebrauch ist und zweitens sie Miller zwar populär gemacht aber nicht ersonnen habe.

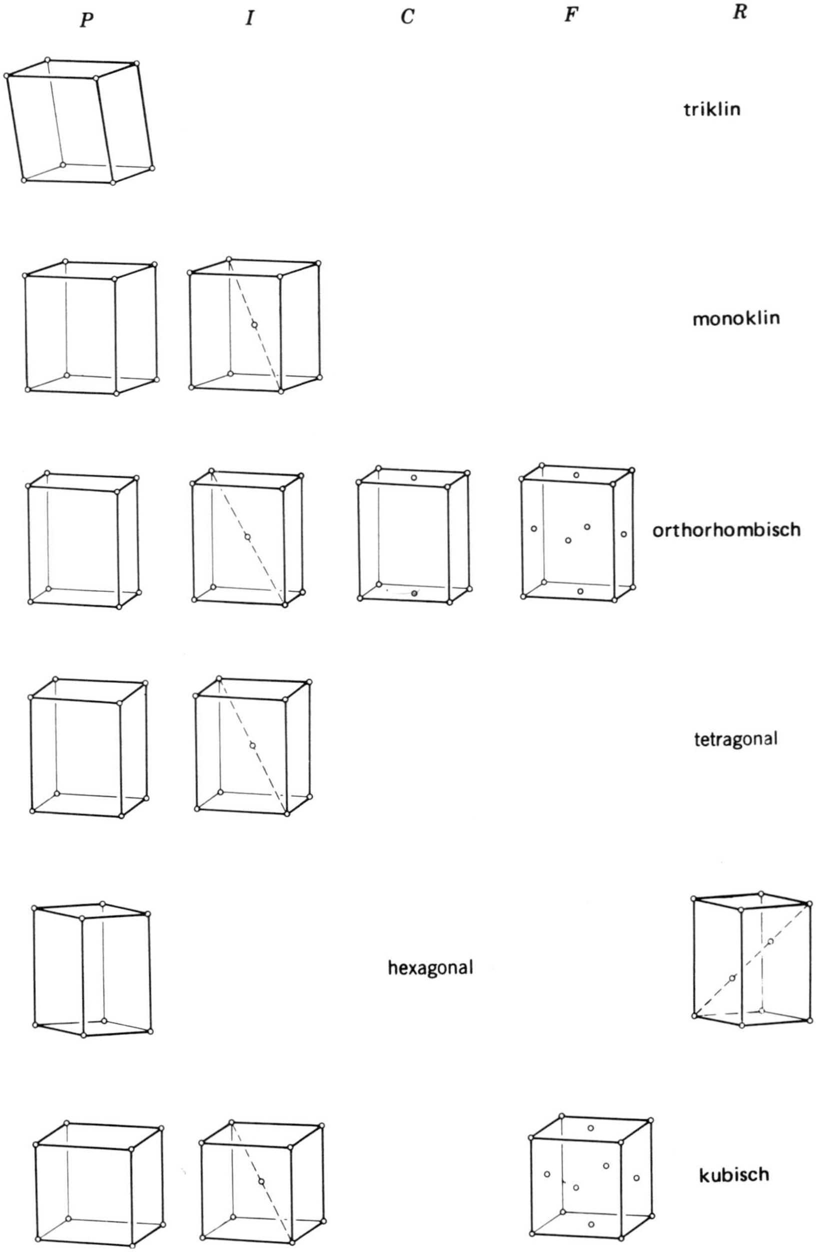

Abb. 17. Die Zellen der 14 symmetrischen Gitter und ihre Verteilung auf die Kristallsysteme. [Aus M. J. Buerger: Elementary crystallography (Wiley, New York, 1956 u. 1963) 101].

Tabelle 5. Die passenden Koordinatensysteme für die verschiedenen Punktgruppen.

Punktgruppen	Erlaubte Raumgittertypen	Symmetrie des Raumgitters	Kristallsysteme	Achsen
$1, \bar{1}$	P	$\bar{1}$	triklin	$a \neq b \neq c$ $\alpha \neq \beta \neq \gamma$
$2, m, \frac{2}{m}$	P, I (oder A oder B)	$\frac{2}{m}$	monoklin	$a \neq b \neq c$ $\gamma \neq \alpha \equiv \beta = 90°$
$2\,2\,2, 2\,m\,m, \frac{2\,2\,2}{m\,m\,m}$	P, I, A (oder B oder C), F	$\frac{2\,2\,2}{m\,m\,m}$	ortho-rhombisch	$a \neq b \neq c$ $\alpha \equiv \beta \equiv \gamma = 90°$
$\bar{4}, \frac{4}{m}; 4\,2\,2, 4\,m\,m, \bar{4}\,2\,m, \frac{4\,2\,2}{m\,m\,m}$	P, I	$\frac{4\,2\,2}{m\,m\,m}$	tetragonal	$a \equiv b \neq c$ $\alpha \equiv \beta \equiv \gamma = 90°$
$3, \bar{3}; 3\,2, 3\,m, \bar{3}\frac{2}{m}$	{R {P	$\bar{3}\frac{2}{m}$ } $\bar{3}\frac{2}{m}$ }	hexagonal	$a \equiv b \neq c$ $90° = \alpha \equiv \beta \neq \gamma = 120°$
$6, \bar{6}, \frac{6}{m}; 6\,2\,2, 6\,m\,m, \bar{6}\,2\,m, \frac{6\,2\,2}{m\,m\,m}$	P	$\frac{6\,2\,2}{m\,m\,m}$		
$2\,3, \frac{2}{m}\bar{3}; 4\,3\,2, \bar{4}\,3\,m, \frac{4}{m}\bar{3}\frac{2}{m}$	P, I, F	$\frac{4}{m}\,\bar{3}\,\frac{2}{m}$	kubisch	$a \equiv b \equiv c$ $\alpha \equiv \beta \equiv \gamma = 90°$

Tabelle 6. Die allgemeinen Arten (oder „Moden") von Raumgittern.

Primitivität der Zelle	Bezeichnung	Anforderungen an das Gitter
1	P	Die primitive Zelle muß die Gittersymmetrie besitzen.
2	I	Die raumzentrierte Zelle muß die Gittersymmetrie zeigen.
	A	Die in der A- oder (100)-Fläche zentrierte Zelle muß die Gittersymmetrie zeigen.
	B	Die in der B- oder (010)-Fläche zentrierte Zelle muß die Gittersymmetrie zeigen.
	C	Die in der C- oder (001)-Fläche zentrierte Zelle muß die Gittersymmetrie darstellen.
4	F	Die allseitig auf A, B und C flächenzentrierte Zelle muß die Symmetrie des Gitters besitzen.
1 (3)	R	Die primitive Zelle muß die Form eines Rhomboeders haben. (Dieses Gitter wird bequemer auf eine Zelle mit $a \equiv b \neq c$, $\beta = 120^\circ$ bezogen, hat aber dann zusätzlich 2 innere Punkte in 1/3 und 2/3 entlang der Raumdiagonale.)

gleiche Symmetrie besitzen und damit beide Fälle ein und denselben Gittertyp liefern. – Berücksichtigt man die erwähnten gleichwertigen Lösungen nur einmal, gibt es insgesamt 14 symmetrisch unterschiedliche räumliche Punktgittertypen; ihre Zellen zeigt Abb. 17. Die Gittertypen werden häufig als Bravaisgittertypen, die Zelle als Bravaiszelle bezeichnet.

Die kristallographischen Koordinatensysteme

Die Kanten der Bravaiszelle eines Punktgitters bilden mit ihren Richtungen und Längen die Einheiten für das natürliche Koordinatensystem (Achsenkreuz) des Kristalls. Dabei lassen sich die Fälle mit einer 3- oder 6-zähligen Symmetrie zusammenfassen: Wie schon im vorhergehenden Abschnitt erwähnt, sind die beiden P-Zelltypen in Tab. 5 (5. Zeile) gleich. Aber auch der Typ R kann nach Tab. 6 auf eine Zelle von derselben äußeren Form wie die zuvor genannten P-Zellen bezogen werden, enthält dann jedoch noch zwei zusätzliche Gitterpunkte im Zellinnern. Wenn man in dieser Weise zusammenfaßt, sind für die Kristallbeschreibung nur sechs verschiedene Koordinatensysteme erforderlich. Sie heißen die *sechs Kristallsysteme*. (Einige Autoren nehmen in verschiedener Weise Unterteilungen des hexagonalen Systems vor, und führen dazu ein „trigonales" oder „rhomboedrisches" System ein. Ein derartiges Vorgehen führt auf Ungereimtheiten und sollte vermieden werden.)

Die 32 möglichen Punktsymmetrien und die 6 Koordinatensysteme, auf die sie bezogen werden können, weisen den Weg zur Klassifizierung der Kristalle; die wichtigste Klassifizierung basiert auf den *32 Symmetrieklas-*

sen. Die Bedeutung des Kristallsystems wird leicht überschätzt und die Einschränkungen, die sie den Kristallen auferlegen, werden vom Anfänger häufig mißverstanden. Im wesentlichen liefern die 6 Kristallsysteme 6 bequeme Koordinatensysteme für die geometrische Beschreibung. Jedes Kristallsystem – in der vierten Spalte der Tab. 5 unter seinem kristallographischen Namen verzeichnet – umfaßt jeweils mehrere, in der ersten Spalte vermerkte Symmetrien.

Die Achsen der Kristallsysteme. In der Kristallographie bezeichnet man die Zellkanten mit a, b und c. Sie dienen als Maßeinheiten entlang den Achsen X, Y und Z, die gleichzeitig die Achsen des Kristallkoordinatensystems bilden. Die Winkel zwischen den drei Achsen werden konventionell wie folgt bezeichnet:

$$b \wedge c = \alpha$$
$$c \wedge a = \beta$$
$$a \wedge b = \gamma$$

Mit Bezug auf die Zelle werden die drei Winkel auch als *Kantenwinkel* bezeichnet, gelegentlich auch als *Zellwinkel.*

Als Folge der Symmetrien nehmen die Längen von a, b und c sowie die Winkel zwischen ihnen spezielle Werte an. Tab. 5 führt sie in ihrer letzten Spalte auf.

Die Information in Spalte 5 (Tab. 5) gibt leider häufig Anlaß zur Mißdeutung: Das Zeichen $\equiv$ steht mathematisch für „identisch gleich" und schließt ein, daß die Feststellung unter allen Umständen gilt; in diesem Sinn wird eine Gleichheit durch Symmetrie (1. Spalte der Tab. 5) gefordert. Das Zeichen $\neq$ bedeutet hier „nicht gleichwertig mit" oder soviel wie „in den meisten Fällen nicht gleich", was also nicht ausschließt, daß zwei Größen, die durch dieses Zeichen miteinander in Beziehung gesetzt sind, gelegentlich und zufällig gleich sein können. So werden in der letzten Spalte der Tab. 5 im orthorhombischen Fall die Beziehungen zwischen den Achsenlängen mit $a \neq b \neq c$ angegeben. Das bedeutet, daß die orthorhombischen Symmetrien nicht verlangen, aber auch nicht ausschließen, daß a, b und / oder c gleich sind. Es sei noch einmal nachdrücklich betont, daß in diesem Fall zwar keine Gleichheit gefordert ist, daß aber nichts daran hindert, innerhalb der Meßgenauigkeit eine Gleichheit der Längen festzustellen. Wenn sich nun beim Vermessen der Zellkanten eines bestimmten Kristalls herausstellt, daß a und b innerhalb der Meßgenauigkeit (zufällig!) gleich sind, wäre das durch $a = b$ auszudrücken, aber nicht durch $a \equiv b$. Das empirische Auffinden von $a = b$ berechtigt daher nicht, den Kristall in das tetragonale System einzuordnen, für das die Tab. 5 $a \equiv b \neq c$ angibt. Allgemeiner ausgedrückt: Es sollte klar sein, daß die Achsenangaben in der letzten Spalte der Tab. 5 keine Definitionen für die Kristallsysteme liefern, vielmehr stellen sie Beschränkungen als Folge der Symmetrie dar. Dagegen besagt die erste Spalte der Tabelle, daß ein Kristall dann und nur dann tetragonal ist, wenn seine Symmetrie eine einzige Achse mit n = 4 (bzw. $\bar{4}$) enthält; das macht a ≡ b erforderlich. (Weist die Symmetrie mehr als eine Achse mit n = 4 ($\bar{4}$) auf, gehört der Kristall dem kubischen System an, was a ≡ b ≡ c bedeutet.)

Die symmetriebedingte Einschränkung von Zellgrößen läßt sich durch eine zweckmäßige Schreibweise noch betonen. a ≡ b besagt, daß beide Achsen gleichwertig sind und identische Längen besitzen. Diesen Sachverhalt drückt man deutlicher aus, indem man a_1 und a_2 statt a und b schreibt. Entsprechend verfährt man in den anderen Fällen.

In allgemeiner Übereinkunft werden Kristalle gewöhnlich in einer *konventionellen Orientierung* aufgestellt (und angenähert so auch gezeichnet). Die Konvention sieht erstens vor, daß die c-*Achse* eine *vertikale Position* einnimmt, dabei mit ihrem positiven Teil nach oben weist. Zweitens wird die b-*Achse* – durch Drehen um c – angenähert links-rechts orientiert. Die Orientierung ist richtig, wenn der dem Achsenkreuz entgegenblickende Betrachter den positiven Teil der b-Achse zu seiner Rechten findet. Beträgt der Achsenwinkel $\alpha = 90°$, was in allen Systemen, *mit Ausnahme des triklinen*, der Fall ist, muß die b-Achse *horizontal* und genau *quer zum Betrachter* verlaufen. Da sich im triklinen System die vorstehende Forderung nur annähernd verwirklichen läßt, gilt für dessen Feinorientierung eine spezielle Vorschrift, die nachstehend unter den besonderen Kennzeichen besprochen wird. – Damit ist jedes Achsenkreuz eindeutig fixiert. Die a-Achse verläuft jetzt irgendwie von hinten nach vorn, dem Beschauer entgegen. Es liegt allgemein ein *Rechtssystem* (Linkssystem) vor, wenn der *positive* (negative) Teil der a-Achse auf den Beschauer zuläuft. Die konventionelle Aufstellung verlangt ein Rechtssystem.

Besondere Kennzeichen der verschiedenen Kristallsysteme. In diesem Abschnitt soll durch einige Bemerkungen zu den Konventionen und Besonderheiten der einzelnen Kristallsysteme der Umgang mit ihnen erleichtert werden.

Das kubische System wird auch isometrisches oder reguläres System genannt. Die drei Zellkanten stehen aufeinander senkrecht und sind einander gleich; diese Gleichwertigkeit kommt in der Kantenbezeichnung a_1, a_2, a_3 zum Ausdruck. Die drei Achsen bilden das gewöhnliche *kartesische Koordinatensystem.*

Das tetragonale System. Die drei Zellkanten stehen senkrecht aufeinander, zwei davon sind gleichwertig und werden a_1, a_2 genannt. Die dritte Achse, die auch tetragonale Achse heißt, besitzt als symmetrietragende Richtung eine Sonderstellung und ist die c-Achse; sie wird somit üblicherweise vertikal gestellt.

Das hexagonale System. Eine Achse trägt die Symmetrie n = 3 oder n = 6. Als singuläre Achse wird diese zur c-Achse, die üblicherweise vertikal gestellt ist. Die beiden anderen Achsen liegen in der Ebene senkrecht zu c und bilden untereinander den Winkel $\gamma = 120°$; wegen ihrer Gleichwertigkeit werden die Achsen a_1 und a_2 genannt. Aber weder a_1 noch a_2 kann man von einer dritten, mit a_1 und a_2 in einer Ebene liegenden Achse a_3 unterscheiden, mit der sie – durch die 3-zählige c-Achse symmetrisch äquivalent gemacht – einen Satz bilden. a_3 ist zwar unvermeidlich, aber als Koordinatenachse überflüssig und störend. Trotzdem bezieht man das hexagonale System häufig auf 4 Achsen $a_1 \equiv a_2 \equiv a_3 \neq c$, um die Symmetrie, besonders in den Flächenindizes, deutlicher zu machen. Das verlangt die Einführung eines vierten Index i, der sich auf die a_3-Achse bezieht. Da a_1, a_2,a_3 in ihrer gemeinsamen Ebene linear abhängig sind, sind es auch die ganzzahligen Indizes h, k, i, für die (ohne es hier zu beweisen) gilt:

$$h + k + i = 0. \tag{16}$$

Voll ausgeschrieben lautet die hexagonale Indizierung (hkil), die man – wegen der linearen Abhängigkeit nach (16) – oft in der gekürzten Form (hk · l) vorfindet, die der normalen dreigliedrigen Schreibweise entspricht. – Für (hkil) wird gelegentlich die Bezeichnung „*Bravais-Symbol*" benutzt.

Endlich kann man auch die dreigliedrigen [uvw] in symmetriegerechte viergliedrige Symbole [u'v' j w] umschreiben. Der Übergang ist jedoch komplizierter als im Fall der Flächensymbole und wird durch das Schema

$$[uvw] \rightarrow [u + j, v + j, j, w] \qquad \text{mit } j = \text{beliebig}$$

gegeben. Dieses *viergliedrige Symbol* ist also – im Gegensatz zu dem viergliedrigen Flächensymbol – *vieldeutig*. Eine oft gebrauchte Form erhält man speziell mit $j = j'/3 = -(u + v)/3$:

$$3\,[uvw] \rightarrow [2\,u - v, 2\,v - u, -(u + v), 3\,w] = [u', v', j', 3\,w],$$

wobei eine den Flächenindizes ähnliche Bedingung

$$u' + v' + j' = 0 \qquad \text{oder} \qquad j' = -(u' + v')$$

gilt. Für die Rückkehr vom vier- zum dreigliedrigen Symbol muß der Index j bzw. j' zuvor nach dem folgenden Schema gelöscht werden:

$$[u'\,v'\,j\,w] = [u' - j, v' - j, 0, w] \rightarrow [u' - j, v' - j, w] = [uvw].$$

Das orthorhombische System besitzt drei orthogonal zueinander stehende Achsen, deren Maßeinheiten a, b und c verschieden lang sein können. Nach allgemeiner Übereinkunft werden die Achsen so bezeichnet, daß $a \leqslant b$ gilt. In früherer Zeit ließ man c offen; es ist jedoch wünschenswert (nach Buerger), neuere Meßergebnisse in der leicht zu behaltenden „natürlichen" Reihenfolge $a < b < c$ zu ordnen (gemäß dem Vorschlag der IMA[3] sollte man sich statt dessen an die zyklisch vertauschte Reihenfolge $c < a < b$ halten).

---

[3] International Mineralogical Association, Commission on Mineral Data and Classification.

Das monokline System besitzt eine ausgezeichnete Achse mit der Symmetrie n = 2; wird diese – wie im Tetragonalen (Hexagonalen), dessen ausgezeichnete Achse die Zähligkeit n = 4 (3 oder 6) aufweist – als c-Achse angesehen und damit vertikal orientiert, spricht man von *erster Aufstellung;* der Winkel γ, der in der horizontalen Ebene zwischen a und b liegt, wird stumpf gewählt. Diese Aufstellung entspricht dem Prinzip nach einem Minimum willkürlicher Festsetzungen und sollte daher nach Buerger Vorrang genießen. (In der zweiten, historisch begründeten und von der IMA[3] propagierten Aufstellung ist die b-Achse symmetrietragende Achse. D. h. b liegt horizontal (quer zum Betrachter), die Ebene der Achsen a und c steht aufrecht, orthogonal zu b. Hier ist β als stumpfer Winkel und, der IMA[3] folgend, $c < a$ zu wählen.)

Das trikline System ist das allgemeinste, in dem die drei Kantenlängen a, b, c sowie die Winkel α, β, γ der Zelle freie Parameter bilden. Das Fehlen jeder Symmetrie läßt zunächst viele Wege für die Auswahl der Zelle aus dem Punktgitter offen. Konventionell ist die Zelle mit den drei kürzesten, nicht in eine Ebene fallenden Kanten zu wählen; diese Zelle heißt *reduzierte Zelle.* Reduzierte Zellen treten in zwei Typen auf: *Typ* I kann durch einen Satz von 3 Kanten beschrieben werden, deren eingeschlossene Winkel alle spitz sind (spitzwinklige Zelle), bei *Typ* II schließen die Kanten drei stumpfe Winkel ein (*stumpfwinklige Zelle*). Die Kantenbenennung, d. h. die Aufstellung, ist jedoch noch auf verschiedene Weise möglich. Alle Kristallographen sind sich in der Konvention $a < b$ einig. Aus Gründen, die im orthorhombischen Fall dargelegt sind, schlägt Buerger die zusätzliche Einschränkung $a < b < c$ vor. (Die IMA[3] schlägt wieder $c < a < b$ vor, sowie α und β stumpf; der dritte Winkel kann wegen der Existenz zweier Typen I und II nicht vorgeschrieben werden.)

Raumgruppen

Grundzüge der Ableitung. Die Ableitung der Raumgruppen ist zwar nicht schwierig, jedoch mühsam. Bei den Punktgruppen beruhte die Ableitung im großen und ganzen auf der Erkenntnis, inwieweit sich die Ergebnisse verschiedener Drehbewegungen kombinieren lassen. Zur Ableitung der Raumgruppe muß man über die Kenntnis des Vorstehenden hinaus wissen, wie sich Drehungen, Schraubungen, Spiegelungen, Inversionen, Gleitspiegelungen und Gittertranslationen miteinander widerspruchsfrei kombinieren lassen. In diesem Buch wird nicht versucht, alle diese Kombinationen zu entwickeln, vielmehr werden die allgemeinen Methoden aufgezeigt, denen zufolge die Anzahl dieser Kombinationsmöglichkeiten begrenzt ist.

Erlaubte Operationen. Die Symmetrieelemente, mit denen sich homogene Muster erzeugen lassen, enthält Tab. 1. Bislang wurden dabei allerdings noch keine Operationen mit Translationsanteilen τ berücksichtigt.

Im einzelnen müssen *Schraubungen* $A_{\alpha,\tau}$, die auf kristallographische Muster Anwendung finden, die Bedingung n = 1, 2, 3, 4 oder 6 (entsprechend

$\alpha = 0°, 180°, 120°, 90°$ oder $60°$) erfüllen. Außerdem muß sich τ, wie Gl. (3) zeigt, als echter Bruch der zugehörigen Gittertranslation t darstellen lassen. Jede derart eingeschränkte Schraubung bezeichnet man mit einem Symbol n_q, worin $n = 1, 2, 3, 4$ und 6 ist und q eine ganze Zahl kleiner als n bedeutet. Mit $q = 0$ wird $\tau = (0/n)$ t und die Schraubung wird zur reinen Drehung. Die kristallographischen Schraubungen sind in Abb. 18 dargestellt.

Wie in Gl. (2) ausgeführt, muß die Translationskomponente τ einer *Gleitspiegelebene* m_τ parallel einer Gittertranslation verlaufen und deren halben Betrag ausmachen. Eine Gleitspiegelebene bekommt ein Symbol, das anzeigt, welcher Gittertranslation die Gleitung τ parallel läuft. Die Symbole, und was sie beinhalten, enthält Tab. 7.

Isogonale Beziehungen. Zwei Drehungen heißen *isogonal*, wenn sie gleiche Drehkomponenten α haben. Als Beispiel seien die Achsen 6, 6_1, 6_2, 6_3, 6_4 und 6_5 angeführt, deren jede eine Drehkomponente α von $60°$ hat, und die daher miteinander isogonal sind.

Nun kann sich irgendein Translationsanteil, der an eine Drehoperation gekoppelt ist, nicht auf den Drehanteil auswirken, da die Bewegungen von Drehung und Translation aufeinander senkrecht stehen. Wenn also zwei gekoppelte reine Drehungen A_α und B_β unter einem bestimmten Winkel $A \wedge B$ einer Ersatzdrehung $C_{-\gamma}$ entsprechen, können mögliche Translationsanteile die Winkelverknüpfungen nicht beeinflussen. Demgemäß muß A_{α,t_1} in Koppelung mit B_{β,t_2} zu $C_{-\gamma,t_3}$ führen, wobei die Winkel α, β und γ sowie $A \wedge B$, $B \wedge C$ und $C \wedge A$ dieselben sind, wie für den isogonalen Satz A_α, B_β, $C_{-\gamma}$. Das bedeutet, die Kombination zweier Schraubungen, die isogonal mit zwei reinen Drehungen sind, stellt eine Schraubung dar, die isogonal mit der Kombination aus diesen beiden reinen Drehungen ist; die Neigungswinkel der Achsen in einem Satz sind denen im isogonalen Satz gleich.

Hieraus folgt, daß es zu jeder Punktgruppe einen Satz isogonaler Raumgruppen gibt, der mindestens eine Raumgruppe enthält. Die Punktgruppe

Tabelle 7. Einige Merkmale von Gleitspiegelebenen.

Translationskomponente	Typ der Gleitspiegelebene	Symbol
$\frac{a}{2}$	axiale Gleitspiegelebene	a
$\frac{b}{2}$		b
$\frac{c}{2}$		c
$\frac{a}{2}+\frac{b}{2}$ oder $\frac{a}{2}+\frac{c}{2}$ oder $\frac{b}{2}+\frac{c}{2}$	Diagonalgleitspiegelebene	n
$\frac{a}{4}+\frac{b}{4}$ oder $\frac{a}{4}+\frac{c}{4}$ oder $\frac{b}{4}+\frac{c}{4}$ oder $\frac{a}{4}+\frac{b}{4}+\frac{c}{4}$	Diamant-Gleitspiegelebene	d
Null	Spiegelebene	m

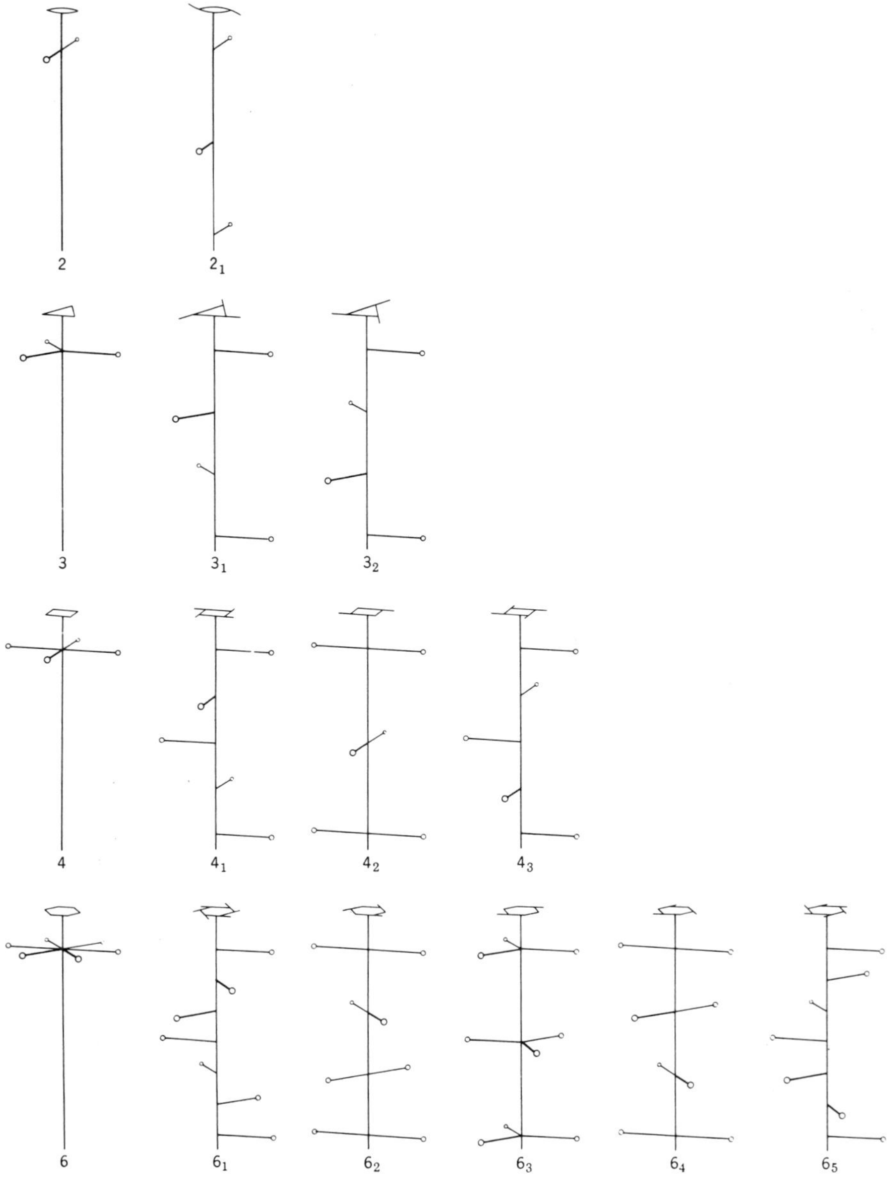

Abb. 18. Die 15 kristallographischen Schraubenachsen. Jede Achse ist als vertikale Gerade gezeichnet, die oben das geometrische, unten das geschriebene Symmetriesymbol zeigt. Die wiederholte Anwendung einer Operation auf einen beliebigen Punkt verdeutlicht die Symmetrie der jeweiligen Achse. [Aus M. J. Buerger: Elementary crystallography (Wiley, New York, 1956 u. 1963) 205].

und der zugehörige Raumgruppensatz sind isogonal bezüglich ihrer jeweiligen Drehbewegungen und der Winkel, welche die Symmetrieachsen untereinander bilden. Auch ist festzuhalten, daß die Spiegelung m in einer Punktgruppe isogonal mit einer Spiegelung m oder einer Gleitspiegelung m_τ in den damit isogonalen Raumgruppen ist.

Beispiele isogonaler Raumgruppen. Zur Verdeutlichung sind in Abb. 19 zwei einfache Fälle isogonaler Punkt- und Raumgruppen wiedergegeben. Die obere Bildzeile illustriert die Überführung eines willkürlich gewählten Punktes (eines hier nicht gezeichneten Motivs) in seine sämtlichen symmetrieäquivalenten Positionen, sowie das vermittelnde Punktsymmetrieelement. Darunter ist die Situation dargestellt, die sich dann nach Einführung der Translation ergibt, und die im linken und im rechten Bildteil nach Tab. 5 je eine monokline Zelle verlangt. Die Zelle kann vom Typ P (Symbol P2 bzw. Pm) oder vom Typ A (Symbol A2 bzw. Am) sein. Im P-Typ, der zunächst betrachtet werden soll, wiederholt sich das Motiv in jedem der acht Eckpunkte der Zelle (mit einem Achtel), was besagt, daß das Motiv genau einmal im Zellvolumen enthalten ist. Weiter fällt in der Darstellung der Raumgruppe mit dem Symbol P2 auf, daß – offensichtlich hervorgerufen durch die Translation – eine zweite Sorte 2-zähliger Achsen durch die Kantenmitten von a und b und durch die Mitte der Flächendiagonale läuft. Aus analogem Grund tritt in Pm eine zweite Sorte von Spiegelebenen auf, die c halbiert. Damit ist das Symmetriegerüst komplett. – Die A-Zelle enthält im Mittelpunkt der von b und c gebildeten Fläche einen weiteren Gitterpunkt. Entsprechend weisen die Darstellungen der Raumgruppen an diesen Stellen das Motiv ein weiteres Mal auf. In der Raumgruppe mit dem Symbol A2 entsteht jetzt nicht nur eine zweite Sorte 2-zähliger Achsen, sondern auch noch eine Sorte von 2-zähligen Schraubenachsen, während sich in Am keine weitere Komplikation ergibt. – Im folgenden Schritt wird die 2-zählige Achse durch die 2_1-Schraubenachse ersetzt, indem man die Translationskomponente an den symmetriäquivalenten Punkten berücksichtigt; so wird aus P2 der mit dem Symbol $P2_1$ gekennzeichnete Fall. Diesmal ruft die Translation eine neue Sorte von Schraubenachsen hervor.

Schließlich ist noch zu bemerken, daß der Fall $A2_1$ in der Zusammenstellung fehlt. Man kann sich leicht klarmachen, daß er mit A2 identisch ist und damit überflüssig. Indem man nämlich die Zellbegrenzung von A2 um b/4 versetzt, vertauschen alle Schrauben- und Drehachsen ihre Rollen, womit dann A2 in $A2_1$ überführt ist. Wie die Raumgruppen mit den Symbolen Pa und Aa entstehen, dürfte aus ihren bildlichen Darstellungen ohne weiteres verständlich sein.

Der kleine Exkurs in die Raumgruppendarstellung zeigt am Beispiel, daß bei der Kombination von Symmetrieoperationen vom Typ 2 oder m mit Translationen t neue Symmetrieoperationen entstehen. Diese Feststellung gilt allgemein und läßt sich – etwas weniger exakt, aber für den Anfänger einprägsamer – in dem Satz zusammenfassen: Ein Punktgitter und ein

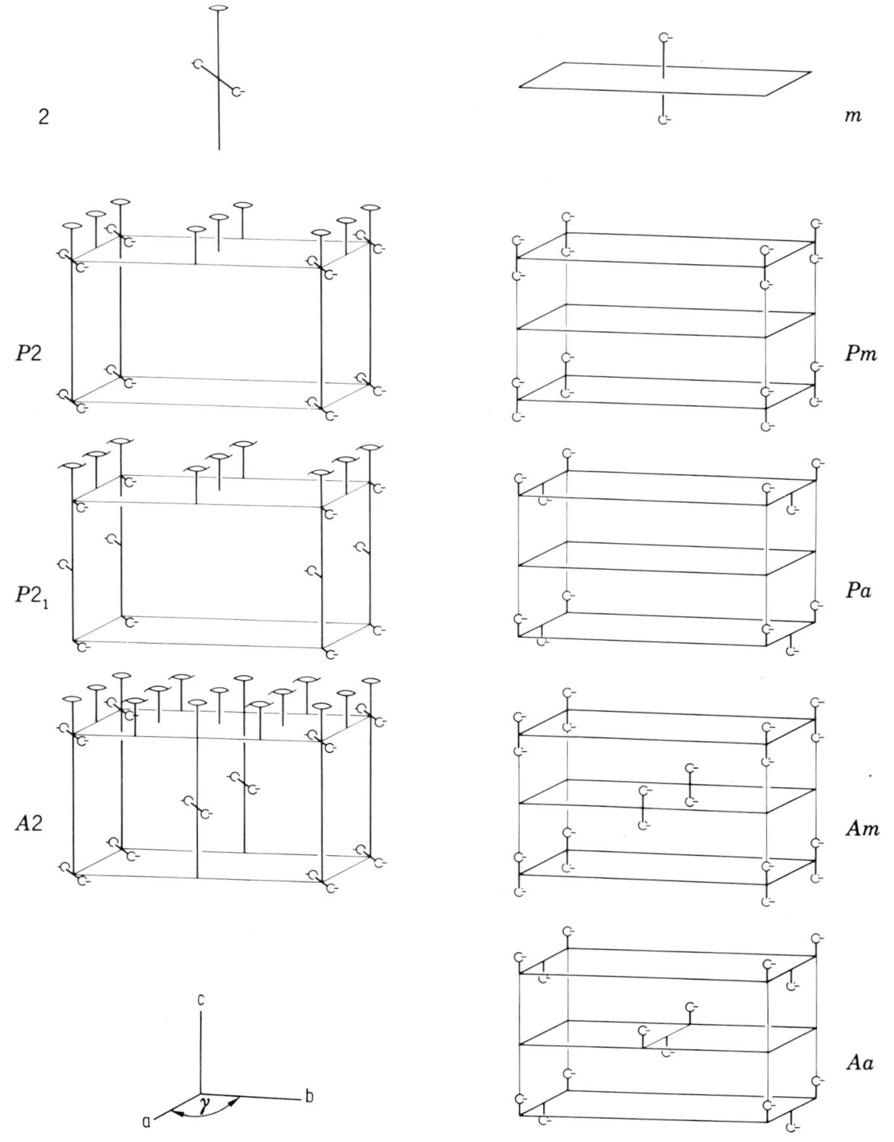

Abb. 19. Ganz oben sind die Symmetrieelemente der zwei monoklinen Punktgruppen 2 und m und ihre Wirkung auf einen beliebigen Punkt gezeichnet. Unter jeder Punktgruppe (2 und m) sind die zugehörigen isogonalen Raumgruppen dargestellt mit den Symmetriewiederholungen eines beliebigen Punktes in jeder Raumgruppe.

Symmetrieelement kombinieren zu einem neuen Symmetrieelement, üblicherweise an einem anderen Ort.

Hier sollen jedoch keine weiteren Ergebnisse derartiger Kombinationen abgeleitet oder aufgezählt werden. Die vorstehenden Beispiele der Abb. 19 mögen genügen.

Raumgruppensymbole. Die Raumgruppen sind charakterisiert durch

(1) die allgemeinen *Bravaisgittertypen* P, A, B, C, I, F oder R,

(2) die verschiedenen spezifischen *Symmetrieachsen* der Raumgruppe, die isogonal mit den entsprechenden Symmetrieachsen der isogonalen Punktgruppe sind,

(3) die verschiedenen *Spiegel- oder Gleitspiegelebenen* der Raumgruppe, die isogonal mit den Spiegelebenen der isogonalen Punktgruppe sind.

Die Punktgruppensymbole setzen sich nach Tab. 5 aus ein bis drei hintereinanderstehenden Zeichen zusammen, wobei jedes Zeichen auch ein Bruch sein kann. Tritt ein Bruch auf, so steht jeweils das Symbol für die Drehung im Zähler, für die Spiegelung im Nenner. Beispiele von Punktgruppensymbolen sind:

$$4\,;\ \frac{4}{m}\,;\ 2\,3\,;\ 4\,m\,m\,.$$

Jede mit einer Punktgruppe isogonale Raumgruppe weist die entsprechende isogonale Zeichenfolge plus einen vorangestellten großen Buchstaben zur Bezeichnung des Gittertyps auf. Tab. 8 erläutert den Symbolzusammenhang zwischen isogonalen Punkt- und Raumgruppen für die gerade aufgezählten vier Beispiele.

Tabelle 8. Zusammenhang zwischen Punktgruppensymbolen und den Symbolen isogonaler Raumgruppen.

Punktgruppe	Isogonale Raumgruppen		
4	P 4 $P\,4_1$ $P\,4_3$ $P\,4_2$	I 4 $I\,4_1$	
$\frac{4}{m}$	$P\,\frac{4}{m}$ $P\,\frac{4}{n}$ $P\,\frac{4_2}{m}$ $P\,\frac{4_2}{n}$	$I\,\frac{4}{m}$ $I\,\frac{4_1}{a}$	
2 3	P 2 3 $P\,2_1\,3$	I 2 3 $I\,2_1\,3$	F 2 3
4 m m	P 4 m m P 4 c c P 4 b m P 4 n c $P\,4_2\,m\,c$ $P\,4_2\,c\,m$ $P\,4_2\,b\,c$ $P\,4_2\,n\,m$	I 4 m m I 4 c m $I\,4_1\,m\,d$ $I\,4_1\,c\,d$	

Die maximal drei Zeichen eines Punktgruppensymbols bzw. die maximal vier Zeichen eines Raumgruppensymbols dürfen auch ohne Zwischenraum zwischen den einzelnen Zeichen geschrieben werden, soweit dies nicht zu Mißverständnissen führt. Zum Unterschied von anderen, älteren Symbolbezeichnungen nennt man die hier dargestellte Punkt- und Raumgruppensymbolik nach zwei darum verdienten Kristallographen die *Hermann-Mauguin-Symbolik*.

Geschichtliche Anmerkungen

Die Raumgruppentheorie hat sich im 19. Jahrhundert entwickelt. Während der ersten Hälfte jenes Jahrhunderts hatte zuerst Frankenheim (1842) und dann Bravais (1850) die symmetrischen (Punkt-) Gitter gefunden. Jedes dieser Gitter hat die Eigenschaft, daß alle seine Punkte bezüglich ihrer Umgebung gleiche Symmetrie besitzen. Ursprünglich hatte man angenommen, in einer Kristallstruktur sei jeder Gitterpunkt mit einem Molekül besetzt, das dieselbe Symmetrie wie der Gitterpunkt haben müsse. Diese Vorstellung besaß jedoch den Nachteil, daß die möglichen Symmetrien auf die 7 sogenannten holoedrischen Kristallklassen beschränkt waren, daher war die Theorie der inneren Symmetrie nicht in der Lage, die anderen 25 Klassen zu erklären. Bravais, der zunächst diesen Standpunkt vertreten hatte, änderte ihn später und ließ für die Moleküle eine niedrigere Symmetrie als die der Gitterpunkte zu. Mit diesem Zugeständnis umfaßte die Theorie nun alle 32 Kristallklassen, wobei man die Symmetrie des Kristalls hauptsächlich der Molekülform zuschrieb.

In dem Bemühen, das Wesen des strukturellen Feinbaus zu erfassen, das dem Kristall so einmalige Eigenschaften verleiht, wie Flächen mit rationalen Achsenabschnitten, Spaltbarkeiten parallel rationaler Flächen und optische Anisotropie, betrachtete man die Struktur als eine homogene Anordnung von Molekülen. Im Sinne der Bravaisschen Theorie lief diese Homogenität auf die Forderung hinaus, jedes Kristallmolekül mit jedem anderen geometrisch über Gittertranslationen zu verbinden. So dachte man, daß die Homogenität mit Translationsäquivalenz identisch sein müsse. Jedoch um 1870 brachten, unabhängig voneinander, Wiener, Sohncke und Jordan einen erweiterten Gesichtspunkt in die Diskussion. Sie vertraten die Meinung, eine aus Punkten zusammengesetzte Struktur sei dann als homogen anzusehen, wenn sie von jedem ihrer Punkte gleich aussieht.

Auf diesem Standpunkt errichtete Sohncke eine vollständig neue Theorie der inneren Anordnung und Symmetrie. – Seine Auslegung der geometrischen Homogenität läßt sich an Hand eines Musters verdeutlichen, das durch periodisch translatorische Wiederholung eines Moleküls entlang einer Geraden entsteht. Das so entstandene Muster besitzt die leicht erkennbare Eigenschaft, daß die Gesamtstruktur von jedem Molekül aus den gleichen Anblick bietet. Dieses Prinzip wird auch nicht verletzt, wenn das Muster schraubenförmig um einen Kreiszylinder aufgewickelt ist. Da Homogenität durch die Geometrie der Translation entsteht, entsteht sie auch durch die der Schraubung. Auf letzterer gründet sich Sohnckes Theorie der homogenen Strukturen. Ist die Struktur gitterförmig, müssen entsprechende Punkte paralleler Schraubenachsen durch irgendwelche Translationen ihres Gitters verknüpft sein. – Sohncke gebrauchte im wesentlichen die gleichen geometrischen Hilfsmittel, die auch im vorliegenden Kapitel bei der Entwicklung dieses Gegenstandes herangezogen wurden. So zeigte er beispielsweise, daß die Kombination zweier Schraubenbewegungen um zwei nicht parallele Achsen der Schraubenbewegung um eine dritte Achse gleichwertig ist.

Mit geometrischen Methoden hat Sohncke (1879) dargelegt, daß es „65 regelmäßige unendliche Punktsysteme" gibt. Ihre Symmetrien sind die der heutigen *65 axialen Raumgruppen.* Sohnckes Beitrag zur Theorie der Kristallsymmetrie bedeutete einen echten Durchbruch in der kristallographischen Wissenschaft; er schuf die unumstößliche Grundlage für jeden weiteren Fortschritt, sowohl von der Verfahrensweise her, als auch im Hinblick auf das Ergebnis. Bedauerlicherweise zollt man seinem Werk vielfach nicht die gebührende Anerkennung, da – etwa bis 1915 – nur wenige an dem Gegenstand Interesse gefunden und bis dahin bereits andere Forscher Beiträge zu Sohnckes Grundlagen geleistet hatten.

Sohnckes Punktsysteme waren jedoch in gewisser Hinsicht noch unvollständig. Drei Wissenschaftlern unterschiedlicher Nationalität und unterschiedlicher Arbeitsrichtung war es beschieden, die fehlenden Symmetrien zu erkennen und das System zu vervollständigen. Um 1890 ergänzten unabhängig voneinander und fast gleichzeitig der deutsche Mathematiker Schoenflies, der englische Chemiker Barlow und der russische Kristallograph Fedorow die Theorie. Schoenflies erweiterte die Sohnckeschen 65 Punktsysteme um die Gleitspiegelebenen und die $\bar{4}$-Achsen und gewann damit die zusätzlichen 165 Raumgruppen. Barlow und Fedorow kamen mit abweichenden Methoden zum selben Ergebnis. Die Theorien dieser Forscher waren zwar schon vor Beginn des 20. Jahrhunderts fertiggestellt, erweckten aber lange Zeit wenig Interesse, bis dann 1919 Niggli zeigte, wie man die Raumgruppen mit Hilfe röntgenographischer Untersuchungen bestimmen kann. – Das 5. Kapitel dieses Buches befaßt sich mit dieser Methode.

Weiterführende Schriften

Harold Hilton. Mathematical crystallography and the theory of groups of movements. (Clarendon Press, Oxford, 1903) 262 Seiten.

Paul Niggli. Geometrische Kristallographie des Diskontinuums. (Gebrüder Borntraeger, Leipzig, 1919) 576 Seiten; als unveränderter Neudruck 1973 herausgegeben.

Arthur Schoenflies. Theorie der Kristallstruktur, ein Lehrbuch. (Gebrüder Borntraeger, Berlin, 1923) 555 Seiten.

Johann Jakob Burckhardt. Die Bewegungsgruppen der Kristallographie. (Birkhäuser, Basel, 1947) 186 Seiten.

M. J. Buerger. Elementary crystallography. An introduction to the fundamental geometrical features of crystal. (Wiley, New York, 1963) 528 Seiten.

H. Burzlaff und H. Zimmermann. Symmetrielehre. Kristallographie, Grundlagen und Anwendungen Bd. I. (Thieme, Stuttgart, 1977) 275 Seiten.

Grundlegende Werke und Einzelveröffentlichungen

Chr. Wiener. Die Grundzüge der Weltordnung (Atomenlehre). (Leipzig und Heidelberg, 1863, 1869) 82 Seiten.

L. Sohncke. Die Gruppirung der Moleküle in den Krystallen. Poggendorffs Ann. **132** (1867) 75–106.

C. Jordan. Mémoire sur les groupes de mouvements. Ann. Mat. F. Brioschi e L. Cremona [Milan] **2** (1868, 1869) 167–215, 322–345.

L. Sohncke. Die unbegräntzen regelmässigen Punktsysteme als Grundlage einer Theorie der Krystallstruktur. (Braun, Karlsruhe, 1876).

Leonhard Sohncke. Entwicklung einer Theorie der Krystallstruktur. (Leipzig, 1879) 247 Seiten.

Arthur Schoenflies. Krystallsysteme und Krystallstruktur. (Teubner, Leipzig, 1891) 638 Seiten.

William Barlow. Ueber die geometrischen Eigenschaften homogener starrer Structuren und ihre Anwendung auf Krystalle. Z. Kristallogr. **23** (1894) 1–63.

E. von Fedorow. Symmetrie der regelmässigen Systeme der Figuren [Russisch, 1890]. Theorie der Krystallstructur. Z. Kristallogr. **24** (1895) 209–252; **25** (1896) 113–224.

Kapitel 3
Die Beugung von Röntgenstrahlen an Kristallen

Vorgeschichte

Wie jede naturwissenschaftliche Forschung entwickelte sich auch die Kristallforschung im Zuge der experimentellen Hilfsmittel, die ihr zur Verfügung standen. Im Jahre 1669 teilte Nicolaus Steno seine Untersuchungsergebnisse über Quarzkristalle mit; er hatte Querschnitte durch die Kristalle gelegt, deren Umrißlinien vermessen und daraus geschlossen, daß entsprechende Kristallflächen – unabhängig von ihrer Größe – immer gleiche Neigungswinkel miteinander bilden. Dies war die Grundlage für das „Gesetz der Winkelkonstanz", das zwischen entsprechenden Flächen besteht. J. B. Romé de l'Isle (1772) erhärtete die Feststellung durch viele Messungen, die er mit einem Anlegegoniometer ausführte, einem Gerät, das im wesentlichen aus einem Winkelmesser mit einem beweglichen Fühlhebel besteht. Das dann von Wollaston (1809) ersonnene Reflexionsgoniometer gestattete, die Flächenwinkel wesentlich genauer optisch zu messen. So entstand das

Einkreisgoniometer, mit dem sich eine Meßgenauigkeit von etwa einer Bogenminute erreichen ließ. Dieses Gerät eignete sich in erster Linie dazu, die Winkelbeziehungen zwischen „tautozonalen" Flächen festzustellen, d. h. zwischen Kristallflächen, die eine gemeinsame Kantenrichtung (= *Zone*) aufweisen. Das Zweikreisgoniometer, mit dem sich die Orientierungen aller Kristallflächen in sphärischen Koordinaten (ähnlich den Angaben durch Längen- und Breitengrade) messen ließen, wurde unabhängig von Miller (1874), Fedorow (1889) und V. Goldschmidt (1893) erfunden. In den ersten Jahren unseres Jahrhunderts entwickelte es sich zu einem der meist gebrauchten Hilfsmittel für die objektive Kristallbeschreibung, jedoch ging sein Gebrauch in dem Maße zurück, wie sich die Röntgenmethoden durchsetzten.

Den Beginn der Kristalloptik darf man in das Jahr 1828 legen, als der Physiklehrer W. Nicol in Edinburgh das Polarisationsprisma erfand. Das Nicolsche Prisma wurde zum grundlegenden Bestandteil des von Mineralogen und Petrologen bis in unsere Tage ausgiebig gebrauchten Polarisationsmikroskops. In der Folge setzte sich die von Maschke (1871) und von Schroeder von der Kolk (1892) benutzte polarisationsmikroskopische Einbettungsmethode durch. Bei diesem auch als *Immersionsmethode* bezeichneten Verfahren vergleicht man die Brechzahlen von Kristallbruchstücken mit einer Anzahl von flüssigen Standards, in die man sie nacheinander „einbettet". Schon früh war der Gedanke aufgetaucht – und von Amici (1844) erstmals verwirklicht – den Objekthalter schwenkbar zu gestalten, um ein und denselben Kristall in allen Raumrichtungen untersuchen zu können. Fedorow schuf dazu (1893) die mathematischen Grundlagen und begründete damit die *Universaldrehtischmethode.* Zur Durchlicht- kam die Auflichtmikroskopie, und beide, technisch hoch entwickelt, haben heute ihren festen Platz.

Bis 1912 waren optisches Goniometer und Polarisationsmikroskop die einzigen wesentlichen Werkzeuge des Kristallographen, die ihm für seine Routineuntersuchungen und Kristallbeschreibungen zur Verfügung standen. Das Goniometer gestattete Untersuchungen der Kristalloberflächen, der Morphologie, und aus den damit gewonnenen Daten ließen sich Achsenverhältnis und Punktgruppensymmetrie ermitteln. Das Polarisationsmikroskop lieferte Informationen, wonach der Kristall einer von mehreren Symmetriekategorien zugeteilt werden konnte, lieferte mitunter auch Hinweise für das Vorhandensein einer Schraubenstruktur und diente dazu, die Größe der optischen Brechzahlen in ihrer räumlichen Verteilung und Wellenlängenabhängigkeit zu bestimmen. Jedoch erlaubte keins der vorhandenen Hilfsmittel eine Untersuchung des inneren Baus der Kristalle, also ihrer Kristallmuster selbst. Schließlich wurde uns das ersehnte Hilfsmittel mit der Röntgenbeugung in die Hand gegeben und öffnete so die Tür zu einem tiefen Verständnis der Kristalle.

Obgleich die Beugung der Röntgenstrahlen bereits 1912 entdeckt war, verzögerte der erste Weltkrieg ihre ausgiebige Anwendung bis in die Nachkriegsperiode. Zwischen den beiden Weltkriegen durchlief die Röntgenbeugung eine extensive theoretische und technische Entwicklung und wurde zum Standardmittel der Kristalluntersuchung. Die ausgedehnte Verwendung von Röntgenbeugungsmethoden drängte die goniometrischen und optischen Methoden dermaßen zurück, daß vielen gegenwärtigen Kristallographen – besonders aus den Reihen der Physiker und Chemiker – die älteren klassischen Methoden so gut wie unbekannt sind. Andererseits kennen Kristallographen, die eine mineralogische Grundausbildung besitzen, gewöhnlich die optischen und goniometrischen Methoden und fühlen sich in den klassischen Verfahren ebenso zu Hause wie in den neueren.

Dieses Kapitel leitet einen Buchabschnitt ein, der dem Leser in Umrissen die Theorie und die experimentellen Mittel nahebringen soll, die für die röntgenographische Untersuchung des Feinbaus der Kristalle wichtig sind.

Beugung

Wenn ein Wellenzug auf ein punktförmiges Hindernis trifft, vermag dieses Hindernis mehr oder weniger große Anteile des Wellenzuges aus seiner ursprünglichen Laufrichtung abzulenken. Sofern mehrere Hindernisse auftreten und die Größenordnung der Wellenlänge vergleichbar mit den Abständen zwischen benachbarten Hindernissen ist, wirken Wellenanteile, die in die gleiche Richtung gelenkt werden, so aufeinander ein, daß sie sich in einem Fall verstärken, in einem anderen Fall auslöschen. Dieses weitverbreitete Phänomen bezeichnet man als *Beugung* der Wellen an einem Objekt. Im Objekt Kristall sind die Atome die einzelnen Hindernisse; den Maßstab liefern die Atomabstände und für eine Strahlung, deren Wellenlänge diese Größenordnung aufweist – wie etwa die Röntgenstrahlung –, sind Beugungseffekte an den Kristallatomen zu erwarten. Röntgenstrahlen sind elektromagnetische Wellen; die Atome werden als elektrische Systeme von diesen Wellen gestört. Die Schwankung des elektrischen Feldes einer elektromagnetischen Welle kann auf die Elektronen der Atome in der Weise einwirken, daß sie die Strahlung absorbieren und mit derselben Frequenz (und mit definierter Phasenbeziehung zur primären Welle) wieder ausstrahlen; diesen spezifischen Vorgang meint man, wenn man sagt, die Atome *streuen* Röntgenstrahlen *kohärent*. Auf den Zusatz „kohärent“, der den Unterschied zu anderen Streuprozessen abgrenzt, kann man verzichten, wenn keine Gefahr für Mißverständnisse besteht. In diesem Buch ist mit Streuung stets die kohärente Streuung gemeint.

Das Beugungsbild hängt von den Baumustern der Kristalle ab. Dies läßt sich auf unterschiedliche Weise, zum Beispiel als mathematische Gleichung, formulieren: Auf der einen Seite steht eine Funktion, die das Muster in seinen Einzelheiten beschreibt, auf der anderen Seite der Gleichung steht, wie diese Funktion von den Beugungseffekten abhängt. Wenn das Baumuster bekannt ist, läßt sich sein Beugungsbild voraussagen. Wenn man – andererseits – über alle Beugungsdaten verfügt, kann die Gleichung auch nach dem

Baumuster aufgelöst werden. Die zuletzt genannte Möglichkeit wird ausführlicher in den Kapiteln 12, 13 und 14 abgehandelt. Das vorliegende Kapitel umreißt den Zusammenhang zwischen der Beugungsgeometrie und dem Punktgitter einer Kristallstruktur. In einigen vorbereitenden Bemerkungen wird aber auch bereits der Motiveinfluß auf die Beugung gestreift.

Beugung an einem Atom

Jedes Atom vereinigt in seiner Hülle eine Anzahl von Elektronen, deren jedes die auftreffenden Röntgenstrahlen streut. Ist der Durchmesser des Atoms vergleichbar mit der Wellenlänge, besitzen die in einer bestimmten Richtung betrachteten, von den einzelnen Elektronen ausgehenden Teilwellen im allgemeinen nicht mehr die gleiche Phasenlage. Diesen Fall zeigt Abb. 1. Den einfallenden Strahl, einschließlich seiner Verlängerung über das beugende Objekt hinaus, bezeichnet man allgemein als *direkten Strahl* oder als *Primärstrahl.* Für die Streuung in Richtung der direkten Strahlung ($2\theta = 0°$) ist die Wegdifferenz zwar stets Null, aber mit ansteigendem Winkel θ der Streurichtung nimmt die Wegdifferenz zu. Trägt man die Amplitude der resultierenden Welle, die das gesamte Atom streut, gegen die Streurichtung ab, so findet man mit wachsendem Winkel ein Absinken der Amplitude (Abb. 2). Die Amplitude wird gewöhnlich in Einheiten des Streuvermögens eines Einzelelektrons angegeben. In der direkten Strahlrichtung streuen alle Elektronen eines Atoms mit gleicher Phase; deshalb erreicht die Amplitude hier den Wert für Z Elektronen, wobei Z die Ordnungszahl des Atoms ist. Mit wachsendem Winkel 2θ fällt die Amplitude ab; der Verlauf wird gewöhnlich als Funktion von $(\sin \theta)/\lambda$ dargestellt, wobei λ die Wellenlänge der Röntgenstrahlung bedeutet. $(\sin \theta)/\lambda$ erweist sich als bequemer Parameter, der mit wachsendem θ zunimmt und der invariant gegenüber gewissen experimentellen Bedingungen ist. Zu Abb. 2 bleibt noch zu bemerken, daß die Streuung, obgleich sie mit θ abnimmt, niemals Null wird, sondern immer einen merklichen Betrag behält.

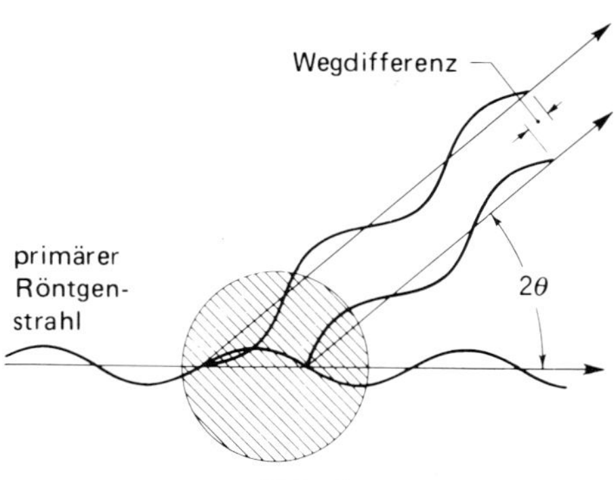

Abb. 1

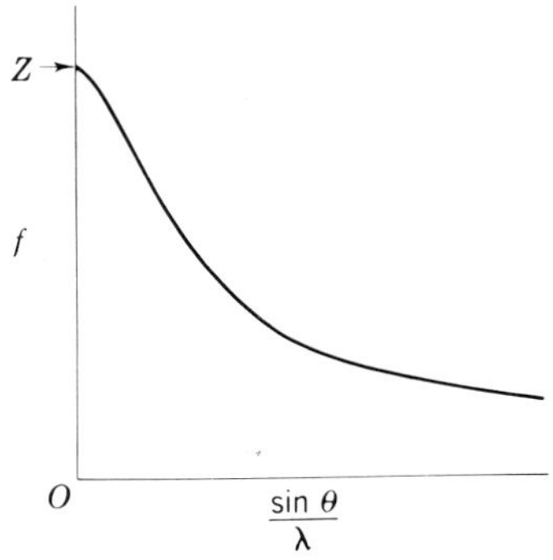

Abb. 2

Abb. 1. Entstehung der Streuung am Atom.
Abb. 2. Die Atomformamplitude: Abhängigkeit der Streuamplitude vom Streuwinkel θ.

Beugung an Kristallen

Die Streuung, die die Gesamtheit der Atome eines Kristalls hervorruft, läßt sich auf verschiedenen Wegen ableiten. Einen bequemen Zugang erreicht man über folgende Schritte: Man stellt zunächst fest, wie eine Schar von Atomen streut, die die Punkte eines Translationsgitters besetzen, und überlagert anschließend die Streuungen so vieler Scharen, wie die primitive Zelle Atome enthält. Als Vorbereitung sei einleitend die Streuung für eine einzelne lineare Reihe translationsäquivalenter Atome aufgestellt.

Streuung an einer Atomreihe. Fällt die Wellenfront einer Röntgenstrahlung auf eine Reihe translationsäquivalenter Atome, wie in Abb. 3A skizziert, so streut jedes Atom die ankommende Welle in Form einer winzigen, zu seinem Mittelpunkt konzentrischen sphärischen Welle. In der Abb. folgen die gezeichneten Wellenfronten im Intervallabstand der Wellenlänge λ aufeinander. Jedes Atom streut die Fronten, so wie sie ankommen, kugelsymmetrisch mit Bezug auf die Phase (aber mit θ-abhängiger Amplitude) und umgibt sich so mit einer Reihe sich ausdehnender winziger sphärischer Elementarwellen, deren aufeinanderfolgende Radien um λ differieren. Gemäß dem Huyghensschen Prinzip kennzeichnet irgendeine gemeinsame Tangente an die winzigen Elementarwellen um eine Reihe benachbarter Atome eine neue Wellenfront. Die Welle breitet sich in normaler Richtung zu dieser Wellenfront aus. Von den vielen Normalenrichtungen, die sich auf diese Weise bilden lassen, sind einige wenige in Abb. 3A durch Pfeile angedeutet. Jede Normalenrichtung entspricht einer Welle, von der man sagt, sie sei durch *Beugung an der Atomreihe* entstanden. Man verfolge jetzt die Strahlen aus einer einfallenden Wellenfront, die über eine Gruppe aneinandergrenzender Atome gelaufen sind und dann eine neue gemeinsame Wellenfront bilden. Ergibt sich, daß zwischen diesen Strahlen keine Wegdifferenz besteht, so stellt die zugehörige Welle das *Beugungsmaximum nullter Ordnung* dar. Differiert die Weglänge allgemein um das n-fache der Wellenlänge, mit n = 1, 2, 3 . . . , liegt das Beugungsmaximum n-ter Ordnung vor.

Einige wichtige geometrische Gesichtspunkte der Beugung lassen sich mit Hilfe der Abbildungen 3A und 3B ableiten. Es sei $\bar{\mu}$ der Winkel zwischen Atomreihe und einfallendem Strahl, entsprechend $\bar{\nu}$ der Winkel zwischen Atomreihe und abgebeugtem Strahl, mit der hier benutzten Konvention werden beide Winkel über dasselbe Atom gemessen und der Drehsinn für $\bar{\mu}$ so festgelegt, daß $\bar{\mu} \leqslant 90^\circ$ gilt. Unter den Verhältnissen der Abb. 3B setzt sich die gesamte Wegdifferenz aus zwei Anteilen zusammen, nämlich: der zusätzlichen Weglänge zwischen der (gestrichelt gezeichneten) Primärwellenfront und dem zuletzt von ihr erreichten Atom zweier Nachbarn, sowie der zusätzlichen Weglänge zwischen diesem Atom und der (gestrichelt gezeichneten) neuen Front der abgebeugten Welle. Damit die abgebeugte Welle ein Beugungsmaximum ist, muß die Summe beider Weganteile die ursprüngliche Phasenbeziehung an der Knickstelle der beiden Wellenfronten

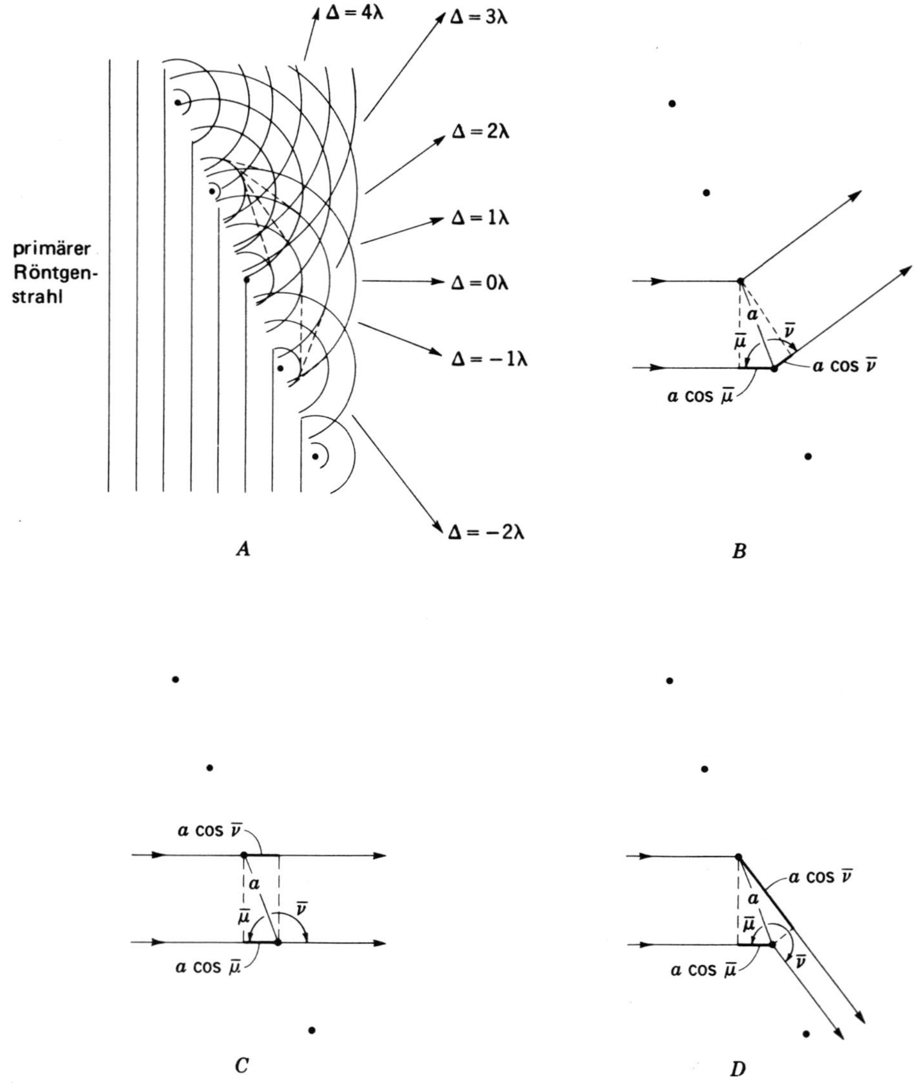

Abb. 3. Beugung an einer Atomreihe.

wiederherstellen; das wird erreicht, wenn die Wegdifferenz ein ganzzahliges Vielfaches von λ ist. Die Bedingung für das Beugungsmaximum verlangt daher:

$$a \cos \overline{\mu} + a \cos \overline{\nu} = m\lambda \qquad \text{mit } m = 0, \pm 1, \pm 2 \ldots \tag{1}$$

und nach Division durch a

$$\cos \overline{\mu} + \cos \overline{\nu} = m\lambda/a. \tag{2}$$

Die Gleichung (2) ist die *Lauebedingung* für die phasengleiche Streuung aller Glieder einer Reihe translationsäquivalenter punktförmiger Streukörper.

Die hier benutzte Winkelkonvention weicht von der ursprünglichen von Laueschen etwas ab. Sowohl $\bar{\mu}$ als auch $\bar{\nu}$ werden um dasselbe Atom gemessen. Der Winkel $\bar{\mu}$ des einfallenden Strahls kann immer spitz gewählt werden, während $\bar{\nu}$, der Winkel zum abgebeugten Strahl, entweder spitz sein kann wie in Abb. 3B, oder stumpf wie es Abb. 3D zeigt. Im ersten Fall ist cos $\bar{\nu}$ positiv, im zweiten negativ. Sind die Cosinuswerte entgegengesetzt gleich, die Winkel also komplementär (Abb. 3C), verschwindet die linke Seite der Gl. (2). Da sowohl a wie auch λ positive Größen sind, muß $m = 0$ sein. Gleichzeitig mit der linken Seite von Gl. (2) nimmt auch die *Ordnung* m negative Werte an.

Eine andere Schreibweise des in Gl. (2) stehenden Zusammenhanges, die zur Bestimmung von $\bar{\nu}$ bei gegebenen Größen λ, a, m und $\bar{\mu}$ dient, ist Gl. (3).

$$\bar{\nu} = \arccos\,[(m\lambda/a) - \cos\bar{\mu}]. \qquad (3)$$

Die ganzzahligen Werte von m sind dadurch eingeschränkt, daß sich die eckige Klammer nur innerhalb des erlaubten Bereiches $\pm$ 1 der Cosinusfunktion bewegen darf.

Der geometrische Ort aller von einem Punkt auslaufenden Richtungen, die einen festen Winkel $\bar{\nu}$ mit einer Geraden (durch diesen Punkt) bilden, ist ein Kegelmantel. Die Gerade ist die Achse des Kegels, dessen halber Öffnungswinkel $\bar{\nu}$ ist und dessen Spitze durch den Punkt geht. Jeder von der Kegelspitze auslaufende Strahl unter dem Winkel $\bar{\nu}$ ist geometrisch eine *Erzeugende* des Kegels. Betrachtet man λ, a und $\bar{\mu}$ als vorgegebene Größen, so bilden alle nach Gl. (3) erlaubten Richtungen ein gefächertes System koaxialer Doppelkegel um die Atomreihe als Achse; der Öffnungswinkel $2\bar{\nu}$ eines Kegels wird durch den Parameter m der Beugungsordnung bestimmt. Abb. 4 zeigt die Beugungsgeometrie in einer gegenüber Abb. 3 etwa 10^8-fachen Verkleinerung. Die Atomreihe, welche die Richtung der Kegelachse bestimmt, muß man sich im Schnitt„punkt" zwischen Kegelachse und direktem Strahl denken. Die Kegel werden *Lauekegel* genannt und gehören zu einer Atom(punkt-)reihe, die eine rationale Richtung des Translationsgitters sein muß. Später ergibt sich, daß zu jeder beliebigen rationalen Gitterrichtung ein solches System von Lauekegeln gehört.

Streuung an einer raumgitterförmigen Anordnung von Atomen. In der einfachsten Kristallart sind alle Atome durch Gittertranslation einander gleichwertig[4], d. h. *translationsidentisch*. Eine derartige Anordnung von Atomen ist nicht selbst ein Gitter – da ja ein Gitter ein geometrisch gedachtes

---

[4] Diese einfachste Art von Muster bilden einige (aber längst nicht alle!) chemischen Elemente, z. B. Eisen, Titan, Kupfer, Gold, Argon.

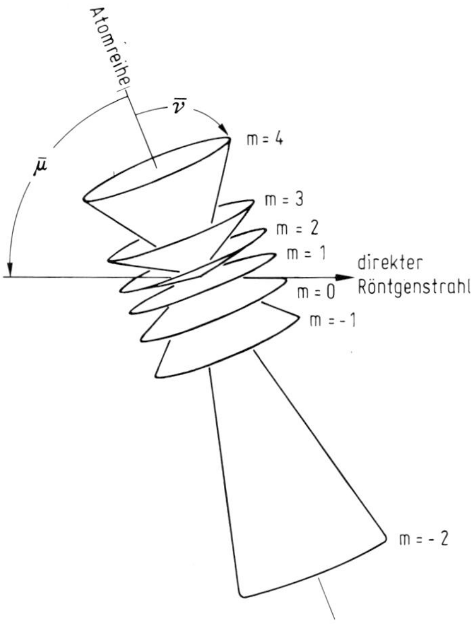

Abb. 4. Anordnung der Lauekegel um eine Atomreihe.

Punktgebilde darstellt – sondern vielmehr eine Gitteranordnung von Atomen. Die Streuung dieser Anordnung läßt sich mit Hilfe der vorstehend behandelten Streuung an einer Atomreihe verstehen, die ja nichts anderes als eine eindimensionale Gitteranordnung von Atomen ist.

Wenn Röntgenstrahlung auf eine gitterartige Anordnung von Atomen fällt, beteiligen sich alle Atome am Streuprozeß, aber ihre winzigen Elementarwellen können sich nur unter ganz bestimmten Bedingungen zu einem Beugungsmaximum verstärken. Normalerweise streut eine willkürlich herausgegriffene Atomreihe so, daß die winzigen, von den Atomen ausgehenden Wellen gemäß den Abbildungen 3 und 4 in Phase sind; die wenigen möglichen Winkel $\bar{\nu}$ sind durch Gl. (3) festgelegt. Aber nicht sämtliche Atome der Gitteranordnung streuen jetzt mit gleicher Phase, es sei denn, die Bedingungen der Gl. (2) sind für drei nichtkomplanare Atomreihen gleichzeitig für eine einzelne Beugungsrichtung erfüllt, d. h.

$$\begin{aligned} \cos\bar{\mu}_X + \cos\bar{\nu}_X &= m\lambda/a \\ \cos\bar{\mu}_Y + \cos\bar{\nu}_Y &= n\lambda/b \qquad \text{mit m, n, p = ganzzahlig} \\ \cos\bar{\mu}_Z + \cos\bar{\nu}_Z &= p\lambda/c. \end{aligned} \tag{4}$$

Darin sind a, b, c die Längen der Translationsschritte entlang dreier Atomreihen OX, OY, OZ; ferner bedeuten $\bar{\mu}_X, \bar{\mu}_Y, \bar{\mu}_Z$ die Winkel zwischen einfallendem Strahl und diesen drei Atomreihen, sowie $\bar{\nu}_X, \bar{\nu}_Y$ und $\bar{\nu}_Z$ die entsprechenden Winkel mit der Normale der gebeugten Welle. Die Bedingungen (4) sind die *Laue-Bedingungen* für die Beugung an einer raumgitterartigen Anordnung von Atomen. Drei nichtkomplanare Atomreihen streuen nur dann in Phase, wenn sich alle drei Kegel – aus jedem der drei Kegelsysteme jeweils einer – in einer gemeinsamen Kegelgeraden (Kegelerzeugende) schneiden und damit eine Beugungsrichtung definieren. Nur durch einen Zufall wird bei beliebiger Primärstrahlrichtung und willkürlich räumlicher Lage des Gitters eine gemeinsame Kegelgerade zustande kommen können; im allgemeinen ist dies aber nicht der Fall.

Die Bedingungen (4) drücken aus, daß tatsächlich alle Atome in ein und derselben Richtung phasengleich streuen. Um das zu verstehen, kann man vereinfachend die entsprechende zweidimensionale Situation betrachten, die bereits die wesentlichen Merkmale zeigt. In Abb. 5 möge die Reihe OX in m-ter Ordnung, die Reihe OY in n-ter Ordnung streuen, was bedeutet, daß benachbarte Atome entlang OX mit einer Wegdifferenz $m\lambda$, entlang OY mit $n\lambda$ streuen. Der Weg von der einfallenden Wellenfront über einen beliebigen Gitterpunkt P (dessen Koordinaten vom Ursprung aus durch die ganzen Zahlen u und v gegeben sind) und weiter zur Wellenfront der gebeugten Welle ist um den Betrag $(um + vn)\,\lambda$ größer als der Weg über den Ursprung O. Da u, v, m und n ganze Zahlen sind, streut das bei P liegende Atom mit einer Wegdifferenz gegenüber dem Punkt O, die ein ganz-

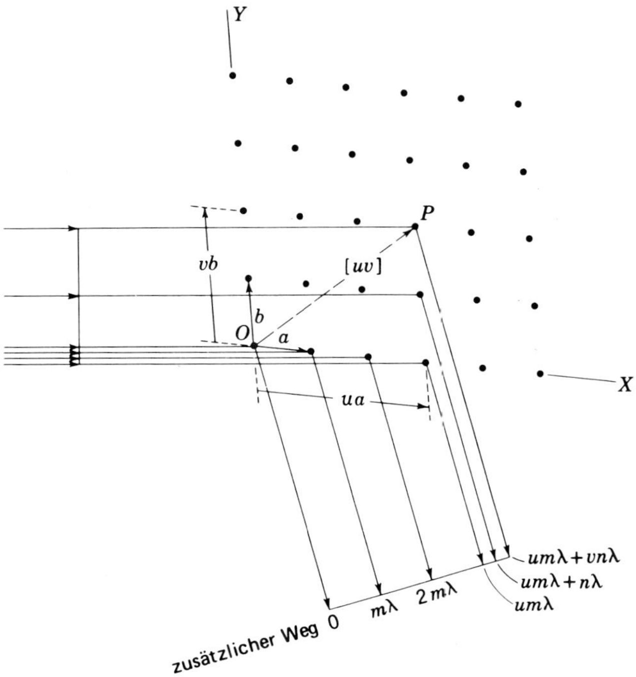

Abb. 5. Entstehung einer gebeugten Welle. Die Atome aller Gitterpunkte liefern phasengleiche Beiträge.

zahliges Vielfaches der Wellenlänge ausmacht. Vorausgesetzt die gestreuten Elementarwellen bilden eine gemeinsame Wellenfront, die in gemeinsamer Richtung weiterzieht, liefern die Atome aller Punkte der Gitteranordnung phasengleiche Beiträge, wenn irgendeine willkürliche Atomreihe (OX in Abb. 5) in m-ter Ordnung und eine zweite dazu nichtparallele, sonst aber willkürliche Atomreihe (OY in Abb. 5) in n-ter Ordnung streut. Dieser Befund läßt sich leicht auf den dreidimensionalen Fall übertragen.

Die Laue-Bedingungen für drei nichtkomplanare Atomreihen lassen sich in sehr anschaulicher Weise interpretieren. Die Situation ist wiederum in vereinfachter zweidimensionaler Form in Abb. 6 dargestellt. Wenn die Reihe OX in m-ter, die Reihe OY in n-ter Ordnung streut, streut das A-te Atom entlang der Reihe OX mit der Wegdifferenz $Am\lambda$ gegenüber dem Atom in O, das B-te Atom entlang OY mit der Differenz $Bn\lambda$. Wählt man speziell die Atome an den Stellen $A = n$ und $B = m$ aus, sind die Wegdifferenzen in beiden Fällen gleich $mn\lambda$. Mit anderen Worten, das n-te Atom entlang OX und das m-te entlang OY streuen beide mit der Wegdifferenz $mn\lambda$ gegenüber dem Atom im Ursprung O, weshalb die Wegstrecken von der einfallenden Wellenfront über A in die neue Wellenfront und die entsprechende Wegstrecke über B gleich lang sind. Dies ist genau die Bedingung für die optische Reflexion an einer spiegelnden Ebene, die durch A und B geht (Abb. 6). Diese Ebene besitzt die Achsenabschnitte $A = n$ und $B = m$; als kristallographische Ebene trägt sie das Symbol (mn). Das Ergebnis läßt sich jetzt in der nachstehend skizzierten Weise leicht auf drei Dimensionen verallgemeinern: Wenn sich die Streubeiträge aller Atome der Punkte eines räumlichen Gitters phasengleich zusammensetzen, entsteht eine Beugung, die durch die Laueordnungen m, n, p mit Bezug auf drei nichtkomplanare Atomreihen (die man als Achsen OX, OY und OZ ansehen darf) beschrieben wird. Diese Beugung kann – völlig gleichwertig – auch als „*Reflexion*" der primären Welle an einer kristallographischen Ebene mit den Achsenabschnitten np, pm und mn angesehen werden. Die Gleichung dieser Ebene lautet nach Gl. (14, 2)

$$x/np + y/pm + z/mn = 1, \tag{5a}$$

die durch Erweiterung mit dem Hauptnenner mnp in

$$mx + ny + pz = mnp \tag{5b}$$

übergeht. Dies ist die Gleichung der mnp-ten Ebene eines Netzebenensatzes, vom Ursprung O aus gerechnet. Die erste Ebene dieses Satzes gehorcht der Gleichung

$$mx + ny + pz = 1. \tag{6}$$

Es ist die Ebene, deren Indizes (hkl) gleich (mnp) sind.

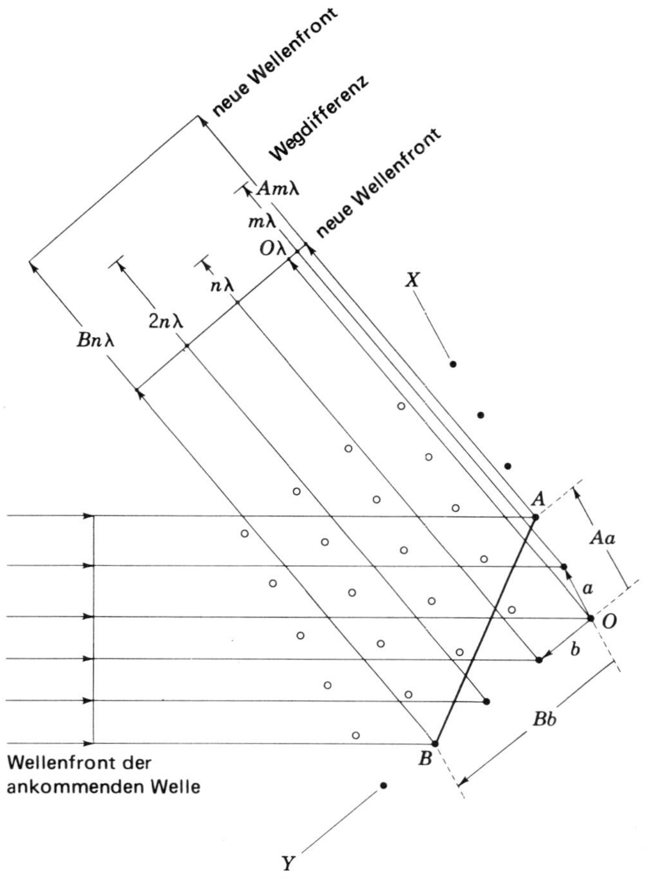

Abb. 6. Beschreibung der gebeugten Welle als scheinbare Reflexion an der Geraden AB.

Lehrsatz:
Wenn eine Raumgitteranordnung von Atomen eine Röntgenwelle in den Laueordnungen m, n, p streut, müssen notwendig alle Punkte auf den kristallographischen Netzebenen des Satzes (mnp) mit gleicher Phasenlage streuen, was mit der Reflexion der Röntgenwelle an der kristallographischen Ebene (mnp) geometrisch gleichwertig ist.

Braggsches Gesetz. Der vorstehende Lehrsatz zeigt einen zweiten Weg, wie man sich die Beugung von Röntgenstrahlen an einer Gitteranordnung von Atomen verständlich machen kann. Nach Überlegungen, die im Kap. 2 angestellt wurden, kann man die Raumgitteranordnung jeweils in eine Schar äquidistanter Netzebenen parallel (hkl) gliedern, wobei die Atome die Gitterpunkte der Netzebenen besetzen. Die Atome jeder (Netz)-Ebene beugen die Röntgenwellen scheinbar so, als würden die Wellen optisch reflektiert. Als nächstes erhebt sich die Frage, welche Bedingungen erfüllt sein müssen, damit jede Ebene einer Schar mit allen anderen in Phase reflektiert. Die Phasenbedingung verlangt, daß die Wegdifferenz zwischen benachbarten Ebenen ein ganzzahliges Vielfaches von λ ist. Bezeichnet man den Abstand zwischen benachbarten Ebenen mit d_{hkl}, ergibt sich nach Abb. 7 für die Wegdifferenz der Betrag $2d_{hkl} \sin \theta$; die Beugungsbedingung lautet dann

$$n\lambda = 2d_{hkl} \sin \theta_{hkl}. \tag{7}$$

Diese Beziehung ist als *Braggsches Gesetz* bekannt; sie trägt den Namen von Sir Lawrence Bragg, der sie im englischen Sprachraum als erster formuliert hat[5].

Eine nützliche Umformung der Gl. (7) stellt Gl. (8) dar.

$$\theta_{hkl} = \arcsin (n\lambda/2d_{hkl}). \tag{8}$$

Die ganze Zahl n zeigt an, wieviel Wellenlängen λ die Wegdifferenz zwischen zwei Strahlen ausmacht, die an benachbarten Ebenen der Netzebenenschar reflektiert werden. Gl. (8) läßt das Besondere dieser Art von Reflexion erkennen, die – anders als bei der gewöhnlichen optischen Reflexion – nur eintritt, wenn der Kristall soweit gedreht wird, daß die einzelne Ebene der Schar (hkl) mit dem ankommenden Röntgenstrahl einen Winkel θ_{hkl} bildet. Dieser Winkel gilt nur für ganz bestimmte Werte, da

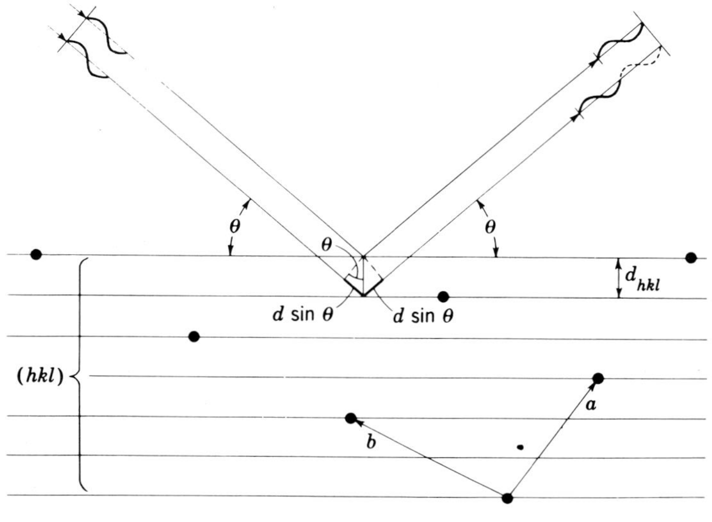

Abb. 7. Die Braggsche Bedingung für die Beugung am Translationsgitter.

[5] Die Russen schreiben Gl. (7) G. V. Wulf zu. Vgl. z. B. die persönlichen Erinnerungen von A. V. Schubnikow in dem Buch „Fifty years of X-ray diffraction“ (N. V. A. Oosthoek's Uitgeversmaatschappij, Utrecht, 1962) Seite 648.

für n in Gl. (8) nur ganzzahlige diskrete Werte erlaubt sind. Außerdem ist n zahlenmäßig nach oben hin begrenzt, weil der Klammerausdruck von Gl. (8) mit seinem Absolutbetrag höchstens gleich 1 sein darf.

Die Reflexionsordnung n ist im Braggschen Gesetz gewöhnlich nicht explizit dargestellt und wird statt dessen mit den Indizes (hkl) in der folgenden Weise zusammengezogen: Zunächst sind nur solche Gitternetzebenen rational (und haben nur in diesem Sinne eine reale Bedeutung), deren drei ganze Zahlen h, k und l teilerfremd sind. Dennoch läßt sich rein geometrisch auch ein Netzebenensatz in Betracht ziehen, dessen Indizes einen gemeinsamen Faktor n haben, nämlich den der Ebenen (nh, nk, nl). Diese Ebenen schneiden die Achsen a, b und c in n-mal so viele Teile wie die Ebenen des Satzes (hkl). Folglich haben sie untereinander den 1/n-fachen Abstand der Ebenen (hkl), also

$$d_{nh\ nk\ nl} = d_{hkl}/n. \tag{9}$$

Ersetzt man in Gl. (8) den Quotienten d_{hkl}/n durch die eine Seite von Gl. (9), geht Gl. (8) über in

$$\theta_{hkl} = \arcsin\,(\lambda/2d_{nh\ nk\ nl}). \tag{10}$$

In dieser Schreibweise der Braggschen Gleichung erscheint die Ordnung n als möglicher gemeinsamer Faktor der Indizes.

nh nk nl steht jedoch nicht mehr länger für eine rationale Kristallebene. Die drei Indizes charakterisieren jetzt sowohl die Ebene, die reflektiert, als auch die Ordnung n, mit der die Ebene reflektiert; kurz gesagt, nh nk nl charakterisiert jetzt die Reflexion. Um beide Arten von Indizes zu unterscheiden, wird ein *Indextripel, das eine Ebene repräsentiert,* wie gewöhnlich *in Klammern* gesetzt, während ein Indextripel, das eine *Reflexion* beschreibt, *ohne Klammern* geschrieben wird. Z. B. steht (123) für eine rationale kristallographische Ebene. Sie kann Anlaß zur Reflexion in erster, zweiter und dritter Ordnung geben, was als Reflexion 123, 246 und 369 bezeichnet wird.

Beugung unter Beteiligung aller Atome eines Kristalls. Nur wenige Kristalle sind in ihrer Struktur so einfach, daß sie aus einer einzigen raumgitterartigen Anordnung bestehen. Im allgemeinen enthalten die Kristallstrukturen mehrere, oft viele und unterschiedliche Atome innerhalb des Bereiches einer Bravaiszelle. Den von der Bravaiszelle umgrenzten Kristallbereich bezeichnet man als *Elementarzelle* oder kürzer einfach als Zelle. Wird der gesamte Inhalt der Elementarzelle mit den Translationen des (zugehörigen) Punktgitters wiederholt, so wird jedes einzelne Atom in der Zelle mit den nämlichen Translationen wiederholt und bildet, für sich gesehen, eine Punktgitteranordnung. Die Kristallstruktur kann man daher als n ineinandergestellte Gitteranordnungen von gleicher Geometrie ansehen, je eine für jedes der n Atome der Elementarzelle. Jede dieser Gitteranordnungen beugt die Wellen so wie in den letzten Abschnitten beschrieben und es entsteht die Frage, wie sich ihre Beugungsanteile beeinflussen.

Im Interesse der Klarheit seien mit Abb. 8 nur zwei unterschiedliche Atome pro Elementarzelle angenommen, die der Einfachheit halber als weiße und schwarze Atome bezeichnet sind. Es sei weiter vorausgesetzt, daß die beiden Gitteranordnungen in erster Ordnung reflektieren; dann beträgt die Wegdifferenz für zwei Strahlen, die an zwei aufeinanderfolgenden Netzebenen der weißen Gitteranordnung reflektiert werden, gleich λ. Die Wegdifferenz zwischen zwei Strahlen, die an zwei aufeinanderfolgenden Netzebenen der schwarzen Gitteranordnung reflektiert werden, beträgt ebenfalls λ. Die Wegdifferenz aber zwischen einer weißen und einer benachbarten schwarzen Netzebene ist kleiner und sei $\Delta\lambda$ genannt. Auf genau dem gleichen Weg, wie sich die Gl. (7) aus der Abb. 7 ableitet, läßt sich die folgende Beziehung (11) für die Wegdifferenz $\Delta\lambda$ aus der gegenseitigen Verschiebung Δd beider Gitteranordnungen gewinnen:

$$\Delta\lambda = 2\Delta d_{hkl} \sin \theta_{hkl}. \tag{11}$$

Ein Vergleich mit Gl. (7), worin für n die erste Ordnung steht, liefert

$$\Delta\lambda/\lambda = \Delta d_{hkl}/d_{hkl}. \tag{12}$$

Vielfach erweist es sich als vorteilhaft, statt der Wegdifferenzen die damit gekoppelten Phasendifferenzen zu betrachten. Da die Wegdifferenz λ einer vollen Wellenperiode, also einem Phasenzyklus von 2π entspricht, folgt offensichtlich die Phasendifferenz von zwei Wellen, die durch die ent-

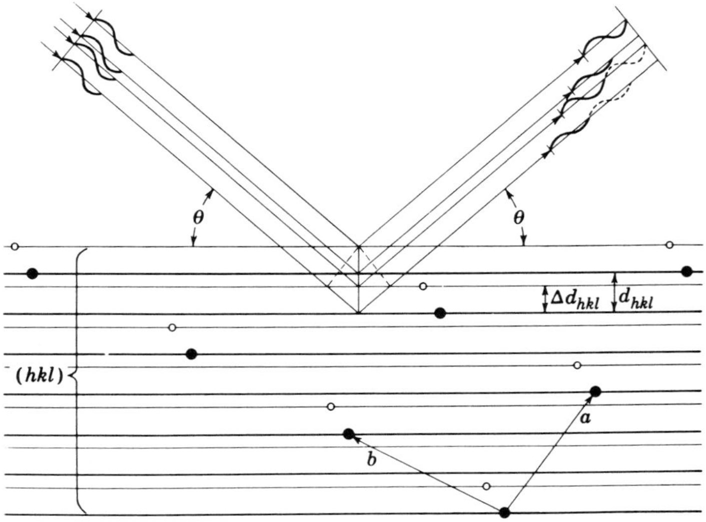

Abb. 8. Die Braggsche Bedingung für den Fall, daß sich zwei Atome ○ und ● in der Elementarzelle befinden.

sprechenden Ebenen(sätze) der beiden Gitteranordnungen schwarz und weiß gestreut werden, aus dem Verhältnis:

$$\Delta\phi/2\pi = \Delta\lambda/\lambda, \tag{13}$$

und somit als *Phasendifferenz*

$$\Delta\phi = 2\pi \cdot \Delta\lambda/\lambda = 2\pi \cdot \Delta d/d. \tag{14}$$

Damit läßt sich jetzt die am Anfang dieses Abschnittes gestellte Frage wenigstens qualitativ beantworten. Ein Kristall, der sich aus n Gitteranordnungen von Atomen zusammensetzt, reflektiert die Röntgenstrahlen exakt auf dem gleichen geometrischen Weg, wie eine einzige Gitteranordnung von Atomen mit der gleichen Gittergeometrie. Während aber eine einzige Gitteranordnung die Röntgenstrahlen in der Weise beugt, daß alle Atome in Phase streuen und so ein Maximum der Streuamplitude für alle Reflexionen erreicht wird, gilt dies nicht mehr für die Streuamplitude zusammengesetzter Gitteranordnungen; denn die von ihnen gestreuten Teilwellen weisen untereinander im allgemeinen Phasendifferenzen auf. Diese verringern die Amplitude der resultierenden Welle auf einen Betrag unter dem des Maximums; der Rückgang hängt von den Indizes hkl und den Koordinaten x y z der streuenden Atome ab, wie sich noch herausstellen wird. Berücksichtigt man schließlich noch den Inhalt der Abb. 2, kann man das Gesagte zu dem folgenden einfachen Lehrsatz zusammenfassen.

Lehrsatz:

Die Geometrie der Röntgenbeugung hängt nur von der Zellgeometrie ab, die Amplituden der verschiedenen Beugungsmaxima jedoch von Art und Ort der Atome in der Elementarzelle.

Der zweite Teil des Lehrsatzes ist auf Grund der gerade gelieferten qualitativen Diskussion wahrscheinlich einleuchtend. Die Höhe der Amplitude wird im kommenden Abschnitt als Funktion der Ortskoordinaten der Atome abgeleitet.

Beugungsamplitude. Es ist verhältnismäßig einfach, die im letzten Abschnitt erwähnten Phasenbeziehungen in eine für numerische Berechnungen geeignete Form zu kleiden. Abb. 9 zeigt eine zweidimensionale Elementarzelle mit einem Atom, das die *relativen Koordinaten* x (ein Bruchteil der Länge der a-Achse) und y (ein Bruchteil der Länge der b-Achse) besitzt; die absoluten Koordinaten des Atoms sind dann xa und yb. Im Zweidimensionalen entspricht dem reflektierenden Netzebenensatz eine Geradenschar mit dem Symbol (hk). Diese Geraden schneiden die a-Achse in h Teile, die b-Achse in k Teile. Demnach beträgt der Abstand zwischen den Geraden entlang der a-Achse a/h, entlang der b-Achse b/k. Benachbarte Geraden streuen mit einer Phasendifferenz von 2π, so daß

eine Verschiebung von a/h parallel a der Phasenänderung 2π entspricht,
eine Verschiebung von b/k parallel b der Phasenänderung 2π entspricht.

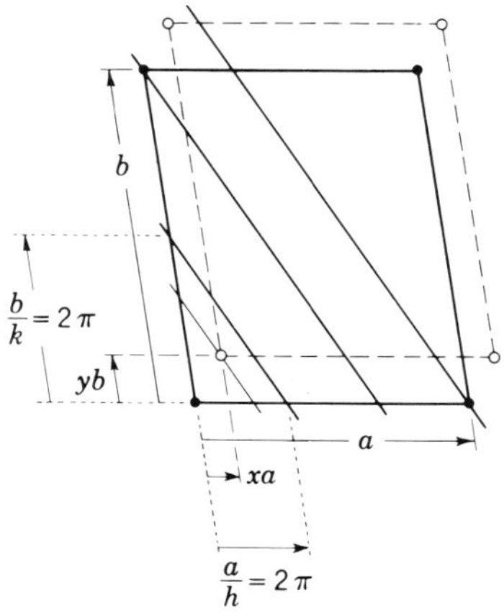

Abb. 9. Verschiebung eines Atoms um xa und yb und deren Einfluß auf die Phase der Streuwelle.

Denkt man sich das streuende Atom zuerst im Ursprung und dann um die Strecke xa in Richtung der a-Achse verschoben, entsteht eine Phasendifferenz, die durch das Verhältnis

$$\Delta\phi_a/2\pi = xa/(a/h) = hx \tag{15}$$

beschrieben wird. Wird das Atom um die Strecke yb in Richtung der b-Achse verschoben, entsteht in analoger Weise eine Phasendifferenz, die durch

$$\Delta\phi_b/2\pi = yb/(b/k) = ky \tag{16}$$

gegeben ist. Demnach beträgt die gesamte Phasenänderung, wenn ein Atom vom Ursprung auf die relativen Koordinaten xy geschoben wird:

$$\Delta\phi = \Delta\phi_a + \Delta\phi_b = 2\pi\,(hx + ky). \tag{17}$$

Setzt man die Phase einer Welle, die im Nullpunkt gestreut wird, auf Null, dann gibt die Phasendifferenz $\Delta\phi$ einer Streuwelle, die vom Atom mit den Koordinaten xy ausgeht, direkt deren Phasenlage ϕ an. Unter dieser Voraussetzung gilt dann

$$\phi = 2\pi\,(hx + ky). \tag{18}$$

Auf drei Dimensionen erweitert, lautet der entsprechende Ausdruck:

$$\phi = 2\pi\,(hx + ky + lz). \tag{19}$$

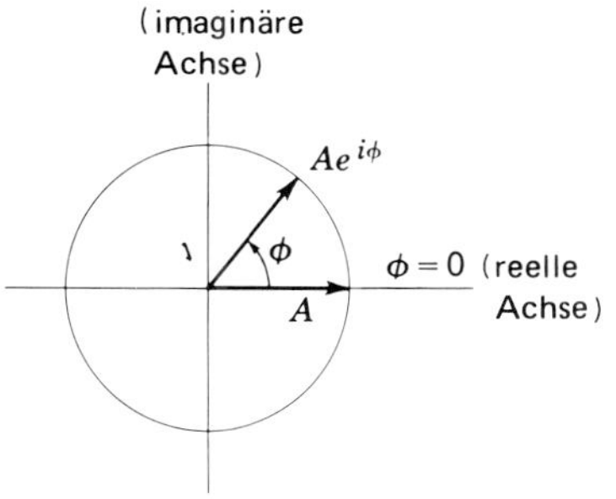

Abb. 10

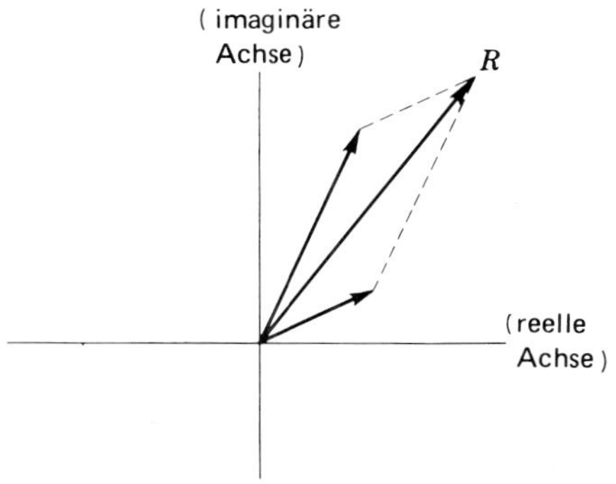

Abb. 11

Abb. 10. Vektordarstellung einer Welle in der komplexen Zahlenebene.

Abb. 11. Vektorielle Addition zweier Streuwellen. R ist die Amplitude der resultierenden Welle.

Die Amplituden- und Phasenbeziehungen zwischen *interferierenden* (= sich kohärent überlagernden) Wellen lassen sich auf bequeme Weise nach Abb. 10 und 11 graphisch darstellen. Die *Amplitude einer Welle* wird als Länge eines vom Nullpunkt radial ausgehenden *Vektors* unter dem (Phasen)-Winkel ϕ gegen die horizontale Achse abgetragen. Die Überlagerung zweier Wellenfelder entspricht der Summenbildung ihrer korrespondierenden Vektoren. Sie sind mit ihren relativen Amplituden und Phasen in Abb. 11 eingetragen.

Wie jede zweidimensionale Vektordarstellung läßt sich auch die hier stehende elegant auf die Algebra komplexer Zahlen übertragen. Dazu legt man die *komplexe Zahlenebene* mit ihrer reellen Achse horizontal und mit ihrer imaginären Achse vertikal über Abb. 10 bzw. 11. Die Einheit auf der Imaginärachse ist $i = \sqrt{-1}$, auf der reellen Achse ist sie 1. Der zweidimensionale Vektor **A** in Abb. 10 endet auf einem Punkt der komplexen Zahlenebene, dessen Koordinaten die Komponenten des Vektors

$$\mathbf{A} = \{|A| \cos \phi,\ i\ |A| \sin \phi\} = |A|\ \{\cos \phi,\ i \sin \phi\}$$

sind. Dieser vektoriellen Schreibweise ist die komplexe Schreibweise

$$A' = |A| \cos \phi + i\ |A| \sin \phi$$

vollständig gleichwertig. Darin ist die gestrichene Größe A′ eine *komplexe Zahl* mit der reellen Komponente $|A| \cos \phi$ (horizontal in Abb. 10) und der imaginären Komponente $i\ |A| \sin \phi$ (vertikal in Abb. 10). Der *Betrag der komplexen Zahl,* den man in der Form $|A'|$ schreibt, entspricht der Länge des Vektors **A**

$$|A'| = |\mathbf{A}|.$$

Da in diesem Buch komplexe Größen nur bei den Amplituden auftreten, sind in vereinfachter Schreibweise im folgenden, statt der gestrichenen, durchweg ungestrichene Größen benutzt, also

$$A' \to A = |A| \cos \phi + i\,|A| \sin \phi = |A| \exp(i\phi). \quad (20)$$

Die rechts stehende Schreibweise gewinnt man über die sog. *Eulersche Formel:*

$$\cos x + i \sin x = \exp(ix) \quad (21)$$

bzw. $\cos x = [\exp(ix) + \exp(-ix)]/2$ und $\sin x = [\exp(ix) - \exp -(ix)]/2i$. Der Faktor $\exp(i\phi)$ in Gl. (20) erweist sich als ebenso interessant wie nützlich. Wird irgendeine komplexe Zahl mit diesem Faktor multipliziert, wirkt er wie ein *Operator,* der den Vektor um den Winkel ϕ weiterdreht. Stellt daher F eine Welle mit der Amplitude $|F|$ dar, dann bedeutet $F \exp(i\phi)$ eine ähnliche Welle, deren Phase lediglich um den Winkel ϕ größer ist als die der Welle F.

Abb. 12 zeigt ein Diagramm in der komplexen Zahlenebene, das sog. Argand-Diagramm oder *Zeigerdiagramm,* in dem zwei Wellen dargestellt sind, eine mit dem Amplitudenbetrag f_1 und der Phase ϕ_1, eine zweite mit f_2 und ϕ_2. Die Wellen werden durch die komplexen Ausdrücke $f_1 \exp(i\,\phi_1)$ und $f_2 \exp(i\,\phi_2)$ beschrieben. In Abb. 12 ist ihre Resultierende mit F bezeichnet. Diese graphische Darstellung entspricht analytisch der Gl. (22)

$$F = f_1 \exp(i\,\phi_1) + f_2 \exp(i\,\phi_2). \quad (22)$$

Die resultierende Welle, die sich aus der Streuung an zwei Atomen einer Elementarzelle ergibt, kann in analoger Weise angesetzt werden. Haben die beiden Atome die Koordinaten $x_1\,y_1\,z_1$ und $x_2\,y_2\,z_2$ und beträgt ihr Streu-

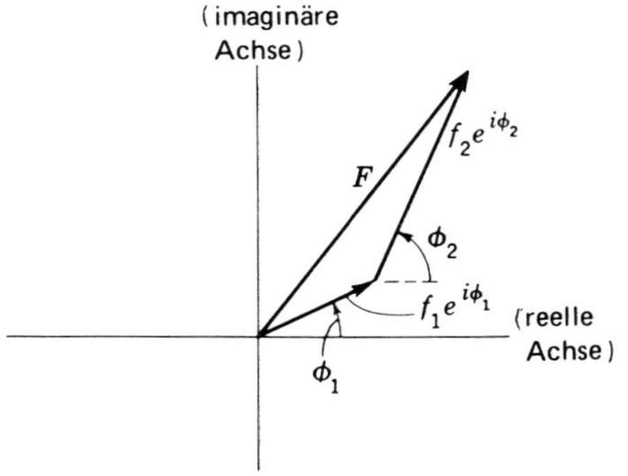

Abb. 12. Zeigerdiagramm zur Addition von Wellenamplituden.

vermögen f_1 und f_2, so findet man unter Berücksichtigung von (19) und (22)

$$F_{hkl} = f_1 \exp[2\pi i (hx_1 + ky_1 + lz_1)] + f_2 \exp[2\pi i (hx_2 + ky_2 + lz_2)]. \quad (23)$$

Ist, allgemeiner, die Elementarzelle mit n Atomen besetzt, wird ihre resultierende Streuwelle durch die Summe (24)

$$F_{hkl} = \sum_{j=1}^{n} f_j \exp[2\pi i (hx_j + ky_j + lz_j)] \quad (24)$$

beschrieben. Der (im allgemeinen komplexe) Ausdruck F_{hkl} wird *Strukturamplitude* des Reflexes hkl genannt. Das Quadrat seines Betrages, $|F_{hkl}|^2$, eine reelle Größe, heißt *Strukturfaktor.* Manchmal wird auch F selbst als Strukturfaktor bezeichnet.

Zusammenfassung

Ein dreidimensional periodisches, aus Materie bestehendes Muster kann einen Wellenzug beugen, falls die Wellenlänge in der Größenordnung der Musterperioden liegt. Aus den Beugungscharakteristika lassen sich Informationen über die Muster gewinnen.

Insbesondere wird Röntgenstrahlung, die auf ein Atom fällt, von diesem gestreut. Eine periodische, lineare Anordnung von Atomen streut in der Weise, daß Beugungsmaxima entlang der Erzeugenden eines koaxialen Kegelsystems, Lauekegel genannt, auftreten; die Atomreihe selbst bildet die Kegelachse. Die Beugungsrichtungen sind durch eine Gleichung festgelegt, die als Laue-Bedingung bekannt ist. Im Fall einer dreidimensionalen gitterartigen Anordnung von Atomen muß gleichzeitig für drei nicht komplanare lineare Atomreihen je eine Laue-Bedingung erfüllt sein. Dies läßt sich nur unter gewissen, für die Raumgitteranordnung charakteristischen Orientierungen zum Röntgenstrahl erreichen.

Die geometrische Bedingung für das Auftreten von Beugungsmaxima ist an Hand von Laue-Bedingungen nicht leicht zu überblicken. Bragg gelang es mit einer Umformulierung, die Beugungssituation als Reflexion an Netzebenensätzen mit den Indizes (hkl) zu beschreiben. Die Formulierung ist im Braggschen Gesetz $n\lambda = 2d \sin\theta$ in prägnanter Weise zusammengefaßt; darin bedeutet n eine ganze Zahl, λ die Wellenlänge der Röntgenstrahlung, d den Identitätsabstand der Netzebenen und θ den sog. *Glanzwinkel,* der das Komplement zum Einfalls- bzw. Austrittswinkel der geometrischen Optik ist. Die Indizes des reflektierenden Netzebenensatzes stimmen mit den Beugungsordnungen dreier Lauekegelsysteme überein, vorausgesetzt, daß man Indizes mit einem gemeinsamen Faktor größer als 1 zuläßt. Die drei Indizes hkl, ohne Klammer geschrieben, werden die Indizes der Reflexionsordnung oder kürzer des *Reflexes* genannt.

Mit Ausnahme einiger sehr einfacher Fälle, wie etwa der gediegener Metalle, setzt sich der wirkliche Kristall aus mehreren, parallel ineinandergestellten Gitteranordnungen zusammen. Die Reflexgeometrie einer derart zusammengesetzten Gitteranordnung ist genau die gleiche wie die einer einzigen ihrer Gitteranordnungen, jedoch sind die Amplituden der Reflexe Funktionen der relativen Verschiebungen der Gitter gegenüber dem Ursprung. Eine andere, zweckmäßigere Fassung besagt, daß die Richtungen der Beugungsmaxima von der Geometrie der Elementarzelle, die Beugungsamplituden aber von der Anordnung der Atome in der Zelle abhängen. Die Amplitude ist im allgemeinen eine komplexe Größe, die üblicherweise als Strukturamplitude bezeichnet wird.

Geschichtliche Anmerkungen

Die Entdeckung der Röntgenstrahlbeugung an Kristallen, im Mai 1912, bildete den Anfang einer der bemerkenswertesten Entwicklungen in den Naturwissenschaften. Davor war die Natur der Röntgenstrahlen unbekannt. Einige Physiker hielten sie für Korpuskularstrahlen, andere für Wellenbewegungen, die dem Licht verwandt sein sollten. Auf Grund von Versuchen, deren Ziel es war, die Beugung an einem Spalt zu beobachten, vermutete man die Wellenlängen in der Größenordnung um $4 \cdot 10^{-9}$ cm, falls es sich bei den Röntgenstrahlen tatsächlich um eine Wellenbewegung handeln sollte. Von den Kathodenstrahlen war bekannt, daß sie sich mit geladenen Partikeln erzeugen ließen und aus negativ geladenen Teilchen – Elektronen genannt – bestehen, aber die Natur der Atome, falls es sie gab, verstand man nicht. Bohrs quantentheoretisches Atommodell wurde ja erst 1913 vorgestellt. Auf der anderen Seite jedoch lag die Theorie der äußeren wie der inneren Symmetrie der Kristalle bereits seit einem Vierteljahrhundert fertig vor.

Paul P. Ewald, damals Doktorand an der Universität München, schrieb seine Doktorarbeit bei Prof. A. Sommerfeld über das Verhalten einer Lichtwelle in einer anisotropen Gitteranordnung von Dipolen. Die Arbeit trug den Titel: „Dispersion und Doppelbrechung von Elektronengittern". Ewald diskutierte einige seiner gefundenen Ergebnisse mit dem damaligen Privatdozenten M. von Laue. Des letzteren Interesse am Beugungsphänomen bewegte ihn zu der Frage, was wohl geschähe, wenn das Licht eine Wellenlänge besäße, die in der Nähe der Dipolabstände der Gitteranordnung liegt. Laue zeigte sich an der Möglichkeit der Beugung durch eine raumgitterförmige Anordnung dermaßen interessiert, daß er die beiden Assistenten W. Friedrich und P. Knipping für ein Experiment gewinnen konnte, bei dem man ein Röntgenstrahlbündel auf einen Kupfersulfatkristall lenkte. Die erhofften abgebeugten Strahlen waren in ihrem zweiten Versuch photographisch festgehalten; die Ergebnisse wurden der Bayerischen Akademie der Wissenschaften im Juni und Juli 1912 vorgelegt und um dieselbe Zeit auch bei verschiedenen anderen Physikerzusammenkünften vorgetragen.

Die ungewöhnliche Entwicklung dieser Dinge war für William Lawrence Bragg, einen jungen Studenten der Universität Cambridge in England, von eminentem Interesse. Aus der geometrischen Form der Schwärzungsflecken auf den Aufnahmen von Friedrich und Knipping glaubte Bragg, diese Art der Beugung als eine Tiefenreflexion an den inneren Ebenen des Kristalls betrachten zu können – wobei der gesamte Netzebenensatz zusammenwirken sollte – und formulierte die Beugung am Kristall in diesem Sinne um. Sein Bemühen mündete in das wohlbekannte Braggsche Gesetz; es stützte sich auf eine einfacher zu übersehende Erscheinung, als sie die gleichzeitige Erfüllung der drei Laue-Bedingungen fordert, obgleich beide Darstellungen, entsprechend den Erläuterungen des vorliegenden Kapitels, vollständig gleichwertig sind.

Schon 1883 hatte William Barlow in einer Publikation mitgeteilt, welche Atomanordnungen in gewissen symmetrischen Kristallen, wie den Alkalihalogeniden oder der Zinkblende, zu erwarten wären, wenn sich die Atome wie Kugeln verhielten. Der Cambridger Chemieprofessor Pope bewegte Bragg, die vorhergesagten Strukturen über eine Deutung der Röntgenbeugungsergebnisse zu prüfen. Bragg tat es, hatte Erfolg und leitete damit eine neue Ära ein, in der es möglich geworden war, Kristallstrukturen mit Hilfe der Röntgenstrahlbeugung zu analysieren. Noch vor Beginn des ersten Weltkriegs gelang es Bragg, die Strukturen von NaCl, KCl, KBr, KJ, Diamant, CaF_2, Cu_2O, ZnS, Pyrit, $NaNO_3$ und die der Mineralien der Calcitfamilie ($CaCO_3$) aufzuklären. Braggs Auftakt bildete die Grundlage für eine ins einzelne gehende Kenntnis der Festkörperstruktur, die in der Geschichte der Naturwissenschaften einmalig dasteht.

Weiterführende Schriften

P. P. Ewald. Fifty years of x-ray diffraction. (N. V. A. Oosthoek's Uitgeversmaatschappij, Utrecht, 1962), 31–73.

Grundlegende Werke und Einzelveröffentlichungen

William Barlow. Probable nature of the internal symmetry of crystals. Nature **29** (1883) 186–188, 205–207.

W. Friedrich, P. Knipping und M. Laue. Interferenz-Erscheinungen bei Röntgenstrahlen. Sitzungsber. math.-phys. Klasse der Königlich Bayer. Akad. Wiss. München (1912) 303–322; wiedergedruckt in Naturwiss. **39** (1952) 361–368.

M. Laue. Eine quantitative Prüfung der Theorie für die Interferenz-Erscheinungen bei Röntgenstrahlen. Sitzungsber. math.-phys. Klasse der Königlich Bayer. Akad. Wiss. München (1912) 363–373; wiedergedruckt in Naturwiss. **39** (1952) 368–372.

M. v. Laue. Röntgenstrahlinterferenzen. Phys. Z. **14** (1913) 1075–1079.

W. H. Bragg und W. L. Bragg. The reflection of x-rays by crystals. Proc. Roy. Soc. (London) (A) **88** (1913) 428–438.

W. L. Bragg. The structure of some crystals as indicated by their diffration of x-rays. Proc. Roy. Soc. (London) (A) **89** (1913) 248–277.

W. H. Bragg und W. L. Bragg. The structure of the diamond. Proc. Roy. Soc. (London) (A) **89** (1913) 277–291.

W. Lawrence Bragg. The analysis of crystals by the x-ray spectrometer. Proc. Roy. Soc. (London) (A) **89** (1914) 468–489.

W. H. Bragg und W. L. Bragg. X-rays and crystal structure. (G. Bell, London, 1915) insbesondere 8–21.

W. H. Bragg und W. L. Bragg. The discovery of x-ray diffraction. Current Sci. (India), special number on „Laue Diagrams", (1937) 9–10.

W. L. Bragg. The history of x-ray analysis. Vortrag auf der „First conference on x-ray Analysis in Industry", Institute of Physics, Cambridge, England 1942. Herausgegeben durch den British Council als Teil einer broschierten Reihe mit dem Titel „Science in Britain" (Longmans, London, 1943) insbesondere 8.

Kapitel 4

Das reziproke Gitter

Geometrische Deutung des Braggschen Gesetzes

Obschon das Braggsche Gesetz die Beugung an dreifach periodischen Anordnungen auf einfache Weise deutet, ist es nicht leicht, gleichzeitig alle Netzebenensätze in ihrer verschiedenen Orientierung zu überblicken. Das Braggsche Gesetz läßt sich jedoch auf eine bemerkenswerte Weise so umformen, daß man sich den gewünschten Überblick ganz leicht verschaffen kann, wobei ein geometrisches, als „reziprokes Gitter“ bezeichnetes Hilfsmittel eine wichtige Rolle spielt.

Nach Gl. (7,3) lautet die Grundform des Braggschen Gesetzes

$$n\lambda = 2d_{hkl} \sin \theta_{hkl}. \qquad (1)$$

Eine geeignete Darstellung gewinnt man daraus mit Gl. (2),

$$\sin \theta_{hkl} = \lambda\, (1/d_{hkl})/2, \qquad (2)$$

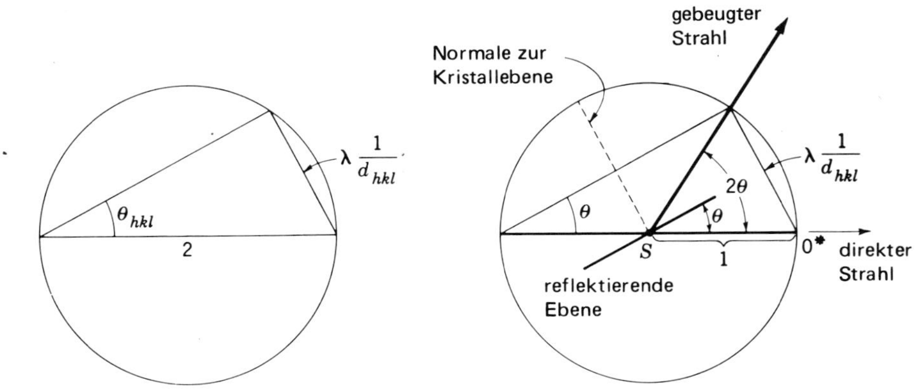

Abb. 1 u. 2. Geometrische Darstellung der Braggschen Gleichung.

mit der man sich auf die Betrachtung der Maxima erster Ordnung ($n = 1$) beschränkt. Abb. 1 liefert eine einfache geometrische Interpretation dieser Gleichung. In einen Kreis mit dem Radius 1 ist horizontal ein Durchmesser gelegt und von einem der beiden Endpunkte ein Schenkel unter dem Winkel θ_{hkl} abgetragen, der die Neigung der reflektierenden Netzebene zum (horizontal verlaufenden) Primärstrahl wiedergibt. Die drei eingezeichneten Kreisschnittpunkte definieren ein rechtwinkliges Dreieck; die Länge der Sehne gegenüber dem Peripheriewinkel θ_{hkl} beträgt $2 \sin \theta_{hkl}$. Überträgt man einige dieser Eigenschaften auf das Diagramm der Abb. 2, kann man dort folgendes entnehmen:

(a) die Richtung des Primärstrahles,
(b) die Richtung des gebeugten Strahles,
(c) die Normale der beugenden Netzebenenschar des Kristalls.

Letztere besitzt die Richtung der Kreissehne und hat nach Gl. (2) die Länge $\lambda(1/d_{hkl})$, zeigt also die Eigenschaften eines Vektors. Diesem in Länge und Richtung durch hkl gegebenen Vektor läßt sich eine fundamentale Bedeutung beimessen, wie sich herausstellen wird. Gestützt auf die drei ganzzahligen Variablen hkl kann man ein Gitter, das reziproke Gitter, errichten, in welchem der fragliche Vektor jeweils zwei Gitterpunkte verbindet. Dieses *reziproke Gitter* ist ein geometrisches, erstmals von A. Bravais gefundenes Hilfsmittel. Seine Existenz sowie einige seiner geometrischen Eigenschaften stehen im folgenden Abschnitt zur Diskussion.

Theorie des reziproken Gitters

Jedem Punktgitter kann man ein anderes, fiktives Punktgitter zuordnen: sein reziprokes Gitter. Dieses neue Gitter vereinfacht die Beschreibung gewisser Eigenschaften des Originalgitters in einer für die Beugung nützlichen

Weise. Die Beziehungen zwischen beiden Gittern werden zunächst zweidimensional abgehandelt, da sich das Wesentliche ohne die Komplikation der dritten Dimension darstellen läßt.

Das reziproke Gitter in zwei Dimensionen. Abb. 3 A zeigt einen Ausschnitt aus einem ebenen Gitter. Durch die Gitterpunkte ist eine Schar paralleler Geraden gelegt, deren Analogon im Dreidimensionalen eine Schar von Netzebenen (hkl) wäre. In zwei Dimensionen tragen die Geraden das Symbol (hk). Auf einer beliebigen Geraden der Schar (hk) bildet die Verbindungsstrecke L_{hk} zwischen zwei Nachbarpunkten die Basis für ein Parallelogramm, das eine mögliche primitive Zelle des Gitters ist. Die Höhe des Parallelogramms entspricht dem Abstand d_{hk} zwischen zwei benachbarten Geraden. Nun sind aber die Flächeninhalte aller möglichen primitiven Zellen eines Gitters gleich, und ihr Betrag ist – wenn man sich auf das Parallelogramm mit der Strecke L_{hk} als Basis bezieht – gegeben durch:

$$\text{Flächeninhalt} = L_{hk} d_{hk}. \tag{3}$$

Am Anfang des Kapitels war $1/d_{hk}$ als eine wichtige Beugungsgröße aufgetreten. Ihren Betrag findet man über Gl. (3)

$$(1/d_{hk}) = L_{hk}/\text{Flächeninhalt}. \tag{4}$$

Der Kehrwert von d_{hk} ist daher immer proportional zur Länge der Strecke L_{hk}. Die Richtungen der beiden Strecken d_{hk} und L_{hk} stehen aufeinander senkrecht. Das gilt für alle (hk). Da jedes L_{hk} in ein beliebiges Gitter leicht

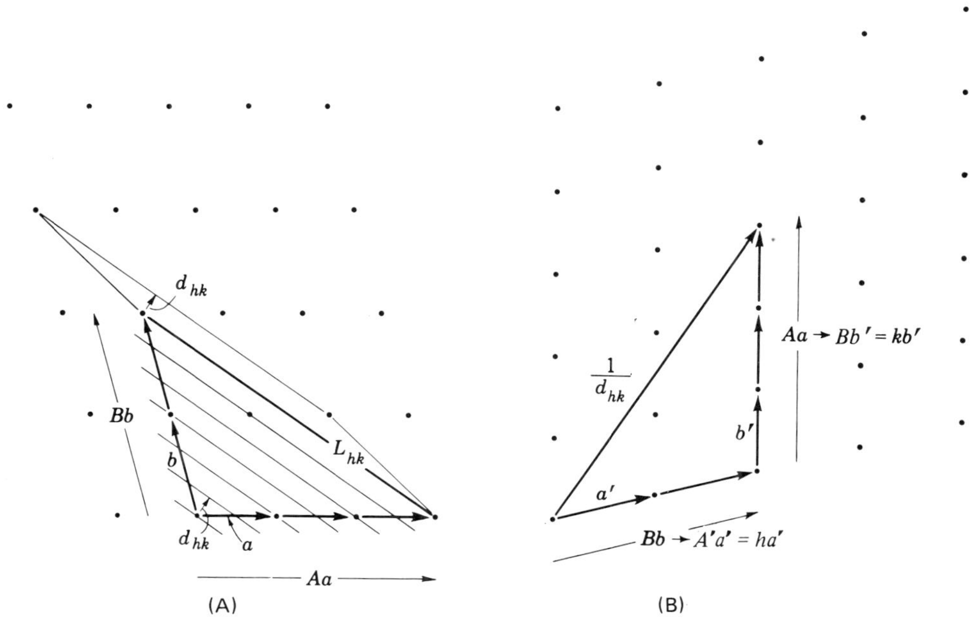

Abb. 3. Gitter (A) und reziprokes Gitter (B).

einzuzeichnen ist, liefert der vorstehende Zusammenhang auch das für die Beschreibung der Beugung gesuchte und benötigte d_{hk}. Wäre L_{hk} um 90° gedreht, würde es in Betrag und Richtung in die gewünschte Größe $1/d_{hk}$ übergehen, vorausgesetzt, daß man den Proportionalitätsfaktor (1/Flächeninhalt) als Einheit betrachtet. Offensichtlich lassen sich nun alle (1/d)-Werte auffinden, indem man lediglich das Originalgitter der Abb. 3A um einen Winkel von 90° dreht, so daß daraus Abb. 3B entsteht; jedes L_{hk} ist damit in eine Größe $(1/d_{hk})$ transformiert. In Abb. 3A hat die Strecke L_{hk} Indizes h und k, die sich aus ihren Achsenabschnitten A und B ergeben; zweidimensional folgen die Beziehungen zwischen Achsenabschnitten und Indizes Zeile für Zeile aus den nachstehenden Gleichungen, an deren Spitze die Achsenabschnittsgleichung steht (s. a. Gl. (14,2)).

$$x_1/s_1 + x_2/s_2 = 1,$$

mit $x_1 = ax,\ s_1 = A \cdot a$ und $x_2 = by,\ s_2 = B \cdot b$

folgt $x/A + y/B = 1,$

$$A \cdot B \cdot x/A + A \cdot B \cdot y/B = AB,$$

$$Bx + Ay = AB.$$

Mit $h = B$ und $k = A$

gilt schließlich

$$hx + ky = AB.$$

Zwischen den Paaren h k und A B bestehen folgende Beziehungen: Im Originalgitter (Abb. 3A) war die Strecke L_{hk} durch ihre Achsenabschnitte $h = B$ und $k = A$ festgelegt, so daß sie ebenso gut auch durch L_{BA} ausgedrückt werden konnte. Im gedrehten Gitter werden aus den ganzzahligen Größen B, A die ganzzahligen A', B' der Komponenten des Translationsvektors $A'\mathbf{a}' + B'\mathbf{b}'$, dessen Länge die Translation $1/d_{hk}$ ist.

Die wesentlichen Merkmale der gerade diskutierten Beziehungen lassen sich auch so ausdrücken: Zu jedem zweidimensionalen Gitter (Abb. 3A) gehört ein zweidimensionales reziprokes Gitter (Abb. 3B) mit den nachstehend verzeichneten nützlichen Eigenschaften. Ist die Flächengröße der primitiven Zelle gleich der Einheitsfläche, dann leitet sich im Zweidimensionalen das reziproke Gitter einfach aus einer Drehung[6] des Originalgitters um 90° ab. Weicht die Flächengröße der primitiven Zelle von eins ab, muß das Gitter nicht nur gedreht, sondern auch noch mit einem Normierungsfaktor multipliziert werden, der gleich dem Reziprokwert der Flächengröße ist.

---

[6] Im Dreidimensionalen muß die einfache Drehung durch eine allgemeinere, kompliziertere Vorschrift ersetzt werden.

Die grundlegende Eigenschaft des reziproken Gitters besteht darin, daß zu jedem Abstandsvektor $\mathbf{d}_{hk}$ zwischen parallelen Gittergeraden des direkten Gitters ein entsprechender, ihm paralleler Vektor des reziproken Gitters bereit gestellt wird,

(a) der eine Gittertranslation darstellt,

(b) dessen Komponenten A′ und B′, bezogen auf die Kanten a′ und b′ der reziproken Zelle (d. h. der Zelle des reziproken Gitters), die gleichen ganzen Zahlen sind wie die der Indizes h und k im Originalgitter,

(c) dessen Betrag gleich dem Kehrwert der Länge des Abstandsvektors im Originalgitter ist.

Aus diesem Grunde gehört zu jedem Abstand d mit den Indizes hk im Originalgitter eine Translation t′ im reziproken Gitter, deren Indizes dort – im reziproken Gitter – ebenfalls hk sind. Beide Größen stehen miteinander in der Beziehung

$$t'_{hk} = (\text{Flächeninhalt der primitiven Zelle})/d_{hk}. \tag{5}$$

Indem man die Größe t'_{hk} normiert durch

$$t^*_{hk} = t'_{hk}/(\text{Flächeninhalt der primitiven Zelle}),$$

nimmt Gl. (5) eine einfache Form an, die in Bezug auf Gitter und reziprokes Gitter vollständig symmetrisch ist,

$$t^*_{hk}\, d_{hk} = 1. \tag{6}$$

In diesem Ausdruck, wie nachstehend in ähnlichen, wird die Bezeichnung irgend eines (normierten) geometrischen Begriffs des reziproken Gitters mit einem Stern (*) versehen.

Mit speziellen, in Gl. (6) eingesetzten Werten hk bestimmt man die Gitterachsen gemäß Abb. 4 und erhält

$$t^*_{10}\, d_{10} = a^* d_{10} = 1 \tag{7}$$
$$t^*_{01}\, d_{01} = b^* d_{01} = 1.$$

Es sind grundlegende Beziehungen, die für jedes ebene Gitter, gleich welcher Art, gelten. Folglich müssen sie nicht nur für das ursprüngliche, sondern auch für das reziproke Gitter selbst gültig sein. Daher ist die nachstehende, zu Gl. (6) symmetrische Beziehung, in der jedoch das reziproke Gitter als das Originalgitter anzusehen ist, in gleicher Weise richtig,

$$t_{hk}\, d^*_{hk} = 1. \tag{8}$$

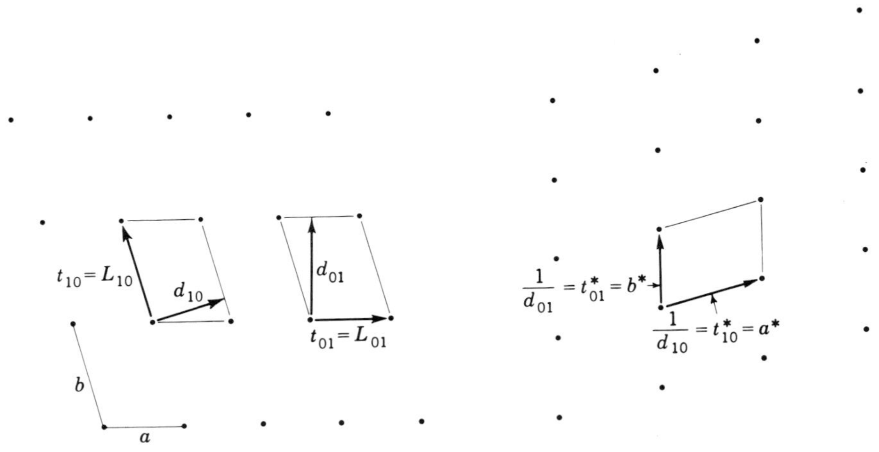

Abb. 4. Bestimmung der Achsen des (normierten) reziproken Gitters (rechts) $t^*_{10} = a^*$, $t^*_{01} = b^*$ aus dem Originalgitter (links).

Die Achsen des neuen Gitters sind durch ähnliche Beziehungen wie in den Gln. (7) bestimmt, nämlich durch

$$\begin{aligned} ad^*_{10} &= 1 \\ bd^*_{01} &= 1. \end{aligned} \tag{9}$$

Die Schlüsselbeziehung zwischen beiden Gittern liegt darin, daß jedem periodischen Geradenabstand d (oder d*) in dem einen Gitter eine parallel gerichtete Gittertranslation t* (oder t) im anderen entspricht und die Beträge von Gittertranslation und Abstand reziprok zueinander sind. Da der Abstand mit Richtung und Größe eine Geradenschar festlegt, andererseits der Translationsvektor mit seiner Pfeilspitze seinen Endpunkt bestimmt, entspricht jeder Schar paralleler rationaler Geraden des einen Gitters ein bestimmter Punkt des anderen Gitters. Dieser Zusammenhang gestattet es, sich Eigenschaften der Gesamtheit der Geradenscharen eines Gitters an Hand aller Punktpositionen seines reziproken Gitters zu veranschaulichen.

Das reziproke Gitter in drei Dimensionen. Die Ableitung des reziproken Gitters ist für ein dreidimensionales Gitter schwieriger als für ein zweidimensionales und die Ergebnisse sind von allgemeinerer Form. Trotzdem verläuft die Diskussion recht ähnlich, obgleich die Komplikationen in drei Dimensionen einige Erweiterungen verlangen. Man beginnt die Erörterung bei der Volumengleichheit aller primitiven Zellen eines Gitters und schreibt das Volumen als Produkt aus der Fläche einer beliebigen primitiven Netzebenenmasche mal ihrem Netzebenenabstand. Um das Ziel auf kürzestem Weg zu erreichen, schreibt man den fraglichen geometrischen Sachverhalt in vektorieller Form an und bearbeitet die entstandenen Ausdrücke mit den Regeln der Vektoralgebra[7].

Die Volumina aller primitiven Zellen eines gegebenen Gitters sind gleich groß und z. B. auch gleich mit dem Volumen desjenigen Parallelepipedes, dessen Kanten die Translationen a, b und c sind, die man gleichzeitig zur Beschreibung des Gitters benutzt. Die allgemeine Darstellung einer primitiven Zelle ist ein Parallelepiped, das zwischen irgend zwei benachbarten Netzebenen eingeschlossen ist und dessen Grundfläche eine primitive parallelogrammförmige Masche dieser beiden Netzebenen bildet. Eine solche Masche sei nun, entsprechend der schraffierten Fläche in Abb. 5, so gewählt, daß drei ihrer Eckgitterpunkte auf Verlängerungen der drei Zellachsen liegen, die von irgendeinem Gitterpunkt O als Ursprung ausgehen. Heißen die Translationsvektoren für die Beschreibung des Gitters **a**, **b** und **c**, dann hat die (rationale) Netzebene rationale, auf O bezogene Achsenabschnitte, die ganzzahlige Vielfache dieser primitiven Vektoren sind, also A**a**, B**b** und C**c** mit ganzen Zahlen A, B und C. Zwei aneinandergrenzende Seiten der schraffierten primitiven Masche lassen sich durch die beiden Vektordifferenzen

$$A\mathbf{a} - C\mathbf{c} \qquad \text{und} \qquad B\mathbf{b} - C\mathbf{c}$$

ausdrücken. Die Fläche der (Netzebenen) Masche ist gleich dem Betrag des Produktvektors $(A\mathbf{a} - C\mathbf{c}) \times (B\mathbf{b} - C\mathbf{c})$; der Produktvektor selbst steht senkrecht auf der Netzebene. Multipliziert man ihn skalar mit dem ihm parallelen Abstandsvektor $d\mathbf{n}$, wobei **n** ein Einheitsvektor normal zur Netzebene und d der Abstand zur nächst benachbarten parallelen Netzebene ist, erhält man das Volumen V der primitiven dreidimensionalen Zelle. V ist konstant für alle derart konstruierten primitiven Zellen.

$$\begin{aligned} V &= \text{Maschenfläche mal Netzebenenabstand} \\ &= [(A\mathbf{a} - C\mathbf{c}) \times (B\mathbf{b} - C\mathbf{c})] \cdot d_{hkl}\mathbf{n} \qquad (10) \\ &= [AB\mathbf{a} \times \mathbf{b} - AC\mathbf{a} \times \mathbf{c} - CB\mathbf{c} \times \mathbf{b} + CC\mathbf{c} \times \mathbf{c}] \cdot d_{hkl}\mathbf{n} \\ V &= [AB\mathbf{a} \times \mathbf{b} + CA\mathbf{c} \times \mathbf{a} + BC\mathbf{b} \times \mathbf{c} + 0] \cdot d_{hkl}\mathbf{n} \qquad (11) \end{aligned}$$

Die ganzzahligen Produkte AB, CA und BC seien ersetzt durch

$$\begin{aligned} BC &= h \\ CA &= k \qquad (12) \\ AB &= l. \end{aligned}$$

---

[7] Falls der Leser mit der Vektoralgebra nicht vertraut ist, kann er wahrscheinlich der Beweisführung folgen, bis Resultate erreicht sind, die denen für zweidimensionale Gitter ähnlich sind.

Eingesetzt in Gl. (11) und in der Reihenfolge h, k, l geordnet, entsteht

$$V = [h\mathbf{b} \times \mathbf{c} + k\mathbf{c} \times \mathbf{a} + l\mathbf{a} \times \mathbf{b}] \cdot d_{hkl}\mathbf{n}. \tag{13}$$

Dies ist – im Rückblick auf Gl. (10) – eine Form, die der zweidimensionalen Gl. (3) entspricht. Der Ausdruck in der eckigen Klammer ist eine dreigliedrige Summe; jedes Glied enthält ein Vektorprodukt aus zwei der drei Vektoren, die als zugehörige Zelltranslationen für die Beschreibung des Gitters ausgewählt wurden, und ist mit einem Faktor h, k oder l angepaßt. Jedes der Vektorprodukte definiert einen Vektor normal zu der Ebene, der das jeweilige Vektorpaar angehört. Zweckmäßigerweise werden die neuen Vektoren der Art $\mathbf{b} \times \mathbf{c}$ usw. so definiert, daß die Größe V der Gl. (13) linker Hand beseitigt wird. Das läßt sich mit der Normierung (14) erreichen.

$$\begin{aligned} \mathbf{b} \times \mathbf{c}/V &= \mathbf{a}^* \\ \mathbf{c} \times \mathbf{a}/V &= \mathbf{b}^* \\ \mathbf{a} \times \mathbf{b}/V &= \mathbf{c}^* \end{aligned} \tag{14}$$

Mit den drei gestirnten Vektoren nimmt Gl. (13) die einfachere Gestalt (15) an.

$$1 = [h\mathbf{a}^* + k\mathbf{b}^* + l\mathbf{c}^*] \cdot d_{hkl}\mathbf{n}. \tag{15}$$

Sie ist lediglich eine umgeformte und mit neuen Variablen geschriebene Darstellung der Gl. (10). Das Vektorprodukt in Gl. (10) ist ein Vektor normal zur (Netzebenen) Masche in Abb. 5, deren Fläche er bestimmt. Ihm parallel liegt der Abstandsvektor d**n**. Das Skalarprodukt der Gln. (10) und (15) ist also das zwischen zwei parallelen Vektoren und somit gleich dem gewöhnlichen Produkt ihrer Beträge, d. h.:

$$1 = |h\mathbf{a}^* + k\mathbf{b}^* + l\mathbf{c}^*|\, d_{hkl} \tag{16}$$

und

$$1/d_{hkl} = |h\mathbf{a}^* + k\mathbf{b}^* + l\mathbf{c}^*|. \tag{17}$$

Auf beiden Seiten der Gl. (17) stehen die Beträge gleichgerichteter Vektoren; die Gleichung kann deshalb auch vektoriell geschrieben werden, nämlich

$$\mathbf{n}/d_{hkl} = h\mathbf{a}^* + k\mathbf{b}^* + l\mathbf{c}^*. \tag{18}$$

Die Beziehungen (17) und (18) besagen, daß sich der Kehrwert eines beliebigen Netzebenenabstandes durch die Länge eines Vektors ausdrücken läßt, der aus der Linearkombination bestimmter Vektoren **a***, **b*** und **c*** zusam-

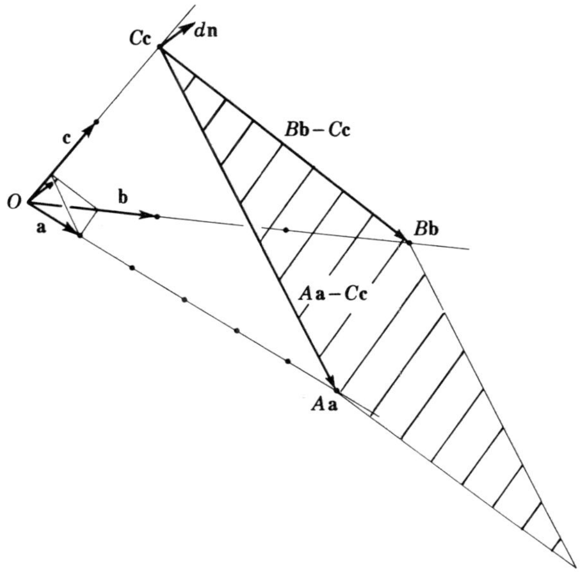

Abb. 5. Beschreibung einer Netzebenenmasche (schraffiert) durch Vektoren nach ihren Eckpunkten.

mengesetzt ist. Die drei Vektoren sind mit Gl. (14) definiert, können aber ebenso gut auch über die Zuweisung einzelner numerischer Werte für h, k und l aus drei Gleichungen der Art (18) bestimmt werden. Der einfachste Fall ist

$$\begin{aligned} \mathbf{n}_{100}/d_{100} &= \mathbf{a}^* & \quad a^* d_{100} &= 1 \\ \mathbf{n}_{010}/d_{010} &= \mathbf{b}^* & \quad b^* d_{010} &= 1 \\ \mathbf{n}_{001}/d_{001} &= \mathbf{c}^* & \quad c^* d_{001} &= 1. \end{aligned} \qquad (19)$$

Diese Beziehungen besitzen Ähnlichkeit mit den zweidimensionalen Gln. (7).

Die Menge der Vektoren, die in Richtung und Größe alle Netzebenenabstände eines Gitters beschreiben, enden nach Gl. (18) auf Punkten, die durch die Pfeilspitzen aller Vektoren $h\mathbf{a}^* + k\mathbf{b}^* + l\mathbf{c}^*$ geliefert werden. Diese Punkte bilden jedoch ihrerseits ein Gitter, dessen Basistranslationen **a***, **b*** und **c*** sind. Gemäß Gl. (14) liegen diese Translationen jeweils senkrecht zu Translationspaaren des Originalgitters und ihre Längen ergeben sich sowohl aus den Gln. (14) wie auch aus den Gln. (19).

Wie im zweidimensionalen Fall wird das zweite Gitter das reziproke Gitter genannt; seine Größen werden von denen des Originalgitters dadurch unterschieden, daß man die Größensymbole zusätzlich mit einem Stern (*) versieht. Da man aber zu jedem beliebigen Gitter ein reziprokes Gitter konstruieren kann, läßt sich auch das Reziproke eines reziproken Gitters konstruieren, weshalb die gestirnten und ungestirnten Größen vertauschbar sind. Demgemäß sind die hier abgehandelten Beziehungen wechselseitig reziprok.

Einige weitere Beziehungen zwischen zwei zueinander reziproken Gittern. Die wesentlichen Beziehungen zwischen einem Gitter und seinem reziproken Gitter bestehen – wie schon gesagt – darin, daß irgendein Abstandsvektor im einen, parallel einem Translationsvektor im anderen Gitter liegt und ihre Beträge reziprok zueinander sind, also

$$t^*_{hkl} d_{hkl} = 1 \qquad \text{und} \qquad t_{uvw} d^*_{uvw} = 1. \tag{20}$$

Die beiden Gitter beziehen sich auf Achsenkreuze, in denen jede Achse des einen Gitters immer senkrecht auf einem Achsenpaar des anderen Gitters steht, Bedingungen, die in vektoralgebraischer Schreibweise durch die Gln. (21) ausgedrückt werden.

$$\begin{aligned} \mathbf{a}^* &= \mathbf{b} \times \mathbf{c}/V & \qquad \mathbf{a} &= \mathbf{b}^* \times \mathbf{c}^*/V^* \\ \mathbf{b}^* &= \mathbf{c} \times \mathbf{a}/V & \qquad \mathbf{b} &= \mathbf{c}^* \times \mathbf{a}^*/V^* \\ \mathbf{c}^* &= \mathbf{a} \times \mathbf{b}/V & \qquad \mathbf{c} &= \mathbf{a}^* \times \mathbf{b}^*/V^*. \end{aligned} \tag{21}$$

Die beiden Systeme achsenbestimmender Vektoren bilden ein Beispiel für zwei *reziproke Vektorsätze* aus der Vektoralgebra.

Eine weitere Beziehung zwischen direkten und reziproken Zellkanten gewinnt man durch skalare Multiplikation einer der vorstehenden Gleichungen mit einem geeigneten Vektor des zweiten Gitters. Beginnend mit der ersten Gleichung

$$\mathbf{a}^* = \mathbf{b} \times \mathbf{c}/V,$$

erhält man durch skalare Multiplikation mit **a**

$$\mathbf{a} \cdot \mathbf{a}^* = \mathbf{a} \cdot [\mathbf{b} \times \mathbf{c}/V] = \mathbf{a} \cdot [\mathbf{b} \times \mathbf{c}]/V = V/V = 1,$$

d. h.

$$\mathbf{a} \cdot \mathbf{a}^* = 1$$

und analog

$$\left.\begin{aligned} \mathbf{b} \cdot \mathbf{b}^* &= 1 \\ \mathbf{c} \cdot \mathbf{c}^* &= 1. \end{aligned}\right\} \tag{22}$$

Multipliziert man dagegen die erste Gleichung des Systems (21) skalar mit **b**, findet man

$$\mathbf{b} \cdot \mathbf{a}^* = \mathbf{b} \cdot [\mathbf{b} \times \mathbf{c}]/V = 0/V = 0,$$

denn der Vektor $[\mathbf{b} \times \mathbf{c}]$ steht senkrecht auf $\mathbf{b}$ und das Skalarprodukt zweier orthogonaler Vektoren verschwindet. In analoger Weise erhält man

$$\begin{array}{ccc} \boxed{} & \mathbf{a} \cdot \mathbf{b}^* = 0 & \mathbf{a} \cdot \mathbf{c}^* = 0 \\ \mathbf{b} \cdot \mathbf{a}^* = 0 & \boxed{} & \mathbf{b} \cdot \mathbf{c}^* = 0 \\ \mathbf{c} \cdot \mathbf{a}^* = 0 & \mathbf{c} \cdot \mathbf{b}^* = 0 & \boxed{} \end{array} \tag{23}$$

Die fehlende Diagonale dieses Gleichungssystems entnimmt man den Gln. (22):

Die vektoralgebraische Darstellung der Volumina folgt z. B. aus der ersten Zeile der Gln. (21) durch skalare Multiplikation mit $\mathbf{a}$ bzw. $\mathbf{a}^*$:

$$\mathbf{a} \cdot \mathbf{a}^* = \mathbf{a} \cdot [\mathbf{b} \times \mathbf{c}]/V \text{ bzw. } \mathbf{a}^* \cdot \mathbf{a} = \mathbf{a}^* \cdot [\mathbf{b}^* \times \mathbf{c}^*]/V^*$$

und wegen der Gln. (22)

$$V = \mathbf{a} \cdot [\mathbf{b} \times \mathbf{c}]. \qquad V^* = \mathbf{a}^* \cdot [\mathbf{b}^* \times \mathbf{c}^*]. \tag{24}$$

Die Volumina V und V^* der Zellen zweier reziproker Systeme sind ebenfalls zueinander reziprok; dies erkennt man, wenn man, von den Gln. (22) ausgehend, mit den Gln. (21) substituiert:

$$1 = \mathbf{a} \cdot \mathbf{a}^* = \frac{[\mathbf{b} \times \mathbf{c}]}{V} \cdot \frac{[\mathbf{b}^* \times \mathbf{c}^*]}{V^*}$$

$$VV^* = (\mathbf{b} \cdot \mathbf{b}^*)(\mathbf{c} \cdot \mathbf{c}^*) - (\mathbf{c} \cdot \mathbf{b}^*)(\mathbf{b} \cdot \mathbf{c}^*) = 1 \cdot 1 - 0 \cdot 0.$$

Somit gilt

$$VV^* = 1. \tag{25}$$

Jede Kante der reziproken Zelle steht senkrecht auf einer Zellfläche des Originalgitters. Folglich herrschen zwischen den Kantenwinkeln der beiden Zellen Beziehungen, die nicht von der Länge irgend einer der Kantenvektoren abhängen. Die wechselseitige Beziehung vermittelt Abb. 6; hier schneiden sich die drei Achsen in der spitzwinkligen Ecke O links, während die des reziproken Satzes soweit parallel verschoben sind, daß sie von der stumpfwinkligen Ecke rechts ausgehen. Jedes der drei Vierecke, die in der rechtsseitigen stumpfwinkligen Achsenecke aneinandergrenzen, besitzt zwei rechte Innenwinkel, so daß sich z. B. aus der Bedingung für die Winkelsumme $360^\circ = C + 90^\circ + 90^\circ + \gamma^*$ der vierte Winkel zu $C = 180^\circ - \gamma^*$ ergibt. Zeichnet man jetzt die verschiedenen Winkel in das sphärische Dreieck der Abb. 7 und wendet den Sinussatz für schiefwinklige sphärische Dreiecke an, ergibt sich

$$\sin A/\sin \alpha = \sin B/\sin \beta = \sin C/\sin \gamma \tag{26}$$

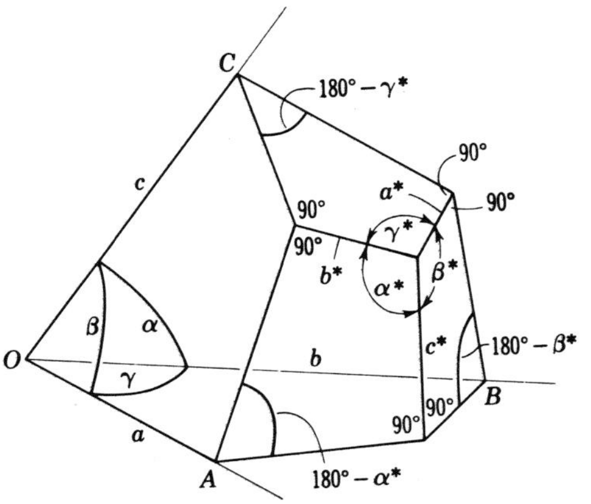

Abb. 6

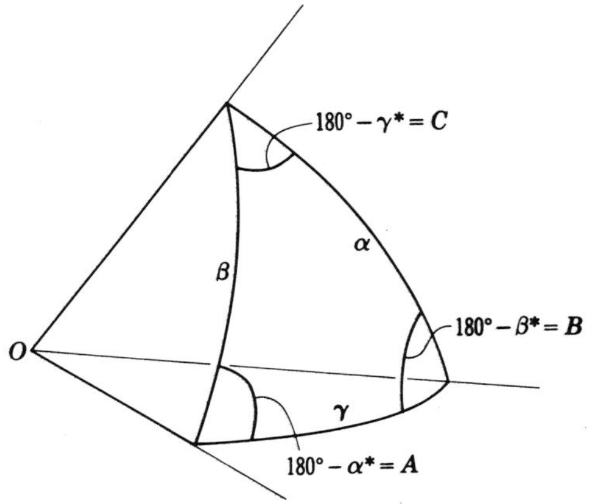

Abb. 7

Abb. 6. Beziehungen zwischen den Achsenwinkeln von Gitter und reziprokem Gitter.

Abb. 7. Zusammenhang der Achsenwinkel, dargestellt am sphärischen Dreieck.

Tabelle 1A.

$$\frac{\sin \alpha^*}{\sin \alpha} = \frac{\sin \beta^*}{\sin \beta} = \frac{\sin \gamma^*}{\sin \gamma}$$

$$\cos \alpha^* = \frac{\cos \beta \cos \gamma - \cos \alpha}{\sin \beta \sin \gamma}$$

$$\cos \beta^* = \frac{\cos \gamma \cos \alpha - \cos \beta}{\sin \gamma \sin \alpha}$$

$$\cos \gamma^* = \frac{\cos \alpha \cos \beta - \cos \gamma}{\sin \alpha \sin \beta}$$

$$a^* = \frac{bc \sin \alpha}{V}$$

$$b^* = \frac{ca \sin \beta}{V}$$

$$c^* = \frac{ab \sin \gamma}{V}$$

$$V^* = \frac{1}{V}$$

$$V^{*2} = \begin{vmatrix} a^{*2} & a^*b^* \cos \gamma^* & a^*c^* \cos \beta^* \\ b^*a^* \cos \gamma^* & b^{*2} & b^*c^* \cos \alpha^* \\ c^*a^* \cos \beta^* & c^*b^* \cos \alpha^* & c^{*2} \end{vmatrix}$$

$$V^* = a^*b^*c^* \sqrt{1 - \cos^2 \alpha^* - \cos^2 \beta^* - \cos^2 \gamma^* + 2 \cos \alpha^* \cos \beta^* \cos \gamma^*}$$

$$\begin{aligned} V^* &= a^*b^*c^* \sin \alpha^* \sin \beta^* \sin \gamma \\ &= a^*b^*c^* \sin \alpha^* \sin \beta \ \sin \gamma^* \\ &= a^*b^*c^* \sin \alpha \ \sin \beta^* \sin \gamma^* \end{aligned}$$

und weiter mit $C = 180° - \gamma^*$ und den analogen Winkelbeziehungen für die beiden anderen Vierecke

$$\sin \alpha^*/\sin \alpha = \sin \beta^*/\sin \beta = \sin \gamma^*/\sin \gamma. \tag{27}$$

Die Anwendung des Cosinussatzes der sphärischen Trigonometrie liefert eine andere Beziehung zwischen den Kantenwinkeln:

$$\cos \alpha = \cos \beta \cos \gamma + \sin \beta \sin \gamma \cos A. \tag{28}$$

Der Winkel A ist aus den Abbn. 6 und 7 ersichtlich; A ist der Komplementwinkel zu α^*. Geht man damit in Gl. (28) und löst die entstehende Gleichung nach $\cos \alpha^*$ auf, ergibt sich

$$\cos \alpha^* = (\cos \beta \cos \gamma - \cos \alpha)/(\sin \beta \sin \gamma). \tag{29}$$

Analoge Beziehungen gelten für die anderen Kantenwinkel, ebenso für die Kantenwinkel der reziproken Zelle. D. h. auch in diesen Gleichungen kann man gestirnte und nichtgestirnte Größen wechselseitig ersetzen.

In den Tabellen 1A und 1B sind die grundlegenden Formeln zusammengestellt, die für den Übergang vom einen zum anderen Gitter nützlich sind.

Tabelle 1B.

$$\frac{\sin \alpha}{\sin \alpha^*} = \frac{\sin \beta}{\sin \beta^*} = \frac{\sin \gamma}{\sin \gamma^*}$$

$$\cos \alpha = \frac{\cos \beta^* \cos \gamma^* - \cos \alpha^*}{\sin \beta^* \sin \gamma^*}$$

$$\cos \beta = \frac{\cos \gamma^* \cos \alpha^* - \cos \beta^*}{\sin \gamma^* \sin \alpha^*}$$

$$\cos \gamma = \frac{\cos \alpha^* \cos \beta^* - \cos \gamma^*}{\sin \alpha^* \sin \beta^*}$$

$$a = \frac{b^* c^* \sin \alpha^*}{V^*}$$

$$b = \frac{c^* a^* \sin \beta^*}{V^*}$$

$$c = \frac{a^* b^* \sin \gamma^*}{V^*}$$

$$V = \frac{1}{V^*}$$

$$V^2 = \begin{vmatrix} a^2 & ab \cos \gamma & ac \cos \beta \\ ba \cos \gamma & b^2 & bc \cos \alpha \\ ca \cos \beta & cb \cos \alpha & c^2 \end{vmatrix}$$

$$V = abc\sqrt{1 - \cos^2 \alpha - \cos^2 \beta - \cos^2 \gamma + 2 \cos \alpha \cos \beta \cos \gamma}$$

$$V = abc \sin \alpha \ \sin \beta \ \sin \gamma^*$$

$$V = abc \sin \alpha \ \sin \beta^* \sin \gamma$$

$$V = abc \sin \alpha^* \sin \beta \ \sin \gamma$$

Anwendung des reziproken Gitters auf die Beugung am Kristall

Die Ewaldsche Konstruktion. Wie zu Beginn dieses Kapitels betont wurde, erleichtert das reziproke Gitter die geometrische Beschreibung der Beugung am Kristall. Ausgehend vom reziproken Gitter kann man die Geometrie der Beugungseffekte und deren Aufzeichnung beschreiben, man kann aber auch in umgekehrter Richtung aus dem Beugungsdiagramm irgendeines Kristalls dessen reziproke Gittergeometrie zurückfinden. Die im letzten Abschnitt aufgestellten mathematischen Beziehungen erlauben es dann, einen im reziproken Gitter gewonnenen Zelldatensatz in den entsprechenden Datensatz des Kristallgitters zu transformieren. Auf diese Art und Weise können schließlich die Zelldaten für einen Kristall erhalten werden. – Für die Durchführung der Beugung mit Röntgenstrahlen hat man viele Methoden entwickelt, von denen die gebräuchlichsten in den Kapiteln 7 bis 9 besprochen werden. Ihre eleganteste ist die Präzessionsmethode, bei der das reziproke Gitter Netzebene für Netzebene unverzerrt photographiert wird.

Der Leser sei darauf aufmerksam gemacht, daß zwei dimensionsmäßig verschiedene Varianten des reziproken Gitters in Gebrauch sind (Abb. 8), die bei etwas unterschiedlicher Problemstellung benutzt werden. Die Gl. (2) wird mit den entsprechenden Dimensionsangaben, die in den beiden Zeichnungen der Abb. 8 eingetragen sind, erfüllt. Bei der im linken Teilbild dargestellten *Ewaldkonvention,* die die ältere ist, bleibt das reziproke Gitter konstant, während sich der Radius $1/\lambda$ der im Querschnitt gezeichneten Kugel, der *Ewaldkugel* oder *Ausbreitungskugel*, mit der im Experiment benutzten Wellenlänge λ ändert. Die Ewaldkonvention erweist sich als bequeme Vereinbarung, wenn die Wellenlänge, wie bei der Laue-Methode, variabel ist. Mit der zweiten Konvention (rechtes Teilbild) betrachtet man die Kugel als Einheitskugel mit dem Radius 1 und muß dementsprechend das reziproke Gitter jeweils mit dem Faktor λ anpassen. Die mit Röntgenstrahlen

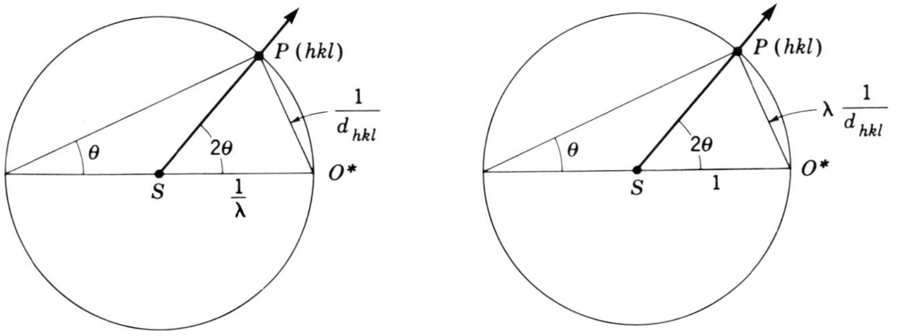

Abb. 8. Während die Abbildungen 1 und 2 eben sind, stellt Abb. 8 einen Äquatorschnitt durch die dreidimensionale Beugungsgeometrie dar.

arbeitenden Kristallographen, die routinemäßig eine monochromatische Methode anwenden, folgen überwiegend dieser zweiten Konvention.

Unabhängig jedoch von der benutzten Konvention, denkt man sich den *Kristall mit seinem Mittelpunkt (oder Ursprung) stets im Mittelpunkt der Kugel, während der Ursprung seines reziproken Gitters* (das ist der Gitterpunkt hkl mit den Koordinaten 000) *auf demjenigen Punkt liegt* (O* in Abb. 8), *wo der primäre Röntgenstrahl die Kugel verläßt.* Der Röntgenstrahl läuft immer entlang einem Durchmesser der Kugel.

Aus der Ableitung des reziproken Gitters folgt, daß irgendwelche Drehbewegungen eines Kristalls von seinem Gitter und damit auch von seinem reziproken Gitter mitgemacht werden, d. h. reziprokes Gitter und Kristall behalten immer die gleiche relative Orientierung bei. – Den Kristall kann man vorläufig vergessen mit Ausnahme der Tatsache, daß die abgebeugten Strahlen alle von seinem Mittelpunkt, im Kugelmittelpunkt S, ausgehen. Bei willkürlicher Orientierung liegt im allgemeinen kein reziproker Gitterpunkt außer O* auf der Oberfläche der Ewaldkugel, so daß dann die in den Abbn. 1, 2 und 8 dargestellte Bedingung auch nicht erfüllt ist; das entspricht der Situation in Abb. 7,3 mit dem Unterschied, daß die Wegdifferenz kein ganzzahliges Vielfaches der Wellenlänge ist und daher die Gln. (7,3) und (8,3) nicht befriedigt sind. Unter diesen Umständen entstehen keine Röntgenstrahlreflexe. Sind jedoch die Gln. (7,3) und (8,3) erfüllt. liegt irgend ein reziproker Gitterpunkt P mit den Indizes hkl auf der Oberfläche der Kugel und ein Reflex in Richtung SP kommt zustande.

Um die Richtungen möglicher Reflexe zu finden, stellt man sich einen vollständigen Ausschnitt des reziproken Gitters in der Nachbarschaft der Ausbreitungskugel vor (Abb. 9). Das reziproke Gitter wird nun nach irgendeiner Vorschrift gedreht, z. B. in gleichförmiger Rotation um eine Achse durch den Ursprung O*. Immer wenn irgendein reziproker Gitterpunkt P nach Abb. 8 die Kugeloberfläche berührt, entsteht ein Reflex in Richtung SP. Die einzelnen Reflexe können auf einem photographischen Film aufgezeichnet oder von einem Photonenzähler registriert werden. Selbstverständlich verlangt jede einzelne Beugungsmethode die Beachtung der Geometrie, nach der diese Reflexe als Funktion der Kristallbewegung zustande kommen, sowie die Berücksichtigung der Geometrie des Registriergerätes, z. B. Form und Anordnung des Films.

Das nächstliegende Koordinatensystem für das reziproke Gitter ist selbstverständlich ein Achsenkreuz parallel den drei Translationsvektoren, mit denen man das reziproke Gitter beschreibt. Gelegentlich ist es bequemer, die Gitterpunkte auf das in Abb. 10 skizzierte *Zylinderkoordinatensystem* zu beziehen. In diesem Fall stellt die Zylinderachse eine rationale Translationsrichtung des Kristalls dar, allgemein [uvw] (gewöhnlich aber einfach eine Zellkante), während die Grundfläche des Zylinders eine reziproke Gitterebene senkrecht zu dieser Translationsrichtung ist. Diese Ebene ist immer rational, allgemein (u*v*w*) oder kürzer (uvw)* (gewöhnlich eine Ebene zweier reziproker Achsen). Die Zylinderkoordinaten des reziproken

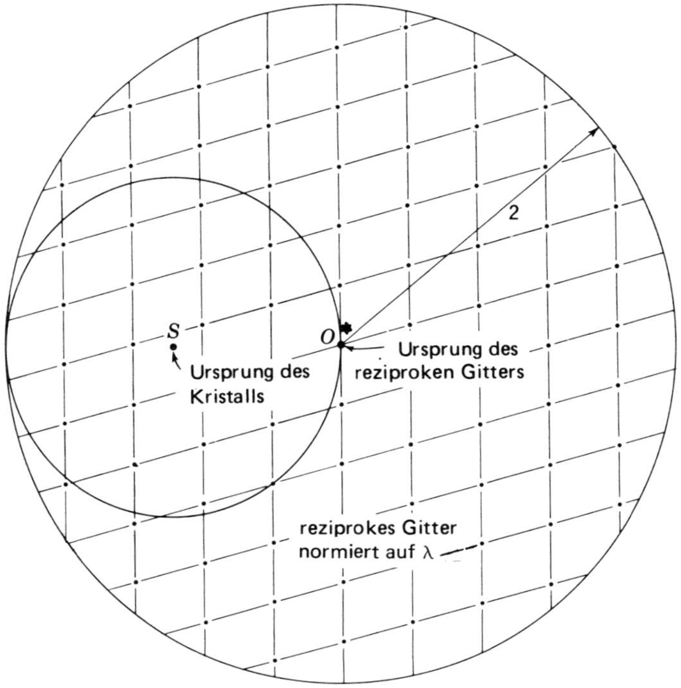

Abb. 9. Bereich der Punkte des reziproken Gitters, der von der Röntgenbeugung mit der Wellenlänge λ erfaßt wird (Schnitt).

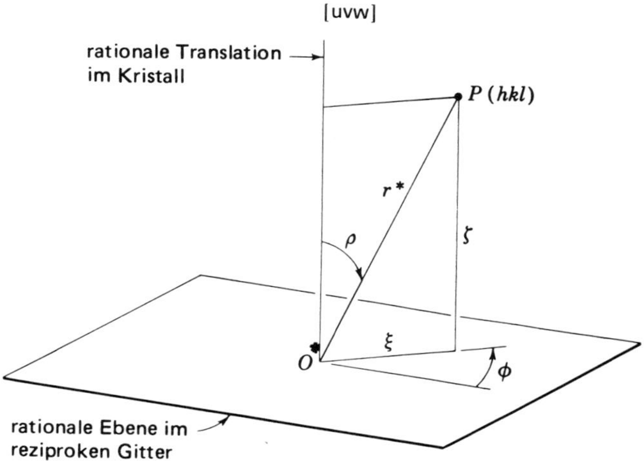

Abb. 10. Zylinder- und Kugelkoordinaten im reziproken Gitter (ξ, ζ, ρ: kl. gr. Buchst. „Xi", „Zeta", „Rho"; φ: gr. gr. Buchst. „Phi").

Gitterpunktes P sind ϕ, ξ und ζ, wobei der Winkel ϕ in der Ebene (uvw)* liegt und die Drehung der ξ, ζ-Ebene um [uvw] erfolgt. Der Winkel ϕ wird von einer vorgegebenen Richtung aus, etwa einer reziproken Zellkante, gezählt. Der Abstand r* des reziproken Gitterpunktes vom Ursprung beträgt

$$r^* = \sqrt{\xi^2 + \zeta^2}\,. \tag{30}$$

Außerdem zeigt Abb. 10 die Beziehung zwischen Zylinder- und *Kugelkoordinaten* r*, ρ und ϕ; die Kugelkoordinaten finden allgemein in der Zweikreis-Goniometrie Anwendung. Dort wird die Normale r* einer Kristallfläche mit den Kugelkoordinaten ϕ, der (geographischen) Länge, und ρ, der *Poldistanz* (das Komplement zur geographischen Breite), angegeben.

Beugungsgeometrie für eine Punktreihe. Die Gl. (20) besagt, daß eine Gittergerade [uvw] mit der Translationsperiode t zugleich die Abstandsperiode $d^* = 1/t$ für einen reziproken Netzebenensatz bestimmt, wobei der Ebenensatz senkrecht auf [uvw] steht. Irgend welche weiteren Translationen t_j, mit j = 1 oder 2, in anderen Gitterrichtungen als [uvw], wirken sich weder auf die Lage noch auf die Abstandsperiode des betrachteten reziproken Netzebenensatzes aus. Da es somit für die Richtung und die Abstandsperiode dieses Netzebenensatzes offensichtlich bedeutungslos ist, wie die Gittertranslationen t_j beschaffen sind, können die t_j nur Größe und Form der Netzebenenmasche dieses Satzes beeinflussen, d. h. von t_j hängt nur die Art der Besetzung der Netzebene ab.

Für Beugungsprobleme, bei denen der Einfluß einer einzigen Gitterrichtung [uvw] von Interesse ist, darf man die reziproken Punkte auf jeder einzelnen reziproken Netzebene des Satzes irgendwie verteilt annehmen; folglich darf man als geometrischen Ort der reziproken Punkte auch kontinuierliche Ebenen betrachten.

Tatsächlich ist der Satz kontinuierlicher Ebenen mit der Abstandsperiode d* das reziproke Bild einer einzigen unendlichen Punktreihe im Raum, die senkrecht zum Ebenensatz verläuft und die Translationsperiode $t = 1/d^*$ hat.

Man kann sich das plausibel machen, indem man zunächst ein einfaches Gitter betrachtet, bei dem t_1 und t_2 zwei zueinander orthogonale primitive Translationen senkrecht zu t sind. Mit dem primitiven Zellvolumen $V = t_1 t_2 \cdot t$ und dem Volumen V* der reziproken Zelle bestimmt man die Fläche f* der Elementarmasche des betrachteten reziproken Netzebenensatzes

$$V^* = f^* d^* = f^*/t = f^*/[V/(t_1 t_2)]$$

bzw. $$f^* = V \cdot V^*/(t_1 t_2) = 1/(t_1 t_2).$$

Wenn man die zu [uvw] parallelen Gittergeraden – die im Abstand t_1 und t_2 benachbart sind – durch Vergrößern der t_j von [uvw] entfernt, wird die Maschenfläche f* immer kleiner und die Netzebenen werden immer dichter mit Punkten besetzt, bis sie schließlich im Grenzübergang $t_1, t_2 \to \infty$ zu kontinuierlich besetzten Ebenen werden.

Durch formale Einführung der Ewaldkugel gewinnt man jetzt die Beugungsinformation über die Gitterrichtung [uvw] aus dem Schnitt der Kugel mit dem reziproken Ebenensatz. Abb. 11 zeigt die Geometrie in einem Querschnitt, der auch den Primärstrahl und die Gitterpunktreihe [uvw] enthält. Die Gitterrichtung bildet mit dem Primärstrahl den Winkel $\bar{\mu}$; der Winkel bestimmt gleichzeitig die Neigung des Ebenensatzes. Die nullte Ebene m = 0 enthält den Nullpunkt O*; letzterer ist für die Kugeloberfläche der Durchstoßungspunkt des Primärstrahls. Die Ebene m = 0 schneidet die Kugel im Abstand

$$x_0 = -(1/\lambda) \cos \bar{\mu}$$

vom Kugelmittelpunkt S in einem (gestrichelt gezeichneten) Kreis. Die Verbindungsgeraden von S durch die Punkte der Kreislinie sind mögliche Sekundärstrahlrichtungen. Reziproke Gitterpunkte der Ebene m = 0, die auf der Kreislinie liegen, erfüllen die Braggsche Gleichung und führen zu einem Reflex. Die Gesamtheit der Sekundärstrahlen liegt auf einem Kegel um [uvw] mit dem halben Öffnungswinkel $\bar{\nu}$ entsprechend

$$\cos \bar{\nu} = x_0 /(1/\lambda) = x_0 \lambda .$$

Der Zeichnung entnimmt man, daß der Primärstrahl stets Erzeugende des Kegels m = 0 ist. Die anderen, durch den Parameter m charakterisierten Ebenen schneiden die Kugel im Abstand

$$x_m = m(1/t) - (1/\lambda) \cos \bar{\mu} .$$

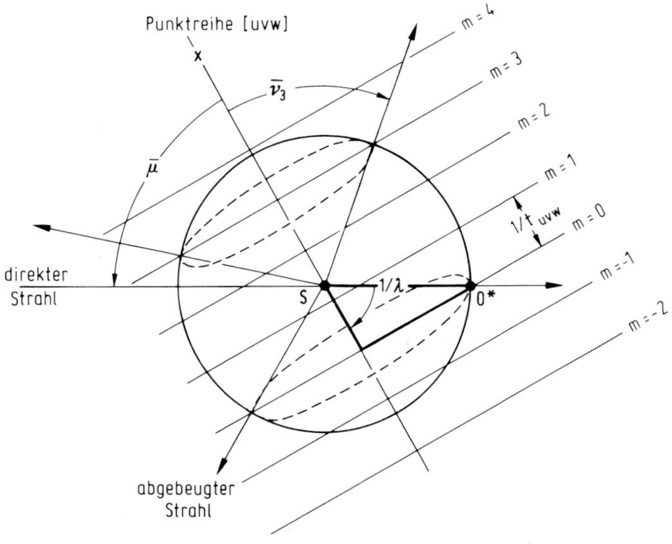

Abb. 11. Beugungsgeometrie einer Punktreihe im Schnitt und Entstehung der Lauekegel. Die Schnittkreise der Ewaldkugel mit den reziproken Ebenen m = 0 und m = 3 sind gestrichelt eingezeichnet.

Die gesamte Beugungsgeometrie ist demnach ein koaxiales Kegelsystem um die Gittergerade [uvw] als Achse. Die halben Öffnungswinkel der Kegel sind

$$\cos \bar{\nu} = x_m \lambda = m\lambda/t - \cos \bar{\mu}.$$

Im Rückblick auf Gl. (3,3) erkennt man die völlige Übereinstimmung mit der Geometrie der Lauekegel.

Zusammenfassung

Das Braggsche Gesetz kann geometrisch klar und treffend mit Hilfe des reziproken Gitters interpretiert werden. Das reziproke Gitter steht in einer einfachen Beziehung zum Kristallgitter.

Im Originalgitter des Kristalls hat jeder Netzebenensatz einen bestimmten *Identitätsabstand* d_{hkl} und kann durch einen Vektor charakterisiert werden, der normal auf der Netzebene steht und die Länge d_{hkl} hat. Ersetzt man diese Vektoren durch andere, die dieselbe Richtung aber die Länge $1/d_{hkl}$ haben, bilden die Endpunkte der Gesamtheit dieser Vektoren ein dreidimensionales Punktgitter: das Reziproke des Originalgitters.

Ein Gitter und sein reziprokes Gitter sind wechselseitig zueinander reziprok. Das einfachste Gesetz, das sie verknüpft, besteht darin, daß der Betrag eines beliebigen Netzebenenabstandes im einen, gleich dem reziproken Betrag einer (parallelgerichteten) Translation im anderen Gitter entspricht. Dies läßt sich formelmäßig durch $dt^* = 1$ und $d^*t = 1$ ausdrücken, wobei der Stern jeweils eine Größe des reziproken Gitters kennzeichnet. Mit weiteren einfachen mathematischen Beziehungen lassen sich die Zellparameter eines Gitters in die seines reziproken Gitters (oder umgekehrt) umwandeln.

Schreibt man das Braggsche Gesetz in der Form $\sin\theta = [\lambda \cdot 1/d_{hkl}]/2$, wird deutlich, daß der Klammerausdruck mit dem mit λ multiplizierten Betrag des reziproken Gittervektors t^*_{hkl} übereinstimmt. In der Schreibweise des reziproken Gitters lautet das Braggsche Gesetz daher $\sin\theta = \lambda t^*/2$. Wird ein Durchmesser durch einen Einheitskreis (Abb. 8) gezogen, so liegt der Scheitel des Winkels θ an einem Ende des Durchmessers gegenüber einem Vektor der Länge λt^*; der Ursprung O^* des Vektors liegt im anderen Ende des Durchmessers, der Vektor endet auf dem Kreisumfang. Dies läßt sich räumlich wie folgt interpretieren: Konstruiere eine Einheitskugel mit dem primären Röntgenstrahl als Durchmesser; setze den Ursprung des reziproken Gitters in den Punkt, in dem der Röntgenstrahl die Kugel verläßt. Wenn jetzt das reziproke Gitter auf irgendeine Weise so ausgerichtet wird, daß einer seiner Punkte P auf die Oberfläche der Kugel gerät, dann ist das Braggsche Gesetz $\sin\theta = \lambda t^*/2$ erfüllt. Die Richtung des reflektierten Strahls ist die Verbindungslinie vom Kugelmittelpunkt S zum reziproken auf der Kugeloberfläche liegenden Gitterpunkt P, weil diese Richtung den Winkel 2θ mit dem Primärstrahl einschließt. Diese geometrische Interpretation des Braggschen Gesetzes wird bei den einzelnen Röntgenbeugungsmethoden am häufigsten herangezogen, um die Entstehung und Aufzeichnung der Reflexe zu erklären.

Geschichtliche Anmerkungen

Die wesentlichen geometrischen Eigenschaften des reziproken Gitters wurden um 1848 von dem Franzosen A. Bravais, Professor am Polytechnikum in Paris, entdeckt. In Bravais' glänzender Monographie von 1850, in der er die 14 symmetrischen Punktgitter ableitet (s. Kap. 2), sind auch rund zwanzig Seiten dem sog. *polaren Gitter* gewidmet. Von dieser neuen Idee wurde indes kaum Gebrauch gemacht. Ewald entdeckte sie wieder in einer Betrachtung der Laueschen Theorie und der Ergebnisse des Friedrich-Knippingschen Experimentes im Zusammenhang mit seiner eigenen Doktorarbeit. In seiner 1913 veröffentlichten Arbeit legte Ewald dar, wie man die Röntgenbeugung mit Hilfe der Punkte eines „reziproken Gitters" und einer Kugel erklären kann, deren Radius gleich der Wellenzahl $K = 1/\lambda$ der Röntgenstrahlung ist. In dieser Arbeit benutzte er ein reziprokes Gitter, dessen Translationen reziprok zu denen des Kristallgitters waren, ein Spezialfall für orthogonale Achsen, der dem Problem entsprach. In einem späteren, 1921 in der Zeitschrift für Kristallographie veröffentlichten Artikel hat Ewald den Zusammenhang zwischen seinem reziproken Gitter und Bravais' polarem Gitter erkannt und unter Verwendung der Gibbsschen Vektoralgebra neu formuliert. Die Arbeit hebt hervor, daß das polare Gitter, das reziproke Gitter und die reziproken Vektorsätze eng verwandte Geometrie besitzen.

Ewalds Arbeit von 1921 stellt das reziproke Gitter in einer Form dar, die Kristallographen durchaus ansprechen konnte, jedoch wurde es erst durch eine Arbeit wirklich bekannt, die Bernal 1926 in den „Proceedings of the Royal Society of London" mitteilte. Bernal zeigte darin, daß sich mit dem reziproken Gitter und der Ausbreitungskugel ein einfacher Weg öffnet zur Indizierung photographischer, mit der Drehkristall- und der Schwenkmethode hergestellter Aufnahmen (s. Kap. 7). Reziprokes Gitter und Ausbreitungskugel entwickelten sich allmählich zu Standardmitteln für die Auswertung derartiger Röntgenphotographien und schließlich auch der Weißenberg- und Präzessionsaufnahmen (Kap. 8 und 9). In diesem Zusammenhang sei erwähnt, daß die Präzessionsaufnahmen (*precession-Aufnahmen*) vollkommen unverzerrte Photographien des reziproken Gitters darstellen, jedoch mit einem Vergrößerungsfaktor λ mal einer Apparatekonstante M.

Weiterführende Schriften

M. J. Buerger. X-ray crystallography. (Wiley, New York, 1942) 107–132.

Grundlegende Werke und Einzelveröffentlichungen

M. A. Bravais. Mémoire sur les systèmes formés par des points distribués régulièrement sur un plan ou dans l'éspace. J. École Polytech., Cahier 33, Tome XIX, (Paris, 1850) 1–128. [Übersetzung von Amos J. Shaler. On the systems formed by points regularly distributed on a plane or in space. American Crystallographic Association Monograph 3 (1949); insbesondere 92–111.]

J. Willard Gibbs und Edwin Bidwell Wilson. Vector analysis. (Yale, New Haven, Conn., 1901); insbesondere 81–87.

P. P. Ewald. Zur Theorie der Interferenzen der Röntgenstrahlen in Kristallen. Phys. Z. **14** (1913) 465–472.

P. P. Ewald. Das „reziproke Gitter" in der Strukturtheorie. Z. Kristallogr. **56** (1921) 129–156.

J. D. Bernal. On the interpretation of x-ray, single crystal, rotation photographs. Proc. Roy. Soc. (London) (A) **113** (1926); insbesondere 118–123.

Kapitel 5

Routinemäßige Symmetriebestimmung mit Hilfe der Beugung von Röntgenstrahlen

Die Kenngrößen der Muster

Im 1. Kapitel wurden drei Merkmale genannt, die das Muster eines Kristalls charakterisieren; mit den inzwischen eingeführten und fachlich vertieften Begriffen sind dies:

(a) die Symmetrie des Musters

(b) die Zellparameter (Längen und Winkel)

(c) die Positionen der Atome in der Elementarzelle.

Die beiden erstgenannten Merkmale können mit relativ einfachen experimentellen Methoden bestimmt werden. Vorbereitend befaßt sich dieses Kapitel mit den allgemeinen Gesichtspunkten der Bestimmung des Merkmals (a). Die Kapitel 7 bis 9 bringen dann in Umrissen die Anwendung dreier gebräuchlicher Röntgenbeugungsverfahren auf die Symmetrie- und Zellbestimmung eines Kristalls. Im Kap. 10 werden die gebräuchlichen Verfahren besprochen, nach denen sich die Atome unter Berücksichtigung der Symmetrieelemente in der Elementarzelle lokalisieren lassen. Das Problem, die endgültige Position eines Atoms in der Elementarzelle aufzufinden, ist jedoch schwierig und erfordert ein höher entwickeltes Annäherungsverfahren. Die Theorie, die der Lösung dieses Problems zugrunde liegt, und ihre Anwendung bleiben schließlich dem letzten Kapitel vorbehalten.

Gegenstand dieses Kapitels sind die allgemeinen Merkmale, nach denen sich die Raumgruppe, also der Mustertyp, feststellen läßt. Dabei handelt es sich um eine rein qualitative Betrachtungsweise der Muster, die keine Messungen erfordert. Passend ausgewählte experimentelle Verfahren liefern photographische Aufnahmen, deren Durchmusterung alles bringt, was sich über die Symmetrie überhaupt herausfinden läßt. In den Diskussionen der Kap. 7 bis 9 wird sich herausstellen, daß die Präzessionsmethode im allgemeinen ein ideales Hilfsmittel zur Bestimmung von Symmetrieelementen ist, obgleich man die nämlichen Informationen – allerdings auf weniger einfache Weise – auch aus der Weißenbergmethode erhält. Immer noch relativ viel Symmetrieinformation liefert die Lauemethode, weniger dagegen die Schwenkmethode, während die Pulvermethoden keine Symmetrieinformation liefern, gleichgültig was sie sonst auch hergeben mögen. (Die Pulvermethoden werden in diesem Buch nicht weiter diskutiert.)

Der reziproke Raum

Den Betrachtungen im Kap. 4 zufolge sind die reziproken Gitterpunkte mit den Punkten des Originalgitters in einfacher Weise verknüpft. Es ist vorteilhaft, vom Kristall, einschließlich seiner Struktur, seinem Gitter und seiner Symmetrie, als einer Erscheinung im *Kristallraum* zu sprechen und in analoger Weise von seinem reziproken Gitter als einer Erscheinung in einem anderen Raum, dem *reziproken Raum*. Bislang diente das reziproke Gitter lediglich als bequemes Werkzeug zur Veranschaulichung der Geometrie der Röntgenreflexe. Indessen kann der Begriff der Reziprozität, wie er bis hierhin benutzt wurde, erheblich verallgemeinert werden.

Jeder Röntgen(strahl)reflex ist durch ein einziges Indextripel hkl charakterisiert; zu jedem Reflex gehört im reziproken Gitter genau ein Punkt, dessen Koordinaten (gemessen in Einheiten von **a***, **b*** bzw. **c***) ebenfalls h, k und l sind. Daher bieten die reziproken Gitterpunkte eine willkommene Möglichkeit, Informationen über die Reflexe hkl geordnet zu sammeln.

Gegen Ende von Kap. 3 ergab sich, daß jedem Röntgenreflex eine Welle mit bestimmter Amplitude und Phase entspricht. Darüber informiert die Strukturamplitude F_{hkl}, die im allgemeinen eine komplexe Größe darstellt. Wenn man nun jedem reziproken Gitterpunkt neben seinen Koordinaten hkl auch noch sein F_{hkl} zuschreibt, erhalten die reziproken Gitterpunkte eine zusätzliche Bedeutung, ein *„Gewicht"*, wie man mit Ewald allgemein sagt. Mit der Zuordnung von Gewichten sind aber die Punkte, die vorher als reine Gitterpunkte gedacht waren, nicht mehr länger translationsäquivalent; die gewichtete Punktanordnung darf deshalb nicht mehr als ein Gitter bezeichnet werden, obgleich die Punktpositionen auf einem Gitter liegen. Die neue Anordnung gewichteter Punkte wird gemeinhin als *gewichtetes reziprokes Gitter* bezeichnet, was aber nicht ganz korrekt ist, weil das Wort „Gitter" genau genommen die Translationsgleichwertigkeit der Punkte einschließt. Es wird sich später herausstellen, daß die gewichtete Punktanordnung die *Fouriertransformierte* der Kristallstruktur ist; da derart Transformierte durch Verallgemeinerung der Reziprozitätseigenschaften von Gittern entstehen, wäre für ein reziprokes Gitter, das mit F_{hkl} gewichtet ist, die Bezeichnung *„reziproke Struktur"* angemessener.

Im nächsten Abschnitt soll die Beziehung zwischen der Symmetrie des Kristalls und der Symmetrie seiner Darstellung im reziproken Raum untersucht werden.

Punktgruppensymmetrie der reziproken Struktur

Tatsächliche Symmetrie. Die reziproke Darstellung einer Kristallstruktur besteht aus einer Ansammlung von Punkten; jeder Punkt weist eine spezifische Ortsposition auf und besitzt ein individuelles, komplexes Gewicht, das sich aus Betrag und Phase zusammensetzt. Es soll nun gezeigt werden, daß die Symmetrie dieser Eigenschaftsmenge in einfacher Weise mit der Punktgruppensymmetrie des Kristalls zusammenhängt.

Der reziproke Gitterpunkt mit den Koordinaten hkl liegt auf der Normale des Netzebenensatzes (hkl). Die Lagen der Normalen haben offensichtlich dieselbe Symmetrie wie die Lagen der Ebenen. Symmetrieäquivalente Netzebenensätze haben außerdem gleiche Abstandsperiode, weshalb auch die Nullpunktsabstände der reziproken Gitterpunkte symmetrieäquivalenter Normalen gleich sein müssen. Diese beiden Feststellungen garantieren dafür, daß die Positionen zweier reziproker Gitterpunkte, die zwei symmetrieäquivalente Netzebenensätze beschreiben, zumindest über die gleiche Symmetrie gekoppelt sind, wie die Netzebenen selbst. Die Positionen an den Punkten im reziproken Raum können jedoch noch unter zusätzlicher Symmetrie stehen, die möglicherweise in der Punktgruppensymmetrie fehlt; denn die Positionen der Punkte (nicht die Punkte selbst) bilden ein echtes Gitter, sind also translationsäquivalent. Ein Gitter kann aber nur eine der sieben Symmetrien aus der 3. Spalte der Tab. 5,2 haben. Diese sieben werden gelegentlich die *holoedrischen Kristallklassen* genannt.

Zieht man jetzt noch den Betrag und die Phase der Reflexe in Betracht, wird im reziproken Raum die holoedrische Symmetrie im allgemeinen erniedrigt. Zur Erleichterung des Verständnisses seien einige mögliche Strukturen betrachtet, die entweder eine n-zählige Drehachse (Abb. 1) oder eine Spiegelebene (Abb. 2) bzw. ein Symmetriezentrum (Abb. 3) als einzige Symmetrie aufweisen mögen. In jedem Fall sind Amplitude und Phase der Reflexe symmetrisch äquivalenter Netzebenensätze mit der gleichen Symmetrie gekoppelt, wie die Netzebenensätze selbst. Es tritt aber keine zusätzliche Symmetrie auf. Die reziproke Struktur zeigt daher nur dann die holoedrische Symmetrie, wenn diese Symmetrie bereits zwischen den Netzebenen besteht. Demgemäß läßt sich die Symmetriebeziehung zwischen reziproker Struktur und Kristallstruktur vorläufig in den folgenden Satz fassen:

Die Symmetrie der reziproken Struktur ist mit der Punktgruppensymmetrie des Kristalls konform.

Die reziproke Struktur weist indessen doch noch eine merkwürdige weitere Symmetrie auf, die in Abb. 4 und 5 veranschaulicht ist. Abb. 4 bringt einen kleinen Ausschnitt aus einer einfachen Struktur. Die Struktur ist mit Absicht symmetrielos gezeichnet, um den Zusammenhang zwischen zwei Reflexen zu verdeutlichen, die an den entgegengesetzten Seiten desselben Netzebenensatzes entstehen. Das entspricht dem Zusammenhang zwischen den beiden Reflexen hkl und -h-k-l oder, wie man statt dessen in der Kristallographie schreibt, $\bar{h}\bar{k}\bar{l}$. Offenbar setzen sich die Wellen, die an den entgegengesetzten Seiten reflektiert werden, aus den gleichen Teilwellen zusammen, beide Male mit der gleichen Phasendifferenz, jedoch gegensinnig verschoben. Demnach haben beide Wellen gleichen Amplitudenbetrag aber entgegengesetzte Phasenlage. In dem Zeigerdiagramm der Abb. 5 werden zwei derartige Wellen durch Vektoren gleicher Länge dargestellt, die gleichgroße aber entgegengesetzte Winkel mit der Abszisse, d. h. mit der reellen Achse bilden. In diesem Diagramm wurde der an den schwarzen Atomen gestreuten Teilwelle willkürlich die Phasenlage Null zugeordnet (Referenzwelle). Daher hinkt die Phase der an den weißen Atomen gestreuten Teilwelle für den Reflex hkl nach, eilt aber für den (Gegen-) Reflex hkl um den gleichen Betrag voraus.

Zwei Vektoren, die im Zeigerdiagramm gleiche Länge aber entgegengesetzte Phase besitzen, heißen *konjugiert komplex.* Der Zusammenhang läßt sich in komplexer Schreibweise sehr einfach ausdrücken. Im vorliegenden Beispiel sei der Vektor, der für den Reflex hkl sowohl den Betrag der Amplitude wie die Phase der Welle beschreibt, gleich F_{hkl}. Sein Betrag ist der Absolutwert $|F_{hkl}|$. Die gerade auseinandergesetzte Tatsache, daß die Beträge für die Reflexe hkl und $\bar{h}\bar{k}\bar{l}$ gleich groß sind, wird durch

$$|F_{hkl}| = |F_{\bar{h}\bar{k}\bar{l}}| \tag{1}$$

ausgedrückt. Wird dieser Betrag einem Vektor zugeordnet, der entlang der reellen Achse liegt, können die beiden konjugiert komplexen Vektoren in der Form

$$F_{hkl} = |F_{hkl}| \exp(i\phi) \quad (2)$$
$$F_{\bar{h}\bar{k}\bar{l}} = |F_{hkl}| \exp(-i\phi) \quad (3)$$

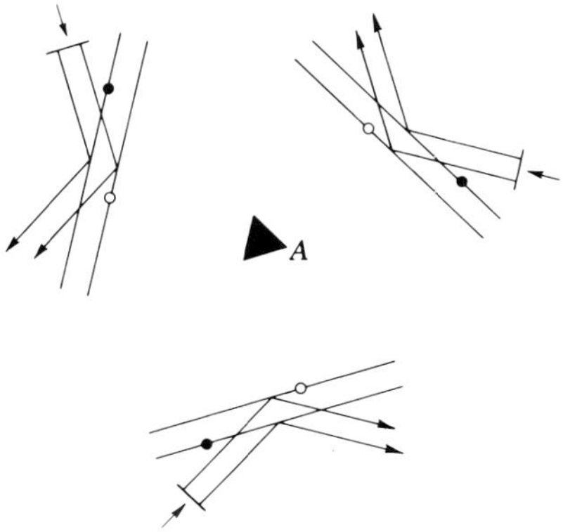

Abb. 1

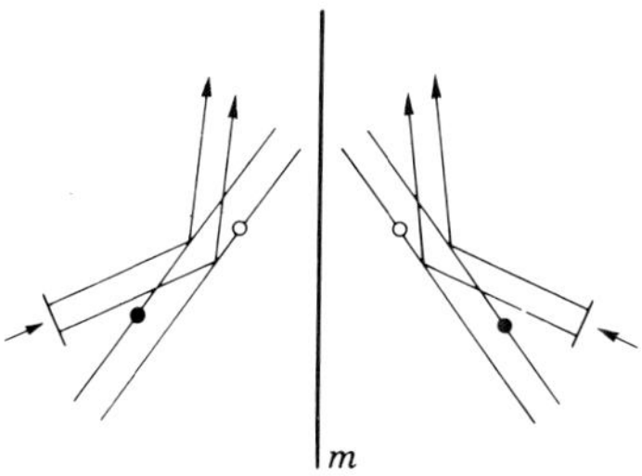

Abb. 2

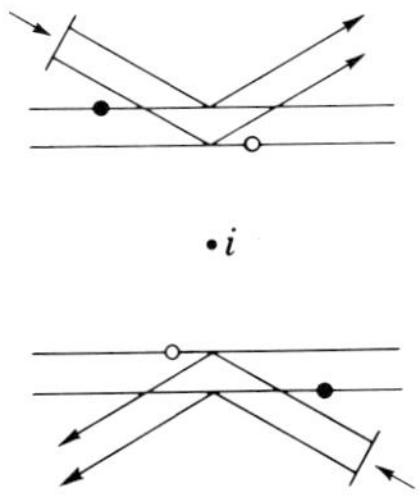

Abb. 3

Abb. 1–3. Beugung an symmetrieäquivalenten Netzebenen bei 3-zähliger Achse A, Spiegelebene m und Symmetriezentrum i.

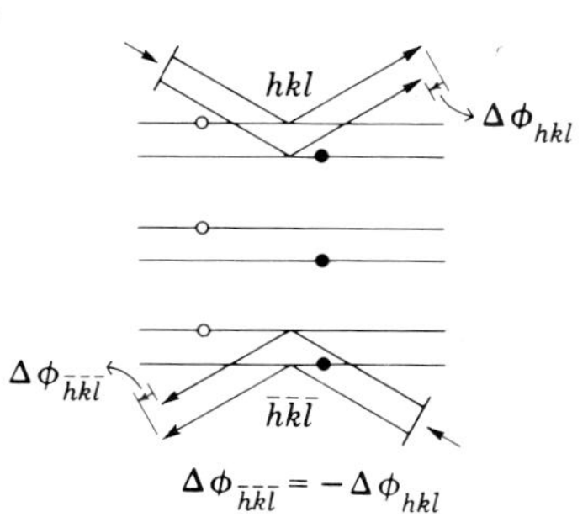

Abb. 4

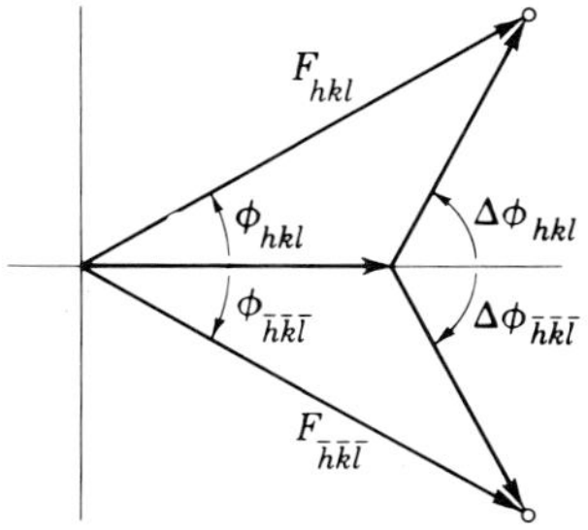

Abb. 5

Abb. 4. Entstehung der konjugierten Symmetrie.
Abb. 5. Zeigerdiagramm zur konjugierten Symmetrie.

geschrieben werden; darin wirkt exp(iϕ) als Operator, der einen Vektor um den Winkel ϕ entgegen dem Uhrzeigersinn dreht. Eine konjugiert komplexe Größe wird üblicherweise durch einen Stern (*), oft auch durch Überstreichen bezeichnet. Da über den Stern bereits bei den reziproken Größen verfügt ist, wird hier von der zweiten Möglichkeit Gebrauch gemacht, so daß der Zusammenhang zwischen den linken Seiten der Gln. (2) und (3) sowohl durch

$$F_{\bar{h}\bar{k}\bar{l}} = \overline{F}_{hkl}$$

als auch durch (4)

$$F_{hkl} = \overline{F}_{\bar{h}\bar{k}\bar{l}}$$

ausgedrückt wird. (Eine Verwechslung der Bedeutung überstrichener F-Werte mit der Bedeutung von $\bar{h}\bar{k}\bar{l}$ = -h-k-l als negatives Vorzeichen ist nicht zu befürchten, da die letztgenannte Schreibweise nur für die Indizes hkl und uvw benutzt wird, die stets reell sind.)

Wegen des konjugiert komplexen Zusammenhanges zwischen F_{hkl} und $F_{\bar{h}\bar{k}\bar{l}}$ sagt man, die zugehörigen Wellen haben *konjugierte Symmetrie,* eine neue Symmetrie, die zusätzlich zur Punktgruppensymmetrie auftritt. Demnach kann der weiter oben aufgestellte Satz folgendermaßen ergänzt und präzisiert werden:

Lehrsatz:

Die Symmetrie der reziproken Struktur ist die Punktgruppensymmetrie des Kristalls ergänzt durch die konjugierte Symmetrie.

Eine ebenso interessante wie wichtige Konsequenz der konjugierten Symmetrie ergibt sich für Kristalle, die zentrosymmetrisch sind, d. h. ein Inversionszentrum besitzen. Diese Symmetrie verlangt (zunächst im Kristallraum), daß die Reflexe hkl und $\bar{h}\bar{k}\bar{l}$ gleich sind in Amplitudenbetrag und Phase.

$$\text{Zentrosymmetrischer Kristall: } F_{hkl} = F_{\bar{h}\bar{k}\bar{l}}. \qquad (5)$$

Da zusätzlich aber auch (4) gilt, müssen für einen zentrosymmetrischen Kristall die beiden konjugiert komplexen Strukturamplituden gleich sein, also gleich in Betrag und Phase. $F = \overline{F}$ kann aber nur dann gelten, wenn beide Strukturamplituden auf der reellen Achse des Zeigerdiagrammes zusammenfallen, d. h. wenn F_{hkl} reell ist für jedes hkl. So können die Phasen ϕ der Reflexe zentrosymmetrischer Kristalle nur die Werte 0 oder π annehmen; das ist gleichbedeutend mit der Aussage, daß die Phase zu F_{hkl} durch das Vorzeichen + oder – vor dem (reellen) Zahlenwert $|F_{hkl}|$, dem Betrag der Strukturamplitude, gegeben ist.

Friedelsymmetrie (Lauesymmetrie). Die bis heute entwickelten Methoden zum Nachweis der Röntgenstrahlen gestatten die Messung von Strahlungsleistungen. Die *Strahlungsleistung*, die üblicherweise – wenn auch nicht ganz korrekt – als *Intensität* bezeichnet wird, ist proportional dem Produkt aus der komplexen Amplitude der Welle mal ihrer konjugiert komplexen Amplitude, stellt also einen Ausdruck der Art

$$I \propto A\bar{A} = |A| \exp(i\phi) \cdot |A| \exp(-i\phi) = |A|^2 \qquad (6)$$

dar; darin steht I für die Intensität, $A = |A| \exp(i\phi)$ für die Amplitude. Die Intensitätsmessungen der Reflexe können daher zwar den Betrag der Amplitude liefern, sie geben aber keinen Anhalt über die Phase (etwa in Bezug auf eine Vergleichswelle). Aus diesem Grunde können die Strahlungsnachweisgeräte nicht zwischen der Bedingung (5) für zentrosymmetrische Kristalle und der allgemeineren Bedingung (4) für Kristalle ohne Inversionszentrum unterscheiden.

Friedel kam zu derselben Schlußfolgerung aus anderen (und weniger zwingenden) Gründen; falls sich Röntgenstrahlen wie Strahlen des sichtbaren Lichtes verhielten, war zu erwarten, daß sie gleichartige Phänomene hervorriefen, wenn die Laufrichtung eines Strahls umgedreht wird. Auf diese Überlegung gestützt, teilte Friedel ein Ergebnis mit, das man heute allgemein *Friedelsches Gesetz* nennt und das im wesentlichen lautet:

Eine röntgenphotographische Aufnahme kann nicht die Abwesenheit eines Symmetrie-Zentrums verraten.

Gelegentlich auftretende kleine Abweichungen vom Friedelschen Gesetz beruhen auf *anomaler Streuung* der Atome. Sie entsteht, wenn die Wellenlänge λ der Röntgenstrahlung in die Nachbarschaft einer Absorptionskante irgendeiner Atomart fällt, die in der Kristallstruktur vorkommt. Diese Atomart streut dann mit ungewöhnlicher, „anomaler" Phase (und auch mit anomaler Amplitude) und ihre Streuung wird komplex; sonst ist sie dagegen reell für alle Atomarten, deren Absorptionskanten der Röntgenwellenlänge nicht unmittelbar benachbart sind (s. Abb. 2,3). Die komplexe Streuung einer Atomart kann zur Unsymmetrie in den Abbn. 4 und 5 und damit zu Konsequenzen in den Gln. (4) und (5) führen. Derartige Abweichungen sind jedoch meist zu gering, um bemerkt zu werden; im übrigen sind sie jedenfalls ohne Einfluß auf den auf der vorangehenden Seite 100 aufgestellten Lehrsatz. Anomale Streueffekte können, wenn sie durch geeignete Wellenlänge absichtlich verstärkt werden, auch nützlich sein, etwa bei der Feststellung der Positionen anomal streuender Atome, oder bei der Rechts-Links-Entscheidung über die absolute Konfiguration einer vorliegenden enantiomorphen Struktur.

Wenn man die anomale Streuung meint, spricht man oft auch von *anomaler Dispersion*. Dabei handelt es sich lediglich um zwei unterschiedliche Betrachtungen desselben Phänomens. Die Streuung beeinflußt nämlich – wenn auch nur sehr geringfügig – die Fortpflanzungsgeschwindigkeit der Röntgenwelle im Kristall. Jede Wellenlängenabhängigkeit der Fortpflanzungsgeschwindigkeit bezeichnet man allgemein, auch im Röntgengebiet, als Dispersion.

Tabelle 1. Die Friedel-Symmetrien (Laue-Symmetrien) und ihre Aufteilung auf die Punktgruppen.

Kristall		
Kristallsystem	Punktgruppe	Symmetrie der Beugungseffekte
Triklin	1 $\bar{1}$	$\bar{1}$
Monoklin	2 m $\frac{2}{m}$	$\frac{2}{m}$
Orthorhombisch	222 $mm2$ $\frac{2}{m}\frac{2}{m}\frac{2}{m}$	$\frac{2}{m}\frac{2}{m}\frac{2}{m}$
Tetragonal	4 $\bar{4}$ $\frac{4}{m}$	$\frac{4}{m}$
	422 $4mm$ $\bar{4}2m$ $\frac{4}{m}\frac{2}{m}\frac{2}{m}$	$\frac{4}{m}\frac{2}{m}\frac{2}{m}$
Hexagonal	3 $\bar{3}$	$\bar{3}$
	32 $3m$ $\bar{3}\frac{2}{m}$	$\bar{3}\frac{2}{m}$
	6 $\bar{6}$ $\frac{6}{m}$	$\frac{6}{m}$
	622 $6mm$ $\bar{6}m2$ $\frac{6}{m}\frac{2}{m}\frac{2}{m}$	$\frac{6}{m}\frac{2}{m}\frac{2}{m}$
Kubisch	23 $\frac{2}{m}\bar{3}$	$\frac{2}{m}\bar{3}$
	432 $\bar{4}3m$ $\frac{4}{m}\bar{3}\frac{2}{m}$	$\frac{4}{m}\bar{3}\frac{2}{m}$

Die vorstehenden Sonderfälle ausgenommen, verhindert das Friedelsche Gesetz die röntgenographische Unterscheidung zwischen einer Punktgruppensymmetrie ohne Inversionszentrum und der entsprechenden mit Symmetriezentrum[8]. Folglich muß die Symmetrie der Röntgenbeugungseffekte eines Kristalls stets eine der 11 zentrosymmetrischen Punktgruppensymmetrien sein; ein Kristall, der kein Symmetriezentrum besitzt, liefert daher die gleichen Beugungseffekte, die er auch hervorrufen würde, wenn er ein Symmetriezentrum besäße. Die Symmetrien der Beugungseffekte von Kristallen aller 32 Punktgruppen sind in Tab. 1 zusammengestellt. Passenderweise bezeichnet man die 11 zentrosymmetrischen Beugungssymmetrien als *Friedelsymmetrien* – nach demjenigen Wissenschaftler, der sie zuerst erkannt und zusammengestellt hat. Die Symmetrien werden allerdings gewöhnlich *Lauesymmetrien* genannt, wahrscheinlich deshalb, weil die Lauephotographien früher das einzige Hilfsmittel zur Aufzeichnung der Beugungssymmetrien waren. Ab 1924 ging man dazu über, die Beugungssymmetrie mit der Weißenbergmethode und ab 1944 mit der Präzessionsmethode zu bestimmen; deshalb ist die Bezeichnungsweise Lauesymmetrie nicht allgemein anwendbar.

Raumgruppenbestimmung

Kriterien für die Gittertypen. Viele Beiträge zur Kristallographie verdankt man dem Schweizer Wissenschaftler P. Niggli. In einer seiner bedeutendsten Abhandlungen führte er aus, wie man Raumgruppeninformationen aus den Röntgenbeugungsdiagrammen gewinnen kann. (Seine Überlegungen findet man in seinem, während des ersten Weltkrieges geschriebenen, ersten Buch: „Geometrische Kristallographie des Diskontinuums".)

Nigglis System, das im Anfangsstadium jeder routinemäßigen Kristallstrukturuntersuchung – wenn irgend möglich – auch heute noch benutzt wird, beruht auf der Tatsache, daß sich die verschiedenen Raumgruppen, die mit einer bestimmten Punktgruppe isogonal sind, bezüglich einer oder mehrerer der nachfolgenden Eigenschaften unterscheiden:

(a) Vorhandensein kürzester Gittertranslationen, die anderswo als in den Zellecken enden (entsprechend nichtprimitiven Gittern),

(b) Vorhandensein von Gleitspiegelebenen,

(c) Vorhandensein von Schraubenachsen.

Jedes der Symmetrieelemente aus (a) bis (c) enthält Translationsanteile, die Submultiple von Zellkantentranslationen sind. Diese Translationsanteile führen für gewisse Indizesklassen (hkl) des P-Gitters zu einer Veränderung im Netzebenensatz. Mit den zu (a), (b) und (c) gehörenden Symmetrieope-

[8] In Kapitel 13 wird jedoch gezeigt werden, daß die Intensitätsmeßwerte I_{hkl} zur Berechnung einer Pattersonfunktion benutzt werden können, mit deren Hilfe sich diese Schwierigkeiten umgehen lassen.

rationen wird nämlich ein Netzebenensatz in der Weise wiederholt, daß sich für jene Indizesklassen ein neuer Netzebenensatz zwischen den Originalsatz einschiebt. Wie dies im einzelnen geschieht und wie es sich auf die Röntgenreflexe auswirkt, wird anschließend auseinandergesetzt.

Gittertyp. Man betrachte eine Zelle, die außer den Eckpunkten noch weitere Gitterpunkte enthält, also irgendeine mehrfach primitive Zelle, etwa eine zentrierte Zelle. Dieselben Translationen, die nun einen Eckpunkt in einen zentrierten Punkt überführen, verschieben auch eine durch den Ursprung gehende Ebene in eine Ebene durch den zentrierten Punkt. Für gewisse Indizesklassen ist sie Ebene eines neuen Netzebenensatzes, der sich daher zwischen den gewöhnlichen Satz des primitiven Gitters einschiebt.

Einfach flächenzentrierte Zellen. In Abb. 6 blickt man senkrecht auf die ab-Fläche einer C-zentrierten Zelle. Die Netzebene einer Schar mit dem Indextripel (hkl) unterteilt die a-Achse in h, die b-Achse in k Teile; die Schnittgeraden der einzelnen Netzebenen mit der ab-Fläche durchqueren schräg die Zellfläche. Entlang der Flächendiagonale, Vektor $\mathbf{a} + \mathbf{b}$, zählt man h + k derartiger Schnittgeraden pro Zelle. Wenn nun die ab-Fläche zentriert ist, befindet sich der zentrierte Gitterpunkt an der Spitze des Vektors $(\mathbf{a} + \mathbf{b})/2$. Die mittlere der gezeichneten Ebenen des Satzes (hkl) enthält diesen Punkt ohnehin, vorausgesetzt, daß eine gerade Anzahl von Netzebenen entlang der Flächendiagonale vorhanden ist, d. h. immer dann, wenn $h + k = 2n$ mit n = ganzzahlig gilt. Unter diesen Umständen tritt am Netzebenenabstand des Satzes (hkl) nichts Ungewöhnliches auf und die Anzahl der Netzebenen ist gleich der in einer primitiven Zelle (Abb. 7). Ist dagegen die Anzahl der Netzebenen entlang der Diagonale ursprünglich ungerade, d. h. gilt $h + k = 2n + 1$, dann enthält keine Netzebene den zentrierten Punkt (Abb. 8). In diesem Fall erzeugt die Translation $(\mathbf{a} + \mathbf{b})/2$, die den Nullpunkt in den zentrierten Punkt überführt, auch einen neuen Netzebenensatz, dessen Ebenen sich auf halbem Weg zwischen die des ursprünglichen Satzes schieben. Dies zeigt das rechte Teilbild der Abb. 8; hier wird der Unterschied zur Situation des rechten Teilbildes der Abb. 7 deutlich, für das h + k = gerade gilt. Werden neue Netzebenen auf halbem Weg zwischen die Netzebenen eines ursprünglichen Satzes eingefügt, halbiert sich der Abstand d für den Netzebenensatz. Nach den Ausführungen von Kap. 2 wird der Netzebenensatz nach den Achsenabschnitten der ersten Netzebene indiziert, die der durch den Ursprung gelegten folgt; das bedeutet aber, daß es in der C-zentrierten Zelle überhaupt keine Netzebenenscharen gibt, die in der primitiven Zelle die Indizierung (hkl) mit h + k = ungerade haben. Sie können daher auch keinen Anlaß zu einem Reflex geben[9]. Somit sind hkl für $h + k = 2n$ mit n = ganzzahlig die einzigen Reflexe, die für ein C-zentriertes Gitter auftreten.

[9] In einer anderen, auf Niggli zurückgehenden und bei früheren Autoren benutzten (aber nicht mehr üblichen) Beschreibung wird der Netzebenenabstand d_{hkl} halbiert, wenn h + k ungerade ist. Der anomal halbierte Abstand läßt sich im Röntgenbeugungsversuch leicht nachweisen.

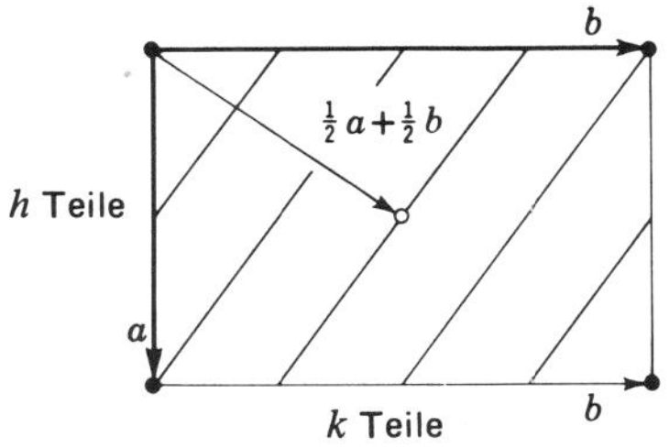

Abb. 6

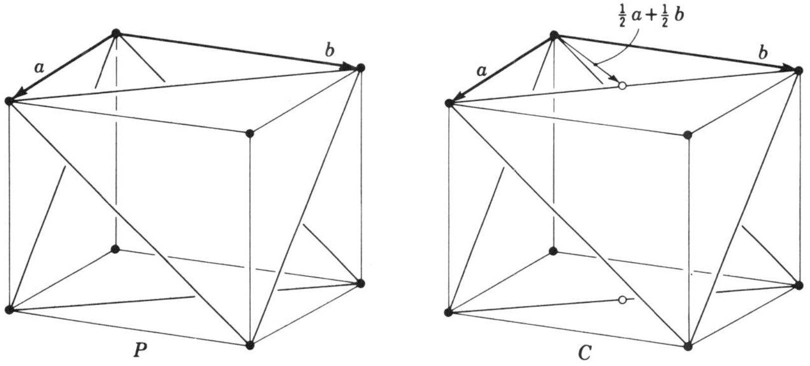

Abb. 7

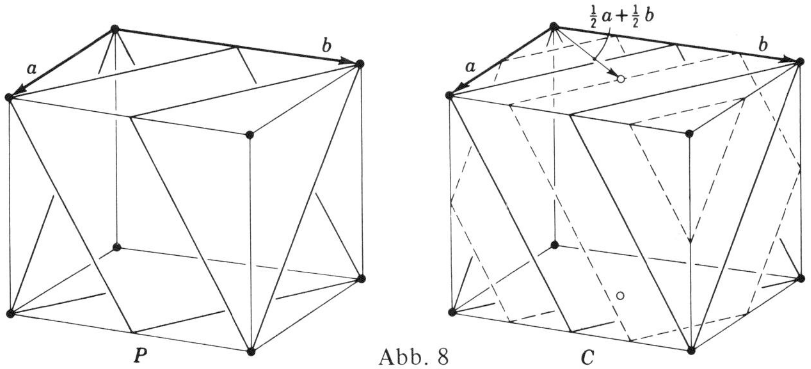

Abb. 8

Abb. 6–8. Netzebenensätze in einem Gitter mit C-zentrierter Zelle im Vergleich zum P-Gitter.

Die vorstehenden Überlegungen führen auf folgende Kriterien, nach denen die Gittertypen aus den beobachteten Reflexen bestimmt werden können.

Bedingung für P: Wenn die allgemeinen Reflexe hkl ohne Einschränkung vorhanden sind, liegt ein P-Gitter vor.

Bedingung für A: Wenn die allgemeinen Reflexe hkl nur für $k + l = 2n$ vorhanden sind, liegt ein A-Gitter vor.

Bedingung für B: Wenn die allgemeinen Reflexe hkl nur für h + l = 2n vorhanden sind, liegt ein B-Gitter vor.

Bedingung für C: Wenn die allgemeinen Reflexe hkl nur für h + k = 2n vorhanden sind, liegt ein C-Gitter vor.

Allseitig flächenzentrierte Zellen. Gilt die Indizierung der Ebenen eines Kristalls für eine allseitig flächenzentrierte Zelle, dann müssen die Netzebenensätze die soeben aufgestellten Bedingungen für die A-, B- und C-zentrierte Zelle gleichzeitig erfüllen und entsprechendes gilt für die Röntgenreflexe.

Bedingung für F: Wenn die allgemeinen Reflexe hkl nur für

$$h + k = 2n$$

und $k + l = 2n$

und $h + l = 2n$

vorhanden sind, liegt ein F-Gitter vor.

Diese drei Bedingungen sind gleichbedeutend mit der einzigen Bedingung, daß die Indizes h, k und l alle drei gleichzeitig gerade oder alle drei gleichzeitig ungerade sein müssen, oder kürzer: die Indizes müssen *ungemischt* sein. Man kann daher auch sagen:

Das Kriterium für ein F-Gitter ist erfüllt, wenn die Indizes der Reflexe hkl ungemischt sind.

Raumzentrierte oder innenzentrierte Zellen. Aus Abb. 9 entnimmt man, daß die Anzahl der Netzebenen (hkl) entlang der Raumdiagonale, dem Vektor (**a** + **b** + **c**), die Summe h + k + l ergibt. In der innenzentrierten Zelle wird der zentrierte Punkt vom Ursprung aus mit dem Translationsvektor (**a** + **b** + **c**)/2 erreicht. Folglich enthält die mittlere Netzebene der gezeichneten Schar der Abb. 9 diesen Punkt, falls h + k + l gerade ist, jedoch enthält ihn keine der Ebenen, wenn h + k + l ungerade ist. Im letztgenannten Fall überführt dieselbe Translation, die den Punkt im Ursprung mit dem innenzentrierten Punkt verbindet, auch den ursprünglichen Netzebenensatz in einen neuen Satz; dabei wiederholt sich die Ebene durch den

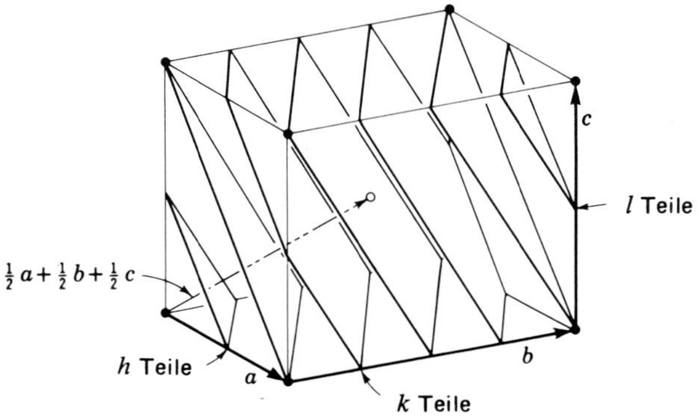

Abb. 9. Netzebenensätze im I-Gitter.

Ursprung in der Ebene durch den innenzentrierten Punkt. Die Ebenen des transferierten Satzes schieben sich somit auf halbem Weg zwischen die Ebenen des ursprünglichen Satzes. Es gibt demnach – im Sinne des Kap. 2 – keinen Netzebenensatz (hkl) für h + k + l ungerade. Dem entspricht das folgende Kriterium:

Bedingung für I: Wenn die allgemeinen Reflexe h k l nur für h + k + l = 2n vorhanden sind, liegt ein I-Gitter vor.

Rhomboedrisch zentrierte Zellen. Die Kristallklassen 3, $\overline{3}$, 3 2, 3 m und $\overline{3}$ 2/m können entweder ein primitives rhomboedrisches oder ein primitives hexagonales Gitter bilden. Zu Beginn einer Untersuchung bezieht man einen Kristall aus diesen Klassen der Einfachheit halber zunächst auf eine hexagonale Zelle. Anschließend wendet man ein Kriterium auf die vorhandenen (hexagonal indizierten) Reflexe an, um festzustellen, ob zusätzliche Gitterpunkte im Zellinnern auftreten und ein rhomboedrisches Gitter vorliegt. Selbst wenn dies der Fall ist, hält man gewöhnlich weiterhin an der Beschreibung durch eine hexagonale Zelle fest; denn die Orthogonalität der c-Achse zur Ebene der Achsen a_1 und a_2 ist geometrisch einfacher, als es Achsen- und Winkelbeziehungen in der rhomboedrischen Zelle sind. Dann ist die hexagonale Zelle nicht mehr einfach, sondern dreifach primitiv. Die Behandlung eines rhomboedrischen Punktgitters auf der Grundlage einer rhomboedrisch zentrierten hexagonalen Zelle ist völlig analog der Handhabung aller isometrischen Kristalle auf der Grundlage einer kubischen Zelle, die – wenn sich herausstellt, daß das Gitter vom Typ I oder F ist – als zwei- oder vierfach primitiv betrachtet wird.

Es gibt zwei Möglichkeiten, die rhomboedrische Zelle auf eine hexagonale zu beziehen; sie unterscheiden sich voneinander durch eine Drehung des rhomboedrischen Achsenkreuzes um die hexagonale c-Achse um 60° (Abbn. 10 und 11).

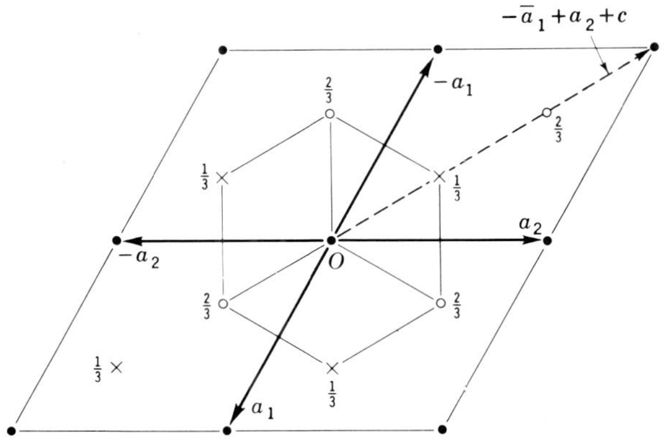

Abb. 10. Zelle des direkten oder positiven Rhomboeders oder Rhomboeders II im hexagonalen Achsenkreuz. Es sind die von oben sichtbaren Kanten eingezeichnet.

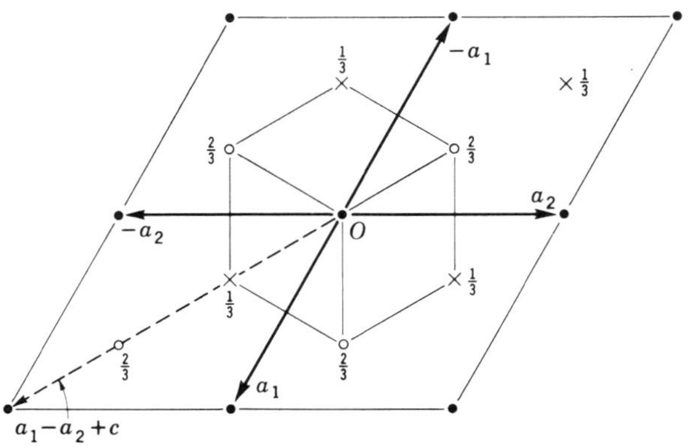

Abb. 11. Zelle des indirekten oder negativen Rhomboeders oder Rhomboeders I im hexagonalen Achsenkreuz. Es sind die von oben sichtbaren Kanten eingezeichnet.

Die in das hexagonale Netz eingetragene rhomboedrische Zelle kann man sich in Abb. 10 und 11 zunächst als Projektion eines Würfels vorstellen, der so auf eine Ecke gestellt ist, daß seine Raumdiagonale parallel der hexagonalen c-Achse, also senkrecht auf der Zeichenebene steht. In Abb. 10 steht der Würfel so, daß der Beschauer von oben vorne auf eine Würfelfläche blickt; diese Aufstellung ist die übliche; in dieser Stellung spricht man vom *positiven Rhomboeder* oder *Rhomboeder II.* In Abb. 11 blickt dagegen der Beschauer von oben vorne auf eine Kante; die Flächen liegen von ihm seitlich bzw. nach hinten gewandt; in dieser Stellung spricht man vom *negativen Rhomboeder* oder *Rhomboeder I.* Der rhomboedrische Fall unterscheidet sich vom kubischen dadurch, daß die rhomboedrische Zelle gegenüber der kubischen längs der c-Achse gestaucht oder gestreckt ist, so daß nur noch eine dreizählige Achse übrig bleibt, während der Würfel deren vier besitzt.

Mit dem positiven Rhomboeder (Abb. 10), das hier betrachtet werden soll, treten in der hexagonalen Beschreibung zwei Gitterpunkte mit den Koordinaten 2/3, 1/3, 1/3 und 1/3, 2/3, 2/3 hinzu. Die beiden Gitterpunkte können alternativ auch entlang der Zelldiagonale, Vektor ($-\mathbf{a}_1 + \mathbf{a}_2 + \mathbf{c}$), in den Abständen 1/3 und 2/3 vom Nullpunkt liegend, beschrieben werden. Folgt man nun der Schlußweise, wie sie im vorstehenden Abschnitt für die I-Zelle gebraucht wurde, dann teilen die Netzebenen eines Satzes die Länge der Raumdiagonale einer Zelle, die sich auf das hexagonale Achsensystem $-a_1$, a_2, c bezieht, in h + k + l Teile. Dieselben Ebenen in derselben Zelle betrachtet, aber bezogen auf ein hexagonales Achsensystem a_1, a_2, c (d. h. nach Richtungsumkehr der a_1-Achse), werden zu ($\bar{h}$kl), so daß diese Netzebenensätze die Zelldiagonale in -h + k + l gleiche Teile zerlegen. Ist diese Summe durch drei teilbar, enthalten zwei der Netzebenen des Satzes die rhomboedrisch zentrierten Punkte. Ist die Summe aber nicht durch drei teilbar, dann überführen dieselben Translationen, die den Punkt im Ursprung mit den beiden inneren Zellpunkten verbinden, auch die durch den Ursprung gehende Netzebene der (hexagonal primitiven) Schar (hkl) in neue Netzebenen durch diese beiden Punkte. Auf diese Weise schieben sich alle Netzebenen der beiden neuen Sätze zwischen die des ursprünglichen Satzes;

der resultierende, zusammengesetzte Satz hat eine Abstandsperiode von einem Drittel derjenigen, die der Satz (hkl) aufweist.

Diese, sowie analoge Betrachtungen für das negative Rhomboeder (Abb. 11) führen auf die nachfolgenden Kriterien.

Bedingungen für P und R: Sind für einen hexagonalen Kristall, der auf eine hexagonale Zelle bezogen ist, die allgemeinen Reflexe hkl ohne Einschränkung vorhanden, liegt eine P-Zelle vor. Wenn aber die allgemeinen Reflexe hkl nur für $-h + k + l = 3n$ vorhanden sind, liegt ein R-Gitter in der Aufstellung des positiven Rhomboeders (Rhomboeder II) vor; wenn die allgemeinen Reflexe hkl nur mit $h - k + l = 3n$ vorhanden sind, liegt ein R-Gitter in der Aufstellung des negativen Rhomboeders (Rhomboeder I) vor.

Alternative Ableitungen. Die soeben abgeleiteten Kriterien zur Identifizierung der Gittertypen können auch noch über andere Wege gefunden werden. Einer besteht darin, das nichtprimitive Gitter zunächst auf eine kleinere primitive Zelle zu beziehen. Bezüglich der kleineren Zelle sind dann alle allgemeinen Netzebenensätze vorhanden und jeder von ihnen ruft – im allgemeinen – auch einen Reflex hervor. Mit Hilfe einer Achsentransformation bezieht man anschließend Gitter und Netzebenensätze (hkl) auf die mehrfach primitive, vielleicht zentrierte Zelle. Nachdem die Transformation durchgeführt ist, stellt sich heraus, daß die transformierten Indizes h' k' l' automatisch den oben abgeleiteten Kriterien genügen.

Eine andere Art der Betrachtung besteht darin, zu jedem Typ P, I, A, B, C und F den reziproken Gittertyp zu bestimmen. Im Ergebnis zeigt sich, daß jeder Gittertyp, bis auf zwei, gleichzeitig sein reziproker Gittertyp ist. Die Ausnahme bildet das Typenpaar I und F, die zueinander wechselseitig reziprok sind: I ist das Reziproke zu F, womit dann selbstverständlich auch F reziprok zu I ist. – Die reziproken Gitterpunkte haben Koordinaten h, k, l, die mit den Indizes der Reflexe übereinstimmen. In einem zentrierten reziproken Gitter fehlen demnach systematisch Punkte hkl. Es sind die gleichen, die nach der Reflexregel desjenigen Gittertyps fehlen, der zu dem vorstehenden reziprok ist.

Kriterien für Symmetrieelemente. Gleitspiegelebenen und Schraubenachsen machen sich in den Reflexaufzeichnungen dadurch bemerkbar, daß sie gewisse Klassen spezieller aber nicht allgemeiner Reflexe zum Verschwinden bringen. Wie dies zustande kommt, soll nachstehend geklärt werden.

Gleitspiegelebenen. Einige Besonderheiten zeigen Netzebenensätze, deren Netzebenen entweder senkrecht zu einer Spiegelebene oder einer Gleitspiegelebene stehen. Legt man die Richtung der Spiegelungsoperation, d. h. die Richtung senkrecht zur Spiegelebene, speziell in die X-Richtung (Abb. 12), dann haben die betrachteten Netzebenensätze die Indizierung (0kl). In Abb. 12 erzeugt eine Spiegelebene zu jedem rechten Motiv R ein symmetrieäquivalentes Spiegelbild L, das in derselben Netzebene liegt. Durch die Spiegelung werden daher keine neuen Netzebenen (0kl) mit Motiven besetzt. Da in der Projektion entlang X die Motive R und L

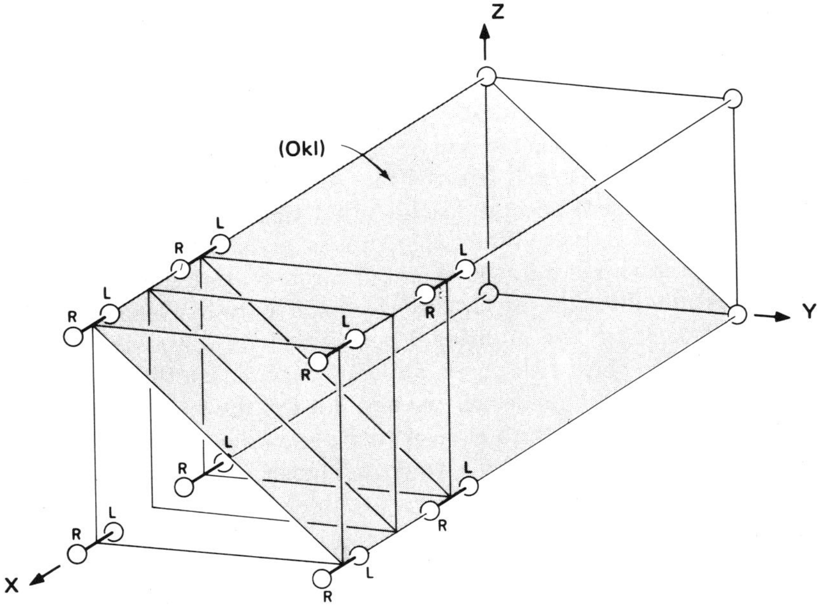

Abb. 12. Einfluß einer Spiegelebene || (100) auf die Verteilung rechter (R) und linker (L) Motive auf Netzebenen (0kl).

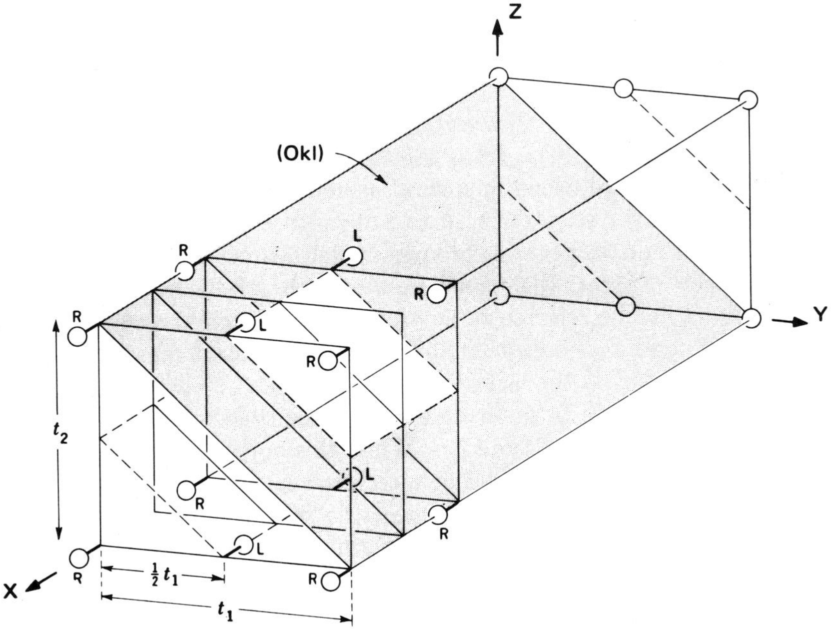

Abb. 13. Einfluß einer Gleitspiegelebene || (100) auf die Verteilung rechter (R) und linker (L) Motive auf Netzebenen (0kl).

deckungsgleich übereinanderfallen, wird die Identitätsperiode der Netzebenensätze durch die Spiegelebene nicht beeinflußt. – Im Fall einer Gleitspiegelebene trennt der submultiple Translationsanteil $t_1/2$ in Abb. 13 das linke vom rechten Motiv in der Weise, daß sie zwei verschiedene Netzebenenstapel bilden. Die Netzebenen des einen enthalten die linken, die des anderen die rechten Motive. Die Netzebenen beider Stapel schieben sich genau auf halbem Zwischenraum ineinander, wobei ein Netzebenensatz entsteht, dessen Abstandsperiode die Hälfte des normalen Abstandes beträgt. Die Motive beider Stapel werden in Richtung X, also normal zur Gleitspiegelebene, so projiziert, daß die projizierten Motive L und R nicht unterscheidbar sind. Als Folge davon steuert jeder der beiden Stapel eine gleichgroße Amplitude zum Röntgenreflex bei (denn die Amplitude einer Streuwelle reagiert nur auf Punktverschiebungen ⊥ zur Netzebene). Der zusammengesetzte Netzebenensatz benimmt sich daher genau wie ein gewöhnlicher Netzebenensatz mit der Hälfte des normalen Netzebenenabstandes. Die Ergebnisse der typischen Arten von Gleitspiegelebenen sind in Tab. 2 zusammengestellt. Der Einfluß beschränkt sich auf Reflexe solcher Netzebenensätze (hkl), die senkrecht zur Gleitspiegelebene stehen und daher nur Funktionen zweier Indexparameter sind (z. B. k und l in Abb. 13 bzw. in Tab. 2). Bei gewöhnlichen Spiegelebenen tritt kein Effekt auf, weil die rechten und linken Motive zusammen in denselben Netzebenen verbleiben, wie in Abb. 12 gezeigt.

Wie leicht einzusehen ist, führen Betrachtungen an irgendwelchen anderen Netzebenenlagen – etwa parallel der Spiegelebene (100) in Abb. 12 – nicht zu allgemeingültigen Aussagen. Zwar bilden die Motive R und L verschiedene Stapel (h00), aber der X-Abstand zwischen R und L ist durch keine allgemeingültige Bedingung festgelegt und kann daher auch nicht zu einer festen Unterteilung der Abstandsperiode d_{100} führen. Die Projektionen parallel Y oder Z zweier mit R und L besetzten Netzebenen bestätigen, daß beide Stapel ungleichwertig sind und daher keine allgemeinen Schlüsse über ihre Streuamplituden erlauben. – Daß man dennoch eine Information entnehmen kann, wird sich in Kap. 13 herausstellen.

Tabelle 2. Reflexbedingungen für typische Gleitspiegelebenen.

Gleitspiegel-ebene	Translations-komponente	Raum-gruppen-symbol	Beeinflußter Ebenensatz senkrecht zur Gleit-spiegelebene	Beeinflußte Reflex-klasse	Bedingungen für vorhandene Reflexe
⊥ a	$\frac{1}{2}b$	b	(0kl)	0kl	k = 2n
⊥ a	$\frac{1}{2}c$	c	(0kl)	0kl	l = 2n
⊥ a	$\frac{1}{2}b + \frac{1}{2}c$	n	(0kl)	0kl	k + l = 2n
⊥ a	$\frac{1}{4}b + \frac{1}{4}c$	d	(0kl)	0kl	k + l = 4n

Schraubenachsen. Der spezielle Netzebenenstapel, dessen Netzebenen senkrecht auf einer Schraubenachse stehen, liefert ein Kriterium für den Translationsanteil der Schraubung. Die Gitterperiode entlang der Schraubenachse sei t, die Translationskomponente $\tau = (1/q)t$. Falls τ, wie in Abb. 14B, nicht verschwindet, wird jede Netzebene des Stapels im Intervallschritt τ wiederholt. Dies führt dazu, daß ein- oder mehrmals duplizierte Netzebenen in regelmäßigem Abstand zwischen den Netzebenen des ursprünglichen Stapels auftreten, dessen Gitterperiode t ist. Nur die Netzebenensätze senkrecht zur Schraubenachse zeigen diesen, gegenüber dem primitiven Gitter herabgesetzten Netzebenenabstand; Netzebenensätze anderer Orientierungen (Abb. 14A) weisen sie nicht auf. Für Schraubenachsen mit $\tau = 0$, d. h. für reine Drehachsen, behalten die Netzebenensätze aller Orientierungen ihre normalen Abstände bei (Abb. 14C).

Auslöschungen. Als zentrales Thema der vorangehenden Diskussionen zeichnet sich ab, daß gewisse Symmetrieoperationen, die Submultiple der Zellkanten als Translationskomponenten enthalten, die Anwesenheit der zugehörigen Symmetrie im Röntgenreflexbild verraten. Bei anderer Betrachtungsweise kann man sagen, daß einige Reflexe, die von den Zelldimensionen her erwartet werden, nicht vorhanden sind und vermißt werden. Diese fehlenden Reflexe werden gewöhnlich als *Auslöschungen* bezeichnet, weil die Reflexe vollständig ausgelöscht sind[10]. Da die Auslöschungen

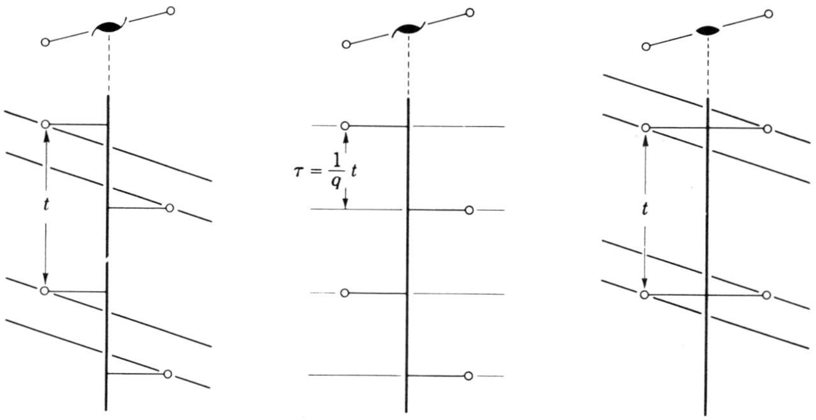

Abb. 14. Einfluß einer Schraubenachse auf die Netzebenenabstände. A: Netzebenensatz schräg zur 2_1-Achse; B: Netzebenensatz senkrecht zur 2_1-Achse. C: Netzebenensatz schräg zu einer Drehachse der Zähligkeit 2.

[10] Im Englischen steht für Auslöschung das Wort „extinction", ein Ausdruck, der gleichzeitig auch zur Beschreibung der Extinktion, eines ganz anderen Phänomens, benutzt wird (Näheres in Kap. 11).

auf Grund von Eigenschaften entstehen, die eine Raumgruppe charakterisieren, werden sie auch als *Raumgruppenauslöschungen* bezeichnet. Die fraglichen Reflexe fehlen systematisch für bestimmte, vorhersagbare Indizesklassen. Die Klasse, in der die Auslöschungen auftreten, läßt Art und Lage der Deckoperation erkennen, die sie bewirkt; die feineren Einzelheiten in der Auslöschungsfolge liefern dann weitere Informationen über die Translationskomponente der Operation. Diese Charakteristika sind in Tab. 3 zusammengetragen. Die Tabelle hebt die Tatsachen hervor, daß die allgemeine Klasse hkl die vollständige Information über den Gittertyp liefert, daß die speziellen Klassen mit zwei unabhängigen Indizes wie hk0, 0kl, h0l und hhl über Gleitspiegelebenen informieren und daß die speziellen Klassen mit einem einzigen unabhängigen Index wie 001, 0k0, h00 und hh0 über Schraubenachsen informieren. Entsprechend den jeweils beteiligten Indizesklassen bezeichnet man die Auslöschungen in der ersten, dreiparametrischen Klasse als *integrale Auslöschungen*, die in der zweiparametrischen als *zonale Auslöschungen* und in der einparametrischen Klasse als *seriale Auslöschungen*.

Es ist nicht unwichtig darauf hinzuweisen, daß zwar das Vorhandensein von Auslöschungen in einer Klasse das sie auslösende Symmetrieelement verrät, daß aber das Fehlen von Auslöschungen in einer Klasse nicht notwendig die Gegenwart nicht ausschließbarer Symmetrieelemente beinhaltet. Das Reflexbild offenbart dann bloß, daß eine submultiple Translation fehlt; die Ursache dafür kann aber auch sein, daß in der fraglichen Richtung überhaupt kein Symmetrieelement vorhanden ist.

Beugungssymbole. Die gesamte, einen Kristall betreffende Symmetrieinformation, die qualitativ[11] aus Röntgenbeugungsversuchen abgeleitet werden kann, läßt sich präzise in ein Beugungssymbol fassen. Die vollständige Information umschließt die Friedelklasse, das Punktgitter, die Gleitspiegelebenen und die Schraubenachsen. Um das Beugungssymbol aufzustellen, schreibt man als erstes die Symbolfolge für die Friedelklasse auf, das ist die höchstmögliche, direkt feststellbare Punktgruppeninformation. Dahinter kommt das Symbol für den Gittertyp, der allein aus den integralen Auslöschungen (allgemeine Klasse hkl) bestimmbar ist. Als letztes fügt man eine Symbolfolge in der gleichen Reihenfolge wie in der Friedelklasse hinzu, wobei jedes Einzelsymbol die mögliche Raumgruppeninformation zu dem entsprechenden der Friedelklasse ergänzt. Wird eine Auslöschung festgestellt, setzt man das zutreffende Symbol der Tab. 3 ein, fehlt die Auslöschung, wird an dieser Stelle ein Querstrich „–“ eingesetzt. Der Strich bedeutet, daß eine Translationskomponente an der Stelle des Raumgruppensymbols zwar gesucht, aber nicht gefunden wurde. Die Gesamtzahl unterschiedlicher Beugungssymbole beläuft sich auf 122. Beispiele für

---

[11] Die Pattersonfunktion, die sich aus den Reflexintensitäten berechnen läßt, enthält zusätzliche Symmetrieinformation; diese Information ist, wie in Kap. 13 ausgeführt wird, in den Reflexen durchaus greifbar; um sie jedoch zu fassen, müssen zuvor die Intensitäten der Reflexe gemessen werden.

Tabelle 3. Auslöschungskriterien für Gitter und Symmetrieelemente.

Reflex-klassen	Bedingung für das Auftreten von Reflexen	Interpretation	Symbol	Tritt auf im Gitter-typ
hkl	keine $h+k+l=2n$ $h+k=2n$ $k+l=2n$ $h+l=2n$ $h+k=2n$, $k+l=2n$, $h+l=2n$ $-h+k+l=3n$ $h-k+l=3n$	Gittertyp: primitiv innenzentriert zentriert auf der C-Fläche zentriert auf der A-Fläche zentriert auf der B-Fläche zentriert auf allen Flächen positives Rhomboeder II negatives Rhomboeder I	 P I C A B F R R	
hk0	$h=2n$ $k=2n$ $h+k=2n$ $h+k=4n$	Gleitspiegelebene ∥ (001)	a b n d	P, B, I P, A, B P F
0kl	$k=2n$ $l=2n$ $k+l=2n$ $k+l=4n$	Gleitspiegelebene ∥ (100)	b c n d	P, B, C P, C, I P F
h0l	$h=2n$ $l=2n$ $h+l=2n$ $h+l=4n$	Gleitspiegelebene ∥ (010)	a c n d	P, A, I P, A, C P F, B
hhl	$l=2n$ $h=2n$ $h+k=2n$ $2h+l=4n$	Gleitspiegelebene ∥ $(1\bar{1}0)$	c b n d	P, C, F C C I
00l	$l=2n$ $l=3n$ $l=4n$ $l=6n$	Schraubenachse ∥ c	$2_1, 4_2, 6_3$ $3_1, 3_2, 6_2, 6_4$ $4_1, 4_3$ $6_1, 6_5$	
h00	$l=2n$ $l=4n$	Schraubenachse ∥ a	$2_1, 4_2$ $4_1, 4_3$	
0k0	$k=2n$ $k=4n$	Schraubenachse ∥ b	$2_1, 4_2$ $4_1, 4_3$	
hh0	$h=2n$	Schraubenachse ∥ [110]	2_1	

Beugungssymbole findet man in Tab. 4 für das trikline und monokline Kristallsystem.

Da es 230 Raumgruppen, aber nur 122 Beugungssymbole gibt, müssen offensichtlich einige der Beugungssymbole jeweils mehrere Raumgruppen überdecken. Letztlich beruht dies darauf, daß ein Fehlen von Auslöschungen innerhalb einer Friedelsymmetrieklasse verschiedene Ursachen haben kann. Beispielsweise umfaßt die Friedelsymmetrie 2/m die drei Punktgruppen 2, m und 2/m. Die damit isogonalen, auf einem primitiven Gitter beruhenden Raumgruppen umfassen P 2, P m und P 2/m. Keine dieser drei zeigt irgendeine Auslöschung, weshalb sie alle zu dem Beugungssymbol 2/m P –/– gehören. Diese drei lassen sich an Hand qualitativer Beugungseffekte nicht unterscheiden. Andererseits charakterisieren aber 85 der 122 Beugungssymbole jeweils genau eine Raumgruppe (oder ein enantiomorphes Raumgruppenpaar), die daher mit ihrem Beugungssymbol eindeutig bestimmt ist. Andere, weniger brauchbare Symbolarten wurden für die Beschreibung von Auslöschungseffekten verschiedentlich vorgeschlagen. Die Bedeutung der hier besprochenen Beugungssymbole liegt darin, daß sie eine vollständige Auflistung der Ergebnisse wiedergibt von (a) einer Prüfung der Friedelsymmetrie, (b) einer Prüfung der Auslöschungen für den Gittertyp und (c) einer Prüfung der Auslöschungen für Gleitspiegelebenen und Schraubenachsen. Das Beugungssymbol birgt die Aufzeichnung dessen, was gesucht und was gefunden worden ist.

Tabelle 4. Beugungssymbole und die zugehörigen Raumgruppen.

Triklin				
Friedel-symmetrie	Gitter-typ	Beugungs-symbol	mit den Punktgruppen isogonale Raum-gruppen	
			1	$\bar{1}$
$\bar{1}$	P	$\bar{1}$ P –	P 1	P $\bar{1}$

Monoklin*					
Friedel-symmetrie	Gitter-typ	Beugungs-symbol	mit den Punktgruppen isogonale Raum-gruppen		
			2	m	2/m
2/m	P	2/m P –/–	P 2	P m	P 2/m
		2/m P –/a		P a	P 2/a
		2/m P 2_1/–	P 2_1		P 2_1/m
		2/m P 2_1/a			P 2_1/a
	A	2/m A –/–	A 2	A m	A 2/m
		2/m A –/a		A a	A 2/a

* Im Monoklinen gibt es mehrere Möglichkeiten für die symbolische Beschreibung ein und derselben Raumgruppe. Die Möglichkeiten hängen einerseits davon ab, ob man die symmetrietragende kristallographische Richtung in die a-, b- oder c-Achse legt, andererseits auch davon, wie man die beiden übrigen Achsen aus den Gittertranslationen auswählt. Macht man die symmetrietragende Richtung – das ist die monokline kristal-

lographische Hauptachse – zur c-*Achse* (wie auch im tetragonalen und hexagonalen System), hat man den Kristall nach der *1. Aufstellung* orientiert. Vorzugsweise in der älteren Literatur ist die b-*Achse* die Hauptachse und der Kristall ist nach der *2. Aufstellung* orientiert. Falls das Gitter *zentriert* ist, lassen sich die beiden anderen Zellachsen noch auf dreierlei Art festlegen, womit dann der Gittertyp durch eins der Symbole A, B, C oder I zu beschreiben ist. In die Tab. 4 ist von diesen Möglichkeiten ausnahmslos die dem Gittertyp A entsprechende aufgenommen, aber mit dem nachstehenden Substitutionsschema lassen sich die anderen Möglichkeiten leicht gewinnen:

Kristallogr. Hauptachse		Mögliches Gittersymbol bei zentrierter Zelle	Entsprechendes Symbol für mögliche Gleitspiegelebenen
1. Aufstellung	[001]	A, B, I	a, b, n
2. Aufstellung	[010]	A, C, I	a, c, n

Wenn außerdem eine *Gleitspiegelebene* vorhanden ist, kann die Gleitkomponente entweder parallel einer derjenigen beiden Zellkanten liegen, die nicht die symmetrietragende Richtung darstellen, oder parallel der Diagonale, die jene beiden Zellkanten bestimmen. Nach dem Festlegen der Zelle stellt sich heraus, daß die Gleitspiegelebene in jeder der beiden Aufstellungen durch eines von drei Symbolen zu beschreiben ist. In Tab. 4 tritt sie nur mit dem Symbol a auf und muß entsprechend dem vorstehenden Schema umbenannt werden.

Eine Zelle, die irgendeiner der aufgeführten Möglichkeiten entspricht, läßt sich für einen beliebigen monoklinen Kristall leicht angeben. Als wünschenswerte *Standardpraxis* sollte man anstreben, aus den Translationen des monoklinen Gitters diejenigen drei auszuwählen, die die *reduzierte Zelle* definieren. Für den monoklinen Kristall in erster Aufstellung ist die Bedingung erfüllt, wenn die Kanten a und b die kürzest möglichen in der ab-Ebene sind. Nachdem man die Bezeichnungen der beiden Achsen so festgelegt hat, daß $a < b$, wird sich herausstellen, daß eine eventuell vorhandene Gleitspiegelebene mit einem der drei Symbole a, b oder n und eine eventuell zentrierte Zelle mit einem der drei Symbole A, B oder I zu bezeichnen ist.

Zusammenfassung

Nach den Ausführungen im Kap. 4 entspricht jedes Beugungsmaximum mit dem Indextripel hkl einem Punkt des reziproken Gitters, dessen Koordinaten die gleichen ganzen Zahlen h, k und l sind. Das reziproke Gitter eignet sich daher vorzüglich, Information über die Beugung am Kristall geordnet zu sammeln. Neben seinem Index hkl hat jedes Beugungsmaximum eine komplexe Amplitude F_{hkl}. Solange man die F_{hkl} außer Betracht läßt, ist das Reziproke eines Gitters – nämlich das reziproke Gitter – ein einfacher Fall einer Fouriertransformation, angewandt auf eine geordnete Schar von Punkten. Wird jedem Punkt des reziproken Gitters ein Gewicht F_{hkl} gegeben, stellt die resultierende Punktanordnung die Fouriertransformierte der Kristallstruktur dar. Eine derartige Schar gewichteter Punkte kann auch reziproke Struktur genannt werden.

Die Fouriertransformierte eines Kristalls ist mit der Punktgruppensymmetrie des Kristalls konform. Darüber hinaus zeigt die Fouriertransformierte eine weitere Symmetrie, vorausgesetzt, daß keines der Kristallatome eine nennenswerte anomale Dispersion aufweist. Diese weitere Symmetrie, die darauf beruht, daß die Amplituden F_{hkl} und $F_{\bar{h}\bar{k}\bar{l}}$ gleichgroße, entgegengesetzte Phasen haben, wird konjugierte Symmetrie genannt. Leider lassen sich die Phasen experimentell nicht feststellen, weshalb sich die konjugierte Symmetrie in jedem Röntgenbeugungsexperiment lediglich so äußert, als wären F_{hkl} und $F_{\bar{h}\bar{k}\bar{l}}$ gleich. Dieser Umstand ist der Grund zum Friedelschen Gesetz, was besagt, daß sich das Fehlen eines Inversionszentrums über die Röntgenbeugung nicht feststellen läßt. Statt seiner echten Symmetrie scheint jeder Kristall – falls er keine Atome mit starker anomaler Dispersion enthält – zusätzlich ein Inversionszentrum zu besitzen, wenn er es nicht schon hat. Demzufolge kann man mit Hilfe der Röntgenbeugung nur 11 zentrosymmetrische Symmetrien, die Friedelsymmetrien, unterscheiden.

Die einzelnen Bravaisgittertypen, nämlich P, I, A, B, C, F und R, sind mit Röntgenbeugung leicht zu unterscheiden; bei jedem Gittertyp fehlen systematisch Reflexe der allgemeinen Klasse hkl, die für den Typ charakteristisch sind. Systematisch fehlende Reflexe werden Auslöschungen genannt. Gleitspiegelebenen verraten ihre Gegenwart durch zonale Auslöschungen, das sind Auslöschungen in den speziellen Klassen hk0, h0l, 0kl und hhl. Schraubenachsen sind durch Auslöschungen in den Klassen 00l, 0k0, h00 und hh0 charakterisiert (seriale Auslöschungen). Weder Spiegelebenen noch einfache Drehachsen hinterlassen Auslöschungen und somit bleibt deren Existenz, jedenfalls gegenwärtig, ungeklärt. Das Fehlen von Auslöschungen, die einer Gleitspiegelebene entsprechen würden, darf nicht als Anwesenheit einer entsprechenden Spiegelebene ausgelegt werden; auch spricht das Fehlen von Auslöschungen einer Schraubenachse nicht für die Anwesenheit einer entsprechenden Drehachse. Das Fehlen irgendwelcher Auslöschungen bedeutet eben nur, daß keine für ein Symmetrieelement charakteristischen Auslöschungen festgestellt worden sind.

Was tatsächlich über die Symmetrie eines Kristalls an Hand seiner qualitativen Beugungseffekte festzustellen ist, läßt sich sauber in einer Folge von Symbolen niederlegen, die zusammengenommen das Beugungssymbol des Kristalls ausmachen. Dieses besteht aus dem Standardsymbol für die Symmetrie der Friedelklasse, gefolgt von einem Symbol für den Gittertyp (der durch die integralen Auslöschungen angezeigt wird) und schließlich einer Gruppe weiterer Symbole, je eines für ein entsprechendes Symbol aus der Friedelklasse. Das Einzelsymbol dieser letzten Symbolgruppe zeigt, mit Buchstabe oder Ziffer (aus Tab. 3), jede Gleitspiegelebene oder Schraubenachse, die an ihren charakteristischen Auslöschungen erkannt wurde, oder mit einem Querstrich, daß die entsprechende Stelle im Friedelsymbol keine Auslöschung aufweist. Die Symbolfolge gibt das Ergebnis der Symmetriesuche im Kristall so weit wieder, wie es eine qualitative Untersuchung der Beugung am Kristall überhaupt liefern kann.

Insgesamt gibt es 122 Beugungssymbole, darunter 58, die jeweils eindeutig eine Raumgruppe bzw. ein enantiomorphes Raumgruppenpaar beschreiben.

Zu jedem der noch verbleibenden 64 Symbole gehören zwei oder drei Raumgruppen. Raumgruppen von Kristallen mit diesen Beugungssymbolen können über eine qualitative Durchmusterung des Beugungsbildes allein nicht bestimmt werden.

Geschichtliche Anmerkungen

Die ersten Kristallstrukturuntersuchungen hatte man ohne die formale Verwendung von Symmetrieinformationen durchgeführt. Bei der Bestimmung der NaCl-Struktur durch Bragg zum Beispiel, war der Kristall als kubisch bekannt und die Struktur auf Grund des Barlowschen Packungsmodells vermutet worden. Ein Versuch, die Friedelsymmetrie oder die Raumgruppe aus den Beugungseffekten abzuleiten, wurde nicht gemacht. Hätte man das zu jener Zeit verstanden und benutzt, hätte man mit dem Beugungssymbol und der Kenntnis der Dichte die möglichen Strukturen sofort auf zwei reduzieren können, nämlich auf den Steinsalz (NaCl)- und den Zinkblende (ZnS)-Typ. Erst das Buch von Niggli weckte das Verständnis für die Raumgruppenbestimmung und für die Anwendung der Raumgruppen zur Erforschung der Kristallstrukturen.

Anfänglich aber, im Jahre 1912, war das Verständnis für die Beugungssymmetrie allerdings noch gering. Laue ließ sich durch die Tatsache irritieren, daß die Zinkblende, die parallel [100] nur zweizählige Achsen besitzt, ein Lauediagramm mit einer vierzähligen Achse ergab und daß sowohl Links- wie auch Rechtsquarz – zwei enantiomorphe Formen von SiO_2 – das gleiche Diagramm ergeben sollten. Unter dieser Vorgeschichte stellte Georges Friedel nur anderthalb Jahre nach Entdeckung der Röntgenbeugung das Friedelsche Gesetz auf und begründete die 11 Punktsymmetrien, die sich durch ihre Beugungseffekte unterscheiden lassen.

Die Raumgruppentheorie lag lange vor Beginn des Zwanzigsten Jahrhunderts fertig entwickelt vor, und in Harold Hiltons Buch „Mathematical crystallography and the theory of groups of movements“ stand sie in kompakter Form bereits 1903 zur Verfügung. Aber dieses Wissen wurde erst nach 1919 für Kristallstrukturfragen eingesetzt, nachdem Nigglis Buch „Geometrische Kristallographie des Diskontinuums“ erschienen war. Letzteres enthielt nicht nur eine graphisch-geometrische und analytische Beschreibung der Raumgruppen, sondern zeigte auch, wie sich die Raumgruppen an Hand der Röntgenbeugungseffekte bestimmen ließen, insbesondere auch die Auslöschungen. Im Jahre 1924 veröffentlichten Astbury und Yardley eine längere Arbeit in den Philosophical Transactions mit dem Titel „Tabulated data for the examination of the 230 space-groups by homogeneous x-rays“, in der die Raumgruppen erneut abgebildet und mit ihren anomalen Netzebenenabständen aufgelistet waren. Es war ein viel gelesenes klassisches Werk, das zu der Gewohnheit führte, jede Kristallstrukturuntersuchung mit einer Raumgruppenbestimmung einzuleiten.

In den Anfangstagen der Röntgenkristallographie war man darauf angewiesen, die Friedelsymmetrie ausschließlich über Laueaufnahmen zu ermitteln, da Pulveraufnahmen überhaupt keine und die Schwenkaufnahmen nur sehr wenig Symmetrieinformation liefern. Obgleich die Weißenbergmethode bereits 1924 bekannt war, wurde sie lange Zeit nur wenig eingesetzt; erst um 1934 war sie technisch soweit gereift, daß das Gerät in den Handel gelangte. 1935 lenkte Buerger die Aufmerksamkeit auf die Tatsache, daß sich die gesamte Symmetrieinformation über den Kristall auf Grund einer Inspektion eines Satzes von Weißenbergaufnahmen gewinnen ließe. Er schlug vor, die Gesamtheit der so gewonnenen Information in einem Beugungssymbol zu sammeln, das von der Friedelsymmetrie eingeleitet und von der Symmetrieinformation der Auslöschungen abgeschlossen wird. So kann man das Höchstmaß an Symmetrieinformationen dokumentieren, das die Beugungsexperimente qualitativ hergeben. Es zeigte sich später, wie im Kap. 13 ausgeführt wird, daß die Intensitätsangaben aller hkl-Reflexe weitere Symmetrieinformationen enthalten, die sich mit geeigneten Methoden auch erfassen lassen.

Weiterführende Schriften

M. J. Buerger. X-ray crystallography. (Wiley, New York, 1942) 55–91.

Grundlegende Werke und Einzelveröffentlichungen

Friedel-(Laue) Symmetrie.

G. Friedel. Sur les symétries cristallines que peut révéler la diffraction des rayons Röntgen. Compt. rend. **157** (1913) 1533–1536.

Verwendung anomaler Netzebenenabstände.

Paul Niggli. Geometrische Kristallographie des Diskontinuums. (Gebrüder Borntraeger, Leipzig, 1919) 463–503. Nachdruck 1973.

W. T. Astbury and Kathleen Yardley. Tabulated data for the examination of the 230 space-groups by homogeneous x-rays. Phil. Trans. London (A) **224** (1924) 221–257 und Tafeln 5–24.

Beugungssymbole.

M. J. Buerger. The application of plane groups to the interpretation of Weissenberg photographs. Z. Kristallogr. (A) **91** (1935) 255–289, insbesondere 287–288.

M. J. Buerger. X-ray crystallography. (Wiley, New York, 1942) 510–516.

M. J. Buerger. Diffraction symbols. Chapter 3 of Physics of the solid state, herausgegeben v. S. Balakrishna, M. Krishnamurthy und B. Ramachandra Rao. (Academic, London, 1969) 27–42.

Kapitel 6

Einführung in den Umgang mit Röntgenstrahlen zum Studium der Kristalle

Verfügbare Strahlung

Das Phänomen der Beugung öffnet uns einen direkten Zugang zum Studium des Reziproken eines beliebigen Musters, d. h. seiner Fouriertransformierten. Da man das Muster aus seinem Reziproken zurückfinden kann, wurde die Beugung zum wichtigsten physikalischen Werkzeug, das wir für das Studium der atomaren Kristallmuster überhaupt besitzen. Jede Art Beugung setzt irgendeine Art von Strahlung mit Welleneigenschaften voraus, wobei die Wellenlänge in der Größenordnung der Perioden des jeweiligen Musters liegen muß. Für die Mehrzahl der Kristalle von allgemeinem Interesse im Bereich organischer und anorganischer Stoffe bewegen sich die Perioden etwa zwischen 3 und 30 Ångström[12], gewöhnlich um 10 Å, obgleich auch viele Kristalle – darunter solche, die biologisches Interesse beanspruchen, wie etwa die Proteine, sowie einige wenige anorganische polytype Substanzen – längere Translationsperioden besitzen.

Eine Anzahl von Metallen läßt sich zur Emission von Röntgenstrahlen im Bereich von Wellenlängen anregen, die sich zur Untersuchung von Mustern der vorstehend genannten Periodenlängen eignen; diese Tatsache führte letztlich auch zur Entdeckung der Röntgenbeugung am Kristall. Röntgenstrahlung ist noch immer die wichtigste Strahlungsart bei der Untersuchung von Kristallmustern. Aber auch *Neutronenstrahlen* werden verwendet; sie stehen an einigen bevorzugten Standorten seit einer Reihe von Jahren für Strukturuntersuchungen zur Verfügung. Neutronenstrahlen weisen gewisse Vorteile (ebenso aber auch viele Nachteile) gegenüber Röntgenstrahlen auf, weil sich die Streuung der Neutronen mehr am Atomkern als an der Elektronenhülle abspielt. Gelegentlich werden auch *Elektronenstrahlen* benutzt. Die Elektronen können nicht tief in feste Körper eindringen; sie eignen sich daher in erster Linie für die Untersuchung von Oberflächen (z. B. für das Studium von Korrosionsfragen und Epitaxien; mit besonders niederenergetischen Elektronen (LEED-Technik) kann man die Kristallmuster sogar in Schichten von Bruchteilen der Tiefe einer Elementarzelle untersuchen). Im allgemeinen bieten Elektronenstrahlen jedoch keine entscheidenden Vorteile gegenüber den Röntgenstrahlen. Ob man nun aber Röntgen-, Neutronen- oder Elektronenstrahlen einsetzt, die Grundzüge ihrer kristallographischen Anwendung bleiben die gleichen. Demgemäß werden die Methoden in diesem Buch mit Bezug auf die Röntgenstrahlen besprochen, da sie beinahe an jedem Arbeitsplatz verfügbar sind, an dem Kristalle untersucht werden.

Dieses Kapitel bringt eine kurze Einführung in einige spezifische Eigenarten der Röntgenstrahlen. Es ist jedoch nicht Ziel dieses Buches, die Beugungsmethoden so ausführlich zu bringen, daß ein Leitfaden für die gegenwärtige Praxis und für die Technik der Methoden entsteht; vielmehr ist beabsichtigt, die allgemeine Theorie und die Grundzüge der Methoden hervorzuheben, so daß ein Student der Naturwissenschaften, der nicht unbedingt ein praktizierender Kristallograph werden will, einen guten Überblick erhält, welche Methoden im allgemeinen gebraucht werden, auf welche kristallographischen Probleme sie sich anwenden lassen und wie jede Methode zu den Meßergebnissen der heutigen Kristallographie beiträgt.

Erzeugung von Röntgenstrahlen

Das kontinuierliche Spektrum. Man muß über die Röntgenstrahlen wenigstens so weit Bescheid wissen, daß man auch einiges von den Problemen

---

[12] Ein Ångström, abgekürzt Å, entspricht 10^{-10} Meter oder 10^{-8} cm. Diese Längeneinheit ist nach Anders Jonas Ångström (1814–1874) benannt, einem Pionier der Spektroskopie, der sie in seiner Arbeit verwendete.

versteht, die bei ihrer Verwendung zu Beugungszwecken auftauchen. – Röntgenstrahlen werden in einer Röntgenröhre, einem evakuierten zylindrischen Gefäß aus Glas und Metall, erzeugt, wie es schematisch in Abb. 1 dargestellt ist. In der Röhre durchlaufen die Elektronen (das sind elektrisch negativ geladene Elementarteilchen mit der Ladung e) ein großes Spannungsgefälle vom Betrag U. Die Elektronen werden von einem Glühdraht als Kathode geliefert und durch die angelegte elektrische Spannung U zwischen Kathode und Anode beschleunigt. Bei diesem Vorgang erreicht jedes Elektron eine kinetische Energie vom Betrag eU. Beim Auftreffen auf die Atome des Anodenmetalls werden die Elektronen schließlich gestoppt, wobei sie ihre Bewegungsenergie an eines oder mehrere Metallatome abgeben. Während die Elektronen durch die Metallatome gebremst werden, verringert sich ihre Geschwindigkeit in einer oder mehreren Stufen, und bei jedem derartigen Bremsvorgang wird der Energieverlust ΔE in ein Strahlungsquant

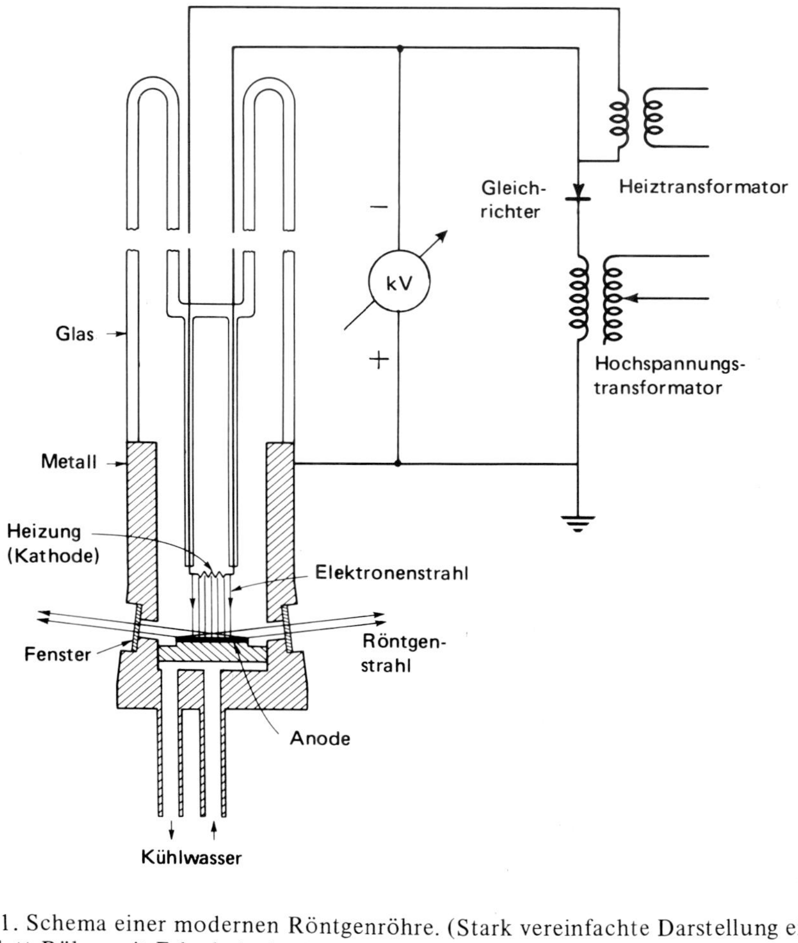

Abb. 1. Schema einer modernen Röntgenröhre. (Stark vereinfachte Darstellung einer Machlett-Röhre mit Erlaubnis der Machlett-Laboratorien).

oder *Photon* verwandelt, dessen Frequenz ν bzw. Wellenlänge λ durch Gl. (1) gegeben ist.

$$h\nu = hc/\lambda = \Delta E. \tag{1}$$

h ist das Plancksche Wirkungsquantum und c die Lichtgeschwindigkeit. Die Energieübertragung ΔE ist maximal, wenn die gesamte kinetische Energie des Elektrons in einem einzigen Stoß übertragen wird; unter diesen Umständen gilt

$$hc/\lambda = Ue. \tag{2}$$

Die linke Seite stellt ein Maximum dar; da h, c und e Konstanten sind, muß λ ein Minimum sein. Eine geeignete Form von Gl. (2) entsteht, wenn sich die universellen Konstanten auf einer Gleichungsseite befinden, nämlich:

$$\lambda_{min}\, U = hc/e, \tag{3}$$

bzw. nach entsprechender Wahl der Einheiten,

$$\lambda_{min}\, U = 12{,}3981 \text{ mit } \begin{cases} \lambda \text{ in Å} \\ U \text{ in kV.} \end{cases} \tag{4}$$

Die Gleichung besagt, daß die kürzeste erzeugte Röntgenwellenlänge umgekehrt proportional der angelegten Spannung an der Röntgenröhre ist. Vorausgesetzt, daß ein kritischer, für das Anodenmetall charakteristischer Spannungswert nicht überschritten wurde, zeigt die Intensitätsverteilung der Röntgenstrahlung mit der Wellenlänge den in Abb. 2 skizzierten Verlauf.

Charakteristische Röntgenstrahlung. Übersteigt die Spannung an der Röntgenröhre den soeben erwähnten, kritischen Betrag, dann reicht die Energie eU der beschleunigten Elektronen bei ihrer Ankunft an der Anode aus, um Rumpfelektronen der Atome des Anodenmaterials aus ihrem Normalzustand herauszuwerfen. Gelingt dies, wird ein Platz im Atom frei und ei-

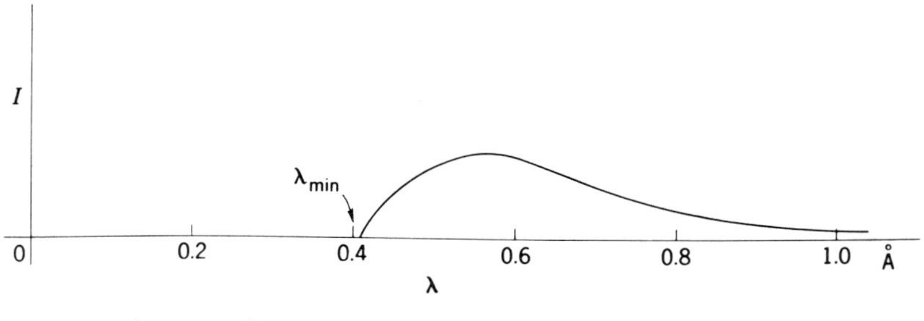

Abb. 2. Röntgenbremsspektrum, emittiert von einer Metallanode.

nes der Elektronen in anderen, höherenergetischen Zuständen dieses Atoms kann in den freigemachten Zustand hineinfallen; dabei gibt es einen Energiebetrag ΔE ab. Jede derartige Energieabgabe eines Atoms geschieht im allgemeinen in Form einer Strahlung, entsprechend der Gl. (1). Da die Energie jedes der beiden beteiligten Atomzustände – vor und nach dem Energieverlust – scharf definiert ist, ist es auch ΔE, ebenso wie λ aus Gl. (1). Die auftretenden Wellenlängen λ sind charakteristisch für das chemische Element, d. h. für die Ordnungszahl Z des Atoms, das die Welle ausstrahlt. Deshalb erscheinen diese Wellenlängen in dem emittierten Röntgenspektrum des Metalls als scharfe Maxima, die der kontinuierlichen Strahlung überlagert sind, gemäß Abb. 3A.

Wie schon gesagt, sendet die Anode[13] einmal unspezifische Röntgenstrahlung über einen kontinuierlichen Wellenlängenbereich aus, der auf der kurzwelligen Seite bei einem durch die Röhrenspannung bestimmten Wert λ_{min} nach Gl. (4) einsetzt. Reicht die Spannung aus, um die oben erwähnten Platzübergänge im Atom auszulösen, überlagern sich dem Kontinuum eine Serie von scharfen, nahezu monochromatischen Linien, die für das chemische Element, das sie erzeugt, charakteristisch sind (Abb. 3A). Die charakteristischen Wellenlängen nehmen mit steigender Ordnungszahl Z ab. Für Beugungszwecke ist die sog. *K-Serie* die wichtigste unter den charakteristischen Serien der chemischen Elemente; sie besteht aus der $K\alpha_2$-, der $K\alpha_1$- und der $K\beta$-Linie. Die Wellenlängen dieser Linien sind für einige Elemente nach ihren Ordnungszahlen Z in Tab. 1 aufgelistet.

Monochromatische Röntgenstrahlung

Vollkommen monochromatische Röntgenstrahlung gibt es wahrscheinlich nicht, aber annähernd läßt sie sich erreichen, indem man einen Teil der charakteristischen Strahlung eines Elementes von der übrigen Strahlung abtrennt. Man kennt dafür zwei einfache Mittel: Filterung und Reflexion am Kristall. Die Strahlungsfilterung ist besonders einfach und daher die meist gebrauchte Methode.

Gefilterte Röntgenstrahlung. Jedes chemische Element ist im Röntgenbereich durch eine scharfe Unstetigkeit in seinem Absorptionsverhalten charakterisiert. Den typischen Verlauf der Absorptionskurve zeigt Abb. 3B. Nähert man sich von der langwelligen Seite her der Unstetigkeitsstelle, so steigt die Absorption plötzlich an. Die Unstetigkeitsstelle heißt *Absorptionskante* und ihre Wellenlänge Kantenwellenlänge. Zwischen Emission und Absorption der Röntgenstrahlen besteht die gesetzmäßige Beziehung, daß die gesamte Strahlung eines Elementes mit der Ordnungszahl Z, die kürzerwellig als $K\alpha$ ist, von einem Element der Ordnungszahl Z-2 oder Z-1 fast

[13] Besonders in der älteren Literatur findet man für Anode auch den Ausdruck *Antikathode,* womit man aber ein inzwischen längst verschwundenes Konstruktionselement aus der Zeit der ersten Röntgenröhre bezeichnet.

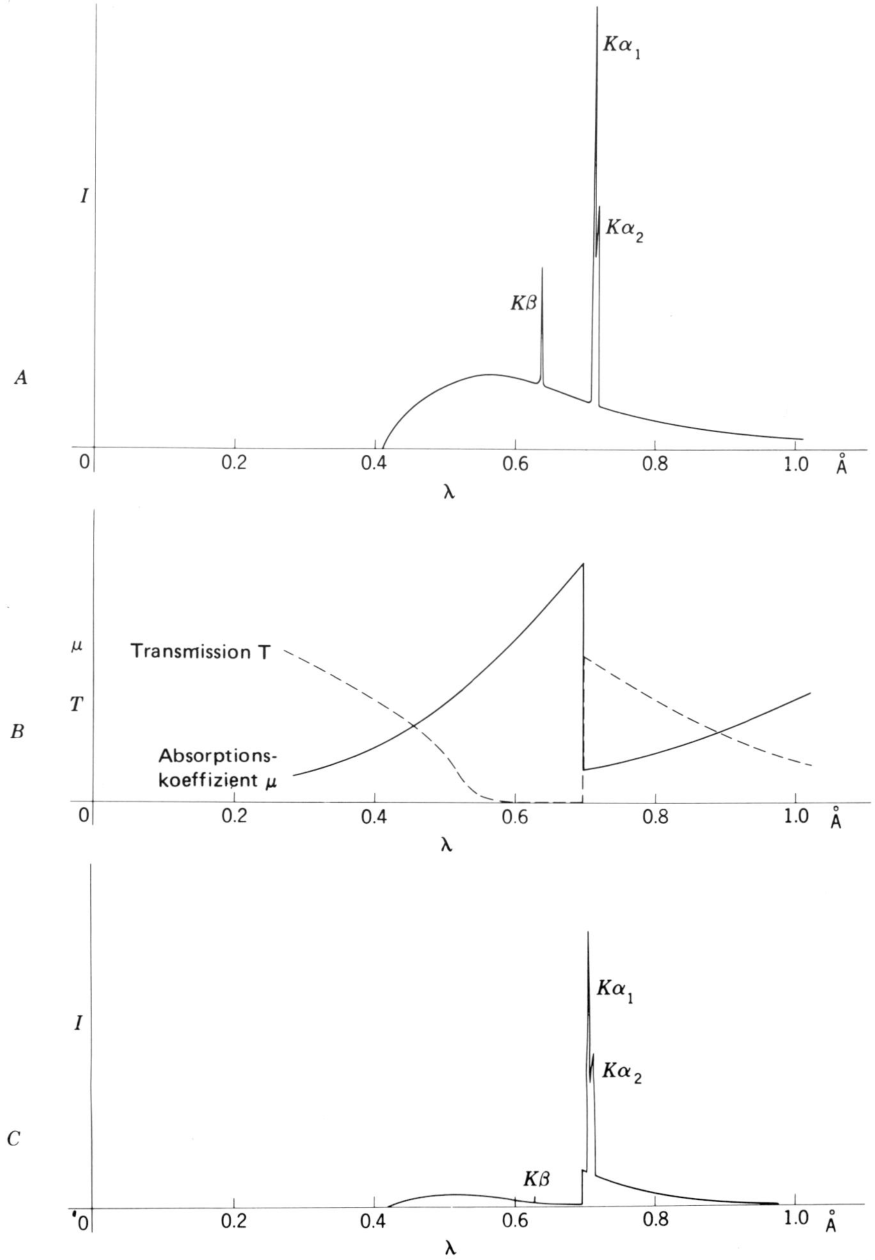

Abb. 3. Wirkungsweise eines Röntgenstrahlfilters. –
A) Intensitätsverteilung der Röntgenstrahlung, wie sie von einer Röntgenröhre erzeugt wird.
B) Röntgenabsorption und -transmission einer dünnen Folie aus geeignetem Filtermaterial.
C) Intensitätsverteilung der Strahlung einer Röntgenröhre hinter der Folie.
Die Kurve ergibt sich, wenn man für jede Wellenlänge die Intensitätshöhe aus Abb. 3A mit dem Transmissionswert aus Abb. 3B multipliziert. – Das Spektrum zeigt überwiegend die charakteristische K_α-Strahlung, enthält aber noch immer einen geringen kontinuierlichen Untergrund, insbesondere auf der langwelligen Seite von K_α.

Tabelle 1. Gebräuchliche charakteristische Röntgen-Wellenlängen und geeignete Filter [aus: „Int. Tab. for X-Ray Crystallography". Bd. IV, 1974].

Strahlung						Filter		
Z	Element	Mittelwert K_α [Å]	$K_{\alpha 2}$ [Å] (stark)	$K_{\alpha 1}$ [Å] (sehr stark)	$K_{\beta 1}$ (schwach)	Z − 2	Element	Absorptionskante
47	Ag	0,5609	0,563798	0,5594075	0,497069	45	Rh	0,53395
46	Pd	0,5869	0,589821	0,585448	0,520520	44	Ru	0,56051
45	Rh	0,6147	0,617630	0,613279	0,545605	43	Tc	0,58906
44	Ru	0,6445	0,647408	0,643083	0,572482	42	Mo	0,61978
43	Tc	– – –	0,67932	0,67502	0,60130	41	Nb	0,65298
42	Mo	0,7107	0,713590	0,709300	0,632288	40	Zr	0,68883
41	Nb	0,7476	0,75044	0,74620	0,66576	39	Y	0,72766
40	Zr	0,7873	0,79015	0,78593	0,70173	38	Sr	0,76973
						Z − 1		
30	Zn	1,4364	1,439000	1,435155	1,29525	29	Cu	1,38059
29	Cu	1,5418	1,544390	1,540562	1,392218	28	Ni	1,48807
28	Ni	1,6592	1,661747	1,657910	1,500135	27	Co	1,60815
27	Co	1,7903	1,792850	1,788965	1,62079	26	Fe	1,74346
26	Fe	1,9374	1,939980	1,936042	1,75661	25	Mn	1,89643
25	Mn	2,1031	2,10578	2,101820	1,91021	24	Cr	2,07020
24	Cr	2,2910	2,293606	2,28970	2,08487	23	V	2,2691

vollkommen absorbiert wird. Davon kann man sich durch einen Vergleich der Emissions- und Kantenwellenlängen an Hand der Tab. 1 qualitativ überzeugen. Indem man die Röntgenstrahlung durch eine Folie eines geeignet ausgewählten Absorbers schickt, läßt sich die in Abb. 3A skizzierte K-Serie so filtern, daß die $K\beta$-Linie und der gesamte kurzwellige Strahlungsanteil weitgehend beseitigt werden (Abb. 3C). Die den Filter fast ungehindert durchdringende Strahlung besteht im wesentlichen aus den Linien $K\alpha_1$ und $K\alpha_2$, einem engen Dublett, wie Tab. 1 zeigt, plus einem Restbetrag an langwelliger kontinuierlicher Strahlung.

Kristallmonochromatisierte Röntgenstrahlung. Eine Methode, mit der die $K\alpha$-Strahlung in höherem Maße als durch Filterung monochromatisiert wird, besteht darin, die Röntgenstrahlung an einem Kristall zu beugen. Der Kristall wird dabei so aufgestellt, daß ein Netzebenensatz mit dem Abstand d einen geeigneten Winkel θ bildet, so daß die Braggsche Gleichung für den Wert λ der $K\alpha$-Wellenlänge erfüllt ist. Selbstverständlich muß ein Kristall für diese Zwecke eine sehr hohe Reflexintensität aufweisen; aber diese Eigenschaft allein genügt nicht, denn der Winkel θ, den man mit dem Reflex hkl für die gewünschte Wellenlänge λ bestimmt hat, ist der gleiche, den der Reflex 2h 2k 2l für die Wellenlänge $\lambda/2$ verlangt, weshalb λ wahrscheinlich noch von $\lambda/2$ begleitet wird. Um die zu λ *harmonische Oberwelle* $\lambda/2$ zu unterdrücken, ist es wünschenswert, entweder einen Kristall zu finden, der einen starken hkl-Reflex und einen schwachen Reflex 2h 2k 2l aufweist, oder die Röntgenröhre unter so niedriger Spannung zu betreiben, daß die Wellenlänge $\lambda/2$ noch nicht angeregt wird.

Kristallmonochromatisierte Röntgenstrahlung ist auf Grund ihrer vorangegangenen Reflexion *teilweise linear polarisiert*; deshalb müssen die Ergebnisse von Beugungsmessungen um diesen Effekt korrigiert werden, sobald man Intensitäten in die Betrachtungen einbezieht.

Auswahl einer passenden Wellenlänge. Wie schon am Anfang von Kap. 5 betont, will man über das Beugungsexperiment Daten sammeln, mit denen sich Raumgruppe, Elementarzelle und gegebenenfalls auch Atomanordnung einer Kristallstruktur bestimmen lassen. Die Daten umfassen Lage und Intensität der Röntgenreflexe eines Kristalls. Man muß dabei eine ausreichende Anzahl reziproker Gitterpunkte berücksichtigen, um sicher zu gehen, daß die richtige reziproke Gitterzelle bestimmt und die Friedelsymmetrie festgelegt werden kann; auch muß man eine hinreichende Menge Punktgewichte (d. h. Reflexintensitäten) auswerten können, um alle variablen Parameter zu bestimmen. Tab. 1 entnimmt man, daß die praktisch verfügbaren Wellenlängen zwischen 0,56 und 2,29 Å variieren, mit einer Lücke im Bereich von 0,79 bis 1,44 Å. Die Lücke ist durch störende physikalische Eigenschaften der Elemente mit den Ordnungszahlen 31 bis 39 bedingt. Mit einem λ-Mittelwert von etwa 1,5 Å im Braggschen Gesetz (7,3) stellt man fest, daß die Zahl n der Reflexordnungen, die beobachtet werden können, etwas höher liegt als die Zahl der Ångströmeinheiten, die sich für die Länge der Zellkanten ergibt. Selbst für Kristalle mit den denkbar kleinsten Zellen können immer noch einige Reflexordnungen erfaßt werden und selbstverständlich entsprechend mehr für Kristalle mit großen Zellen. Damit ist gesagt, daß die praktisch verfügbaren Wellenlängen ausreichen, um Kristallstrukturen zu untersuchen – ein glücklicher natürlicher Umstand.

Die am häufigsten benutzte Röntgenstrahlung ist die Cu-Kα-Strahlung, deren (mittlere) Wellenlänge $\lambda = 1{,}5418$ Å beträgt; sie liegt etwa in der Mitte des verfügbaren Wellenlängenbereiches. Die Cu-Kα-Strahlung weist eine Reihe allgemeiner Vorzüge auf. Kupfer ist ein hervorragender metallischer Wärmeleiter mit einem vergleichsweise hohen Schmelzpunkt (1083°C), so daß sich die Wärme gut abführen läßt; es eignet sich daher vorzüglich als Anodenmaterial für Röntgenröhren. Mit der Cu-Kα-Wellenlänge läßt sich eine für die meisten Zwecke ausreichend hohe Reflexzahl gewinnen, vielleicht mit Ausnahme der Verfeinerung gewisser Kristallarten, die kleine Elementarzellen und viele verfeinerungsbedürftige Parameter besitzen. Hinsichtlich der Schreibweise sei bemerkt, daß man z. B. statt Cu-Kα häufig CuKα schreibt und daß man die Wellenlänge der CuKα-Strahlung abkürzend mit $\lambda_{CuK\alpha}$ bezeichnet.

Strahlungen längerer Wellenlänge als $\lambda_{Cu\ K\alpha}$ haben den Vorzug „sauberer" zu sein, da der begleitende allgemeine Strahlungsuntergrund (mit sinkender Ordnungszahl des Anodenmetalls) abnimmt; aber leider werden längere Wellenlängen – sowohl durch die Luft im Strahlengang als auch normalerweise durch den Kristall – stark absorbiert. Andererseits weisen Strahlungen, die kürzerwellig als die CuKα-Strahlung sind, zwar den Vorteil geringer Absorption durch Luft und gewöhnlich auch durch den Kristall auf, sind dagegen aber „schmutziger", d. h. sie bringen einen hohen allgemeinen Strahlungsuntergrund mit.

Bei der Wellenlängenauswahl ist jede Strahlung zu vermeiden, die durch irgendein chemisches Element im Kristall stark absorbiert wird, da sie von den Atomen dieses Elementes vorzugsweise *inkohärent* gestreut wird; die so gestreute nicht interferenzfähige Sekundärstrahlung trägt zu einem hohen unerwünschten Untergrund bei, der sich der gewünschten gebeugten Strahlung überlagert. Gewöhnlich entsteht ein besonders intensiver Untergrund, wenn die Strahlung von einer Röntgenröhre stammt, deren Anodenmetall das Element der Ordnungszahl $Z + 3$ ist, wobei Z die Ordnungszahl des chemischen Elementes im Kristall bedeutet. Zum Beispiel führt die Strahlung einer Cu-Röntgenröhre ($Z = 29$) in allen Kristallen, die Fe-Atome ($Z = 26$) enthalten, zu beträchtlicher inkohärenter Streuung.

Strahlenführung

Beim Durchgang durch feste Materie lassen die Röntgenstrahlen nur eine äußerst geringe Brechung erkennen, d. h. ihre *Brechzahlen* liegen sehr nahe bei 1; die Abweichungen betragen in der Tat nur wenige 10^{-6}. Daher ist es praktisch nicht möglich, die Röntgenstrahlung in der gleichen Weise wie das sichtbare Licht, also durch Brechung über Linsenanordnungen, zu lenken. Wohl der einzige Weg ihrer Führung besteht darin, die ungewünschten Richtungen durch Absorber abzublocken. Dieser Methode bedient man sich beim Bau von Röntgenstrahlkollimatoren in der nachstehend beschriebenen Weise.

Alle Röntgenmethoden beruhen letztlich darauf, die Größe des Ablenkungswinkels 2θ oder gewisser Funktionen dieses Winkels zu bestimmen. Das erfordert normalerweise ein definiertes engbegrenztes Strahlenbündel, dessen Richtung die Bezugsrichtung zur Messung von 2θ bildet. Das Geräteteil, mit dem sich diese Bedingung realisieren läßt, trägt die weitgefaßte Bezeichnung *Kollimator.* Eine spezielle Kollimatorart ist das im Querschnitt in Abb. 4 gezeichnete *Lochblendensystem.* Die Röntgenstrahlung, die von der Anode einer Röntgenröhre ausgeht, wird durch zwei kreisförmige, in Bleischeiben gebohrte Öffnungen, sog. *Lochblenden*, von etwa 1/2 mm Lochdurchmesser begrenzt. Die Lochblenden sind in ein Messingrohr eingesetzt, dessen Achse die zentrale Richtung für das Röntgenstrahlenbündel definiert, das den Kollimator durchquert. Dieses Strahlenbündel setzt sich in Wirklichkeit aus allen Strahlen zusammen, die, von der Anode kommend, beide Lochblenden passieren können. Die beiden als Aperturblenden wirkenden Lochblenden formen gewöhnlich ein zentrales Bündel, das über den Querschnitt mehr oder weniger einheitlich intensiv strahlt und das von einem konischen, schwächer strahlenden Bündel umgeben ist. Selbstverständlich gibt das metallische Blei der zweiten Lochblende Anlaß zu Beugung und inkohärenter Streuung auf Grund der auftreffenden Röntgenstrahlung, wie in Abb. 4 die beiden Pfeile andeuten. Daher muß das Messingrohr abschließend noch eine dritte Lochblende erhalten, die mit ihrer Innenseite die von der zweiten Bleiblende ausgehende Sekundärstrahlung abfängt. Die Öffnung der letzten Blende ist etwas größer als die der beiden übrigen; die Öffnung muß so groß sein, daß sie von den direkten Strahlen des Bündels nicht getroffen wird, jedoch klein genug, um diejenige Strahlung aufzufangen, die nach allen Seiten von der zweiten Aperturblende gestreut wird.

Es gibt selbstverständich viele Details im Bau von Kollimatorsystemen, die in diesem Buch nicht unbedingt betrachtet werden müssen.

Nachweis der abgebeugten Strahlung

Bereits in der ersten Mitteilung (1895) über seine Entdeckung berichtete W. C. Röntgen, daß die neue Art von Strahlen photographische Schichten schwärzen könne und daß er diese Tatsache für die Dokumentation seiner Versuche benutzt habe. Es ist daher fast selbstverständlich, daß auch Friedrich und Knipping bei ihren Röntgenbeugungsexperimenten zur photographischen Aufzeichnung gegriffen haben. Diese selbe Nachweismethode ist bis heute in Gebrauch. Inzwischen wird sie allerdings durch Photonenzählermethoden ergänzt, die sich für gewisse Zwecke durchgesetzt haben.

Photographische Registriermethoden sind einfach im Gebrauch und verlangen keine Beaufsichtigung während der Aufnahme. Sie finden routinemäßig in den Anfangsstadien der Untersuchung von Kristallmustern praktisch uneingeschränkt Verwendung, besonders zur Symmetrie- und Zellbestimmung. Dabei ist von Vorteil, daß die Beugung im gesamten erfaßbaren Bereich des reziproken Raumes kontinuierlich aufgezeichnet wird und sich damit jede Unvollkommenheit im Kristall äußert. Oft werden die photographischen Aufnahmen daher für die Beurteilung herangezogen, ob ein Kristall hinreichend perfekt ist, um ihn mit Zählermethoden zu untersuchen.

Während des zweiten Weltkrieges wurden Photonendetektoren und -zähler für Röntgenstrahlen soweit entwickelt, daß bei Ende des Krieges bereits mit Geigerzählern ausgerüstete sog. Pulverdiffraktometer handelsüblich ver-

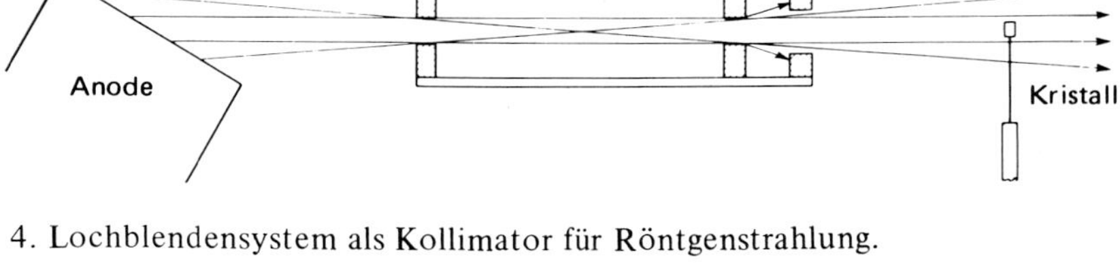

Abb. 4. Lochblendensystem als Kollimator für Röntgenstrahlung.

fügbar waren. Es stellte sich sehr schnell heraus, daß sich mit den Photonenzählern recht genaue Bestimmungen der Röntgenbeugungsintensitäten vornehmen ließen, deren Schwärzung auf Filmmaterial früher geschätzt werden mußte. Kurz nach der Entwicklung des Pulverdiffraktometers tauchten dann die ersten *Einkristalldiffraktometer* für genaue Intensitätsmessungen auf. Obschon die Reflexintensitäten oft auch heute noch über photographische Methoden als Filmschwärzungen gemessen werden, ist es inzwischen üblich, immer dort, wo höhere Genauigkeit gewünscht wird, Kristallstrukturuntersuchungen mit dem Einkristalldiffraktometer durchzuführen. Seit einiger Zeit sind derartige Einkristalldiffraktometer soweit automatisiert, daß sie die Intensitätsdaten ohne ständige Überwachung auflisten und auch zusätzliche Kontrollmessungen selbständig ausführen.

Strahlenabsorption in der Probe

Setzt man irgendeine Materialprobe einer Röntgenstrahlung aus, um daran experimentelle Beugungsstudien zu treiben, wird die Röntgenstrahlung von der Probe nicht nur gebeugt, sondern auch mehr oder minder stark absorbiert. Auf Grund der Absorption wird ein Röntgenstrahl von der ursprünglichen Intensität I_0, während er eine Materialdicke t durchsetzt, entsprechend dem gewöhnlichen Absorptionsgesetz Gl. (5) auf die neue Intensität I geschwächt.

$$I = I_0 \exp(-\mu t). \tag{5}$$

Darin ist μ für das absorbierende Material eine Konstante, die *linearer Absorptionskoeffizient* heißt. Diese Größe kann für jede beliebige kristalline Verbindung mit bekannter chemischer Zusammensetzung und Dichte (an Hand tabellierter atomarer Daten) berechnet werden.

Ist ρ die Materialdichte der Kristallsubstanz, ferner $(\mu/\rho)_i$ ein für jedes chemische Element tabellierter, spezifischer, von der Röntgenwellenlänge abhängiger Wert (der sog. Massenabsorptionskoeffizient), so gilt:

$$\mu = \rho \; \Sigma \; c_i(\mu/\rho)_i.$$

c_i ist die Massenkonzentration, mit der das durch i bezeichnete chemische Element in der betrachteten Substanz vorhanden ist. Mit dem über verschiedene Richtungen gemittelten Durchmesser D des Kristalls läßt sich die Größenordnung des Absorptionseinflusses durch

$$\exp(-\mu D)$$

wenigstens grob abschätzen. Je weniger dieser Ausdruck von 1 abweicht, umso geringer ist der Absorptionseinfluß auf die Beugungsintensitäten.

Wenn die Berücksichtigung des Absorptionseffektes verlangt wird, muß man mit dem gefundenen μ-Wert für jeden einzelnen Strahlengang, der zum gebeugten Strahlenbündel beiträgt, eine Gleichung der Art (5) berechnen und anschließend über alle Ergebnisse summieren.

Die Absorption beeinflußt die Aufzeichnung der Röntgenbeugung auf zweierlei Art: Sie verkleinert die Gesamtintensität eines Beugungsreflexes und sie verschiebt das Zentrum des aufgezeichneten Reflexes, womit 2θ ein wenig größer erscheint als es tatsächlich ist. Beides führt zu Fehlern, die bei einer genauen Interpretation der Röntgenbeugungsdaten berücksichtigt werden müssen.

Zusammenfassung

Röntgenstrahlung für röntgenographische Kristalluntersuchung wird gewöhnlich in einer Röntgenröhre erzeugt, einem abgeschmolzenen evakuierten Gefäß aus Glas und Metall. Im Innern der Röhre verlassen Elektronen einen elektrisch erhitzten Draht, die Glühkathode, und werden durch eine Spannung von ungefähr 30–60 kV gegen die Anode beschleunigt. Beim Aufprall auf die Anode werden die Elektronen in Wechselwirkung mit den Atomen des Anodenmetalls abgebremst und ihre Bewegungsenergie wird teilweise in Strahlung umgesetzt. Die Strahlung enthält ein kontinuierliches Wellenspektrum, dessen kürzeste Wellenlänge umgekehrt proportional der angelegten Röhrenspannung ist. Sobald die Spannung einen kritischen Wert überschreitet, überlagert sich dem kontinuierlichen Spektrum eine Serie intensiver monochromatischer Linien, deren Wellenlängen für das Anodenmetall charakteristisch sind. Metallische Elemente im Bereich der Ordnungszahlen $Z = 24$ bis 47 besitzen charakteristische Röntgenspektrallinien (K-Serie) im Wellenlängenbereich von 2.3 bis 0.56 Å; diese für Kristallstrukturstudien erwünschte Röntgenstrahlung ist leider stets von kontinuierlicher Strahlung begleitet. Die unerwünschte Strahlung kann mit Hilfe einer Metallfolie verringert werden, die als Filter wirkt und alle Wellenlängen unterhalb eines kritischen Wertes stark absorbiert. Der kritische Wellenlängenwert an der Absorptionskante ist charakteristisch für das Folienmetall. Ein zweiter Weg, der sogar eine vollständige Unterdrückung der unerwünschten Strahlung ermöglicht, führt über das Braggsche Gesetz; dabei muß man gewisse Vorkehrungen treffen, damit nur Strahlung der gewünschten Wellenlänge an dem speziell ausgewählten Kristall unter dem Braggschen Winkel reflektiert wird.

Der praktisch einzig gangbare Weg zur Lenkung von Röntgenstrahlen besteht darin, sie bis auf die gewünschte Strahlenrichtung vollständig abzuschirmen. Bei röntgenographischen Routinearbeiten bedient man sich gewöhnlich eines nahezu parallelen Röntgenstrahlbündels von ca. 1 mm Durchmesser oder weniger. Das Bündel wird mit einer speziellen Vorrichtung gewonnen, dem Kollimator oder Lochblendensystem; die Vorrichtung sperrt alle Strahlenrichtungen mit Ausnahme derjenigen, die durch die kreisförmigen Öffnungen zweier hintereinanderstehender Bleiblechplatten freigegeben werden.

Geschichtliche Anmerkungen

Die Röntgenstrahlen wurden 1895 von W. C. Röntgen entdeckt und von ihm X-Strahlen genannt. Röntgen erhielt für seine Entdeckung im Jahre 1901 den ersten Nobelpreis für Physik. Seine Entdeckung hatte er so gründlich beschrieben, daß die Forscher, die seine Experimente nachprüften, zehn Jahre lang nichts wesentlich Neues hinzuzufügen vermochten. Im Jahre 1912 bewiesen dann die von Laue angeregten Beugungsexperimente der beiden Forscher Friedrich und Knipping den Wellencharakter der Röntgenstrahlen. Bald darauf (1914) zeigten Duane und Hunt, daß die kurzwellige Grenze λ_{min} der Quantenbedingung von Planck und von Einstein in der Form $\lambda_{min} = hc/eU$ genügt.

Nachdem Barkla bereits vorher die Polarisierbarkeit der Röntgenstrahlen gefunden hatte, war ihm 1909 auch der Nachweis gelungen, daß gestreute Röntgenstrahlung z. T. mehrere Anteile enthält, die mit steigender Ordnungszahl des streuenden Elementes gleichmäßig „härter" werden. Diese charakteristische Strahlung nannte er *Fluoreszenzstrahlung* und bezeichnete die Anteile in der Reihenfolge abnehmender Härte mit K und L. Unmittelbar nach der Entdeckung der Röntgenbeugung ergriff Moseley diese Möglichkeit, um damit die Wellenlängen der Fluoreszenzstrahlung und deren Änderung mit der Ordnungszahl Z zu untersuchen. Er fand mit wachsendem Z regelmäßig abnehmende Wellenlängen und entdeckte und benannte die $K\alpha$- und $K\beta$-Komponenten sowie die Komponenten der L-Serie.

Die Strahlen befolgen bei ihrem Durchgang durch Materie allgemeine Absorptionsgesetze, die bereits im 18. Jahrhundert aufgestellt worden waren. Die Absorptionskanten im Röntgenbereich wurden 1916 von de Broglie gefunden.

Die Röntgenstrahlen hat Röntgen mit Hilfe eines Fluoreszenzschirmes entdeckt, aber auch ihre Fähigkeit erkannt, Belichtungseffekte auf photographischen Schichten hervorzurufen, sowie Gase zu ionisieren. In ihren ersten Untersuchungen hatten Vater und Sohn Bragg als quantitatives Nachweisgerät für die abgebeugte Röntgenstrahlung eine Ionisationskammer benutzt. Wegen experimenteller Schwierigkeiten verbreitete sich diese Methode allerdings nicht und mußte vorübergehend vollständig der photographischen Methode weichen, bis dann die Entwicklung der Geigerzähler die quantitative Messung der Röntgenstrahlung erleichterte. Erst später gesellten sich Proportionalzählrohr sowie Szintillationszähler mit Photomultiplier (Sekundärelektronenvervielfacher) hinzu, die heute für die Messung der gebeugten Röntgenstrahlung allgemein Verwendung finden.

Weiterführende Schriften

M. J. Buerger. X-ray crystallography. (Wiley, New York, 1942) 166–167, 172–182.
Wayne T. Sproull. X-rays in practice. (McGraw-Hill, New York, 1946) 1–156, 168–197.
N. F. M. Henry, H. Lipson und W. A. Wooster. The interpretation of x-ray diffraction photographs. (Macmillan, London, 1951) 25–33.
B. D. Cullity. Elements of x-ray diffraction. (Addison-Wesley, Reading, Mass., 1956) 1–26.
G. E. Bacon. Neutron Diffraction. (Oxford University Press, 2. Aufl. Nachdruck (1967)).
E. Bauer. Elektronenbeugung. (Verlag Moderne Industrie W. Dummer u. N. Müller, München (1958)).

Grundlegende Werke und Einzelveröffentlichungen

Charles G. Barkla. Phenomena of x-ray transmission. Proc. Cambridge Phil. Soc. **15** (1909) 257–268.
W. Friedrich, P. Knipping und M. Laue. Interferenz-Erscheinungen bei Röntgenstrahlen. Sitzungsber. math.-phys. Klasse der Königlich Bayer. Akad. Wiss. München (1912) 303–322; Wiederdruck in Naturwiss. **39** (1952) 361–368.
H. G. J. Moseley. The high-frequency spectra of the elements. Phil. Mag. **26** (1913) 1024–1034; **27** (1914) 703–713.
William Duane und Franklin L. Hunt. On x-ray wave-lengths. Phys. Rev. **6** (1915) 166–171.
M. de Broglie. La spectrographie des phénomènes d'absorption des rayons x. J. Phys. **6** (1916) 161–168.
W. C. Röntgen. Über die Elektrizitätsleitung in einigen Kristallen und über den Einfluß einer Bestrahlung darauf. Ann. Phys. **64** (1921) 1–195.

Kapitel 7

Die weniger leistungsfähigen Beugungsmethoden

Röntgenbeugungsmethoden im allgemeinen

Man kennt mehr als ein Dutzend unterschiedlicher Röntgenbeugungsverfahren. Hier sind jedoch nur diejenigen von Interesse, die zur Kenntnis der Symmetrie, der Zelle sowie der Atomanordnung im Kristall führen. Unter den wenigen Verfahren, die man für diese Zwecke eingesetzt hat, werden indessen nur zwei oder drei ausgiebig benutzt.

Die einzelnen Verfahren unterscheiden sich in erster Linie durch die Strahlungsart und die Art der Proben, die untersucht werden sollen. Die Lauemethode ist die einzige, bei der man das Röntgenbremsspektrum (weißes Röntgenlicht) benutzt. Mit den Pulvermethoden untersucht man polykristallines Probenmaterial, dessen Kriställchen sich einzeln nicht mehr handhaben lassen. Diejenigen Methoden schließlich, bei denen ein Einzelkristall mit (charakteristischer) monochromatischer Strahlung untersucht wird, sind die Drehkristallmethode, die Schwenk(kristall)methode, die Weißenbergmethode und die Präzessionsmethode. Bei allen vier werden die Beugungsreflexe auf einem lichtempfindlichen Film registriert. – Für die Endphase einer Kristallstrukturstudie sind präzise Intensitätswerte wichtig. Man verschafft sie sich gewöhnlich über ergänzende Verfahren, bei denen die Intensitäten mit Hilfe von Photonenzählern gewonnen werden. Die letztgenannten Verfahren stellen verfeinerte Spielarten der Drehkristall- und der Weißenbergmethoden dar; sie werden im Kap. 11 noch näher betrachtet.

Die Methoden, die sich am besten zur Bestimmung von Symmetrie und Elementarzelle eignen, sind Weißenberg- und Präzessionsmethode. Eine der Methoden, oder auch beide zugleich, finden nahezu universell bei Kristallstrukturaufklärungen Verwendung, zumindest in deren Anfangsstadien; in der Tat läßt sich mit den Intensitätsdaten, die sie liefern, eine vollständige Strukturbestimmung erzielen. Wegen der großen Bedeutung für die heutigen Routinemessungen werden beide Methoden in den Kapiteln 8 und 9 einzeln behandelt.

Die Daten, die sich mit Laue-, Pulver-, Drehkristall- oder Schwenkmethoden gewinnen lassen, weisen dagegen erhebliche Unzulänglichkeiten hinsichtlich ihrer Verwendbarkeit in der Strukturanalyse auf; deshalb werden sie nicht ständig, sondern nur dann gebraucht, wenn keine Geräte für die effektiveren Methoden zur Verfügung stehen. – Nachstehend seien diesen zuletzt aufgezählten Methoden einige kurze Bemerkungen gewidmet.

Die Pulvermethode

Das Pulververfahren wurde von Debye und Scherrer 1916 in Deutschland und davon unabhängig 1917 von Hull in den USA veröffentlicht. Bis zum Ende des ersten Weltkrieges war diese Methode jedoch kaum in Gebrauch.

Die Probe besteht aus einem gepulverten kristallinen Material. Ist ein einzelnes Kriställchen des Pulvers (zufällig) so orientiert, daß einer seiner Netzebenensätze einen geeigneten Winkel θ mit dem primären Röntgenstrahl bildet und damit das Braggsche Gesetz erfüllt ist, so reflektiert das Kriställchen das kleine Röntgenstrahlenbündel, von dem es getroffen wird. Alle anderen Kriställchen der Probe, für die der fragliche Netzebenensatz mit der Primärstrahlung den gleichen Winkel θ bildet, reflektieren ihrerseits kleine Strahlenbündel, und alle diese Strahlenbündel schließen mit der Primärstrahlrichtung einen Winkel von 2θ ein. Die reflektierten Strahlen sind somit in ihrer Gesamtheit die Erzeugenden eines Kegels, der koaxial zur einfallenden Röntgenstrahlung liegt.

Wegen der zufälligen Orientierung der vielen Kristallbruchstückchen in der Pulverprobe ruft auch jeder andere Netzebenensatz (hkl) der Kristallsubstanz einen Beugungskegel mit einem charakteristischen halben Öffnungswinkel $2\theta_{hkl}$ hervor. Ein Teil jedes Kegels wird nach Abb. 1 üblicherweise auf einem zylindrisch gebogenen photographischen Film festgehalten, wobei die Zylinderachse senkrecht auf dem einfallenden Röntgenstrahl steht. Aus der Kenntnis des Filmdurchmessers und der Länge, die der einzelne Beugungskegel auf dem Film abgrenzt, bestimmt man θ_{hkl} für jede einzelne *Pulver„linie“* des Debye-Scherrer-Diagramms. Über die Braggsche Gleichung (7,3) läßt sich dann aus jedem θ_{hkl} das d_{hkl} des reflektierenden Netzebenensatzes berechnen. Das erste Resultat einer so hergestellten Kristallpulveraufnahme besteht in einer Liste von d-Werten der (zunächst noch in unbekannter Weise indizierten) Netzebenensätze (hkl) des Kristalls plus der relativen Reflexintensitäten von hkl.

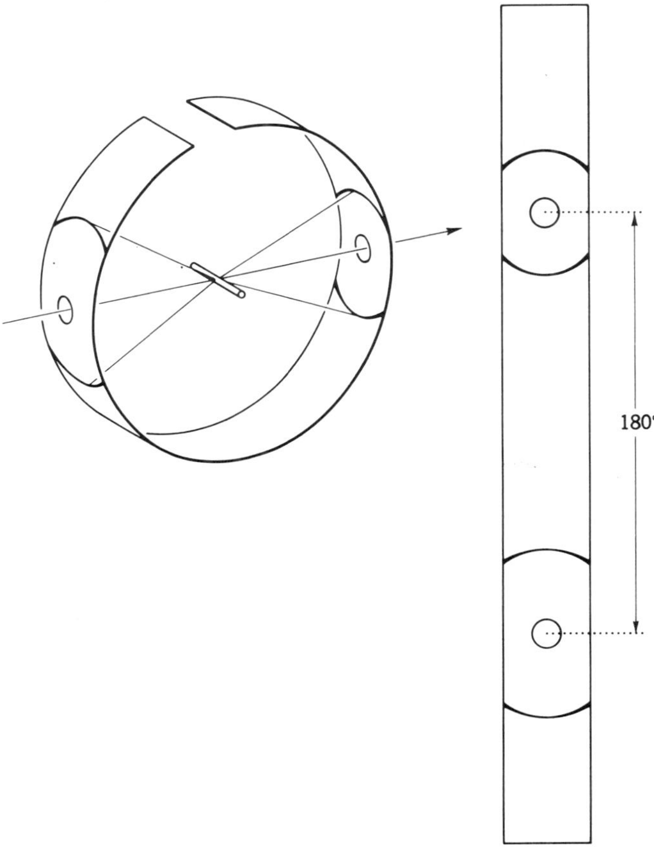

Abb. 1. Entstehung eines Debye-Scherrer-Diagramms. [Aus Leonid V. Azároff und Martin J. Buerger: The powder method in x-ray crystallography (McGraw-Hill, New York, 1958) 25].

Leider ist es nicht einfach und bislang nicht einmal in allen Fällen möglich, die Bravaiszelle eines Kristalls aus der d-Wert-Liste zurückzufinden. Daher kann die Pulvermethode gerade für den Beginn einer Strukturbestimmung im allgemeinen nicht die passenden Daten liefern. Hinzu kommt, daß in vielen Fällen verschieden indizierte Reflexe annähernd oder identisch gleiche d-Werte haben und daher Beiträge zur selben Pulverlinie beisteuern. In der Tat sind in jedem der sieben Kristallsysteme identische Linienüberdeckungen ein unvermeidlicher Wesenszug aller Kristallklassen, die niedrigere Symmetrie aufweisen als die jeweils höchstsymmetrische (Friedel-) Klasse, die man auch als *holoedrische Klasse* bezeichnet. Im übrigen kann die Pulveraufnahme von Natur aus keine Symmetrieinformation liefern.

Wegen (a) der Schwierigkeit oder gar Unmöglichkeit, die Bravaiszelle zu bestimmen, wegen (b) der Linienkoinzidenzen ungleichwertiger Reflexe und wegen (c) des Fehlens jeder Symmetrieinformation ist die Pulvermethode in allen Stadien der Strukturbestimmung am wenigsten zu gebrauchen. Ihr Hauptvorteil ist darin zu sehen, daß sie ein empirisches Charakteristikum für jede kristalline Phase liefert und – ganz analog den Fingerabdrücken in der Kriminologie – eine eindeutige Identifizierung einer Substanz ermöglicht. Die d-Wert-Liste ist für die empirische röntgenographische Beschreibung und Identifizierung kristalliner Substanzen äußerst nützlich und der Grund für die Anwendung der Pulverdiagramme bei vielen Routineaufgaben.

Die Drehkristallmethode

Beziehung zu den Lauekegeln. Die Erfindung der Drehkristallmethode (eigentl.: Kristalldrehmethode) fällt bereits in die Zeit der ersten Jahre der Röntgenbeugung. Im Grunde ist sie eine einfache Registriermethode für die Beugung monochromatischer Strahlung am Einkristall, wobei eines der Lauekegelsysteme eine Vorzugsstellung einnimmt.

Fällt ein Primärstrahl unter einem Winkel $\bar{\mu}$ zu einer rationalen Kristallrichtung **t** ein, so wird er – gemäß den Ausführungen von Kap. 3 – unter einem Winkel $\bar{\nu}$ zur Kristallrichtung **t** abgebeugt, wobei die Lauegleichung

$$\cos \bar{\nu} = -\cos \bar{\mu} + m\lambda/t \qquad \text{mit } m = \text{ganzzahlig} \tag{1}$$

erfüllt ist. Für einen einzigen Wert m gibt es viele mögliche, abgebeugte Strahlen, die alle den gleichen Winkel $\bar{\nu}$ mit der Richtung **t** bilden und die daher die Erzeugenden eines mit **t** koaxialen Lauekegels sind.

Ferner führten die Überlegungen im Kap. 3 zu dem Schluß, daß unter beliebiger Kristallorientierung im allgemeinen keine Beugungsstrahlen zu erwarten sind, falls λ konstant gehalten also monochromatische Strahlung benutzt wird. Damit Beugungsphänomene auftreten, muß der Kristall so orientiert sein, daß die Lauebedingung (1) gleichzeitig für drei unterschiedliche rationale Kristallrichtungen erfüllt ist. Zu den gleichen Ergebnissen gelangt man über eine Betrachtung der Braggschen Gleichung: Im allgemeinen entsteht kein Reflex, wenn der Winkel θ zwischen einfallender Röntgenstrahlung und einem Netzebenensatz des Kristalls auf einen völlig willkürlichen Wert eingestellt ist; um einen Reflex auszulösen, muß die Kristallorientierung so verändert werden, daß θ einen von denjenigen Werten annimmt, die die Braggsche Gleichung befriedigen. Endlich kommt man, gestützt auf den letzten Abschnitt des Kap. 4, an Hand des reziproken Gitters zum nämlichen Resultat.

Bestimmung der Translationsperiode t. Nun enthält aber die Lauegleichung (1) die Translationsperiode t. Dieser wichtige kristallographische Parameter ließe sich einfach bestimmen, wenn sich das entscheidende Kennzeichen des Lauekegels, nämlich der Winkel $\bar{\nu}$, finden ließe. Das ist jedoch nicht schwierig, wenn man bei festgehaltenem Winkel $\bar{\nu}$ die Kristallorientierung bezüglich des einfallenden Röntgenstrahls verändert. Für ein bestimmtes Experiment, in dem die Parameter m, λ und t konstant sind, läßt sich der Gl. (1) entnehmen, daß auch $\bar{\nu}$ konstant bleibt, sofern $\bar{\mu}$ festliegt. Es gibt zwei in ihrer Mechanik unterschiedliche Möglichkeiten, die Kristallorientierung bei festgehaltenem $\bar{\mu}$ zu variieren. Die offensichtlich nächstliegende[14] ist die, den Kristall um die Achse des Lauekegels zu drehen. Dabei bleibt der Winkel $\bar{\mu}$ mit der Kristallachse konstant, aber der Winkel zwischen allen anderen rationalen Kristallrichtungen und dem einfallenden Röntgenstrahl verändert sich. Ganz allgemein bleibt das Lauekegelsystem der Abb. 2A fest, während der Kristall um die gemeinsame Kegelachse gedreht wird. Eine besonders einfache Lage für den einfallenden Röntgenstrahl und die Drehachse ergibt sich mit der in Abb. 2B gezeichneten symmetrischen Anordnung unter $\bar{\mu} = 90°$; dabei vereinfacht sich Gl. (1) zu:

$$\cos \bar{\nu} = m\lambda/t. \qquad (2)$$

Zur Bestimmung des Winkels $\bar{\nu}$ eines Lauekegels kann der abgebeugte, vom rotierenden Kristall ausgehende Strahl auf einem lichtempfindlichen Film registriert werden. In der gebräuchlichsten in Abb. 3A dargestellten Anordnung umschließt der zylindrisch gebogene Film koaxial die Achse der Lauekegel. Die Kegel schneiden dabei den Film in Kreisen. Wird nun der

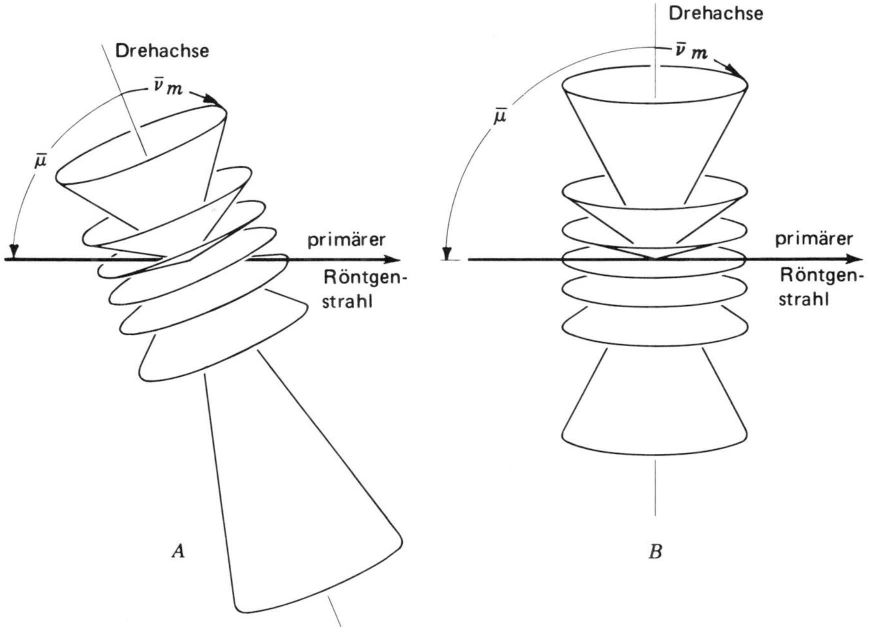

Abb. 2. Lauekegel um eine rationale Drehachse des Kristalls als geometrischer Ort der Reflexrichtungen.

---

[14] Die Realisierung der zweiten Möglichkeit, die zur Kegelachsenmethode führt, wird in Kapitel 9 besprochen.

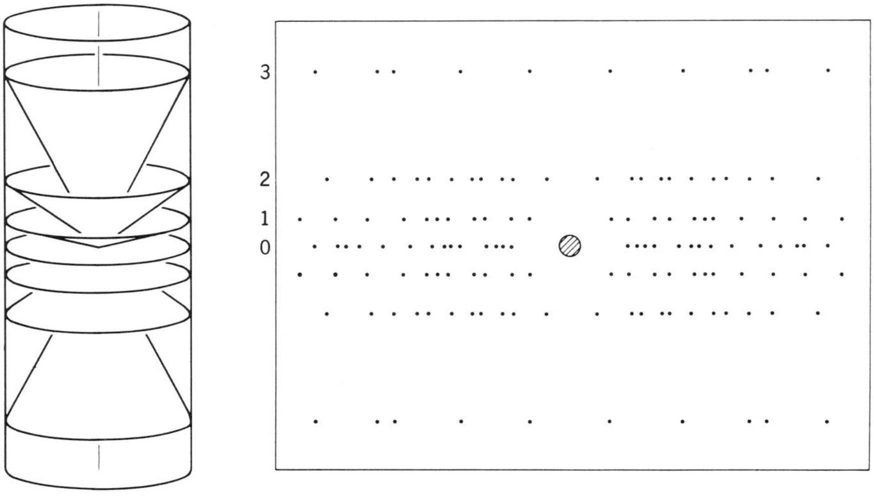

A *B*

Abb. 3. Entstehung eines Drehdiagramms. A: Film in der Drehkristallkamera, B; abgerollte Filmaufnahme.

Film wie in Abb. 3B abgerollt, dann gehen die Kreise in gerade Linien über; diese geraden Linien heißen *Schichtlinien*. In Wirklichkeit sind diese Linien aber nur dort durch Punkte markiert, wo Reflexe entlang den Erzeugenden der Lauekegel den Film erreichen. Die photographischen Aufnahmen werden meist als *Drehdiagramme* bezeichnet.

Die Abb. 4 zeigt schematisch eine Anordnung, mit der sich photographische Aufnahmen der soeben besprochenen Art herstellen lassen. Der Kristall, gewöhnlich auf einem Glasfaden aufgesetzt, ist auf einer Vorrichtung, einem *Goniometerkopf*, montiert. Mit Hilfe des Goniometerkopfes kann der Kristall in gewünschter Weise orientiert, d. h. er kann *justiert* werden. Nach der Justierung liegt eine rationale Gittergerade, die gewöhnlich eine kristallographische Achse ist, parallel zur vertikal gezeichneten Drehachse der Vorrichtung. Die Drehachse wird von einem kleinen Motor angetrieben. Durch einen Kollimator, dessen Achse die Drehachse unter einem rechten Winkel schneidet, erreicht ein feiner monochromatischer Röntgenstrahl den Kristall. Der Röntgenfilm erhält seine zylindrische Form, indem er gegen die Innenseite eines Metallzylinders gepreßt wird, der koaxial zur Drehachse steht.

In Abb. 6 ist als Beispiel ein Drehdiagramm reproduziert, das mit einer derartigen *Drehkristallkamera* aufgenommen ist. Das Diagramm läßt ein Merkmal erkennen, das für Aufnahmen mit einem gut justierten Kristall charakteristisch ist: Alle Reflexe sind sauber auf eine kleine Zahl paralleler gerader Linien, die Schichtlinien, konzentriert[15]. Die Linien liegen nach

[15] Wenn die Justierung der rationalen Kristallachse zur mechanischen Instrumentenachse unvollkommen ist, werden die Schichtlinien zu Bändern verbreitert, deren Dicke von der Größe des Justierfehlers abhängt.

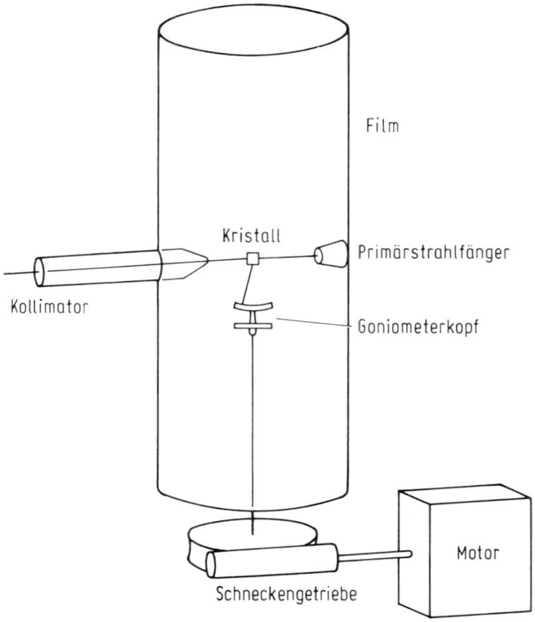

Abb. 4. Schematischer Aufbau einer Drehkristallkamera.

oben und nach unten symmetrisch zu einer Mittellinie, die *Äquatorschichtlinie* oder kürzer *Äquator* genannt wird. Die Äquatorlinie ist das Reflexbild des Lauekegels der Ordnung m = 0, während in der folgenden Linie darüber (darunter) die Reflexe des Lauekegels mit der Ordnung m = 1 (m = −1) aufgereiht sind, usw.

Den geometrischen Parameter eines Lauekegels gewinnt man aus einer Messung des Abstandes y seines Reflexbildes, d. h. seiner Schichtlinie vom Äquator. Der Abb. 5 entnimmt man, daß der Abstand oder die Höhe y_m der m-ten Schichtlinie gegeben ist durch

$$\tan \nu_m = y_m / r_F , \tag{3}$$

worin r_F der Radius des Filmzylinders und ν der Komplementwinkel zu $\bar{\nu}$ ist,

$$\nu = (\pi/2) - \bar{\nu}.$$

Eingesetzt in Gl. (2) erhält man zunächst

$$\sin \nu = m\lambda/t \tag{4}$$

und, in Kombination mit Gleichung (3), schließlich

$$t = m\lambda/\sin [\arctan (y_m / r_F)]. \tag{5}$$

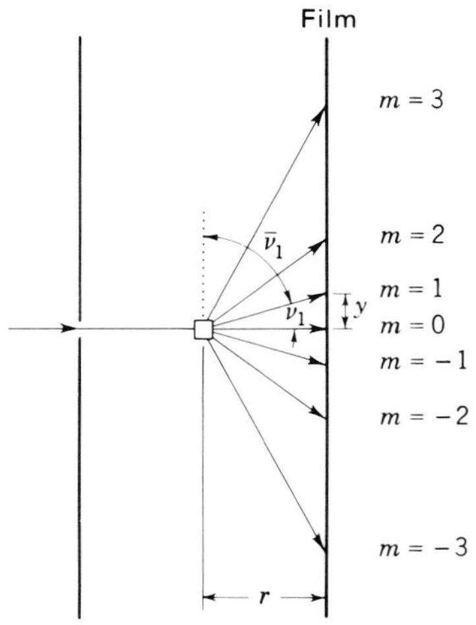

Abb. 5. Bestimmung des Schichtlinienwinkels ν aus Kammerradius r und Schichtlinienabstand y.

Die vorstehende Gl. (5) gestattet die Berechnung der Translationsperiode t der rationalen Gitterrichtung parallel der Achse, um die der Kristall gedreht wurde.

Symmetrieinformation. Die Auswertung eines beliebigen Drehdiagrammes, wie es Abb. 6 darstellt, ergibt, daß es stets symmetrisch ist bezüglich des Äquators sowie einer dazu senkrechten, ebenfalls in der Papierebene liegenden Geraden durch die Mitte der Aufnahme. Der Grund für dieses Verhalten liegt darin, daß bei einer vollständigen Umdrehung des Kristalls um 360° ein beliebig orientierter Netzebenensatz mit seiner Vorderseite einmal nach dem oberen rechten und dann nach dem oberen linken Teil des Diagrammes reflektiert, wogegen derselbe Netzebenensatz mit seiner Rückseite in den linken und rechten unteren Diagrammteil reflektiert. Da alle vier Reflexe auf denselben Netzebenenabstand d gegründet sind und überdies die Reflexe strahlengeometrisch symmetrisch liegen, zeigen sich auch die Reflexbilder an symmetrieäquivalenten Stellen des Diagrammes.

Diese Symmetrie ist die unabdingbare Symmetrie des Gerätes und seiner Bewegung. Das Drehdiagramm irgendeines Kristalls muß sie ohne Rücksicht auf die Eigensymmetrie des Kristalls zeigen. Folglich kann eine niedrigere Kristallsymmetrie keine Diagrammsymmetrie hervorrufen, die darunter liegt und ebenso kann eine höhere Kristallsymmetrie auch zu keiner höheren Diagrammsymmetrie führen. Die notwendige Folgerung daraus ist, daß man *keine Symmetrieinformation über den Kristall aus seinem Drehdiagramm* herausholen kann.

Derzeitige Anwendung der Drehkristallmethode. Es gibt Verfahren zur Indizierung der Reflexe aller Schichtlinien des Drehdiagrammes, aber die In-

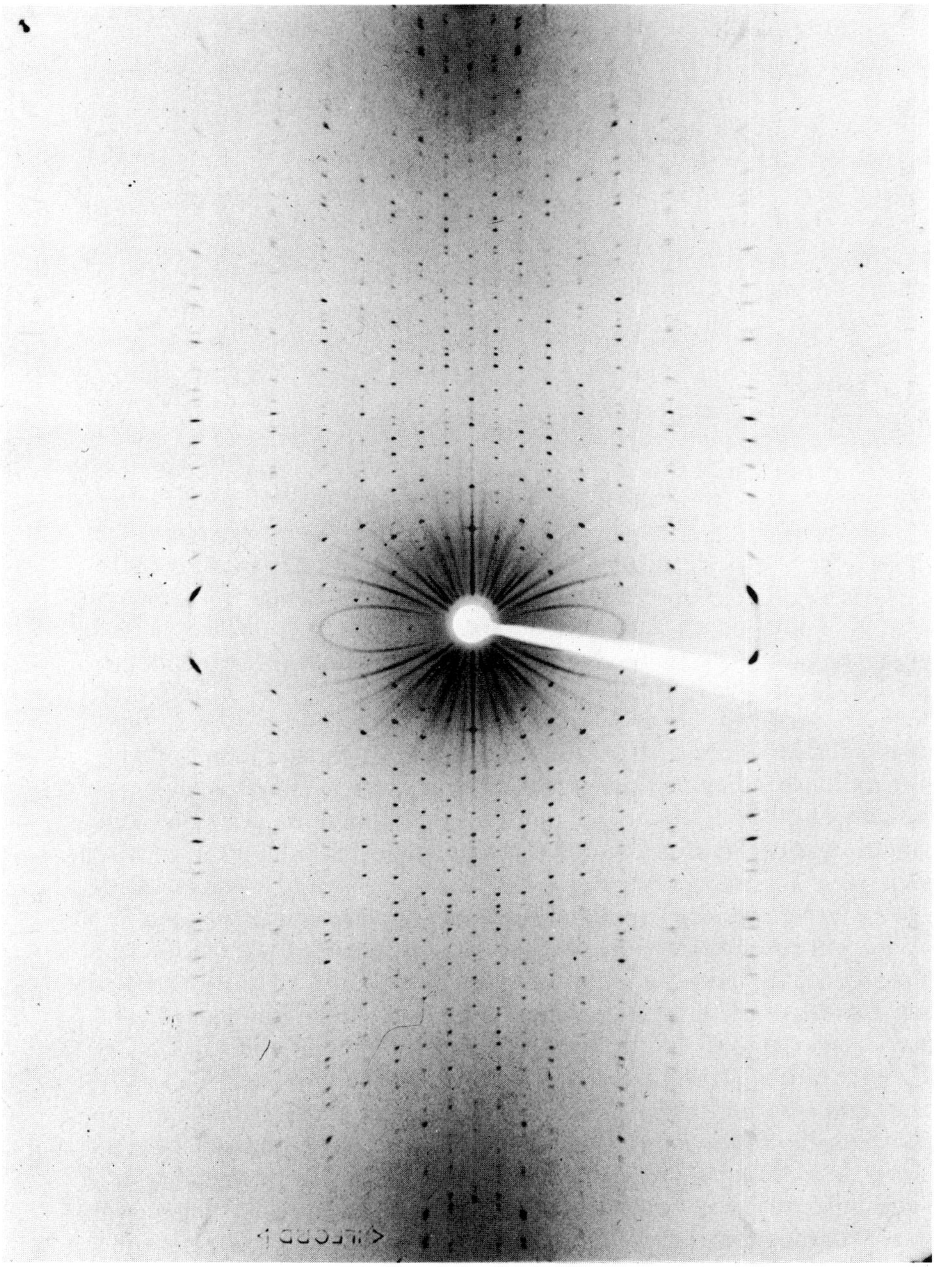

Abb. 6. Beispiel einer Drehkristallaufnahme. Natürliche Größe, Durchmesser der Kammer: 57,3 mm; Pollucit (Cs, Na) $AlSi_2O_6 \cdot xH_2O$, kubisch a = 13,74 Å, um eine a-Achse gedreht; CuK_α-Strahlung, 35 kV, 15 mA, 3h.

dizierungsarbeit ist mit vielen Nachteilen verknüpft. Grundsätzlich ist die Indizierungsaufgabe bei dieser Methode nicht eindeutig. Wenn z. B. ein Kristall um die c-Achse gedreht wird, sind die Reflexe in der dritten Schichtlinie alle von der Form hk3. Um die unbekannten Indizes h und k den Schwärzungspunkten entlang einer Geraden zuzuordnen, müssen die beiden auf der eindimensionalen Schichtlinie liegenden Variablen h und k in eine reziproke Ebene abgebildet werden. Dies ist im allgemeinen nicht durchführbar, obgleich sich eine teilweise Indizeszuordnung erreichen läßt, falls die beiden Dimensionen wie in tetragonalen oder in hexagonalen Kristallen symmetriegekoppelt sind. Gerade aber in diesen Fällen treffen Reflexe, wie etwa hk0 und kh0, die nicht symmetrieäquivalent sind – es sei denn über eine Spiegelebene zwischen der a_1- und a_2-Achse – auf denselben Schwärzungsfleck und sind deshalb nicht zu trennen.

Da wir andere, in dieser Hinsicht wirksamere Röntgenbeugungsmethoden kennen, wird die einfache Drehkristallmethode wenig benutzt, allerdings mit einer Ausnahme: nämlich dann, wenn die Translationsperiode entlang einer kristallographischen Achse oder einer anderen rationalen Gitterrichtung eines Kristalls zu bestimmen ist. Sie teilt mit der Kegelachsenmethode des Kap. 9 die Eigenschaft, diese Information in unübertroffen einfacher und sicherer Weise zu liefern und mit keiner anderen Methode gelingt dies so eindeutig. Ist ein Kristall einmal orientiert, ist die Bestimmung seiner Translationsperiode zumindest entlang einer Achse mit Hilfe der Drehkristall- (oder der Kegelachsen-)methode eine reine Routineangelegenheit. So weiß man, wo sich alle Lauekegel befinden und kann die Reflexe, die sie enthalten, auswerten.

Was gerade gesagt wurde, trifft insbesondere auf die Untersuchung von Einzelkristallen zu. Es gibt eine Form kristallographischer Verwachsung, die als *Fasertextur* bezeichnet wird, und die allein mit Hilfe der Drehkristall- (oder der Kegelachsen-)methode untersucht werden kann. Einige Kristallarten, so z. B. Asbest oder gewisse Amphibole, treten in der Natur in Form von Bündeln weitgehend paralleler, sehr dünner *Fasern* auf, aus denen sich ein Einzelkristall nicht isolieren läßt. Die Faserachse ist eine rationale kristallographische Richtung, aber die Orientierungen der einzelnen Fasern in einem Bündel – das man meist als *Faseraggregat* bezeichnet – sind um die Faserachse herum willkürlich. Eine derartige Probe, die in einer festen Position einem monochromatischen Röntgenstrahl ausgesetzt wird, ergibt ein Diagramm, das genau wie ein Drehdiagramm aussieht. Es heißt *Faserdiagramm* oder Fiberdiagramm (lat.: fibra = Faser); allerdings sei vermerkt, daß die vorliegende Situation nur einen von vielen Fällen beschreibt, die zu einem Faserdiagramm führen. – Aus der Messung der Schichtlinienabstände kann, wie bei der normalen Drehaufnahme, die Gitterperiode entlang der Faserachse berechnet werden. Da die Probe kein Einzelkristall sondern ein Faseraggregat ist, läßt sich auch mit irgendeiner anderen Methode kein besseres Diagramm erzielen; wenn also die Indizes für die Reflexe verlangt werden, muß man versuchen, die Reflexe jeder Schichtlinie zu indizieren.

Die Schwenkkristallmethode

Die Drehkristallmethode läßt sich bezüglich ihrer Symmetrieaussage etwas verbessern, wenn man die Drehung auf einen kleinen bekannten Winkelbereich begrenzt, der gewöhnlich 5° bis etwa 25° überdeckt. Um den Film ausreichend zu belichten, wird der Kristall durch den vorgewählten Bereich hin- und hergeschwenkt. So abgeändert wird die Dreh- zur *Schwenkmethode*. – Eine klassische Veröffentlichung von Bernal aus dem Jahr 1926, in der er darlegte, wie leicht sich Drehkristall- und Schwenkkristallmethode an Hand des reziproken Gitters interpretieren lassen, machte die Methode des reziproken Gitters allgemein bekannt. Unterdessen war aber die Schwenkmethode bereits durch die 1924 erfundene Weißenbergmethode überholt. Letztere ist Gegenstand des folgenden Kapitels 8.

Weiterführende Schriften

Die Lauemethode

Ralph W. G. Wyckoff. The structure of crystals. (Chemical Catalog, New York, 1931) 124–150.

E. Schiebold. Methoden der Kristallstrukturbestimmung mit Röntgenstrahlen, Vol. I, Die Lauemethode. (Akademische Verlagsgesellschaft, Leipzig, 1932).

Wheeler P. Davey. A study of crystal structure and its applications. (McGraw-Hill, New York, 1934) 54–85.

Franz Halla und Hermann Mark. Leitfaden für die Röntgenographische Untersuchung von Kristallen. (Barth, Leipzig, 1937) 193–207.

N. F. M. Henry, H. Lipson und W. A. Wooster. The interpretation of x-ray diffraction photographs. (Macmillan, London, 1951) 71–86.

B. D. Cullity. Elements of x-ray diffraction. (Addison-Wesley, Reading, Mass., 1956) 89–92, 138–148, 215–237, 502–505.

Die Pulvermethode

Wheeler P. Davey. A study of crystal structure and its applications. (McGraw-Hill, New York, 1934) 111–138, 596–613.

N. F. M. Henry, H. Lipson und W. A. Wooster. The interpretation of x-ray diffraction photographs. (Macmillan, London, 1951) 168–193, 212–224.

Harold P. Klug und Leroy E. Alexander. X-ray diffraction procedures. (Wiley, New York, 1954) 162–585.

H. S. Peiser, H. P. Rooksby und A. J. C. Wilson. X-ray diffraction by polycrystalline materials. (Institute of Physics, London, 1955).

B. D. Cullity. Elements of x-ray diffraction. (Addison-Wesley, Reading, Mass., 1956) 149–214, 299–401, 431–453.

Leonid V. Azároff und Martin J. Buerger. The powder method in x-ray crystallography. (McGraw-Hill, New York, 1958).

R. W. M. D'Eye und E. Wait. X-ray powder photography in inorganic chemistry. (Akademic, New York, 1960).

A. Taylor. X-ray metallography. (Wiley, New York, 1961) 152–209.

Lev Iosifovich Mirkin (übersetzt von J. E. S. Bradley). Handbook of x-ray analysis of polycrystalline materials. (Consultants Bureau, New York, 1964).

Die Drehkristallmethode

M. J. Buerger. X-ray crystallography. (Wiley, New York, 1942) 92–106, 133–213.

Kapitel 8

Die Weißenbergmethode

Vorbemerkung

Im Kap. 7 war die Bemerkung gefallen, daß die Indizierung eines Drehdiagrammes nicht eindeutig ist, weil die eindimensionale Schichtlinienaufzeichnung nicht ohne weiteres zwei Veränderliche, etwa h und k, aufzulösen erlaubt. Geometrisch ausgedrückt entsteht die Schwierigkeit dadurch, daß bei der Beugung jeweils eine reziproke Gitterebene auf eine Schichtlinie abgebildet wird, also eine entartete Transformation stattfindet; deren Umkehrung, die Indizierung der Schichtlinie, existiert aber nicht und ist nur unter Zusatzannahmen erreichbar. Weißenberg erkannte dieses Problem und konnte es mit einer neuen Aufzeichnungsmethode geschickt umgehen. Obwohl er seine Methode, die als Weißenbergmethode in die Kristallographie einging, schon im Jahre 1924 mitteilte, setzte sie sich erst gut ein Jahrzehnt später allgemein durch, begann dann aber alle früheren Registrierverfahren für die Röntgenbeugung an Einzelkristallen zu verdrängen. Da sich jeder Röntgenreflex getrennt untersuchen ließ, war es nun möglich, die Friedelsymmetrie eines Kristalls zu bestimmen, und zwar auf eine wesentlich elegantere Weise als bei der Lauemethode.

Allgemeine Theorie

Die Weißenbergmethode geht, wie die Dreh- und Schwenkmethoden, von der Drehung eines Einzelkristalls im monochromatischen Röntgenstrahl aus. In den Weißenberggeräten liegt die instrumentelle Drehachse üblicherweise horizontal, so daß sich für Kristall, Drehachse, Film und Röntgenstrahl die in Abb. 2A schematisch aufgezeichnete Anordnung ergibt. Die horizontale Drehachse erleichtert die veränderliche Einstellung des Winkels $\bar{\mu}$ zwischen einfallendem Röntgenstrahl und Drehachse, eine Eigenschaft, die sich später als sehr erwünscht herausstellen wird. Wie bei der Drehmethode liegt auch bei der Weißenbergmethode ein System von Lauekegeln koaxial mit der Drehachse. Während aber bei der Drehmethode die Reflexe aller Lauekegel auf einen (feststehenden) Film treffen, gibt man bei der Weißenbergmethode mit einer zwischengesetzten Ringschlitzblende jeweils nur einem einzigen Lauekegel den Weg zum Film frei. Praktisch wird dies mit einer zylinderförmigen *Schichtlinienblende* erreicht, wie sie in Abb. 1 dargestellt ist. Die veränderliche Schlitzstellung gestattet jeden gewünschten Lauekegel zu isolieren. Würde nun, mit eingesetzter Schichtlinienblende zwischen Kristall und Film, eine gewöhnliche Drehaufnahme gemacht, könnte die Aufnahme nur eine einzige Schichtlinie zeigen.

Das Neuartige der Weißenbergmethode liegt darin, daß die Winkelposition ω der Drehachse, unter der ein Netzebenensatz reflektiert, gleichzeitig mitregistriert wird. Wie sich dies realisieren läßt, entnimmt man der Abb. 2. In der Drehmethode würde ein Reflex als kleiner Fleck auf einer Schichtlinie registriert und durch eine einzige meßbare Koordinate x festgelegt

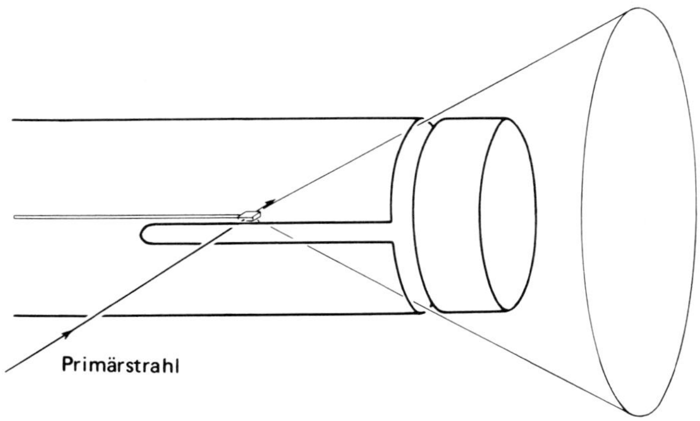

Abb. 1. Wirkungsweise einer Schichtlinienblende. Aus einer koaxialen Schar von Lauekegeln wird ein Kegel ausgewählt.

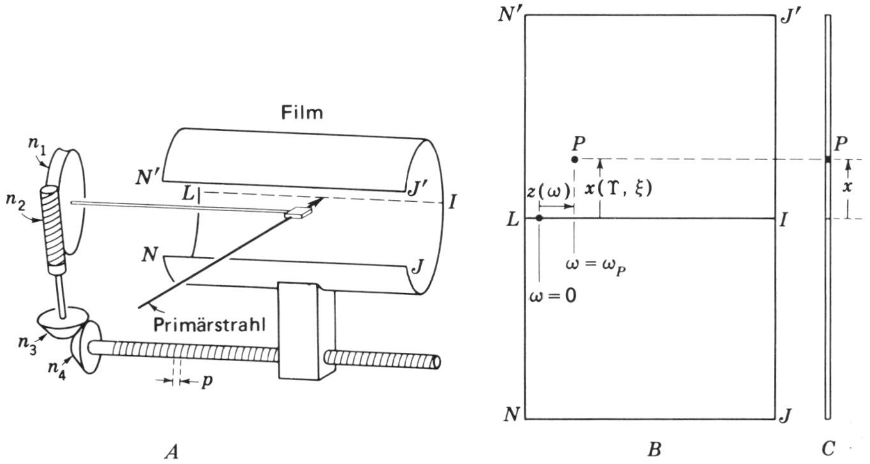

Abb. 2. Schematische Darstellung der Entstehung einer Weißenbergaufnahme. A zeigt die Kopplung von Filmtranslation und Kristalldrehung. B zeigt die Lage eines Reflexes auf dem abgerollten Film und C die Lage desselben Reflexes entlang einer Schichtlinie eines entsprechenden Drehkristall-Diagramms. [Aus M. J. Buerger: X-ray crystallography (Wiley, New York, 1942) 222].

sein, wie es Teilbild 2C zeigt. In der Weißenbergmethode dagegen überstreicht die Schichtlinie während der Aufnahme die gesamte Filmoberfläche entlang der zweiten Koordinate z, indem der Film parallel zur Drehachse verschoben wird. Die Filmtranslation ist mit der Kristalldrehung ω entsprechend der Abb. 2A über einen Schneckentrieb mechanisch gekoppelt; damit ist die z-Position irgendeines Reflexes hkl direkt proportional zu demjenigen Drehwinkel ω, der den Netzebenensatz hkl in die Braggsche Glanzwinkelstellung überführt. So bleibt auf geschickte Weise die Koordinate ω, die im Drehdiagramm vollständig verlorengeht und im Schwenkdiagramm nur eingeengt zwischen Ungleichungen auftritt, bei der Weißenbergmethode vollkommen erhalten. Entsprechend werden die beiden Koordinaten der zunächst unbekannt indizierten Reflexe einer Schichtlinie auf die zwei Dimensionen der ebenen Filmoberfläche abgebildet. Dies schließt selbstverständlich auch ein, daß die Indizierung über die Weißenbergmethode eindeutig bestimmt ist. Es verbleibt noch, die Transformation von den Filmkoordinaten auf die Indizes des reziproken Gitters aufzufinden.

Das Gerät

Wie bereits erwähnt ist es wünschenswert, den Winkel $\bar{\mu}$ zwischen Drehachse und Röntgenstrahl veränderbar vorzusehen; dies wird mit der doppelten Grundplatte des Weißenberginstrumentes erreicht, gemäß Abb. 3. Nach diesem Konzept sind alle gegenwärtigen Geräte gebaut. Ein derzeit handelsübliches Gerät zeigt Abb. 4.

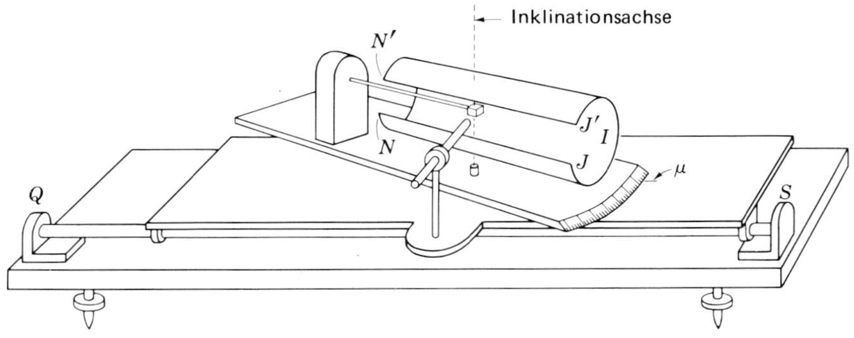

Abb. 3. Die mehrfache Grundplatte der Weißenbergkamera: sie gestattet, den Winkel μ (oder $\bar{\mu}$) innerhalb weiter Grenzen zu verändern. [Aus M. J. Buerger: The Weißenberg reciprocal-lattice projection . . . Z. Kristallogr. **88** (1934) 358].

Für die praktische Auswertung von Weißenbergdiagrammen ist es wichtig, einige Gerätekonstanten näher zu betrachten: den Quotienten von Filmtranslation zur Kristalldrehung sowie seine Beziehung zum Kammer-, d. h. zum *Filmradius* r_F. Senkrecht zur Filmtranslation wird die Koordinate x gemessen. Bei schrägem Strahlengang ist x proportional der Projektion des Winkels 2θ auf eine Ebene senkrecht zur Drehachse (Abbn. 5 und 6). Diese *Projektion des Winkels 2θ* wird hier mit Υ (gr. großes „Ypsilon") – in der Literatur oft auch mit 2σ – bezeichnet. Sie ist durch das Verhältnis

$$\Upsilon/x = 360°/2\pi r_F \tag{1}$$

gegeben, woraus

$$\Upsilon = C_1 x \text{ mit } C_1 = [360°/2\pi r_F] \tag{2}$$

folgt. In Gl. (2) stellt C_1 eine Gerätekonstante dar, für die man allgemein den Wert 2°/mm vorgibt. Das entspricht einem Kammerradius r_F = 28.648 mm. Für spezielle Verfahren, wie sie für die weiter unten erwähnten Präzisionsrückstrahlaufnahmen verlangt werden, zieht man C_1 = 1°/mm, entsprechend r_F = 57.296 mm, vor.

Auf Grund der Mechanik des Weißenberggerätes verläuft die Linearbewegung des *Kammervorschubes* z direkt proportional zur Kristalldrehung ω (Abb. 2A). Die Beziehung lautet

$$\omega = C_2 z, \tag{3}$$

wobei C_2 eine weitere Gerätekonstante ist, die ebenfalls in Winkelgrad pro Millimeter ausgedrückt wird. Bequemerweise sichert man sich für die Gleichungen (2) und (3) die gleiche Gerätekonstante, d. h. man setzt

$$C_1 = C_2 . \tag{4}$$

A

B

Abb. 4. Moderne Ausführung einer Weißenbergkamera. A: Montiertes Instrument. B: Der obere Teil des Instrumentes ist von der Röntgenröhre weggedreht für die direkte visuelle Überprüfung, ob der Kristall im Zentrum des Strahls ist. [The Charles Supper Company].

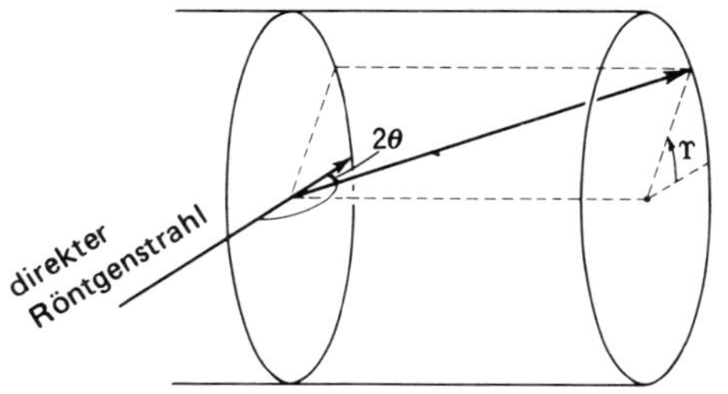

Abb. 5

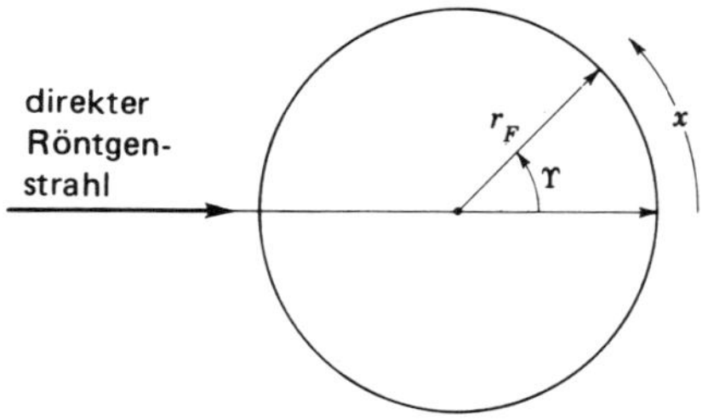

Abb. 6

Abb. 5.} Die Beziehung zwischen 2θ und der Projektion ϒ dieses Winkels auf eine Ebene
Abb. 6.} normal zur Kristalldrehachse.

Von einem Gerät, das dieser Bedingung genügt, sagt man, es besitze einen unverzerrten Maßstab.

Erklärung an Hand des reziproken Gitters

Man kann ein Weißenbergdiagramm auf verschiedene Weise interpretieren; in erster Linie handelt es sich immer um eine Koordinatentransformation zwischen reziprokem Gitter und Film. Dabei stellt sich heraus, daß das dem experimentellen Ablauf folgende und deshalb einfachste Verfahren die Abbildung des reziproken Raumes auf den Film (und nicht den umgekehrten Vorgang) beschreibt. Es stellt sich ferner heraus, daß eine große Ähnlichkeit beim Abbilden der verschiedenen Schichtlinien besteht, wenn der einfallende Röntgenstrahl jeweils so gegen die Drehachse geneigt wird, daß er entlang einer Erzeugenden des ausgewählten Lauekegels den Kristall erreicht. Diese Forderung wird durch

$$\mu = \nu$$

erfüllt und heißt *Pseudoäquator-* oder *equi-inclination-Bedingung.* Für die nachstehende Betrachtung wird vorausgesetzt, daß diese Bedingung erfüllt ist.

Verwendung von Zylinderkoordinaten. In Abb. 7 blickt der Leser entlang der Drehachse (oben) bzw. senkrecht dazu (unten) direkt auf den Kristall im Punkt S. Eingetragen sind die Ausbreitungskugel (mit Mittelpunkt in S) und zwei Ebenen des reziproken Gitters. Nach Kap. 4 ist der Ursprung des reziproken Gitters in O* verankert, dem Punkt, in dem der direkte Röntgenstrahl die Ausbreitungskugel verläßt. Da die instrumentelle Drehachse parallel einer rationalen Kristallrichtung (gewöhnlich einer kristallographischen Achse) liegt, verlaufen senkrecht dazu Netzebenen des reziproken Gitters. Diese werden *Schichtebenen* oder Schichten des reziproken Gitters genannt. Eingezeichnet sind die nullte und die n-te Schicht. Die Pseudoäquatorbedingung verlangt für die beiden Lauekegel der n-ten und der

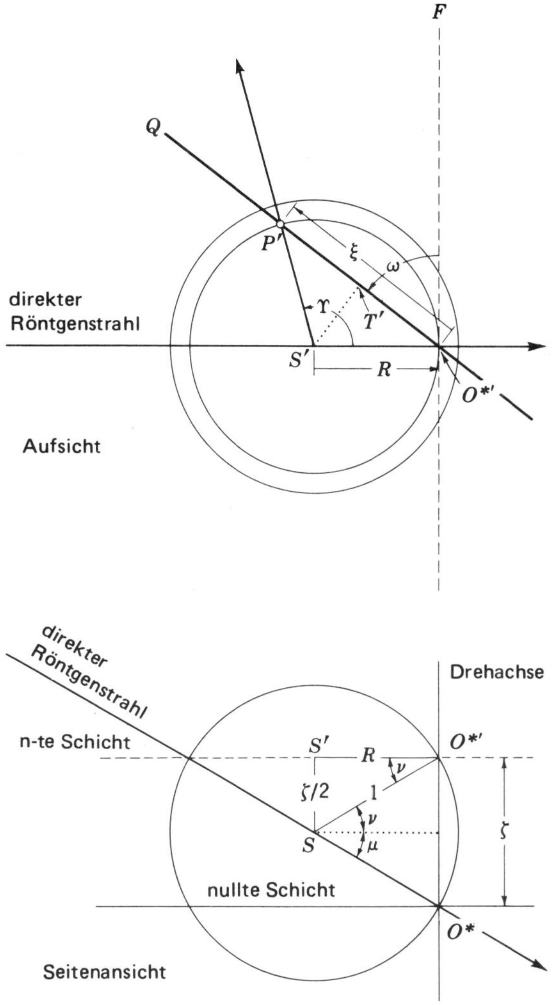

Abb. 7. Lage des reziproken Gitters bei der equi-inclination-Weißenberggeometrie.
Oberer Teil Blick entlang der Drehachse: Schnitt in Höhe der n-ten reziproken Schicht. Drehwinkel ω um O*′, ϒ = Projektion des doppelten Glanzwinkels, P′ ein Punkt in der n-ten Schicht, der Röntgenstrahl verläuft schräg zur Zeichenebene.
Unterer Teil Blick senkrecht auf die Drehachse: Der Röntgenstrahl verläuft in der Zeichenebene durch S (Mittelpunkt des Kristalls) und O* (Nullpunkt des reziproken Gitters). [Aus M. J. Buerger: X-ray crystallography (Wiley, New York, 1942) 255].

nullten Schicht gleiche Kegelwinkel; der zur höheren Schicht gehörende Kegel öffnet sich in Abb. 7 nach oben, der der nullten Schicht hingegen nach unten. Die Schnittfiguren beider Kegel mit der Ausbreitungskugel sind zwei Kleinkreise mit den gleichen Radien R. Ist die Kugel die Einheitskugel, entnimmt man der geometrischen Darstellung der Abb. 7 folgende Beziehungen:

$$\cos \nu = \mathrm{R} \tag{5}$$

und

$$\sin \nu = \zeta/2, \tag{6}$$

womit dann

$$R = \sqrt{1-(\zeta/2)^2} \tag{7}$$

gilt. Die reziproke Koordinate ζ läuft entlang der Drehachse. Der obere Teil der Abb. 7 enthält einen reziproken Gitterpunkt P′, der mit der radialen Koordinate ξ von O*′ aus erreicht wird. P′ erfüllt die Reflexionsbedingung, denn P′ liegt auf dem Kreis, der sich als Schnittfigur der höheren Schichtebene mit der Ausbreitungskugel ergibt. Dieser Kreis, der *Reflexionskreis,* ist mit seinem Radius R durch die Gln. (5) und (7) bestimmt. Ausgehend von dem gleichschenkligen Dreieck P′S′O*′ und unter Beachtung von O*′F ⊥ O*′S′ sieht man, daß

$$\Upsilon/2 = \omega. \tag{8}$$

Darin ist ω der von O*′F aus gezählte Drehwinkel, der bis zum Eintreten der Reflexionsbedingung zurückzulegen ist. Man erhält nun die nachstehend beschriebene nützliche Eigenschaft des equi-inclination-Diagrammes: Vorausgesetzt sei, daß die Gerade durch O*′P′ eine Reihe reziproker Gitterpunkte trägt (O*′ selbst ist nicht notwendig ein Gitterpunkt. Ist aber O*′ speziell der Gitterpunkt im Ursprung der Schichtebene, so heißt die Gerade O*′P′ eine *zentrale reziproke Gittergerade*). Es sei weiter vorausgesetzt, daß im Startpunkt der Kammertranslation die zentrale Gerade O*′P′ die Anfangsposition O*′F einnehme. Wenn nun die Drehung des Kristalls beginnt, steigt ω von Null aus an, und nacheinander geraten die Gitterpunkte auf O*′P′ mit dem Reflexionskreis in Kontakt, wobei Beugungsreflexe entstehen, die alle der Beziehung (8) bzw. (8a) genügen, nämlich

$$\Upsilon = 2\omega. \tag{8a}$$

Nun ist aber bereits nachgewiesen, daß die beiden orthogonalen Filmkoordinaten x und z, vermittels C_1 und C_2, proportional zu Υ und ω sind. Unter Beachtung der Gln. (2) bis (4) folgt daher, daß die Spur dieser Reflexe auf dem Film eine gerade Linie mit der Steigung 2 ist. Sie würde als die linke der beiden schräg liegenden Geraden in Abb. 8A erscheinen.

Ist dagegen die Anfangsstellung der zentralen Gittergeraden O*′P nicht O*′F sondern irgendeine andere, in Abb. 8B mit O*′F_1 bezeichnete zentrale Gittergerade und ist diese Gerade gegenüber O*′F um den Winkel $\bar{\phi}_1$ im Uhrzeigersinn verdreht, dann können die entlang O*′F_1 liegenden Punkte zunächst keine Reflexe erzeugen. Die Situation wird erst günstig, wenn die Gerade O*′F_1 zuvor um den Winkel $-\bar{\phi}_1$, also gegen den Uhrzeigersinn, so weit gedreht ist, daß sie mit O*′F zusammenfällt. Stetiges Drehen

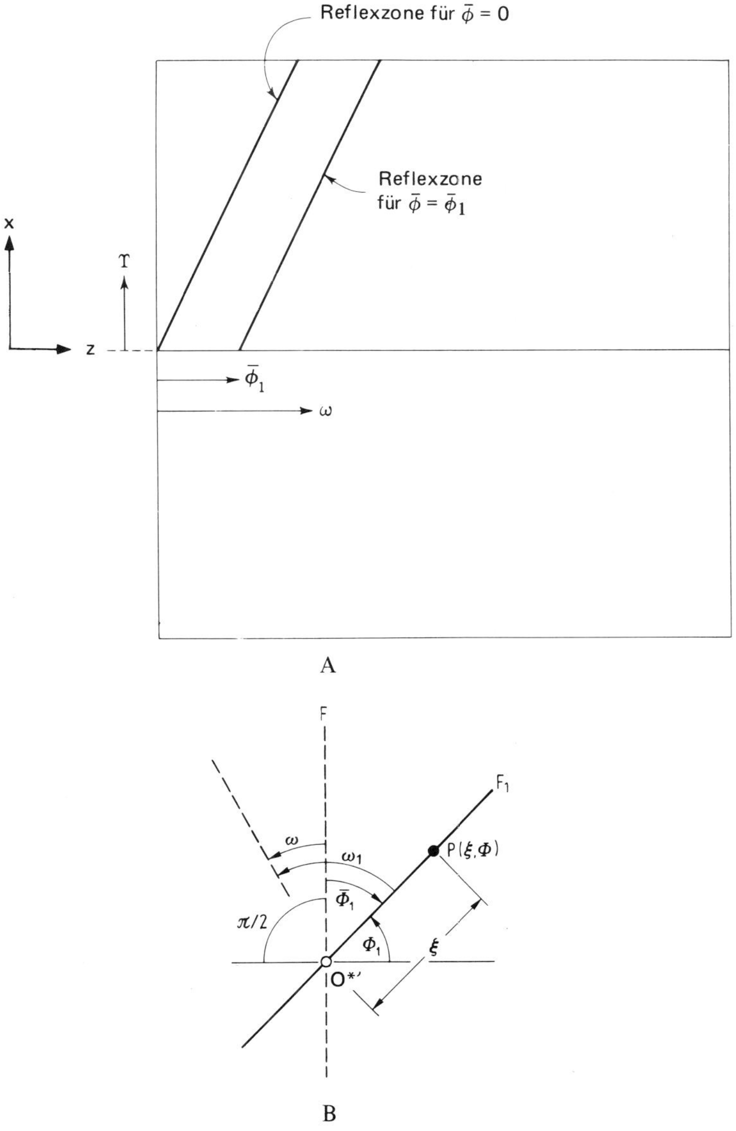

Abb. 8. Geometrie der Weißenbergaufnahme.
A: Koordinaten x, z des Weißenbergfilms und Beugungskoordinaten Υ, ω. $\bar{\phi}_1$ = Schnittwinkel zweier zentraler Gittergeraden.
B: Beschreibung eines reziproken Gitterpunktes P durch Zylinderkoordinaten ξ, φ; die ζ-Koordinate steht in O*′ senkrecht auf der Zeichenebene. O*′ muß nicht unbedingt ein reziproker Gitterpunkt sein.

eines Gitters führt daher auf eine Beziehung nach Gl. (8a), in der die Drehkoordinate ω der Gl. (9)

$$\omega = \omega_1 - \bar{\phi}_1 \qquad (9)$$

gehorcht. Auf dem Film in Abb. 8A erzeugt die zentrale Gittergerade (mit der ursprünglichen Position) $O^{*\prime}F_1$ eine Spur, die der von $O^{*\prime}F$ ähnlich, aber entlang der ω-Achse um den Betrag $\bar{\phi}_1$ versetzt ist.

Der Winkel $\bar{\phi}$ stellt nach Abb. 8B das Komplement der häufiger benutzten Winkelkoordinate ϕ dar. In irgendeiner Schicht des reziproken Gitters kann ein Gitterpunkt P eindeutig durch seine beiden Polarkoordinaten ξ und ϕ beschrieben werden, während die Schichthöhe durch die Koordinate ζ gegeben ist. Daher findet jeder Schwärzungsfleck eines Weißenbergdiagrammes über die Koordinaten ξ und ϕ seinen richtigen Platz im reziproken Gitter. Die erforderliche Beziehung zwischen ξ und Υ leitet man sich leicht aus dem oberen Teilbild der Abb. 7 her:

$$\sin(\Upsilon/2) = (\xi/2)/R. \tag{10}$$

Kombiniert mit Gl. (5) und nach ξ aufgelöst, ergibt sich

$$\xi = 2\cos\nu\sin(\Upsilon/2) \tag{11a}$$

und nach Υ aufgelöst schließlich

$$\Upsilon = 2\arcsin[\xi/(2\cos\nu)]. \tag{11b}$$

Den Übergang von Filmkoordinaten zx auf die des reziproken Gitters $\xi\bar{\phi}$ kann man über eine Transformation von Kurvenscharen ξ = const. (Kreise) und $\bar{\phi}$ = const. (zentrale Geraden) erreichen. An Hand einer Wertetabelle für ξ berechnet man vermöge der Gleichungen (11b) und (2) die Transformierten der Schar ξ = const.; es entstehen horizontale Geraden x = const., die man auf eine Schablone zeichnet. Unter Benutzung von Abb. 8A ergänzt man die Zeichnung durch die schräg dazu liegende zweite Schar für $\bar{\phi}$ = const. Auf diese Art unterteilt man die zx-Ebene nach den reziproken Zylinderkoordinaten ξ, $\bar{\phi}$. Legt man ein Weißenbergdiagramm über die im geeigneten Maßstab gezeichnete Schablone, so können die Koordinaten ξ und $\bar{\phi}$ bzw. ϕ für jeden Schwärzungspunkt der Aufnahme unmittelbar abgelesen werden.

In der Praxis ist es einfacher, die Weißenbergaufnahme auf eine Vorrichtung zu spannen wie sie Abb. 9 zeigt. Auf dieser Vorrichtung zum Ablesen der Koordinaten läßt sich ein Dreieck aus transparentem Kunststoff entlang eines horizontalen Maßstabes bewegen. Die eine Seite des Dreiecks weist die Neigung der Geraden $\bar{\phi}$ = const. gegenüber der Horizontale auf und ist in ξ-Einheiten unterteilt. Der horizontale Maßstab trägt eine Gradeinteilung für $\bar{\phi}$ oder ω, wozu sich seine mm-Teilung eignet. Wenn das Dreieck so verschoben wird, daß die unterteilte Dreieckskante einen Schwärzungsfleck P des Weißenbergfilms schneidet, können seine Koordinaten ξ und $\bar{\phi}$ unmittelbar abgelesen werden. Mit diesen beiden Werten zeichnet man den korrespondierenden reziproken Gitterpunkt, indem man ξ und ϕ als ebene Polarkoordinaten betrachtet (s. Abb. 8B).

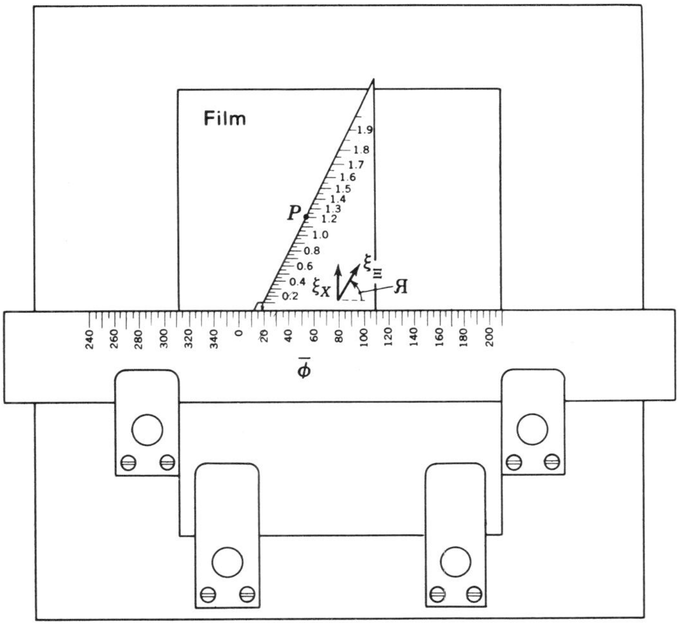

Abb. 9. Graphische Auswertung einer Weißenbergaufnahme zur Darstellung mit Polarkoordinaten. [Aus M. J. Buerger: X-ray crystallography (Wiley, New York, 1942) 267].

Koordinaten des reziproken Gitters. Das natürliche Koordinatensystem eines reziproken Gitters wird durch das Netzwerk seiner Achsentranslationen **a***, **b***, **c*** gebildet; es wäre das treffendste System für die Indizierung des Weißenbergdiagramms. Gemäß den Ausführungen des letzten Abschnittes erscheint eine zentrale Gerade des reziproken Gitters auf dem Diagramm als Gerade mit der Neigung 2. Wie erscheint eine dazu parallele, aber nicht zentrale Gerade des reziproken Gitters? Diese Frage läßt sich mit der nachstehenden Untersuchung sofort beantworten:

Im oberen Teil der Abb. 10 blickt man entlang der Drehachse auf das reziproke Gitter, genau wie im oberen Teil der Abb. 7, jedoch ist hier mit GG eine Gerade herausgegriffen, die parallel zu einer zentralen Geraden im Abstand $s = D_1 - D_2$ verläuft. Im Bild erzeugt die Gerade GG zwei (zumindest hypothetische) Reflexe mittels der Punkte P′ und P″. Sie liegen symmetrisch zur Strecke $\overline{S'T''}$, weshalb die Winkel dieser beiden Reflexe

$$\Upsilon' = \omega + \delta \qquad \text{und} \qquad \Upsilon'' = \omega - \delta \tag{12}$$

sind. Den Winkel δ leitet man mit den nachstehenden Zeilen ab.

$$\overline{S'T''} = \overline{S'T'} + s \tag{13}$$

$$\cos \omega = \overline{S'T'}/R \tag{14}$$

$$\cos \delta = \overline{S'T''}/R \tag{15}$$

$$= (\overline{S'T'} + s)/R = (R \cos \omega + s)/R$$

$$\cos \delta = \cos \omega + s/R. \tag{16}$$

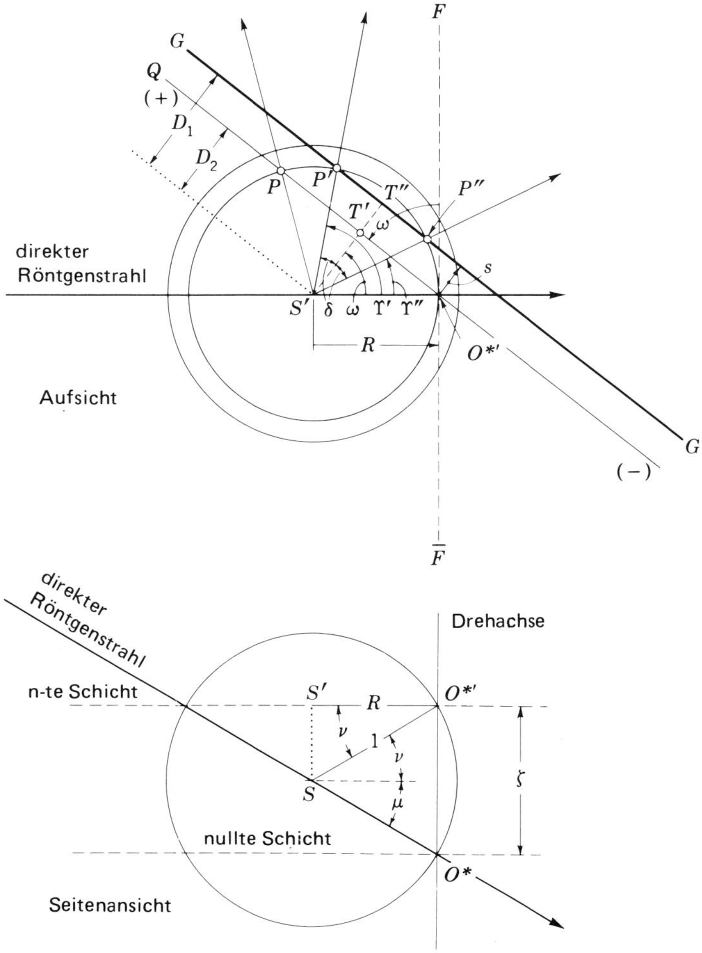

Abb. 10. Zur Ableitung des Verhaltens einer Reflexreihe $\overline{GG}$, die parallel einer zentralen reziproken Gittergeraden verläuft. [Aus M. J. Buerger: X-ray crystallography (Wiley, New York, 1942) 268].

Damit wird δ ein Wert zugeordnet, der in Gl. (12) eingesetzt zu dem Ergebnis

$$\Upsilon' = \omega + \arccos(\cos\omega + s/R) \qquad (17)$$
$$\Upsilon'' = \omega - \arccos(\cos\omega + s/R).$$

führt.

Die Funktion $\Upsilon(\omega)$ ist für einen festen Wert s/R in Abb. 11 gezeichnet; sie zeigt, welche Gestalt einer nichtzentralen Geraden des reziproken Gitters im Weißenbergdiagramm entspricht. Eine Schar derartiger Kurven ist in

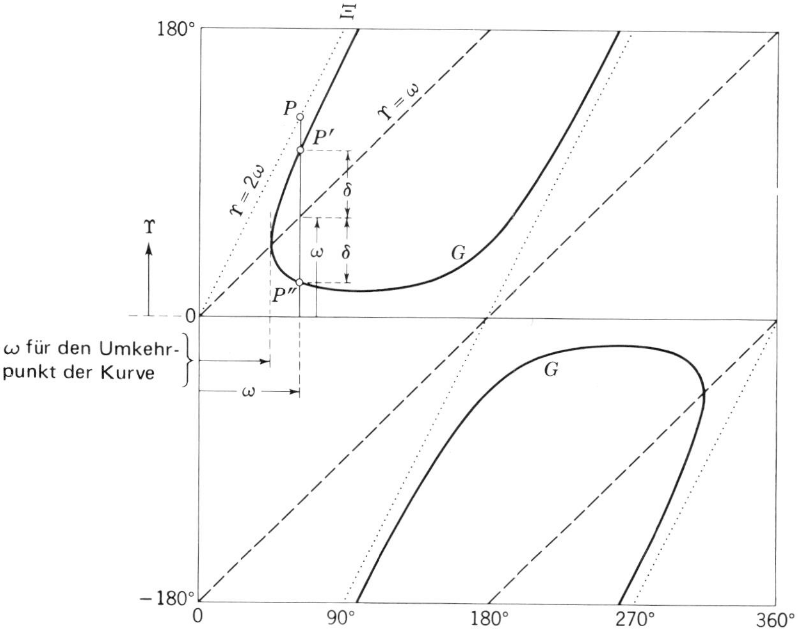

Abb. 11. Bild einer Reflexreihe, die einer zentralen reziproken Gittergeraden parallel liegt. [Aus M. J. Buerger: X-ray crystallography (Wiley, New York, 1942) 269].

Abb. 12 in Parameterabständen von s/R = 0,05 Wellenlängeneinheiten gezeichnet. Eine interessante Eigenschaft der Gl. (17) liegt in der Tatsache, daß die Funktion für gleiche Werte s/R gleich bleibt. Das bedeutet, daß die Kurvenformen in Abb. 12 für Weißenbergdiagramme aller reziproken Schichten dieselben sind. Dies ist eine der wichtigen Auswirkungen der Pseudoäquatorbedingung und einer der Gründe, weshalb diese Bedingung, wenn irgend möglich, gewählt wird.

Die Abbn. 13 und 14 bringen Beispiele für Weißenbergaufnahmen. Man erkennt, wie die Schwärzungsflecke entlang Kurven der Abb. 12 Reihe für Reihe girlandenförmig aufgehängt erscheinen. Legt man eine transparente Schablone der Kurvenschar der Abb. 12 unter das Weißenbergdiagramm und verschiebt es nach rechts und links, so lassen sich mehrere Stellungen finden, für die sich die Reflexe in leicht erkennbarer Weise den Kurven anpassen. Die augenfälligste Übereinstimmung entsteht mit Linien größter Reflexdichte und weitestem Linienabstand; damit hat man wahrscheinlich reziproke Gitterachsen gefunden – gegebenenfalls kann durch die Symmetrie gefordert werden, daß sie Achsen sein müssen. Hat man auf dem Diagramm für zwei unter diesen Gesichtspunkten ausgewählte Schablonenstellungen die Girlandenreihe skizziert, steht jeder Reflex im Schnittpunkt zweier Kurven; deren eine möge den Index h, deren andere k tragen. Auf diese Weise ist das Diagramm leicht indizierbar.

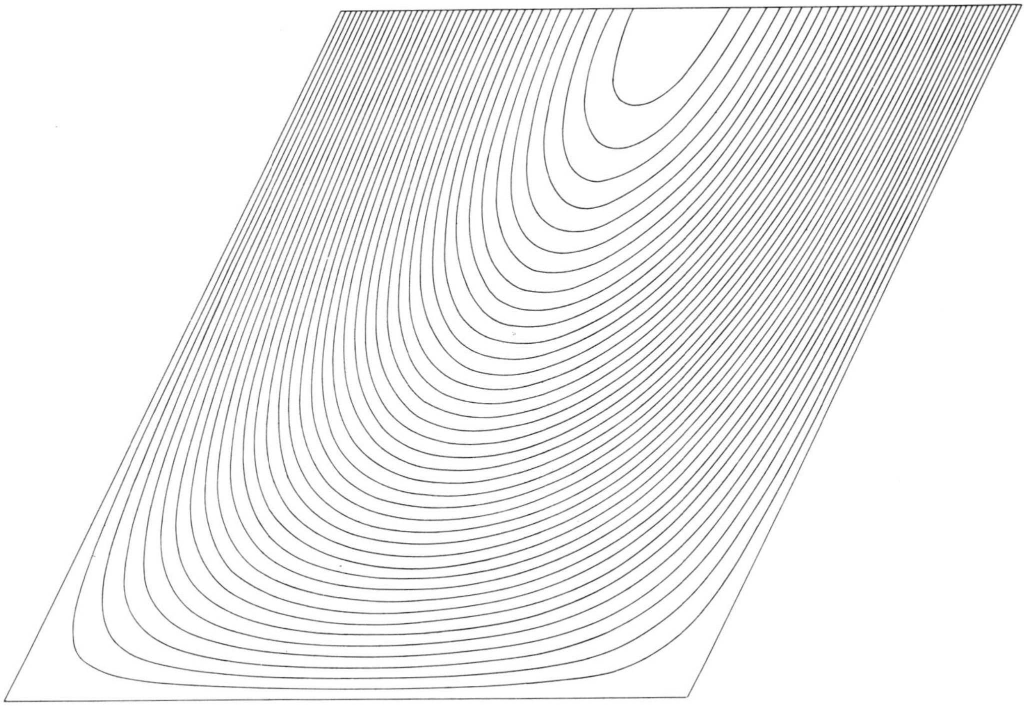

Abb. 12. Schablone zur Auswertung von equi-inclination-Weißenbergdiagrammen, gültig für folgende Gerätekonstanten: Kammervorschub $C_2 = 2^\circ$/mm, Kammerdurchmesser $2r_F = 57{,}3$ mm. Die Kurven zeigen die Form der reziproken Gittergeraden auf der Weißenbergaufnahme. [Aus M. J. Buerger: Z. Kristallogr. **88** (1934) 375].

Auswertung des Beugungsdiagrammes

Die Weißenbergtechnik gestattete es als erste, an einem Kristall lückenlos wesentliche Züge seines Beugungsdiagrammes zu studieren. Stets gebraucht man die Methode in Verbindung mit der Drehkristallmethode; dies sei nachstehend kurz auseinandergesetzt.

Gleich der Drehmethode verlangt die Weißenbergmethode, daß der Kristall um eine seiner rationalen Gitterrichtungen gedreht wird; nahezu immer ist die Drehachse eine kristallographische Achse. Besitzt der Kristall die normal gewachsenen glatten Flächen eines gut entwickelten Individuums, wird die rationale Achse gewöhnlich auf einem optischen Reflexionsgoniometer zur Instrumentendrehachse einjustiert. Weist er aber keine genügend gut ausgebildeten Flächen auf, muß der Kristall mit Hilfe anderer Mittel orientiert werden; falls er beispielsweise durchsichtig ist, läßt er sich oft unter Ausnutzung seiner optischen Eigenschaften mit Hilfe eines petrographischen Mikroskopes orientieren.

Ist der Kristall einmal justiert, wird die Untersuchung unbedingt mit der Aufnahme eines Drehdiagramms eingeleitet. Sie liefert die Maße für alle

Lauekegel, d. h. deren Winkel $\bar{\nu}$ bzw. ν. Unter Anwendung der Gl. (5,7) kann so die Translationsperiode t parallel zur Drehachse bestimmt werden, während Gl. (20,4) gleichzeitig den Schichtabstand nd* entlang ζ im reziproken Gitter voraussagt. Anschließend berechnet man mit Gl. (6) alle Winkelstellungen $\mu = \nu$, die von der Pseudoäquatorbedingung für die Aufnahme der einzelnen Schichtebenen gefordert werden. Die Lage s der Schichtlinienblende (Abb. 1) ist für jede Schicht einfach

$$s = r_S \tan \mu,$$

wobei r_S der Radius des Blendenzylinders ist; die Nullmarke für s liegt offensichtlich auf der durch den Kristallmittelpunkt laufenden Ebene normal zur Drehachse ($\mu = \nu = 0°$). – Nach diesen Vorbereitungen läßt sich, innerhalb der apparativen Grenzen, für jede Schicht des reziproken Gitters ein equi-inclination-Diagramm anfertigen.

In der Auswertung müssen die Aufnahmen zunächst auf ihre Friedelsymmetrie untersucht werden. Das ist allerdings mit einer geringfügigen Unbequemlichkeit verbunden, da die Symmetrie des reziproken Gitters auf der Weißenbergaufnahme merkwürdig verzerrt erscheint. Zur Erläuterung sei eine parallel zur Drehachse verlaufende Spiegelebene betrachtet. Sie schneidet eine beliebige Schichtebene entlang einer zentralen Gittergeraden; symmetrieäquivalente Schwärzungsflecke, die über eine derartige Symmetrie gekoppelt sind, erscheinen daher auf dem Weißenbergdiagramm auf derselben horizontalen Geraden und im gleichen Abstand links und rechts zur schrägliegenden zentralen Gittergeraden und markieren auf diese Weise die Stellung der Spiegelebene. Daher scheinen spiegelbildliche Schwärzungsflecke auf dem Weißenbergdiagramm nicht dem gewöhnlichen Spiegelgesetz zu gehorchen, was ja eine Opposition normal zur Spiegelebene fordern würde. Aber trotz dieser kleinen Ungelegenheit läßt sich die vollständige Friedelsymmetrie eines Kristalls an Hand geeigneter Weißenbergdiagramme durchaus bestimmen. Einer der größten Fortschritte der Weißenbergmethode lag in der Tat darin, daß sich die Friedelsymmetrie erstmals mit einer anderen als der Lauemethode bestimmen ließ.

Als nächstes muß man nach systematischen Auslöschungen suchen. Sie lassen sich sehr leicht über eine Inspektion der reziproken Gitterpunkte bestimmen, wenn man sich die Punkte an Hand der Koordinaten der Schwärzungsflecke zuvor aufgezeichnet hat. Die schichtweise Zeichnung des reziproken Gitters klärt außerdem die Wahl der Bravaiszelle. Der Zeichnung kann man die angenäherten Zellabmessungen entnehmen und die Werte z. B. über Glanzwinkelmessungen 2θ, die an eigens ausgewählten Reflexen vorgenommen werden, sehr gut verfeinern. Die Verfeinerungsmethode wird im nächsten Abschnitt besprochen.

Die bis hierher skizzierten Untersuchungen reichen aus, um das Beugungssymbol (Kap. 5) und die Abmessungen der Elementarzelle festzulegen. Beabsichtigt man darüber hinaus eine vollständige Strukturaufklärung ist

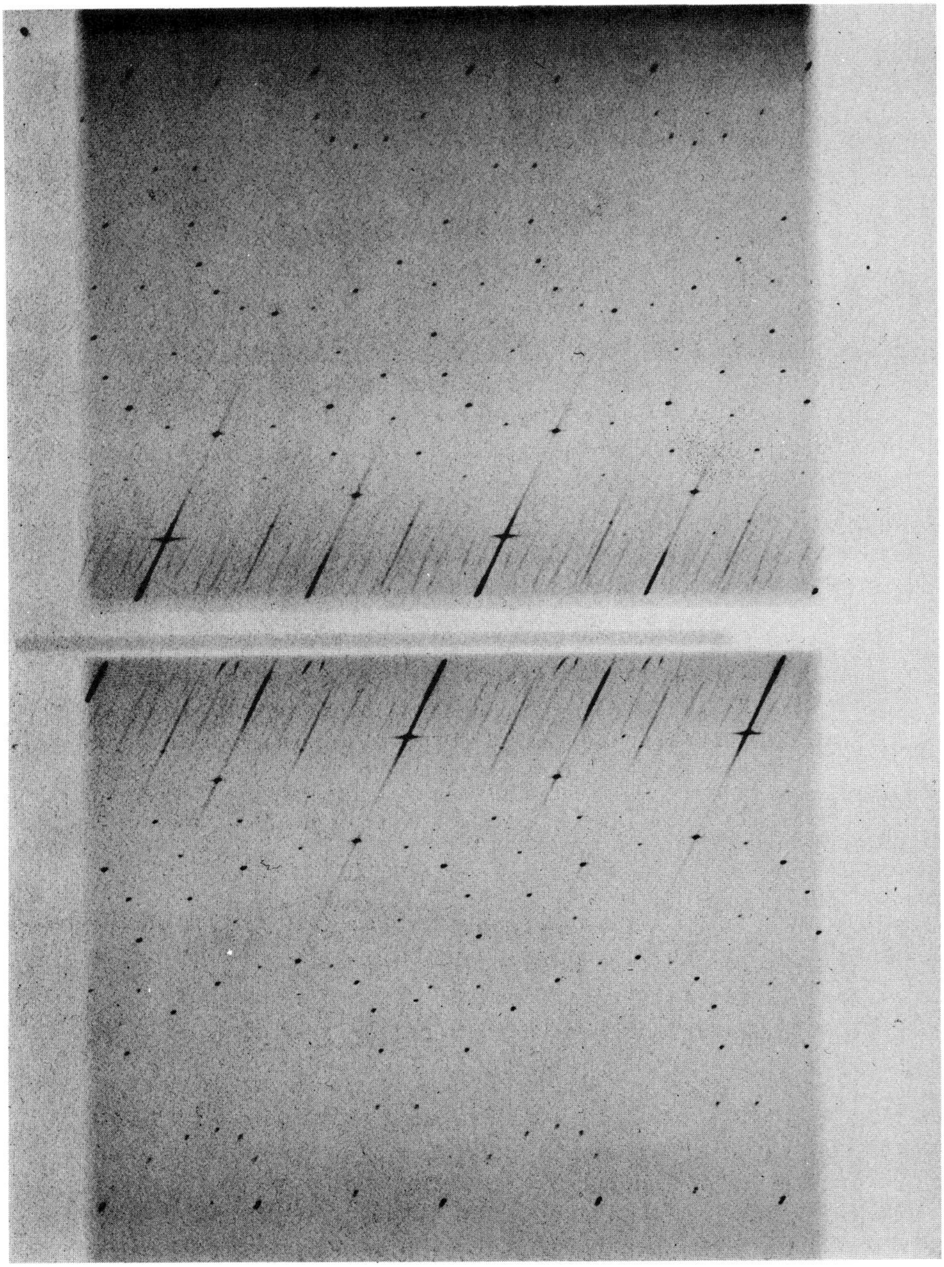

A

Abb. 13. Beispiel einer Weißenbergaufnahme, A der nullten und B der ersten Schicht, natürliche Größe. Kammerdurchmesser 57,3 mm: Pollucit, (Cs, Na) $AlSi_2O_6 \cdot x\ H_2O$, um eine a-Achse gedreht (CuKα-Strahlung, 35 kV, 15 mA, 24 h); Symmetrie der nullten Schicht: 4 m m, der ersten Schicht: 4 m m.

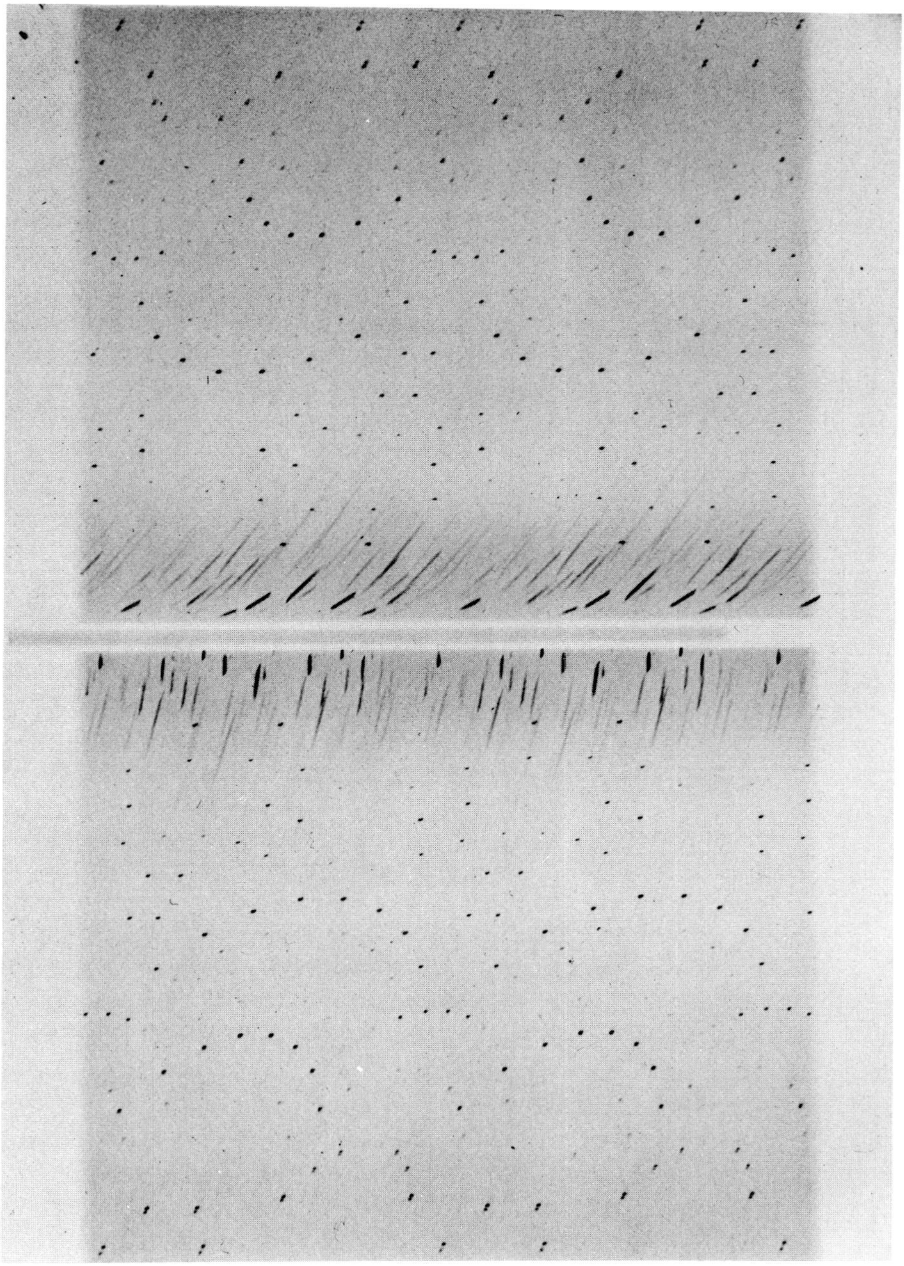

B

Abb. 13B. Daten siehe unter A.

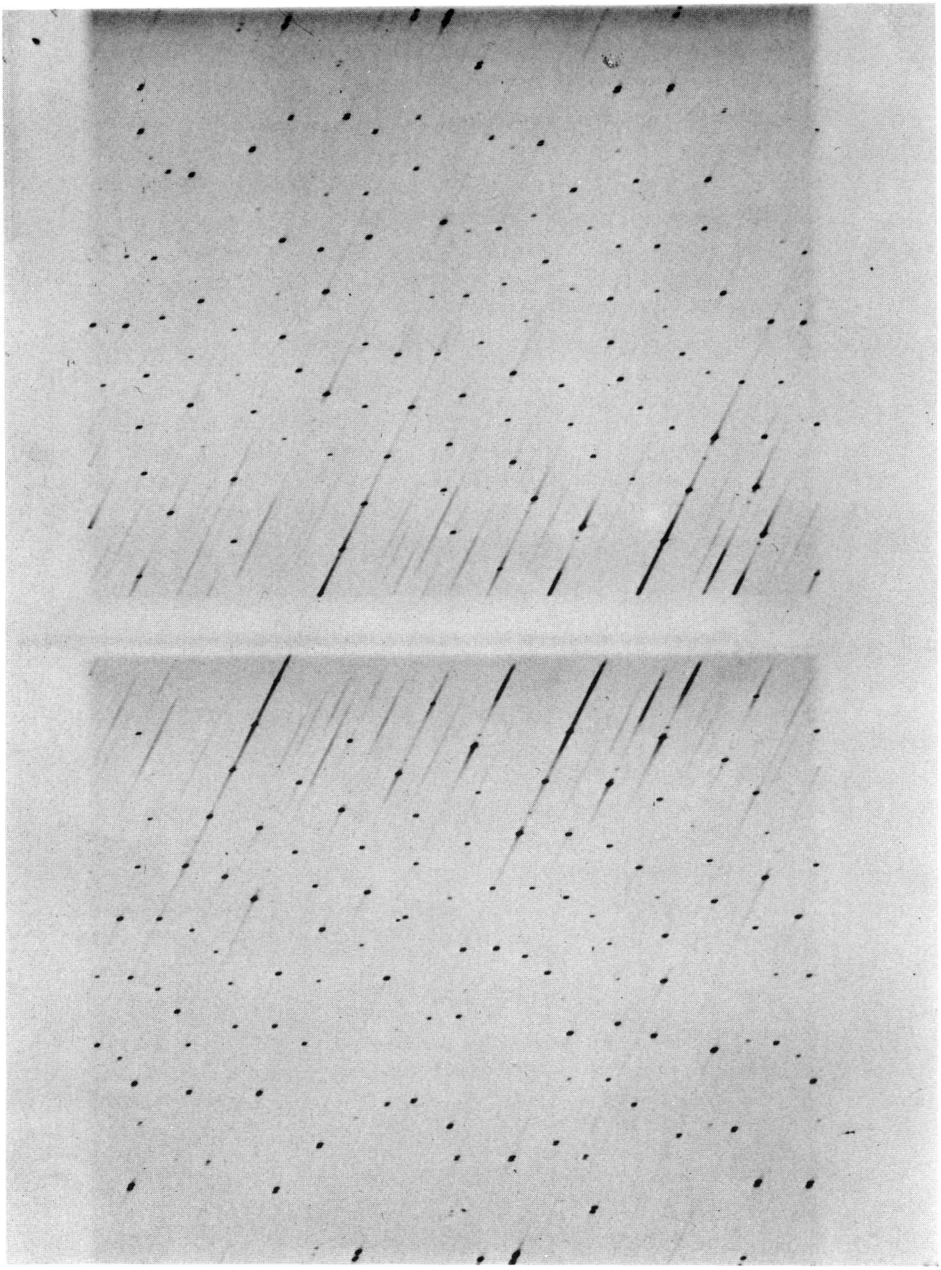

A

Abb. 14. Beispiel einer Weißenbergaufnahme, A der nullten und B der ersten Schicht, natürliche Größe. Kammerdurchmesser 57,3 mm: Parawollastonit $Ca_3(Si_3O_9)$, um die b-Achse gedreht (CuKα-Strahlung, 35 kV, 15 mA, 24 h). Symmetrie der nullten Schicht: 2, der ersten Schicht: 2.

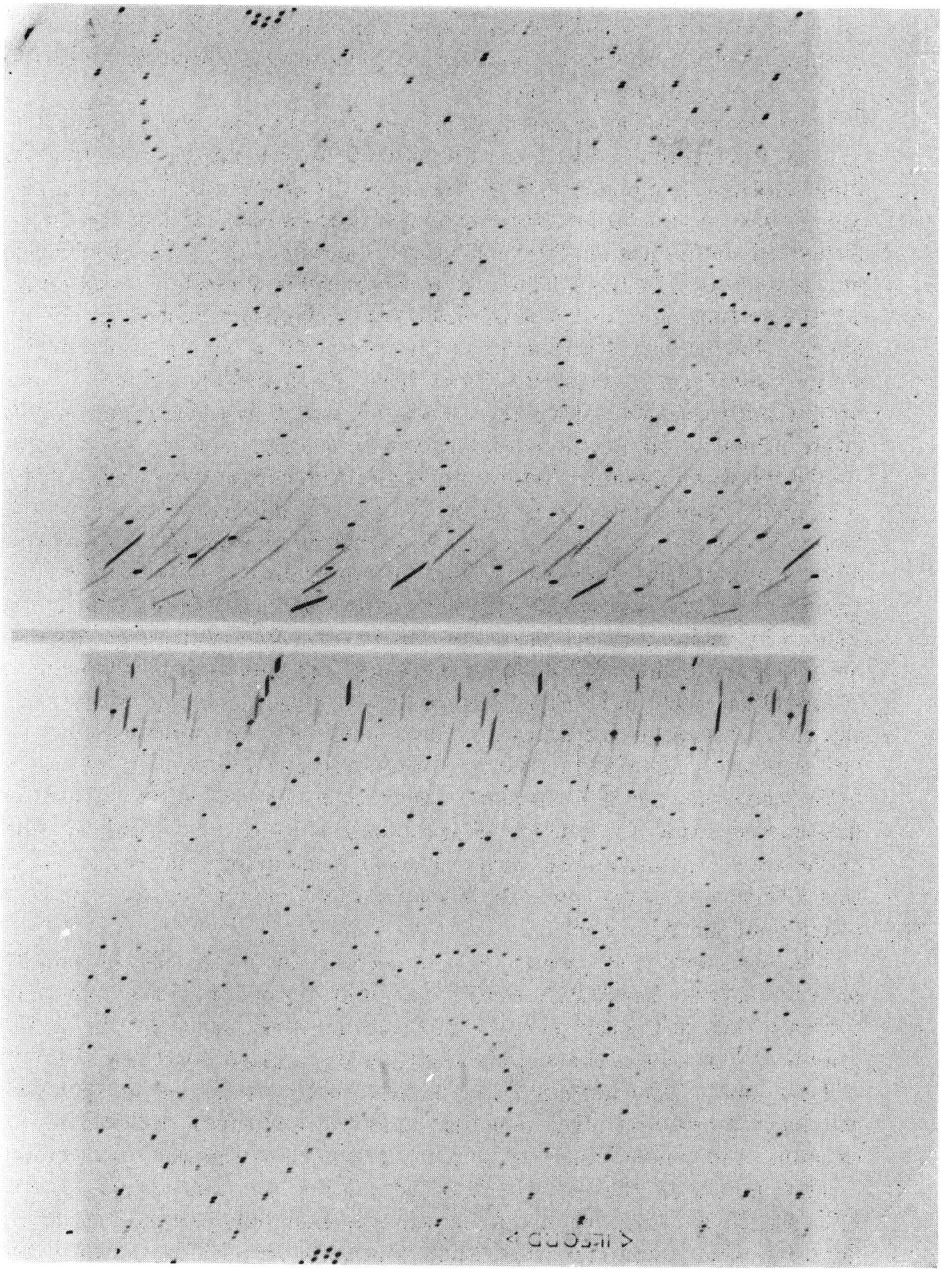

B

Abb. 14B. Daten siehe unter A.

es zusätzlich erforderlich, die Intensität jedes Reflexes hkl für einen kompletten Satz Weißenbergdiagramme zu schätzen oder zu messen. Da alle Reflexe als getrennte Flecke auf dem Weißenbergdiagramm erscheinen, besteht das einzige eigentliche Problem darin, die Intensitäten zu der Schwärzung der Reflexe in Beziehung zu setzen. Dies wird im Kap. 11 kurz besprochen.

Präzisionsbestimmung der Zellabmessungen

Verschiedene Arten systematischer Fehler, die bei der Aufzeichnung der Röntgenbeugung zustandekommen, verschwinden bei $2\theta = 180°$. Wenn man die Schwärzungspunkte für eine Reihe von Reflexen mißt und die daraus berechneten d-Werte gegen eine geeignete Funktion aufträgt, wird der gegen $\theta = 90°$ extrapolierte d-Wert äußerst genau. Mit der Weißenbergmethode besitzt man ein vortreffliches Registrierverfahren für die erforderlichen Reflexe, da alle Reflexe gut aufgelöst werden. Um den größtmöglichen Vorteil aus dieser Methode zu ziehen, greift man zu einer speziellen Weißenbergkammer. Das Besondere an dieser Kammer besteht darin, daß die Reflexe im *Rückstrahlbereich* (d. h. bei Glanzwinkel $2\theta > 90°$) und bei doppeltem Kammerradius ($r_F = 57.296$ mm) aufgenommen werden. Um den Primärstrahl durch ein Loch im Film leiten zu können, wird die Translationsbewegung mit einer Kopplungskonstanten von $C_2 = 8°/\text{mm}$ verkürzt (s. Gl. (3)). So kann der Kollimator durch einen angemessen kurzen Schlitz von ungefähr 35 mm Länge eines ca. 120 mm breiten Filmstreifens eingeführt werden. Ein vollständiges nach dieser Methode hergestelltes Weißenbergdiagramm zeigt Abb. 15. Auf der Aufnahme werden Messungen von einer Seite des Schlitzes über den Schlitz hinweg zur anderen Seite vorgenommen, um mit einem Maßstab (in mm) die Größe $4 \cdot (90° - \theta)$ zu bestimmen. Die α_1-α_2-Dubletts (vergl. auch Abb. 3C, 6) sind auf diesen Filmen sehr gut aufgelöst, so daß die Methode für diesen Fall d-Wertbestimmungen verspricht, die mindestens auf 5 Stellen genau sind.

Die gefundenen Abstände d sind die Reziprokwerte der reziproken Gittertranslationen. Wenn man die Translationen mißt, die parallel und diagonal den reziproken Zellkanten liegen, braucht man einige trigonometrische Formeln, um daraus die Winkel α^*, β^* und γ^* der reziproken Zelle abzuleiten. Aus der exakt bestimmten reziproken Zelle kann die direkte Zelle mit Hilfe der in Tab. 1B,4 notierten Formeln (sowie einigen anderen, der Rechnung besser angepaßten) ohne weitere Schwierigkeiten gefunden werden.

Zusammenfassung

So wie sich die Schwärzungsflecke auf einem Drehdiagramm präsentieren, sind ihre Indizes nicht eindeutig bestimmbar, da die einzige zylindrische

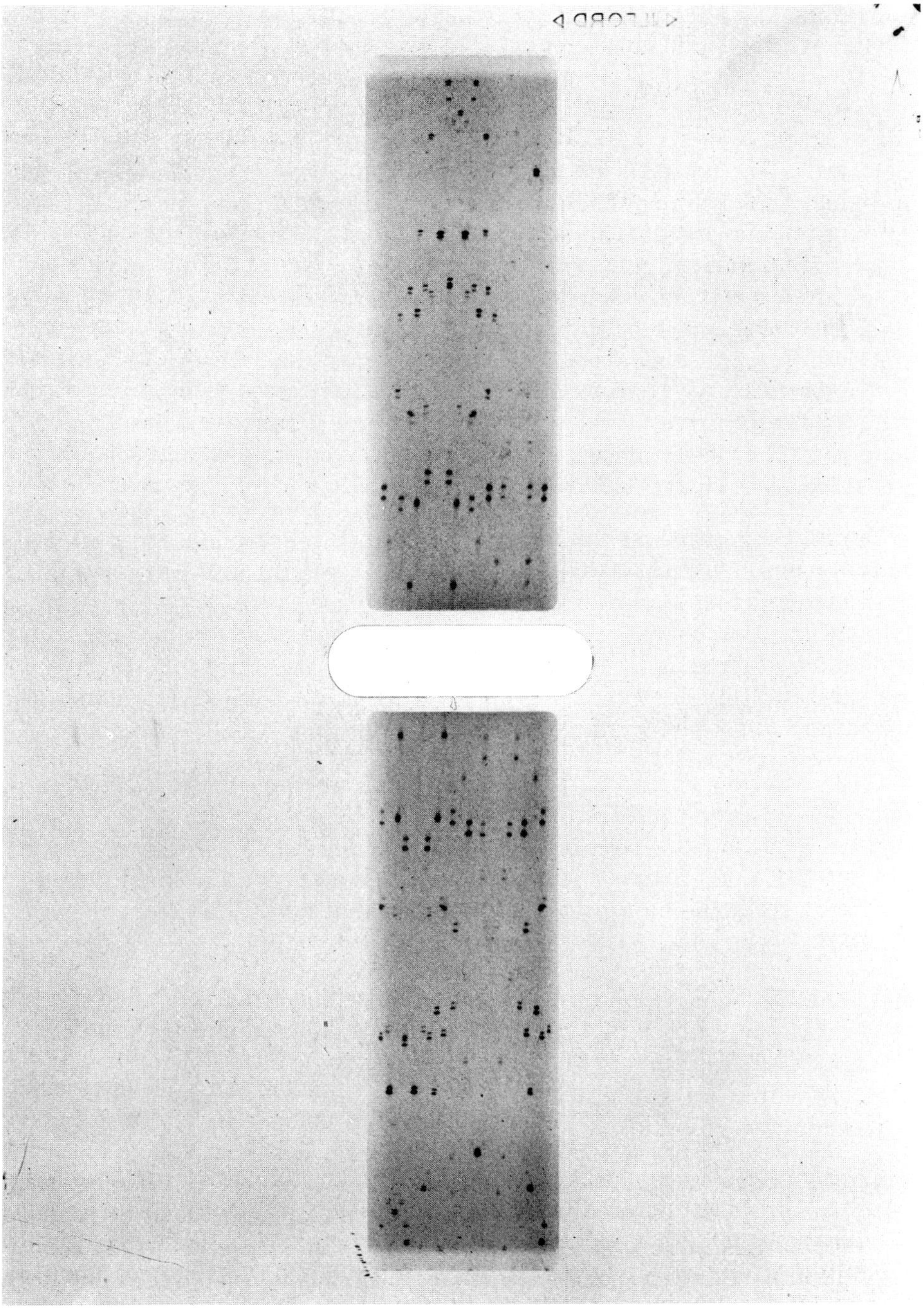

Abb. 15. Beispiel einer Rückstrahl-Weißenbergaufnahme, natürliche Größe. Kammerdurchmesser 114,6 mm: Parawollastonit $Ca_3(Si_3O_9)$, um die b-Achse gedreht (CuKα-Strahlung, 35 kV, 15 mA, 14 h).

Koordinate ξ entlang irgendeiner Schichtlinie zu zwei Koordinaten (Indizes) des reziproken Gitters gehört. Zur vollständigen Indizierung ist eine zweite Zylinderkoordinate ϕ erforderlich, welche die Richtung des Vektors vom Betrag ξ angibt. Die Weißenbergmethode gestattet die Bestimmung dieser zweiten Koordinate. Dazu belichtet man den Film jeweils nur mit den Reflexen einer einzigen Schichtlinie, während man alle übrigen Reflexe mit einer Schichtlinienblende abschirmt. Würde man unter diesen Voraussetzungen eine Drehaufnahme anfertigen, bestünde die Aufzeichnung auf diesem Film in einer einzigen Linie, wobei jeder Punkt durch eine einzige Koordinate ξ festgelegt ist. Bei der Weißenbergmethode wird der Film hin- und herbewegt und synchron damit der Kristall hin- und hergeschwenkt mit dem Ergebnis, daß die Beugungsreflexe einer Schichtlinie auf beide Filmkoordinaten verteilt werden. Die Koordinate eines Schwärzungsflecks parallel der Filmtranslation z ist ein Maß für die gesuchte zweite Koordinate ϕ. Bei der Weißenbergmethode ist für jede auszuwertende Schicht(ebene) des reziproken Gitters ein neuer Film erforderlich.

Während Drehaufnahmen üblicherweise so ablaufen, daß der Röntgenstrahl unter einem rechten Winkel $\bar{\mu}$ zur Drehachse einfällt, sind Weißenbergdiagramme einfacher auszuwerten, wenn der Winkel $\mu = (\pi/2) - \bar{\mu}$ für jede Schichtlinie den charakteristischen Wert $\mu = \nu$ hat. Diese Stellung definiert die Pseudoäquator- oder equi-inclination-Bedingung. Ihr Winkelwert ergibt sich als Funktion der zylindrischen ζ-Koordinate derjenigen Schichtebene, die jeweils registriert werden soll, in der Form $\sin \mu = \sin \nu = \zeta/2$.

Zwei Indizierungsmethoden sind für die Weißenbergdiagramme üblich. Bei der einen bestimmt man mit passend graduierten Skalen die Zylinderkoordinaten ξ und ϕ jedes Schwärzungsflecks auf einem Film. Als Polarkoordinaten definieren ξ und ϕ einen reziproken Punkt, der auf einen Bogen Papier eingezeichnet wird. Der Papierbogen stellt eine Schichtebene des reziproken Gitters dar.

Bei der zweiten Methode nutzt man die Tatsache aus, daß eine Schar paralleler reziproker Gittergeraden, unabhängig von der Schicht, auf dem zugehörigen Weißenbergdiagramm eine Kurvenschar gleicher Form erzeugt. Dies gilt jedoch nur unter der Voraussetzung, daß das Diagramm mit der equi-inclination-Technik hergestellt ist.

Ein Satz Weißenbergaufnahmen läßt sich, Schicht um Schicht, als ein Satz verzerrter Abbilder des reziproken Gitters verstehen. Wenn man sich erst einmal an die Art der Verzerrung gewöhnt hat, kann man die Friedelsymmetrie um jede rationale Achse beurteilen, um die der Kristall gedreht wurde. Hat man die Symmetrien für mehrere, geeignet ausgewählte Drehachsen bestimmt, läßt sich mit diesen Informationen und den beobachteten Auslöschungen das Beugungssymbol des Kristalls aufbauen.

Genaue Zellabmessungen findet man aus Filmaufnahmen, die mit einer besonderen Rückstrahl-Weißenbergkamera hergestellt sind.

Geschichtliche Anmerkungen

K. Weißenberg, der das Verfahren erfand, besaß beträchtliche Erfahrung in der Untersuchung von Faseraggregaten, und die benutzten Auswertemethoden waren ihm daher geläufig. Vermutlich lenkte Schiebolds Nachweis, daß den Fasermethoden die gleiche Geometrie zugrunde liegt wie der Drehkristallmethode, Weißenbergs Aufmerksamkeit auf den Fall des Einzelkristalls. Im Unterschied zur Fasermethode ist beim Einzelkristall die Winkellage eines reflektierenden Netzebenensatzes grundsätzlich auffindbar. Weißenberg war sich darüber im klaren, daß die Indizierung bei der Drehkristallmethode nicht eindeutig sein kann, weil die Schichtlinie, in der ein Reflex vorkommt, nur eine Dimension besitzt. Indem er zusätzlich eine Filmtranslation einführte, konnte er die Reflexe einer Schichtlinie über die Filmoberfläche verteilt zweidimensional registrieren. Auf diese Weise war eine Methode neu entstanden, mit der sich der bis dahin fehlende Winkelparameter ϕ bestimmen ließ. Nachdem die Grundidee einmal verstanden war, folgten andere Methoden, so eine von Schiebold und eine andere von Sauter. Die Weißenbergmethode erwies sich als so einfach und durchsichtig, daß sie über viele Jahre hinweg ihre Stellung behauptete. Sie galt schlechthin als die Methode beim Studium der Röntgenbeugung am Einzelkristall.

Anfänglich begnügte man sich, die Weißenbergdiagramme mit Hilfe der Parameter 2θ (dem doppelten Braggschen Glanzwinkel) und ϕ (der Normalenrichtung des reflektierenden Netzebenensatzes) auszuwerten. Aber schon 1928 zeigte Schneider – angeregt durch Bernals klassische, 1926 erschienene Arbeit über die Drehkristallmethode – wie sich das Weißenbergdiagramm graphisch mit Hilfe des reziproken Gitters interpretieren ließ. Im Jahre 1933 führten W. A. Wooster und Nora Wooster erstmals zylindrische Koordinaten zur Kartierung der Weißenbergaufnahme ein.

Bis zu jener Zeit stellte man die Weißenbergaufnahmen der höheren Schichten mit der für Drehaufnahmen benutzten Strahlengeometrie her, nämlich in der Weise, daß man den einfallenden Strahl senkrecht zur instrumentellen Drehachse legte. Im Jahre 1934 erläuterte Buerger die vielen Vorteile der equi-inclination-Methode, die fortan immer benutzt wurde.

Die Präzisionsrückstrahl-Weißenbergkamera wurde 1937 vorgestellt.

Weiterführende Schriften

M. J. Buerger. X-ray crystallography. (Wiley, New York, 1942) 214–311, 435–464.

Grundlegende Werke und Einzelveröffentlichungen

K. Weißenberg. Ein neues Röntgengoniometer. Z. Phys. **23** (1924) 229–238.
W. Schneider. Über die graphische Auswertung von Aufnahmen mit dem Weißenbergschen Röntgengoniometer. Z. Kristallogr. **69** (1928) 41–48.

W. A. Wooster und Nora Wooster. A graphical method of interpreting Weissenberg photographs. Z. Kristallogr. **84** (1933) 327–331.

M. J. Buerger. The Weissenberg reciprocal lattice projection and the technique of interpreting Weissenberg photographs. Z. Kristallogr. **88** (1934) 356–380.

M. J. Buerger. An apparatus for conveniently taking equi-inclination Weissenberg photographs. Z. Kristallogr. **94** (1936) 87–99.

M. J. Buerger. The precision determination of the linear and angular lattice constants of single crystals. Z. Kristallogr. **97** (1937) 433–468.

M. J. Buerger. The development of methods and instrumentation for crystalstructure analysis. Z. Kristallogr. **120** (1964) 3–18.

Kapitel 9

Die Präzessionsmethode

Vorbemerkungen

Wie sich im Kap. 7 herausstellte, informieren Schwenkaufnahmen nur unvollständig über das Kristallbeugungsbild, da die niedrige Symmetrie der Schwenkbewegung diejenige der Beugungseffekte herabsetzt. Indessen lassen sich Symmetrieerniedrigungen dieser Art mit einer anderen Methode vermeiden, die eine gewisse Verwandtschaft zur Schwenkmethode zeigt und die man als *Präzessionsmethode* (oder precession-Methode) bezeichnet. Sie ist Gegenstand dieses Kapitels. – Ihren Namen verdankt die Methode einer charakteristischen Bewegungsart: Sie besteht darin, daß eine rationale Kristallrichtung Präzessionsbewegungen um die Primärstrahlrichtung ausführt. Der Zweck dieser Bewegung wird nachstehend im einzelnen erläutert.

In der älteren Schwenkmethode wird der Kristall nach Abb. 1 um eine Achse senkrecht zum einfallenden oder direkten Röntgenstrahl bewegt. Die *statistische* (d. h. die aus der zeitlichen Mittelung resultierende) *Symmetrie* dieser Bewegung ist – so wie sie auf den photographischen Film projiziert wird – 2mm. Die Symmetrie der Beugungsaufnahme stellt eine Kombination von Bewegungssymmetrie und Friedelsymmetrie um die Mittellinie des Schwenkbereiches dar. Wenn etwa die Friedelsymmetrie parallel zum direkten Röntgenstrahl irgendeine andere Symmetrie als die eingezeichneten Symmetrien 2, m_1 und m_2 aufweist, wird sie durch die Bewegungssymmetrie erniedrigt, mit anderen Worten: sie wird unterdrückt. Dagegen verläuft in der Präzessionsmethode nach Abb. 2 die Orientierungsänderung des Kristalls so, daß sich als statistische Symmetrie eine radiale Symmetrie um den direkten Strahl ergibt. Man bringt dazu eine rationale Kristallrichtung auf eine gleichmäßige Präzessionsbewegung um den direkten Strahl; während die Bewegung abläuft, darf sich der Kristall nicht um die Primärstrahlrichtung drehen. Bei der technischen Realisierung dieser Bewegung in den gegenwärtig kommerziellen Präzessionskammern wird der Kristall in einem Kardanrahmen aufgehängt, wie es schematisch Abb. 2 zeigt; über eine geeignete Koppelung der horizontalen mit der vertikalen Drehachse wird erreicht, daß jeder Punkt der rationalen Gittergeraden eine gleichförmige Kreisbahn um den direkten Strahl beschreibt, so daß die Gittergerade einen Kegelmantel mit dem halben Öffnungswinkel $\bar{\mu}$ abfährt. Die Gerade, die die Präzessionsbewegung um den direkten Strahl ausführt, heißt *präzessierende Achse.*

Die Lauekegel

Bei den ersten Ausführungen der Präzessionskammer präzessierte der Kristall in der zuvor beschriebenen Weise um die Richtung des direkten Strahls, während der Film entsprechend der Abb. 2 senkrecht dazu aufgestellt war. Es erwies sich jedoch als sehr vorteilhaft, die Filmebene ständig senkrecht zur präzessierenden Kristallgitterrichtung zu halten. Der Grund dafür wird in diesem Abschnitt dargelegt.

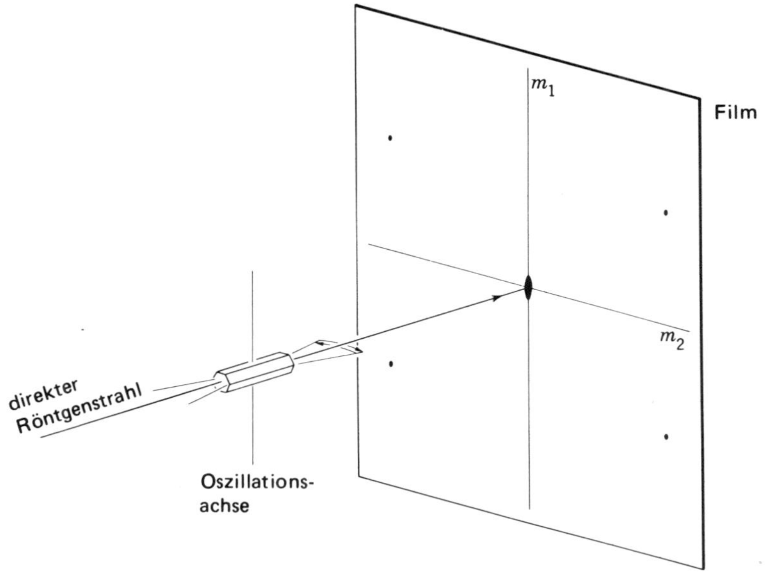

Abb. 1. Entstehung der statistischen Symmetrie 2 m_1 m_2 bei der Schwenkmethode.

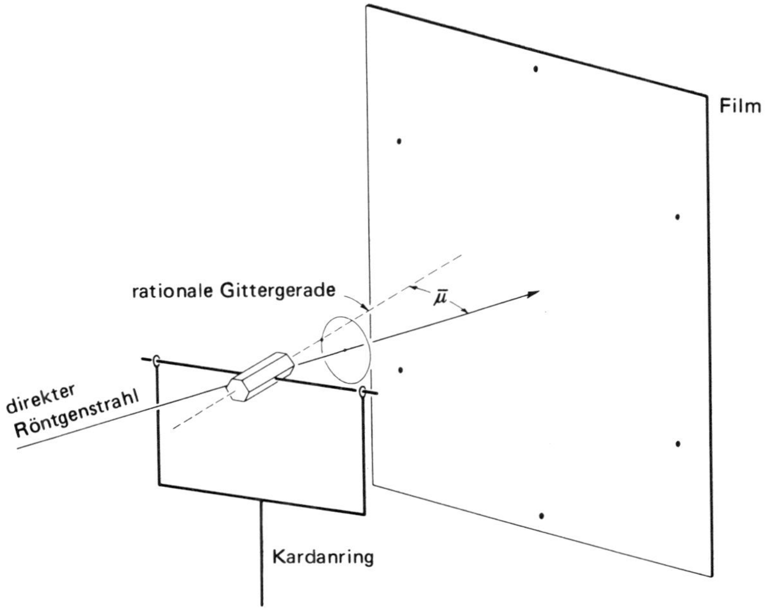

Abb. 2. Entstehung der radialen statistischen Symmetrie durch die Präzessionsbewegung.

Die Richtungen der vom Kristall ausgehenden abgebeugten Strahlen sind auf die Erzeugenden eines Systems von Lauekegeln begrenzt, die, wie im Kap. 3 beschrieben, koaxial zu einer rationalen Kristallgittergeraden sind. Die rationale Gerade kann zwar irgendeine der unendlich vielen Gittergeraden des Kristalls sein, bei näherer Betrachtung der Gl. (3,3) stellt man jedoch fest, daß es nur dann wenige Lösungen für $\bar{\nu}$ gibt, wenn die entsprechende Translationsperiode – dort mit a bezeichnet – kurz ist. In diesem Fall ist auch die Anzahl der Kegel des Systems gering. Nun wählt man die kristallographischen Achsen stets nach rationalen Gitterrichtungen mit kurzer Translationsperiode aus. Der Einfachheit wegen sei daher im folgenden vorausgesetzt, daß die ausgewählte kurze rationale Gitterrichtung die c-Achse des Kristalls ist. Mit [uvw] = [001] = **c** müssen nach der Gleichung

$$hu + kv + lw = m$$

die Erzeugenden des Lauekegels der Ordnung m = 0 die Reflexionsrichtungen für hk0 sein; entsprechend liegen auf dem Lauekegel erster Ordnung die Richtungen der Reflexe hk1 und allgemein auf dem Lauekegel p-ter Ordnung die Richtungen der Reflexe hkp.

In dieser vorläufigen Betrachtung ist der Lauekegel nullter Ordnung von besonderem Interesse. Für diesen Kegel gilt in der 3. Gl. (4,3) p = 0; folglich muß $\bar{\nu} = \pi - \bar{\mu}$ sein, wovon man sich durch Einsetzen in die Gleichung überzeugt. Demnach liegt der direkte Strahl hinter dem Kristall immer auf einer Erzeugenden des Lauekegels m = 0 (s. Abb. 4,3). Wenn die kristallographische c-Achse mit dem direkten Strahl den Winkel $\bar{\mu}$ bildet, treten alle Reflexe hk0 entlang der Erzeugenden eines Lauekegels auf, dessen halber Öffnungswinkel gleichfalls $\bar{\mu}$ ist.

Ist nun, wie in Abb. 3, der photographische Film senkrecht zur Achse ST des Lauekegels orientiert, dann werden die zu diesem Kegel gehörenden Reflexe entlang eines Kreises registriert. Dadurch vereinfacht sich die Geometrie. Um dies einzusehen, greife man einen registrierten Reflex P′ heraus und betrachte die Erzeugende SP′. Die Reflexionsrichtung SP′ bildet selbstverständlich einen Winkel 2θ mit dem direkten Strahl. Die Figurensymmetrie ist so, daß der Abstand R zwischen P′ und dem gleichfalls registrierten Reflex O′ des direkten Strahls durch Gl. (1) gegeben ist.

$$\sin\theta = (R/2)/M, \text{ mit } M = \text{Abstand } \overline{SO'}. \qquad (1)$$

Andererseits folgt sin θ aus der Braggschen Beziehung; sie lautet für die Reflexe hk0

$$\sin\theta = \lambda/2d_{hk0}. \qquad (2)$$

Vergleicht man beide Beziehungen, so findet man

$$(R/2)/M = \lambda/2d_{hk0} \qquad (3)$$

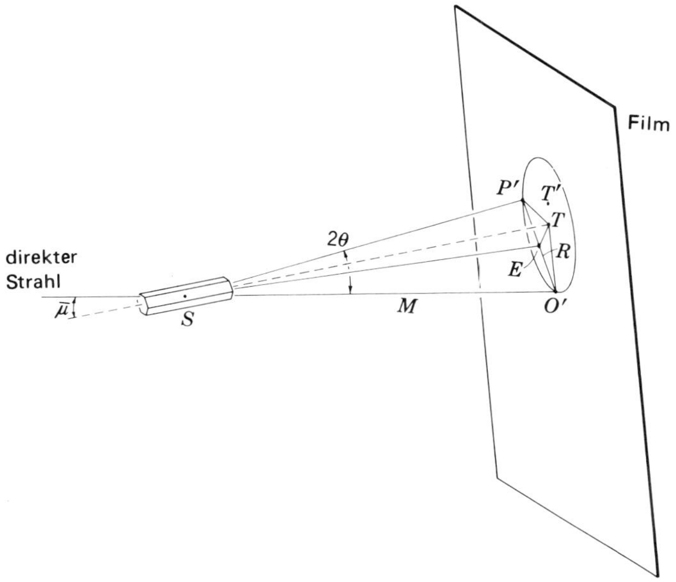

Abb. 3. Entstehung eines Reflexes P′ auf einem Film senkrecht zum direkten Strahl SO′. Die Reflexrichtung SP′ ist Erzeugende des Lauekegels m = 0.

oder

$$R = M \cdot \lambda / d_{hk0}, \qquad (4)$$

beziehungsweise

$$R = M \cdot \xi_{hk0}. \qquad (5)$$

Da M nach Gl. (1) und Abb. 3 eine Apparatekonstante ist (Abstand Film-Kristall entlang dem direkten Strahl) und λ eine weitere experimentelle Konstante, besagen die Gln. (4) und (5) offensichtlich folgendes: Liegt der Film normal zur Lauekegelachse, hier also der kristallographischen c-Achse, dann ist die Lage eines Reflexes hk0 auf dem Film proportional zum Abstand des entsprechenden reziproken Gitterpunktes hk0 vom reziproken Ursprungspunkt 000. Der Figurensymmetrie entnimmt man, daß die Ebene EST senkrecht zur Ebene O′SP′ steht; EST ist somit die für den Reflex maßgebende Ebene und R weist in deren Normalenrichtung. Folglich hat R sowohl die Richtung wie auch die (selbstverständlich um einen festen Faktor M/λ vergrößerte) Länge des Vektors vom Ursprung zum reziproken Gitterpunkt hk0.

Der Vorteil, den photographischen Film senkrecht zur Lauekegelachse zu halten, wird jetzt offensichtlich: Damit liefert nämlich die Aufnahme ein unverzerrtes Bild der nullten Schicht des reziproken Gitters. Die Präzessionsbewegung garantiert dabei, daß die Intensitätsverteilung in diesen Gitterpunkten die gleiche Symmetrie wie die projizierte Friedelsymmetrie dieser reziproken Gitterebene hat.

Erklärung an Hand des reziproken Gitters

Nach den Ausführungen im Kap. 3 können mit monochromatischer Strahlung nur unter ganz bestimmten Orientierungen eines Kristalls an seinen Netzebenensätzen Reflexe entstehen. Die Braggsche Gleichung verlangt für diesen Fall, daß der Kristall seine Lage zum direkten Strahl so ändert, daß seine Netzebenensätze die Glanzwinkel θ erreichen. Im letzten Abschnitt stellte sich heraus, daß sich die Reflexe des Lauekegels nullter Ordnung besonders elegant auf einem ebenen Film registrieren lassen, wenn man den Film senkrecht zur Achse des Lauekegels hält. Unter diesen Umständen (mit weiteren offensichtlichen Einschränkungen, die kurz dargelegt werden sollen) erscheinen die Reflexe an den Punkten des reziproken Gitters. Die allgemeine Bewegungsform wäre dafür zwar nebensächlich, aber durch die Präzessionsbewegung der Lauekegelachse ergibt die registrierte Symmetrie die gesuchte Friedelsymmetrie des Kristalls.

Mit der Präzessionsmethode werden die Reflexe so registriert, daß deren Schwärzungsflecke wie die Punkte einer Schichtebene des reziproken Gitters angeordnet sind. Daher ergibt sich ein leistungsfähiges Konzept zur Erklärung und zum Verständnis der Präzessionsmethode, wenn man von einer Schicht des reziproken Gitters ausgeht und die Folgen einer Präzessionsbewegung dieser Schicht untersucht. Abb. 4A zeigt horizontal einen direkten Strahl mit der ihn umhüllenden Ausbreitungskugel. Der Ursprung des reziproken Gitters ist – wie immer – in O*, wo der direkte Strahl die Kugel verläßt. Nehmen wir an, eine nullte Schicht des reziproken Gitters befinde sich anfänglich in einer Stellung senkrecht zum direkten Strahl, wie in Abb. 4A; die Schicht ist dann gleichzeitig Tangentialebene zur Ausbreitungskugel in O*. Als nächstes wird die Orientierung der Ebene so weit geändert, daß ihre Normale den Winkel $\overline{\mu}$ mit dem Röntgenstrahl bildet, wie es Abb. 4B zeigt; die Ebene schneidet dann die Kugel in einem Kreis, was in Abb. 4C zu sehen ist. Jeder Punkt des reziproken Gitters der betrachteten Schicht, der – wie der Punkt P – auf dem Schnittkreis liegt, befindet sich in Reflexionsstellung. Wenn die Normale der Schicht in Abb. 4B um den direkten Strahl präzessiert, rotiert der Schnittkreis der Abb. 4C gleichzeitig um den Punkt O*; dabei wird jeder reziproke Gitterpunkt der Schicht innerhalb des gestrichelt gezeichneten Bereiches von dem Kreis irgendwann einmal berührt und dabei entsteht ein Reflex.

Ein weiteres Mal ist diese Geometrie in Abb. 5 benutzt. Steht der Film, wie es dort zu sehen ist, parallel zur reziproken Gitterebene, dann wird der Vektor $\overrightarrow{O^*P}$ zwischen Ursprung O* und einem in Reflexionsstellung befindlichen Punkt P des reziproken Gitters verzerrungsfrei, parallel zu sich selbst und auf O′P′ vergrößert, auf den photographischen Film projiziert. Diese

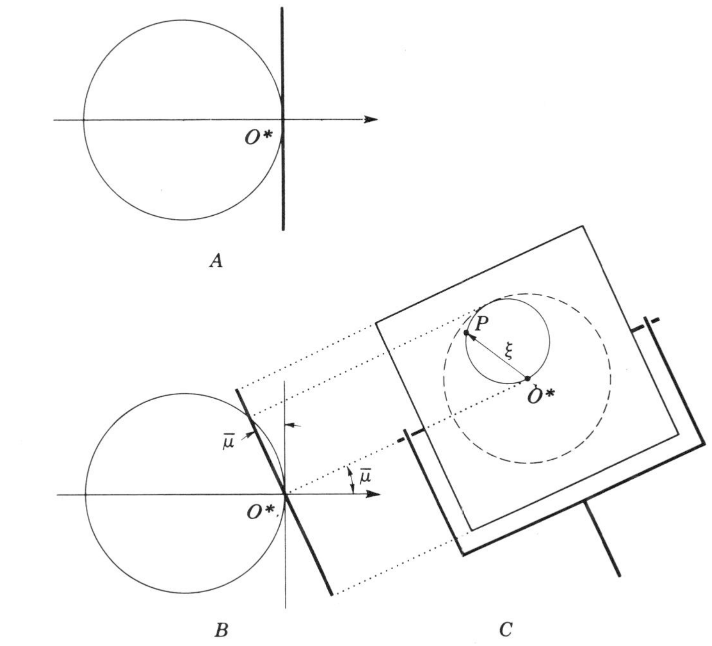

Abb. 4. Registrieren des Lauekegels m = 0; A: reziproke Schicht ⊥ zum direkten Strahl; B und C: direkter Strahl und Normale der reziproken Schicht bilden den Winkel $\bar{\mu}$.

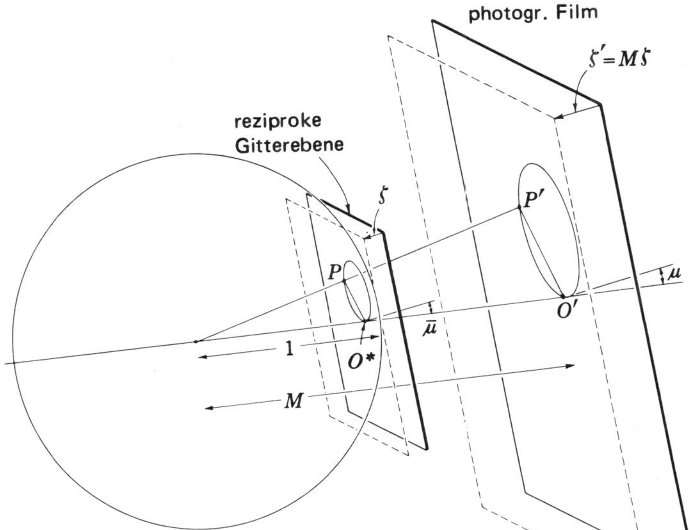

Abb. 5. Lage der nullten und einer höheren Schicht des reziproken Gitters sowie Lage der entsprechenden Filme bei der Aufnahme dieser Schichten.

Beziehung gilt für alle Vektoren von O* aus zu irgend einem Gitterpunkt. Das auf den Film photographierte Punktemuster ist daher ein vergrößertes Abbild der Punkte einer Schicht des reziproken Gitters; dabei ist vorausgesetzt, daß der Film während der Präzessionsbewegung die Bewegung der Schicht nachahmt. Solange nur ein Punkt O* in der Schicht und O′ in der Filmebene an festen Orten des direkten Strahls liegen, werden nicht nur beide Ebenen, sondern auch die Strecken auf der einen zu den entsprechenden Strecken auf der anderen Ebene parallel gehalten. Diese Forderung läßt sich apparativ verwirklichen, indem man die reziproke Gitterebene und die Filmebene in absolut gleichartigen Aufhängungen unterbringt und beide Aufhängevorrichtungen mit Führungsstangen so verbindet, daß sie sicher parallel gehalten werden (Abb. 6). Unter diesen Bedingungen darf man sagen, daß die reziproke Gitterebene auf den Film photographiert wird.

Gemäß Abb. 5 registriert der Film die reziproke Schicht unter einem vergrößerten Maßstab. Die Dimensionsangaben für das reziproke Gitter wurden bereits im Kap. 4 besprochen. Ist die Ewaldsche Ausbreitungskugel die Einheitskugel, dann sind die Nullpunktabstände der reziproken Gitterpunkte gleich λ/d; in diesem Fall enthalten alle Längen des reziproken Gitters die Wellenlänge λ als Maßstabsfaktor. Daher liegt der Ursprung O* des wellenlängennormierten reziproken Gitters im Abstand eins vom Mittelpunkt der Kugel, und der Film ist im Abstand M vom Kristallmittelpunkt in der Präzessionskammer angeordnet. Die Vergrößerung des photographierten reziproken Gitters ist demnach durch Gl. (6) gegeben.

$$\overline{O'P'}/\overline{O^*P} = M/1. \qquad (6)$$

Die gleichen Projektionsverhältnisse gelten aber auch für eine beliebige höhere Schichtlinie des reziproken Gitters, wie sie der gestrichelte Linienverlauf der Abb. 5 andeutet. Danach ist die höhere reziproke Schicht zur Kugelmitte hin um die Strecke ζ verschoben. Die verschobene Ebene schneidet die Kugel in einem anderen (nicht eingezeichneten) Kreis, entsprechend einem anderen Lauekegel desselben koaxialen Systems, dem auch der Lauekegel der nullten Ordnung angehört. Um die höhere Schicht zu photographieren, muß der Film in der gleichen Richtung wie die Schicht im Maßstabsverhältnis M verschoben werden. Die Filmverschiebung beträgt daher $M\zeta$.

Die Präzessionskamera

Die schematische Darstellung der Abb. 6 erläutert die Mechanik gegenwärtig fabrizierter Präzessionskameras. Ansichten der wirklichen Apparatur zeigen die Photographien der Abbn. 7A und 7B. In der Abb. 6 erkennt man, wie Kristall und Film von zwei gleichen Kardanlagern getragen werden. Jedes Lager besitzt eine vertikale Achse V sowie eine horizontale Achse H,

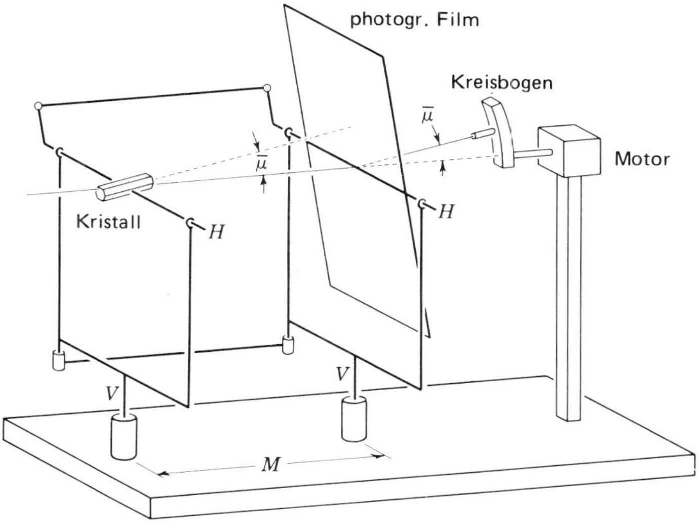

Abb. 6. Schematische Darstellung der Präzessionskamera. – Die Führungsstangen zwischen beiden Kardanlagern zwingen Film und Kristall zu synchronen Bewegungen.

um die sich Kristall oder Film schwenken lassen; aber weder Kristall noch Film lassen sich um eine Achse drehen, die senkrecht zur Ebene des Achsenpaares H V ist. Die beiden Kardanlager sind über Gelenkstangen gekoppelt, so daß beliebige Bewegungen des einen Lagers von dem zweiten mit ausgeführt werden. Die Filmnormale läßt sich gegen die Achse des direkten Strahls kippen, wobei man den Kippwinkel $\bar{\mu}$ auf einem Kreisbogen abliest. Gleichzeitig damit kippen die Gelenkstangen auch die Kristallachse gegen die Richtung des direkten Strahls um genau den gleichen Betrag und in der gleichen Richtung. Über einen Motor wird die Filmnormale gleichförmig um die Achse des direkten Strahls gedreht, so daß sie um den Strahl präzessiert, wobei die Gelenkstangen den Kristall (zusammen mit seinem reziproken Gitter) zwingen, dieser Bewegung exakt zu folgen.

Die technische Ausführung des Gerätes (Abb. 7A) weist gegenüber dem Schema einige Abweichungen und Ergänzungen auf. Zunächst ist die horizontale Schwenkachse H im Kristallkardan nur einseitig gelagert, jedoch in einem stabilen breiten Lagerbett (auf der dem Betrachter abgekehrten Seite; siehe dazu auch die Gegenaufnahme der Abb. 7B). Auf diese Weise kann der Kristall von einem Standardgoniometerkopf aufgenommen werden. Zweitens läßt sich die Winkeleinstellung der H-Achse des Kristalls auf einer großen Skala ablesen, was bei der Feinjustierung der Kristallorientierung wertvolle Dienste leistet. Schließlich trägt dieselbe horizontale Achse H auch noch eine Blendenvorrichtung, die die Lauekegel des fraglichen Systems abschirmt mit Ausnahme des einen Kegels, der registriert werden soll. Die Blende hat die gleiche Aufgabe wie die Schichtlinienblende der Weißenbergkamera; in der Präzessionskamera hat sie jedoch die Gestalt einer

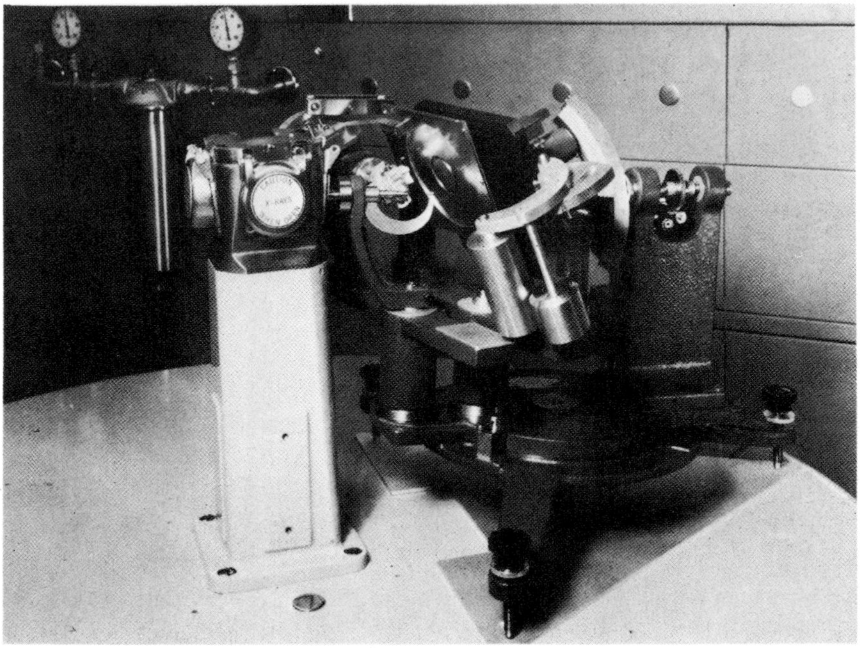

A

B

Abb. 7A. Moderne technische Ausführung einer Präzessionskamera.
7B. Instrument der Abb. 7A von einer anderen Seite gesehen.

flachen Metallplatte mit einer kreisringförmigen Aussparung. Durch den Ringschlitz tritt der gewünschte Lauekegel hindurch und gelangt so zum Film. Der Öffnungswinkel des Kegels wird einmal durch Wahl eines geeigneten Radius der Ringblende und zum anderen über den Abstand der Blendenplatte zum Kristall reguliert.

Anwendungen der Präzessionsbewegung

Die Präzessionsmethode hat zwei Hauptanwendungsbereiche gefunden, sowie einige weitere untergeordnete, in denen sie bei Kristallstudien eingesetzt wird. Die Präzessionsbewegung erwies sich in den vorangehenden Abschnitten als ein einfaches Hilfsmittel, um das reziproke Gitter Schicht um Schicht zu photographieren. Diese Art von Aufnahmen heißen *Präzessionsdiagramme.*

Für einen gegebenen Kristall sei eine seiner kristallographischen Achsenrichtungen bekannt. Der Kristall kann nun so orientiert werden, daß sich seine bekannte Achse mit der präzessierenden Achse der Kammer deckt. Auch ohne jede weiteren Kenntnisse über den Kristall ist es dann immer möglich, die nullte Schicht des reziproken Gitters zu registrieren. Entsprechend der vorangegangenen Diskussion stimmt nämlich der halbe Öffnungswinkel des Lauekegels nullter Ordnung stets mit dem Präzessionswinkel $\bar{\mu}$ überein. Will man aber irgendeine höhere Schicht des reziproken Gitters photographieren, muß selbstverständlich der halbe Öffnungswinkel des Lauekegels für jene Schicht bekannt sein. Der Winkel läßt sich jedoch mit derselben Kristallorientierung unter Ausnutzung der Präzessionsbewegung bestimmen; dazu wird allerdings eine abweichende Filmanordnung gebraucht, deren Ergebnis ein *Kegelachsendiagramm* ist. In einem der folgenden Unterkapitel wird dieses Verfahren erklärt.

Eine zwar untergeordnete, dennoch aber sehr nützliche Anwendung findet die Präzessionsbewegung bei der Feinjustierung einer Kristallorientierung, d. h. wenn eine rationale Kristallachse möglichst genau auf die präzessierende Achse des Instrumentes ausgerichtet werden soll. Aufnahmen zu diesem Zweck heißen *Orientierungsdiagramme.* Auch diese Technik wird in einem der folgenden Unterkapitel kurz behandelt.

Der allgemeine Plan für eine Kristalluntersuchung mit der Präzessionsmethode gliedert sich in folgende Schritte: Zuerst muß der Kristall so auf einen Goniometerkopf und der Goniometerkopf so auf die Präzessionskammer aufgesetzt werden, daß eine kristallographische Achse (vorzugsweise die Achse höchster Symmetrie, zumindest aber eine rationale Achse) genau entlang der präzessierenden Achse des Gerätes liegt. Eine grobe Orientierung ist gewöhnlich schon mit dem Auge durchführbar, wenn man sich erkennbare morphologische Entwicklungen oder Spaltbarkeiten des Präparates zunutze macht. Häufig gelingt dies sogar recht genau, indem man die Wiegeschlitten des Goniometerkopfes justiert, während man den Kristall auf einem optischen Reflexionsgoniometer beobachtet. Weist der Kristall keine äußeren, zur Justierung geeigneten Merkmale auf, ist aber optisch transparent, so läßt er sich oft unter dem Polarisationsmikroskop wenigstens näherungsweise orientieren. Irgendeine der erwähnten Möglichkeiten führt im allgemeinen zu einem mehr oder weniger gut orientierten Kristall. Übrigens kann die Orientierung mit Hilfe eines Autokollimators, der sich an der Präzessionskammer anbringen läßt, oft noch verbessert werden. In jedem Fall ist es jedoch ratsam, die Genauigkeit der Orientierung mit einem oder mehreren Orientierungsdiagrammen abschließend zu überprüfen und möglicherweise noch weiter zu verbessern. Falls keine vorangehende Orientierung möglich ist, läßt sich notfalls auch die gesamte Orientierung über Orientierungsdiagramme erreichen.

Nachdem so die Orientierung sichergestellt ist, wird im zweiten Schritt ein Kegelachsendiagramm hergestellt. Diesem Diagramm entnimmt man dann die Daten für die Berechnung der Translationsperiode der präzessierenden rationalen Achse (im Kristall) oder des Schichtabstandes (im reziproken Raum) entlang derselben Achse. Mit diesem Ergebnis bestimmt man anschließend für jede Schicht des reziproken Gitters, die man photographieren will, der Reihe nach die Position der Schichtblende und die der Filmkassette.

Sobald diese Positionen bekannt sind, läßt sich der dritte Schritt durchführen. Er umfaßt die Aufnahme der Präzessionsdiagramme der nullten und so vieler höherer Schichten, wie innerhalb des Instrumentenbereiches liegen.

Normalerweise ist es wünschenswert, diese drei Schritte für eine andere Kristallachse zu wiederholen. Dabei läßt sich der erste Schritt schnell erledigen, weil ja das reziproke Gitter des Kristalls aus dem ersten Diagrammsatz inzwischen bekannt ist. Mit dem reziproken Gitter kennt man selbstverständlich auch das Kristallgitter. Sofern die Untersuchung im voraus gründlich geplant war, bringt eine einfache Drehung des Kristalls um die Skalenachse (H) des Präzessionsinstrumentes die zweite rationale Achse in die verlangte Stellung parallel zur präzessierenden Achse. Nach einer einfachen Überprüfung der neu eingestellten Orientierung an Hand eines Orientierungsdiagramms werden die Schritte 2 und 3 für die neue Achse wiederholt. In den folgenden Unterkapiteln werden die drei Schritte näher erläutert.

Orientierungsdiagramme

Die Art der Reflexaufzeichnung beim Präzessionsdiagramm ist an Hand der Abb. 3 verständlich. Für die vorliegenden Zwecke wird die Zeichnung wie folgt interpretiert: Für den Präzessionswinkel hat man sich zu einem Betrag $\bar{\mu}$ entschieden und das Instrument entsprechend eingestellt. Demnach ist ST die präzessierende Achse; der Winkel O'ST ist gleich $\bar{\mu}$. Die Filmebene wird durch den Kopplungsmechanismus des Instruments stets senkrecht zu ST gehalten.

Zunächst sei eine Aufzeichnung betrachtet, bei der die Kristallachse genau mit der präzessierenden Achse ST zusammenfällt; diesen Fall beschreibt man, wenn man sagt, der *Orientierungsfehler* ϵ sei Null, also $\epsilon = 0$. In Abb. 3 befindet sich der Präzessionszyklus gerade an der Stelle, wo ST genau oberhalb des direkten Röntgenstrahls SO′ verläuft. Bei weiter fortschreitendem Zyklus präzessiert ST um SO′ und der Kreis auf dem Film streicht um den Filmmittelpunkt O′, indem er nacheinander Positionen einnimmt, wie sie auszugsweise die Kreise in Abb. 8 darstellen. Jeder Reflex entsteht immer genau dann, wenn der Kreis auf dem Film gerade die diesem Reflex entsprechende Filmstelle überstreicht. Nach einem vollständigen Präzessionszyklus hat der Kreis einen Bereich abgefahren, dessen Enveloppe den Kreisdurchmesser als Radius besitzt. Alle registrierten Reflexe liegen innerhalb der Enveloppe.

Für die nullte Schicht ist der halbe Öffnungswinkel des Lauekegels gleich dem Winkel $\bar{\mu}$, und zwar unabhängig von allen anderen Variablen einschließlich der Wellenlänge. Der Enveloppenradius auf dem Film hängt also allein von $\bar{\mu}$ ab. Falls die Röntgenstrahlung nicht streng monochromatisch ist, fallen auch die gebeugten Strahlen der anderen Wellenlängen in den Bereich der Enveloppe. Als Folge davon hebt sich der Bereich innerhalb der Enveloppe gewöhnlich etwas dunkler vom restlichen Film ab. Dieser Schatteneffekt, wie er im Beispiel der Abb. 10 zu sehen ist, läßt sich mit ungefilterter Strahlung noch verstärken, besonders wenn man Strahlung von Röntgenröhren benutzt, deren Anodenmetall ein chemisches Element hoher Ordnungszahl ist. Gewöhnlich verwendet man ungefilterte MoK-Strahlung, um den Effekt zu unterstreichen.

$\bar{\mu} = 10°, \epsilon = 0°$

Abb. 8

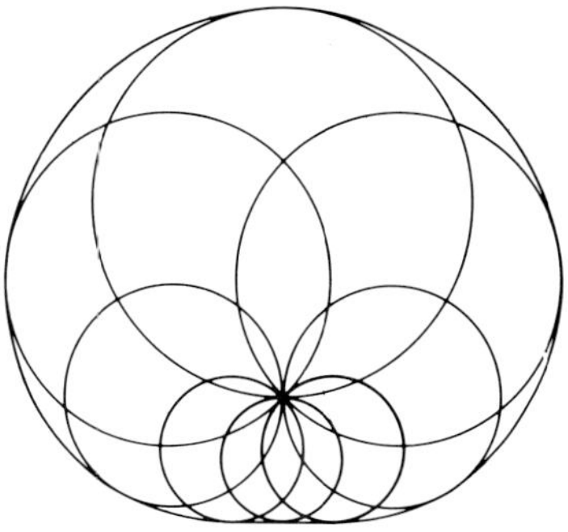

$\mu = 10°, \epsilon = 5°$

Abb. 9

Abb. 8 u. 9. Lagen des Schnittkreises von Lauekegel und Film aus Abb. 3 für verschiedene Phasen des Präzessionszyklus für den Fall, daß kein Orientierungsfehler vorliegt (Abb. 8), bzw. die Lauekegelachse um einen Orientierungsfehler von $\epsilon = 5°$ zu hoch liegt (Abb. 9).

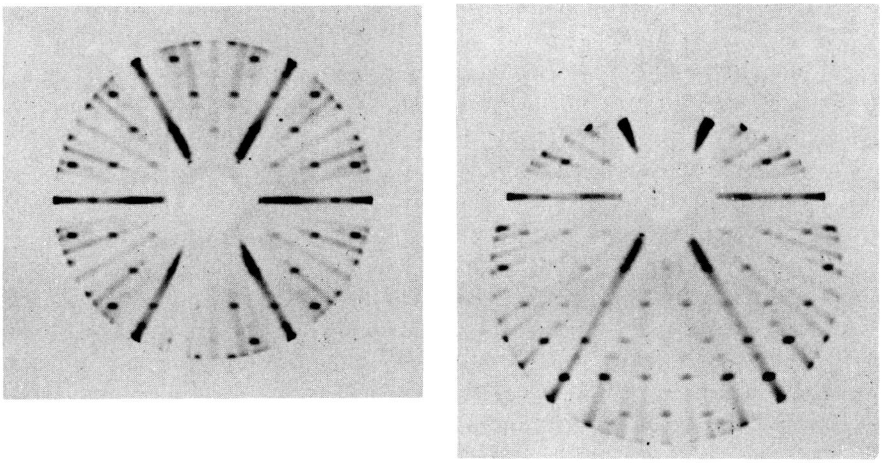

Abb. 10 u. 11. Beispiele zweier Orientierungsaufnahmen, die den Abbn. 8 u. 9 entsprechen. Beryll, $Be_3Al_2(SiO_3)_6$, c-Achse, ungefilterte MoK-Strahlung, 45 kV, 15 mA, 15 min.

Wenn nun ein Orientierungsfehler des Kristalls $\epsilon \neq 0$ vorliegt, ist der Schattenbereich exzentrisch; die Exzentrizität ist ein empfindliches Maß für Größe und Richtung von ϵ. Der Grund für die exzentrische Aufzeichnung läßt sich mit Bezug auf Abb. 3 verstehen. Angenommen, die rationale Kristallgitterrichtung verläuft nach ST' anstatt nach ST, so daß der Winkelfehler ϵ gleich T'ST beträgt, dann ist der halbe Öffnungswinkel des Lauekegels der Winkel O'ST'; denn dies ist der Winkel zwischen der rationalen Gitterrichtung und dem direkten Strahl. Bezeichnet man den Winkel O'ST' mit $\bar{\mu}'$, so gilt für die gezeichnete Phasenlage des Präzessionszyklus der Abb. 3 $\bar{\mu}' = \bar{\mu} + \epsilon$. In der entgegengesetzten Phase, wenn ST beim Weiterbewegen nach unten gelangt, liegt ST' noch immer oberhalb von ST, und für den Lauekegel gilt jetzt $\bar{\mu}' = \bar{\mu} - \epsilon$. Der Öffnungswinkel des Lauekegels ist demnach in der oberen Phase der Abb. 3 größer als $\bar{\mu}$ – dies ist die Phase in Richtung des Fehlers – in der unteren kleiner als $\bar{\mu}$. Die beiden extremen Kegel, sowie diejenigen aller Zwischenphasen, bestimmen die Kreisradien auf dem Film. In Abb. 9 ist dieser Fall unter verschiedenen Phasenlagen skizziert.

Die unterschiedliche Kreisgröße ist für die exzentrisch beschattete Fläche bezüglich des Primärstrahlflecks O' verantwortlich. Ein Beispiel zeigt Abb. 11. Der größte Radius der Fläche tritt in Richtung des Fehlers auf. Der Fehler ϵ läßt sich aus den geometrischen Merkmalen der Enveloppe über mehrere Wege bestimmen. Die einen bevorzugt man bei großen Fehlern, andere bei kleinen. Die daraus abgeleiteten Korrekturwerte ermöglichen es, einen zunächst schlecht orientierten Kristall mit Hilfe der Wiegeschlitten des Goniometerkopfes genau zu justieren.

Für die Anfertigung des Orientierungsdiagrammes wird keine Schichtlinienblende benutzt.

Kegelachsendiagramme

Apparatives. Das in Abb. 7 gezeigte Instrument hat einen Rahmen, der die plattenförmige Schichtlinienblende aufnehmen kann. Der Rahmen ist so angebracht, daß die Plattenebene stets senkrecht zur präzessierenden Achse steht. Die Verbindung dieses Rahmens mit dem präzessierenden Kristall zeigt schematisch Abb. 12. Der Rahmen ist starr mit der H-Achse verbunden, die auch die Winkelskala trägt. Sofern der Kristall genau justiert ist, steht die rationale Gitterrichtung des Kristalls und damit die präzessierende Achse immer senkrecht zur Rahmenebene und zeigt auf dessen Zentrum. Der Rahmen folgt jeder Bewegung des Kristalls.

In den Rahmen läßt sich anstelle der Blende auch ein Film in einer dünnen Kassette, der *Kegelachsenkassette*, einschieben. Präzessiert nun der Kristall, so wird jeder Lauekegel, sofern er zur Kristallgitterrichtung koaxial ist, auf dem Film immer dann als Kreis registriert, wenn er seine Größe während des Präzessionszyklus beibehält, der Kristall also sauber justiert ist. Beispiele für Kegelachsenaufnahmen finden sich in den ungerade numerierten Abbn. 15 bis 33. Derartige Aufnahmen dienen verschiedenen Zwekken. Die Kreisradienmessungen liefern vor allem die Daten für die Berechnung der Translationsperiode des Kristalls entlang der präzessierenden Achse. Die Translationsperiode läßt sich z. B. auf der Grundlage der Gl. (20,4), hier in Form der Gl. (10), unmittelbar auf den Schichtabstand im

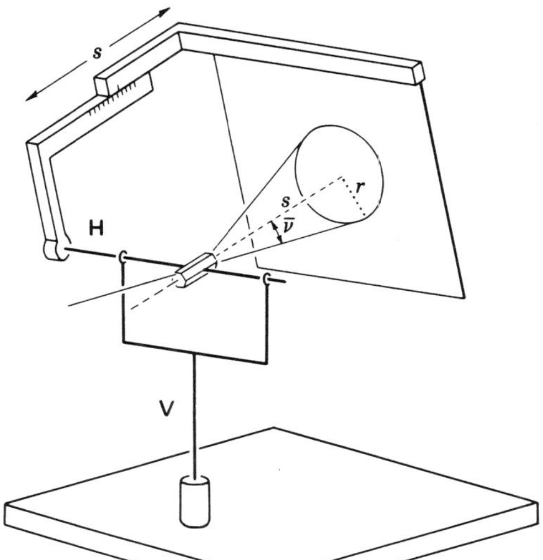

Abb. 12. Befestigung des Rahmens zur Aufnahme von Schichtlinienblende oder Kegelachsenkassette.

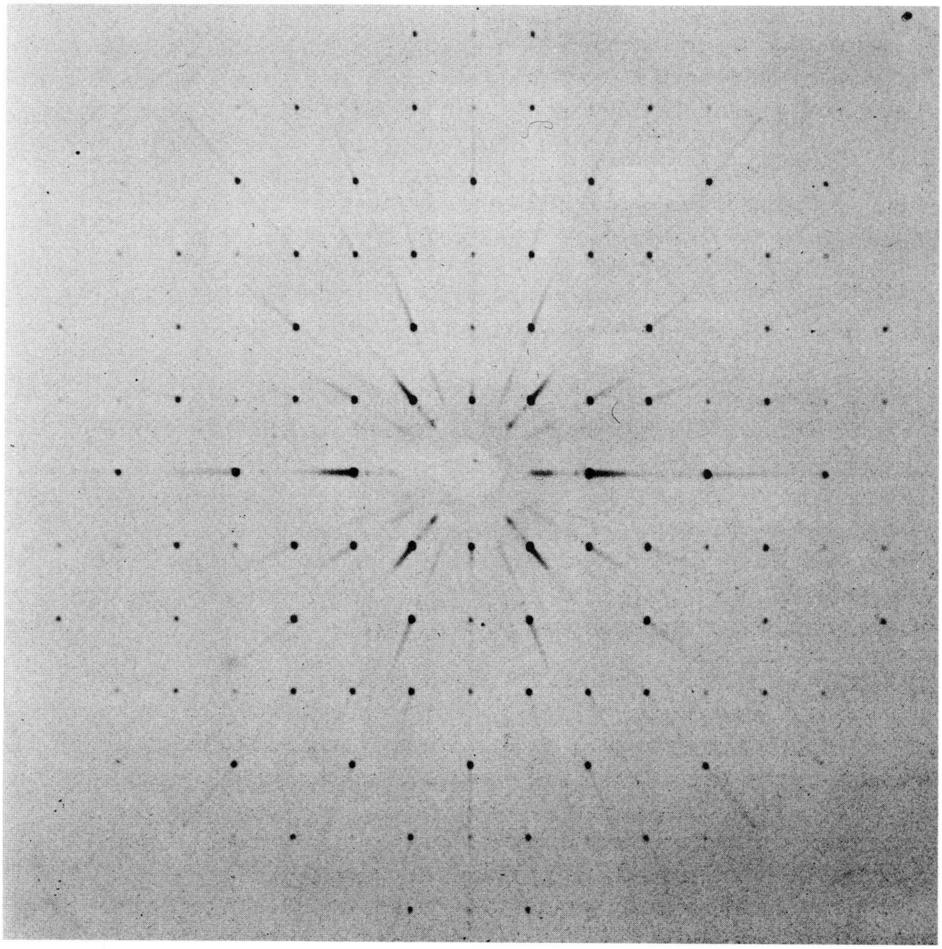

Abb. 13. Beispiel einer Präzessionsaufnahme der nullten Schicht. Baryt $BaSO_4$, c-Achse, MoKα-Strahlung (45 kV, 3 mA, 12 h).

reziproken Gitter umrechnen. Den Schichtabstand braucht man, um Präzessionsdiagramme höherer Schichten anzufertigen. – Die Kegelachsendiagramme liefern außerdem die Friedelsymmetrie der Achsen, wie später gezeigt wird.

Bestimmung des Schichtabstandes. Der halbe Öffnungswinkel des n-ten Lauekegels des betrachteten Kegelsystems läßt sich aus der Abb. 12 entnehmen; danach gilt

$$\tan \bar{\nu}_n = r_n/s. \tag{7}$$

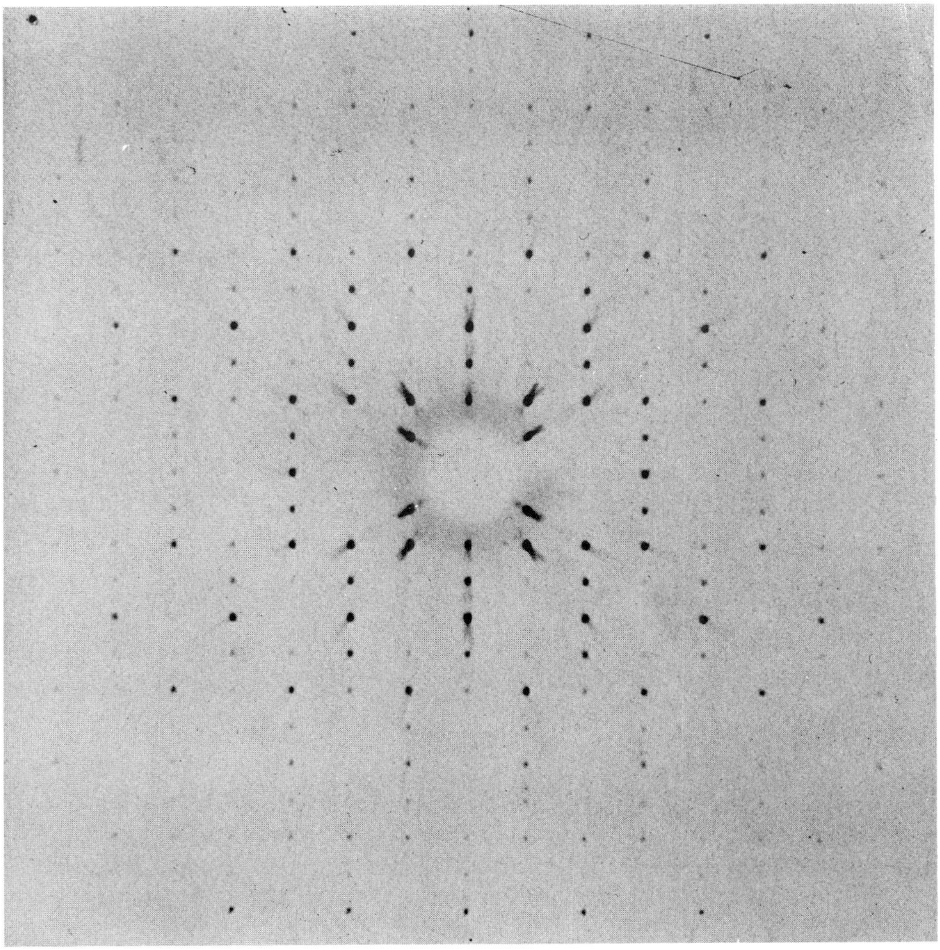

Abb. 14. Wie Abb. 13, jedoch Aufnahme der ersten Schicht (10 mA, 11 h). Die gegenüber Abb. 13 zusätzlich auftretenden horizontalen Punktreihen zeigen eine Gleitspiegelebene ⊥ c mit einer Translationskomponente parallel der a-Achse an.

Die Lauegleichung (2,3) verknüpft $\bar{\nu}$ mit der Translationsperiode t der rationalen Kristallgitterrichtung parallel zur Kegelachse. Für den vorliegenden Zweck kann sie in der Form

$$\cos \bar{\mu} + \cos \bar{\nu}_n = n\lambda/t \tag{8}$$

geschrieben werden.

Gewöhnlich wird t als Funktion des gegebenen Radius r_n verlangt, was sich durch Kombination der Gln. (7) und (8) und Auflösen nach t erreichen läßt.

$$t = n\lambda/\{\cos \bar{\mu} + \cos [\arctan (r_n/s)]\} \tag{9}$$

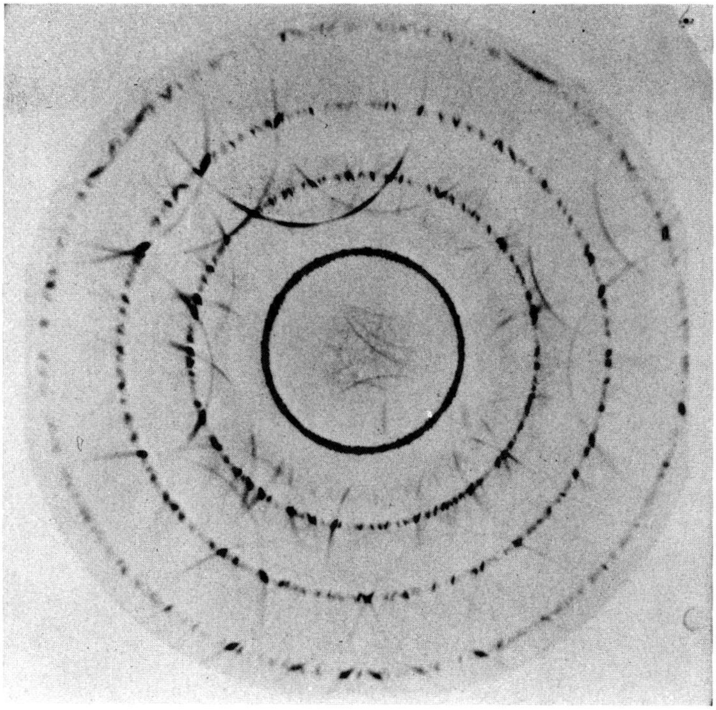

Abb. 15. Symmetrie 1: Axinit.

Abb. 15 bis 34. Beispiele von Kegelachsenaufnahmen (jeweils linksseitige ungerade numerierte Abb.) und Präzessionsaufnahmen (jeweils rechtsseitige gerade numerierte Abb.) für die 10 ebenen, aus n-zähligen Drehachsen und Spiegelebenen hervorgehenden Symmetrien (vergl. auch Abb. 1,1). Zur Demonstration wurden folgende Mineralien ausgewählt:

1	Axinit	m:	Adular
2	Kaliborit	2 m m:	Beryll
3	Dolomit	3 m:	Calcit
4	Skapolith	4 m m:	Granat
6	Apatit	6 m m:	Beryll

Um Gl. (9) benutzen zu können, muß die Ordnung n desjenigen Lauekegels bekannt sein, der zum Kreis mit dem Radius r_n gehört. Die Aufgabe ist relativ einfach, weil der Kegel der nullten Ordnung (n = 0 in Gl. (7)) einen Wert ν_0 besitzt, der mit der Instrumenteneinstellung $\overline{\mu}$ übereinstimmt. Mit diesem Wert und der zweiten Instrumentenkonstante s folgt r_0 aus Gl. (7). Zu den anschließenden größeren Kreisen gehört dann n = 1, 2, 3 . . . usw.

In einer gebräuchlicheren Form der Gl. (9) bezieht man sich unmittelbar auf den Schichtabstand d* des reziproken Gitters. Die erforderliche Transformation läßt sich über die grundlegende Beziehung der Gl. (20,4) durch-

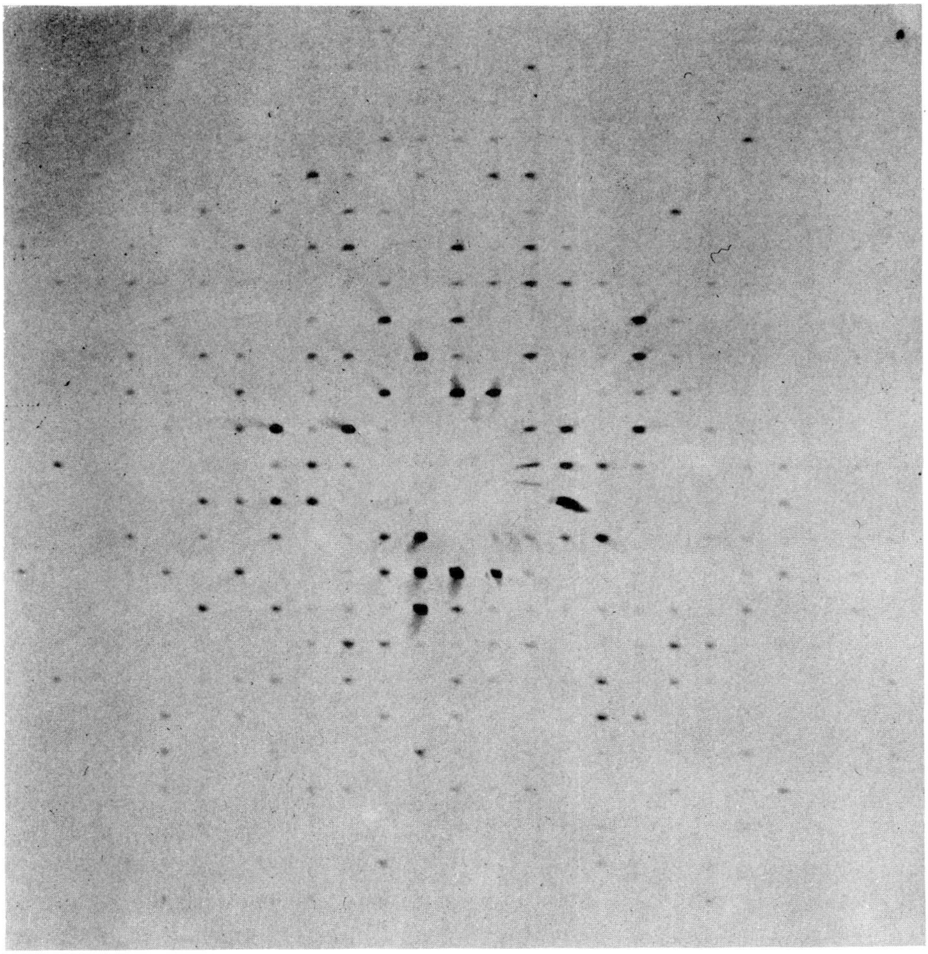

Abb. 16. Symmetrie 1: Axinit.

führen; dabei ist jedoch zu beachten, daß in diesem Kapitel 9 für das reziproke Gitter mit Gl. (6) der Maßstabsfaktor λ vereinbart wurde. Somit gilt

$$t = \lambda / d^*. \tag{10}$$

In Verbindung mit Gl. (9) findet man schließlich

$$d^* = \{\cos \bar{\mu} + \cos [\arctan (r_n / s)]\} / n. \tag{11}$$

Bestimmung der Friedelsymmetrie. Bei einer idealen Präzessionsbewegung werden den einzelnen Netzebenensätzen (hkl) einer symmetrieäquivalenten Gruppe gleiche Reflexionsbedingungen angeboten, sofern sie gleiche Winkel

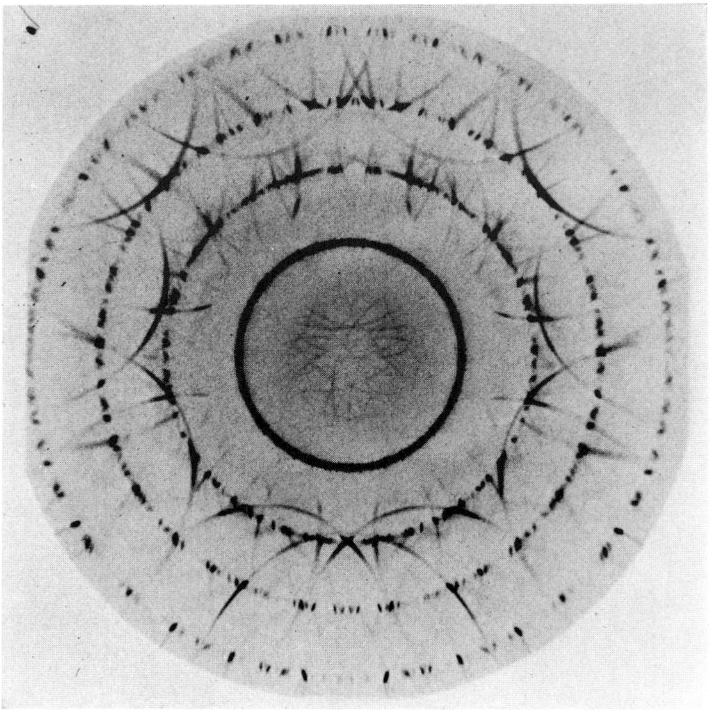

Abb. 17. Symmetrie m: Adular.

mit der rationalen präzessierenden Achse des Kristalls bilden. Eine Gruppe von Reflexen hkl, die über ein Symmetrieelement äquivalent ist, das die präzessierende Achse enthält, offenbart deshalb im Kegelachsenring die Friedelsymmetrie dieser Achse. Das Symmetrieelement kann eine n-zählige Achse oder eine Spiegelebene sein.

Die Reflexsymmetrie in einem Kegelachsenring ist die gleiche, wie die Friedelsymmetrie der zugehörigen reziproken Gitterschicht. (Die Friedelsymmetrie kann aber auch, wie später gezeigt wird, aus Präzessionsdiagrammen entnommen werden.) Das Kegelachsendiagramm liefert so mit jeder Schicht eine ausreichende Basis für die Symmetriebestimmung um die präzessierende Achse. Beispiele bringen die ungerade numerierten Abbn. 15 bis 33.

Präzessionsdiagramme

Diagramme der nullten Schicht. Wie bereits erwähnt, kann das Präzessionsdiagramm der nullten Schicht ohne weitere Kenntnisse über den Kristall um jede rationale Achse aufgenommen werden. Eine Ausnahme bilden ra-

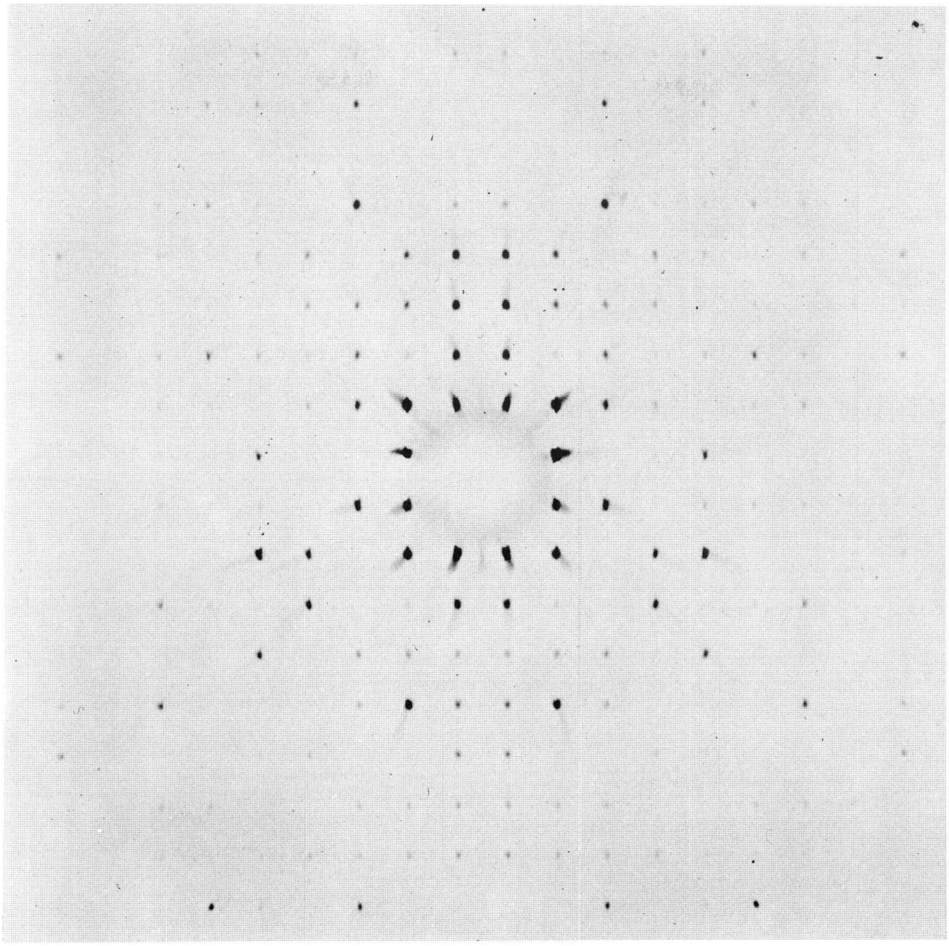

Abb. 18. Symmetrie m: Adular.

tionale Achsen mit so großer Translationsperiode, daß die nun dicht aufeinanderfolgenden Lauekegel mit der Schichtblende nicht mehr zu trennen sind. Die zulässige obere Periodengrenze liegt bei ungefähr 50 Å für MoKα-Strahlung; für CuKα-Strahlung entsprechend beim doppelten Betrag. Eine saubere Kegeltrennung bei so hohen Werten erfordert für die Schichtblende eine Schlitzbreite von ungefähr 2 mm.

Üblicherweise nimmt man das Diagramm der nullten Schicht mit einem Präzessionswinkel von $\bar{\mu} = 30°$ auf. Der Wert entspricht dem maximal einstellbaren Winkel gegenwärtig gebauter Geräte und liefert einen radialen Bereich von $\xi = 1.000$ Wellenlängeneinheiten. Bei Benutzung von MoKα-Strahlung erfaßt man damit etwa den gleichen reziproken Gitterbereich wie bei der Weißenbergmethode mit CuKα-Strahlung.

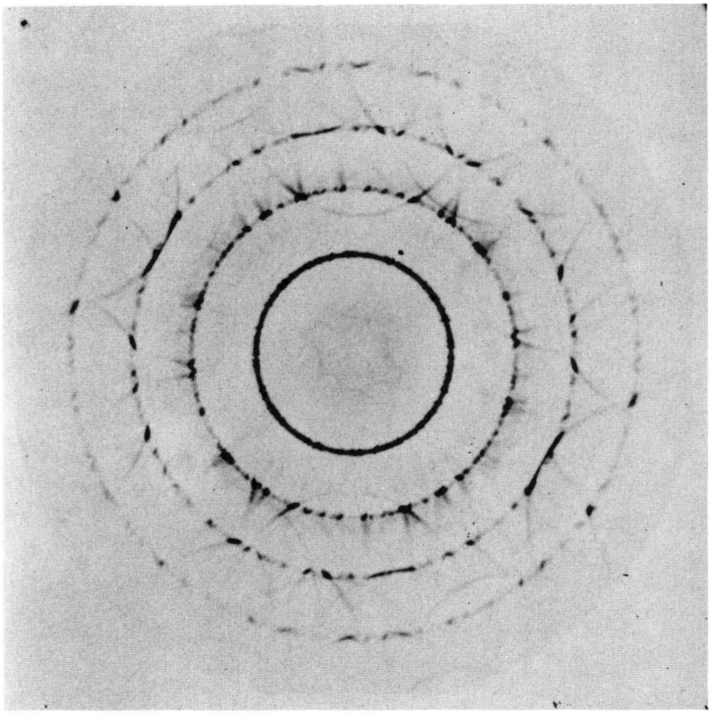

Abb. 19. Symmetrie 2: Kaliborit.

Ein Beispiel für ein Diagramm nullter Schicht bringt Abb. 13.

Diagramme höherer Schichten. Das Präzessionsdiagramm einer höheren Schicht ist in Abb. 14 zu sehen. Eine Aufnahme dieser Art verlangt die Kenntnis des Abstandes ζ der höheren Schicht von der nullten. Ist d* der Abstand zwischen benachbarten Schichten, dann gilt einfach

$$\zeta_n = nd^*. \tag{12}$$

Den Wert d* besorgt man sich über Gl. (11) durch Ausmessen von Kegelachsendiagrammen. Um das Diagramm einer höheren Schicht anzufertigen, sind zwei Geräteeinstellungen zu ändern. Erstens muß, gegenüber der Ausgangsposition (n = 0), der Film um $M\zeta_n$ näher am Kristall liegen. Man macht sich das an Hand der Abb. 5 klar. Die n-te Schicht ist nämlich in Richtung auf den Kugelmittelpunkt, in dem der Kristall sitzt, um einen Betrag ζ_n gegenüber der nullten Schicht verschoben. Aus dem Vergrößerungsverhältnis M:1 folgt dann die erforderliche Abstandsänderung für den Film. Die Einstellung ist nur von nd* entsprechend Gl. (12) abhängig, von allen anderen Parametern aber unabhängig.

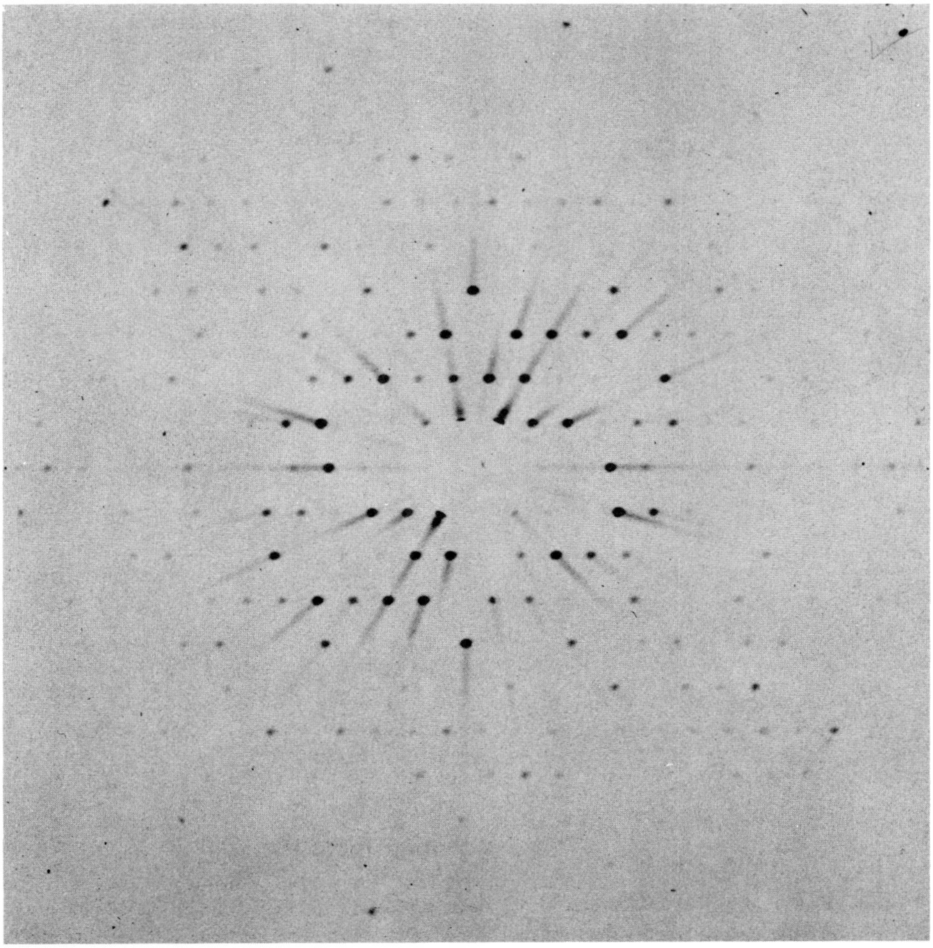

Abb. 20. Symmetrie 2: Kaliborit.

Zweitens muß die Schichtblende so aufgesetzt werden, daß alle Lauekegel mit Ausnahme des n-ten abgeschirmt werden. Das verlangt die Lösung der Gl. (7) für r_n. Durch Kombination der Gln. (7), (8) und (12) erhält man

$$r_n = s \tan [\arccos (\zeta_n - \cos \bar{\mu})]. \qquad (13)$$

Demnach hängt der Radius r_n des Ringschlitzes der Schichtblende für einen gegebenen Wert ζ_n von der Wahl des Präzessionswinkels $\bar{\mu}$ und dem Abstand s der Schichtblende vom Kristall ab. Die Lösungen für r als Funktion von ζ für verschiedene geeignete Parameterwerte $\bar{\mu}$ und s stehen in Tabellen- und Diagrammform zur Verfügung und können auf diese Weise einfach nachgesehen werden.

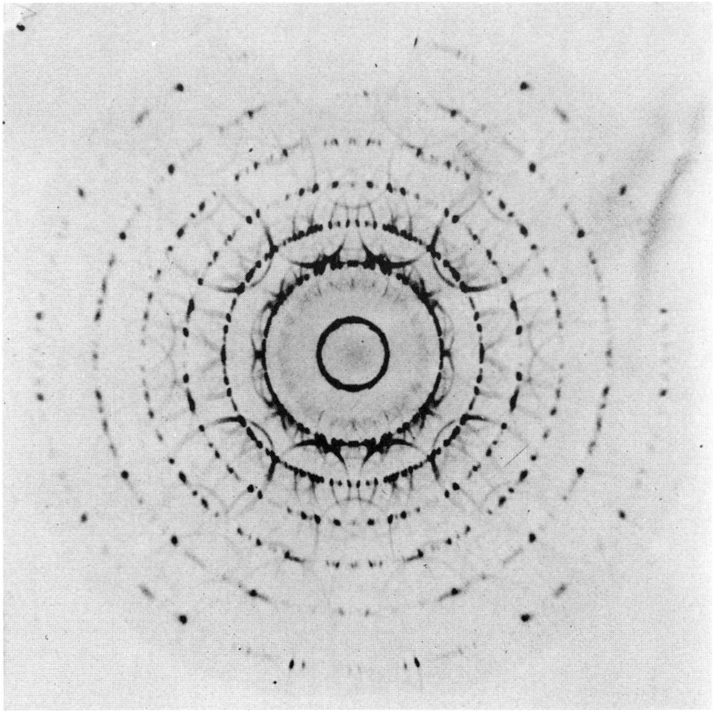

Abb. 21. Symmetrie 2 m m: Beryll.

Auswertung von Präzessionsdiagrammen

Als Hintergrund für diesen Abschnitt sei dem Leser empfohlen, noch einmal die „routinemäßige Symmetriebestimmung mit Hilfe der Beugung von Röntgenstrahlen“ (Kap. 5) durchzulesen. Die Information, die man benötigt, um die Friedelsymmetrie und das Beugungssymbol zu bestimmen, läßt sich mühelos aus einem Satz Präzessionsdiagramme entnehmen; denn die Diagramme bringen Schicht für Schicht ein unverzerrtes Bild des reziproken Gitters. In dem vergrößerten Abbild des reziproken Gitters liefert die Intensitätssymmetrie die Friedelsymmetrie, während man über die Auslöschungen zu dem reziproken Gittertyp und zu dem restlichen Teil des Beugungssymbols findet. Über diese gesamte Information verfügt man nach einer qualitativen Untersuchung der Aufnahme. Da die Diagramme außerdem maßstäblich bekannte Vergrößerungen der reziproken Gitterschichten sind, genügt ein einfaches Ausmessen, um die reziproke Zelle mit ihren Parametern festzulegen. Unter Verwendung der Standardtransformationen nach Kap. 4 berechnet man daraus schließlich die Bravaiszelle.

Die Friedelsymmetrie. Um die Friedelsymmetrie sorgfältig zu bestimmen, sollte man der Reihe nach jedes erwartete Symmetrieelement parallel zur

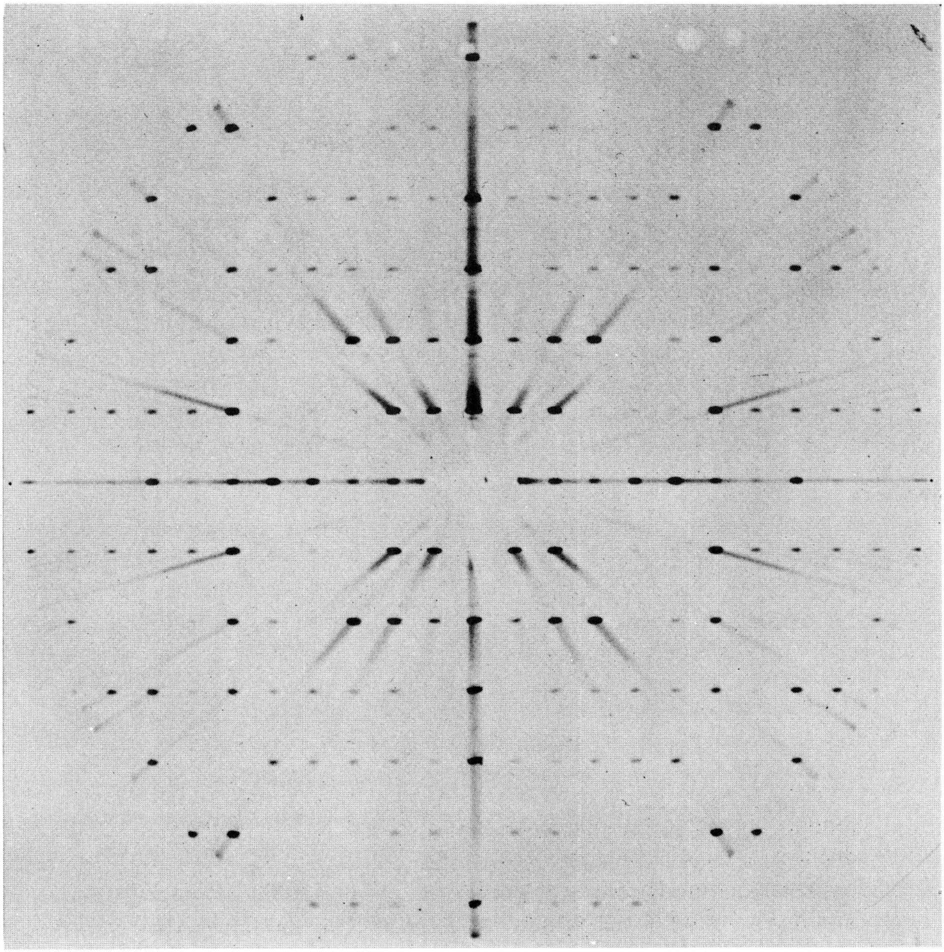

Abb. 22. Symmetrie 2 m m: Beryll.

präzessierenden Achse stellen und einen Satz Präzessionsdiagramme aufnehmen und auswerten. Wenn z. B. die Formentwicklung eines Kristalls hexagonal aussieht, sollte die möglicherweise sechszählige Achse als präzessierende Achse auf der Präzessionskammer justiert werden. Erweist sich die Kristallachse wirklich als sechszählig, dann werden sowohl die höheren Schichtringe des Kegelachsendiagramms als auch die höheren Schichten der Präzessionsdiagramme die sechszählige Symmetrie sichtbar darlegen. Wenn außerdem die Symmetrieachse der geometrische Ort sich schneidender Spiegelebenen ist, wird die Ebenensymmetrie 6mm in allen diesen Aufnahmen sichtbar. Indem man alle Achsen, für die vernünftigerweise Symmetrieinformation zu erwarten ist, auf diese Weise untersucht, läßt sich die

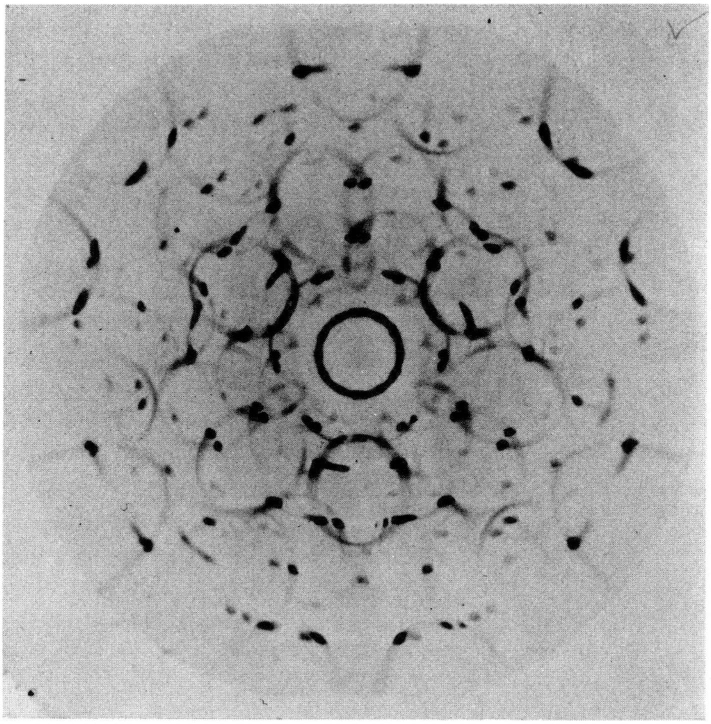

Abb. 23. Symmetrie 3: Dolomit.

Friedelsymmetrie der Kristalle schnell und sicher aus den Präzessionsdiagrammen gewinnen. Beispiele dafür bieten die geradzahligen Abbn. 16 bis 34.

Der Ring der nullten Schicht eines Kegeldiagrammes und die nullte Schicht des Präzessionsdiagrammes lassen oft höhere Symmetrie erkennen als die Bilder der dazu parallelen höheren Schichten. Hierfür gibt es zwei Gründe.

Erstens enthält die *nullte Schicht* den *Ort des Symmetriezentrums;* denn letzteres ist immer Bestandteil der Friedelsymmetrie. Daher muß die nullte Schicht immer eine geradzählige Symmetrie zeigen. Wenn z. B. die höheren Schichten eine dreizählige Symmetrie aufweisen, zeigt die nullte Schicht zur dreizähligen Symmetrie noch die Inversionssymmetrie, was dort gleichbedeutend mit sechszähliger Symmetrie ist.

Der zweite Grund beruht darauf, daß eine *nullte Schicht* gleichzeitig auch die *Schnittebene jeder Symmetrie senkrecht zur präzessierenden Achse* enthält. Ist letztere eine kristallographische Hauptachse, deren Symmetrie die höheren Schichten zweifelsfrei zeigen, so kann die nullte Schicht weitere Symmetrien enthalten. Viele Kristallklassen haben senkrecht zur Hauptachse zweizählige Achsen; jede von ihnen trägt zur Symmetrie der

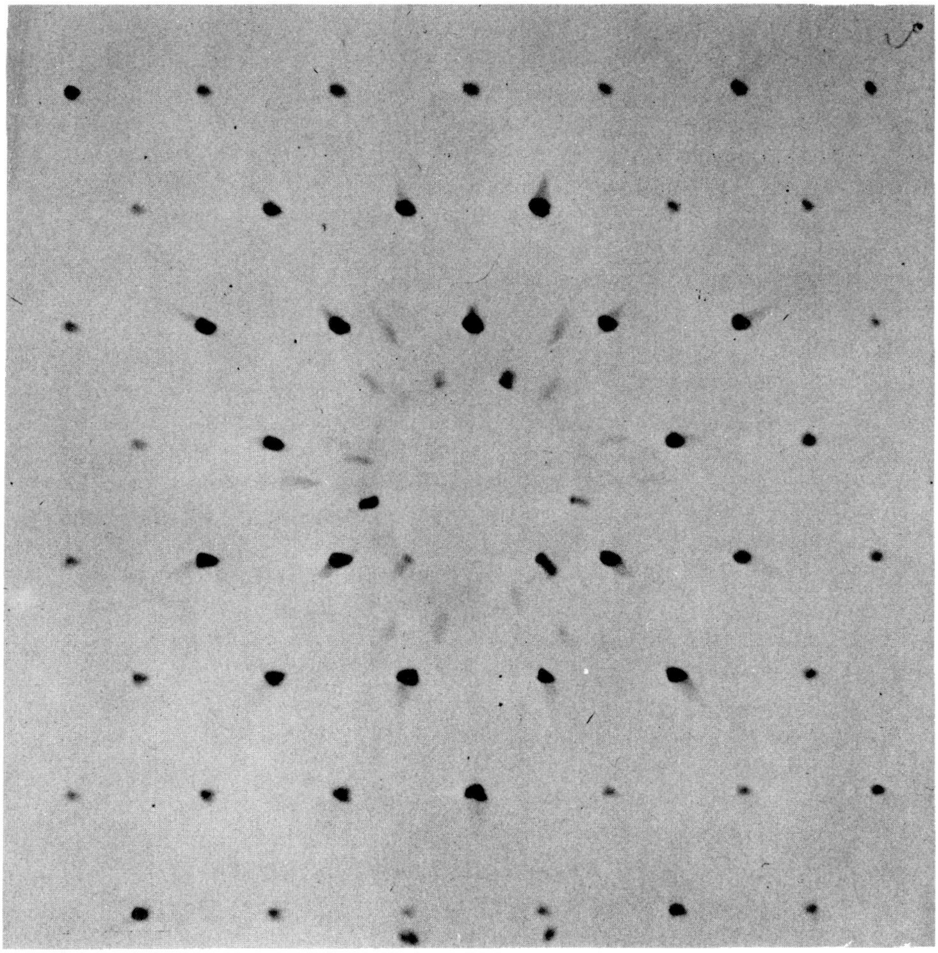

Abb. 24. Symmetrie 3: Dolomit.

nullten Schicht bei und kann dort nicht von der Spiegelsymmetrie unterschieden werden. Haben beispielsweise die oberen Schichten die Symmetrie 6, kann die nullte trotzdem 6mm erkennen lassen.

Der Gittertyp. Im Kap. 5 ließen sich die Gittertypen P, I, A, B, C, F und R durch spezifisch fehlende Reflexe der allgemeinen Reflexklasse hkl, d. h. durch die sog. integralen Auslöschungen, voneinander unterscheiden. Viele Röntgenmethoden, wie z. B. die Schwenkmethode, verlangen zur Identifizierung des Gittertyps ein Auflisten der Indizes aller festgestellten Reflexe. Auch bei der Präzessionsmethode kann man so vorgehen. Es gibt aber hier ein einfacheres Verfahren, weil es möglich ist, durch Übereinanderlegen von zwei oder mehr zusammengehörigen Präzessionsdiagrammen

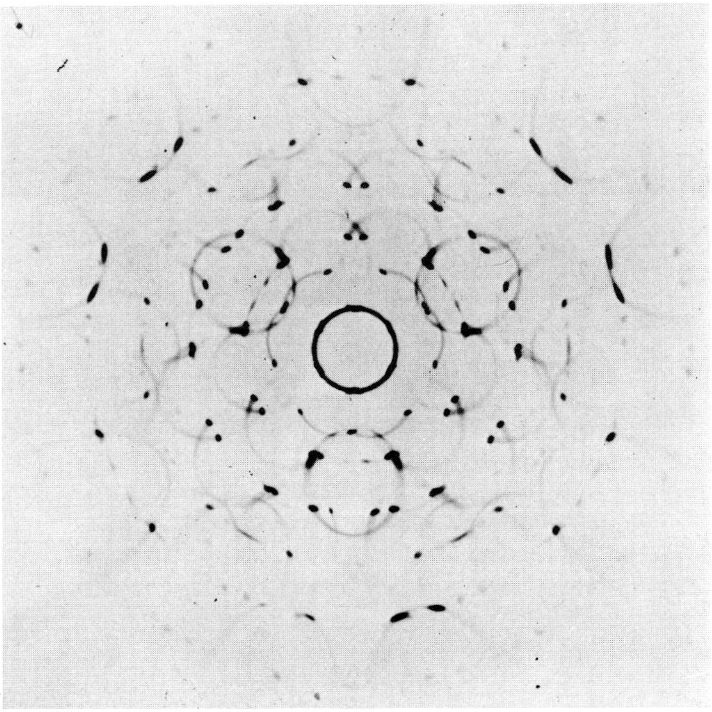

Abb. 25. Symmetrie 3 m: Calcit.

einen Teil des reziproken Gitters direkt zu sehen. Daher vermittelt eine einfache Betrachtung, ob die reziproke Zelle vom Typ P, I, A, B, C, F oder R ist. Es sei daran erinnert, daß die Typen im Kristallgitter und im reziproken Gitter für die Fälle P, A, B, C und R jeweils die gleichen und nur für die beiden Fälle I und F zueinander reziprok sind; d. h., daß $I^* \leftrightarrow F$ und $F^* \leftrightarrow I$ gilt. Mit der Präzessionsmethode läßt sich der Gittertyp sehr schnell bestimmen.

Das Beugungssymbol. Ebenfalls im Kap. 5 steht, daß Gleitspiegelebenen ihre Existenz durch Auslöschungen in gewissen speziellen Reflexklassen wie hk0, h0l, 0kl und hhl kundtun, während sich Schraubenachsen durch Auslöschungen in den einparametrischen Reflexklassen h00, 0k0, 00l und hh0 bemerkbar machen. Wie bereits gesagt, können die Reflexe der Präzessionsdiagramme indiziert und aufgelistet und daher auch über ihre Indizierung vorhandene Gleitspiegelebenen und Schraubenachsen verraten; aber auch hier ist es einfacher, durch Übereinanderlegen mehrerer Diagramme das reziproke Gitter direkt sichtbar zu machen. Alle oben zitierten speziellen

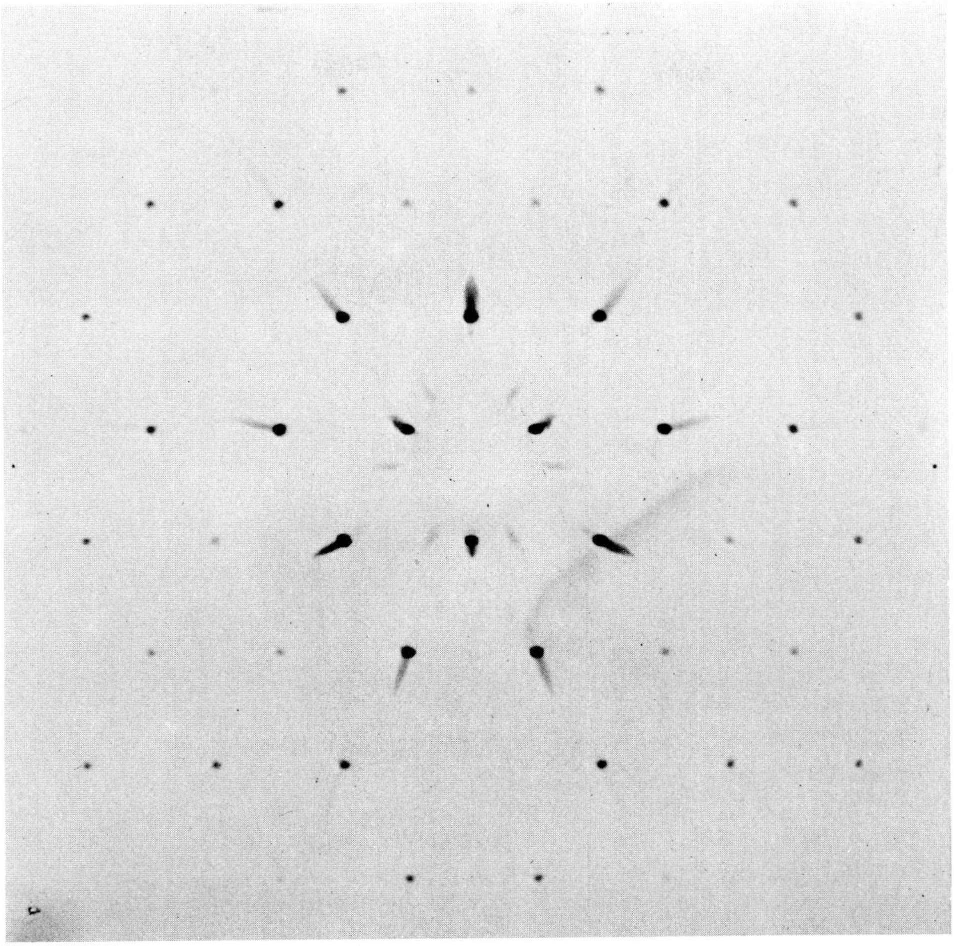

Abb. 26. Symmetrie 3 m: Calcit.

Reflexklassen treten in nullten Schichten auf. Wenn man daher eine solche nullte Schicht und (vorzugsweise) die dazugehörende nächstfolgende Schicht übereinanderlegt, äußert sich eine vorhandene *Gleitkomponente* parallel zur Schichtebene mit einer *doppelten Periodenlänge in der nullten Schicht* gegenüber der in der folgenden Schicht.

Deshalb läßt sich auch die Gegenwart von Gleitspiegelebenen und Schraubenachsen bei einer einfachen Betrachtung der Diagramme erkennen. Das Beugungssymbol kann, wie im Kap. 5 auseinandergesetzt, somit unmittelbar niedergeschrieben werden, indem man diese Information an das Friedelsymbol und den Gittertyp anhängt.

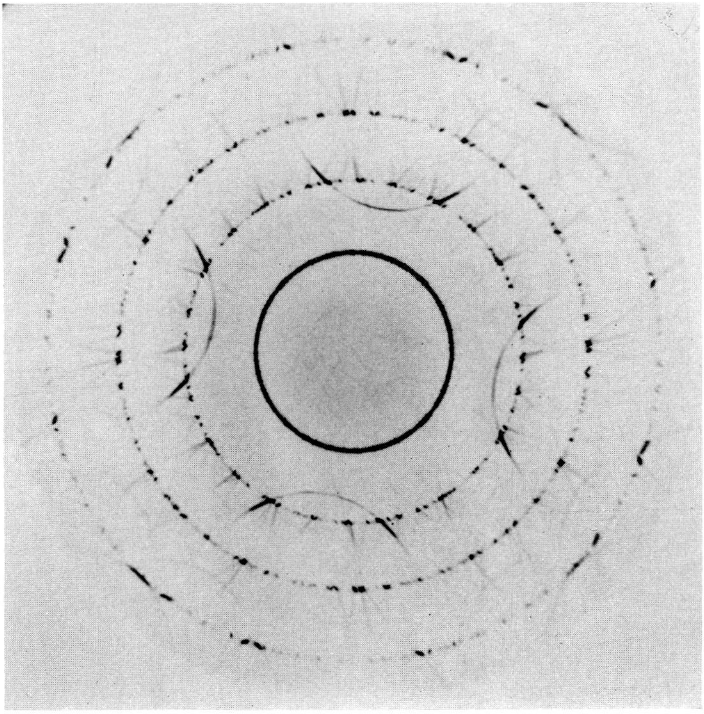

Abb. 27. Symmetrie 4: Skapolith.

Die Zellmaße. Die gerade diskutierte Symmetrieinformation ist rein qualitativ und ergibt sich allein durch eine Inspektion der Präzessionsdiagramme. Ist so der Gittertyp festgelegt, müssen noch die Zellmaße bestimmt werden. Wiederum läßt sich ein Vorteil aus der Tatsache ziehen, daß jedes Präzessionsdiagramm ein vergrößertes genaues Abbild des reziproken Gitters ist. Mit Hilfe einer geeignet drehbaren Meßvorrichtung, wie sie die Abb. 35 zeigt, ist es ein leichtes, die Winkel zwischen irgend zwei gewünschten Gittergeraden, die in der Aufnahmeebene liegen, sowie die Abstände zwischen beliebigen solcher Gittergeraden für das reziproke Gitter zu bestimmen. Die *Winkelmessung* kann auf nahezu *5 Bogenminuten genau* durchgeführt werden, die *Messung reziproker Abstände* innerhalb der Netzebene einer Schicht *auf nahezu 0,005 cm genau.* Daraus können die reziproken Zellabmessungen berechnet und unter Zuhilfenahme der Tab. 1B,4 auf die Zelle des Kristallgitters umgerechnet werden.

Durch Ausmessen der Präzessionsdiagramme lassen sich die Zellmaße leicht und rasch gewinnen, in erster Linie deshalb, weil man direkt ein maßstäblich bekanntes Abbild des reziproken Gitters ausmißt. Die Meßweise mit

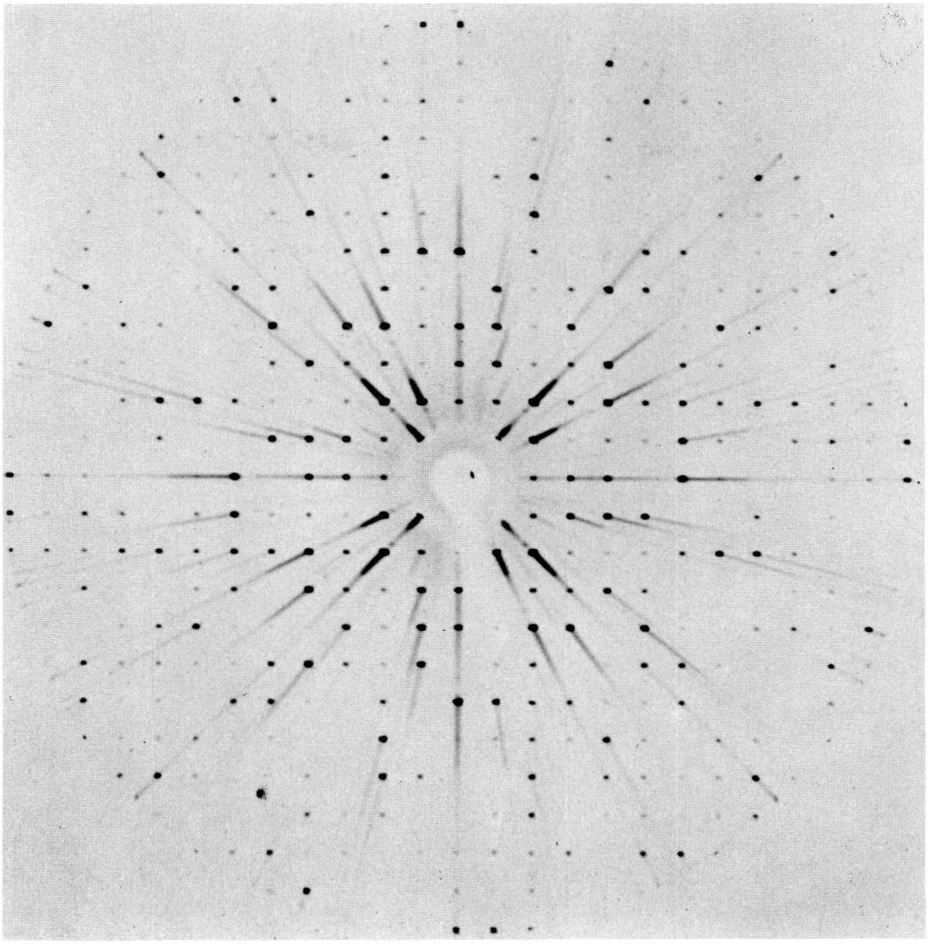

Abb. 28. Symmetrie 4: Skapolith.

dem Auswertegerät bietet den großen Vorteil, daß man mit dem durch eine größere Punktreihe gelegten Haarstrich automatisch eine Mittelung vornimmt. Sowohl Länge als auch Winkel lassen sich ohne besondere Vorkehrungen mit einer Genauigkeit von ungefähr 1/4% bestimmen.

Im Gegensatz dazu liefert die Drehkristallmethode jeweils immer nur eine einzige Translationsperiode, und dies mit der relativ bescheidenen Genauigkeit von etwa 1%. Andererseits kann bei Anwendung der Rückstrahl-Weißenbergmethode oder der Pulvermethode eine Präzision in der Größenordnung von 0,01% erzielt werden, vorausgesetzt, daß die Zellmaße schon vorher angenähert bekannt sind.

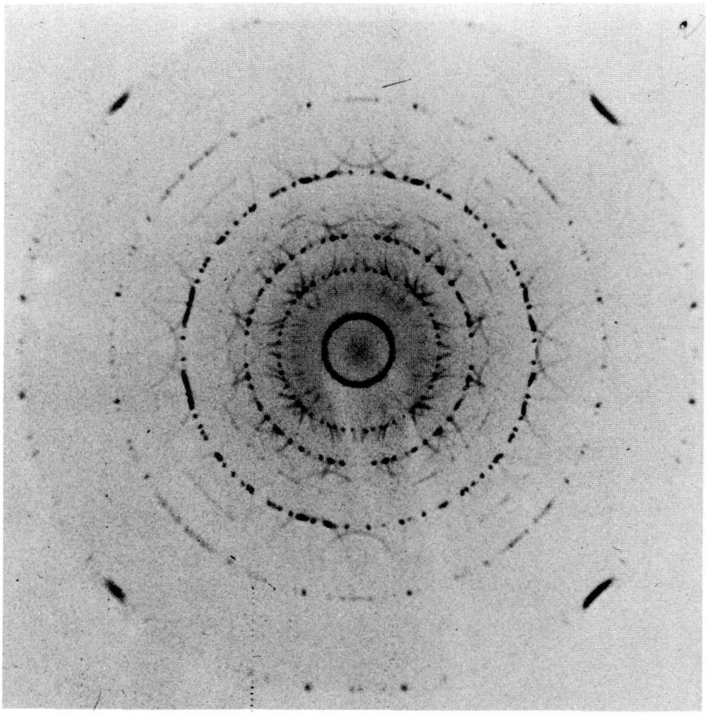

Abb. 29. Symmetrie 4 m m: Granat.

Zusammenfassung

Damit verschiedene kristallographische Netzebenensätze die Braggsche Reflexionsbedingung erfüllen können, müssen Kristall und direkter Strahl ihre relative Orientierung ändern. Es sind viele Arten kontinuierlicher Orientierungsänderungen des Kristalls gegenüber dem direkten Strahl denkbar. Bei einer offensichtlich viele Vorteile bietenden Art präzessiert eine rationale Kristallgittergerade um den direkten Strahl, während gleichzeitig verhindert wird, daß sich der Kristall um den Strahl dreht. Diese Bewegung bezeichnet man als Präzessionsbewegung. In den fabrikmäßig gebauten Präzessionsgeräten wird der Kristall durch eine Kardanaufhängung an der Rotation um den direkten Strahl gehindert (ähnlich einem Ruder in der Riemendelle, wobei der Holm der rationalen Kristallgittergeraden entspricht). Die Präzessionsbewegung entsteht, wenn sich ein Punkt auf der rationalen Gittergeraden gleichförmig um den direkten Strahl dreht. Die präzessierende Gerade heißt präzessierende Achse; bei justiertem Kristall ist sie stets eine rationale Gittergerade. Der Winkel zwischen der präzessierenden Achse und dem direkten Strahl wird der Präzessionswinkel $\bar{\mu}$ ge-

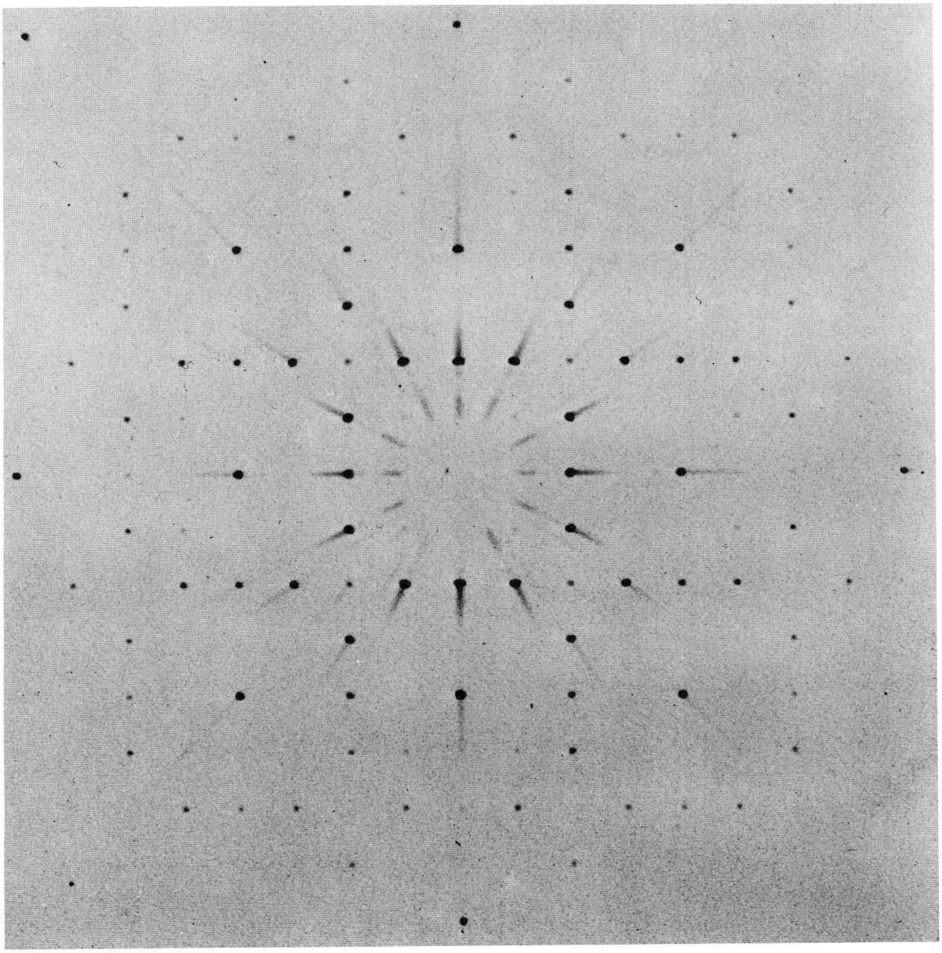

Abb. 30. Symmetrie 4 m m: Granat.

nannt. $\bar{\mu}$ wird während eines Experimentes konstant gehalten, kann aber auf einen beliebigen Betrag zwischen 0° und dem derzeitigen Höchstwert des Gerätes von 30° eingestellt werden. Die Lauebedingung beschränkt die Beugungsrichtungen allgemein auf die Erzeugenden eines Lauekegelsystems, das koaxial zu einer beliebigen rationalen Kristallgittergeraden ist. Für die Präzessionsmethode ist nur das spezielle, mit der präzessierenden Achse koaxial verlaufende Lauekegelsystem von Interesse. Da der Präzessionswinkel $\bar{\mu}$ feststeht, bleiben die fraglichen Kegel während eines vollständigen Präzessionszyklus invariant.

Für die Erzeugung eines Kegelachsendiagramms ist der photographische Film so aufgesetzt, daß seine Ebene senkrecht zur präzessierenden Achse

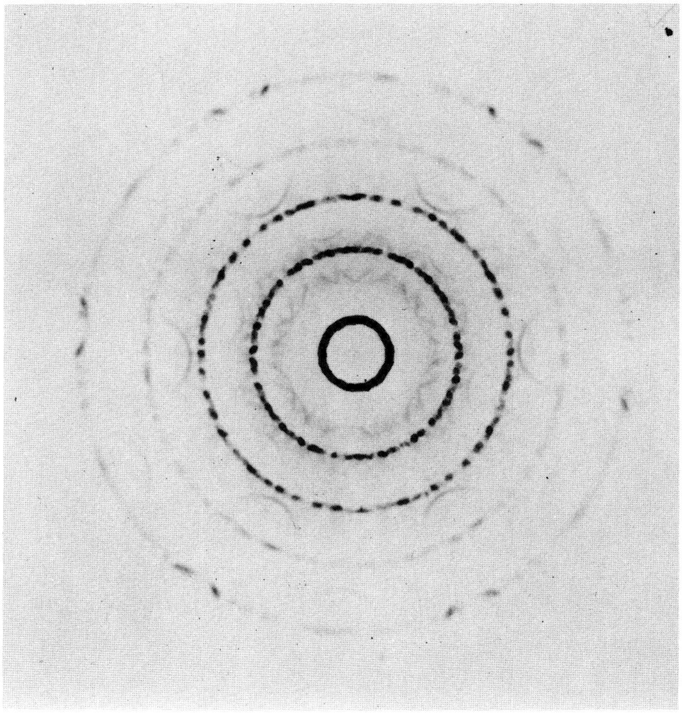

Abb. 31. Symmetrie 6: Apatit.

steht, und so zum Kristall fixiert, daß er an der Präzessionsbewegung teilnimmt. Die Lauekegel schneiden den Film in einem Satz konzentrischer Kreise, wobei die Kreise ihre relative Lage zum Film während des Präzessionsvorganges beibehalten. Die Röntgenreflexe (Schwärzungsflecke) sind daher ebenfalls auf diese Kreise bzw. Ringe beschränkt. Messungen der Ringdurchmesser im Kegelachsendiagramm liefern Daten, aus denen sich die Translationsperiode der rationalen präzessierenden Achse berechnen läßt. Die Reflexsymmetrie in einem Kegelachsenring ist auch die Friedelsymmetrie der Achse.

Eine andere Filmanordnung führt zum Präzessionsdiagramm. Hierbei wird der Film in einem eigenen Kardanring exakt in der gleichen Weise wie der Kristall befestigt, d. h. die Mittelpunkte von Film und Kristall sind entlang dem direkten Strahl fixiert. Beide Kardanrahmen sind mechanisch so gekoppelt, daß der Film jeder Orientierungsänderung des Kristalls folgt. Die Filmebene steht senkrecht zur präzessierenden Achse, die kreisförmig um den Filmmittelpunkt streicht. Eine ebene Blende mit ringförmiger Öffnung, die Schichtblende, gibt jeweils einem Lauekegel den Weg zum Film frei. Die auf diese Weise registrierte Beugungsfigur des Kristalls erweist sich als un-

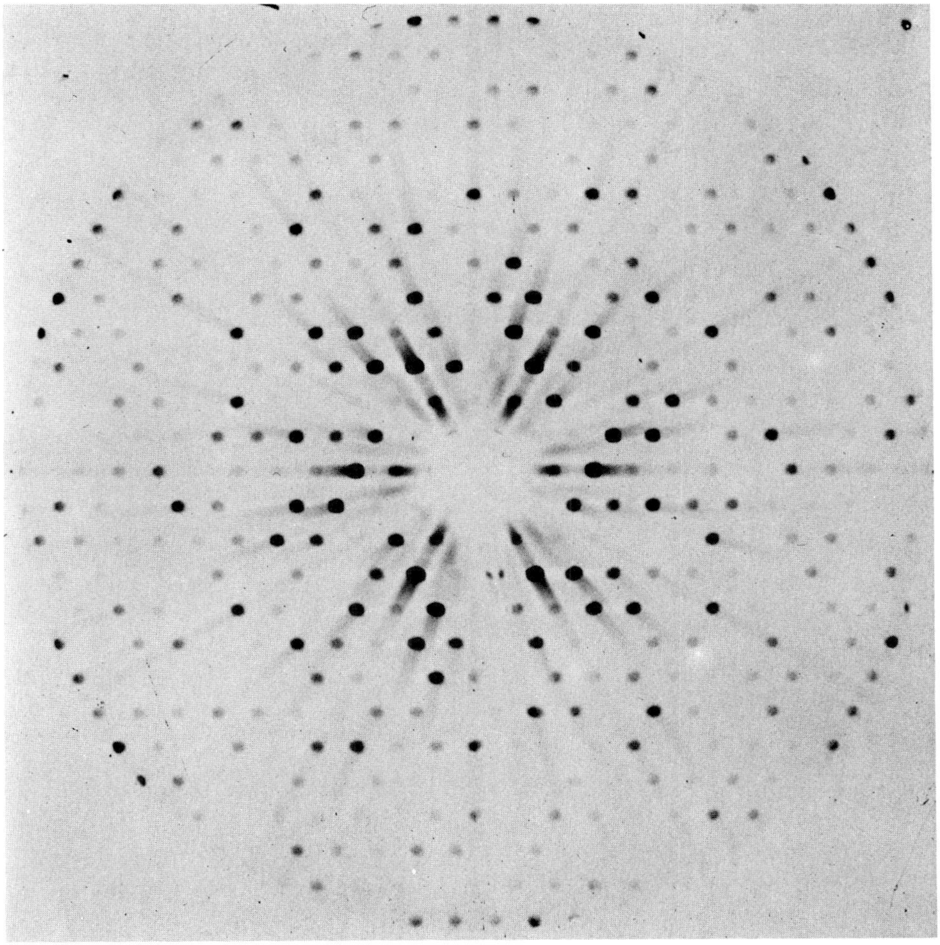

Abb. 32. Symmetrie 6: Apatit.

verzerrtes Abbild der Punkte des reziproken Gitters. Auf dem Abbild ist jede Strecke des wellenlängennormierten reziproken Gitters um einen Faktor M vergrößert; M ist der Abstand zwischen den Mitten des Kristall- und des Filmrahmens.

Die Präzessionsdiagramme, die einfach Bilder reziproker Gitterschichten sind, lassen sich leicht auswerten. Friedelsymmetrie, Gittertyp und Beugungssymbol können durch visuelle Überprüfung der Filmsätze festgestellt und damit sofort aufgeschrieben werden. Die Zellmaße, sowohl die Längen wie die Winkel, lassen sich ohne besondere Vorkehrungen über einfache Messungen mit einer Genauigkeit von rund 1/4% ermitteln.

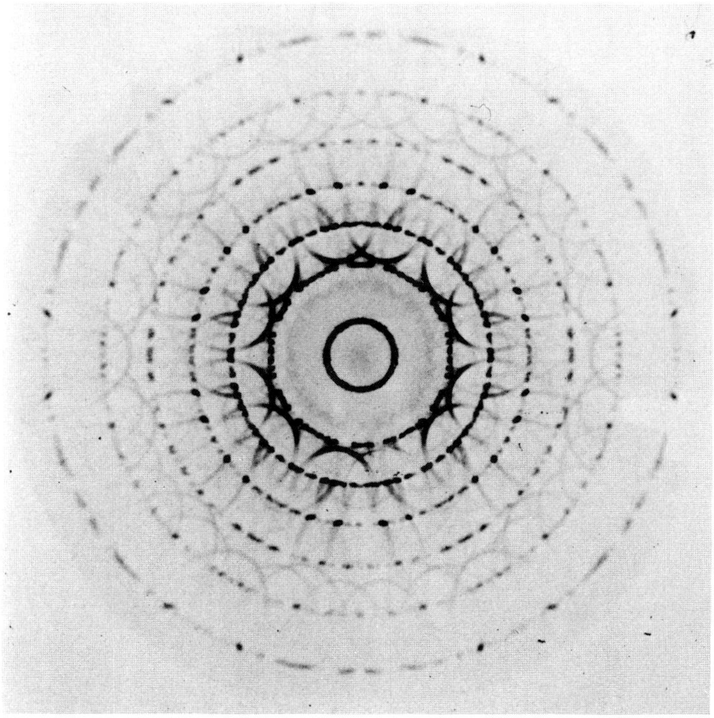

Abb. 33. Symmetrie 6 m m: Beryll.

Präzessionsaufnahmen sind auch zur Kristallorientierung nützlich. Zu diesem Zweck durchgeführte Aufnahmen, für die man gewöhnlich ungefilterte MoK-Strahlung verwendet, werden Orientierungsdiagramme genannt.

Geschichtliche Anmerkungen

Mitte der dreißiger Jahre erfand M. J. Buerger die Präzessionsmethode. Den Anstoß dazu hatte das Versagen der Schwenkmethode gegeben, denn sie vermochte nur wenig zu der gewünschten Symmetrieinformation beizusteuern. Mit dem Ersatz der Schwenkbewegung durch die Präzessionsbewegung waren alle Netzebenensätze, die durch ein Symmetrieelement parallel der präzessierenden Achse äquivalent sind, nunmehr auch beugungstechnisch gleichwertig gemacht. Die Reflexsymmetrie wird im Gegensatz zur Schwenkmethode in diesem Fall nicht erniedrigt. Im Jahre 1944 stand erstmals eine Monographie zur Verfügung, in der die Methode beschrieben wurde, und 1945 begannen zwei Firmen Präzessionskammern auszuliefern. Die Geräte werden inzwischen in Deutschland, Japan, den Niederlanden, der Schweiz und in den USA hergestellt; die meisten Laboratorien, die sich mit der Röntgenuntersuchung von Einkristallen befassen, verfügen heute über zumindest eine Präzessionskammer.

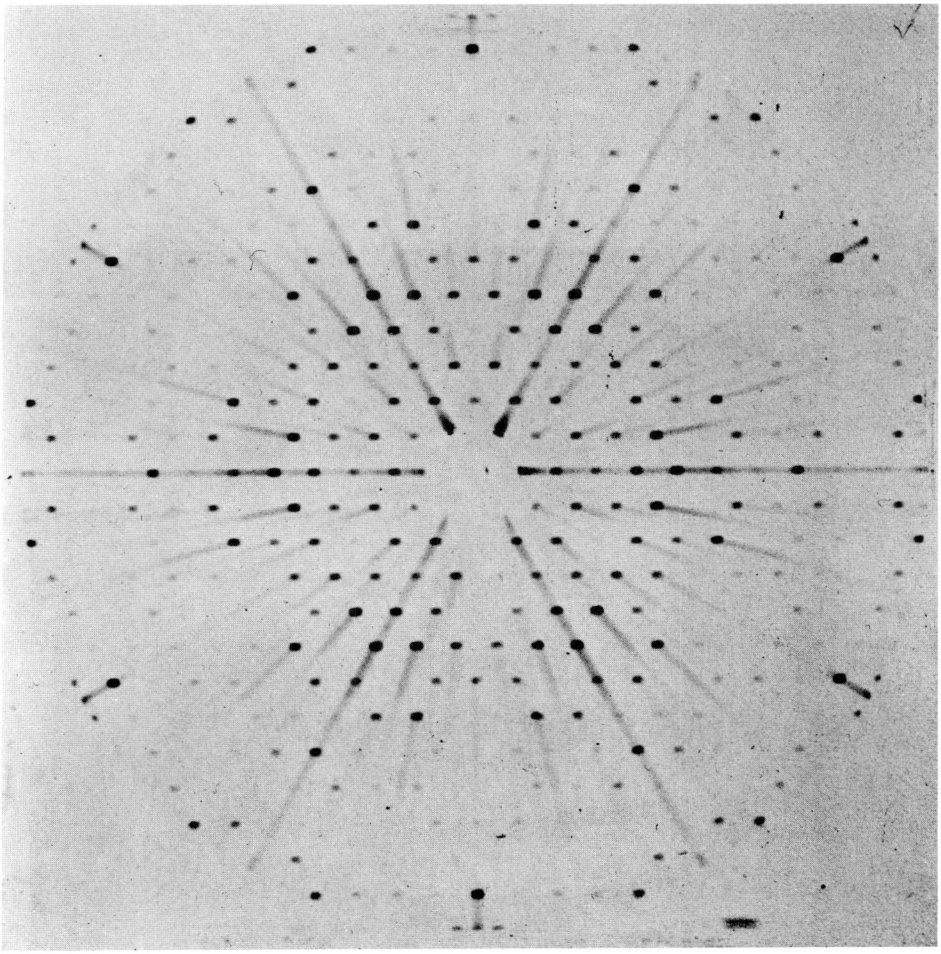

34. Symmetrie 6 m m: Beryll.

Weiterführende Schriften

Martin J. Buerger. The precession method in x-ray crystallography. (Wiley, New York, 1964) 276 Seiten.

Grundlegende Werke und Einzelveröffentlichungen

M. J. Buerger. X-ray cristallography. (Wiley, New York, 1942) 204–211.
M. J. Buerger. The photography of the reciprocal lattice. American Society for X-ray and Electron Diffraction, Monograph 1 (1944) 37 Seiten.

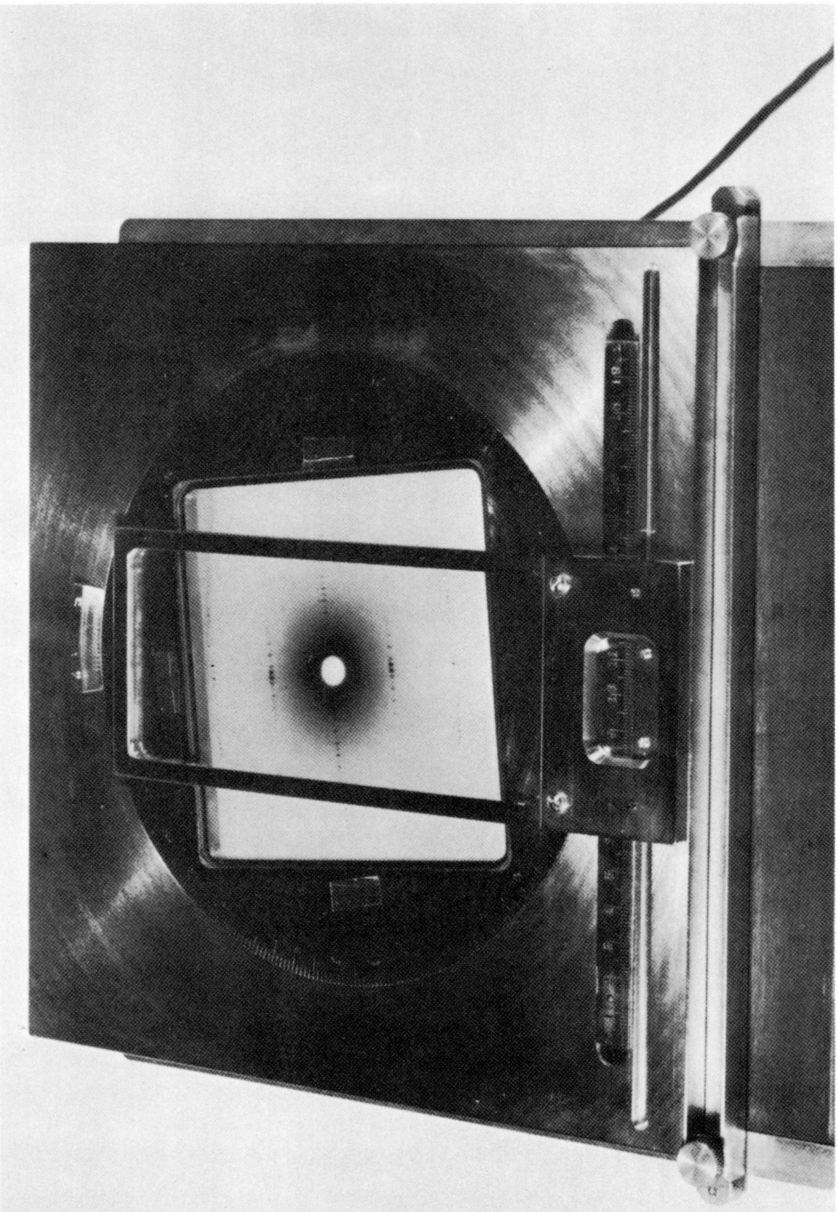

Abb. 35. Auswertevorrichtung für die Winkel- u. Abstandsmessung an Präzessionsaufnahmen. [Aus M. J. Buerger Am. Mineral. **30** (1945) 553].

Kapitel 10

Inhalt der Elementarzelle und allgemeine Anordnung der Teilchen

Einleitung

Entsprechend Kap. 8 und 9 können Symmetrie und Bravaiszelle eines Kristalls unter der Voraussetzung röntgenographisch bestimmt werden, daß man über ein homogenes Bruchstück dieses Kristalls verfügt. So erhaltene röntgenographische Ergebnisse sind unabhängig von irgendwelchen weiteren

Informationen über den Kristall, etwa von seiner chemischen Zusammensetzung. Wenn jedoch der chemische Bestand und die Dichte bekannt sind, lassen sich zusammen mit Zell- und Symmetriedaten einige nützliche allgemeine Informationen über die Kristallstruktur gewinnen. Insbesondere erfährt man die Zahl der Atome pro Zelle und kann nachsehen, wie die Symmetrie die Anordnung der Atome einschränkt. Diese Fakten stehen im vorliegenden Kapitel zur Diskussion.

Als Vorbereitung für eine vollständige Kristallstrukturaufklärung wird standardroutinemäßig die Zahl der Atome in der Bravaiszelle berechnet und erwogen, wie sich diese Zahl allgemein aufteilen läßt. Die Ergebnisse reichen oft schon aus, um zumindest Probleme zu lösen, die nicht so schwierig sind, wie eine ins einzelne gehende Anordnung der Atome. Z. B. können sie durchaus eine Hilfe bei der Bestimmung des Molekulargewichtes oder der Konfiguration eines chemischen Moleküls im Kristall sein. Auch sind sie für die Positionsbestimmung eines schweren Atoms einer Struktur nützlich, eine sehr fragmentarische Kenntnis, die indes entscheidend für die eigentliche Strukturaufklärung sein kann.

Die Dichtebeziehung

Grundlegende Berechnung. Die Tatsache, daß die makroskopisch bestimmte Dichte G eines Kristalls mit der Dichte seiner (periodisch wiederkehrenden) Bravaiszelle übereinstimmt, führt zu nützlichen Folgerungen. Für die makroskopische Dichtemessung gibt es viele Möglichkeiten; eine Genauigkeit von 1% läßt sich ohne besondere Vorkehrungen erzielen und unter sorgfältigen Vorsichtsmaßnahmen kann sie noch um etwa eine Größenordnung verbessert werden. Der experimentelle Wert der Größe G kann der Zellmasse dividiert durch Zellvolumen gleichgesetzt werden. Die *Zellmasse* ist gleich der Masse M der Atome in der chemischen Formeleinheit mal der Anzahl Z chemischer Formeleinheiten in einer Bravaiszelle. Die Dichtebeziehung hat daher die Form

$$G = \text{Zellmasse}/\text{Zellvolumen} = ZM/V \qquad (1)$$

Das Zellvolumen ergibt sich selbstverständlich einfach aus den Zellmaßen. Wie man der Tabelle 1B,4 entnimmt, beträgt es im allgemeinsten (triklinen) Fall

$$V = abc\sqrt{1 - \cos^2\alpha - \cos^2\beta - \cos^2\gamma + 2\cos\alpha\cos\beta\cos\gamma}, \qquad (2)$$

vereinfacht sich jedoch in den anderen Kristallsystemen beträchtlich.

Üblicherweise gibt man die Dichte in g/cm^3 an. Zum Gebrauch der Gl. (1) sind daher die anderen Angaben auf das cgs-Maßsystem zu beziehen. Insbesondere sind auch die Zellkanten a, b und c, die normalerweise in Å-Einheiten gemessen werden, durch Multiplikation mit dem Faktor 10^{-8}

auf cm umzurechnen; die Masse der Atome in der chemischen Formeleinheit, die man gewöhnlich in atomaren *Masseneinheiten*[16] angibt, muß auf Gramm umgerechnet werden, indem man durch die Loschmidtsche Zahl der Teilchen pro Mol dividiert, bzw. mit deren Reziprokwert $1{,}66055 \cdot 10^{-24}$ multipliziert. Mit diesen Umrechnungsfaktoren geht Gl. (1) über in Gl. (3)

$$G\,[\mathrm{g/cm^3}] = \frac{Z \cdot M \left[\begin{matrix}\text{atomare}\\ \text{Masseneinheiten}\end{matrix}\right] \cdot 1{,}6606 \cdot 10^{-24} \left[\mathrm{g} \Big/ \begin{matrix}\text{atomare}\\ \text{Masseneinheiten}\end{matrix}\right]}{V\,[\text{Å}^3] \cdot 10^{-24}\,[\mathrm{cm^3/Å^3}]} \tag{3}$$

Da G und V durch einfache physikalische Messungen bestimmbar sind, läßt sich Gl. (3) grundsätzlich für das Produkt $Z \cdot M$, d. h. für die Masse der atomaren Materie in einer Zelle lösen. Das Ergebnis wird gewöhnlich in zweierlei Darstellungen gebraucht, die nun kurz besprochen werden sollen.

Anzahl der Formeleinheiten pro Zelle. Ist die chemische Formel der Kristallsubstanz sicher aufgestellt, so wird der Ausdruck (3) gewöhnlich zur Berechnung der Anzahl Z der Formeleinheiten in der Zelle benutzt. Indem man nach Z auflöst, folgt

$$Z = (G \cdot V \cdot 10^{-24})/(M \cdot 1{,}6606 \cdot 10^{-24})$$

$$[\text{Formeleinheiten/Zelle}] \text{ mit } \begin{cases} G \text{ in } [\mathrm{g/cm^3}] \\ V \text{ in } [\text{Å}^3] \\ M = [\text{at. Masseneinheiten}] \end{cases} \tag{4}$$

Z ist eine ganze Zahl, die mit der Symmetrie der Zelle in einer später noch zu betrachtenden Weise verträglich sein muß.

Zell- und Formelmasse. In vielen Fällen ist jedoch die genaue Formel der Kristallsubstanz nicht sicher bekannt; das kann auf analytischen Schwierigkeiten beruhen, aber auch auf der Bildung von Mischkristallen, die eine Aufstellung der chemischen Idealformel erschwert. Unter solchen Umständen ist die Masse M in Gl. (3) nicht festzulegen und damit läßt sich die Be-

---

[16] Die atomare Masseneinheit ist ungefähr die Masse eines Wasserstoffatoms, genauer ein Zwölftel der Masse des Kohlenstoffnukleids ^{12}C. Ist allgemein A das „relative Atomgewicht" eines chemischen Elementes, dann besitzt ein einzelnes Atom die Masse A atomare Masseneinheiten, und die Anzahl N_L Atome der gleichen Sorte besitzt die Masse A Gramm. Die Teilchenmenge N_L ist eine Naturkonstante und hat den Zahlenwert (Phys. Rev. Letters (1974) **33**, 469) $N_L = 6{,}02209 \cdot 10^{23}$. Diese Teilchenmenge entspricht der Molzahl 1. In dieser Betrachtungsweise ist N_L dimensionslos (während N_L in einer anderen, hier nicht benutzten Betrachtungsweise, bei gleichem Zahlenwert, die Dimension einer reziproken Masse hat).

ziehung (4) auch nicht zur Bestimmung von Z heranziehen. Aber in diesen Fällen kann Gl. (3) wenigstens nach der Gesamtmasse Z · M aufgelöst werden

$$Z \cdot M = (G \cdot V \cdot 10^{-24})/(1{,}6606 \cdot 10^{-24})$$

$$[\text{atomare Masseneinheiten/Zelle}] \text{ mit } \begin{cases} G \text{ in } [\mathrm{g/cm^3}] \\ V \text{ in } [\mathrm{Å^3}] \end{cases} \qquad (5)$$

Die mit Gl. (5) gegebene Information ist oft sehr nützlich. So weichen beispielsweise die Mineralkristalle gewöhnlich von einer idealen Formel ab, da sie fast immer Mischkristalle sind. Dabei gibt es mehrere Mischkristalltypen. Bei dem in Mineralien und in metallischen Systemen häufig angetroffenen Typ ist ein gewisser Bruchteil der idealerweise in der Kristallstruktur erwarteten Atome durch Fremdatome ersetzt. Diesen Typ nennt man *Substitutionsmischkristall.* Tritt ein Ersatz gleichzeitig für mehrere Atomsorten auf, kann die chemische Analyse von der idealen Formel in einer nicht leicht durchschaubaren Weise abweichen. So ist es nicht ungewöhnlich, daß die chemischen Analysen von Individuen der gleichen Kristallart aber von verschiedenen Fundorten so stark differieren, daß für die Kristallart als solche keineswegs eine einzige gemeinsame Idealformel naheliegt. Jedoch stellt man gewöhnlich fest, daß die Anzahl der großen Anionen für den Zellinhalt konstant ist, daß weiter die Gesamtzahl gewisser Kationen pro Zelle konstant ist und daß beide Zahlen charakteristisch für oder erlaubt durch die Symmetrie der Raumgruppe sind, wie später auseinandergesetzt wird. In derlei Fällen werden die Positionen dieser Anionen- und Kationensätze bezüglich der Symmetrieelemente teilweise oder sogar vollständig sichtbar.

Ein beachtlich kompliziertes Beispiel hierfür bildet das Mineral *Turmalin,* dessen chemische Analyse bis zu seiner Strukturaufklärung nicht vollständig und nicht sicher erklärbar war. Die Analyse eines sehr einfach zusammengesetzten Turmalins und die Art ihrer Reduktion ist in Tab. 1 ausführlich erläutert. Turmalin kristallisiert in der Raumgruppe R 3 m. Die Berechnung nach Formel (5) liefert für ein Zellvolumen von V = 532 Å^3 bei einer Dichte G = 3,06 g/cm^3 für die primitive Zelle 980 atomare Masseneinheiten. Wird diese Masse mit den in Spalte 1 verzeichneten Gewichtsprozenten der analysierten Oxide multipliziert, erhält man deren Masseneinheiten für die primitive Zelle (Spalte 2); da die chemische Analyse etwas mehr als 100% ergab, übersteigt auch der Summenkontrollwert der Atommassen entsprechend den Betrag von 980. In Spalte 4 sind die Massenwerte auf die Anzahl der Formeleinheiten der Oxide umgerechnet, die dann entsprechend ihren Formeln der Reihe nach in die Anzahl der Metallatome (Spalte 5) und der Sauerstoffatome (Spalte 6) zu zerlegen sind. Aus später ersichtlichen Gründen sind in der Raumgruppe R 3 m gleichartige Atome nur in Gruppen von 6 und 3 Atomen oder 1 Atom erlaubt. Demnach sind die beiden letzten Kolonnen der Tab. 1 darauf zu untersuchen, ob sie sich ent-

Tabelle 1. Berechnung des Zellinhaltes für Turmalin von de Kalb (New York).

	1 Gewicht %	2 Masse pro Zelle, atomare Masseneinheiten	3 Molekularmasse des Oxids	4 Anzahl der Formeleinheiten	5 Anzahl der Metallatome pro Zelle	6 Anzahl der Sauerstoffatome pro Zelle
SiO_2	36,72	360	60,06	5,99	5,99	11,98
TiO_2	0,05	0,5	79,90	0,006	0,01	0,01
B_2O_3	10,81	106	69,64	1,53	3,05	4,58
Al_2O_3	29,68	291	101,94	2,85	5,70	8,55
FeO	0,22	2,2	71,84	0,03	0,03	0,03
MgO	14,92	146	40,32	3,62	3,62	3,62
CaO	3,49	34,2	56,08	0,61	0,61	0,61
Na_2O	1,26	12,35	61,97	0,20	0,40	0,20
K_2O	0,05	0,5	94,20	0,005	0,01	0,01
H_2O	2,98	29,2	18	1,62	3,24	1,62
F	0,93	9,1	19	0,48	0,48	
Σ	101,11	991				31,21
Weniger* O-Äquivalent zu F	0,39					
	100,72					

* Da der Kristall insgesamt elektrisch neutral ist, ersetzt das einwertige Ion F^-an irgendwelchen Stellen das zweiwertige Ion O^{2-}. Die aufgelisteten Oxide weisen daher $0{,}93 \cdot (16/19)/2 = 0{,}39$ Gew. % zuviel Sauerstoff aus. Um diesen Betrag ist die Analyse zu korrigieren.

sprechend gruppieren lassen. Z. B. enthält Spalte 5 fast genau 6 Si-Atome, 3 B-Atome und ungefähr 1 elektropositives Atom mit einem großen Teilchenradius, das teils Na, teils Ca ist. Wenn man in dieser Weise die beiden letzten Spalten der Tab. 1 analysiert, gelangt man zu der starken Vermutung, daß der untersuchte Turmalin durch die Formel

$$\left|\begin{matrix} Na_{0,40} \\ Ca_{0,61} \\ K_{0,01} \end{matrix}\right|_{1,02} \quad Mg_{3,05}\,B_{3,05} \quad \left|\begin{matrix} Al_{5,52} \\ Mg_{0,57} \\ Fe_{0,03} \end{matrix}\right|_{6,12} \left|\begin{matrix} Si_{5,99} \\ \\ Al_{0,18} \end{matrix}\right|_{6,17} \left|\begin{matrix} O_{31,21} \\ \\ F_{0,48} \end{matrix}\right|_{31,69} \quad H_{3,24}$$

dargestellt werden kann. Die Tatsache, daß die Atome in den vertikalen Reihen der vorstehenden Formel in Mengen erscheinen, die nahe den ganzen Zahlen 1, 3 oder 6 liegen, soll bedeuten, daß sich die Elemente einer Reihe jeweils wechselseitig ersetzen, um einen Substitutionsmischkristall zu bilden. Daß in der vorstehenden Formel einige Elemente, nämlich Mg und Al, jeweils an zwei unterschiedlichen Plätzen der Formel auftreten, ist zunächst nicht evident, läßt sich aber – wie übrigens die Aufstellung der Substitutionsreihen überhaupt – durch tiefergehende Überlegungen unter Einbeziehung der Erfahrung begründen und wird erst durch die Strukturaufklärung bestätigt. Daß die Summationen in der obenstehenden Formel ungefähr um 2% höher liegen als die ganzen Zahlen 1, 3, 3, 6, 6 und 31, läßt sich mit der Annahme deuten, daß die in Gl. (5) gebrauchte Dichte von 3,06 ungefähr um 2% zu hoch lag. Eine vermutlich gute Idealformel für Turmalin wäre daher

$$NaMg_3B_3Al_6Si_6O_{27}(OH)_4.$$

Dieses Ergebnis wird auch durch analoge Betrachtungen auf Grund anderer Turmalinanalysen gestützt, die an Material verschiedener Fundorte ausgeführt sind. Die Formel konnte durch die vollständige röntgenographische Kristallstrukturanalyse bestätigt werden.

Punktkoordinaten

Es ist üblich, den Ort eines Elementarzellpunktes in einer Kristallstruktur durch seine Koordinaten anzugeben. Die Koordinaten werden parallel den Zellkanten gemessen und sind naturgemäß echte Brüche der Zellkantenlängen; sie werden wie folgt definiert: Sind X, Y und Z die Absolutwerte der Koordinaten (sagen wir in Å-Einheiten) parallel zu den Achsen a, b und c, dann sind die *relativen Koordinaten* entlang denselben Achsen

$$x = X/a, \qquad y = Y/b, \qquad z = Z/c. \tag{6}$$

Die relativen Koordinaten werden auch als *Basiskoordinaten*, häufig jedoch einfach als Punktkoordinaten bezeichnet. Die relativen Koordinaten können sich auf irgendeinen passenden Ursprungspunkt, der gewöhnlich in einer Zellecke liegt, beziehen. (In einigen der nachstehenden Bilder ist jedoch die Zellmitte als Ursprung gewählt, weil sich damit eine kompaktere Darstellung erreichen läßt.)

Punktlagen

Erzeugung von Punkten mittels Symmetrieoperationen. Befindet sich ein Punkt in der Nachbarschaft eines oder mehrerer Symmetrieelemente, so müssen – um der Bedeutung dieses oder dieser Symmetrieelemente gerecht zu werden – noch weitere Punkte vorhanden sein. Die neuen Punkte wertet man passend als Wirkung von Symmetrieoperationen auf den Ausgangspunkt. Die fraglichen Operationen bestehen dabei genau aus allen Operationen derjenigen Symmetriegruppe, die sich aus den vorstehend angesprochenen Symmetrieelementen zusammensetzt. Wenn sich z. B., wie es in

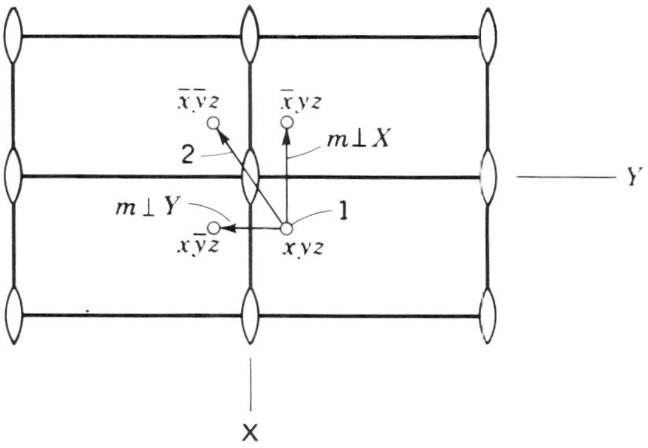

Abb. 1. Die orthorhombische Raumgruppe P m m 2. Darstellung der Symmetrieelemente und der allgemeinen Punktlage. Die allgemeine Punktlage besteht hier aus vier symmetrieäquivalenten Punkten.

Abb. 1 dargestellt ist, ein Punkt in einer allgemeinen Lage der Raumgruppe P m m 2 befindet, müssen in jeder Zelle insgesamt vier Punkte vorhanden sein, damit die Raumgruppensymmetrie erfüllt ist. Diesen Satz von vier Punkten betrachtet man geeigneterweise als Ergebnis von vier Operationen der Raumgruppe P m m 2, die keine Gitteroperationen sind, nämlich 1, 2, $m_{\perp X}$ und $m_{\perp Y}$, und die man auf den Ausgangspunkt anwendet. In Abb. 1 ist die Erzeugung der Punkte durch die einzelnen Operationen mit Pfeilen angezeigt. Dabei wird die Operation 1 zur Erzeugung des Ausgangspunktes aus sich selbst benutzt. Die Information der Abb. 1 ist auch in den beiden ersten Spalten der Tab. 2 enthalten.

Verringerung der Zähligkeit auf Grund spezieller Lagen. In Abb. 1 saß der betrachtete Punkt an einem allgemeinen Ort der Elementarzelle; demgemäß ist die Punktposition ohne jede eigene Symmetrie. Es gibt jedoch ganz besondere Positionen in einer Zelle, nämlich die der Symmetrieelemente. Schickt man einen Punkt mit allgemeinen Koordinaten einem Symmetrieelement entgegen, nähert sich dem Symmetrieelement auch der Bildpunkt, der über jedes Symmetrieelement mit dem Ausgangspunkt äquivalent ist. Schließlich kommen beide Punkte am Ort des Symmetrieelementes zur Deckung, und es entsteht daraus ein einziger Punkt. Anstelle zweier asymmetrischer Punkte, die über das Symmetrieelement verknüpft sind, tritt ein einziger Punkt, der seinerseits diejenige Symmetrie aufweisen muß, die das Symmetrieelement definiert. Ein Punkt spezieller Lage besitzt daher stets eine *Eigensymmetrie*. – Jedes der verschiedenen Symmetrieelemente, das zur hier betrachteten Kategorie[17] gehört, liefert einen neuen Ort, an dem sich Punkte in der beschriebenen Weise überdecken können. In der Raumgruppe P m m 2 gibt es 8 solcher Örter, die in den Abbn. 2 bis 9 dargestellt sind.

[17] Einzelheiten dieser Kategorie werden im Anschluß an die Diskussion der Raumgruppe P c a 2_1 erläutert.

Tabelle 2. Die Punktlagen der Raumgruppe P m m 2.

Erzeugende Operation	Spezialisierung der Punktpositionen und ihre Symmetrie								
	1	$x = \frac{1}{2}$ $m_{\perp X}$	$x = 0$ $m_{\perp X}$	$y = \frac{1}{2}$ $m_{\perp Y}$	$y = 0$ $m_{\perp Y}$	$x = \frac{1}{2}$ $y = \frac{1}{2}$ 2 m m	$x = \frac{1}{2}$ $y = 0$ 2 m m	$x = 0$ $y = \frac{1}{2}$ 2 m m	$x = 0$ $y = 0$ 2 m m
1	xyz			$x\frac{1}{2}z$	$x0z$				
$m_{\perp Y}$	$x\bar{y}z$	$\frac{1}{2}yz$	$0yz$			$\frac{1}{2}\frac{1}{2}z$	$\frac{1}{2}0z$	$0\frac{1}{2}z$	$00z$
$m_{\perp X}$	$\bar{x}yz$	$\frac{1}{2}\bar{y}z$	$0\bar{y}z$	$\bar{x}\frac{1}{2}z$	$\bar{x}0z$				
2	$\bar{x}\bar{y}z$								
Bez. der Punktlage	4i	2h	2g	2f	2e	1d	1c	1b	1a

Ein Punkt und die mit ihm symmetrieäquivalenten Punkte begründen zusammen einen Satz, der als Satz äquivalenter Punktpositionen oder kurz als *Punktlage* bezeichnet wird. Es gibt zweierlei Arten von Punktlagen: Befindet sich ein Punkt in einer allgemeinen, nicht spezialisierten Position, gehört er einer *allgemeinen Punktlage* an; befindet er sich dagegen in einer durch Symmetrieelemente spezialisierten Position, gehört er zu einer *speziellen Punktlage.* Beide zusammen machen die verschiedenen Punktlagen einer diskutierten Raumgruppe aus. In der Raumgruppe P m m 2 gibt es insgesamt 9 verschiedene Punktlagen. Sie sind in den Abbn. 1 bis 9 dargestellt, ihre Koordinaten in Tab. 2 aufgeschrieben.

Immer dann, wenn sich ein Punkt allgemeiner Lage einem Symmetrieelement mit dem Ergebnis nähern läßt, daß sich die Symmetriepartner einander nähern und schließlich in einem Punkt des Symmetrieelementes verschmelzen, begründet das Symmetrieelement eine spezielle Punktlage. Zu dieser Kategorie von Symmetrieelementen gehören Drehachsen, Drehinversionsachsen, Spiegelebenen sowie gewisse Punkte auf Drehinversionsachsen, nämlich der Symmetrie $\bar{6}$, $\bar{4}$, $\bar{3}$ und $\bar{1}$ (worin $\bar{1}$ ein Symmetriezentrum ist). Es sind dies gerade die kristallographischen Punktsymmetrieelemente. Spezielle Lagen treten jedoch auch auf bestimmten Schraubenachsen n_q auf, nämlich dann, wenn n und q einen gemeinsamen Faktor >1 besitzen, wie im nächsten Abschnitt ausgeführt wird.

Symmetrieelemente, die keine spezielle Punktlage begründen. An Hand der Raumgruppe P m m 2 wurde das Auftreten spezieller Punktpositionen er-

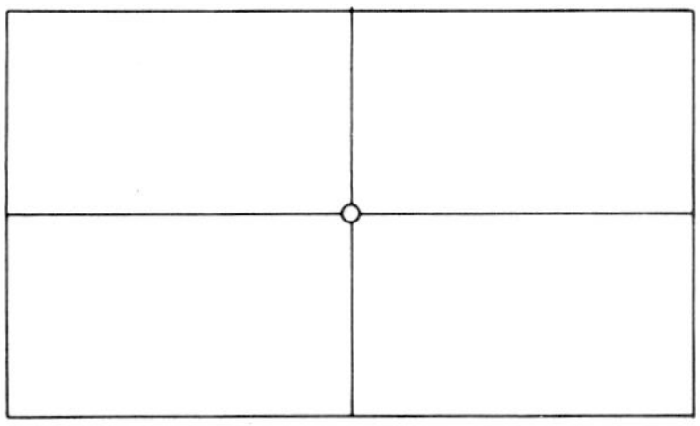

Abb. 2. 1a: 00z

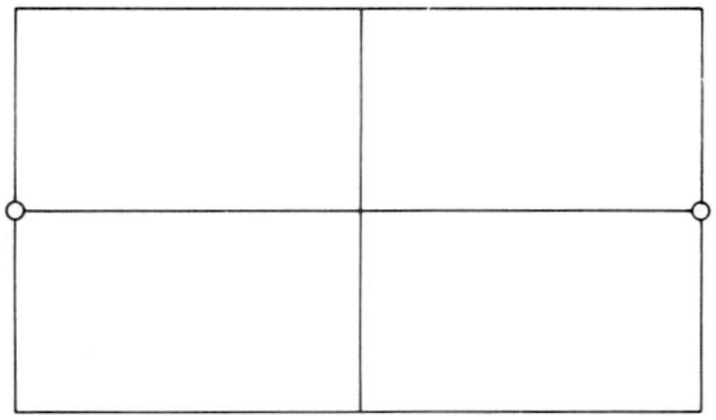

Abb. 3. 1b: $0\frac{1}{2}z$

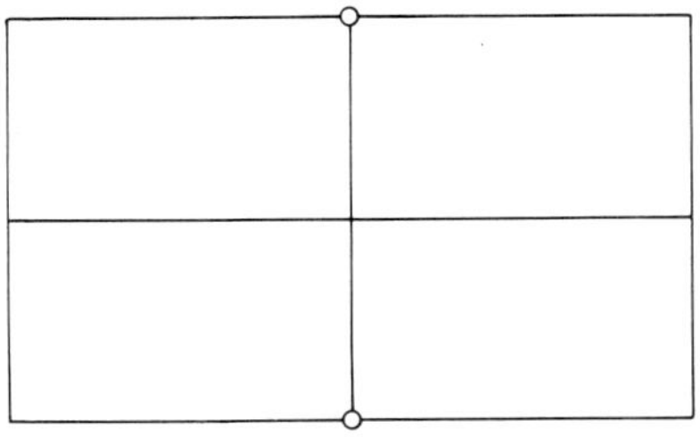

Abb. 4. 1c: $\frac{1}{2}0z$

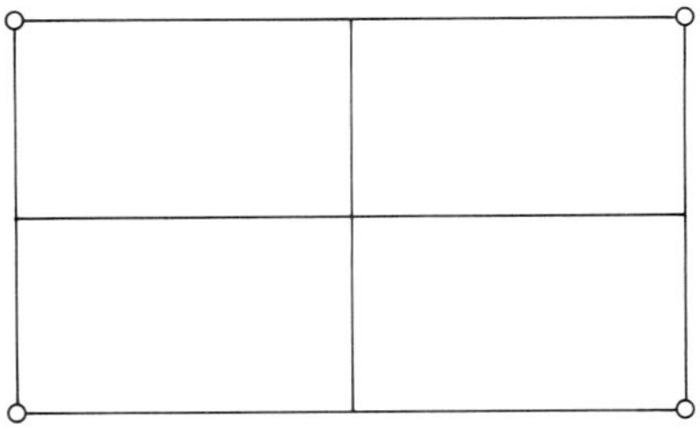

Abb. 5. 1d: $\frac{1}{2}\frac{1}{2}z$

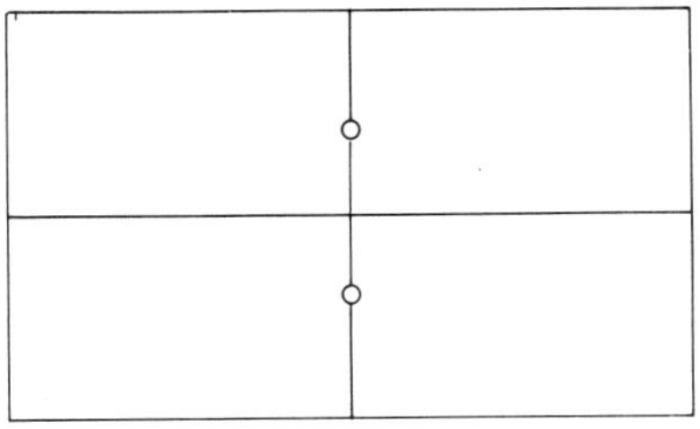

Abb. 6. 2e: x0z

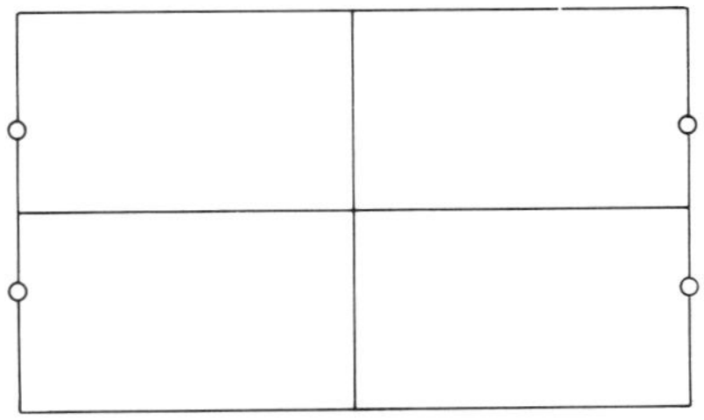

Abb. 7. 2f: $x\frac{1}{2}z$

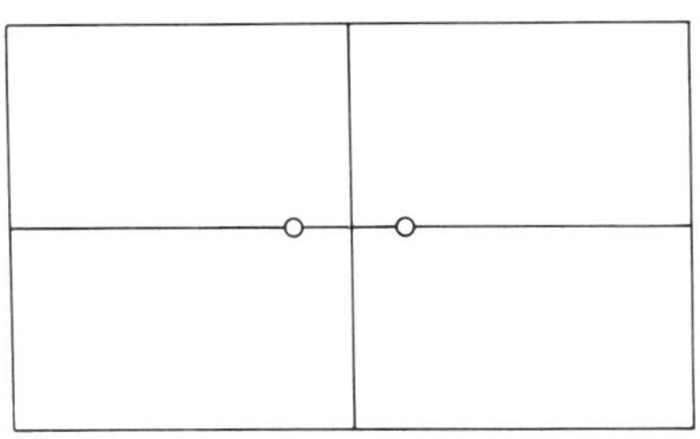

Abb. 8. 2g: 0yz

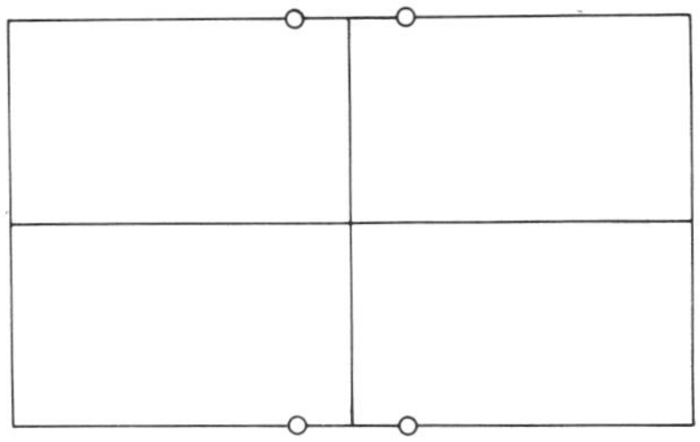

Abb. 9. 2h: $\frac{1}{2}yz$

Abb. 2–9. Die acht unterschiedlichen speziellen Punktlagen der Raumgruppe der Abb. 1. Die Punktlagenbezeichnung setzt sich aus der Zähligkeit und einem in alphabetischer Reihenfolge gewählten Buchstaben zusammen. In Abb. 1–5 wurden die einzähligen, in Abb. 6–9 die zweizähligen Punktlagen aufgeführt.

läutert. Interessanterweise gibt es in der dazu isogonalen Raumgruppe P c a 2_1 der Abb. 10 keine speziellen Punktlagen. Zwar liegt, wenn man den Ausgangspunkt auf die 2_1-Achse setzt, auch dessen Partner, der durch die Operation 2_1 erzeugt wird, auf der 2_1-Achse, aber dennoch kommen beide Punkte nicht zur Deckung, da sie um die Translationskomponente der Schraubung, nämlich um c/2 getrennt sind. Liegt der Ausgangspunkt auf der Gleitspiegelebene c (oder a), wird der Bildpunkt um die Gleitkomponente c/2 (oder a/2) gegenüber dem Ausgangspunkt verschoben. In jedem Fall verhindert die Translationskomponente des Symmetrieelementes, daß sich Punkt und Bildpunkt vereinigen. Dies gilt für jede Gleitspiegelebene und gilt für jede Schraubenachse n_q, sofern n und q teilerfremd sind. Besteht für die Schraubenachsen jedoch ein gemeinsamer Faktor zwischen n und q, wie in 4_2, 6_2, 6_3 und 6_4, wirken sie auch als besondere Art von Drehachsen und tragen daher auch deren spezielle Positionen. Das Beispiel der 4_2-Achse in Abb. 11 erläutert, wie dies zustande kommt.

Ähnliche spezielle Punktlagen. In der Liste spezieller Positionen der Raumgruppe P m m 2, in Tab. 2, gibt es vier verschiedene einzählige Punktlagen, deren jede auf eine andere zweizählige Achse in der Elementarzelle fällt, wie es die Abbn. 2 bis 5 zeigen. Da diese Punktlagen voneinander unterscheidbar sind, kann jede einzelne von einer anderen Atomart besetzt sein. Derartige ähnliche, aber unterscheidbare Punktlagen gibt es in vielen Raumgruppen. Das beruht auf der im Kap. 2 erwähnten Tatsache, daß das Zusammenwirken eines Symmetrieelementes mit den Gittertranslationen andere, ähnliche Symmetrieelemente hervorruft.

In primitiven Zellen erzeugen die Translationen, wenn sie mit einem einzigen Symmetrieelement kombiniert werden, eine Anzahl ähnlicher Sym-

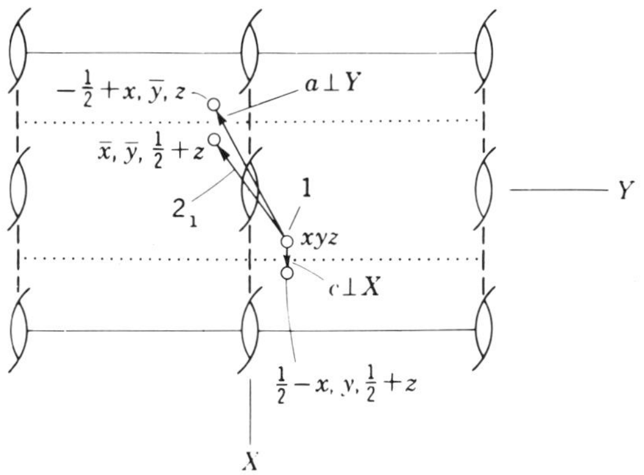

Abb. 10. Die Raumgruppe P c a 2_1, ihre Symmetrieelemente und die allgemeine Punktlage. Diese mit P m m 2 (Abb. 1) isogonale Raumgruppe besitzt keine spezielle Punktlage.

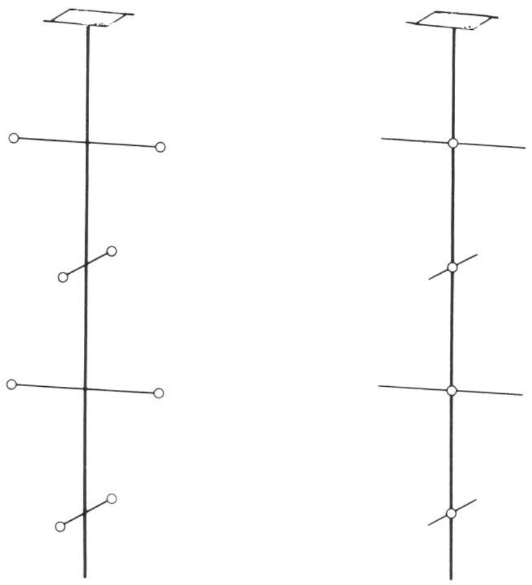

Abb. 11. Entstehung spezieller Punktlagen durch eine 4_2-Schraubenachse. A: Symmetrieäquivalente Punkte in der Nachbarschaft der Schraubenachse (allgemeine Punktlage); B: Symmetrieäquivalente Punkte auf der Schraubenachse (spezielle Punktlage). Im Unterschied zur $\bar{4}$-Achse (geometr. Symbol ◪) beträgt bei der 4_2-Achse der Abstand zweier benachbarter Hanteln immer c/2. (Sind R und L zwei zueinander enantiomorphe Motive, so sind die gezeichneten Punkte im vorliegenden Fall alle mit Motiven R oder alle mit Motiven L besetzt, während bei der $\bar{4}$-Achse die Hanteln abwechselnd mit zwei L- und zwei R-Motiven besetzt wären.)

metrieelemente. So entstehen aus je einem der nachstehend aufgeführten Symmetrieelemente die folgenden Anzahlen pro Zelle:

8 Inversionszentren
2 parallele Spiegelebenen
4 parallele 2-zählige Drehachsen
3 parallele 3-zählige Drehachsen
2 parallele 4-zählige Drehachsen
1 6-zählige Drehachse.

Wenn keine weiteren Operationen die ähnlichen Symmetrieelemente miteinander verknüpfen, gründet jedes einzelne Symmetrieelement eine eigene spezielle Punktlage. Oft bewirken aber weitere Symmetrieoperationen innerhalb der Zelle, daß zwei ähnliche Symmetrieelemente nun äquivalent zueinander sind; in diesen Fällen ist dann die Anzahl unterscheidbarer ähnlicher Punktlagen geringer.

Da die verschiedenen Raumgruppen unterschiedliche Sätze von Symmetrieelementen haben, besitzen sie notwendigerweise unterschiedliche Anordnung und Anzahl von Punktlagen. Einige Grundzüge in der Verteilung der Punktlagen lassen sich der Tab. 3 für die monoklinen und triklinen Klassen entnehmen.

Tabelle 3. Anzahl der Punktlagen verschiedener Zähligkeit. Der Index o bedeutet: keine veränderlichen Parameter.

Kristall-klasse	Raumgruppe	Zähligkeit					
		1	2	4	8	16	32
1	P 1	1					
$\bar{1}$	P $\bar{1}$	8_o	1				
2	P 2	4	1				
	P 2_1		1				
	A 2 (B 2, I 2)		2	1			
m	P m	2	1				
	P a (P b, P n)		1				
	A m (B m, I m)		1	1			
	A b (B a, I a)			1			
$\frac{2}{m}$	P $\frac{2}{m}$	8_o	6	1			
	P $\frac{2}{a}$ (P $\frac{2}{b}$, P $\frac{2}{n}$)		$4_o + 2$	1			
	P $\frac{2_1}{m}$		$4_o + 1$	1			
	P $\frac{2_1}{a}$ (P $\frac{2_1}{b}$, P $\frac{2_1}{n}$)		4_o	1			
	A $\frac{2}{m}$ (B $\frac{2}{m}$, I $\frac{2}{m}$)		4_o	$2_o + 3$	1		
	A $\frac{2}{b}$ (B $\frac{2}{a}$, I $\frac{2}{a}$)			$4_o + 1$	1		

Verteilung von Atomen auf die einzelnen Punktlagen

Wie sich gerade herausstellte, schränkt die Anwesenheit von Symmetrie in einem Kristall die Anzahl der Atome ein, die in der Elementarzelle erlaubt sind. Enthält die Raumgruppe keine Symmetrieelemente, die zu speziellen Punktlagen führen, können Atome nur in Positionen der allgemeinen Punktlagen vorkommen; damit ist die Anzahl dieser Atome auf Vielfache der Zähligkeit der allgemeinen Punktlage begrenzt. Z. B. besitzt die einzige Punktlage der Raumgruppe $P2_1\ 2_1\ 2_1$ die Zähligkeit 4; demnach können in der Elementarzelle irgendeines Kristalls, der diese Raumgruppe hat, Atome nur in Vierersätzen auftreten.

Eine Kristallart mit dieser Symmetrie ist das Diglycinhydrobromid, $2\,(CH_2\,NH_2\,COOH) \cdot HBr$. Die Anzahl der Atome in der Elementarzelle berechnet man unter Benutzung der Gl. (4), indem man die gemessene

Dichte G = 1,94 g/cm³, die Formelmasse M ≃ 231 Atommasseneinheiten und das Volumen V = 817 Å³ (auf der Basis einer orthorhombischen Zelle mit den Kantenlängen 8,21 Å, 18,42 Å und 5,40 Å) einsetzt. Als Ergebnis findet man

$$Z = 1{,}94 \cdot 817/(231 \cdot 1{,}6606) = 4{,}13.$$

Dieser Wert, der die ganze Zahl 4 ungefähr um 3% übersteigt, zeigt offensichtlich an, daß in der Zelle vier Formeleinheiten $2(CH_2NH_2COOH) \cdot HBr$ liegen, läßt aber gleichzeitig vermuten, daß die Meßwerte für Dichte oder Zellkantenlängen oder für beide Faktoren zu hoch liegen. Trotz dieses Fehlers ist offensichtlich die Anzahl der mit Gl. (4) berechneten Formeleinheiten mit der Zähligkeitsforderung der Raumgruppe verträglich, nämlich, daß jede Atomart in einer Anzahl auftreten muß, die ein ganzzahliges Vielfaches von 4 ist.

Hat die Raumgruppe außer der allgemeinen auch spezielle Punktlagen, dann ist der Spielraum für die Teilchenanzahl in der Elementarzelle für jede Atomsorte größer. In dem gerade vorgestellten Beispiel mußten die vier Br-Atome die allgemeine Punktlage $P\,2_1\,2_1\,2_1$ besetzen. Wäre die Raumgruppe der Verbindung aber $P\,2_1\,2_1\,2$, die eine 4- und zwei 2-zählige Punktlagen aufweist, so könnten die vier Br-Atome zwar wieder in der 4-zähligen (allgemeinen) Punktlage untergebracht werden, sie ließen sich andererseits aber ebenso gut auch auf die beiden 2-zähligen Punktlagen verteilen. Aber weder in der einen noch in der anderen Raumgruppe ließe sich irgendeine ungerade Anzahl von Br-Atomen unterbringen.

In Raumgruppen mit vielen speziellen Lagen gibt es weniger Einschränkungen. Z. B. hat die kristalline Verbindung $FeSb_2$ die Symmetrie $P\,2_1/n\,2_1/n\,2/m$, und mit Gl. (4) bestätigt man, daß $2 \cdot FeSb_2$ in der Elementarzelle liegen. Die Raumgruppe hat eine 8-zählige, drei 4- und vier 2-zählige Punktlagen, wobei die letzten keinen Freiheitsgrad besitzen. Die beiden Fe-Atome müssen eine der 2-zähligen Punktlagen einnehmen. Die vier Sb-Atome lassen sich entweder auf zwei der verbleibenden drei 2-zähligen oder in einer der drei 4-zähligen Punktlagen unterbringen, jedoch können sie nicht die allgemeine 8-zählige Punktlage besetzen.

In hochsymmetrischen Kristallen mit nur wenigen Atomen pro Elementarzelle können Punktlagebetrachtungen mitunter schon allein die Lösung der Kristallstruktur bringen oder sie wenigstens auf eine kleine Zahl möglicher Vorschläge einschränken. Hat z. B. ein kubischer Kristall, dessen Zusammensetzung vom Typ AB ist, nur vier Formeleinheiten in der Elementarzelle, ist seine Struktur entweder auf den NaCl- oder den ZnS-Typ festgelegt. Der erste Typ besitzt die Symmetrie $F\,4/m\,\bar{3}\,2/m$, der andere $F\,\bar{4}\,3\,m$, so daß die Auswahl grundsätzlich symmetriebedingt ist. Eine Entscheidung zwischen beiden Möglichkeiten läßt sich auch herbeiführen, indem man die von beiden Typen erwarteten Röntgenbeugungsintensitäten mit den tatsächlich beobachteten vergleicht.

Anwendungen auf Kristalle, die Moleküle oder bekannte Konfigurationen enthalten

Molekülsymmetrie. Die vorstehende Diskussion beruht auf einer Erwägung der Rollen, die den Einzelatomen in der Kristallstruktur zukommen. Dies erweist sich gewöhnlich dann als notwendig oder wünschenswert, wenn es sich um Kristalle anorganischer Zusammensetzung oder unbekannter Struktur handelt. In den meisten organischen Kristallen jedoch bestehen die Baueinheiten nicht aus Einzelatomen, sondern eher aus Atomgruppierungen, die sich bereits zu Molekülen organisiert haben. In derartigen Fällen muß das gesamte chemische Molekül die Punktlagebedingung sowohl hinsichtlich der Zähligkeit als auch hinsichtlich der Symmetrie erfüllen.

Gewöhnlich, wenn auch nicht immer, trifft es zu, daß alle Moleküle im Kristall die gleiche Rolle spielen. Dann besetzen alle Moleküle dieselbe Punktlage; d. h. sie sind symmetrieäquivalent, oder einfach und kürzer: sie sind *äquivalent*. In diesem Fall entspricht das Molekül geometrisch exakt dem Begriff des Motivs in Kap. 1 und 2. Die Äquivalenz schließt ein, daß alle Moleküle gegenseitig über die verschiedenen Symmetrieoperationen (und Translationen) der Raumgruppe verknüpft sind. Selbstverständlich kann dies nur zutreffen, wenn die Moleküle eine einzige Punktlage besetzen, gleichgültig, ob es sich dabei um eine allgemeine oder um eine spezielle handelt. Falls das Molekül die allgemeine Lage einnimmt, muß es selbst keine Symmetrie besitzen, da die *allgemeine Punktlage stets die Symmetrie* 1 hat. Nimmt das Molekül jedoch eine spezielle Position ein, so muß es (zumindest) die Eigensymmetrie dieser speziellen Punktlage[18] besitzen. Demnach ist die Mindestsymmetrie eines Moleküls bestimmt, wenn Raumgruppe und Punktlage, die es besetzt, bekannt sind. Diese Information kann sich für einen Chemiker als nützlich erweisen, der zu entscheiden versucht, welche der verschiedenen vorstellbaren Konfigurationen für ein Molekül die richtige ist.

Ein Molekül mit einer spezifischen chemischen Symmetrie besetzt oft eine Punktlage niedrigerer Symmetrie. Einige einfache Beispiele sind Hexachlorbenzol C_6Cl_6, dessen chemische Symmetrie mindestens $\bar{6}2m$ ist (möglicherweise aber sogar 6/m m m), aber dessen Kristallsymmetrie nur $\bar{1}$ ist; Naphthalin, $C_{10}H_8$, dessen chemische Symmetrie 2/m 2/m 2/m, dessen Kristallsymmetrie aber ebenfalls nur $\bar{1}$ ist; sowie Melamin, $C_3N_3(NH_2)_3$, dessen chemische Symmetrie mindestens 3, dessen Kristallsymmetrie jedoch nur 1 ist. In diesen Fällen geht die Molekülsymmetrie in der Kristallstruktur wegen der dort niedrigeren Symmetrie für Packung und Bindung zurück.

Andererseits kann unter seltenen Umständen ein Molekül im Kristall auch eine höhere Symmetrie annehmen, als seiner chemischen Symmetrie ent-

---

[18] Die Symmetrien aller verschiedenen, speziellen Positionen einer Raumgruppe sind für jede Raumgruppe in den „Int. Tab. for X-ray Crystallography", Bd. 1, (1952) aufgeführt.

spricht. In all diesen Fällen hat man herausgefunden, daß das Molekül im Kristall (auf Grund von Wärmebewegungen) rotiert und so eine *höhere statistische Symmetrie* für das rotierende Molekül erreicht wird. Jede der Verbindungen HCl, HBr und HJ besitzt eine kristalline (vergleichsweise) Hochtemperaturmodifikation mit der Raumgruppe F $4/m\ \bar{3}\ 2/m$ bei vier Molekülen pro Elementarzelle. Die niedrige Molekülzahl in der Zelle bedingt, daß die Moleküle eine Punktlage mit der Eigensymmetrie $4/m\ \bar{3}\ 2/m$ besetzen; eine so hoch symmetrische Lage für das eigentlich asymmetrische Molekül ist als Beweis dafür zu werten, daß die Symmetrie statistisch bedingt ist und durch Rotation des Moleküls hervorgerufen wird.

Koordinationsverbände. Anzahl und geometrische Anordnung von Nachbarn, die ein Atom unmittelbar umgeben, bezeichnet man als *Koordination* dieses Atoms. Bestimmte Atome können unter verschiedenen Umständen unterschiedliche Koordinationen zeigen. Z. B. ist Al manchmal von vier anderen Atomen (etwa O-Atomen) umgeben, die in Richtung der Ecke eines Tetraeders liegen; in diesem Fall liegt eine tetraedrische Koordination vor. In manchen anderen Fällen ist Al von sechs anderen Atomen umgeben, die in Richtung der Ecken eines Oktaeders liegen; dann spricht man von oktaedrischer Koordination.

Die Symmetrieinformation über eine Punktlage erweist sich für die Vorhersage der Koordination einiger Atome im Kristall oft als nützlich. Wird ein Atom samt seiner Koordinationsumgebung betrachtet, muß der gesamte Verband mit der Symmetrie der Punktlage, auf der er untergebracht ist, konform sein. Die Oktaedersymmtrie ist $4/m\ \bar{3}\ 2/m$. Das Oktaeder kann auf einer beliebigen Punktlage untergebracht werden, die diese Symmetrie besitzt oder die Symmetrie einer der (mathematischen) Untergruppen des Oktaeders. Das Tetraeder hat eine niedrigere Symmetrie, nämlich $\bar{4}3m$ und kann daher jede Punktlage mit dieser Symmetrie oder mit der einer ihrer Untergruppen einnehmen. Es kann aber keine Punktlage der Symmetrie $\bar{1}$ besetzen, da diese keine Untergruppe von $\bar{4}3m$ ist. Im Falle der vorhin erwähnten Verbindung $FeSb_2$ mußten die 2 Fe-Atome pro Zelle eine der vier 2-zähligen Punktlagen der Raumgruppe P $2_1/n\ 2_1/n\ 2/m$ besetzen. Alle vier weisen ein Inversionszentrum, die Symmetrie $\bar{1}$ auf, weshalb die Fe-Atome keine tetraedrische Umgebung haben können. Als die Struktur aufgeklärt war, stellte sich heraus, daß die Fe-Atome oktaedrisch von Sb-Atomen umgeben sind. Dies stand im Einklang mit der Symmetrie, weil $\bar{1}$ eine Untergruppe von $4/m\ \bar{3}\ 2/m$ ist.

Zusammenfassung

Die Symmetrie und die Bravaiszelle können für einen beliebigen Kristall unter der Voraussetzung bestimmt werden, daß man über ein homogenes Bruchstück dieses Kristalls verfügt. Ist die Dichte der kristallinen Substanz bekannt, läßt sich die Atommasse der Zelle berechnen, wobei man von der Tatsache Gebrauch macht, daß die Dichte des makroskopischen Kristalls mit der Dichte seiner Elementarzelle übereinstimmt. Die so gewonnene Kenntnis der gesamten chemischen Masse einer Zelle kann bei einer Entscheidung über die ungefähre Höhe des Molekulargewichts eines großen Moleküls von Vorteil sein. Außerdem erweist sie sich in den nachstehend beschriebenen Fällen als nützlich.

Wenn zusätzlich zur Dichte des kristallinen Materials auch noch dessen chemische Analyse zur Verfügung steht, läßt sich die Analyse unter Mitverwendung der Symmetrieforderungen der Raumgruppe gewöhnlich zur Aufstellung einer chemischen Formel auswerten (selbst dann, wenn sich die Interpretation auf Grund von Mischkristallbildung schwierig gestaltet). Gleichartige Atome können die Symmetriebedingungen des Kristalls nur erfüllen, wenn sie in gewisser, mit der Symmetrie verträglicher Anzahl pro Zelle auftreten.

Die Diskussion über die Anzahl der Atome in einer Elementarzelle vereinfacht sich durch Benutzung des Punktlagenbegriffs: Da alle Raumgruppen von Natur aus unterschiedlichen Symmetrieinhalt haben, liefert jede Raumgruppe eine Anzahl unterschiedlicher Möglichkeiten, wie die Punkte oder Atome in der Zelle unterzubringen sind. Die Anzahl unterschiedlicher Möglichkeiten ist für jede Raumgruppe begrenzt; jede der Möglichkeiten führt auf eine Punktlage, die charakteristisch in der Punktzahl, den Koordinaten und der Symmetrie ist.

Aus der Kenntnis der Atomanzahl (die nach den Berechnungen auf Grund von Volumen, Dichte und chemischer Zusammensetzung in einer Zelle vorliegen muß) ist es oft möglich, eine oder mehrere Atomsorten spezifischen Punktlagen zuzuordnen. Wenn dies gelingt, ist das Ergebnis für unterschiedliche Zwecke von Nutzen. Läßt sich auf diese Art etwa eine kleine Anzahl schwerer Atome mit Sicherheit lokalisieren, so kann die gesamte Kristallstruktur mit Hilfe der „Schweratommethode", die im Kap. 12 besprochen wird, aufgeklärt werden.

Ist der Kristall aus Molekülen aufgebaut, müssen die einzelnen Moleküle selbst auf die verfügbaren Punktlagen passen. Da im allgemeinen nur wenige Moleküle pro Zelle vorliegen, besetzen sie gewöhnlich nur eine, allenfalls aber wenige Punktlagen; daher ist die Minimalsymmetrie, die ein Molekül im Kristall haben kann, oft eingeengt oder festgelegt. Die Symmetrieinformation genügt dem Chemiker häufig schon, um eine Entscheidung zwischen verschieden möglichen Bindungen im Molekül zu treffen.

Geschichtliche Anmerkungen

Die Bestimmung der Anzahl chemischer Formeleinheiten in der Zelle war seit den frühesten Tagen Bestandteil der Kristallstrukturuntersuchung. Sie wurde bereits von Vater und Sohn Bragg eingeführt und 1915 in deren Buch „X-rays and crystal structure" beschrieben.

In den ersten Kristallstrukturuntersuchungen wurde kein ausdrücklicher Gebrauch von Raumgruppen und daher auch kein Gebrauch von Zähligkeiten und Symmetrien spezieller Zellpositionen gemacht. Auf diese und andere Eigenschaften der 230 Raumgruppen hat Niggli die Aufmerksamkeit der Kristallographen in seinem 1919 erschienenen Werk gelenkt. Das Buch mit dem Titel „Geometrische Kristallographie des Diskontinuums" enthält die speziellen Punktlagen aller Raumgruppen und deren Zähligkeiten. Die Koordinaten und Zähligkeiten aller Punktlagen in allen Raumgruppen wurden 1922 auch von Wyckoff tabuliert, während die Symmetrien der einzelnen Positionen 1924 nachdrücklich von Astbury und Yardley in ihrer ausführlichen Arbeit in den Proceedings of the Royal Society of London betont wurden.

Weiterführende Schriften

Martin J. Buerger. Elementary crystallography. (Wiley, New York, 1956, 1963) 460–470.

Martin J. Buerger. Crystal-structure analysis. (Wiley, New York, 1960) 242–258.

Grundlegende Werke und Einzelveröffentlichungen

Berechnung der Anzahl der Formeleinheiten pro Zelle

W. H. Bragg und W. L. Bragg. X-rays and crystal structure. (G. Bell, London, 1915) 110–111, 114, 164.

Eigenschaften äquivalenter Punktlagen

Paul Niggli. Geometrische Kristallographie des Diskontinuums. (Gebrüder Borntraeger, Leipzig, 1919).

Ralph W. G. Wyckoff. The analytical expression of the results of the theory of space-groups. (Carnegie Institution, Washington, 1922) 180 Seiten; 2. Aufl. (1930) 239 Seiten.

W. T. Astbury und Kathleen Yardley. Tabulated data for the examination of the 230 space-groups by homogeneous x-rays. Proc. Roy. Soc. **224** (1924) 221–257.

C. Hermann. International tables for crystal structure determination, vol. 1. (Gebrüder Borntraeger, Berlin, 1935) 84–377.

Norman F. M. Henry und Kathleen Lonsdale. International tables for x-ray crystallography, vol. 1 (Kynoch Press, Birmingham, 1952) 74–352.

Kapitel 11

Nähere Untersuchung der Teilchenanordnung in der Elementarzelle

Einleitung

Aus Kap. 10 ist ersichtlich, daß sich durch Kombination von Zell- und Symmetriedaten eines Kristalls, sowie auf Grund der Kenntnis seiner Dichte und chemischen Analyse, eine begrenzte Information über die Anordnung seiner Atome erzielen läßt. Von seltenen Fällen abgesehen, legt jedoch das Ergebnis die Anordnung der Atome im Kristall noch nicht fest. Die Anordnung im einzelnen, die *Kristallstruktur,* läßt sich im allgemeinen nur über eine Betrachtung der Beugungsintensitäten herleiten. Diese Schlußfolgerung steht in Einklang mit dem im Kap. 3 entwickelten Theorem; unter dem Blickwinkel dieses Kapitels kann das Theorem in umgekehrter Form wie folgt aufgestellt werden:

Lehrsatz:
Die Bravaiszelle eines Kristalls wird allein durch die geometrischen Merkmale der Kristallbeugung bestimmt, aber die Anordnung der Atome in der Zelle hängt von den Intensitäten der Beugungsmaxima ab.

Auf welche Weise die Atomanordnung die Beugungsintensitäten beeinflußt, wurde bereits im Kap. 3 gestreift und wird anschließend hier weiter diskutiert. Später werden in diesem Kapitel einige Wege aufgezeigt, wie man die verlangten Intensitäten mißt und daraus die Beugungsamplituden gewinnt.

Beugungsamplituden

Atomstreuamplitude. Die einzelnen Elektronen eines Atoms sind diejenigen Hindernisse, an denen die Röntgenwellen gestreut werden. Da die Elektronen über das Volumen des Atoms verteilt sind und die Ausdehnung des Atoms mit der Röntgenwellenlänge vergleichbar ist, streuen die Elektronen die Elementarwellen nicht allgemein phasengleich. In Richtung des Primärstrahls streuen jedoch alle Z Elektronen des Atoms stets phasengleich; die Amplitude der zusammengesetzten Welle erreicht daher dort den Z-fachen Betrag der von einem einzelnen Elektron gestreuten Welle. Diese Richtung entspricht dem Braggschen Glanzwinkel $\theta = 0°$. Bei steigenden θ-Werten interferieren die Elementarwellen mit wachsenden Phasendifferenzen. Die Amplitude der resultierenden Streuwelle, die allgemein mit dem Symbol f bezeichnet wird, ist niedriger als Z und nimmt mit $\sin \theta$ allmählich ab (siehe auch Abb. 2,3).

Streuung am Zellinhalt. Einige Grundtatsachen über die Beugung am Kristall werden deutlich, wenn man sich die Beiträge der verschiedenen Atome einer Zelle zum Braggreflex mit Hilfe des Ebenenstapels näher betrachtet. Die geometrischen Eigenschaften für diesen Fall sind in Abb. 1 skizziert; sie zeigt eine Zelle mit zwei Begrenzungsebenen horizontaler Lage (und normal zur Zeichenebene). Beide Endflächen sind um die Abstandsperiode d getrennt. Materie, die auf diesen Endflächen sitzt, streut die Röntgenstrahlung mit einer Phasendifferenz von 2π, falls – wie im Kap. 3 gezeigt – die Bedingung für eine Braggreflexion erster Ordnung erfüllt ist. Erreichen die Röntgenstrahlen zuerst die obere Ebene der Zelle, dann ist die Streuung an dieser Ebene um den Phasenwinkel 2π gegenüber der unteren Ebene

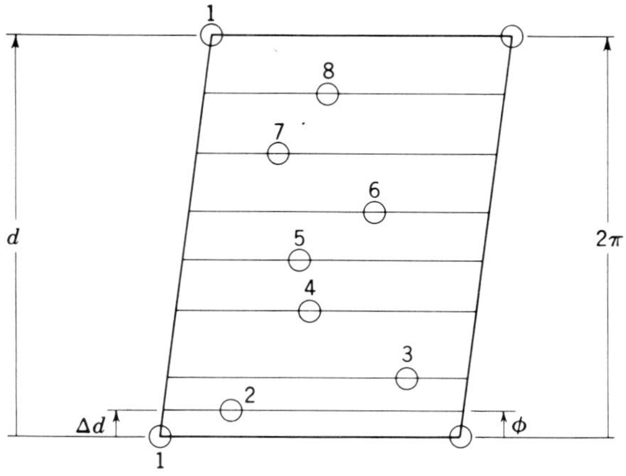

Abb. 1. Zerlegung des Zellinhaltes für die Berechnung der Beugungsamplitude. Der betrachtete Braggsche Reflex entsteht an einem Netzebenensatz mit der Identitätsperiode d.

voraus. Materie auf irgendeiner Zwischenebene streut mit einem Phasenwinkel, der proportional zur Höhe Δd dieser Ebene über der unteren Endfläche ist und beträgt

$$\phi = 2\pi \cdot \Delta d/d. \qquad (1)$$

Jedes Atom in der Zelle streut eine Elementarwelle von der Amplitude f mit einer Phase ϕ, die sich aus Gl. (1) ergibt. Wie bereits im Kap. 3 ausgeführt wurde, kann jede derartige Welle durch einen Vektor graphisch im Zeigerdiagramm dargestellt werden. Der Vektor hat die Länge f und bildet mit der horizontalen Achse den Winkel ϕ (Abb. 2). Der Vektor bestimmt mit seiner Pfeilspitze einen Punkt in der komplexen Zahlenebene, der eine komplexe Zahl bezeichnet. Für den Punkt oder den Vektor, der zu ihm führt, gibt es zwei Darstellungsarten:

(a) Er kann durch die Vektorsumme seiner beiden Komponenten dargestellt werden, wobei die eine parallel der reellen (horizontalen) Achse, die andere parallel der imaginären (vertikalen) Achse verläuft, nämlich durch

$$f \cos \phi + if \sin \phi.$$

(b) Er kann durch eine Exponentialfunktion dargestellt werden, nämlich durch

$$f \exp i\phi.$$

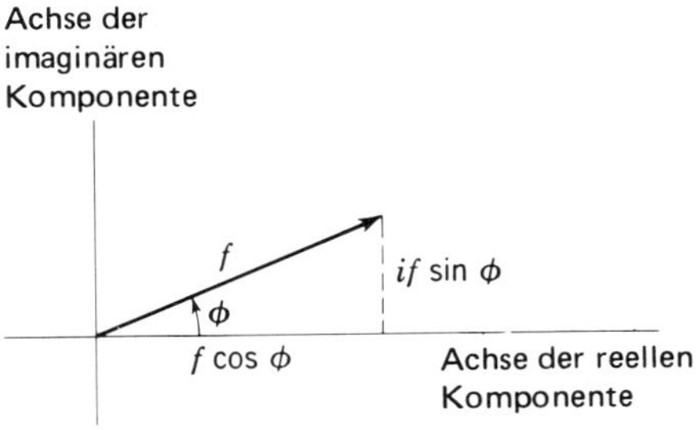

Abb. 2. Zeigerdiagramm. Darstellung einer Amplitude f in der Phasenlage ϕ.

Beide Darstellungen sind über die Eulersche Formel (21,3) verknüpft, die hier lautet

$$\exp i\phi = \cos\phi + i \sin\phi. \tag{2}$$

Die komplexe Größe, die man – wie bereits unter Gl. (20,3) dargelegt – gewöhnlich als gestrichene Größe

$$F' = f \exp i\phi = f(\cos\phi + i \sin\phi) \tag{3}$$

einführt, wird mit der ausdrücklichen Einschränkung auf Amplituden in diesem Buch durchweg als ungestrichene Größe geschrieben:

$$F' \leftrightarrow F.$$

In der Anwendung, die hier von Interesse ist, vereinigt der Vektor, d. h. die komplexe Größe F, die beiden wesentlichen Wellenparameter, nämlich die Amplitude f und die Phase ϕ. Die Resultierende aus einer Kombination mehrerer Wellen findet man im Zeigerdiagramm durch Addition der entsprechenden Vektoren. Von jedem der acht Punkte in der Zelle der Abb. 1 geht eine Elementarwelle f_j aus, für $j = 1$ bis 8. Beim Abtragen der einzelnen Vektoren ist es ratsam, die Reihenfolge steigender Abstände Δd, von der unteren Ebene aus gerechnet, einzuhalten. Dann ist die Phase ϕ_j für jedes folgende Atom größer und als Ergebnis erhält man die systematische Aufzeichnung der Abb. 3. Die Länge jedes Vektors ist proportional der Streuamplitude f des betreffenden Atoms, während die Richtung ϕ durch die Höhe des Atoms in der Zelle festgelegt wird. Die Folge der Vektoren wird zu einer Kette, die sich gegen den Uhrzeigersinn krümmt. Die Resultierende ist ein Vektor F, der die komplexe Amplitude derjenigen Welle darstellt, die sich aus den Streuanteilen aller Atome der Zelle zusammensetzt.

Die Summe der graphisch in Abb. 3 aufgetragenen Vektoren läßt sich auch analytisch bilden, wozu man in analoger Weise ihre Terme in Form einer

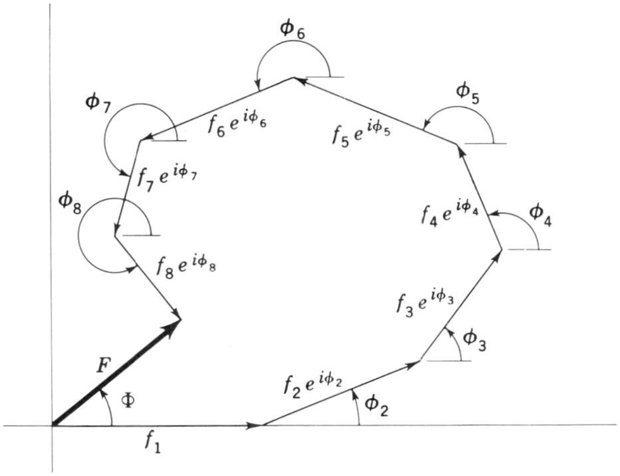

Abb. 3. Bestimmung der resultierenden Amplitude F am Zeigerdiagramm.

der in Gl. (3) stehenden Ausdrücke aufsummiert, jeweils ein Summenglied für eines der N Atome der Zelle. Unter Benutzung der linken Seite von Gl. (3) hat die Summe die Form

$$F = \sum_{j=1}^{N} f_j \exp i\phi_j, \tag{4}$$

wogegen man mit der rechten Seite der Gl. (3) die Form

$$F = \sum_{j=1}^{N} f_j (\cos \phi_j + i \sin \phi_j) \tag{5}$$

erhält.

Sowohl die graphische Darstellung der Abb. 3 als auch die analytische mit den Imaginärteilen auf der rechten Seite der Gln. (4) und (5) zeigen, daß auch F im allgemeinen eine komplexe Größe ist. Demnach kann die Vektorsumme auch komponentenweise, entlang der reellen und entlang der imaginären Achse, getrennt dargestellt werden, ein Verfahren, das sich für verschiedene Berechnungen als bequem erweist. An Hand der Abb. 4 leitet man so aus Gl. (4) die Form (6) ab.

$$F = A + iB, \tag{6}$$

wobei $A = |F| \cos \phi$ (seine reelle Komponente) (7)

und $iB = i\,|F| \sin \phi$ (seine imaginäre Komponente) (8)

sowie $\tan \phi = B/A$ (9)

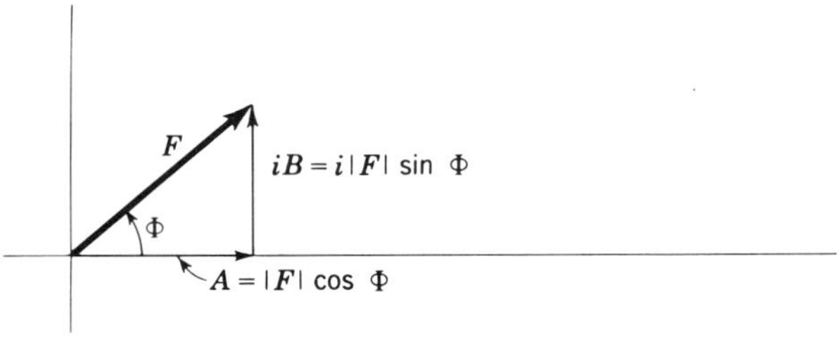

Abb. 4. Zeigerdiagramm. Aufspaltung der komplexen Amplitude F einer zusammengesetzten Welle in Realteil A und Imaginärteil B.

ist. Die Skizze der Abb. 4 zeigt, daß der Betrag des Vektors F durch

$$|F| = \sqrt{A^2 + B^2} \tag{10}$$

gegeben wird.

Die Gl. (2) vereinfacht sich, wenn der Kristall ein Symmetriezentrum besitzt, vorausgesetzt, daß der Ursprung der Elementarzelle in einem Symmetriezentrum verankert ist. In diesem Fall läuft auch die Bezugsebene, für die der Winkel ϕ gleich Null ist, durch das Symmetriezentrum. Zur Berechnung von F denkt man sich die Zellbegrenzung parallel der Bezugsebene vorübergehend so verlagert, daß die Bezugsebene durch die Zellmitte verläuft. Damit erreicht man, daß ein Atom oberhalb der Bezugsebene stets mit einem symmetrieäquivalenten Atom unterhalb ein Paar bildet, das Elementarwellen von identischer Amplitude aber entgegengesetzter Phase aussendet. Ein derartiges Paar liefert den Beitrag

$$\begin{aligned} f \exp(i\phi) + f \exp(-i\phi) &= f\,[\exp(i\phi) + \exp(-i\phi)] \\ &= f\,2 \cos\phi \end{aligned} \tag{11}$$

zur resultierenden Welle. Faßt man nun die Atome zu N/2 passenden Paaren zusammen, verschwindet der komplexe Charakter der Gln. (4) und (5) und – bei der Summenbildung – wird die resultierende Amplitude durch eine reelle Zahl dargestellt, nämlich

$$F = 2 \sum_{j=1}^{N/2} f_j \cos\phi_j. \tag{12}$$

Das graphische Bild dieser symmetriebedingten Vereinfachung zeigt Abb. 5. Jedes Atom eines Paares ist Teil einer der beiden Vektorketten, die sich in entgegengesetztem Sinn krümmen. Da beide Ketten spiegelbildlich zur reellen Achse verlaufen, muß ihre Resultierende entlang der reellen Achse liegen.

Die bis hierher gezogenen Folgerungen beruhen auf einer Braggschen Reflexion an Atomen, die nach Abb. 1 auf einer Reihe von Ebenen parallel

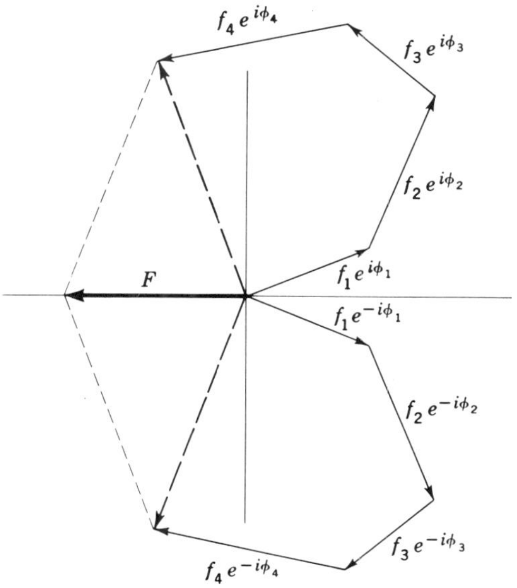

Abb. 5. Zeigerdiagramm einer zentrosymmetrischen Punktkonfiguration.

zu einer der Zellbegrenzungsflächen angeordnet sind. Die Situation scheint ein Spezialfall zu sein; tatsächlich sind die hierfür abgeleiteten Ergebnisse aber aus folgendem Grund allgemeingültig: Jeder Kristall läßt sich auf eine Zelle beziehen, in der zwei benachbarte Netzebenen eines beliebigen Netzebenensatzes ein Paar von Zellbegrenzungsflächen sind. Ein in zwei Dimensionen dargestelltes Beispiel bringt die Abb. 6. Die Zellauswahl für die eingetragenen Gitterpunkte führt offensichtlich auf die nahezu rechtwinklig umrissene Zelle; aber ebenso erlaubt ist die sehr schmale, sehr schiefwinklige Zelle, deren obere und deren untere Begrenzungsfläche aus benachbarten, horizontal liegenden Netzebenen des dargestellten Netzebenensatzes geschnitten sind. Jede Beziehung, die man für die schiefwinklige Zelle ab-

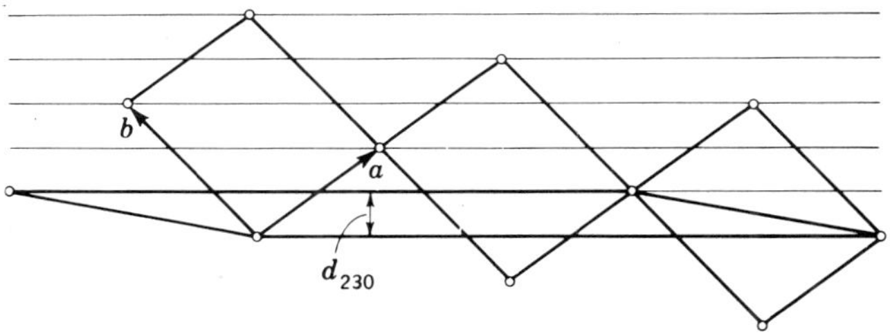

Abb. 6. Änderung der Zellberandung. – Die eingezeichneten Gitterpunkte würde man normalerweise auf die durch a und b berandete Zelle beziehen. Aber auch jede andere primitive Zelle, die durch zwei benachbarte Netzebenen eines Satzes mit irgendwelchen Indizes (hkl) begrenzt wird, kann man wählen. Im gezeichneten Beispiel ist es der Ebenensatz (230).

leitet, läßt sich mit Hilfe einer Achsentransformation auf die fast rechtwinklige Zelle übertragen. An einer derartigen Transformation beteiligen sich nur die spezifischen Zahlenwerte der Reflexindizes der bereits aufgestellten Beziehungen. Die allgemeinen Folgerungen, insbesondere hinsichtlich der Größe F, bleiben von diesen spezifischen Zahlenwerten jedoch unberührt.

Phasenlage der am Atom gestreuten Welle. Um die Phasenlagen der Streuwellen abzuleiten, die von den einzelnen Atomen ausgehen, kehrt man vielleicht am günstigsten zur konventionellen Zelle zurück; sie ist mehr im Detail in Abb. 7 noch einmal gezeichnet. Die Koordinatenverschiebung der Größe $x = X/a$ eines Atoms ruft eine Phasenverschiebung ϕ_x hervor. Diese Phasenverschiebung kann als Bruchteil der gesamten Phasenverschiebung angegeben werden, die entstünde, wenn das Atom auf eine Ebene durch den Endpunkt des Vektors **a** gesetzt würde. In Abb. 7 entspricht die gesamte Phasenverschiebung zweimal dem Netzebenenabstand d, oder allgemeiner h Netzebenenabständen d. Daher läßt sich die folgende Proportion aufstellen:

$$X/a = x \cdot a/a = \phi_x/(h \cdot 2\pi), \qquad (13)$$

so daß

$$\phi_x = 2\pi hx. \qquad (14)$$

Auf analoge Weise kann man zeigen, daß

$$\phi_y = 2\pi ky \qquad (15)$$

und $$\phi_z = 2\pi lz \qquad (16)$$

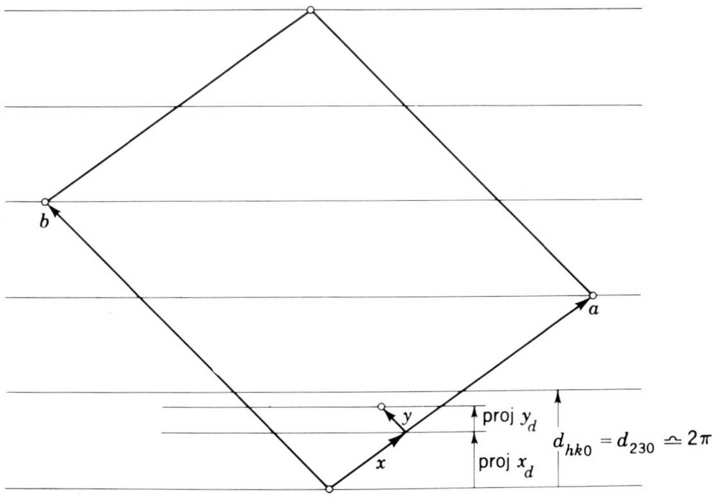

Abb. 7. Vergrößertes Bild der Zelle der Abb. 6.

gilt. Die vollständige Phasenverschiebung, die ein Atom bewirkt, das vom Ursprung aus gesehen einen Punkt mit den relativen Koordinaten xyz besetzt, erhält man als Summe der einzelnen Phasenverschiebungen der Gln. (14) bis (16), nämlich:

$$\begin{aligned}\phi &= \phi_x + \phi_y + \phi_z \\ &= 2\pi(hx + ky + lz).\end{aligned} \tag{17}$$

Die durch dieses Atom hervorgerufene Streuwelle trägt daher einen Anteil zur Gesamtwelle bei, der sich durch Einsetzen der Gl. (17) in eine der beiden Darstellungen der Gl. (3) ergibt. Der Anteil beträgt daher

$$\begin{aligned}&f \exp[i2\pi(hx + ky + lz)] \\ &\quad = f[\cos 2\pi(hx + ky + lz) + i \sin 2\pi(hx + ky + lz)].\end{aligned} \tag{18}$$

Die endgültige Gestalt der Amplitude einer Welle, die durch den Zellinhalt gestreut wird, ergibt sich daher aus den Gln. (4) und (5) zu

$$F_{hkl} = \sum_{j=1}^{N} f_j \exp[i2\pi(hx_j + ky_j + lz_j)] \tag{19}$$

und

$$F_{hkl} = \sum_{j=1}^{N} f_j [\cos 2\pi(hx_j + ky_j + lz_j) + i \sin 2\pi(hx_j + ky_j + lz_j)]. \tag{20}$$

Für *zentrosymmetrische Kristalle* verschwindet der sin-Anteil in der letzten Gleichung.

Das linksseitige Ergebnis F_{hkl} der Gln. (19) und (20) ist als *Strukturamplitude* des Kristalls bekannt. Diese im allgemeinen komplexe Größe stellt die Amplitude einer Welle dar, die in hkl-ter Ordnung vom Inhalt der Elementarzelle eines Kristalls gestreut wird.

Zweite Möglichkeit für die Ableitung der Phasenlage. Die Ableitung der Phasenlage bei der Streuung an einem Atom läßt sich in der Weise umformulieren, daß sie sich als Teil einer Verallgemeinerung des reziproken Raumes ergibt, wie sie im Kap. 12 behandelt wird. In Gl. (1) wurde die Phase einer Welle, die an einem Punkt auf der Höhe Δd über der Phasenbezugsebene gestreut wird, proportional $\Delta d/d$ geschrieben. Für die vorliegenden Zwecke erweist sich Gl. (1) bequemer in der Schreibweise

$$\phi/2\pi = \Delta d\,(1/d). \tag{21}$$

Die Beziehung kann unter geeigneter Verwendung von Vektoren auf andere, etwas elegantere Weise ausgedrückt werden. Mit Hilfe der Gl. (20,4) erkennt man den Faktor $1/d_{hkl}$ als Länge eines Vektors $\mathbf{t}^*_{hkl}$, der sich vom Nullpunkt des reziproken Gitters zum Gitterpunkt hkl erstreckt. Dieser Vektor hat die gleiche Richtung wie der Abstandsvektor $\mathbf{d}_{hkl}$. Der zweite für das Problem wichtige Vektor erstreckt sich im Kristallraum vom Nullpunkt O der Elementarzelle zum Streupunkt P der Abb. 8 und wird mit $\mathbf{r}_{xyz}$ bezeichnet. Solange der Endpunkt des Vektors **r** auf einer Ebene in der Höhe Δd über der (durch O gehenden) Bezugsebene endet, bestimmt er die gleiche relative, durch Gl. (21) gegebene, Phase $\phi/2\pi$. Diese Bedingung läßt sich dadurch ausdrücken, daß man sagt, die Projektion von **r** auf die Richtung von **d** (oder **t***) hat den konstanten Betrag Δd. Eine zu Gl. (21) gleichwertige, jetzt aber mit den Vektoren **r** und **t*** geschriebene Form lautet

$$\phi/2\pi = |\mathbf{r}_{\text{proj. auf } \mathbf{t}^*}|\,|\mathbf{t}^*| \tag{22}$$

$$= |\mathbf{r}|\,|\mathbf{t}^*| \cos(\sphericalangle \mathbf{r}, \mathbf{t}^*). \tag{23}$$

Vektoralgebraisch stellen die rechtsseitigen Ausdrücke das Skalarprodukt zwischen den beiden Vektoren **r** und **t*** dar, das in abgekürzter Form $\mathbf{r} \cdot \mathbf{t}^*$ geschrieben wird. In vektoralgebraischer Schreibweise werden daher die beiden Gln. (22) und (23) einfach durch Gl. (24) ersetzt.

$$\phi/2\pi = \mathbf{r} \cdot \mathbf{t}^*. \tag{24}$$

Um die Phase über die Gl. (24) berechnen zu können, drückt man beide Vektoren durch ihre natürlichen Komponenten aus. Der Vektor **r** ist die Summe der Komponentenbeiträge entlang der drei Kristallachsen a, b und c, d. h. parallel der Zellkantenvektoren **a**, **b** und **c**.

$$\mathbf{r}_{xyz} = x\mathbf{a} + y\mathbf{b} + z\mathbf{c}. \tag{25}$$

Andererseits läßt sich der Vektor **t*** leicht als Summe der Komponentenbeiträge entlang der Achsen der reziproken Zelle ausdrücken.

$$\mathbf{t}^*_{hkl} = h\mathbf{a}^* + k\mathbf{b}^* + l\mathbf{c}^*. \tag{26}$$

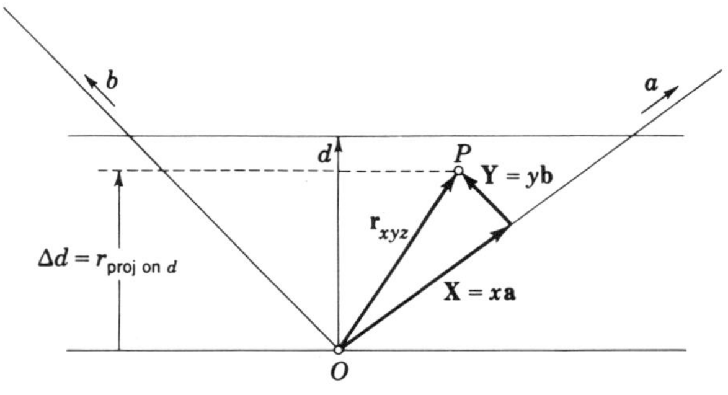

Abb. 8. Vergrößerter detaillierter Ausschnitt aus dem unteren Teil der Zelle von Abb. 7.

Ersetzt man die Vektoren in (24) durch ihre Komponentendarstellungen, so wird

$$\phi/2\pi = (x\mathbf{a} + y\mathbf{b} + z\mathbf{c}) \cdot (h\mathbf{a}^* + k\mathbf{b}^* + l\mathbf{c}^*). \qquad (27)$$

Das rechts stehende Skalarprodukt vereinfacht sich rasch, wenn man die einzelnen Glieder ausmultipliziert und dabei zwei Grundeigenschaften reziproker Vektorsätze beachtet. Die erste Eigenschaft steht in Gl. (22,4) und lautet

$$\mathbf{a} \cdot \mathbf{a}^* = 1, \quad \mathbf{b} \cdot \mathbf{b}^* = 1, \quad \mathbf{c} \cdot \mathbf{c}^* = 1.$$

Die zweite Eigenschaft beruht darauf, daß je eine Achse und eine dazu reziproke Achse, soweit sie durch verschiedene Buchstaben gekennzeichnet sind, aufeinander senkrecht stehen. Dieses Verhalten zueinander reziproker Achsenpaare bewirkt, daß ihre gegenseitigen Projektionen und damit auch die Skalarprodukte der zugehörigen Paare von Kantenvektoren verschwinden:

$$\begin{aligned} \mathbf{a} \cdot \mathbf{b}^* &= \mathbf{a} \cdot \mathbf{c}^* = 0 \\ \mathbf{b} \cdot \mathbf{c}^* &= \mathbf{b} \cdot \mathbf{a}^* = 0 \\ \mathbf{c} \cdot \mathbf{a}^* &= \mathbf{c} \cdot \mathbf{b}^* = 0 \end{aligned}$$

Mit Hilfe dieser Eigenschaften vereinfacht sich Gl. (27) zu

$$\phi/2\pi = hx + ky + lz. \qquad (28)$$

Das Ergebnis stimmt mit dem der Gl. (17) überein.

In der vorstehenden Ableitung der Phasenlage wurden Skalarprodukte jeweils zwischen einem Vektor des Kristallraums und einem Vektor des reziproken Raums, wie es deutlich die Gl. (24) ausdrückt, benutzt. Dies ist typisch für die im Kap. 12 erläuterte Fouriertransformation.

Symmetriebedingte kompaktere Schreibweise. Wenn der Kristall ein Symmetriezentrum besitzt, wird die Strukturamplitude ersichtlich einfacher und die Summe erstreckt sich nur noch über die Hälfte der Atome der Elementarzelle. Eine kompaktere Schreibweise kann sich auch ergeben, wenn der Kristall irgendeine andere Symmetrie hat. Jedes Symmetrieelement in der Zelle dient nämlich dazu, einen symmetrieäquivalenten Satz von Atomen zu bilden, deren Streuvermögen folglich gleich und deren Koordinaten voneinander abhängig sind. Jede Art des Zusammenfassens verringert aber die Anzahl N der Atome, über die man schließlich die Summe erstrecken muß. Maximal sind die Atome in ihrer Punktlage zusammengefaßt.

Temperaturfaktor. Bei der Diskussion der Beugungsamplitude wurde bisher stillschweigend angenommen, daß sich der Kristall aus einem Muster starrer Atome zusammensetzt. In Wirklichkeit führen aber die thermischen

Energien der Atome zu atomaren Schwingungen um die mittlere Gleichgewichtslage. Als allgemeinen Effekt dieser thermischen Bewegungen registriert man für alle Reflexe einen mehr oder minder schwachen Rückgang der Beugungsamplitude.

Wie dieser Effekt allgemein zustande kommt, läßt sich auf folgende Weise verstehen: In einem Kristall, dessen Atomschwerpunkte ein einziges Bravaisgitter bilden mögen, sei eine größere Menge von Atomen betrachtet, die auf irgendeine rationale Netzebene (hkl) beschränkt ist; die Atome sind dann gegenseitig durch die Gittertranslationen dieser Ebene erreichbar. Würden sich die Atome nicht relativ zueinander bewegen, dann würden alle Atome dieser Ebene phasengleich zum Reflex hkl beitragen. Die thermische Bewegung stört jedoch die vollkommene Translationsäquivalenz, da jedes der Atome eine Schwingungsbewegung um seine ideale mittlere Position ausführt. In einem beliebigen Augenblick besetzt jedes Atom eine Position, die um eine kleine Verrückung von seiner mittleren Position abweicht. In einem solchen Augenblick halten sich die Atome der betrachteten Menge nicht genau in derselben Ebene auf, weshalb die Amplituden der durch sie gestreuten Elementarwellen nicht ganz phasengleich sind. Deshalb besteht die resultierende Amplitude, die die Atommenge zum Reflex hkl beiträgt, nicht aus der einfachen arithmetrischen Summe aller ihrer f-Werte, vielmehr muß eine Korrektur zur Verminderung der Idealamplitude angebracht werden.

Die Korrektur ist eine Funktion der mittleren quadratischen Abweichung $\langle u^2 \rangle$ der Atome von der fraglichen Ebene und hat die allgemeine Form $\exp(-M)$. Der Exponent M hängt von der mittleren quadratischen Abweichung $\langle u^2{}_{\mathbf{H}} \rangle$ senkrecht zur Ebene (hkl), die abgekürzt mit **H** bezeichnet wird, über die folgende Gleichung ab:

$$M = (8\pi^2 \langle u^2{}_{\mathbf{H}} \rangle)(\sin^2 \theta)/\lambda^2 . \tag{29}$$

Üblicherweise faßt man den Ausdruck in der ersten runden Klammer zu einem *Temperaturkoeffizienten* $B_{\mathbf{H}}$ zusammen, weshalb man die Amplitudenkorrektur einer an dem Ebenensatz **H** reflektierten Welle gewöhnlich

$$\exp(-M) = \exp[-B_{\mathbf{H}} (\sin^2 \theta)/\lambda^2] \tag{30}$$

schreibt.

Die Größe B hat in Übereinstimmung mit Gl. (29) die Dimension einer Länge im Quadrat – gemessen in $Å^2$, da sie proportional zur mittleren quadratischen Abweichung des Atoms ist. B ändert seinen Wert nicht nur von einer zur anderen Atomart, sondern sogar für ein bestimmtes Atom in der Struktur jeweils mit der Normalenrichtung der Ebene, dessen Reflexamplitude zu korrigieren ist. Selbstverständlich muß diese Änderung mit der Symmetrie verträglich sein. Die Werte von B bewegen sich für viele gewöhnliche anorganische Kristalle bei Zimmertemperatur um 0.5 $Å^2$. In den

Anfangsstadien benutzt man bei der Berechnung der Amplituden, die man auf Grund eines Modells erwartet, gewöhnlich die B-Werte aus bekannten verwandten oder ähnlichen Strukturen. Genauere individuelle B-Werte gewinnt man für jedes Atom in Abhängigkeit von seinen Schwingungsrichtungen häufig als Ergebnis einer Parameterverfeinerung der Kristallstruktur nach der Methode der kleinsten Quadrate, wie sie im Kap. 14 diskutiert wird.

Test auf Richtigkeit einer Kristallstruktur

Für eine bestimmte Atomanordnung, wie sie in Abb. 1 angenommen wurde, gehört zu jedem Röntgenreflex hkl eine ganz bestimmte resultierende Amplitude F_{hkl}. Die Gesamtheit aller F_{hkl} ist charakteristisch für eine bestimmte Atomanordnung. Im nächsten Kapitel wird sich auch tatsächlich herausstellen, daß es zu jeder Atomanordnung einen einzigen Satz von F_{hkl}-Werten gibt (wie bekannt, enthält die komplexe Größe F Phase und Größe der Amplituden); umgekehrt gibt es zu jedem Satz F_{hkl} ein einziges atomares Muster. Selbstverständlich ist dies die Beziehung, die uns die Möglichkeit in die Hand gibt, eine Atomanordnung aus ihren Beugungseffekten herauszulesen.

Um die Atomanordnung aus ihren Beugungseffekten abzuleiten, gibt es verschiedene Wege; die am häufigsten benutzten werden in den beiden folgenden Kapiteln behandelt. Hat man irgendein atomares Muster mit einer dieser Methoden abgeleitet, so ist klar, daß das abgeleitete Muster, das man oft als *Modell* oder *Strukturvorschlag* bezeichnet, nur korrekt ist, wenn der Satz F_{hkl}, den man mit Hilfe der Gl. (20) berechnet, für alle Werte hkl mit dem experimentell gemessenen Satz $|F_{hkl}|$ innerhalb der Meßgenauigkeit der $|F_{hkl}|$ übereinstimmt. Die Berechnung liefert sowohl den Betrag (Gl. (10)) wie die Phase (Gl. (9)) für ein Modell, die experimentell allein zugängliche Größe ist aber der Betrag $|F_{hkl}|$. Aus diesem Grunde lassen sich nur die Beträge $|F_{hkl}|$ auf ihre Übereinstimmung überprüfen. Die Beträge werden allgemein wie folgt bezeichnet:

$|F_{exp}|$ oder $|F_{obs}|$: Der Betrag der *experimentell bestimmten Amplitude,*
$|F_{ber}|$ oder $|F_{cal}|$: Der Betrag der *mit dem Modell berechneten Amplitude.*

Wenn das Modell richtig ist, sollte der Satz der $|F_{cal}|$ mit dem Satz der $|F_{obs}|$ für jedes Indextripel hkl korrespondierender Beugungsreflexe übereinstimmen.

Es ist selbstverständlich, daß der Meßwert irgendeines $|F_{hkl}|$ von der Genauigkeit abhängt, mit der man ihn messen kann, aber auch davon, wie gut sich die verschiedenen experimentellen Einflüsse korrigieren lassen; die wichtigsten unter ihnen werden weiter unten in diesem Kapitel diskutiert. Andererseits hängt aber der berechnete Wert der $|F_{hkl}|$ auch davon ab, wie gut die Theorie, auf die sich die Berechnung stützt, den wirklichen Tatbestand beschreibt (z. B. in welcher Güte die thermische Bewegung in die

Rechnung einbezogen wurde). Für irgendeinen Reflex hkl ergibt sich als Maß der Abweichung zwischen $|F_{cal}|$ und seinem Partner $|F_{obs}|$ das Verhältnis der Differenz beider zum gemessenen Wert, wobei das Vorzeichen der Differenz vernachlässigt wird:

$$(|F_{obs}| - |F_{cal}|)/|F_{obs}|.$$

Zur Überprüfung eines beliebigen Modells benutzt man allgemein einen ähnlichen Quotienten, bei dem jedoch Zähler und Nenner über alle Reflexindizes summiert sind, nämlich

$$R = \{\Sigma||F_{obs}| - |F_{cal}||\}/\Sigma|F_{obs}|. \qquad (31)$$

Der Zahlenwert von R wird entweder als Dezimalbruch oder (um den Faktor 100 größer) in Prozenten angegeben. Dies liefert ein Maß für die mittlere Diskrepanz oder die Restabweichung, die zwischen den Paaren der $|F_{cal}|$- und $|F_{obs}|$-Sätze bei gegebenem Modell besteht. Die mit Gl. (31) definierte Größe bezeichnet man daher meist als *Residualwert* oder kurz als *R-Wert*[19].

Es ist interessant sich zu überlegen, welche Zahlenwerte für R wahrscheinlich sind. A. J. C. Wilson zeigte für Strukturen, die aus Atomen mit gleichem Streuvermögen bestehen, daß sich der wahrscheinlichste R-Wert mit einem vollständig falschen Strukturvorschlag

für einen zentrosymmetrischen Kristall zu R = 82,8%
für einen nichtzentrosymmetrischen Kristall zu R = 58,6%

ergibt. Ebenfalls für Strukturen aus Atomen mit gleichem Streuvermögen kann ein Modell, dessen R-Wert um 45% liegt, als eine Anordnung angesehen werden, die wenigstens teilweise richtig ist und für die sich ein Verfeinerungsversuch lohnt; wenn der R-Wert unter 20% fällt, ist die Struktur wahrscheinlich richtig. Falls man über sauber gemessene Intensitäten verfügt, kann ein richtiges Modell

bis zu einem R-Wert von 5 bis 10% und noch niedriger

verfeinert werden. Unter günstigsten Bedingungen läßt sich der R-Wert heute sogar auf unter 1% drücken.

Andererseits sollte die Bedeutung von R unter gebührender Beachtung der Natur der untersuchten Struktur und der der Intensitätsmessung gewertet

---

[19] Anm. in der engl. Ausgabe: Das Symbol R steht jedoch nicht für das Wort reliability (Zuverlässigkeit) und ist daher kein Maß für die Zuverlässigkeit des Modells, sondern eher für dessen Unzuverlässigkeit. Das Symbol kann als Residualwert (Rückstand) interpretiert werden und erhält damit die Bedeutung einer Abweichung oder Diskrepanz.

werden. Wenn sich z. B. die Struktur allein aus einer Anzahl schwerer und einer Anzahl leichter Atome zusammensetzt, wie sie uns etwa in einem Schwermetalloxid, -karbid, -nitrid oder -borid begegnet, bedeutet ein niedriger R-Wert lediglich, daß die schweren Atome wahrscheinlich richtig zueinander lokalisiert sind. – Im Fall einer komplizierten Struktur, mit vielen Atomen in der Elementarzelle, darf man viele schwache Röntgenreflexe erwarten, wobei auch ein Teil für die Messung wahrscheinlich zu schwach ist. Läßt man diese Reflexe bei der Berechnung von R aus, werden die vielen Fehler, die sie verursachen, bei der Summenbildung übergangen und der resultierende R-Wert liegt gewöhnlich beträchtlich zu tief. Werden aber die nicht meßbaren Reflexe andererseits so einbezogen, als hätten sie die Intensität Null, dann tragen viele anomal hohe Fehler an diesen Reflexen zur Summe bei und der resultierende R-Wert wird immer zu hoch liegen, möglicherweise doppelt so hoch wie bei ihrer Vernachlässigung.

Der R-Wert wird oft als Maß für den Mangel einer vollständigen Anpassung des Modells an die experimentell beobachteten Größen benutzt. Der Kristallstrukturanalytiker versucht daher ein Modell derart zu verändern, daß der R-Wert so weit wie möglich zurückgeht, z. B. durch Anpassen der Atomkoordinaten oder des Faktors, der die thermische Atombewegung berücksichtigt. Häufig findet man, daß sich der R-Wert für ein spezielles Modell nicht unter einen Zwischenstand von etwa 25 bis 30% drücken läßt. Dies wird gewöhnlich heißen, daß ein gewisser wesentlicher Teilbereich der Struktur zwar richtig ist, daß er sich aber in der Zelle vielleicht an falscher Stelle befindet oder daß seine Beziehung zu einem anderen Teil der Struktur nicht richtig erkannt ist. Der mäßige R-Wert rührt in solchen Fällen daher, daß das Zeigerdiagramm (nach Art der Abb. 3) für die meisten Reflexe schon im wesentlichen durch die richtige Teilstruktur geprägt ist, daß dann aber die falsche Beziehung zwischen Teil- und Reststruktur eine vollständige Übereinstimmung verhindert.

Intensitätsmessungen

Die Röntgenbeugungsintensitäten werden auf eine der beiden folgenden Weisen bestimmt: durch Messung oder Schätzung der *Schwärzung* von Belichtungsflecken auf einem photographischen Film oder durch Auffangen des abgebeugten Röntgenstrahls in einem Photonendetektor und *Zählen der aufgefangenen Photonen*. Die zuletzt genannte Methode, die sich jetzt allgemein durchsetzt, wird in dem sog. *Diffraktometer* benutzt.

Zusammenhang der Meßwerte mit $|F|^2$. Beide Methoden erfordern charakteristische monochromatische Strahlung, die von möglichst wenig kontinuierlicher (polychromatischer) Strahlung begleitet wird. Um unter diesen Umständen Braggreflexe zu erzielen, muß die Kristallorientierung gegenüber der Primärstrahlrichtung variiert werden. Sobald der Kristall die Reflexionsbedingung durchläuft, beugt ein kleines Volumenelement einen

Strahlungsanteil, dessen Energie nach einem Einzeldurchgang durch die Reflexionsstellung insgesamt gleich

$$E_{hkl} = KLp\,|F_{hkl}|^2 \qquad (32)$$

ist. Darin bedeuten L und p den Lorentz- und den Polarisationsfaktor, die beide später besprochen werden. K ist eine Konstante, die sich sowohl aus den universellen Konstanten e, m und c als auch aus versuchsbedingten Größen wie folgt zusammensetzt:

$$K = (e^4/m^2 c^4)\,[I_0 \lambda^3 N^2 \Delta V/\omega]. \qquad (33)$$

Hier stellt I_0 die Intensität[20] des primären, d. h. des direkten Röntgenstrahls dar, der zum Kristall gelangt, und λ ist seine Wellenlänge; N ist die Anzahl der Zellen pro Volumeneinheit, ΔV ist das Kristallvolumen (das so klein angenommen wird, daß kein Anlaß für eine merkliche Absorption oder Extinktion besteht, wie sie später besprochen werden) und ω ist der Rotationsbetrag des Kristalls (mit der Dimension: Radiant/Zeit), der angibt, mit welcher Winkelgeschwindigkeit die reflektierende Netzebenenschar durch die Reflexionsstellung wandert.

Eine zweite Darstellung der Beziehung zwischen F und E ist

$$\begin{aligned} E\omega/I_0 &= (e^4/m^2 c^4)\,[\lambda^3 N^2 \Delta V] Lp|F|^2 \\ &= K' Lp|F|^2. \end{aligned} \qquad (34)$$

Die links aufgeführte Größe heißt *integrales Reflexionsvermögen*. Ihr Zähler $E\omega$ hat die Dimension Energie · Radiant/Zeit = Leistung · Radiant. $E\omega$ stellt die Leistung des Reflexes dar, die über einen Winkelbereich, innerhalb dessen der Reflex erscheint, integriert ist. $E\omega$ ist unabhängig von groben Unvollkommenheiten (im Bau) des Kristalls. Der Quotient auf der linken Seite der Gl. (34) hat daher einen spezifischen Wert für den einzelnen Reflex hkl und ist direkt proportional zu $|F_{hkl}|^2$.

Filmmethoden. Bereits die ersten Röntgenintensitätsmessungen wurden mit einem Instrument ausgeführt, das dem heutigen Diffraktometer entspricht. In der Folge erwies sich jedoch der Detektor im Gebrauch als unzuverlässig, weshalb für lange Jahre danach die Messungen nur photographisch gemacht wurden. Photographische Methoden leiden allerdings unter vielen Schwierigkeiten. Die allgemeinen Eigenschaften der Filmmethoden sind folgende:

Unter günstigen Umständen ist die *optische Dichte* oder *Schwärzung* auf dem entwickelten Film direkt proportional der Gesamtbelichtung. Die optische Dichte läßt sich grundsätzlich schnell messen, weshalb die Benut-

---

[20] Hier ist tatsächlich eine Intensität, d. h. eine Größe mit der Dimension Energie/(Zeit · Fläche) gemeint und keine Leistung (s. a. Kap. 5 unter Friedelsymmetrie).

zung von Filmmethoden einfach und leicht zu sein scheint. Sie zeigen jedoch zwei methodisch bedingte Nachteile:

An erster Stelle ist festzuhalten, daß sich ein Röntgenreflex über einen gewissen Winkelbereich erstreckt und dabei von Null bis auf eine *Spitzenintensität* anwächst und dann wieder gegen Null abfällt. Dies wird vom Film als Fleck von variabler Schwärzung aufgezeichnet. Die Spitzen- oder *Maximalintensität* ließe sich durch Messung des schwärzesten Teils des Flecks bestimmen. Aber sie ist gar nicht gefragt; vielmehr wird, gemäß Gl. (34) und der folgenden Diskussion, die über den Reflexionsbereich integrierte Energie, d. h. der integrierte Reflex verlangt. Leider gibt es bislang kein einfaches Verfahren zur Messung der entsprechenden integralen Schwärzung eines Beugungsflecks. Praktisch geht man daher allgemein so vor, daß man die Spitzenschwärzung schätzt oder mißt und dann annimmt, daß das Ergebnis proportional dem integralen Reflexionsvermögen ist.

Um das Problem zu umgehen und über die Filmmethoden genauer integrierte Reflexe zu bekommen, kann man eine *integrierende Kassette* benutzen. Die Theorie dieser Erfindung illustriert Abb. 9. Im oberen Teil ist dargestellt, wie sich die Reflexleistung, die auf den Film trifft, über den Film ändert. Wenn man die Verteilungskurve in der Weise wiederholt, daß man sie um kleine gleichmäßige Intervalle gemäß dem mittleren Teil der Abb. 9 versetzt, besitzt die Summe über alle Kurven, entsprechend dem unteren Teil der Abb. 9, ein Plateau. Die Höhe dieses Plateaus ist gleich der Summe aller vertikalen Linien in der oberen Figur der Abb. 9. Diese geometrische Bedingung läßt sich apparativ erfüllen, indem man dafür sorgt, daß – nach jedem Belichtungszyklus des Films einer Weißenberg- oder Präzessionskammer – die Kassette regelmäßig und periodisch auf unterschiedliche Stellen entlang zweier orthogonaler Richtungen geschoben wird. Die diesbezügliche Mechanik für die Präzessionskammer ist in Abb. 10 und ein Diagramm damit in Abb. 11 zu sehen. Auf einem derartigen *integrierten Diagramm* ist die optische Dichte des Plateaus proportional dem integralen Reflexionsvermögen des Schwärzungsflecks.

Eine zweite Schwierigkeit bei den Filmverfahren liegt darin, daß der Film nur einen begrenzten optischen Dichtebereich erfaßt. Außerdem verschlechtert sich die lineare Beziehung zwischen optischer Dichte und Belichtung bei optischen Dichtewerten oberhalb von 1,4.

Die optische Dichte oder Schwärzung eines Films wird mit einem Photometer bestimmt, das man auch als *Densitometer* bezeichnet. Dabei durchstrahlt man den Film mit einem homogenen, geeignet ausgeblendeten Lichtbündel und mißt den vom Film durchgelassenen Lichtstrom über eine Photozelle. Findet man den Lichtstrom L_0 hinter einer nicht belichteten klaren Stelle des Films und den Lichtstrom L hinter einer photographisch geschwärzten Stelle, so ist die *optische Dichte* D an dieser Stelle

$$D = \log (L_0/L).$$

Die Dichte erreicht also beispielsweise den Betrag D = 1, wenn der Lichtstrom L durch einen bestimmten Schwärzungsfleck eines Films auf den zehnten Teil von L_0 geschwächt

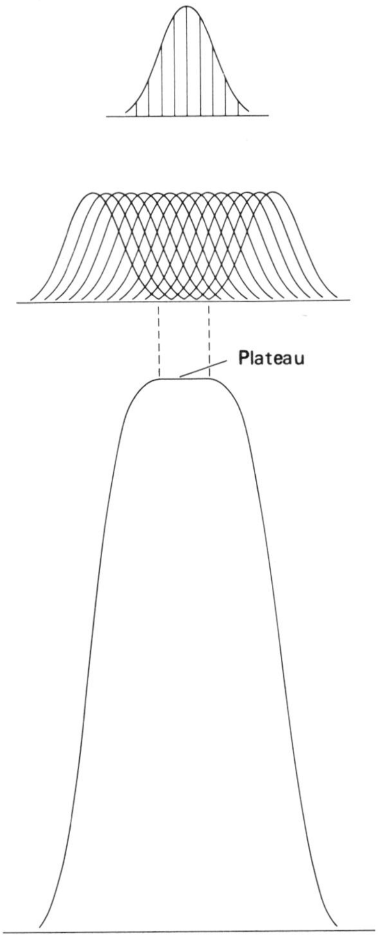

Abb. 9. Die photographische Integration: Ein beliebiger Reflex (oberes Teilbild) wird systematisch versetzt wiederholt registriert (mittleres Teilbild), wobei die Summenkurve (unteres Teilbild) ein Plateau zeigt, das proportional dem Integral über das Reflexprofil ist. [Aus M. J. Buerger: Crystal-structure analysis (Wiley, New York, 1960) 104].

wird. Schwärzungen in diesem Bereich sind proportional dem Produkt aus der über den Zeitraum t absorbierten Röntgenintensität I:

$$D \propto It.$$

Um den meßbaren Bereich der $|F|^2$-Werte zu erweitern, kann man gleiche Röntgendiagramme mit zeitlich abgestufter Belichtung aufnehmen. Hierbei können die starken Reflexe auf den kurz belichteten Filmen und die schwachen Reflexe auf den lange belichteten Filmen gemessen werden. Gewöhnlich verschafft man sich einen Filmsatz systematisch mit der als *Mehrfach-Filmtechnik* (oder multiple-film method) bezeichneten Methode.

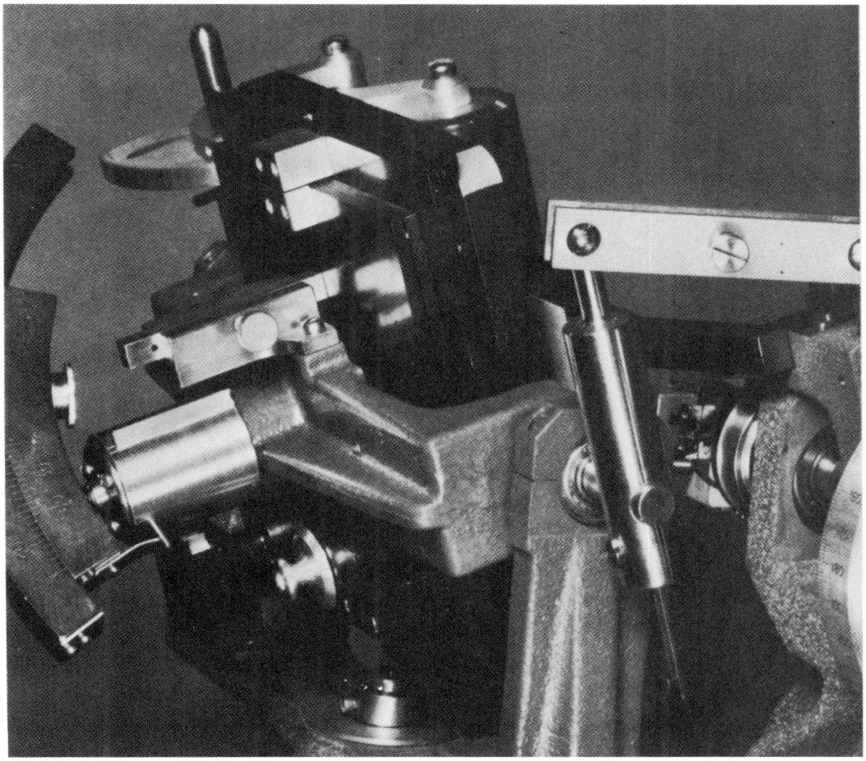

Abb. 10. Integrationsmechanismus für die Präzessionskamera [The Charles Supper Company].

Dabei werden mehrere Filme – gewöhnlich drei bis sechs – in derselben Kassette untergebracht und auf einmal belichtet. Die dem Kristall näher liegenden Filme absorbieren teilweise die Röntgenstrahlung und verringern damit die Gesamtbelichtung der dahinter liegenden Filme. Von der CuK-Strahlung läßt jeder Film, je nach Filmsorte, etwa 25–50% der auftreffenden Strahlung zu den folgenden Filmen passieren.

Wenn es auch wünschenswert ist, die Schwärzung eines Beugungsflecks mit dem Densitometer zu bestimmen, läßt sich die relative Belichtung auch durch Vergleich mit einer Standardreihe unterschiedlicher Schwärzungen abschätzen. Die erforderliche *Schwärzungsskala* verschafft man sich etwa so, daß man einen starken Röntgenreflex auswählt und ihn mit einer Reihe verschiedener Belichtungszeiten, jeweils bei etwas verschobener Filmkassette, aufnimmt. Die Belichtungszeiten t_n sind nach der Folge

$$t_n = a, ar, ar^2, ar^3, \ldots ar^n \quad \text{mit} \quad \begin{matrix} a = \text{Grundzeit} \\ r = \text{Schrittweite} \end{matrix}$$

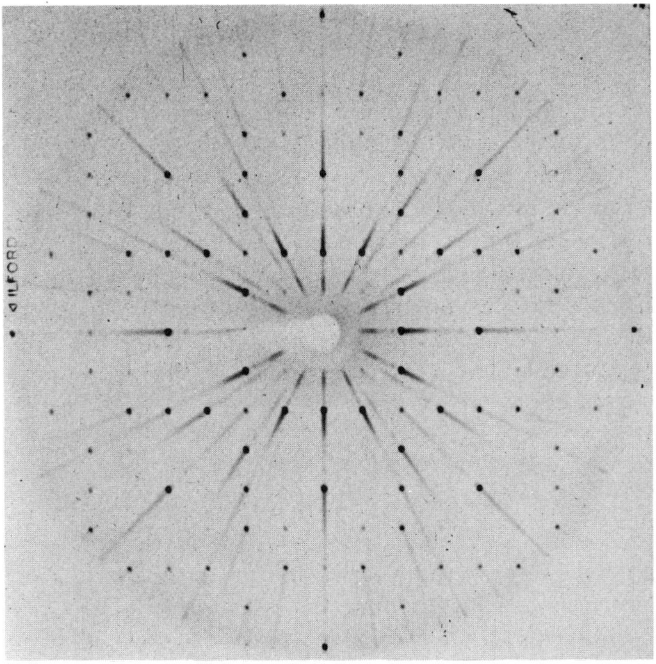

A

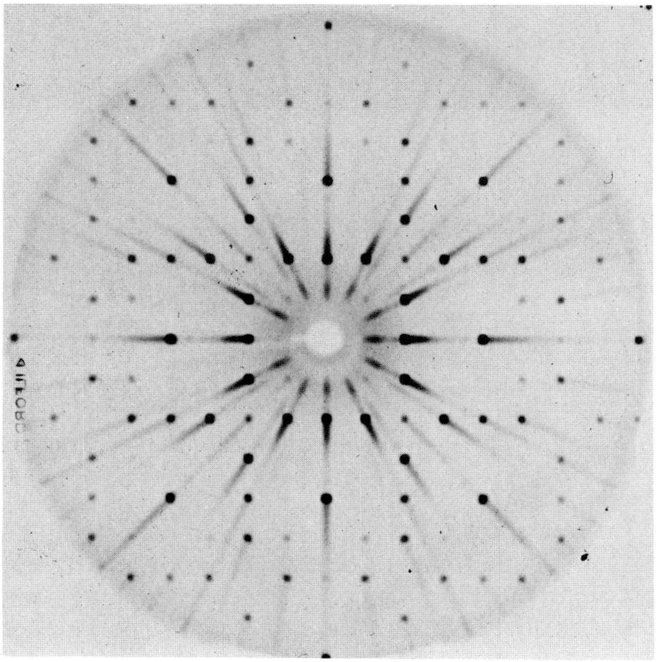

B

Abb. 11. Präzessionsaufnahme der nullten Schichtlinie von Granat (a-Achse, $\mu = 30^\circ$, MoKα-Strahlung). [Aus M. J. Buerger: The precession method in x-ray crystallography (Wiley, New York, 1964) 189]. A: Nichtintegrierte gewöhnliche Aufnahme (35 kV, 17 mA, 8 h). B: Integrierte Aufnahme nach 8 vollständigen Zyklen des Integrationsmechanismus (35 kV, 13 mA, 19 h).

in der Weise abgestuft, daß die kürzeste Belichtung a eine eben noch wahrnehmbare Schwärzung erzeugt. Zur Überdeckung eines Belichtungsumfanges von ca. 1:1000 reicht gewöhnlich eine Skala von ungefähr 20 Werten aus. Das entspricht einer Unterteilung der $|F_{obs}|$-Werte in eine Schrittweite von etwa 5% des größten Amplitudenwertes. r liegt dann zwischen 1,4 ($r^{21} \sim 1171$) und 1,5 ($r^{17} \sim 985$); gern wird der Wert $r = \sqrt{2}$ benutzt.

Einer der weiteren Nachteile der Filmmethoden besteht schließlich in dem relativ hohen unteren Schwellenwert, unterhalb dessen sich keine Intensitäten mehr messen lassen. Aus diesem Grunde werden viele niedrige $|F_{obs}|^2$-Werte scheinbar als Null ausgewiesen. Die genauere Kenntnis ihrer Beträge ist für die Verfeinerung der Struktur jedoch wünschenswert.

Diffraktometermethoden. Die Messung von Beugungsintensitäten mit einem Diffraktometer besitzt viele Vorteile. Da bei dieser Methode die einzelnen Photonen gezählt werden, die die Röntgenstrahlintensität ausmachen, arbeitet die Methode grundsätzlich direkt. Sie kann die Intensitäten (und damit die $|F|^2$-Werte) über einen weiten Bereich aufzeichnen, hat einen sehr niedrigen Schwellenwert und besitzt eine hohe Präzision.

Man verwendet zwei, in ihrer Orientierung von Kristall und Detektor wesentlich verschiedene Anordnungen. Die eine beruht auf der Geometrie der Weißenbergkammer, die zweite auf der der Eulerwiege.

In der erstgenannten Art (Abb. 12) ist der Kristall so angebracht, daß er sich wie in einer Weißenbergkammer dreht und seine Drehachse um den beliebigen Winkel $\bar{\mu}$ zum direkten Röntgenstrahl geneigt werden kann.

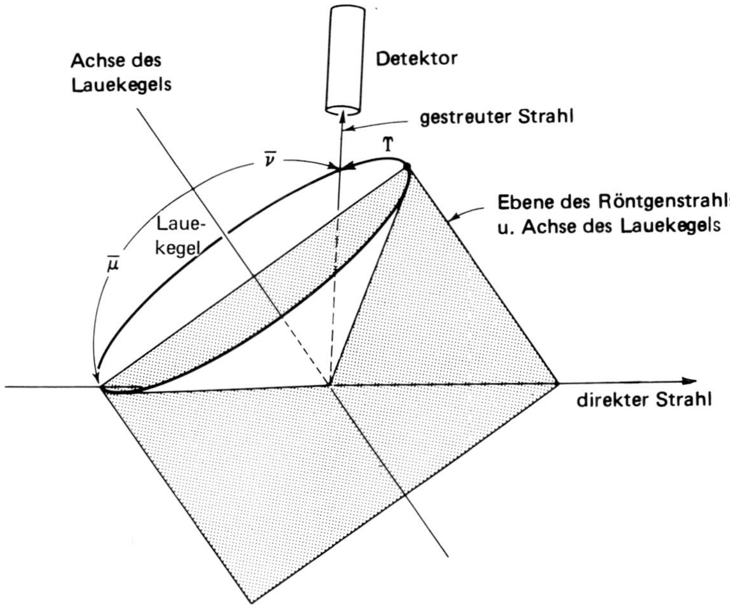

Abb. 12. Diffraktometer mit Weißenberggeometrie.

Das Gerät arbeitet gewöhnlich in Pseudoäquatorstellung (Kap. 8). Für die Methode ist charakteristisch, daß alle Reflexe, die zu einer Schicht des reziproken Gitters gehören, Erzeugende desselben Lauekegels sind. Die Reflexe werden nun nicht – wie in der Weißenbergkammer – auf einem Film registriert, sondern fallen auf einen Photonendetektor, dessen Strahleneintrittsfenster sich an der Stelle befindet, wo der Schwärzungsfleck auf dem Film entstehen würde. Die Stellung des Strahlendetektors ist durch zwei Winkelkoordinaten ν und Υ festgelegt (Abb. 12). Der Winkel ν stimmt für die Pseudoäquatorstellung mit dem Winkel μ überein (und stellt den Komplementwinkel zu dem halben Öffnungswinkel $\bar{\nu}$ des Lauekegels dar), der Winkel Υ gibt die Lage der Erzeugenden des Lauekegels an (und entspricht dem Abstand des Schwärzungsflecks von der Mittellinie des Weißenbergdiagrammes). Um einen bestimmten Reflex zu erzeugen, muß der Kristall um seine Drehachse auf einen Winkel ω eingestellt werden (entsprechend der horizontalen z-Koordinate des Schwärzungsflecks auf dem Weißenbergdiagramm der Abb. 8A, 8).

In der zweiten Geräteart (Abb. 13), mit der *Eulerwiege*, wird der Kristall über die drei Eulerschen Winkel ϕ, χ (gr. „Chi") und ω jeweils so ausgerichtet, daß ein gewünschter Reflex hkl in der horizontalen Ebene erscheint. Der Strahlendetektor, der nur innerhalb der horizontalen Ebene verstellbar ist, wird auf den Ablenkungswinkel 2θ zum direkten Strahl eingeschwenkt und empfängt so den gewünschten Reflex.

Geräte beider geometrischer Anordnungen werden kommerziell hergestellt. Beide Typen können entweder mit Hand eingestellt und betrieben werden, sind aber auch in automatisierten Modellen erhältlich. Der auf der Weißenberggeometrie beruhende Typ ist sowohl über die Handeinstellung als auch über die Automatik einfacher zu bedienen, da jeweils nur zwei Einstellungen erforderlich sind, um alle Reflexe derselben Schicht des reziproken Gitters zu registrieren. Es sind dies die Drehstellung ω des Kristalls und der Strahlendetektorwinkel Υ. Ist eine vollständige reziproke Gitterschicht vermessen, müssen die μ-Einstellungen der Kristalldrehachse und ebenso des

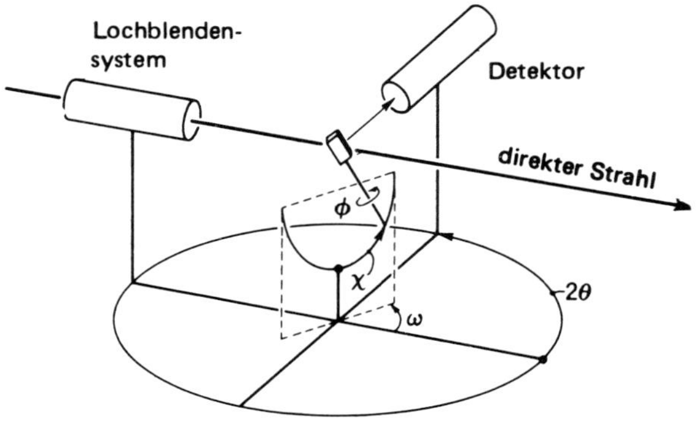

Abb. 13. Diffraktometer mit der Geometrie der Eulerwiege.

Strahlendetektors geändert werden, damit sich die nächste Schicht registrieren läßt. Diese Änderung muß von Hand aus nur so oft vorgenommen werden, wie es Schichten gibt; deren Anzahl ist aber gering. – Der Diffraktometertyp mit der Eulerwiege erfordert eine andere Arbeitsstrategie. Beispielsweise läßt sich jeder Reflex als ein Ereignis ansehen, das entlang einer zentralen reziproken Gittergeraden vom Ursprung des reziproken Gitters ausläuft. Zentrale Geraden durch reziproke Gitterpunkte hkl, die einfache, d. h. niedrige Indizes haben, enthalten viele Gitterpunkte, deren Indizes nh nk nl Vielfache des ersten Punktes sind; aber viele andere zentrale Geraden, mit komplizierten Indizes, enthalten jeweils nur einen Punkt. Jede zentrale Gerade des reziproken Gitters muß durch Einstellen zweier Koordinatenwinkel zunächst in eine Anfangsposition überführt werden. Reflexe anderer Punkte entlang dieser zentralen Geraden erfordern die Neueinstellung des Kristalls (Winkel ω) und des Strahlendetektors (Winkel 2θ), wobei man beide koppeln kann.

Bei beiden Diffraktometerarten ist der Strahlendetektor mit elektronischen Schaltkreisen zur Verstärkung und zum Zählen der einlaufenden Photonenimpulse verbunden. Der Strahlendetektor kann ein Geigerzählrohr, ein Proportionalzählrohr oder ein Szintillationszähler sein. Der erstgenannte ist der einfachste und begnügt sich mit einfachen Schaltkreisen, aber die Linearität zwischen der Zählrate und der einfallenden Strahlenintensität ist auf wenige hundert Zählimpulse pro Sekunde beschränkt. Proportional- und Szintillationszähler haben dagegen viel breitere Linearitätsbereiche, verlangen aber komplizierte und umfangreiche Schaltkreise.

Gewöhnlich arbeitet das Diffraktometer so, daß der Strahlendetektor die reflektierte Strahlung empfängt, während sich gleichzeitig der Kristall durch die Braggsche Reflexionsbedingung hindurchdreht; auf diese Weise wird die gesamte Zählrate während des Anwachsens und Absinkens der Reflexintensität registriert. Wird über eine passende Zeit der Strahlungsuntergrund, gerade vor Beginn des Reflexes und gerade nach seiner Beendigung, gemessen und sein Mittelwert von der zuvor bestimmten Zählrate abgezogen, ist das Ergebnis – die gesamte Photonenzählrate – proportional zur Größe $E\omega/I_0$ in Gl. (34). Diese Größe stellt das integrale Reflexionsvermögen des untersuchten Reflexes dar. Um daraus $|F_{hkl}|^2$ zu erhalten, braucht man diesen Wert nur noch nach den Ausführungen des nächsten Abschnittes zu korrigieren. Unter vernünftigen Vorsichtsmaßnahmen ist dieser Wert so zuverlässig, daß sein Fehler nur noch wenige Prozent beträgt.

Korrekturen an gemessenen Intensitäten

Nach Gl. (34) muß das gemessene integrale Reflexionsvermögen eines Reflexes mit dem Lorentz- und dem Polarisationsfaktor korrigiert werden, bevor man eine Größe erhält, die proportional zum gewünschten $|F|^2$ ist. Zusätzlich muß man eine Korrektur für den Absorptionseffekt der Röntgenstrahlen vornehmen, sowie für ein weiteres als Extinktion bezeichnetes Phänomen. Diese weiteren Korrekturen sind deshalb erforderlich, weil Gl. (34) speziell nur für ein so kleines Kristallvolumen gilt, daß diese beiden Einflüsse vernachlässigbar sind.

Es wird sich herausstellen, daß der Lorentz- und der Polarisationseinfluß eine einfache geometrische Grundlage besitzen und relativ leicht zu berücksichtigen sind. Sehr viel mühsamer sind dagegen Absorptionseffekte zu berechnen; die Korrektur muß dabei für jeden einzelnen der vielen Röntgenreflexe getrennt vorgenommen werden in einer Zahl, die für einen gewöhnlichen anorganischen Kristall leicht die Größenordnung einiger Tausend erreicht. Die Anwendung dieser Korrektur war daher bis zur Einführung der schnellen Elektronenrechner ein mühseliges Unterfangen. Mit den neuartigen Rechenerleichterungen lassen sich alle diese Korrekturen allerdings bequem und schnell berechnen.

Der Lorentzfaktor. Gemäß den Ausführungen im Kap. 4 läßt sich das Entstehen der verschiedenen Röntgenreflexe im Bild des reziproken Gitters so ausdrücken, daß die entsprechenden Gitterpunkte die Ewaldkugel berühren. Wenn sich der Kristall im Röntgenstrahlenbündel dreht, treten einige der reziproken Gitterpunkte durch die Kugeloberfläche und bei jedem dieser Ereignisse entsteht ein Reflex. Die Reflexe entstehen jedoch nicht plötzlich; dies ist einzusehen, wenn man die reziproken Gitterpunkte nicht als unendlich kleine Punkte betrachtet, sondern ihnen ein kleines, allen Punkten gleiches Volumen zugesteht. Damit wird offensichtlich, daß die Zeit, die ein „Punkt" zum Durchwandern der Reflexionsbedingung benötigt, mit der Lage und der Bewegung dieses Punktes variiert. Um das unterschiedliche, für die Reflexion aktive Zeitintervall zu berücksichtigen, wurde der Lorentzfaktor eingeführt. Er ist umgekehrt proportional der Geschwindigkeitskomponente des reziproken Gitterpunktes senkrecht zur Oberfläche der Ewaldkugel. Für die Punkte der nullten Schicht eines Kristalls, der sich um eine Achse senkrecht zum direkten Röntgenstrahl dreht, hat der Lorentzfaktor die einfache Form

$$L = 1/\sin 2\theta. \tag{35}$$

Für andere Schichten des reziproken Gitters und einen Kristall, der sich um eine Achse schräg zur Röntgenstrahlung dreht, nimmt er die kompliziertere Gestalt

$$L = 1/\,(\cos\mu\,\cos\nu\,\sin\Upsilon) \tag{36}$$

an, worin die Winkel Gerätekoordinaten sind, wie sie allgemein bei der Weißenbergmethode Verwendung finden (Kap. 8). Da die Form des Lorentzfaktors von der Bewegungsgeometrie der reziproken Gitterpunkte abhängt, ändert sie sich von einer Methode zur anderen und ist am kompliziertesten für die Präzessionsmethode.

Nachdem man den Lorentzfaktor für die verschiedenen Reflexe berechnet hat, kann man ihn aus dem gemessenen integralen Reflexionsvermögen, gemäß Gl. (34), durch Multiplikation der experimentellen Werte mit $1/L_{hkl}$ entfernen.

Der Polarisationsfaktor. Bereits im Jahre 1906 hatte C. G. Barkla nachgewiesen, daß gestreute Röntgenstrahlen Polarisationseffekte zeigen. Röntgenwellen, die an einer Netzebene eines Kristalls reflektiert werden, sind daher ebenfalls partiell linear polarisiert. In diesem Fall nimmt die Intensität der Schwingungskomponente parallel zur Einfallsebene (das ist diejenige Ebene, die den einfallenden und reflektierten Strahl sowie die Normale des reflektierenden Netzebenensatzes enthält) proportional $\cos^2 2\theta$ ab, während die Komponente parallel zum reflektierenden Netzebenensatz nicht geschwächt wird. Folglich reduziert sich die Intensität der abgebeugten Welle um einen Faktor

$$p = (1 + \cos^2 2\theta)/2. \tag{37}$$

p wird Polarisationsfaktor genannt. Der Funktionsverlauf ist unabhängig von der Versuchsanordnung und hängt allein vom Glanzwinkel 2θ zwischen der direkten und der gebeugten Welle ab. Der Polarisationsfaktor läßt sich aus dem gemessenen integralen Reflexionsvermögen nach Gl. (34) durch Multiplizieren mit $1/p_{hkl}$ entfernen.

Die Absorption. Wenn Röntgenstrahlen einen Kristall durchqueren, werden sie entlang ihres Weges teilweise von den Atomen absorbiert. Damit verlieren sie an Intensität. Auf einer Wegstrecke t fällt die ursprüngliche Intensität I_0 eines Strahls auf den Betrag

$$I = I_0 \exp(-\mu t) \tag{38}$$

ab, wobei der *lineare Absorptionskoeffizient* μ eine charakteristische Materialkonstante ist, die sich aus der Zusammensetzung des Materials mit Hilfe vorhandener Tabellen berechnen läßt (s. a. Kap. 6). Den Quotienten I/I_0 bezeichnet man als *Transmission.*

Sobald ein Röntgenreflex auftritt, wirkt auch die Absorption. Sie verringert die Intensität aller beteiligten Strahlen im Kristall, wovon einer in Abb. 14

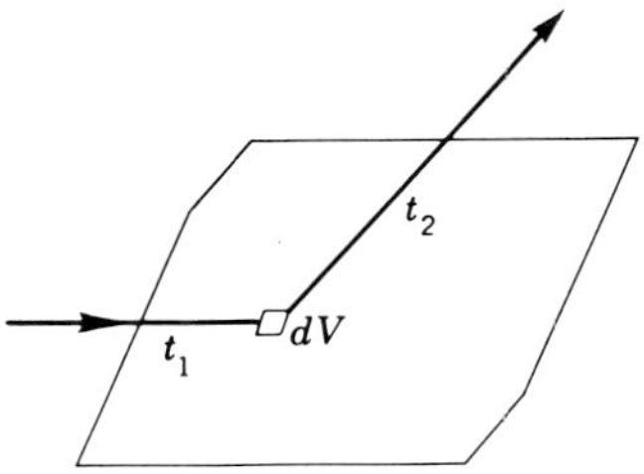

Abb. 14. Zur Berechnung der Absorption: Man bestimmt zu jedem Volumenelement dV des Kristalls die Weglänge des einfallenden und des abgebeugten Strahls im Kristall, berechnet die Schwächung des Strahls und summiert nach Gl. (39) über die Volumenelemente.

gezeichnet ist. Der Gesamtweg besteht aus zwei Anteilen: Der Primärstrahlweg t_1 erstreckt sich von der Kristalloberfläche bis zum Volumenelement dV, in welchem die Beugung stattfindet, der Weg t_2 des abgebeugten Strahls endet wiederum an der Oberfläche des Kristalls. Die gesamte Transmission T setzt sich aus der Summe aller Strahlenwege zu und von allen Volumenelementen des Kristalls zusammen. Der Anteil der durchgelassenen Gesamtintensität wird daher von dem Integral

$$T = (1/V) \int_V \exp[-\mu(t_1 + t_2)] dV \quad (39)$$

geliefert. Bereits für einen einzigen Reflex ist es recht mühsam, diesen Ausdruck per Hand zu berechnen; aber völlig untragbar ist es, dies für viele tausend Reflexe zu tun. Da der Wert der Gl. (39) für Kugeln verschiedener Radien und verschiedener Absorptionskoeffizienten leicht zu berechnen war und tabelliert vorliegt, hatte es sich eingebürgert, den Kristall womöglich auf eine Kugelform zu schleifen. Aber mit den inzwischen verfügbaren elektronischen Rechenanlagen ist es auch kein Problem mehr, die Transmissionsfaktoren für alle Reflexe eines Kristalls von beliebiger Form schnell zu berechnen, sofern man die Kristallform sauber messen kann.

Die Extinktion. Wenn der direkte Röntgenstrahl zu den Netzebenen einer Schar unter dem exakten Glanzwinkel θ steht und einen Reflex erzeugt, bildet auch der reflektierte Strahl mit diesen Netzebenen den gleichen Winkel θ. Der reflektierte Strahl wird dann, wie es Abb. 15 andeutet, an der Rückseite darüberliegender Netzebenen teilweise erneut reflektiert (Strahl (3)) und überlagert sich so dem direkten Strahl.

Um die Rückwirkung auf den direkten Strahl zu berechnen, muß man die tatsächliche Phasenverschiebung zwischen den Strahlen der Art (1) und (3) kennen. Bislang war diese Frage noch nicht aufgetaucht, da es immer nur auf die Ausrichtung der gemeinsamen Wellenfront ankam, deren Normale durch den abgebeugten Strahl (2) angezeigt wird. Für die Berechnung der Beugung in eine beliebige Raumrichtung außerhalb des Kristalls war es daher bisher gerechtfertigt, nur solche Phasenverschiebungen zu betrachten, die durch die geometrischen Wegunterschiede der einzelnen Strahlen entstehen. Tatsächlich findet aber bei jeder „Reflexion" einer Welle an einer Netzebene

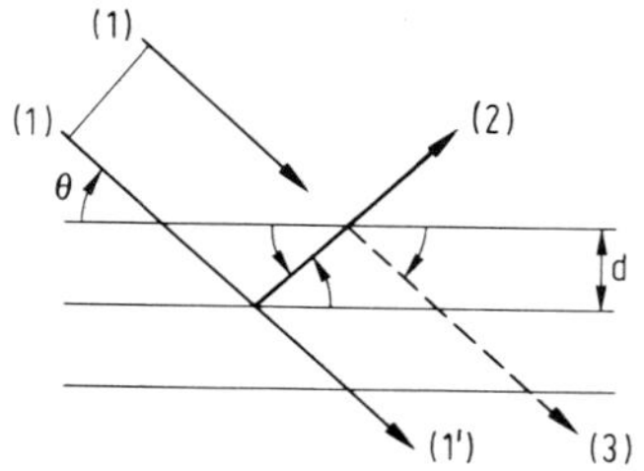

Abb. 15. Entstehung der Primärextinktion. Die primäre Röntgenwelle (1) erzeugt unter dem Glanzwinkel θ neben der abgebeugten Welle (2) weitere Wellen (3) durch Mehrfachreflexion, die parallel zur Primärwelle laufen und mit ihr interferieren. – Die Wellen sind durch ihre Normalenrichtungen dargestellt.

gleichzeitig ein *Phasensprung* statt. Die Größe des Phasensprungs findet man aus einer Energiebilanz. Dabei setzt man die Beträge der Amplitudenquadrate der einlaufenden Welle (1) und der beiden auslaufenden Wellen (1') und (2) gleich. Für den absorptionsfreien Fall findet man einen Phasensprung von $\pi/2$ bei jeder Reflexion.

Da sich die Phase der Welle mit jeder Reflexion um $\pi/2$ ändert, ist die zweifach reflektierte Welle gegenüber der primären, mit der sie sich vereint, um π verschoben. Auf diese Weise wird die Primärwelle durch Mehrfachreflexion geschwächt, und zwar umso mehr, je tiefer sie in den Kristall eindringt. Diesen Effekt bezeichnet man als *Primärextinktion*. Die Primärextinktion ist proportional zu tanh(sq)/sq; s bedeutet die Anzahl der vollkommen fehlerfrei aufeinanderfolgenden Netzebenen und q das Reflexionsvermögen einer einzigen Netzebene. Für Reflexe mit großen Strukturfaktoren (und damit großem q) und großen Netzebenenabständen d_{hkl} ist sie hoch und in Volumenbereichen, deren mittlerer Durchmesser größer als 10^{-4} cm ist, nicht mehr vernachlässigbar. Wegen der zuletzt genannten Tatsache ist die Primärextinktion in perfekt ausgebildeten Einzelkristallen, den sog. *Einkristallen* oder Monokristallen, ganz gewichtig, aber schon in leicht gestörten Kristallen erheblich abgeschwächt. Formel (34), die das integrale Reflexionsvermögen mit $|F|^2$ in Beziehung bringt, ist nur dann exakt gültig, wenn der Kristall bestimmte Gefügestörungen aufweist. Die Störungen müssen von der Art sein, daß sich der Kristall aus einem Mosaik kleiner, perfekt ausgebildeter und gegenseitig um winzige Winkelbeträge verkippter Volumina zusammensetzt, innerhalb derer die Extinktion nicht mehr stark ist. Einzelkristalle dieser Art nennt man *Mosaikkristalle*; sie treten in der Natur sehr viel häufiger auf als die Monokristalle. Obgleich man die Primärextinktion an großen Platten experimentell messen kann, ist es sehr schwierig, sie für die winzigen, bei der Strukturanalyse verwendeten Kristallproben anzusetzen.

Die einzelnen Mosaikblöckchen entziehen dem Primärstrahl durch ihr Reflexionsvermögen einen gewissen Energieanteil, der sich in einer Abnahme der Intensität des Primärstrahls mit zunehmender Kristalltiefe bemerkbar macht. Anders als bei der Primärextinktion, bei der die Amplituden innerhalb eines Monokristalls in Wechselwirkung stehen, handelt es sich bei der Sekundärextinktion um einen Intensitätseffekt zwischen verschiedenen Monokristallen. Die Sekundärextinktion verhält sich ähnlich wie die Absorption.

Im Jahre 1963 konnte Zachariasen einen bis dahin übersehenen Fehler im Polarisationsanteil der Extinktionskorrekturformeln ausmerzen und so einen experimentell bemerkenswerten Fortschritt erzielen.

Zusammenfassung

Während die Größe und die Gestalt der Elementarzelle aus den geometrischen Beziehungen zwischen den Richtungen der Röntgenreflexe hervorgeht (Bravaiszelle), werden die relativen Lagen der Atome in der Zelle durch die

Amplitude dieser Reflexe bestimmt. Für eine richtig bestimmte Struktur müssen die Beträge der berechneten Amplituden des Modells mit den entsprechenden Beträgen der gemessenen Amplituden hinreichend übereinstimmen. Ein übliches Maß für die mittlere Abweichung bei der Modellanpassung ist der Quotient

$$R = \Sigma \mid |F_{obs}| - |F_{cal}| \mid / \Sigma |F_{obs}|.$$

Man hat Verfeinerungsverfahren ausgearbeitet, mit denen sich der Residualwert R bei richtiger Struktur auf die Größenordnung von 5 bis 10% und sogar auf noch niedrigere Werte drücken läßt, vorausgesetzt, daß man über gut gemessene $|F_{obs}|$-Werte verfügt.

Das Quadrat $|F_{obs}|^2$ der experimentellen Amplitude ist proportional zu einer Größe, die man integrales Reflexionsvermögen nennt und die sich beim Durchgang der Netzebenenschar (hkl) durch die Braggsche Reflexionsstellung messen läßt. Der Wert des integralen Reflexionsvermögens kann entweder mit einer der Standardmethoden zur Schwärzungsmessung des Beugungsflecks auf Filmaufnahmen bestimmt werden oder durch Photonenzählung im reflektierten Strahl mit Hilfe eines Diffraktometers.

Um die gemessenen integralen Reflexionsvermögen in $|F_{obs}|$-Werte umzusetzen, sind sie für Untergrund, Lorentzfaktor, Polarisations- und Transmissionsfaktor zu korrigieren. Mit Hilfe elektronischer Rechenanlagen lassen sich die Korrekturen schnell bewältigen. Als weitere Korrektur sollte man, auf die stärksten Reflexe begrenzt, die Extinktion berücksichtigen. In den für die Strukturanalyse benutzten kleinen Proben ist das Ausmaß des Extinktionseinflusses leider schwierig zu bestimmen. Glücklicherweise gefährdet dieser Umstand die Analyse nicht ernstlich. Schließlich muß die berechnete Amplitude auch noch auf Temperatureffekte korrigiert werden.

Geschichtliche Anmerkungen

Der überwiegende Teil der Theorie über die Verknüpfung der Röntgenreflexe mit der Atomanordnung im Kristall wurde bereits in der Frühzeit der Röntgenstrahlbeugung entwickelt. Die Korrektur der berechneten Intensitäten für die thermische Bewegung der Atome wurde 1913 von P. Debye vorgeschlagen und endgültig 1923 von I. Waller eingeführt. Das Ergebnis dieser Untersuchungen ergab, daß sich die durch thermische Bewegung hervorgerufene Intensitätsabnahme eines Reflexes durch Multiplikation mit dem Debye-Waller-Temperaturfaktor berechnen läßt.

Die Verwendung des integralen Reflexionsvermögens $E\omega/I_0$ als Meßwert für den Netzebenensatz eines Kristalls geht auf Bragg, James und Bosanquet zurück, die es als geeignete Meßgröße für das (damals so bezeichnete) Spektrometer eingeführt haben. Dieses Instrument war eine Frühform des Diffraktometers; da aber seine Ionisationskammer experimentelle Schwierigkeiten bereitete, ging man allmählich dazu über, die Beugungsintensität mit photographischen Methoden zu messen. Letztere fanden dann ausgedehnte Verwendung, bis es nach dem zweiten Weltkrieg gut vervollkommnete Photonenzähler gab. Heute werden die besten Intensitätsmessungen mit Diffraktometern erhalten, die mit einem Proportional- oder einem Szintillationszähler ausgerüstet sind.

H. A. Lorentz lehrte seinen Studenten an der Leidener Universität, daß die Beugungsintensitäten mit wachsender Ordnung n proportional zu n^{-2} abnehmen; dieser Faktor wurde später als Lorentzfaktor bezeichnet. Er erschien in der Form $1/\sin 2\theta$ schon 1914 in den Formeln, die C. G. Darwin für das integrale Reflexionsvermögen mitteilte. Darwin bezog auch den Intensitätsrückgang auf Grund der Polarisation der von den Elektronen gestreuten Röntgenwellen ein, den erstmals J. J. Thompson abgeleitet hatte.

In seiner ausführlichen Studie über die Reflexion der Röntgenstrahlung an einem Netzebenensatz entdeckte Darwin zwei Effekte, welche die Intensität des reflektierten Strahlenbündels stark reduzieren. Er nannte sie Primär- und Sekundärextinktion. Die letztgenannte hatte bereits W. H. Bragg experimentell gefunden.

Zwar hatte man schon lange erkannt, daß die abgebeugte Intensität durch die Röntgenabsorption der Probe zurückgeht, aber ein Routinekorrekturverfahren dafür ergab sich erst 1930, als Claassen zeigte, wie sich die Absorption in zylindrischen Proben berücksichtigen läßt. Heute sind sehr genaue Korrekturen für Proben beliebiger Gestalt mit Benutzung elektronischer Rechenanlagen leicht durchzuführen.

Weiterführende Schriften

H. Lipson und W. Cochran. The determination of crystal structures, vol. III, The crystalline state. (G. Bell, London, 1953) 54–63.

Martin J. Buerger. Crystal-structure analysis. (Wiley, New York, 1960) 21–48, 77–238, 259–282.

U. W. Arndt und B. T. M. Willis. Single crystal diffractometry. (University Press, Cambridge, England, 1966) 331 Seiten.

G. Habermehl, S. Göttlicher und E. Klingbeil. Röntgenstrukturanalyse organischer Verbindungen. (Springer Verlag 1973) 331 Seiten.

E. R. Wölfel. Theorie und Praxis der Röntgenstrukturanalyse. (Vieweg Verlag, Braunschweig, 1975) 335 Seiten.

Grundlegende Werke und Einzelveröffentlichungen

Integrales Reflexionsvermögen

C. G. Darwin. The theory of x-ray reflexion. Phil. Mag. **27** (1914) 315–333, 675–690.

W. Lawrence Bragg, R. W. James und C. H. Bosanquet. The intensity of reflexion of x-rays by rock-salt. Phil. Mag. **41** (1921) 309–337.

Temperaturfaktor

P. Debije. Über den Einfluß der Wärmebewegung auf die Interferenzerscheinungen bei Röntgenstrahlen. Verh. D. P. G. **15** (1913) 678–689.

P. Debije. Interferenz von Röntgenstrahlen und Wärmebewegung. Ann. Phys. **43** (1914) 49–95.

Ivar Waller. Zur Frage der Einwirkung der Wärmebewegung auf die Interferenz von Röntgenstrahlen. Z. Phys. **17** (1923) 398–408.

Extinktion

C. G. Darwin. The reflexion of x-rays from imperfect crystals. Phil. Mag. **43** (1922) 800–829.

W. H. Zachariasen. The Secundary Extinction Correction. Acta Crystallogr. **16** (1963) 1139–1144.

W. H. Zachariasen. A general Theory of x-ray Diffraction in Crystals. Acta Crystallogr. **23** (1967) 558–564.

Absorption

A. Claassen. The calculation of absorption in x-ray powder-photographs and the scattering power of tungsten. Phil. Mag. (7) **9** (1930) 57–65.

Kapitel 12

Fouriersynthese und Phasenproblem

Die Fouriertransformation

Eines der wichtigsten Hilfsmittel bei der Beschäftigung mit kristallstrukturellen Problemen ist die Fouriertransformation. Sie ist eine mathematische Funktion, die eine unmittelbare Beziehung zwischen der Kristallstruktur und den von ihr hervorgerufenen Beugungseffekten herstellt.

Wenn man die Fouriertransformation formal als rein mathematischen Vorgang einführt, läuft man Gefahr, den relativ einfachen Zusammenhang, den sie beschreibt, zu verschleiern. Zum Glück kennen wir ein physikalisches Phänomen, das es erlaubt, die Fouriertransformation an Hand einfacher geometrischer Begriffe zu verstehen. Es ist die fokussierende Wirkung einer optischen Linse, und mit ihrer Hilfe soll die Fouriertransformation nachstehend eingeführt werden.

Die optische Linse als Fouriertransformator

Jede Linse ist ein natürlicher Fouriertransformator. Wenn man bei der Bildkonstruktion eines Objektes den Strahlengang durch eine Sammellinse verfolgt, begegnet man auf sehr natürliche Weise der Fouriertransformierten des Objektes, d. h. dem Ergebnis einer Fouriertransformation.

Abb. 1 illustriert das Wesentliche für die Bildentstehung. Dazu betrachtet man einige spezielle Strahlen, deren Weg auf leicht vorhersagbare Weise über das optische System führt. Derart ausgewählte Strahlen gehen von den zwei Punkten O und H eines (zweidimensionalen) Gegenstandes oder Objektes aus. Der eine Punkt O liegt auf der Linsenachse und kann als Ursprungspunkt des Gegenstandes angesehen werden; der zweite Punkt H liegt außerhalb der Achse und besitzt eine allgemeinere Lage. Ein von H ausgehender und durch die Mitte C der Linse laufender Strahl wird von der Linse nicht abgelenkt und erreicht die (zunächst noch unbekannte) Bildebene bei H′. HCH′ stellt eine Gerade dar, desgleichen OCO′. Die beiden Strahlen sind die Mittelpunktsstrahlen durch eine dünne Linse.

Ein zweiter, von H ausgehender besonderer Strahl läuft parallel zur Linsenachse von H nach A. Für die Sammellinse ist nun charakteristisch, daß jeder Strahl parallel ihrer Achse so gebrochen wird, daß er die Achse im Brennpunktabstand D hinter der Linse kreuzt. Im Schnittpunkt mit dem Strahl von H über C liegt der Bildpunkt H′, womit die Bildebene gefunden ist. Auch der Strahl OB wird gebrochen; er verläuft parallel zu HC. Da sich einerseits parallel einfallende Strahlen in der Fokalebene schneiden, andererseits alle von O ausgehenden Strahlen im Bildpunkt O′ treffen, liegt der Verlauf BO′ fest. Die Fokalebene heißt auch Brennebene.

Es existieren nun jeweils zwei ausgezeichnete Punkte hinter der Linse, in denen sich Strahlen schneiden. Der eine liegt offensichtlich in der Bildebene; dort wird punktweise ein Bild des Gegenstandes aufgebaut, indem man weitere Strahlen einbezieht, die sich in den einzelnen Punkten der Ebene – so

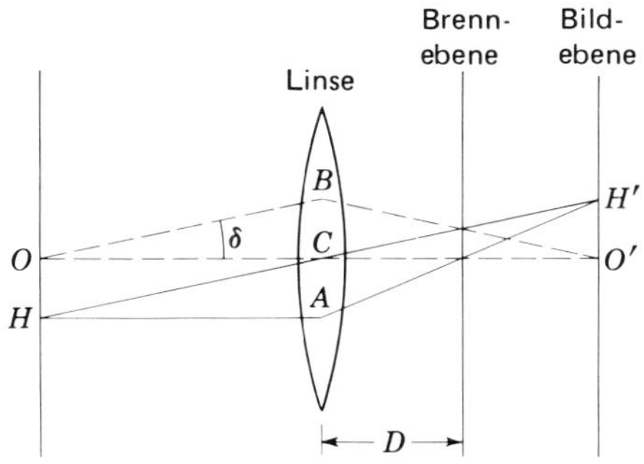

Abb. 1. Bildkonstruktion bei der Sammellinse. OH und O'H' sind die Spuren der Objekt- und Bildebene.

wie in H' – vereinen. Aber gerade zeigte sich, daß auch die Strahlen in anderer Kombination in der rückwärtigen Fokalebene der Sammellinse konvergieren. In dieser Ebene kreuzen sich Strahlen, die nicht vom selben Gegenstandspunkt auslaufen, sondern vielmehr solche, die unter gleicher (durch den Winkel δ definierter) Neigung das Objekt verlassen. Mit der Konvergenz der verschiedenen, durch den Richtungsparameter δ geordneten Strahlenscharen entsteht in der rückwärtigen Fokalebene eine andere Bildart, nämlich das *Beugungsbild* des Gegenstandes. In vorstehendem Zusammenhang bezeichnet man daher die Fokalebene auch als *Beugungsebene.* Das Beugungsbild ist mit dem Gegenstand in einer Weise verknüpft, die man mathematisch als Fouriertransformierte des Gegenstandes bezeichnet.

In der Abb. 2 sind die Beziehungen zwischen Gegenstands- und Beugungsebene ins einzelne gehend auseinandergesetzt. Die von der Linse in einem willkürlichen Punkt Q der Beugungsebene gesammelten Strahlen verlaufen parallel, bevor sie auf die Linse treffen. Ihre gemeinsame Richtung ist durch den Winkel δ definiert. Der Winkel liegt in einer durch die *optische Achse* OO* und den Vektor $\mathbf{r}^*$ bestimmten Ebene, der den willkürlichen Punkt Q lokalisiert. Die geometrische Optik macht es nun leicht, die Lichtmenge zu berechnen, die den Punkt Q erreicht. Alle Strahlen, die in Q interferieren, laufen innerhalb einer ebenen Wellenfront auf die Linse zu. Da über die geometrische Konstruktion für gleichlange optische Wegstrecken von dieser Wellenfront bis Q gesorgt ist, berechnet sich die maßgebende Phasendifferenz der einzelnen Strahlen allein aus dem Gangunterschied der Strahlen bis zur Eingliederung in die gemeinsame ebene Wellenfront. Die Ebene $J_1 J_2 J_3 J_4$ ist noch einmal in Abb. 3 herausgezeichnet. Der Einfachheit halber sei vorausgesetzt, daß die Gegenstandsebene von einer ebenen Welle angestrahlt werde, die sich parallel der optischen Achse bewegt; außerdem soll jeder Gegenstandspunkt diese Welle als elementare Kugelwelle streuen. Die Phasenlage der Elementarwellen, die von den Objektpunkten der Strecke $\overline{OJ_1}$ unter dem Winkel δ gestreut werden, nehmen mit dem Abstand des

Punktes von O ab. Die Phasenlage für einen Punkt im Abstand x von O wird durch das Verhältnis

$$\phi/2\pi = \overline{OG}/\lambda = (x \sin\delta)/\lambda \tag{1}$$

bestimmt. Den Winkel δ kann man leicht der rechten Seite der Abb. 3 entnehmen,

$$\delta = \arctan(|\mathbf{r}^*|/D), \tag{2}$$

worin D die Brennweite der Linse ist. Aus Gl. (1) läßt sich damit δ entfernen und die Phase durch

$$\phi = (2\pi x/\lambda) \sin[\arctan(|\mathbf{r}^*|/D)] \tag{3}$$

darstellen. Für kleine δ stimmen $\sin\delta$ und $\tan\delta$ nahezu überein, weshalb man für Richtungen, die kleine Winkel δ mit der optischen Achse einschließen, Gl. (3) gut durch den Näherungsausdruck

$$\phi = 2\pi x|\mathbf{r}^*|/\lambda D \tag{4}$$

ersetzen kann. Die bisher betrachteten Strahlen werden ausschließlich von Punkten der Strecke $\overline{J_1 J_4}$ gestreut. Aber von allen Punkten der vorderen Brennebene entlang einer Geraden senkrecht zu $\overline{J_1 J_4}$, wie etwa der Geraden

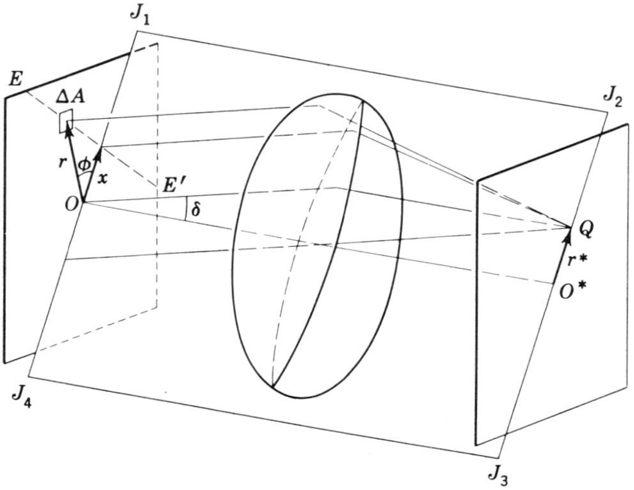

Abb. 2. Konstruktion des Beugungsbildes. O ist der Mittelpunkt der vorderen Brennebene, O* der Mittelpunkt der hinteren Brennebene oder Beugungsebene.

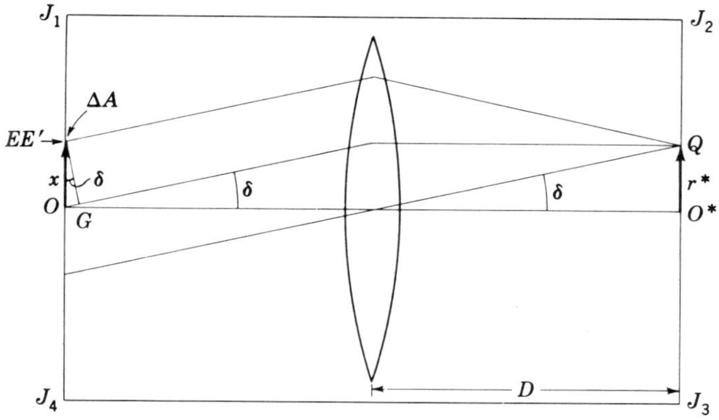

Abb. 3. Ausschnitt aus Abb. 2: Die Ebene $J_1J_2J_3J_4$.

EE′ der Abb. 2, gehen Strahlen gleicher Weglänge zur Linse aus; alle diese Strahlen werden mit gleicher Phase in die durch δ definierte Wellenrichtung gestreut. Ein durch den Vektor **r** lokalisierter Punkt streut demnach mit einer Phase, die durch die Projektion von **r** auf die Strecke $\overline{J_1J_4}$ (die parallel zu **r*** liegt) bestimmt wird. Folglich liefert die Verallgemeinerung der Gl. (4) für die Phase ϕ eines von einem beliebigen Punkt der Gegenstandsebene ausgehenden Strahls

$$\phi = 2\pi \,\{|\mathbf{r}_{\text{proj. auf } \mathbf{r}^*}|\,|\mathbf{r}^*|\}/\,\lambda D. \tag{5}$$

Das in geschweifter Klammer stehende Produkt hat den Betrag

$$\begin{aligned}|\mathbf{r}_{\text{proj. auf } \mathbf{r}^*}|\,|\mathbf{r}^*| &= [|\mathbf{r}| \cos\phi]\,|\mathbf{r}^*| \\ &= |\mathbf{r}|\,|\mathbf{r}^*| \cos(\sphericalangle \mathbf{r}, \mathbf{r}^*).\end{aligned} \tag{6}$$

Vektoralgebraisch stellt die rechte Seite der Gl. (6) das Skalarprodukt der beiden Vektoren **r** und **r*** dar und wird allgemein in der Form $\mathbf{r} \cdot \mathbf{r}^*$ geschrieben. Somit lautet Gl. (5) abgekürzt

$$\phi = (2\pi \mathbf{r} \cdot \mathbf{r}^*)/\lambda D. \tag{7}$$

Die Faktoren λ und D sind experimentelle Konstanten, die beide die Dimension einer Länge haben. Faßt man sie mit **r*** zusammen, so hat die neue Variable

$$\mathbf{r}'^* = \mathbf{r}^*/\lambda D$$

offensichtlich die Dimension einer reziproken Länge. Werden die beiden Faktoren so gewählt, daß $\lambda D = 1$ gilt, stimmen die Komponenten des Vektors $\mathbf{r}'^*$ zahlenmäßig mit denen des Vektors **r*** überein und man darf statt des gestrichenen den ungestrichenen Vektor weiterverwenden, wenn man gleichzeitig $\mathbf{r}^*$ die Dimension einer reziproken Länge beimißt. Damit vereinfacht sich Gl. (7) weiter zu

$$\phi = 2\pi\mathbf{r} \cdot \mathbf{r}^*. \tag{8}$$

Gl. (8) bietet die Phasenbeziehung in ihrer einfachsten Gestalt an, in der sie auch in dem rein mathematischen Ausdruck für die Fouriertransformation auftritt.

Selbstverständlich streuen nicht alle Punkte der Gegenstandsebene das Licht mit gleicher Stärke, denn sonst würde die gesamte Gegenstandsebene einheitlich hell beleuchtet sein und der Gegenstand ließe sich nicht feststellen. Man denkt sich jetzt den Gegenstand aus sehr vielen kleinen Bereichen zusammengesetzt, die sich fortlaufend von 1 bis N durchnumerieren lassen. Angenommen Bereich 1 streue eine Elementarwelle mit der Amplitude f_1, während Bereich 2 eine solche mit der Amplitude f_2 streut usw., dann addieren sich im Punkt Q alle unter dem Winkel δ ausgehenden Strahlen der Elementarwellen, da die Linse diese Strahlen von allen N Bereichen in Q sammelt. Die am Endpunkt des Vektors $\mathbf{r}^*$ auftretende resultierende Amplitude läßt sich nun durch Aufsummieren der einzelnen Amplituden mit ihren zugehörigen Phasen auf folgende Weise darstellen:

$$\begin{aligned} R(\mathbf{r}^*) &= f_1 \exp(i2\pi\mathbf{r}_1 \cdot \mathbf{r}^*) + f_2 \exp(i2\pi\mathbf{r}_2 \cdot \mathbf{r}^*) + \ldots \\ &\qquad + f_N \exp(i2\pi\mathbf{r}_N \cdot \mathbf{r}^*) \\ &= \sum_{j=1}^{N} f_j \exp(i2\pi\mathbf{r}_j \cdot \mathbf{r}^*). \end{aligned} \tag{9}$$

Die Beziehung (9) gibt die resultierende Amplitude für einen beliebigen, durch $\mathbf{r}^*$ festgelegten Punkt Q der Beugungsebene unter der Voraussetzung an, daß der Gegenstand aus einem Kollektiv von N kleinen getrennten Bereichen besteht. Die Gl. (9) läßt sich leicht auf die Streuung an einem kontinuierlichen Gegenstand verallgemeinern, indem man sich die Gegenstandsebene in lauter kleine Elementarbereiche ΔA unterteilt denkt. ρ sei die *spezifische Streuamplitude* für ΔA, d. h. die Streuamplitude pro Flächeneinheit. ρ variiert im allgemeinen von einem Elementarbereich zum andern, so daß die Streuamplitude eines Elementarbereiches ΔA, der am Endpunkt des Vektors $\mathbf{r}$ sitzt, gleich $\rho_\mathbf{r} \Delta A$ beträgt. Ersetzt man f_j in Gl. (9) durch diesen Ausdruck, ergibt sich

$$R(\mathbf{r}^*) = \sum_{\mathbf{r}} \rho_\mathbf{r} \, \Delta A \exp(i2\pi\mathbf{r} \cdot \mathbf{r}^*). \tag{10}$$

Läßt man die Größe des Elementarbereiches immer weiter schrumpfen, so gelangt man innerhalb der Grenzen von Gl. (10) schließlich zu

$$R(\mathbf{r}^*) = \int_{\substack{\text{Fläche} \\ \text{der Gegenstandsebene}}} \rho(\mathbf{r}) \exp(i2\pi\mathbf{r} \cdot \mathbf{r}^*) \, dA. \tag{11}$$

Wenn die Resultierende R tatsächlich berechnet werden soll, stellt man die Vektoren **r** und **r*** praktischerweise durch ihre Koordinaten dar. Zu diesem Zweck führt man gewöhnlich Einheitsvektoren **a** und **b** entlang der Achsen in der Gegenstandsebene ein und drückt **r** durch seine Komponenten x**a** bzw. y**b** entlang den Richtungen **a** bzw. **b** aus. Eine entsprechende Zerlegung nimmt man in der Beugungsebene für **r*** vor. Somit erhält man für **r** und **r*** die Komponentenschreibweise

$$\mathbf{r} = x\mathbf{a} + y\mathbf{b} \text{ und } \mathbf{r}^* = x^*\mathbf{a}^* + y^*\mathbf{b}^*. \tag{12}$$

Das Produkt $\mathbf{r} \cdot \mathbf{r}^*$ in Gl. (11) nimmt damit die Gestalt (13) an.

$$\mathbf{r} \cdot \mathbf{r}^* = xx^*\mathbf{a} \cdot \mathbf{a}^* + xy^*\mathbf{a} \cdot \mathbf{b}^* + yx^*\mathbf{b} \cdot \mathbf{a}^* + yy^*\mathbf{b} \cdot \mathbf{b}^* \tag{13}$$

Dieser Ausdruck läßt sich vereinfachen, wenn man das Achsenpaar **a***, **b*** als reziproken Vektorsatz zum Achsenpaar **a, b** bestimmt; in diesem Fall weisen die Paare die im Kap. 11 besprochenen Eigenschaften auf. Damit verschwinden die Mischglieder in Gl. (13), während die ungemischten Produkte, wie $\mathbf{a} \cdot \mathbf{a}^*$, gleich 1 werden. Gl. (13) vereinfacht sich dann zu

$$\mathbf{r} \cdot \mathbf{r}^* = xx^* + yy^*. \tag{14}$$

In Komponentenform schreibt sich nunmehr Gl. (11)

$$R(x^*, y^*) = \int_{\substack{\text{Fläche} \\ \text{der Gegenstandsebene}}} \rho(x,y) \exp\,[i2\pi\,(xx^* + yy^*)]\,dx\,dy. \tag{15}$$

Die in den Gln. (9), (11) und (15) stehenden Beziehungen sind nichts anderes als quantitative Beschreibungen der Beugungsamplituden, die im Beugungsbild an gewünschter Stelle erscheinen. Diese Stelle, an der die Summe gebildet wird, ist in den Gln. (9) und (11) der Endpunkt des Vektors **r***, in Gl. (15) wird sie durch die Koordinaten x* und y* ausgedrückt. Im allgemeinen wird die Amplitude komplex sein, d. h. sie umfaßt Betrag und Phase, denn die Summation (und Integration) schließt mit dem Exponentialfaktor auch die Phasen ein.

Als aufschlußreich erweist es sich, diese Ergebnisse auf die Beugung an einer Gitteranordnung anzuwenden. Es sei zuerst, wie in Abb. 4 angenommen, ein eindimensionales Gitter sowie eine zweidimensionale Linse betrachtet und vorausgesetzt, daß die Streuung von einer Reihe kleiner Löcher in einer ansonsten undurchsichtigen Platte ausgehen möge. Die Löcher sollen in gleichmäßigem Abstand d aufeinanderfolgen. Die Beugung läßt sich unmittelbar aus Abb. 4 verstehen. Gemäß Gl. (8) beträgt die Streuphase in der durch δ definierten Richtung $\phi = 2\pi\mathbf{r} \cdot \mathbf{r}^*$. Für die eindimensionale Gitteranordnung (bzw. deren Folge von Beugungsspektren entlang einer dazu parallelen Geraden) ist der Vektor **r** bzw. **r*** durch die skalare Größe r bzw.

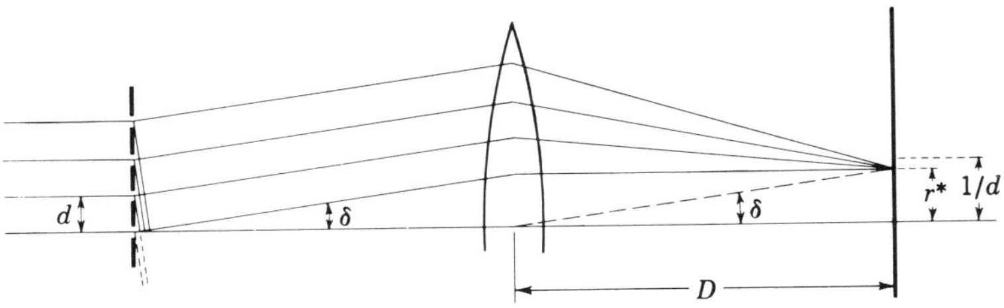

Abb. 4. Konstruktion des Beugungsbildes eines eindimensionalen Gitters.

r* zu ersetzen. Das n-te Loch der Reihe befindet sich im Abstand r = nd vom Ursprung. Damit nimmt Gl. (9) die Gestalt

$$R(r^*) = \sum_{n=1}^{N} f_n \exp(i2\pi n[dr^*])$$

an. Wenn das Produkt in der eckigen Klammer keine ganze Zahl ist, verschwindet diese Summe weitgehend, und zwar umso besser, je größer die Anzahl N der Löcher ist. Wenn nämlich der Exponent kein ganzzahliges Vielfaches von $i2\pi$ oder nicht Null ist, stellt jedes Exponentialglied im Zeigerdiagramm einen Vektor (der Länge f_n) dar, der in eine andere Richtung weist. Die Vektoren besitzen daher die Tendenz, sich bei der Summenbildung gegenseitig aufzuheben, was nur verhindert wird, wenn die eckige Klammer ganzzahlig ist. Ist sie ganzzahlig, hat jede Exponentialfunktion die Form $\exp(i2\pi p)$, was einer Phase entspricht, die von der reellen Achse um das (ganzzahlige) p-fache des Winkels 2π weitergedreht ist. Daher ist die Phase gleich der von exp(0), weshalb alle Vektoren in dieselbe Richtung zeigen und die Vektorsummation in eine arithmetische Addition übergeht. Dies trifft für solche Punkte r* in der Beugungsebene zu, für die dr* eine ganze Zahl n′ ist, d. h. an den Stellen $r^* = n'(1/d)$. Daher gelangen die gestreuten Strahlen phasengleich nur zu denjenigen Stellen der Beugungsebene, die Vielfache eines Elementarabstandes 1/d sind. Nur diese Stellen der Beugungsebene leuchten auf, während alle anderen dunkel bleiben. Die Kette der Leuchtflecke besetzt die Punkte eines eindimensionalen Gitters; dieses Gitter hat die Periode 1/d und stellt daher das Reziproke desjenigen Lochgitters dar, das diese Beugung hervorruft.

Jedes Gitter ist das Reziproke seines reziproken Gitters. Wenn man die Strahlenrichtung umkehrt, erzeugen die entlang des reziproken Gitters angeordneten Streupunkte Leuchtflecke an den Stellen des Originalgitters. Dies ist unschwer zu erkennen, wenn Gegenstands- und Beugungsebene beide im gleichen Fokalabstand D zur Linse stehen, wie es Abb. 5 zeigt.

Abb. 6 skizziert analog die Verhältnisse für eine zweidimensionale Anordnung von Streupunkten. Die links angeordnete Ebene sei die Gegenstandsebene. Dort ist das Gitter so aufgestellt, daß ein mit d bezeichneter Abstand zwischen benachbarten Punktreihen in einer vertikalen Ebene liegt.

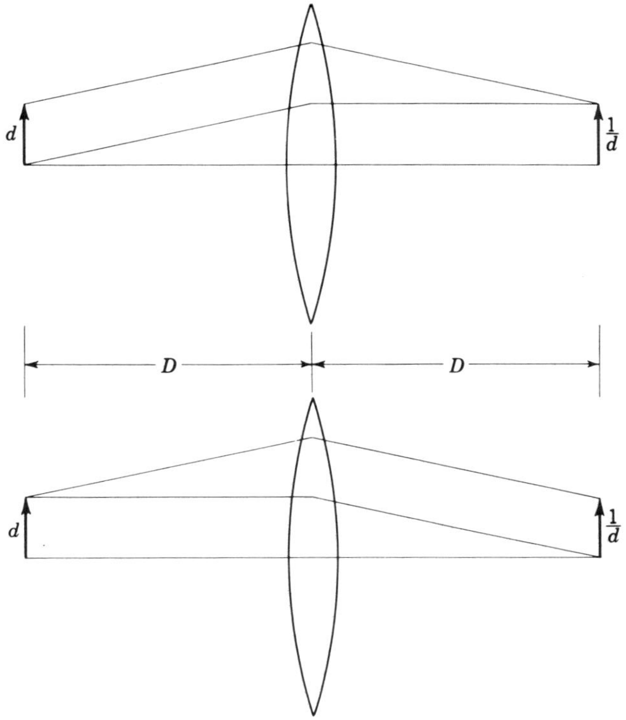

Abb. 5. Umkehrung des Strahlenganges. Oben: Entstehung des Beugungsbildes aus dem Objekt. – Unten: Entstehung eines Objektbildes aus dem Beugungsbild.

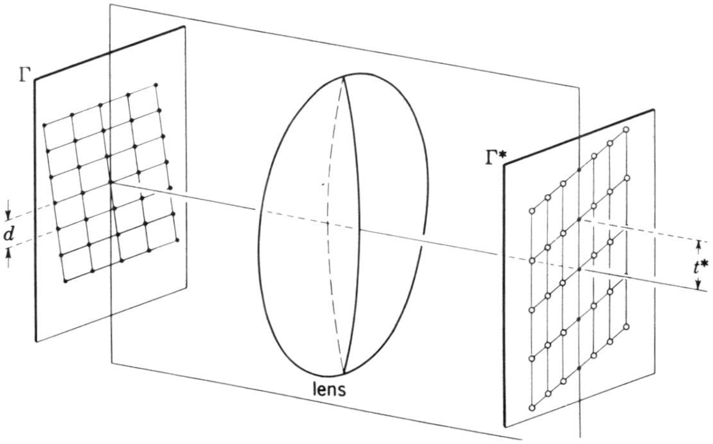

Abb. 6. Das zweidimensionale Gitter Γ und sein Beugungsbild, das reziproke Gitter Γ*.

Die von den zugehörigen Punktreihen erzeugte Beugung setzt sich in der Beugungsebene an gewissen Punkten $r^* = n't^*$, entlang der vertikalen Geraden, gleichphasig zusammen; für diese Punkte gilt – genau wie im eindimensionalen Beispiel – $dr^* = n'$ oder $r^* = n'(1/d) = n't^*$. Ein analoges Beugungsergebnis gilt für jede Schar paralleler Punktreihen in der linken Gitteranordnung unabhängig von ihrer Richtung. Zu jeder Schar gehört ein bestimmtes d, das in der Beugungsebene eine zentrale Gittergerade parallel zu d bestimmt, deren Translationsperiode $t^* = (1/d)$ ist. Im Kap. 4 konnte aber mit den Produkten $dt^* = 1$ ein reziprokes Gitterpaar charakterisiert werden. Aus diesem Grunde läßt sich die Beugung an einer Gitteranordnung als eine Anordnung von Leuchtflecken verstehen, die an den Punkten des reziproken Gitters liegen. Diese beiden Gitteranordnungen sind zueinander reziprok, denn die Umkehrung des Strahlenganges erzeugt die linke aus der rechten Anordnung.

Für eine etwas tiefer gehende Untersuchung kann man sich auf Gl. (9) stützen. Im vorliegenden Fall haben dann alle Vektoren **r** die Form

$$\mathbf{r} = m\mathbf{a} + n\mathbf{b}, \text{ mit } m, n = \text{ganzzahlig}. \qquad (16)$$

Mit dieser Einschränkung entsteht aus Gl. (9)

$$\begin{aligned} R(\mathbf{r}^*) &= \Sigma f \exp[i2\pi(m\mathbf{a} + n\mathbf{b}) \cdot \mathbf{r}^*] \\ &= \Sigma f \exp[i2\pi(m\mathbf{a} \cdot \mathbf{r}^* + n\mathbf{b} \cdot \mathbf{r}^*)] \\ &= \Sigma f \exp[i2\pi m\mathbf{a} \cdot \mathbf{r}^*] \exp[i2\pi n\mathbf{b} \cdot \mathbf{r}^*] \end{aligned} \qquad (17)$$

Immer dann, wenn die Skalarprodukte in Gl. (17) ganzzahlige Werte annehmen, nämlich

$$\begin{aligned} &\mathbf{a} \cdot \mathbf{r}^* = h \text{ (eine ganze Zahl)} \\ \text{und}\quad &\mathbf{b} \cdot \mathbf{r}^* = k \text{ (eine ganze Zahl)}, \end{aligned} \qquad (18)$$

verschwinden beide Exponenten gleichzeitig, beide Exponentialfunktionen werden gleich 1, und die Summe ist die arithmetische Summe über alle f-Werte. Wenn nun eine (oder gar beide) der Gln. (18) nicht erfüllt ist, erstreckt sich die Summe über Vektoren, die mehr oder weniger gleichmäßig in alle Richtungen der komplexen Zahlenebene weisen. Die Vektoren zeigen die Tendenz, sich gegenseitig aufzuheben, wobei eine Resultierende übrig bleibt, die für ein unendlich ausgedehntes Gitter Null ist und nahezu Null für eine verhältnismäßig hohe Anzahl von Gitterpunkten. Die Leuchtpunkte erscheinen daher nur an den Endpunkten der mit den Gln. (18) übereinstimmenden Vektoren. Die Bedingung zur Befriedigung der Gln. (18) lautet

$$\mathbf{r}^* = h\mathbf{a}^* + k\mathbf{b}^*, \qquad (19)$$

worin $\mathbf{a}^*$ und $\mathbf{b}^*$ den Satz reziproker Vektoren zu $\mathbf{a}$ und $\mathbf{b}$ darstellen, d. h. es gilt:

$$\begin{aligned} \mathbf{a} \cdot \mathbf{a}^* &= 1 \quad & \mathbf{a} \cdot \mathbf{b}^* &= 0 \\ \mathbf{b} \cdot \mathbf{a}^* &= 0 \quad & \mathbf{b} \cdot \mathbf{b}^* &= 1. \end{aligned} \tag{20}$$

Daß dies die Bedingung für $\mathbf{r}^*$ bedeutet, läßt sich durch Einsetzen von Gl. (19) in die Gln. (18) verifizieren. Somit besteht das Beugungsbild einer zweidimensionalen Gitteranordnung von Punkten aus einer Schar von Maxima in den durch die Gln. (19) und (20) definierten Punkten, also in den Punkten des reziproken Gitters. Nach Umkehrung des Strahlengangs der Abb. 6 ruft die Beugung an einer Menge von Streupunkten, die in den reziproken Gitterpunkten sitzen, Maxima an den Punkten des Originalgitters hervor.

Fouriertransformationen

Im letzten Abschnitt wurde verdeutlicht, wie das Beugungsbild eines ebenen Gegenstandes optisch über eine Linse entsteht und daß sich dieses Beugungsbild durch eine Integration der mit einem Phasenfaktor versehenen Streudichte ρ darstellen läßt, wobei sich die Integration über alle Punkte der Gegenstandsebene erstreckt. Der Phasenfaktor ist ein Exponentialausdruck und gibt zu jedem Gegenstandspunkt die Phase der gestreuten Welle an. Die allgemeine Gestalt zeigt Gl. (11), während die für eine numerische Berechnung besser geeignete Koordinatenschreibweise Gl. (15) wiedergibt. Insbesondere entstand bei der Beugung an einer Gitteranordnung aus gleich stark streuenden Punkten eine zweidimensionale Schar gleich heller Flecke, die die zugehörigen reziproken Gitterpunkte besetzt. Die mathematische Form der Gl. (11) bezeichnet man als Fouriertransformation der Funktion $\rho(\mathbf{r})$. Speziell im vorliegenden Fall beschreibt $\rho(\mathbf{r})$ den Gegenstand. Die Bezeichnungen „Beugungsbild von", „Reziprokes von" und „Fouriertransformierte von" haben gleichartige Bedeutung. Die erste bezeichnet direkt ein physikalisches Ergebnis, das man von einem Objekt bekommt, während die beiden letzten mathematische Funktionen des Objekts sind, die die physikalischen Ergebnisse beschreiben und zu berechnen erlauben.

Da die Brechzahlen der Materie im Röntgenstrahlbereich praktisch den Wert 1 haben, lassen sich die am Kristall abgebeugten Röntgenstrahlen nicht durch eine Linse in eine Punktschar fokussieren, wie bei dem im letzten Abschnitt dargelegten physikalischen Beispiel mit sichtbarem Licht. Trotzdem gleichen sich die mathematischen Formen zur Beschreibung der Röntgenbeugung an einer Kristallstruktur und der Lichtbeugung an einem periodischen Objekt. Das läßt sich einsehen, wenn man die Beugung der Röntgenstrahlen an einer Schar diskreter Atome nach Gl. (4,11) mit der optischen Beugung an diskreten Punkten nach den Gln. (8) und (9) dieses Kapitels vergleicht. Die allgemeine Form einer Fouriertransformation, berechnet für einen Punkt am Ende des Vektors **r*** im *Fourierraum*, ist die Verallgemeinerung der zweidimensionalen Form der Gl. (11), nämlich

$$R(\mathbf{r}^*) = \int\limits_{\substack{\text{Volumen} \\ \text{des Kristallraums}}} \rho(\mathbf{r}) \exp(i2\pi\mathbf{r} \cdot \mathbf{r}^*)\, dV. \tag{21}$$

Die entsprechende Koordinatenschreibweise ergibt sich analog aus der verallgemeinerten zweidimensionalen Form der Gl. (15),

$$R(x^*, y^*, z^*) = \int\limits_{\substack{\text{Volumen} \\ \text{des Kristallraums}}} \rho(x, y, z) \exp[i2\pi(xx^* + yy^* + zz^*)]\, dx\, dy\, dz. \tag{22}$$

Bei der Kristallbeugung verursacht die dreifach periodische, translatorische Wiederholung der Elementarzelle, daß sich die $x^*y^*z^*$ auf die ganzzahligen Werte h, k und l beschränken; im Zweidimensionalen entspricht dies Gl. (19). Auf diese Weise wird die komplexe Fouriertransformierte R zur komplexen Beugungsamplitude der Laueordnung hkl. Wenn man die streuenden Atome als diskrete Teilchen mit den (Schwer-)Punktkoordinaten $x_j y_j z_j$ ansieht, ist die Integration der Gl. (22) durch die Summation

$$F_{hkl} = \sum_j f_j(x_j, y_j, z_j) \exp[i2\pi(hx_j + ky_j + lz_j)] \tag{23}$$

zu ersetzen.

Das Phasenproblem

Die Fokussierung von sichtbarem Licht, das an einem physikalischen Gitter gestreut wird, bietet ein einfaches Analogon zur Beugung am Kristall. Es läßt sich auch zu einer eindrucksvollen Demonstration eines Problems verwenden, das in der Röntgenkristallographie als Phasenproblem bekannt ist. In Abb. 7A wird zur Lichtfokussierung zwischen Gegenstand und Bild eine symmetrisch gebaute Linse mit der Brennweite D benutzt. Teilt man die Linse in zwei gleiche Hälften L_1 und L_2 auf und verschiebt die rechte Hälfte L_2 um 2D nach rechts, ergibt sich für das Linsenpaar der in Abb. 7B dargestellte Strahlengang. Die wesentliche Veränderung durch die Trennung der Linsen liegt in der Verlängerung des gesamten optischen Systems; jede Teillinse besitzt für sich die Brennweite 2D. Der von irgendeinem Objektpunkt – im Abstand 2D von L_1 – ausgehende Strahlenkegel geht im Raum zwischen beiden Linsen in eine Schar paralleler Strahlen über; die Strahlenschar macht L_2 anschließend konvergent und das Bild entsteht im gleichen Abstand 2D rechts von L_2, wie schon in Abb. 7A. Bei der aufgetrennten Linsenanordnung liegt jedoch die Stelle, an der sich vom Gegenstand ausgehende, parallele Strahlen schneiden, d. h. die Beugungsebene, innerhalb des Linsensystems. Aus Abb. 7C erkennt man die Lage des Beugungsbildes

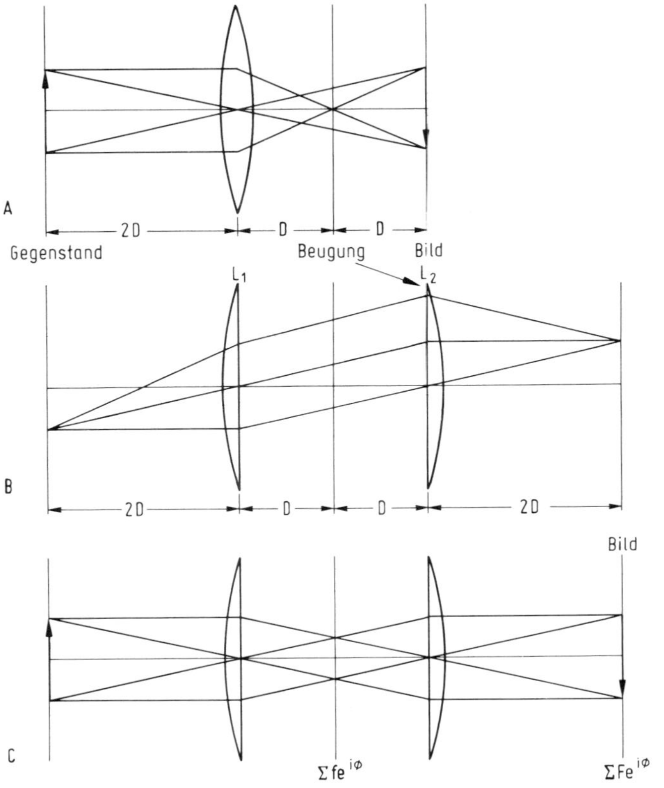

Abb. 7. Symmetrische Zerlegung der Bilderzeugung durch Aufteilung der Linse.

am linken Rand von L_2. Außerdem wird sichtbar, daß die Linse L_2, die parallele Strahlen vom Beugungsbild empfängt und für die Bilderzeugung fokussiert, die gleiche Rolle wie die erste Linse L_1 spielt, die parallele, vom Gegenstand auslaufende Strahlen im Beugungsbild fokussiert. Auf diese Art kann die Bilderzeugung eines Gegenstandes mit Hilfe eines Linsensystems in zwei Stufen unterteilt werden; der stufenweise Verlauf läßt sich als Beugungsbild des Beugungsbildes des Gegenstandes beschreiben. Bezeichnet man die Beugungsoperation – oder die Bildung der Fouriertransformierten – kurz mit R, so kann der stufenweise Ablauf der Bilderzeugung durch das

Schema

$$\text{Stufe 1: R (Gegenstand) = Beugungsbild} \qquad (24)$$
$$\text{Stufe 2: R (Beugungsbild) = Bild} \qquad (25)$$

dargestellt werden. Beide kombiniert, ergibt

$$\text{R \{R (Gegenstand)\} = Bild} \qquad (26)$$

oder kürzer

$$R^2 \text{ (Gegenstand)} = \text{Bild.} \qquad (27)$$

Ein interessanter Nebenaspekt ergibt sich, wenn man das Bild mit dem Original vergleicht. Das Bild gleicht nämlich dem Gegenstand vollständig, mit dem Unterschied, daß die Vorzeichen aller Koordinaten umgedreht sind; d. h., das Bild ist das Inverse des Gegenstandes, was man durch

$$\text{Bild} = -\text{Gegenstand}$$

ausdrücken kann. Kombiniert man dies mit Gl. (27), so entsteht

$$R^2 \text{ (Gegenstand)} = -\text{Gegenstand.}$$

Dies besagt, daß zwei aufeinanderfolgende Fouriertransformationen den Gegenstand invertieren. Folglich benötigt man vier Fouriertransformationen, um den Originalgegenstand wiederzugewinnen.

$$R^4 \text{ (Gegenstand)} = R^2 \text{ (}-\text{Gegenstand)} = -\text{ (}-\text{Gegenstand)} = \text{Gegenstand}$$

Die beiden optischen Stufen entsprechen nun gerade den beiden Stufen beim Auffinden einer Kristallstruktur. Die erste Stufe ist das Analogon zur experimentellen Röntgenbeugung am Kristall. Sie liefert die Beugungsmaxima, deren Intensitäten experimentell meßbar sind. Die zweite Stufe entspricht der Umformung der Intensitätswerte mit der Fouriertransformation, womit das Bild der Struktur erzeugt wird. Diese beiden aufeinanderfolgenden Stufen würden bei der Lösung einer beliebigen Kristallstruktur zum Erfolg führen, wenn es nicht einen schwachen Punkt gäbe: Nämlich die Tatsache, daß der gesamte Ablauf in dem Mittelteil der Abb. 7C unterbrochen ist, wo die Amplituden F(hkl) als komplexe Größen, jede mit Betrag und Phase gemessen, verlangt werden. Es ist zwar einfach, den Betrag zu messen, aber wir kennen keine experimentelle Methode zur Phasenbestimmung. Daher ist es unmöglich, die auf der rechten Hälfte der Abb. 7C dargestellte Fouriertransformation auszuführen, denn die erforderlichen Daten stehen nur zur Hälfte wirklich zur Verfügung, nämlich mit den Beträgen der für die Fouriersummation erforderlichen Koeffizienten; die Phasen sind verlorengegangen.

Die stufenweise Ausführung einer Kristallstrukturanalyse anstelle eines kontinuierlich durchlaufenden Prozesses, wie er sich mit dem kontinuierlichen Strahlenfluß durch das optische System in Abb. 7C darstellt, bringt den Nachteil des Phasenverlustes mit sich. Leider gibt es zwei Gründe, weshalb sich dieser Nachteil nicht so überwinden läßt, daß man ein kontinuierliches optisches System für Röntgenstrahlen, ähnlich der Abb. 7C, erstellt. Als erstes besitzt Materie im Röntgenbereich eine sehr geringe Brechung – die Brechzahl liegt sehr nahe bei 1 – so daß sich die Röntgenstrahlen nicht durch Linsen lenken lassen. Aber selbst wenn dies möglich wäre, ließe sich ein ähnliches optisches System wie in Abb. 7C nicht verwirklichen, es sei denn, alle Beugungsmaxima F(hkl) könnten gleichzeitig erzeugt werden.

Aber gemäß den Ausführungen des Kap. 3 erscheint bei monochromatischer Strahlung ein Maximum nur dann, wenn die drei Lauebedingungen gleichzeitig erfüllt sind. Jedes der Beugungsmaxima erscheint daher unter einer anderen Kristallorientierung. Dreidimensional kann demnach der vollständige Satz an Maxima nicht gleichzeitig erzeugt werden und daher läßt sich auch das Schema der Abb. 7C nicht in kontinuierlichem Ablauf benutzen.

Der kontinuierliche Ablauf ist für ein zweifach periodisches Muster mit Hilfe eines dreidimensionalen optischen Systems möglich, ebenso für ein einfach periodisches Muster über ein zweidimensionales optisches System. Allgemein lassen sich die Lauebedingungen für alle Maxima eines Musters mit n voneinander unabhängigen Translationen über ein optisches System in einem (n + 1) dimensionalen Raum gleichzeitig befriedigen.

Weil die Hälfte der erforderlichen Daten nicht zur Verfügung steht, ist die Aufklärung einer Kristallstruktur keine Routineangelegenheit, bei der man etwa experimentelle Daten in eine allgemein gültige Gleichung einsetzt und diese Gleichung anschließend für die Elektronendichte löst. Als Fazit bleibt, daß eine Strukturaufklärung eine indirekte Annäherung erforderlich macht, wobei es durchaus sein kann, daß die Lösung nicht einmal möglich ist.

Um sich einer Lösung des Problems zu nähern, kann man zwei allgemeine Methoden einschlagen. Man kann eine Fouriersumme aufstellen, in deren Koeffizienten allein die Beträge verarbeitet sind. Dies läuft auf eine im Kristallraum definierte Funktionsabbildung hinaus. Das entstehende Bild besitzt eine gewisse Verwandtschaft mit dem Bild der tatsächlich gesuchten Kristallstruktur. Die Ausschaltung des Phasenproblems bei dieser Form der Annäherung wird im Kap. 13 besprochen.

Das zweite methodische Bestreben zur Überwindung des Phasenproblems spielt sich im Fourierraum ab. Dabei versucht man, den F(hkl)-Beträgen bestimmte Phasen zuzuordnen, um damit die mathematische Summierung ausführen zu können, wie sie der Stufe 2 (Ausdruck (25)) entspricht. Dieser Lösungsversuch wird im vorliegenden Kapitel erläutert.

Die Fouriersynthese der Elektronendichte

Bei Kristallstrukturstudien finden Fouriertransformationen ausgiebige Verwendung. Die Berechnung der Amplitude F eines Reflexes hkl, wie sie mit Gl. (24,3) und erneut mit Gl. (4,11) eingeführt wurde, stellt eine Fouriertransformation vom Kristallraum in den Fourierraum dar. Dieser Fall entspricht der Fokussierungswirkung der Linse im oberen Teil der Abb. 5. Der zweite Fall, die Rücktransformation vom Fourierraum in den Kristallraum, stimmt mit der Fokussierungswirkung der Linse im unteren Teil der Abb. 5 überein und ist gleichfalls eine Fouriertransformation. Die eine ist die Umkehrung der anderen. Wenn man der ersten das Symbol R zuordnet, wird die zweite oft mit R^{-1} bezeichnet. Ist ϕ die Phase eines Lichtstrahls, der zwei von den Vektoren **r** und **r*** bezeichnete Punkte im Fall der Transformation R verbindet, so gehört die Phase $-\phi$ zu R^{-1}.

Die umgekehrte Transformation, insbesondere das Rücktransformieren des Beugungsbildes in die Elektronendichte, ist Gegenstand dieses Kapitels. Mit ein wenig zusätzlicher Mathematik kann man dieser Transformation, in einer gegenüber dem letzten Abschnitt verfeinerten Weise, folgendermaßen nähertreten:

Die Elektronendichte, d. h. die Anzahl der Elektronen pro Volumeneinheit, ist in allen Zellen gleich; sie läßt sich daher durch eine periodische Funktion beschreiben. Eine periodische Funktion wiederum ist als *Fourierreihe* darstellbar. Die Fourierreihe ist eine Summe, die den periodischen Vorgang durch Überlagerung einer Grundwelle mit ihren harmonischen Oberwellen erzeugt; jede der Wellen wird in Amplitude und Phase von einem Glied der Fourierreihe gebildet. Ein einfaches Beispiel einer Fourierreihe ist

$$\begin{aligned} f(\phi) &= A_0 + A_1 \cos\phi + A_2 \cos 2\phi + \ldots \\ &= \sum_{n=0}^{\infty} A_n \cos n\phi. \end{aligned} \tag{28}$$

Zur Darstellung einer Elektronendichte ρ, die sich eindimensional mit der Periode a wiederholt, lautet die entsprechende Form

$$\begin{aligned} \rho(X) &= A_0 + A_1 \cos(2\pi X/a) + A_2 \cos(2\pi\, 2X/a) + A_3 \cos(2\pi\, 3X/a) + \ldots \\ &= \sum_{h=0}^{\infty} A_h \cos(2\pi hX/a). \end{aligned} \tag{29}$$

Darin bedeutet X die absolute Koordinate in der einen Dimension; die relative Koordinate (bezüglich der Periode a) wäre dann $x = X/a$. Die in Gl. (29) angeschriebene Elektronendichtefunktion ist zentrosymmetrisch zum Ursprung ($X = 0$), da alle auftretenden Cosinusfunktionen zentrosymmetrisch zum Ursprung sind. Eine allgemeinere Reihendarstellung ergibt sich, wenn man, mit Berufung auf die Eulersche Formel Gl. (21,3), die Cosinusfunktion durch eine Exponentialfunktion ersetzt. Dabei muß man selbstverständlich auch negative Exponenten in die Summe mit einbeziehen. In der Gleichung

$$\rho(X) = \sum_{h=-\infty}^{+\infty} A_h \exp(-i2\pi hX/a) \tag{30}$$

werden die (gegenüber Gl. (29) neu definierten!) Koeffizienten A_h die *Fourierkoeffizienten* genannt. Zwar sind sie zunächst unbekannt, lassen sich aber mit einem Standardverfahren finden. Dazu multipliziert man beide Seiten von Gl. (30) mit $\exp(i2\pi h'X/a)$ und integriert von 0 bis a:

$$\int_0^a \rho(X) \exp(i2\pi h'X/a)\, dX = \int_0^a \exp(i2\pi h'X/a) \sum_{h=-\infty}^{+\infty} A_h \exp(-i2\pi hX/a)\, dX \qquad (31)$$

$$= \int_0^a \sum_{h=-\infty}^{+\infty} A_h \exp[i2\pi(h'-h)X/a]\, dX. \qquad (32)$$

Genauso, wie die Integrale über eine oder viele vollständige Perioden von Sinus- und Cosinusfunktionen verschwinden, verschwinden auch die Integrale über vollständige Perioden der komplexen Exponentialfunktion. Nur für ein einziges Glied der Reihe, für das $h' = h$ gilt, geht die Exponentialfunktion in den konstanten Faktor 1 über. Dieses Glied ist daher das einzige, das bei der Integration rechter Hand einen Beitrag liefert. Damit reduziert sich Gl. (32) auf

$$\int_0^a \rho(X) \exp(i2\pi hX/a)\, dX = aA_h\,. \qquad (33)$$

Folgt man der gleichen Überlegung für eine dreifach periodische Elektronendichteverteilung, erhält man als dreidimensionales Äquivalent zu Gl. (30)

$$\rho(X, Y, Z) = \sum_h \sum_k \sum_l A_{hkl} \exp[-i2\pi\,(hX/a + kY/b + lZ/c)]. \qquad (34)$$

Die Routineauflösung dieser Gleichung nach dem Fourierkoeffizienten A_{hkl} liefert ein der Gl. (33) ähnliches Ergebnis. Vertauscht man noch linke und rechte Seite, so erhält man die übliche Darstellung

$$V \cdot A_{hkl} = \int_0^a \int_0^b \int_0^c \rho(X, Y, Z) \exp[i2\pi(hX/a + kY/b + lZ/c)]\, dXdYdZ, \qquad (35)$$

worin V das Zellvolumen bedeutet. Beim Vergleich des vorstehenden Ausdrucks mit der Beugungsamplitude (oder der Strukturamplitude) F_{hkl} aus der Gl. (24,3),

$$F_{hkl} = \sum_j f_j \exp[i2\pi(hx_j + ky_j + lz_j)], \qquad (36)$$

gelangt man zu dem Ergebnis, daß die rechten Seiten beider Ausdrücke das gleiche bedeuten, obschon sie unterschiedlich formuliert sind. In Gl. (35) stehen absolute Koordinaten, während in Gl. (36) relative Koordinaten gebraucht sind; beide Exponentialfunktionen sind daher identisch. In Gl. (36) ist der Zellinhalt durch eine Anzahl diskreter Atome gegeben und die am

Zellinhalt gestreute Amplitude setzt sich aus den Streuamplituden der einzelnen Atome zusammen. Gl. (35) formuliert die Streuamplitude für denselben Zellinhalt, jedoch werden die Atome hier durch ihre kontinuierliche Elektronendichteverteilung ausgedrückt, die für sie spezifisch ist. Da es sich offensichtlich um verschiedene Formulierungen desselben Sachverhaltes handelt, stimmen auch die linken Seiten beider Gleichungen überein, was ergibt

$$A_{hkl} = (1/V)\,F_{hkl}. \qquad (37)$$

Das heißt aber, daß die in Gl. (34) verlangten Fourierkoeffizienten gerade die Beugungsamplituden pro Volumeneinheit sind. Setzt man dies rückwärts in Gl. (34) ein und geht gleichzeitig zu relativen Koordinaten über, ist mit

$$\rho(x, y, z) = (1/V) \sum_h \sum_k \sum_l F_{hkl} \exp[-i2\pi(hx + ky + lz)] \qquad (38)$$

die umgekehrte Fouriertransformation erreicht; damit läßt sich die Elektronendichte ρ (x, y, z) eines Kristalls aus den Beugungsamplituden F_{hkl}, die der Kristall liefert, wiedergewinnen.

Die Gl. (38) stellt eine Summe dar. Jedes Summenglied ist eine Elektronendichtewelle, deren Amplitude F_{hkl}/V – im Standardmaß [Elektronen/Volumeneinheit] ausgedrückt – sich aus ihren Fourierkoeffizienten ergibt. Die Orientierung der Wellenfront dieser Dichtewelle wird durch die Ebenen gleicher Phase gebildet; sie liefert der Exponent in Gl. (38). Die Phase ist konstant für

$$hx + ky + lz = n = \text{konstant}. \qquad (39)$$

Gemäß den Ausführungen im Kap. 3 beschreibt diese Gleichung die n-te Ebene des mit (hkl) indizierten Netzebenensatzes. Somit liegt die Wellenfront für die Wellenkomponente F_{hkl}/V parallel den Netzebenen (hkl) des Gitters und besitzt deren Identitätsperiode d_{hkl}. Die Welle muß ihre maximale Dichte nicht notwendig im Ursprung der Zelle haben; häufig wird durch den Phasenanteil der (komplexen) Amplitude F_{hkl} der Ort maximaler Dichte aus dem Ursprung geschoben.

Die in der Kristallstrukturanalyse benutzte direkte und die inverse Fouriertransformation sind demnach

vom Kristall- zum Fourierraum (Gl. 36)

$$F_{hkl} = \sum_j f_j \exp[i2\pi(hx_j + ky_j + lz_j)],$$

vom Fourier- zum Kristallraum (Gl. 38)

$$\rho(x, y, z) = (1/V) \sum_h \sum_k \sum_l F_{hkl} \exp[-i2\pi(hx + ky + lz)].$$

Beide Summationen werden gewöhnlich auf modernen elektronischen Rechenanlagen durchgeführt.

Elektronendichteprojektionen. Oft kann man sich bei einer Strukturbestimmung schon weiterhelfen, wenn man über die Projektion der gesamten Elektronendichteverteilung auf eine geeignete Ebene verfügt. Ist etwa die c-Achse die Projektionsrichtung, so entsteht die zweidimensionale Dichteprojektion ρ_{proj} auf eine Ebene senkrecht zu c durch Integration über eine vollständige Translationsperiode entlang Z,

$$\rho_{proj}(X, Y) = \int_0^c \rho\,(X, Y, Z)\,dZ.$$

Die Berechnung der Projektion verursacht nicht, wie man zunächst vielleicht vermuten könnte, mehr, sondern weniger Rechenarbeit. Setzt man auf der rechten Seite der vorstehenden Gleichung die Gl. (34) ein und zieht alle Teile, die von der Integration nicht berührt werden, vor das Integral, so ergibt sich

$$\rho_{proj}(X, Y) = \sum_h \sum_k \sum_l A_{hkl} \exp\,[-i2\pi(hX/a + kY/b)] \int_0^c \exp\,[-i2\pi lZ/c]\,dZ.$$

Wie bei der Ableitung von Gl. (33), gilt auch hier entsprechend

$$\int_0^c \exp\,[-i2\pi lZ/c]\,dZ \qquad \begin{cases} = 0 \text{ für } l \neq 0 \\ = c \text{ für } l = 0 \end{cases}.$$

Von der Summe über l bleibt also allein das Glied mit l = 0 übrig und man erhält

$$\rho_{proj}(X, Y) = \sum_h \sum_k A_{hk0}\, c \exp\,[-i2\pi(hX/a + kY/b)],$$

bzw. nach Rückkehr zu den relativen Koordinaten und Beachtung der Gl. (37)

$$\rho_{proj}(x, y) = (c/V) \sum_h \sum_k F_{hk0} \exp\,[-i2\pi(hx + ky)].$$

Analoge Ausdrücke findet man für die Projektion entlang der b-Achse

$$\rho_{proj}(x, z) = (b/V) \sum_h \sum_l F_{h0l} \exp\,[-i2\pi(hx + lz)],$$

bzw. entlang der a-Achse

$$\rho_{proj}(y, z) = (a/V) \sum_k \sum_l F_{0kl} \exp\,[-i2\pi(ky + lz)].$$

Offensichtlich verringert sich nicht nur der Rechenaufwand, vielmehr kommt man auch mit beträchtlich weniger Daten aus. Selbstverständlich ist dies mit dem Informationsverlust der Dichteverteilung entlang der Projektionsrichtung verknüpft.

Die Schweratommethode

Theorie. Im Kap. 11 war die komplexe Amplitude F für einen Reflex hkl als Resultierende einer Vektorsumme in der komplexen Ebene vorgestellt worden, wobei jeder Vektor für Betrag und Phase einer Elementarwelle steht, die von einem Atom der Zelle ausläuft. In Gl. (4,11) hat sie die Gestalt

$$F_{hkl} = \sum_{j=1}^{N} f_j \exp(i\phi_j). \tag{40}$$

Die Phase ϕ_j der vom einzelnen Atom gestreuten Welle hängt nach Gl. (21,11) von der Zellposition des Atoms ab, nämlich

$$\phi_j = 2\pi(\Delta d_j/d_{hkl}). \tag{41}$$

In den folgenden Abbn. 8 und 9 ist das Aufsummieren der Elementarwellen nach Gl. (40) graphisch dargestellt. Abb. 8 zeigt die Elementarzelle eines fiktiven zweidimensionalen Kristalls. Seine Struktur ist in der Weise spezialisiert, daß

(a) in den Zellecken ein schweres Atom S sitzt.

(b) ansonsten aber nur leichte Atome in der Zelle zu finden sind; zur Vereinfachung sind die leichten Atome auf Schichten angeordnet, die in gleichmäßigem Abstand parallel der reflektierenden Ebene die Elementarzelle unterteilen.

Die Amplitude der von einem Atom gestreuten Elementarwelle hängt von der Anzahl der Elektronen in diesem Atom ab, weshalb die Länge des Vektors, die ja für die Höhe der Amplitude steht, groß für schwere und klein für leichte Atome ist. Da das schwere Atom im Ursprung verankert ist, wird die von ihm gestreute Elementarwelle im Zeigerdiagramm (Abb. 9) durch einen Vektor f_S großer Länge unter dem Winkel $\phi = 2\pi\,(\Delta d/d) = 2\pi\,(0/d) = 0$ dargestellt. Den leichten Atomen entsprechen in Abb. 9 die kürzeren Vektoren. Die gemäß Abb. 8 über die Zelle verteilten leichten Atome liegen auf Schichten, die voneinander um $\Delta\phi = 2\pi\,(\Delta d/d) = 2\pi\,(1/6) \mathrel{\hat{=}} 60°$ getrennt sind. Demnach bilden die sechs kurzen Vektoren f_1 bis f_6 ein regelmäßiges Sechseck, wenn man sie Fußpunkt an Pfeilspitze aneinanderreiht. Die Spitze des letzten Vektors f_6 liegt im Ursprung und damit verschwindet die resultierende Amplitude der sechs Elementarwel-

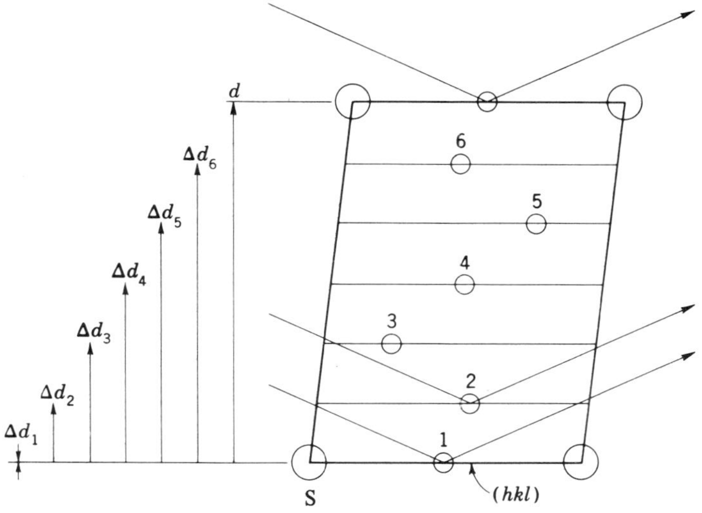

Abb. 8. Elementarzelle eines zweidimensionalen Kristalls mit 6 leichten Atomen und einem schweren Atom S pro Zelle. Die Zelle ist zur Berechnung der Phasendifferenz der atomaren Streuwellen parallel eines reflektierenden Ebenensatzes zerlegt.

len. Die Nettoamplitude der am gesamten Zellinhalt gestreuten Welle wird daher allein vom schweren Atom gestellt. Die zweite Reflexionsordnung zu hkl also 2h 2k 2l (Abb. 10) führt, ebenso wie die dritte 3h 3k 3l (und vierte und fünfte) zu demselben Resultat wie zuvor. Zum Reflex 6h 6k 6l tragen andererseits alle leichten Atome Elementarwellen bei, deren Phasen Vielfache von 2π sind, so daß sich die Vektoren nach Abb. 10 arithmetisch addieren.

Trotz seiner weitgehenden Spezialisierung verdeutlicht dieses Beispiel eine interessante Eigenschaft, die die Streuung der Röntgenstrahlen an den Kristallatomen betrifft. Hätte die Zelle eine einheitliche Elektronendichte, wäre die Intensität der daran gestreuten Wellen überall gleich Null, mit alleiniger Ausnahme des Reflexes hkl = 000, bei dem alle Elektronen phasengleich streuen. Eine rohe Annäherung an diese Bedingung liegt bei Kristallen mit großer Elementarzelle vor, deren Atome jeweils ungefähr gleiche Anzahl von Elektronen besitzen. Liegen derartige Atome gleichmäßig oder zufallsverteilt in einer Zelle, neigen alle Reflexe, mit Ausnahme von 000, dazu, sich aus Elementarwellen aufzubauen, deren Amplitudenbeträge nahezu gleich und deren Phasen gleichmäßig über alle Richtungen des Zeigerdiagramms verteilt sind; solche Reflexe sind schwach. Bei Zellen, die sich aus Atomen mit ähnlichem Streuvermögen zusammensetzen, sind die meisten Reflexe wahrscheinlich nur stark, wenn die Atome vorwiegend ungleichmäßig über die Zelle verteilt sind.

Eine Zelle möge nun außer mehr oder weniger einheitlich verteilten leichten Atomen ein schweres Atom aufweisen, dessen Lage (auf Grund einer

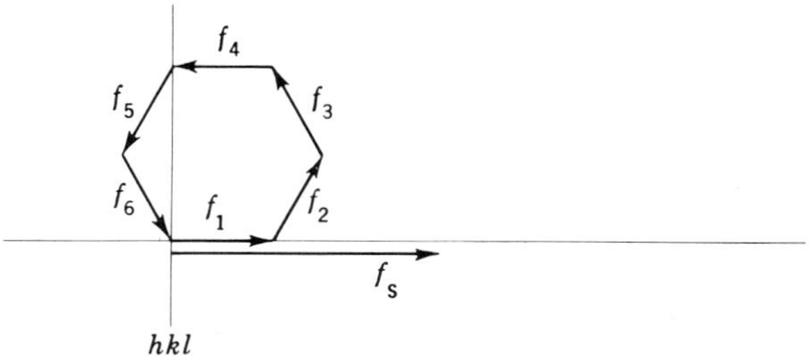

Abb. 9. Zeigerdiagramm zu Abb. 8 aus den Elementarwellen des schweren Atoms f_S und der leichten Atome f_1 bis f_6.

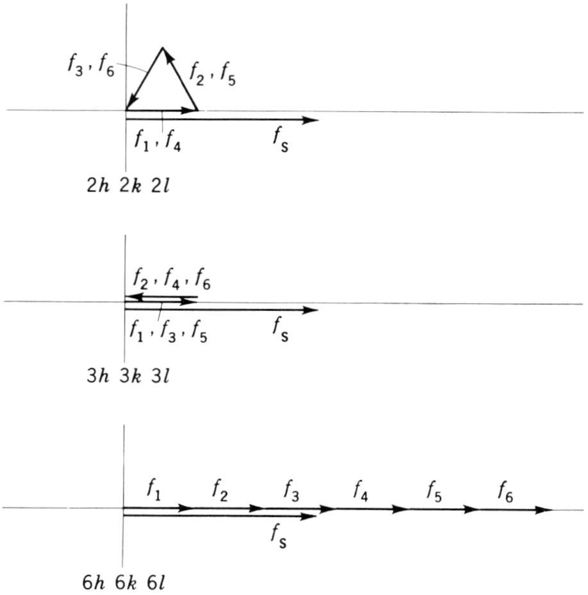

Abb. 10. Zeigerdiagramm wie Abb. 9, jedoch für die 2., 3. und 6. Reflexordnung.

der weiter unten aufgeführten Methoden) bekannt sei. Für viele Reflexe wird dann der Elementarwellenbeitrag des schweren Atoms den Hauptanteil zur resultierenden Streuwelle liefern. Für solche Reflexe überwiegt zweifellos der Beitrag des schweren Atoms in der vom Zellinhalt gestreuten Welle. Im zentrosymmetrischen Kristall beschränkt sich die Phase des Schweratombeitrags auf die beiden Werte 0 und π, was darauf hinausläuft, die F_{hkl}-Beträge mit einem Plus- oder Minusvorzeichen zu versehen. In diesem Fall wird das Vorzeichen des Fourierkoeffizienten vornehmlich mit dem Vorzeichen des Reflexbeitrages des schweren Atoms übereinstimmen. Bei azentrischen Kristallen wird – als Faustregel – die Phase grob durch die Phase der am schweren Atom gestreuten Elementarwelle angenähert.

Auf diesem Zusammenhang beruht die *Schweratommethode*. Sie wurde und wird ausgiebig zur Aufklärung von Kristallstrukturen benutzt, besonders in den Fällen, in denen sich die Kristalle künstlich züchten und demgemäß in ihrer Zusammensetzung steuern lassen. Viele organische Strukturen wurden auf diese Weise bestimmt; tatsächlich bestimmt man die Gestalt eines organischen Moleküls praktisch fast immer so, daß man ein schweres Atom wie S, Se, Br oder J an das Molekül anlagert, die entstehende Verbindung auskristallisiert und anschließend die Kristallstruktur mit der Schweratommethode löst. Die Struktur offenbart gleichzeitig auch die Anordnung der Atome im Molekül. Die Schweratommethode läßt sich auch bei der Strukturbestimmung natürlich vorkommender Verbindungen, den Mineralien, anwenden, sofern die Verbindung bereits ein schweres Atom enthält.

Bezeichnet man die Anzahl der Atome einer schweren Atomsorte mit Z_S, entsprechend die einer leichten mit Z_L, so liefert der Quotient $Z_S/\Sigma Z_L$ ein Maß für die *Erfolgsaussichten* einer mit der Schweratommethode durchzuführenden Phasenzuordnung. In günstigen Fällen erweist sich ein Quotient von 0,3 als nicht zu klein, um die Struktur in einem Durchgang zu lösen.

Lokalisierung des schweren Atoms. Um die Lage eines schweren Atoms zu bestimmen, sind drei Verfahren in Gebrauch. Das allgemeinste benutzt die Pattersonfunktion, die im Kap. 13 diskutiert wird.

Eine einfachere, vor der Entdeckung der Pattersonfunktion gebrauchte Methode, die auch heute noch verwendet wird, beruht auf der systematischen Ausschöpfung der *Punktlageninformation* gemäß den Ausführungen im Kap. 10. Die Schweratommethode ist am einfachsten, wenn die Zelle nur eine kleine Anzahl schwerer Atome und eine erheblich größere Zahl an leichten Atomen enthält. In solchen Fällen einer relativ geringen Anzahl schwerer Atome besetzen diese dann eine spezielle Punktlage niedriger Zähligkeit. Wie die Tab. 3,10 zeigt, haben derartige Punktlagen gewöhnlich keine Freiheitsgrade.

Aber auch in Fällen mit Freiheitsgraden lassen sich diese manchmal willkürlich festlegen. Z. B. haben die beiden einzähligen Punktlagen der Raumgruppe Pm die Koordinaten $xy0$ und $xy\frac{1}{2}$. Beide können ohne Einschränkung mit $x = y = 0$ festgelegt werden, da sie die Koordinaten eines Punktes auf dem einzigen Symmetrieelement, einer Spiegelebene, sind. Somit setzt man das schwere Atom im ersten Fall in den Nullpunkt, im zweiten in $00\frac{1}{2}$.

Wenn verschieden mögliche Punktlagen gleicher Zähligkeit zur Verfügung stehen, ist es gelegentlich unwichtig, welche man auswählt; manchmal muß man aber die richtige Punktlage auf Grund allgemeiner Richtlinien bestimmen, wie sie im folgenden Kapitel genauer ausgeführt sind.

Die einzelnen schweren Atome eines Symmetriesatzes lassen sich oft – zumindest angenähert – lokalisieren, auch wenn sie Freiheitsgrade haben.

Das verlangt aber dann eine *Berechnung der erwarteten Intensitäten* aus den Schweratombeiträgen in Abhängigkeit von Koordinatenverschiebungen, wobei ein gewisser Spielraum für die erwartete maximale (oder wahrscheinliche) Intensitätszu- oder -abnahme durch die leichten Atome einkalkuliert werden muß.

Beispiele. Das schönste Beispiel für eine Strukturaufklärung mit Hilfe der Schweratommethode ist wohl Robertsons und Woodwards Lösung der Struktur des Pt-Phthalocyanins mit der Formel $Pt(C_6H_4)_4(CN)_8$. Der Quotient $Z_S/\Sigma Z_L$ beträgt für diese Verbindung 0,29; ihre Symmetrie ist $P2_1/a$ und die Zelle enthält 2 Formeleinheiten. Die zweizähligen Punktlagen dieser Raumgruppe und daher die einzig möglichen, die für die Platinatome in Frage kommen, sind vier verschiedene Symmetriesätze ohne Freiheitsgrad (Tab. 3,10). Die einzelnen Punkte liegen alle in Inversionszentren und die vier Punktlagen sind durch erlaubte Nullpunktsverschiebungen ineinander überführbar. Für Pt wurde der den Nullpunkt 000 einschließende Symmetriesatz gewählt. Bei dieser Festlegung streuen die Pt-Atome, unter Ausnahme der Auslöschungen, mit der Phase Null. Ordnet man diese Phase den Streuamplituden des Zellinhaltes zu, so ergibt die Fouriersynthese der Elektronendichte, projiziert auf eine Ebene normal zur 2_1-Achse, das Bild der Abb. 11. Die Summe verlangte 302 Fourierkoeffizienten F_{h0l}. Alle Phasen erwiesen sich als korrekt, nachdem eine Neuberechnung unter Berücksichtigung der Beiträge von allen C- und N-Atomen vorlag, die aus der ersten Fouriersynthese der Abb. 11 ersichtlich sind.

Einen etwas allgemeineren Fall liefert das Diglycinhydrobromid mit der Formel $2CH_2NH_2COOH \cdot HBr$. Das Verhältnis $Z_S/\Sigma Z_L$ beträgt hier 0,43. Die Symmetrie dieser Struktur ist $P2_12_12_1$; die Zelle enthält vier Formeleinheiten $2(C_2H_5NO_2) \cdot HBr$. Die genannte Raumgruppe weist nur eine (nämlich die allgemeine) Punktlage aus; sie besitzt die Zähligkeit vier und entspricht genau der Anzahl der Br-Atome. Deshalb liegen die Br-Atome in diesem Beispiel in der allgemeinen Punktlage der Zelle und haben drei Freiheitsgrade x, y und z. Sie wurden mit Hilfe der im Kap. 13 diskutierten Pattersonfunktion gefunden und die Kenntnis dieser Koordinaten sei für die weitere Betrachtung vorausgesetzt. Obgleich die Raumgruppe $P2_12_12_1$ selbst kein Symmetriezentrum besitzt, sind ihre Projektionen entlang allen drei Achsen zentrosymmetrisch. Bei einer Projektion erfordert die Fouriersummation daher zur Phasenbestimmung nur die Kenntnis des Vorzeichens. Mit den durch die Br-Atome bestimmten Vorzeichen wurde eine Fouriersynthese für eine Elektronendichteprojektion entlang c berechnet, deren Ergebnis Abb. 12A zeigt. Die Maxima dieser Projektion liefern nicht nur die Br-Atome, sondern ebenso gut auch leichtere Atome. Nachdem man die Beiträge dieser zusätzlich aufgefundenen Atome für die Berechnung einer neuen Fouriersynthese hinzugefügt hatte, erwiesen sich nur 5 der ursprünglich vom Br allein gelieferten 137 Vorzeichen als falsch. Die mit den korrigierten Vorzeichen verbesserte Elektronendichteprojektion zeigt Abb. 12B. Mit der Korrektur der 5 Vorzeichen ergibt sich deutlich eine Verbesserung im Auflösungsvermögen. Trotzdem reichte der Beitrag der Schwer-

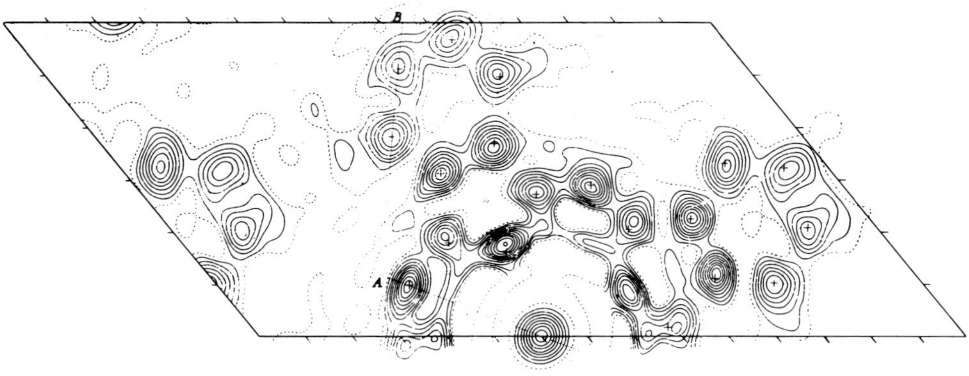

Abb. 11. Platin-Phthalocyanin, $PtC_{32}H_{16}N_8$: Elektronendichteprojektion $\rho(xz)$. [Aus J. M. Robertson u. I. Woodward: J. Chem. Soc. (1940) 44].

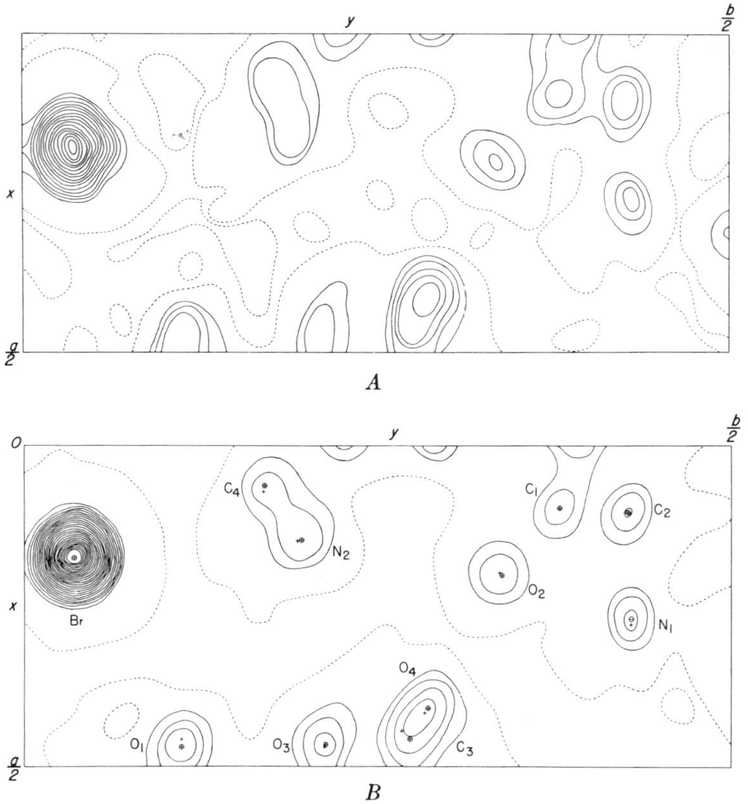

Abb. 12. Diglyzinhydrobromid: Elektronendichte $\rho(xy)$, parallel c projiziert. A: Fouriersynthese mit Fourierkoeffizienten, die sich allein auf die Vorzeichen von Br stützen. B: Fouriersynthese mit Fourierkoeffizienten, deren Vorzeichen auf Grund aller Atome berechnet sind, die in der ersten Fouriersynthese oben gefunden wurden. [Aus M. J. Buerger: Crystal-structure analysis (Wiley, New York, 1960) 518, 519].

atome, selbst mit diesen 5 falschen Phasen, offensichtlich aus, um ein vorläufiges Ergebnis in Gestalt eines groben Bildes der gewünschten Struktur zu liefern. Durch Wiederholen der Fouriersynthese ließ sich das Bild dann vervollständigen.

Die Methode des isomorphen Ersatzes

Ersetzbare Atome. Viele Kristallsubstanzen stehen bei gleicher geometrischer Atomanordnung in einer Anzahl chemisch unterschiedlicher, aber analoger Zusammensetzungen zur Verfügung. Ein besonders einfacher Fall liegt vor, wenn ein Kristallpaar bis auf eine Atomart chemisch gleich zusammengesetzt ist; die unterschiedliche Atomart sei im einen Kristall mit M, im zweiten mit N bezeichnet, während der gemeinsame Teil der Zusammensetzung mit C abgekürzt sei. Die beiden Verbindungen lauten dann MC und NC. Das Atom M (oder N) nennt man das ersetzbare Atom der Struktur. Steht ein derartiges Kristallpaar zur Verfügung, so führt ein Vergleich der Amplitudenbeträge aller entsprechenden Reflexe hkl zwischen beiden Kristallen zur Kenntnis der Phasen für die Reflexe beider Kristalle. Es muß betont werden, daß dies für beide Strukturen identische Koordinaten aller Atome verlangt.

Theoretische Grundlagen der Phasenbestimmung. Diese Art der Phasenbestimmung beruht auf folgender Grundlage: Die am Zellinhalt gebeugte Welle kann in eine Elementarwelle, die das ersetzbare Atom M hervorruft, und in die Resultierende der von den Atomen des gemeinsamen Teils C ausgehenden Elementarwellen zerlegt werden. Für die beiden ähnlichen Kristalle läßt sich dieser Zusammenhang in der Form

$$F_{CM} = F_C + F_M \tag{42}$$

und

$$F_{CN} = F_C + F_N \tag{43}$$

ausdrücken. Durch Differenzenbildung ergibt sich

$$\begin{aligned} F_{CM} - F_{CN} &= F_M - F_N \\ &= \Delta F_{M-N} . \end{aligned} \tag{44}$$

Wenn die Lage des ersetzbaren Atoms in der Struktur bestimmt werden kann – z. B. dadurch, daß es eine bekannte Punktlage besetzt oder daß es über die Pattersonsynthese nach Kap. 13 gefunden wurde – läßt sich die rechte Seite von Gl. (44) sowohl in Betrag als auch in Phase berechnen.

Allerdings sind nur die experimentellen Beträge jedes der beiden Glieder auf der linken Seite von Gl. (44) bekannt; die Phasen dieser Glieder kann man jedoch erfahren, wenn die Beträge der Reflexe linker Hand auf die absolute Skala bezogen vorliegen. Für die Umrechnung auf Absolutwerte gibt es geeignete Methoden, die hier jedoch nicht besprochen werden müssen.

Zentrosymmetrische Kristalle. Wenn der Kristall zentrosymmetrisch ist, reduziert sich das Phasenproblem auf die Vorzeichenbestimmung der F-Werte. Betrag und Vorzeichen der rechten Seite von Gl. (44) lassen sich leicht berechnen. Andererseits sind die Beträge der beiden Glieder links bekannt, aber nicht ihre Vorzeichen. Jedes Glied kann entweder positiv oder negativ sein, weshalb es vier Vorzeichenkombinationen gibt. Das richtige Paar sollte mit dem berechneten Wert auf der rechten Seite der Gl. (44) sowohl im Betrag wie auch im Vorzeichen übereinstimmen.

Ein Beispiel, wie man dabei vorgehen muß, bietet die Lösung der Struktur des Br- und Cl-Camphers durch Wiebenga und Krom. Die Vorzeichenbestimmung ist für einige Reflexe in Tab. 1 ausgeführt. Im Spaltenblock 2 sind die Absolutwerte der gemessenen Beträge eingetragen. Der Spaltenblock 3 zeigt ihre Differenzen für die vier verschiedenen Vorzeichenkombinationen. Jede der Möglichkeiten wird mit dem berechneten Wert auf der rechten Seite der Gl. (44) verglichen, der in Block 4 steht. Das Ergebnis dieses Vergleichs rechtfertigt die im letzten Block 5 stehende Phasenzuordnung. Mit dieser Prozedur ließen sich von 160 F_{h0l}-Werten alle Werte bis auf 44 bestimmen. Das Ergebnis gestattete die Berechnung der Elektronendichteprojektionen der Abb. 13. Aus diesem vorläufigen Ergebnis ließ sich die Atomanordnung in den Halogen-Camphern ersehen, und mit einer

Tabelle 1. Phasenbestimmung für Chlorcampher und Bromcampher
[Nach E. H. Wiebenga und C. J. Krom. Recl. Trav. Chim. **65** (1946) 673].

1	2		3				4	5	
h0l	$\lvert F_{BrC}\rvert$	$\lvert F_{ClC}\rvert$	$F_{BrC} - F_{ClC}$				Berechnet	Abgeleitete Vorzeichen	
			(+ +)	(+ −)	(− +)	(− −)	$F_{Br} - F_{Cl}$	F_{BrC}	F_{ClC}
001	45	36	+ 9	+ 81	− 81	− 9	+ 18	+	+
100	13	10	+ 3	+ 23	− 23	− 3	− 3	−	−
$10\bar{1}$	15	35	− 20	+ 40	− 40	+ 20	+ 27	−	−
103	32	34	− 2	+ 66	− 66	+ 2	+ 1		
300	7	$<$ 4	$>$+ 3	$<$+ 11	$>$− 11	$<$− 3	+ 7	+	
$20\bar{3}$	19	11	+ 8	+ 30	− 30	− 8	+ 25	+	−
$30\bar{1}$	27	10	+ 17	+ 37	− 37	− 17	− 18	−	−
301	40	19	+ 21	+ 59	− 59	− 21	+ 24	+	+
004	22	12	+ 10	+ 34	− 34	− 10	− 14	−	−
$60\bar{7}$	11	7	+ 4	+ 18	− 18	− 4	− 6	−	
606	9	7	+ 2	+ 16	− 16	− 2	− 6	−	
$80\bar{1}$	9	7	+ 2	+ 16	− 16	− 2	+ 5	+	+
800	8	4	+ 4	+ 12	− 12	− 4	+ 4	+	+

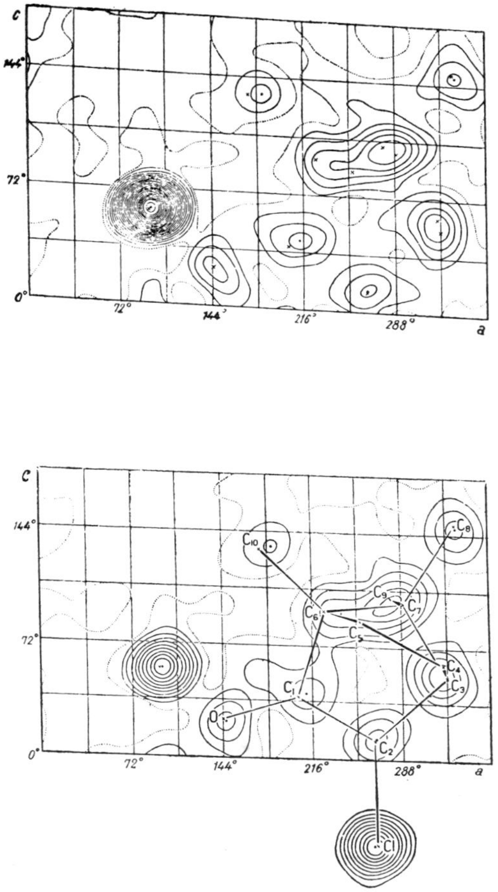

Abb. 13. Vorläufige Fouriersynthese $\rho(xz)$ für Br-Campher (oben) und Cl-Campher (unten), vorbereitet mit den in Tab. 1 bestimmten Vorzeichen. [Aus E. H. Wiebenga u. C. J. Krom: Recl. Trav. Chim. **65** (1946) 673].

weiteren Iteration konnte eine vollkommenere Elektronendichteprojektion erzeugt werden.

Azentrische Kristalle. Wenn im Kristall das Symmetriezentrum fehlt, sind die F-Werte der Gln. (42) bis (44) komplex und somit als Vektoren der komplexen Ebene zu behandeln. Dies ist gleichbedeutend damit, daß der Vektor F_{CM} von den Vektoren F_{CN} und F_{M-N} aufgespannt wird. Betrag und Phase von ΔF_{M-N} sind bekannt, aber von F_{CM} und F_{CN} stehen nur die Beträge zur Verfügung. Die beiden letzten werden dementsprechend als Kreise mit den Radien $|F_{CM}|$ und $|F_{CN}|$ im Zeigerdiagramm (Abb. 14) dargestellt, denn die Richtungen der Vektoren werden durch ihre Phasen festgelegt und diese sind unbekannt. Immer dann, wenn der Vektor ΔF_{M-N} die beiden Kreise überbrückt, liegt eine Lösung der Gl. (44) vor. Allgemein

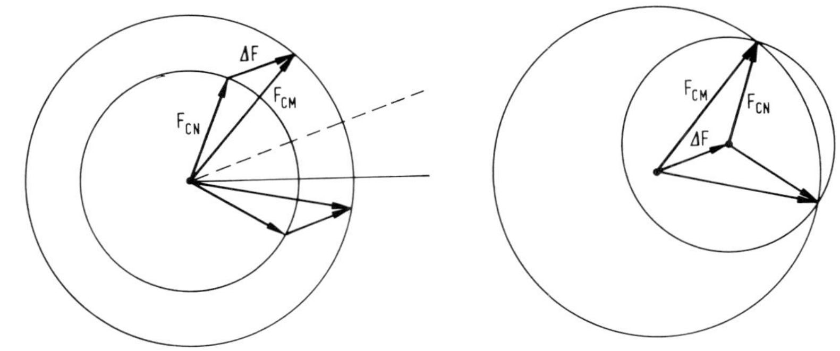

Abb. 14. Phasenbestimmung mit Hilfe des isomorphen Ersatzes. – Zeigerdiagramm. F_{CM} und F_{CN} sind nur dem Betrag nach, aber $\Delta F = F_{CM} - F_{CN}$ ist durch Betrag und Phase bekannt. Beide Darstellungen sind gleichwertig.

gibt es zwei Lösungen, die symmetrisch zur Richtung von ΔF_{M-N} liegen, weshalb Gl. (44) keine eindeutige Phasenbestimmung liefert.

Einen Ausweg aus diesem Dilemma, der bei der Aufklärung von *Proteinstrukturen* ausgiebig Verwendung fand, verdanken wir Harker: Große biologische Moleküle bilden gewöhnlich Kristalle geringer Dichte. Innerhalb der verbleibenden Hohlräume ist oft genügend Platz zur Anlagerung verschiedener schwerer Atome oder sogar von Farbmolekülen, die schwere Atome enthalten. Oft stehen somit Kristalle mit Zusammensetzungen der Art C, CM und CQ zur Verfügung, wo C das Protein selbst, M das schwere Atom an einer bestimmten Stelle und Q ein anderes schweres Atom an einer anderen Stelle der Elementarzelle ist. Die beiden schweren Atome M und Q lassen sich lokalisieren; daher sind deren Streubeiträge F_M und F_Q in Betrag und Phase für jeden Reflex bekannt. Weiter kennt man noch auf Grund experimenteller Messungen F_C, F_{CM} und F_{CQ} ihrem Betrag nach. Sie können im Zeigerdiagramm nur als Kreise dargestellt werden. Die Beziehung zwischen F_C, F_M und F_{CM} läßt sich auf die folgende Weise behandeln:

$$F_{CM} = F_C + F_M, \quad (45)$$

woraus folgt

$$F_C = -F_M + F_{CM}. \quad (46)$$

Die Gleichungsform (46) eignet sich zum Aufzeichnen im Zeigerdiagramm und läßt sich folgendermaßen interpretieren: F_C, dessen Phase gesucht wird, ist die Summe von $-F_M$ und F_{CM}. $-F_M$ ist vollständig bekannt und kann daher als Vektor ins Zeigerdiagramm der Abb. 15 eingetragen werden. Da man von F_C und F_M nur die Beträge kennt, kann man sie nur als Kreise einzeichnen. Der Kreis mit dem Radius $|F_C|$ hat sein Zentrum im Nullpunkt, während der mit dem Radius $|F_{CM}|$, wie Gl. (46) lehrt, um den Endpunkt des Vektors $-F_M$ zentriert ist. Diese beiden um Fußpunkt und Spitze des Vektors $-F_M$ zentrierten Kreise sind in Abb. 15 zu sehen; sie

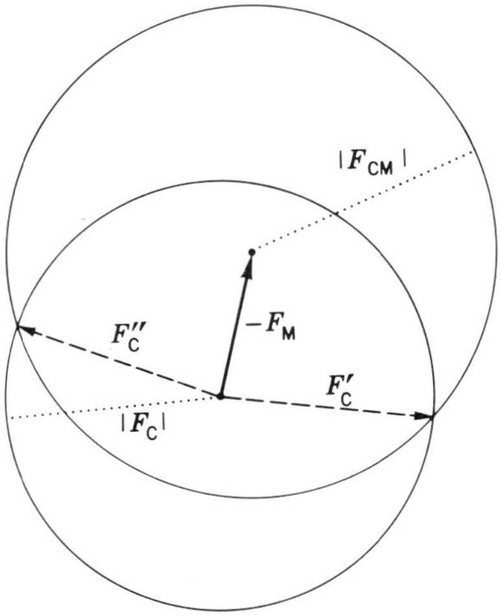

Abb. 15

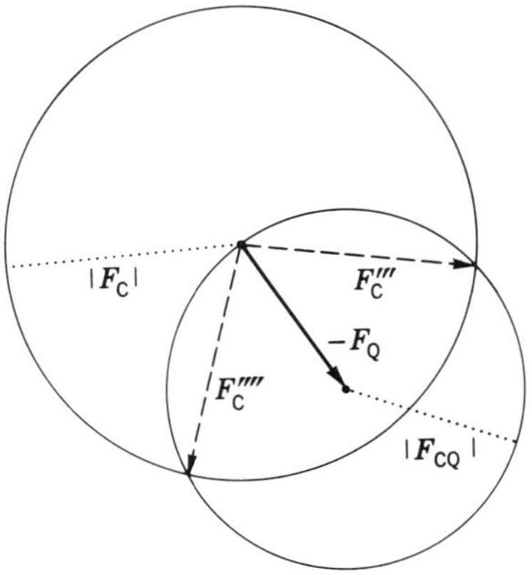

Abb. 16

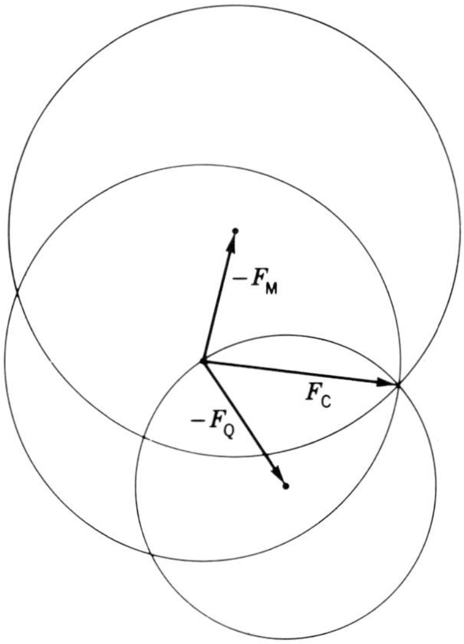

Abb. 17

Abb. 15–17. Zeigerdiagramme zur Phasenbestimmung durch isomorphen Ersatz.
Abb. 15 u. 16: Einmaliger Ersatz liefert jeweils zwei mögliche Lösungen.
Abb. 17: Zweimaliger Ersatz bringt Eindeutigkeit.

schneiden sich im allgemeinen in zwei Punkten und liefern somit für den gewünschten Vektor F_C der Gl. (46) zwei Lösungen: F'_C und F''_C. Mit Einführung eines anderen Schweratoms Q statt M, kann man weitere, zu den Gln. (45) und (46) analoge Beziehungen aufstellen. Wiederum gibt es für F_C

zwei Lösungen der Gl. (46), wie Abb. 16 zeigt. Liegen die Vektoren $-F_M$ und $-F_Q$ entlang derselben Geraden, so fallen die zugehörigen Lösungspaare zusammen, da die Paare jeweils symmetrisch zu den Vektoren F_M bzw. F_Q liegen. Haben aber $-F_M$ und $-F_Q$ im Zeigerdiagramm verschiedene Richtung, kann nur eine Lösung des zu $-F_M$ gehörenden Lösungspaares mit einer Lösung des zu $-F_Q$ gehörenden Paares übereinstimmen. In diesem Fall ist die gemeinsame Lösung die gesuchte. Diese gemeinsame Lösung ist in Abb. 17 als gemeinsamer Schnittpunkt dreier Kreise zu erkennen: der eine ist mit dem Radius $|F_C|$ um den Nullpunkt geschlagen, der zweite mit dem Radius $|F_{CM}|$ um die Spitze des Vektors $-F_M$ und der dritte mit dem Radius $|F_{CQ}|$ um die Spitze des Vektors $-F_Q$. Wenn auch die Überlegungen hier nur graphisch, unter Benutzung des Zeigerdiagrammes, durchgeführt wurden, so lassen sie sich doch auch analytisch formulieren. Gestützt auf geeignete Gleichungen lassen sich daher die Phasen aus den experimentell gewonnenen Intensitätswerten mit Hilfe einer elektronischen Rechenanlage bestimmen.

Diese Methode hatten J. C. Kendrew und seine Mitarbeiter bei der Erforschung des Proteins Myoglobin (1959) sowie M. F. Perutz und seine Mitarbeiter bei Hämoglobin (1960) benutzt.

Myoglobin gehört zu den kleineren Proteinen. Seine kristalline A-Form, die von Kendrew und Mitarbeitern untersucht wurde, ist monoklin und besitzt die Symmetrie $P2_1$. Die Zellmaße sind

$$a = 64.6\ \text{Å};\ b = 31.3\ \text{Å};\ c = 34.8\ \text{Å und } \beta = 105.5°.$$

Diese große Zelle, deren Volumen 67 800 $Å^3$ beträgt, enthält 2 Moleküle Protein. Das Molekül weist ein Molekulargewicht von 17 000 auf und enthält, ohne die Wasserstoffatome, 1260 Atome. Im Molekül sind 153 Aminosäuren. Um die Phasenbestimmung zu ermöglichen, hatte man drei Arten Schweratomderivate in das Molekül eingelagert. Alles in allem wurden die Reflexintensitäten von sechs verschiedenen Kristallarten gemessen, und zwar

1. Myoglobin + PCMBS (p-Chloro-Quecksilber-Benzolsulfonat)
2. Myoglobin + $HgAm_2$ (Quecksilberdiamin)
3. Myoglobin + Au (Gold (III)-chlorid)
4. Myoglobin + PCMBS + $HgAm_2$
5. Myoglobin + PCMBS + Au
6. Myoglobin

Die Kristalle 4 und 5 sind Doppelderivate. Die Schweratome wurden mittels einer modifizierten Pattersonsynthese (d. h. einer Fouriersynthese vom Pattersontyp) lokalisiert, in der aber als Fourierkoeffizienten die $\Delta F^2 = (|F_{M_1M_2}| - |F|)^2$ benutzt wurden und M_1 und M_2 sich auf die Schweratome an den Doppelderivaten, wie den obigen 4 und 5, beziehen. Die Lösungen für einige Phasen des nicht substituierten Myoglobins zeigt Abb. 18.

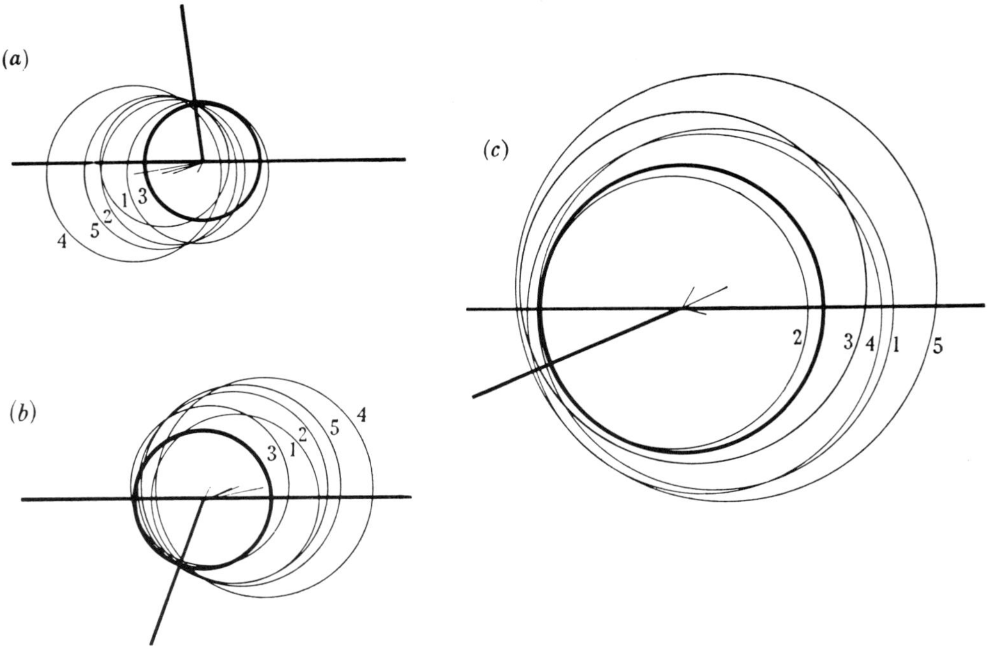

Abb. 18. Beispiele der Phasenbestimmung für Kristalle von Myoglobin und seiner Derivate. Der dick gezeichnete Kreis stellt die Amplitude der Reflexe von nicht substituiertem Protein dar, die dünn gezeichneten Kreise diejenigen der folgenden Derivate: 1, PCMBS; 2, $HgAm_2$; 3, Au; 4, PCMBS + $HgAm_2$; 5, PCMBS + Au. Die kurzen dünnen Linien vom Zentrum aus sind die Schweratom-Vektoren, die dicken Linien zeigen die schließlich selektierten Phasenwinkel. Die dargestellten Reflexe sind (a) 411, (b) 91$\bar{1}$, (c) 212. [Aus G. Bodo, H. M. Dintzis, J. C. Kendrew u. H. W. Wyckoff: Proc. Roy. Soc. (A) **253** (1959) 91].

In günstigen Fällen schnitten sich alle Kreise in einem kleinen Winkelbereich, aber in vielen Fällen war dieser Bereich ziemlich groß.

Um die Struktur des Myoglobins mit einem Auflösungsvermögen von 6 Å zu erforschen, mußte man 400 Reflexsätze messen. Sie setzten sich aus 100 zentrischen h01-Werten und 300 azentrischen hkl zusammen. Bei der 6 Å-Untersuchung wurden wie in Abb. 18 die Intensitätsdaten aufgezeichnet und die Phasen graphisch bestimmt. Um die Aufklärung auf 2 Å zu erhöhen, wurden später rund 9000 azentrische Reflexe pro Kristall mit Hilfe eines Elektronenrechners verarbeitet.

Hämoglobin ist ein beträchtlich größeres Protein. Das von Perutz und Mitarbeitern benutzte Material war Pferde-Oxyhämoglobin oder -Hämiglobin. Dies ist monoklin, besitzt die Symmetrie C2 mit den Zellmaßen

$$a = 109.2\ \text{Å};\ b = 63.2\ \text{Å};\ c = 64.7\ \text{Å und}\ \beta = 110.7°.$$

Das Volumen dieser großen Zelle beträgt 352 000 $Å^3$. Die Zelle enthält 2 Moleküle, jedes Molekül mit einem Molekulargewicht von 67 000 und etwa

10 000 Atomen. Die Struktur dieses Moleküls wurde mit der Schweratommethode unter Verwendung des reinen Proteins und seiner Quecksilber- und Silberderivate gelöst. Um ein Auflösungsvermögen von 5.5 Å zu erreichen, waren die Intensitäten von etwa 1200 Reflexen zu messen.

Direkte Methoden

Die Schweratommethode und die Methode des isomorphen Ersatzes liefern Planungsverfahren, mit denen sich trotz des Phasenproblems Kristallstrukturen bestimmen lassen. Daneben gibt es noch weitere Verfahren, die sich unter gewissen Umständen für die gleichen Zwecke eignen. Aber alle diese Schemata bringen nur indirekte Lösungen des Phasenproblems und man kann sich nicht darauf verlassen, daß sie bei jeder beliebigen Kristallart zu deren Atomanordnungen führen.

Wenn auch das Phasenproblem bisher noch nicht allgemein gelöst ist, so wurden doch verschiedene Relationen entdeckt, die es gestatten, einen Satz unbekannter Phasen aus einem Satz experimenteller Beugungsgrößen herzuleiten. Derartige Methoden konnten zur erforderlichen Phasenbestimmung bei Kristallen benutzt werden, deren Elementarzelle nur eine niedrige Anzahl von Atomen enthält. Zwei der üblichen Methoden, die sich graphisch darstellen lassen, sind nachstehend beschrieben.

Die Harker-Kasper-Ungleichungen. Eine in der Mathematik wohlbekannte Ungleichung ist die Cauchy-Ungleichung; sie liefert eine Beziehung zwischen dem Quadrat des Absolutwertes einer Summe von Produkten und den Produkten der Summen der Absolutquadrate. Eine entsprechende Ungleichung existiert auch für Integrale; vornehmlich diese Integralform kennt man als Schwartzsche Ungleichung. David Harker und John Kasper benutzten sie in Verbindung mit dem Ausdruck für die Reflexamplitude, deren allgemeine Form

$$F_{hkl} = V \int_0^1 \int_0^1 \int_0^1 \rho(x, y, z) \exp [i2\pi(hx + ky + lz)]\, dx\, dy\, dz \qquad (47)$$

ist. Die rechte Seite läßt sich auf verschiedene Weise in ein Produkt von Integralen umschreiben. Führt man eine Produktform in die Schwartzsche Ungleichung ein, so erhält man eine Reihe nützlicher Ergebnisse, insbesondere wenn man für die rechte Seite der Gl. (47) Formen wählt, die den Symmetrieelementen des Kristalls Rechnung tragen. Eine allgemeiner verwendbare Form ergibt sich, wenn man Gl. (47) durch die Anzahl Z der Elektronen in der Elementarzelle teilt. Der Quotient wird als *unitäre Strukturamplitude* bezeichnet,

$$U_{hkl} = F_{hkl}/Z. \qquad (48)$$

Die Größe hat dieselbe Phase wie F_{hkl}, aber ihr Betrag ist so festgelegt, daß ihr Maximalwert $F_{000}/Z = 1$ ist; das ist der Fall, wenn alle Elektronen (im

Reflex 000) phasengleich streuen. Der Betrag der unitären Strukturamplitude ist daher ein Maß für die Streuausbeute eines Reflexes hkl.

Als Ergebnis derartiger Überlegungen enthält die Tab. 2 eine Liste der einfachsten Ungleichungen. Für einen Kristall, dessen Raumgruppe mehrere der in der linken Spalte aufgeführten Symmetrieelemente enthält, sind die Phasen durch jede der rechtsspaltigen Einschränkungen plus ihrer Kombinationen eingeengt. Es bestehen viele solcher Ungleichungen, selbst für Raumgruppen mit wenigen Symmetrieelementen; bis jetzt gibt es aber für die vielen Raumgruppen noch keine vollständige Tafel dieser Beziehungen.

Wie sich die Ungleichungen bei der Phasenbestimmung verwenden lassen, soll an Hand der Symmetrie $\overline{1}$ dargestellt werden. Diese Symmetrie beschränkt die Phasen auf 0 und π und das Phasenproblem wird auf das Vorzeichenproblem reduziert. Damit gilt dann $|F_{hkl}|^2 = F_{hkl}^2$. Aus Tab. 2 entnimmt man die Beziehung

$$U_{hkl}^2 \leqslant \tfrac{1}{2} + \tfrac{1}{2}\, U_{2h\ 2k\ 2l}. \qquad (49)$$

Tabelle 2. Harker-Kasper-Ungleichungen.

Symmetrieelement $\parallel c$	Einschränkung
1	$\lvert U_{hkl}\rvert^2 \leq 1$
$\overline{1}$	$U_{hkl}^2 \leq \frac{1}{2} + \frac{1}{2}U_{2h\ 2k\ 2l}$
2	$\lvert U_{hkl}\rvert^2 \leq \frac{1}{2} + \frac{1}{2}U_{2h\ 2k\ 0}$
2_1	$\lvert U_{hkl}\rvert^2 \leq \frac{1}{2} + \frac{1}{2}(-1)^l\, U_{2h\ 2k\ 0}$
$\overline{2} = m$	$\lvert U_{hkl}\rvert^2 \leq \frac{1}{2} + \frac{1}{2}U_{0\ 2k\ 0}$
a	$\lvert U_{hkl}\rvert^2 \leq \frac{1}{2} + \frac{1}{2}(-1)^h\, U_{0\ 0\ 2l}$
3	$\lvert U_{hkl}\rvert^2 \leq \frac{1}{3} + \frac{2}{3}\lvert U_{(h-k)(h+2k)\ 0}\rvert \cos 2\pi\phi_{(h-k)(h+2k)0}$
3_1, 3_2	$\lvert U_{hkl}\rvert^2 \leq \frac{1}{3} + \frac{2}{3}\lvert U_{(h-k)(h+2k)0}\rvert \cos 2\pi(\phi_{(h-k)(h+2k)0} + \frac{1}{3}l)$
$\overline{3} = 3 + \overline{1}$	$U_{hkl}^2 \leq \frac{1}{6} + \frac{1}{6}U_{2h\ 2k\ 2l} + \frac{1}{3}U_{h\ k\ 2l} + \frac{1}{3}U_{(h-k)(h+2k)0}$
4	$\lvert U_{hkl}\rvert^2 \leq \frac{1}{4} + \frac{1}{4}U_{2h\ 2k\ 0} + \frac{1}{2}U_{(h-k)(h+k)0}$
4_1, 4_3	$\lvert U_{hkl}\rvert^2 \leq \frac{1}{4} + \frac{1}{4}(-1)^l\, U_{2h\ 2k\ 0} + \frac{1}{2}(\cos 2\pi\frac{1}{4}l)\, U_{(h-k)(h+k)0}$
4_2	$\lvert U_{hkl}\rvert^2 \leq \frac{1}{4} + \frac{1}{4}U_{2h\ 2k\ 0} + \frac{1}{2}(-1)^l\, U_{(h-k)(h+k)0}$
$\overline{4}$	$\lvert U_{hkl}\rvert^2 \leq \frac{1}{4} + \frac{1}{4}U_{2h\ 2k\ 0} + \frac{1}{2}\lvert U_{(h-k)(h+k)2l}\rvert \cos 2\pi\phi_{(h-k)(h+k)2l}$
6	$\lvert U_{hkl}\rvert^2 \leq \frac{1}{6} + \frac{1}{6}U_{2h\ 2k\ 0} + \frac{1}{3}U_{(h-k)(h+2k)0} + \frac{1}{3}U_{hk0}$
6_1, 6_5	$\lvert U_{hkl}\rvert^2 \leq \frac{1}{6} + \frac{1}{6}(-1)^l\, U_{2h\ 2k\ 0} + \frac{1}{3}(\cos 2\pi\frac{1}{3}l)\, U_{(h-k)(h+2k)0} + \frac{1}{3}(\cos 2\pi\frac{1}{6}l)\, U_{hk0}$
6_2, 6_4	$\lvert U_{hkl}\rvert^2 \leq \frac{1}{6} + \frac{1}{6}U_{2h\ 2k\ 0} + \frac{1}{3}(\cos 2\pi\frac{1}{3}l)\, U_{(h-k)(h+2k)}0 + \frac{1}{3}(\cos 2\pi\frac{1}{3}l)\, U_{hk0}$
6_3	$\lvert U_{hkl}\rvert^2 \leq \frac{1}{6} + \frac{1}{6}(-1)^l\, U_{2h\ 2k\ 0} + \frac{1}{3}U_{(h-k)(h+2k)0} + \frac{1}{3}(-1)^l\, U_{hk0}$
$\overline{6} = \frac{3}{m}$	$\lvert U_{hkl}\rvert^2 \leq \frac{1}{6} + \frac{1}{6}U_{0\ 0\ 2l} + \frac{1}{3}\lvert U_{(h-k)(h+2k)0}\rvert \cos 2\pi\phi_{(h-k)(h+2k)0} + \frac{1}{3}\lvert U_{(h-k)(h+2k)2l}\rvert \cos 2\pi\phi_{(h-k)(h+2k)2l}$

Die Größe U_{hkl}^2 ergibt sich aus dem Meßwert F_{hkl}^2 nach Anwendung der Gl. (48). Unter gewissen Umständen läßt sich nun das Vorzeichen $U_{2h\ 2k\ 2l}$ mit Hilfe von Gl. (49) bestimmen, nämlich dann, wenn U_{hkl}^2 zahlenmäßig den Betrag 1/2 oder mehr erreicht. In diesem Fall ist Gl. (49) nur erfüllt, wenn $U_{2h\ 2k\ 2l}$ positives Vorzeichen besitzt. Wenn jedoch U_{hkl}^2 kleiner als 1/2 ist, kann man aus Gl. (49) keine Schlüsse ziehen.

Eine graphische Rechtfertigung dieser allgemeinen Beziehung zeigt Abb. 19. Mit der Symmetrie $\bar{1}$ ist der Kristall zentrosymmetrisch und alle Fourierdichtewellen mit den Amplituden F/V müssen reine Cosinuskurven sein, die im Ursprung entweder positiv (+) oder negativ (–) sind. Wenn nun F_{hkl} groß ist, muß bei den Scheitelwerten der durch F_{hkl} dargestellten Dichtewellen (angedeutet durch die schwarzen Punkte) eine beträchtliche Elektronendichte herrschen. Unabhängig davon, ob F_{hkl} positiv (oberes Teilbild) oder negativ (unteres Teilbild) ist, muß die Amplitude von $F_{2h\ 2k\ 2l}$ jeweils unter den schwarzen Punkten positive Werte annehmen. Abb. 19 zeigt, daß dies für $F_{2h\ 2k\ 2l}$ in beiden Fällen auch einen positiven Wert im Ursprung verlangt. Wenn daher F_{hkl} – sei es nun positiv oder negativ – nur genügend groß ist, muß $F_{2h\ 2k\ 2l}$ positives Vorzeichen besitzen. Die genauere Bedingung regelt die Ungleichung (49).

Leider sind die Harker-Kasper-Ungleichungen bei der Lösung sehr komplizierter Kristallstrukturen nicht hinreichend wirksam, selbst nicht mit dem „*Verfahren des Zuspitzens*", das darin besteht, die F- bzw. U-Werte so umzuformen, als würden sie von punktförmigen Atomen geliefert. Die Schwie-

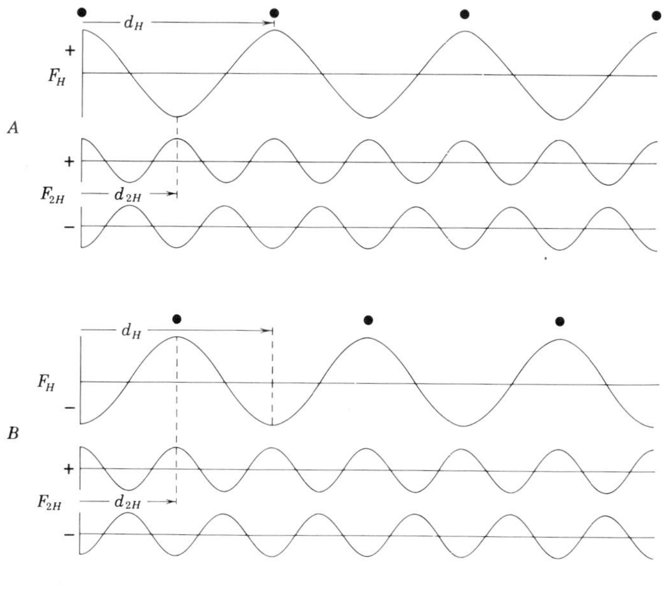

Abb. 19. Graphische Erklärung zur Harker-Kasper-Ungleichung (49) für eine zentrosymmetrische Struktur. [Aus M. J. Buerger: Crystal-structure analysis (Wiley, New York, 1960) 561].

rigkeit beruht dabei wesentlich auf der Tatsache, daß bei einer genügend großen Anzahl gleichmäßig über die Elementarzelle verteilter Atome, die von den einzelnen Atomen ausgehenden Elementarwellen die Tendenz zeigen, sich gegenseitig auszulöschen, einer Tatsache, die bereits in einem der vorangehenden Abschnitte dieses Kapitels beleuchtet wurde. Hughes hat nachgewiesen, daß, bei mehr als etwa fünf Atomen in der asymmetrischen Einheit der Elementarzelle, die Harker-Kasper-Ungleichungen im allgemeinen nicht genügend Vorzeichen bringen, um die Struktur zu lösen.

Beziehungen zwischen den Phasen der Reflexe. Eine zuerst von Sayre entdeckte Beziehung, mit der man die Vorzeichen der Reflexe zentrosymmetrischer Kristalle aus den Reflexintensitäten bestimmen kann, wird allgemein benutzt. Die Beziehung wurde durch sorgfältige Untersuchungen von anderen Forschern bestätigt. Sayre betrachtete einen Kristall, der aus gleichen, sich nicht überlappenden Atomen besteht, wie es in der graphischen Darstellung ihrer Elektronendichte im oberen Teil der Abb. 20 skizziert ist. Er folgerte, daß die Phasen der Reflexe hauptsächlich durch die Atompositionen in der Zelle und nicht durch die Form der Atome bestimmt wird. In Übereinstimmung damit sollte sowohl das Elektronendichtebild wie auch das Bild von ρ^2 Reflexe mit den gleichen Vorzeichen liefern. Führt man zur Vereinfachung statt hkl die eindimensionale Variable H sowie statt xyz die eindimensionale Variable R ein und denkt sich 1/V als reziproke Länge, so werden beide Funktionen durch

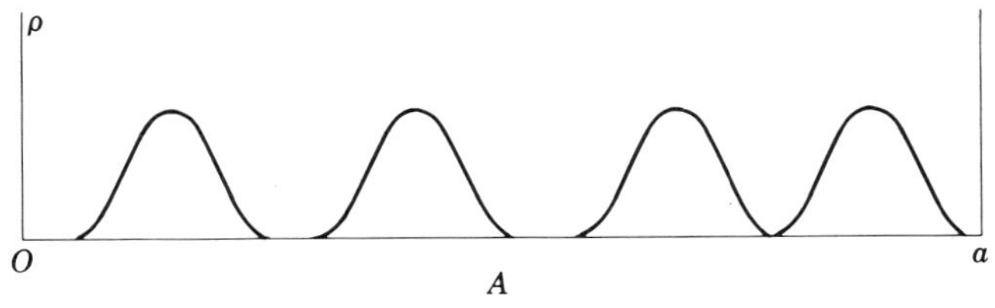

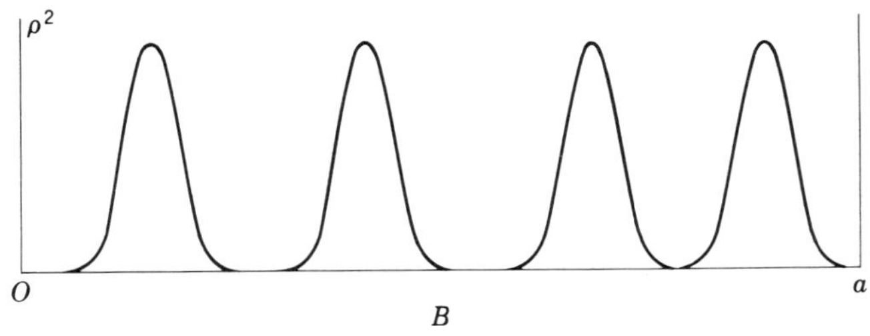

Abb. 20. Vergleich der Funktionen ρ und ρ^2 für eine Struktur aus gleichen Atomen. [Aus M. M. Woolfson: Direct methods in crystallography (Clarendon Press, Oxford, 1961) 43].

$$\rho(R) = (1/V) \sum_H F_H \exp(-i2\pi HR) \tag{50}$$

und

$$\rho^2(R) = (1/V) \sum_H F_H^q \exp(-i2\pi HR) \tag{51}$$

beschrieben, wobei die F_H^q die Fourieramplituden für die hypothetische quadratische Dichteverteilung sind. Quadriert man Gl. (50), um daraus Gl. (51) zu gewinnen, ergibt die stufenweise Reduktion:

$$\begin{aligned}\rho^2(R) &= \rho(R) \cdot \rho(-R)\\ &= [(1/V) \sum_H F_H \exp(-i2\pi HR)]\,[(1/V) \sum_H F_H \exp(i2\pi HR)]\\ &= (1/V^2) \sum_{H_1} \sum_{H_2} F_{H_1} F_{H_2} \exp[-i2\pi(H_1 - H_2)R] \qquad (52)\\ &= (1/V) \sum_{H_1} \left\{(1/V) \sum_{H_2} F_{H_1} F_{H_2}\right\} \exp[-i2\pi(H_1 - H_2)R]. \qquad (53)\end{aligned}$$

Bei der Herleitung dieser Zeilen wurden einige einfache mathematische Umformungen benutzt: In der ersten Zeile wird von der Tatsache Gebrauch gemacht, daß für einen zentrosymmetrischen Kristall die Elektronendichten bei R und −R identisch sind. Deshalb gilt

$$\rho^2(R) = \rho(R)\,\rho(R) = \rho(R)\,\rho(-R).$$

Werden die Summen in den beiden eckigen Klammern der Gl. (52) miteinander multipliziert, so ist zu beachten, daß sich der Laufindex H in der ersten eckigen Klammer unabhängig von dem Laufindex H in der zweiten eckigen Klammer ändert. Um dies bei der Produktbildung zum Ausdruck zu bringen, wird der Laufindex durch H_1 bzw. H_2 ersetzt. Jedes Glied der ersten Summe muß dann mit jedem der zweiten multipliziert werden.

In einer erneuten Substitution setzt man $H_2 = H'$ und $H_1 - H_2 = H$ bzw. $H_1 = H + H'$ und erhält für Gl. (53)

$$\rho^2(R) = (1/V) \sum_H \{(1/V) \sum_{H'} F_{H'} F_{H+H'}\} \exp[-i2\pi HR]. \tag{54}$$

Vergleicht man diesen Ausdruck mit Gl. (51), so erkennt man die Gültigkeit der Beziehung

$$F_H^q = (1/V) \sum_{H'} F_{H'} F_{H+H'}. \tag{55}$$

Der Kristall und der künstliche Kristall mit quadratischer Dichte haben demnach unterschiedliche Fourierkoeffizienten. Wenn jedoch die ursprüngliche Elektronendichte ρ aus gleichen, sich nicht überlappenden Atomen hervorgeht, wird die quadratische Dichte dessen ungeachtet durch Koeffizienten bestimmt, deren Betrag sich allein um einen Faktor g_H von dem entsprechenden Koeffizienten des Kristalls unterscheidet; Gl. (55) vereinfacht sich dann zu

$$F_H = (1/g_H V) \sum_{H'} F_{H'} F_{H+H'}. \tag{56}$$

Falls die Vorzeichen der F_H richtig bestimmt sind, muß sich diese Beziehung bestätigen. Ist z. B. H = 9, die linke Seite der Gleichung also F_9, dann besteht die rechte Seite aus Produkten der Art $F_1 \; F_{9+1}$, $F_2 F_{9+2}$, $F_3 F_{9+3} \ldots$ Sayre untersuchte einige bereits mit anderen Methoden gelöste Kristallstrukturen und fand, daß in der Summe der Produkte auf der rechten Seite der Gl. (56) gewöhnlich ein Glied so groß ist, daß es die Summe schon weitgehend bestimmt. Die Summe aber legt das Vorzeichen der rechten Seite und somit auch der linken fest. Das Ergebnis läßt sich dann in der Form

$$S_H = S_{H'} S_{H+H'} \tag{57}$$

festhalten, worin S_H das Vorzeichen (signum) des Reflexes H usw. bedeutet. Dies weist darauf hin, daß viele Reflexvorzeichen miteinander gekoppelt sind. Multipliziert man beide Seiten von Gl. (57) mit $S_{H'}$ und beachtet $S_{H'}^2 \equiv 1$, erhält man daraus die gebräuchlichere Form

$$S_{H+H'} = S_H S_{H'}.$$

Das vorstehende Ergebnis gewinnt man völlig analog in dreidimensionaler Gestalt

$$S_{\mathbf{H}+\mathbf{H}'} = S_{\mathbf{H}} S_{\mathbf{H}'}, \tag{58}$$

wenn man zu Beginn der Überlegungen, ab Gl. (50), für die Größe R und H die vektorielle Form $\mathbf{R} = (x, y, z)$ bzw. $\mathbf{r} = x\mathbf{a} + y\mathbf{b} + z\mathbf{c}$ u. $\mathbf{H} = (h, k, l)$ bzw. $\mathbf{r}_{\mathbf{H}}^* = h\mathbf{a}^* + k\mathbf{b}^* + l\mathbf{c}^*$ einführt; dabei muß man in den folgenden Zeilen das Produkt RH durch das Skalarprodukt $\mathbf{R}\cdot\mathbf{H} = xh + yk + zl$ ersetzen und beachten, daß aus jeder Summe über H usw. eine dreifache Summe über **H** entsteht.

Man fand die Regel gut erfüllt, solange die Beträge von $F_{\mathbf{H}}$, $F_{\mathbf{H}'}$ und $F_{\mathbf{H}+\mathbf{H}'}$ gleichzeitig groß sind. Die Bedeutung der Gl. (58) läßt sich graphisch mit Hilfe der Zeichnungen der Abb. 21 veranschaulichen. Das obere Diagramm zeigt im reziproken Raum drei Vektoren **r***, die zu den mit **H**, **H′** und (**H** + **H′**) indizierten Gitterpunkten führen. Jedem der drei Vektoren **r*** entspricht ein Ebenensatz im Kristall, der senkrecht auf **r*** steht und einen

Identitätsabstand proportional zu $1/|\mathbf{r}^*|$ besitzt. Der Ebenensatz stellt Wellenfront und Periode der gleichindizierten Fourierwelle mit der Amplitude F dar. Die daruntergezeichneten vier Teilbilder der Abb. 21 veranschaulichen die vier möglichen Vorzeichenkombinationen zwischen den $S_{\mathbf{H}}$ und $S_{\mathbf{H}'}$ der Fourierwellen. Die Wellenkämme sind mit ausgezogenen, die Wellentäler mit gestrichelten Linien angedeutet. Wenn die $F_{\mathbf{H}}$ und $F_{\mathbf{H}'}$ hohe

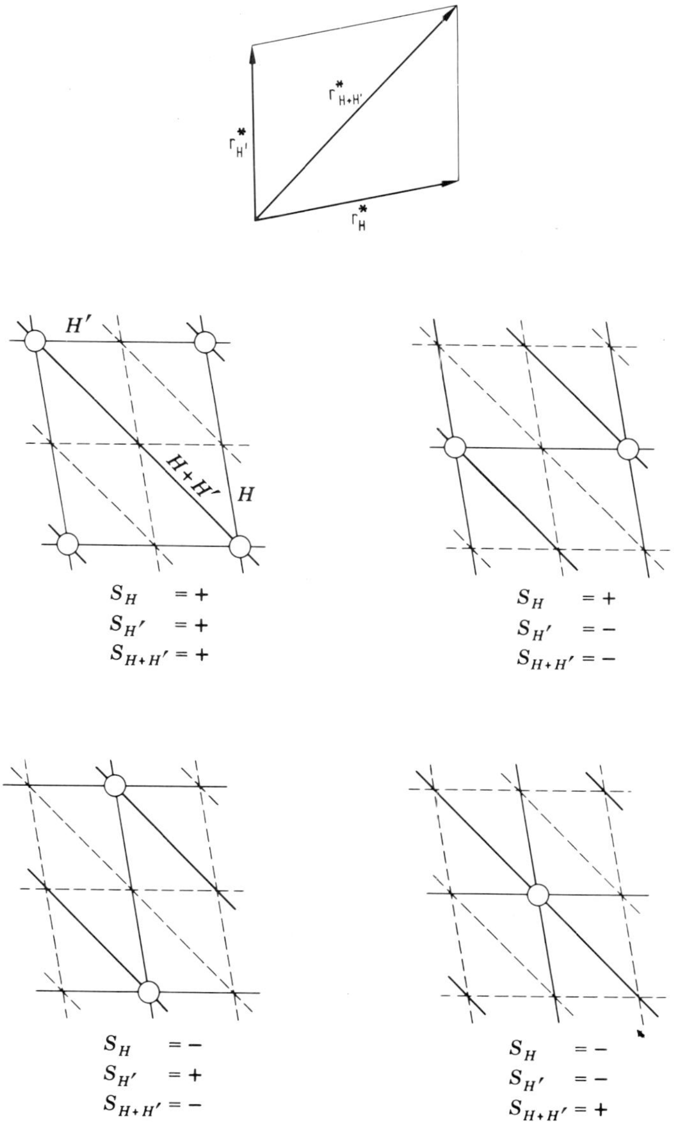

Abb. 21. Graphische Interpretation der Ungleichung von Sayre. Gezeichnet sind die Maxima (—) und die Minima (- - -) der Fourierwellen H, H′ und H + H′ im Bereich der Elementarzelle.

Beträge haben, liefern sie im Schnittpunkt der Wellenkämme hohe Dichtebeiträge; diese Stellen sind in den Teilbildern durch hohle Kreise angezeigt. Ein Scheitelwert für die $F_{H+H'}$ entsprechende Dichtewelle wird demnach an den Stellen dieser Kreise erreicht. Das Vorzeichen von $F_{H+H'}$, das diese Kombination verlangt, ist unter dem jeweiligen Teilbild vermerkt und besteht offensichtlich aus dem Produkt der Vorzeichen von F_H und $F_{H'}$, wie es Gl. (58) fordert.

Zachariasen leitete auf statistischer Grundlage eine ähnliche Beziehung ab. Sein Ergebnis läßt sich durch die Formel

$$S_{H+H'} = \overline{S(S_H S_{H'})}^{H+H'} \tag{59}$$

ausdrücken. Die Formel soll besagen, daß man das Vorzeichen von $\mathbf{H} + \mathbf{H}'$ durch Mitteln des Ergebnisses von $S(S_H S_{H'})$ über alle Reflexe findet, deren Indizes $\mathbf{H}$ und $\mathbf{H}'$ sich zu der festgehaltenen Indizierung $\mathbf{H} + \mathbf{H}'$ ergänzen. Darin benutzt man die Tatsache, daß der vom Vektor $\mathbf{r}^*_{H+H'}$ angefahrene Punkt des reziproken Raumes durch eine Reihe mit unterschiedlicher Vektorsumme $\mathbf{r}^*_H + \mathbf{r}^*_{H'}$ beschriebener Wege erreicht wird. Da die einzelnen Wegkombinationen (Gl. (58)) nicht immer zu folgerichtigen Ergebnissen $S_{H+H'}$ führen, wird bei der Methode von Zachariasen das Ergebnis für die verschiedenen Wege gemittelt.

Karle und Hauptman leiteten eine Beziehung ab, die der Relation von Sayre äquivalent ist und die zu einer allgemeinen statistischen Untersuchung über die Einschränkung der Vorzeichen durch die Beträge der F-Werte bei zentrosymmetrischen Kristallen gehört. Ihre Ergebnisse wurden von J. Karle und I. Karle ausgiebig benutzt, um die Strukturen organischer Kristalle abzuleiten, in denen die C-, O- und N-Atome im wesentlichen gleiches Streuvermögen besitzen. Bei dieser Methode ist es üblich, die F_H-Werte in die sog. *normalisierten Strukturamplituden* E_H zu überführen. Man erreicht dies, indem man F_H durch den Mittelwert der Beträge der F_H eines Datensatzes teilt.

Den mittleren Betrag von F findet man nach einer Methode von A. J. C. Wilson auf die nachstehende Weise: Da F komplex ist, ergibt sich das Quadrat des Betrages durch Multiplizieren mit der konjugiert komplexen Größe

$$|F_H|^2 = F_H \overline{F}_H = \tag{60}$$

$$\left(\sum_j f_j \exp\,[i2\pi(hx_j + ky_j + lz_j)]\right)\left(\sum_{j'} f_{j'} \exp\,[-i2\pi(hx_{j'} + ky_{j'} + lz_{j'})]\right)$$

$$= \sum_j \sum_{j'} f_j f_{j'} \exp\,\{i2\pi(h[x_j - x_{j'}] + k[y_j - y_{j'}] + l[z_j - z_{j'}])\} \quad . \tag{61}$$

Man zerlegt diesen Ausdruck in die beiden Anteile $j = j'$ und $j \neq j'$ und erhält

$$|F_H|^2 = \sum_j f_j^2 + \sum_j \sum_{j' \neq j} f_j f_{j'} \exp\,\{\ \}, \tag{62}$$

wobei hier die geschweifte Klammer die der Gl. (61) ist. Mittelt man über alle $\mathbf{H} = (h, k, l)$, so erhält man in der Doppelsumme ebenso viele positive wie negative Glieder, die sich gegenseitig aufheben und es verbleibt

$$\langle |F_{\mathbf{H}}|^2 \rangle_{\mathbf{H}} = \sum_j f_{j,\mathbf{H}}^2 , \tag{63}$$

so daß gilt

$$\sqrt{\langle |F_{\mathbf{H}}|^2 \rangle_{\mathbf{H}}} = \sqrt{\sum_j f_{j,\mathbf{H}}^2} . \tag{64}$$

Die Indexangabe **H** bei f_j in den rechten Seiten der beiden letzten Gleichungen bedeutet sinngemäß eine Mittelung über den $(\sin\theta/\lambda)$-Bereich, den die **H** überdecken. Somit erhält man die normalisierte Strukturamplitude durch folgende Umformung:

$$E_{\mathbf{H}} = F_{\mathbf{H}} / \sqrt{\langle |F_{\mathbf{H}}|^2 \rangle_{\mathbf{H}}} \tag{65}$$

$$= F_{\mathbf{H}} / [\epsilon \sqrt{\sum_j f_{j\,\mathbf{H}}^2}\,]. \tag{66}$$

Der Koeffizient ϵ, der für die Raumgruppe $P\bar{1}$ den Wert 1 hat, ist dann notwendig, wenn der Endpunkt von **H** im reziproken Raum Eigensymmetrie aufweist. Das vorliegende System besitzt die Eigenschaft, daß der Mittelwert von $|E_{\mathbf{H}}|^2$ für alle Kristalle gleich 1 beträgt.

Karle und Hauptman leiteten unter anderem die folgenden, für zentrosymmetrische Kristalle, insbesondere bei der Symmetrie $P\bar{1}$, allgemein benutzten Relationen Σ_1 und Σ_2 her:

$$\Sigma_1: \quad S(E_{2\mathbf{H}}) \approx S(E_{\mathbf{H}}^2 - 1) \tag{67}$$

$$\Sigma_2: \quad S(E_{\mathbf{H}}) \approx S(\sum_{\mathbf{K}} E_{\mathbf{K}} E_{\mathbf{H}+\mathbf{K}}). \tag{68}$$

Σ_1 ist die Verallgemeinerung der Harker-Kasper-Relation für die Symmetrie $\bar{1}$, während Σ_2 die der Sayre-Relation darstellt.

Für den Gebrauch von Vorzeichenrelationen bei zentrosymmetrischen Kristallen muß man sich gemäß Kap. 10 darüber im klaren sein, daß eine zentrosymmetrische Struktur mehrere ähnliche Sätze von Symmetriezentren besitzt und irgend eines der Symmetriezentren als Zellnullpunkt gewählt werden kann. Bei einer Veränderung des Nullpunktes durch Übergang von einem auf ein anderes der ähnlichen Symmetriezentren tritt bei einigen F-Werten ein Vorzeichenwechsel auf, während für andere F-Werte, die man als *strukturinvariant* bezeichnet, das Vorzeichen unberührt bleibt. Mit einer Vorzeichenänderung von solchen F-Werten, die nicht strukturinvariant sind, wird daher lediglich der Ursprung für die Fouriersynthese der Elektronendichte verlegt. Daher können die Vorzeichen einer gewissen Anzahl von

F-Werten willkürlich festgesetzt werden; denn diese Maßnahme läßt eine unbekannte Struktur nur in einer speziellen Betrachtungsweise erscheinen, bei der eines ihrer verschiedenen Symmetriezentren zum Nullpunkt gemacht ist. In der Raumgruppe $P\bar{1}$ gibt es nach Kap. 10 insgesamt acht Symmetriezentren; sie sitzen in 000 (= Zellecken), in $00\frac{1}{2}$, $0\frac{1}{2}0$ und $\frac{1}{2}00$ (= Kantenmitten), in $0\frac{1}{2}\frac{1}{2}$, $\frac{1}{2}0\frac{1}{2}$ und $\frac{1}{2}\frac{1}{2}0$ (= Flächenmitten) und in $\frac{1}{2}\frac{1}{2}\frac{1}{2}$ (= Zellmitte). Wenn eine herausgegriffene Amplitude F_H mit Bezug auf den Nullpunkt ein bestimmtes Vorzeichen hat, hängt ihr Vorzeichen bezüglich eines anderen erlaubten Nullpunktes davon ab, ob die Indizes h, k und l gerade oder ungerade sind. Das unter einem anderen Nullpunkt gültige Vorzeichen für F_H findet man durch Multiplikation des für 000 gültigen Vorzeichens von F_H mit dem in Tab. 3 stehenden Vorzeichen der entsprechenden Rubrik.

Man liest aus der Tabelle ab, daß für alle Reflexe mit gleichzeitig geraden h, k und l das Vorzeichen unverändert bleibt. Von derartigen Reflexen sagt man, sie seien strukturinvariant (was eigentlich bedeutet, daß sie ursprungsinvariant, d. h. invariant gegenüber Ursprungstransformationen sind). Für trikline, monokline und orthorhombische Raumgruppen mit primitiver Zelle kann man die Vorzeichen für drei beliebige F_H-Amplituden, die nicht strukturinvariant sind, willkürlich festlegen, vorausgesetzt, daß die Indizes hkl *„linear unabhängig Modulo 2"* sind.

Das soll heißen, daß man einem beliebigen Reflex $h_1k_1l_1$ aus einer beliebigen Spalte der Tab. 3 mit Ausnahme der 1. Spalte ein Vorzeichen nach Wunsch zuordnen kann.

Tabelle 3. Vorzeichenwechsel der F_{hkl} bei Änderung des Ursprungs (g = gerade, u = ungerade).

Ursprung in	lfd. Nr. der Paritätsgruppe								
	1	2	3	4	5	6	7	8	
	g g g	g g u	g u g	u g g	g u u	u g u	u u g	u u u	h k l
000	+	+	+	+	+	+	+	+	
$00\frac{1}{2}$	+	–	+	+	–	–	+	–	
$0\frac{1}{2}0$	+	+	–	+	–	+	–	–	
$\frac{1}{2}00$	+	+	+	–	+	–	–	–	
$0\frac{1}{2}\frac{1}{2}$	+	–	–	+	+	–	–	+	
$\frac{1}{2}0\frac{1}{2}$	+	–	+	–	–	+	–	+	
$\frac{1}{2}\frac{1}{2}0$	+	+	–	–	–	–	+	+	
$\frac{1}{2}\frac{1}{2}\frac{1}{2}$	+	–	–	–	+	+	+	–	

Hat man dies getan, so hat man insgesamt vier der acht möglichen Ursprungspunkte, die in der linken Spalte aufgelistet sind, ausgeschieden. Aus einer der anderen Spalten kann dann ein zweiter Reflex $h_2k_2l_2$ ausgesucht und mit einem gewünschten Vorzeichen versehen werden, vorausgesetzt, daß die drei Summen $h_1 + h_2$, $k_1 + k_2$ und $l_1 + l_2$ nicht gleichzeitig gerade, d. h. nicht strukturinvariant sind. Mit der Vorzeichenwahl für $h_2k_2l_2$ eliminiert man wiederum die Hälfte der bei der ersten Wahl verbliebenen vier Ursprungsmöglichkeiten. Endlich kann noch ein dritter Reflex $h_3k_3l_3$ aus einer weiteren Spalte gewählt und mit einem Vorzeichen versehen werden, wobei jetzt aber die Einschränkung gilt, daß die drei Summen $h_1 + h_2 + h_3$, $k_1 + k_2 + k_3$ und $l_1 + l_2 + l_3$ nicht gleichzeitig gerade sein dürfen. Mit der Vorzeichenzuordnung für die ausgewählten Reflexe legt man den Zellursprung der Struktur fest, die durch Fouriersummation aufgebaut werden soll.

Bei der praktischen Anwendung von Vorzeichenrelationen teilt man gewöhnlich alle beobachteten Reflexe in die acht Paritätsklassen der Tab. 3 ein. Für jede Klasse werden die Reflexe in der Reihenfolge sinkender $|E_H|$ geordnet. Aus diesen Klassen wählt man zur Bestimmung des Ursprungs zuerst drei linear unabhängige Reflexe aus, die möglichst große Beträge haben sollen und sich außerdem in vielen Kombinationen zur Vorzeichenbestimmung verwenden lassen. Außer den festgelegten Phasen für die drei linear unabhängigen Reflexe müssen gewöhnlich noch einigen anderen Reflexen unabhängige Phasen zugeteilt werden. Da diese Phasen zunächst unbekannt sind, werden sie symbolisch mit kleinen Buchstaben a, b, c, d . . . bezeichnet, bis sie sich dann später entweder als Plus- oder als Minusphase herausstellen.

Die darauf gegründete Vorzeichenbestimmung läßt sich nun durch Benutzung der Gl. (68)

$$S(E_H) \approx S(\sum_{H'} S_{H'} S_{H-H'})$$

fortführen. Vorzugsweise beginnt man die Vorzeichenbestimmung mit einer anfänglichen Beschränkung auf Reflexe mit $|E_H| \geqslant 1.5$. Obwohl die folgende Beziehung hier nicht abgeleitet wird, kann man zeigen, daß die Wahrscheinlichkeit $P_+(H)$ für positives Vorzeichen eines Reflexes F_H gleich

$$P_+(H) = \tfrac{1}{2} + \tfrac{1}{2} \tanh \left[(\sigma_3/\sigma_2^{3/2}) \, |E_H| \sum_{H'} E_{H'} E_{H-H'} \right] \qquad (69)$$

ist mit

$$\sigma_m = \sum_{j=1}^{N} f_j^m \, . \qquad N = \text{Anzahl der Atome pro Zelle.} \qquad (70)$$

Für Strukturen mit N gleichen Atomen pro Elementarzelle hat die eckige Klammer den Wert $1/\sqrt{N}$. Sofern die Wahrscheinlichkeit P nicht höher als 0.97 liegt, wird die Vorzeichenbestimmung im allgemeinen verworfen.

Nachdem alle hohen E_H-Beträge erschöpft sind, geht man schrittweise zu niedrigeren Beträgen über. Die Phasenzuordnung ist beendet, wenn für die meisten E_H mit größerem Betrag deren Phase zu +, –, a, b, c, d . . . usw. bestimmt ist. Manchmal lassen sich eine oder mehrere der noch unbekannten Phasen als + oder – mittels Gl. (67)

$$S(E_{2H}) = S(E_H^2 - 1)$$

bestimmen. Für den gesamten Datensatz der E_H mögen dann unter Einschluß einiger unbekannter Vorzeichen a, b, . . . verschiedene mögliche Vorzeichenkombinationen übrigbleiben. Einige davon lassen sich vielleicht schon aus ganz anderen Gründen ausschließen. Sind z. B. die meisten Phasen positiv, so wird durch die Fouriersummation im Ursprung der Zelle ein schweres Atom abgebildet. Das kann aus chemischen Gründen als unannehmbar gelten, wenn es sich etwa um einen organischen Kristall ohne schwere Atome handelt. Schließlich werden einige wenige Fouriersynthesen zu berechnen bleiben, wobei man jeweils die Fourierkoeffizienten einer Synthese in einer bestimmten Kombination der noch offenen Vorzeichen a, b, c, . . . festlegt. Gewöhnlich ist dann die richtige Struktur auf Grund sichtbarer Übereinstimmung mit der bekannten chemischen Zusammensetzung des Kristalls leicht zu erkennen.

Diese allgemeine Methode der Vorzeichenbestimmung wird meist als *symbolische Additionsmethode* bezeichnet. Sie wurde für die Lösung organischer Kristallstrukturen von J. Karle und I. L. Karle viel benutzt; einige ihrer Strukturen wiesen bis zu 35 Atome in der asymmetrischen Einheit auf. Auf diese Weise konnten die beiden Forscher zum Beispiel auch die Struktur des Alkaloids Jamin mit der Formel $C_{21}H_{35}N_3$ aufklären; die Verbindung bildet trikline Kristalle in der Raumgruppe $P\bar{1}$ mit den Zellmaßen:

$$\begin{array}{ll} a = 6.79\ \text{Å} & \alpha = 95^\circ 00' \\ b = 10.61 & \beta = 97^\circ 20' \\ c = 13.41 & \gamma = 103^\circ 55'. \end{array}$$

In der Zelle liegen 2 Moleküle $C_{21}H_{35}N_3$. Die Prozedur der Vorzeichenbestimmung führt auf vier mit a, b, d und g bezeichnete Sätze unbekannter Vorzeichen. Dies entspricht $2^4 = 16$ möglichen Strukturen. Die 16 Vorzeichenkombinationen wurden benutzt, um mit den experimentellen $|E_H|$ dreidimensionale Fouriersynthesen herzustellen, die man E-Bilder, E-Karten oder E-Synthesen nennt. Eine dieser Synthesen, die sich auf 286 Vorzeichen mit $|E_H| > 1.35$ stützt, ist in Abb. 22 dargestellt; man fand sie in annähernder Übereinstimmung mit der chemischen Zusammensetzung und sah sie folglich als richtig an. Die Synthese verriet die Lage aller Atome; damit konnten die Vorzeichen aller F_H berechnet werden. Nach Verfeinerung der Atomparameter mit der Methode der kleinsten Quadrate (die im Kap. 14 besprochen wird), ließ sich die Elektronendichte unter Verwendung

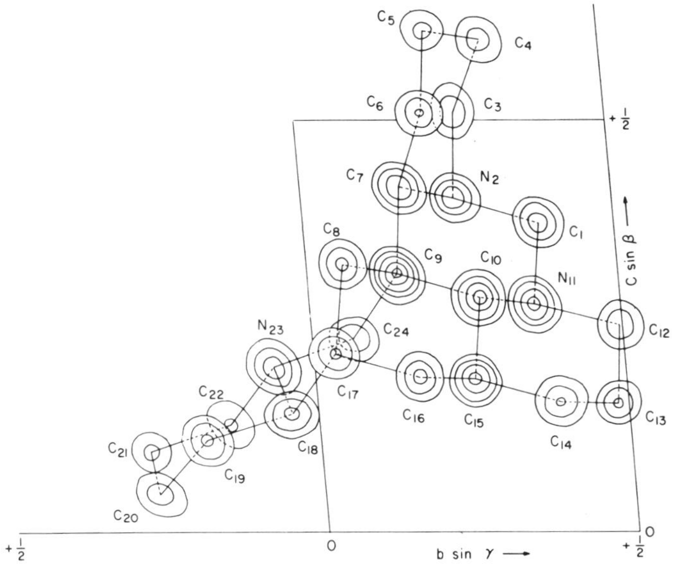

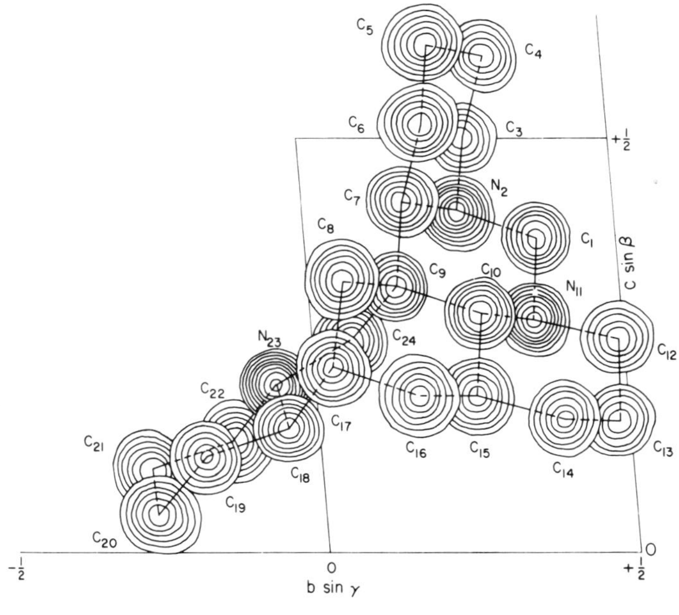

Abb. 22. Vergleich der E-Karte (oben) mit der Elektronendichte (unten) für das Alkaloid Jamin $C_{21}H_{35}N_3$. [Aus I. L. Karle u. J. Karle: Acta Cryst. **17** (1964) 1358, 1359].

aller 1831 F_H-Werte mit dem im unteren Teil der Abb. 22 gezeigten Ergebnis berechnen.

Die vorstehend betrachtete Methode der Phasenbestimmung wurde auf nicht zentrosymmetrische Kristallstrukturen erweitert. I. L. Karle und J. Karle haben sie erfolgreich zur Aufklärung der Struktur des Alkaloids $C_{20}H_{33}N_3 \cdot 2ClO_4$ angewandt. Das Alkaloid kristallisiert mit der azentrischen monoklinen Symmetrie $P2_1$ und hat außer Wasserstoff 33 Atome pro Elementarzelle.

Zusammenfassung

Das allgemeine Problem, die Atomanordnung in einem Kristall aus seinem Beugungsbild zu finden, läßt sich mit der mathematischen Funktion der Fouriertransformation sauber formulieren. Eine gewöhnliche Linse erzeugt das physikalische Analogon einer Fouriertransformation, indem sie parallele, vom Gegenstand ausgehende Strahlenbündel auf die hintere Brennebene fokussiert. In dieser Brennebene entsteht das Beugungsbild des Gegenstandes. Wenn sich die Strahlen hinter dem Beugungsbild weiter fortpflanzen können, konvergieren sie schließlich erneut, jedoch in anderer Kombination, und erzeugen ein Bild des inversen Gegenstandes. Der Originalgegenstand und sein Beugungsbild sind physikalische Analoga der mathematischen Beziehung zwischen einem Fourierpaar. Jedes Glied des Paares enthält die gleiche Information, jedoch auf unterschiedliche Weise verpackt. Wenn über eines der beiden Glieder alles bekannt ist, läßt sich das andere über eine Fouriertransformation gewinnen. Diese mathematische Transformation besitzt die gleiche Charakteristik wie die Bildentstehung bei der optischen Linse.

Für die meisten kristallographischen Zwecke hat die Fouriertransformation die Gestalt einer Summe über eine Anzahl von Gliedern. Jedes Glied ist das Produkt einer (komplexen) Amplitude und einer Exponentialfunktion (oder einer trigonometrischen Funktion), die als Operator zur Änderung der Phase auf die Amplitude wirkt. Die Reihen, die das Elektronendichtebild der Kristallstruktur aus den Beugungsamplituden F_H aufbauen, haben Glieder der Form $(F_H/V) \exp[-i2\pi(hx + ky + lz)]$; darin sind V das Zellvolumen und x, y, z die relativen Koordinaten derjenigen Zellpunkte, deren Elektronendichte gefragt ist.

Leider stellt die Amplitude F_H im allgemeinen keine rein positive Zahl dar, sondern eine komplexe Größe, die sowohl Betrag wie auch Phase besitzt. Zwar kann der Betrag über die Reflexintensität gemessen werden, aber es gibt keinen experimentellen Weg, um auch die Phase zu bestimmen. Deshalb wird beim Versuch, die Elektronendichte eines Kristalls durch Summation der Glieder einer Fourierreihe aufzubauen, deutlich, daß die experimentellen Daten die Fourierkoeffizienten nicht vollständig liefern. Diese Informationslücke bildet das Phasenproblem der Röntgenkristallographie.

Trotz der Existenz des Phasenproblems kann man Kristallstrukturen an Hand von experimentellen Röntgenbeugungsdaten bestimmen. Die Lösungsmethoden zerfallen in zwei Klassen. In der einen, die im nächsten Kapitel besprochen wird, bearbeitet man das Problem im Kristallraum; in der anderen Klasse, die in diesem Kapitel besprochen wurde, bearbeitet man das Problem im Beugungs- oder Fourierraum. Die letztgenannte Klasse kennt viele Varietäten; einige sind nur bei bestimmten speziellen Kategorien von Kristallen nützlich, andere, die sog. Direktmethoden, sind auf alle Kristalle anwendbar.

Wenn sich der Kristall chemisch aus einem schweren Atom plus einer Reihe von leichteren Atomen zusammensetzt ist es gewöhnlich möglich, trotz des Phasenproblems, die Lage des schweren Atoms über mehrere Wege zu finden. In erster Linie kommt dies daher, weil es nicht viel schwieriger ist, die Positionen einer Punktlage schwerer Atome zu finden, die in eine Matrix leichter Atome eingebettet sind, als die Positionen einer Punktlage einer beliebigen Atomart in einer sonst leeren Zelle. Das Problem läßt sich auf verschiedene Weise allein aus den Beugungsintensitäten lösen. Ist das schwere Atom einmal festgelegt, kann sein Streubeitrag zu jeder durch den Zellinhalt gestreuten Welle nach Betrag und Phase berechnet werden. Die vom schweren Atom gestreute Elementarwelle stellt den größten Anteil und ist damit vorherrschend. Entsprechend tendiert auch die Phase der Beugungsamplitude F_H des Kristalls nach der Phase derjenigen Beugungsamplitude, die das schwere Atom allein hervorrufen würde. Dieses Vorgehen ermöglicht eine vorläufige Phasenzuordnung zu allen (oder wenigstens den meisten) F_H und gestattet die Berechnung einer Fourierreihe, die dann die Elektronendichteverteilung sichtbar macht. Letztere zeigt immer das schwere Atom, auf dem die eingegebenen Phasen beruhen, darüber hinaus aber auch einige oder alle der leichteren Atome, wenn auch zunächst vielleicht nur in groben Zügen. Eine zweite Fouriersynthese, bei der die Phasen aus den Lagen aller inzwischen bestimmten Atome berechnet sind, liefert diese Atome in verbesserter Weise und womöglich noch weitere ebenso gut. Tritt nach mehrfach wiederholten Zyklen der Phasenberechnung – im Anschluß an jede Fouriersummation – keine Phasenänderung mehr auf, ist der Aufklärungsvorgang der Elektronendichteverteilung abgeschlossen. Die Schweratommethode ist indirekt, d. h. sie läßt sich nur zur Lösung einer Kristallstruktur anwenden, wenn diese speziell eine oder höchstens einige wenige mit schweren Atomen besetzte Punktlagen in der Elementarzelle aufweist.

Stehen zwei Kristalle der gleichen Struktur zur Verfügung mit der chemischen Zusammensetzung MABCD und NABCD, so nennt man das Atom M (isomorph) ersetzbar; die Struktur eines derartigen Kristallpaares läßt sich gewöhnlich mit einer anderen indirekten Methode, der Methode des isomorphen Ersatzes, bestimmen. Die Phase eines Reflexes wird durch Vergleich seines Betrags mit dem des gleich indizierten Reflexes des zweiten Kristalls ermittelt. Das Verfahren ist für zentrosymmetrische Kristalle ziemlich einfach. Ist das Atom M schwerer als N, dann nimmt das Streuvermögen zu, wenn man N durch M substituiert. Führt diese Substitution zu einer Erhöhung der Reflexintensität des Kristalls, dann sind die Phasen der durch die gesamte Zelle gestreuten Welle und der von M bzw. N allein gestreuten Elementarwelle gleich[21]. Wenn der nämliche Ersatz aber zu einem Absinken der Intensität führt, sind die Phasen der beiden verglichenen Wellen wahrscheinlich entgegengesetzt. Für einen Kristall ohne Symmetriezentrum gelten die gleichen allgemeinen Beziehungen, aber die Phasen sind nicht mehr allein positiv oder negativ, vielmehr müssen sie als Vektoren der komplexen Zahlenebene behandelt werden. Leider führt dies im allgemeinen auf zwei komplementäre Lösungen, wovon nur eine die richtige ist. Die falsche Lösung läßt sich dadurch eliminieren, daß man mehrere Kristalle untersucht, die verschiedene Sätze ersetzbarer Atome haben, und zwar auf unterschiedlichen Punktlagen. Die Methode des isomorphen Ersatzes wird ausgiebig bei Strukturen mit vielen Atomen pro Elementarzelle angewandt. Mit dieser Methode konnte auch die erste Proteinstruktur aufgeklärt werden.

Die Direktmethoden gestatten die Phasenbestimmung für die Reflexe einer beliebigen Kristallart. Die einfachste der direkten Methoden macht von den Harker-Kasper-Ungleichungen Gebrauch. Für jeden Kristall mit irgendeiner Symmetrie existiert eine geeignete Ungleichung, mit der sich der Phasenbereich eines Reflexes bestimmen oder einengen läßt. Die Ungleichung kann man aber nur anwenden, falls die Intensität eines gewissen verwandten Reflexes genügend groß ist. Die einfachste Ungleichung, nach der man das Vorzeichen des Reflexes 2h 2k 2l als positiv bestimmen kann, sobald die Intensität des Reflexes hkl genügend groß ist, erweist sich oft als nützlich. Leider sind die Voraussetzungen für die erfolgreiche Anwendung derartiger Ungleichungen selten günstig; ausgenommen sind Kristalle mit wenigen Atomen in der Zelle.

Eine sehr viel wirksamere Phasenbestimmungsmethode liefert die von D. Sayre entdeckte Beziehung zwischen den wahrscheinlichen Vorzeichen von Reflexen. Sie läßt sich ausdrücken in der Form

$$S_{h_1+h_2,\ k_1+k_2,\ l_1+l_2} \approx S_{h_1k_1l_1} S_{h_2k_2l_2}.$$

Diese Beziehung erhielt durch Zachariasen und später durch Karle und Hauptman eine besser gefestigte statistische Grundlage. Unter der Bezeichnung „symbolische Additionsmethode“ entwickelte sie sich zu einem wesentlichen Werkzeug für die Vorzeichenbestimmung. Die Methode erlaubt die Phasenbestimmung für Kristalle bis zu etwa 50 oder 100 Atomen in der Elementarzelle.

---

[21] Eine Ausnahme bilden die schwachen Reflexintensitäten; bei diesen kann der isomorphe Ersatz dazu führen, daß F_H durch Null hindurch läuft und sein Vorzeichen umgedreht wird.

Geschichtliche Anmerkungen

In Mathematik und Physik war es schon seit langem üblich, eine Funktion, die sich eindimensional periodisch wiederholt, durch eine Fourierreihe darzustellen. Daß sich eine derartige Reihe auch für die Darstellung der Elektronendichte eines Kristalls eignet, darauf hat W. H. Bragg 1915 in einer Arbeit hingewiesen. Im Jahre 1925 brachte dann Duane die Theorie der Elektronendichtedarstellung eines Kristalls durch die dreidimensionale Fourierreihe im wesentlichen auf ihre heutige Form. Er wies auch auf eine Reihe technischer Einzelheiten bei Verwendung der Röntgenbeugung hin. Zur selben Zeit wandte Havighurst die Methode auf NaCl, KJ, NH_4J und NH_4Cl an, wozu er die Elektronendichte, eindimensional, in Form von Projektionen auf eine Zellachse berechnete. Die erste Anwendung einer zweidimensionalen Elektronendichteprojektion lieferte 1929 Zachariasen bei der Strukturbestimmung des $KClO_3$. In jener Zeit mußte man die Fouriersynthese noch durch Addition der erforderlichen Reihenglieder, günstigenfalls mit Hilfe von Tischrechnern, ausführen. Die umfangreiche Arbeit zur Berechnung einer dreidimensionalen Synthese ließ sich daher noch kaum bewerkstelligen. Das änderte sich, als um 1955 die schnellen elektronischen Rechner für die Fouriersummation in Gebrauch kamen. Bei dem heutigen technologischen Entwicklungsstand sind dreidimensionale Fouriersummationen, mit vernünftigen Stützpunktabständen in der Zelle, für einen typischen anorganischen Kristall in 5 Minuten oder weniger durchführbar.

Mit Einführung der Fouriersynthesen in der Kristallstrukturanalyse war auch die Schweratommethode von Anfang an in Gebrauch. Anscheinend wurde sie 1930 bei der Strukturbestimmung von KH_2PO_4 erstmals von West explizit benutzt. Sie verbreitete sich sehr schnell, besonders bei den organischen Chemikern, die die Atomkonfiguration in organischen Molekülen bestimmen wollten. Dazu war es lediglich nötig, die Moleküle mit Schweratomsubstituenten zu behandeln, die Substanz anschließend auszukristallisieren und dann deren Struktur zu lösen. Über diese Anwendung entwickelte sich die Schweratommethode wahrscheinlich zu der Routinemethode, mit der mehr Kristallstrukturen als mit irgend einer anderen Methode aufgeklärt wurden.

Die Methode des isomorphen Ersatzes wurde erstmals 1927 von Cork ausprobiert. Cork verglich in seiner Arbeit die Reflexamplituden von Tl-, Rb-, K- und NH_4-Alaun. Er versuchte, mit der Information über die hhh-Reflexe die Schwefel-Positionen entlang der dreizähligen Achse aufzufinden; dazu berechnete er eine eindimensionale Fouriersynthese zur Elektronendichteprojektion entlang der dreizähligen Achse. Die Ergebnisse waren zunächst nicht sehr ermutigend, weil die Elektronendichten anderer Atome der Struktur, die ebenfalls auf die dreizählige Achse projiziert wurden, die gesuchte Elektronendichte des Schwefels erdrückte. Die Methode des isomorphen Ersatzes wurde rund 8 Jahre später durch Lipson und Beevers erneut und erfolgreich auf die Alaune angewandt. Damit war der Anstoß für die allgemeine Anwendung auf Kristalle gegeben, die zentrosymmetrische Projektionen lieferten. Mit einer Publikation von Harker, der im Jahre 1956 eine einfache graphische Beschreibung des allgemeinen Problems und seiner Lösung gab, war dann der Weg geebnet für die Analyse nichtzentrosymmetrischer Kristalle. Die erste Anwendung von Harkers Lösung zur Aufklärung einer so komplizierten Struktur wie die eines Proteins, wurde von Kendrew und Mitarbeitern 1958 veröffentlicht. Seit diesem Erfolg wurde die Methode des isomorphen Ersatzes zur Standardroutine bei der Aufklärung von Proteinstrukturen.

Wesentliche Impulse bei der Suche nach Beziehungen, Sätze von Reflexphasen aus Sätzen von Reflexintensitäten zu bestimmen, gingen von der Entwicklung der Implikationstheorie aus. Im Jahre 1945 zeigte Buerger, daß man die Harkerschnitte einer Pattersonfunktion (Kap. 13) als Kristallstrukturbilder interpretieren kann, die entlang einer Symmetrieachse projiziert sind, wobei dann gewisse Mehrdeutigkeiten auftreten. Für bestimmte Raumgruppen verschwindet jedoch diese Mehrdeutigkeit, weshalb in diesem Fall ein Schnitt der Pattersonfunktion – die ja eine Fourierreihe unter alleiniger Verwendung der Beträge $|F_H|^2$ ist – eine Projektion der Kristallstruktur liefert. Der überraschende Schluß daraus war der, daß sich, zumindest für gewisse symmetrische Kristalle, Strukturen einzig aus den Intensitätsdaten gewinnen lassen; daraus mußte man schließen, daß Phaseninformationen auf irgendeine Weise durch die Intensitätssätze übertragen werden.

Harker und Kasper suchten zielstrebig nach mathematischen Beziehungen zwischen Zahlen und deren Quadraten. Im Jahre 1946 fanden sie nützliche Ungleichungen zwischen den F- und den $|F|^2$-Werten über die Schwartzsche Ungleichung. Die erste Frucht dieser Entwicklung zeigte sich in der Lösung der Decaboranstruktur durch Kasper, Lucht und Harker.

So begann eine Ära der Forschung, in der viele Kristallographen nach anderen Beziehungen zwischen den Phasen der Reflexe suchten. Die ersten derartigen Arbeiten ergänzten die Ergebnisse von Harker und Kasper durch andere kompliziertere Ungleichungen zwischen den F-Werten und ihren Quadraten; immerhin wurden dabei auch einige lineare Ungleichungen entdeckt. Ein wirklicher Fortschritt stellte sich 1952 ein, als Sayre die Vorzeichenrelation zwischen verwandt indizierten Reflexamplituden entdeckte. Die Ergebnisse von Sayre regten andere Forscher an – namentlich Zachariasen, Hughes, Woolfson, Cochran und Karle und Hauptman – die Beziehungen zwischen den Vorzeichen verwandter Reflexe zu untersuchen. Die meisten der Ergebnisse erwiesen sich als Variationen der Relation von Sayre mit statistischen Verbesserungen. Die Relation von Sayre entwickelte sich zum zentralen Thema der Direktbestimmung von Kristallstrukturen.

Weiterführende Schriften

A. D. Booth. Fourier technique in x-ray organic structure analysis. (Cambridge University, Cambridge, England, 1948) 106 Seiten.
Werner Nowacki. Fouriersynthese von Kristallen. (Birkhäuser, Basel, 1952) 237 Seiten.
H. Lipson und W. Cochran. The determination of crystal structures. (G. Bell, London, 1953) 76–109, 199–276.
M. J. Buerger. Crystal-structure analysis. (Wiley, New York, 1960) 352–584.
M. M. Woolfson. Direct methods in crystallography. (Oxford, 1961) 141 Seiten.

Grundlegende Werke und Einzelveröffentlichungen

Erste Arbeiten

W. H. Bragg. X-rays and crystal structure. Phil. Trans. Roy. Soc. **215** (1915) 253–274.
William Duane. The calculation of the x-ray diffracting power at points in a crystal. Proc. Nat. Acad. Sci. U.S. **11** (1925) 489–493.
R. J. Havighurst. The distribution of diffracting power in sodium chloride. Proc. Nat. Acad. Sci. U.S. **11** (1925) 502–507.
R. J. Havighurst. The distribution of diffracting power in certain crystals. Proc. Nat. Acad. Sci. U.S. **11** (1925) 507–512.
W. Lawrence Bragg. The determination of parameters in crystal structures by means of Fourier series. Proc. Roy. Soc. (London) (A) **123** (1929) 537–559.
W. H. Zachariasen. The crystal structure of potassium chlorate. Z. Kristallogr. **71** (1929) 501–516.
W. L. Bragg und J. West. A note on the representation of crystal structure by Fourier series. Phil. Mag. **10** (1930) 823–841.
W. H. Zachariasen. The crystal lattice of oxalic acid dihydrate, $H_2C_2O_2 \cdot 2H_2O$ and the structure of the oxalate radical. Z. Kristallogr. **89** (1934) 442–447.
J. Monteath Robertson. X-ray analysis of the structure of dibenzyl. II. Fourier analysis. Proc. Roy. Soc. (London) (A) **150** (1935) 348–362.
S. B. Hendricks und M. E. Jefferson. Electron distribution in $(NH_4)_2C_2O_4 \cdot H_2O$ and the structure of the oxalate group. J. Chem. Phys. **4** (1936) 102–107.

Die Schweratommethode

J. West. A quantitative x-ray analysis of the structure of potassium dihydrogen phosphate (KH_2PO_4). Z. Kristallogr. **74** (1930) 306–332.
W. A. Wooster. On the crystal structure of gypsum, $CaSO_4 \cdot 2H_2O$. Z. Kristallogr. **94** (1936) 375–396.
J. Monteath Robertson und Ida Woodward. An x-ray study of the phthalocyanines. Part IV. Direct quantitative analysis of the platinum compound. J. Chem. Soc. (1940) 36–48.

Die Methode des isomorphen Ersatzes

J. M. Cork. The crystal structure of some of the alums. Phil. Mag. (7) **4** (1927) 688–698.
H. Lipson und C. A. Beevers. The crystal structure of the alums. Proc. Roy. Soc. (London) (A) **148** (1935) 664–680.
J. Monteath Robertson. An x-ray study of the phthalocyanines. Part II. Quantitative structure determination of the metal-free compound. J. Chem. Soc. (1936) 1195–1209.

David Harker. The determination of the phases of the structure factors of non-centrosymmetric crystals by the method of double isomorphous replacement. Acta Cryst. **9** (1956) 1–9.
J. C. Kendrew, G. Bodo, H. M. Dintzis, R. G. Parrish, H. Wyckoff und D. C. Philips. A three-dimensional model of the myoglobin molecule obtained by x-ray analysis. Nature **181** (1958) 662–666.
G. Bodo, H. M. Dintzis, J. C. Kendrew und H. W. Wyckoff. The crystal structure of myoglobin. V. A low-resolution three-dimensional Fourier synthesis of sperm-whale myoglobin crystals. Proc. Roy. Soc. (A) **253** (1959) 70–102.
M. F. Perutz, M. G. Rossmann, Ann F. Cullis, Hilary Muirhead, Georg Will und A. C. T. North. Structure of haemoglobin; a three-dimensional Fourier synthesis at 5.5-Å resolution, obtained by x-ray analysis. Nature **185** (1960) 416–422.
J. C. Kendrew, R. E. Dickerson, B. E. Strandberg, R. C. Hart und D. R. Davies. Structure of myoglobin; a three-dimensional Fourier synthesis at 2Å resolution. Nature **185** (1960) 422–427.

Die direkten Methoden

David Harker und J. S. Kasper. Phases of Fourier coefficients directly from crystal diffraction data. J. Chem. Phys. **15** (1947) 882–884.
D. Harker und J. S. Kasper. Phases of Fourier coefficients directly from crystal diffraction data. Acta Cryst.**1** (1948) 70–75.
E. W. Hughes. Limitations on the determination of phases by means of inequalities. Acta Cryst. **2** (1949) 34–37.
D. Sayre. The squaring method: a new method for phase determination. Acta Cryst. **5** (1952) 60–65.
W. H. Zachariasen. A new analytical method for solving complex crystal structures. Acta Cryst. **5** (1952) 68–73.
Herbert Hauptman und Jerome Karle. The solution of the phase problem. I. The centrosymmetric crystal. American Crystallographic Association Monograph 3 (Edwards Brothers, Ann Arbor, Mich., 1953) 87 Seiten.
Edward W. Hughes. The signs of products of structure factors. Acta Cryst. **6** (1953) 871.
R. K. Bullough und D. W. J. Cruickshank. Some relations between structure factors. Acta Cryst. **8** (1955) 29–31.
H. Hauptman und J. Karle. A unified algebraic approach to the phase problem. I. Space group $P\bar{1}$. Acta Cryst. **10** (1957) 267–270.
J. Karle und I. L. Karle. The symbolic addition procedure for phase determination for centrosymmetric and noncentrosymmetric crystals. Acta Cryst. **21** (1966) 849–859.
Isabella L. Karle und J. Karle. An application of the symbolic addition procedure to space group $P2_1$ and the structure of the alkaloid panamine, $C_{20}H_{33}N_3$. Acta Cryst. **21** (1966) 860–868.

Kapitel 13

Pattersonfunktion und Bildtheorie

Hintergründe ihrer Entstehung

Die Fourierreihe mit den Koeffizienten $|F_{hkl}|^2$

Einige Eigenschaften der Pattersonfunktion
- Lage der Maxima
- Die Zelle
- Gewichte der Pattersonmaxima
- Das Maximum im Ursprung
- Zentrosymmetrie

Weitere Ableitung der Pattersonfunktion
- Elektronendichteprodukte
- Allgemeine Bedeutung
- Das Maximum im Ursprung

Der allgemeine Informationsinhalt der Pattersonfunktion

Die Symmetrieinformation der Pattersonfunktion
- Einschränkungen bezüglich der Symmetrien der Pattersonfunktionen
- Rückgewinnung der Symmetrieinformation
- Harkergeraden und Harkerschnitte
- Maxima symmetriegekoppelter Atompaare

Die Bilddarstellung der Pattersonfunktion

Die Pattersonfunktion von Punktsätzen
- Punktstrukturen
- Gewinnung der Punktstruktur mittels Koinzidenzen
- Weitere Methoden
- Charakteristische Merkmale wirklicher Pattersonfunktionen
- Versuche, eine wirkliche Struktur auf eine Punktstruktur zu transformieren

Bildsuchmethoden
- Das Theorem der Bildstellung
- Ansiedlung von Bildfragmenten

Hintergründe ihrer Entstehung

Ab 1929 verwendete man Fouriersynthesen mit dem Ziel, die Atomlagen der Struktur über das Elektronendichtebild zu gewinnen. Als sich die Fouriersynthese zum Routinewerkzeug entwickelte, wurde deutlich, daß die Kristallstrukturbestimmung durch die fehlende, experimentell nicht zu beschaffende Phaseninformation der Fourierkoeffizienten F_{hkl} behindert war. Kristallstrukturen, die in jener Zeit aufklärbar waren, mußten daher gewisse spezielle Bedingungen, etwa die Anwesenheit eines schweren Atoms, erfüllen. Immer dann, wenn auf Grund des Zellinhaltes die schwere Atomart eine spezielle Punktlage der Raumgruppe besetzen mußte, ließen sich ihre Beiträge zu den F_{hkl} berechnen. In günstigen Fällen inversionssymmetrischer Kristalle – oder auch nur inversionssymmetrischer Kristallprojektionen – bestimmten diese (von der schweren Atomart gelieferten) großen Beiträge entscheidend die F_{hkl} und damit auch deren Vorzeichen. Ist z. B. das schwere Atom im Zellursprung verankert, so ist sein Beitrag zu den Reflexen allemal hoch und positiv, so daß man für eine erste Fouriersynthese die Phasen aller F_{hkl}-Werte als positiv annehmen darf. Viele Kristallstrukturen wurden auf Grund dieser Annahme gelöst.

Die Lösungsmöglichkeit von Kristallstrukturen unter derart speziellen Bedingungen unterstrich jedoch nur nachdrücklich, daß es unmöglich war, eine beliebige Kristallstruktur aus einem gemessenen Intensitätsdatensatz zu bestimmen. Von der Fouriersynthese aus gesehen, müssen zur vollständigen Kristallstrukturbestimmung Betrag *und* Phase aller F_{hkl} bekannt sein; denn eine komplexe Größe, wie F_{hkl}, schließt stets beide Anteile ein, nämlich

$$F_{hkl} = |F_{hkl}| \exp(i\phi_{hkl}). \quad (1)$$

An Hand dieser Tatsache stellte sich A. L. Patterson nun die Frage, welche Eigenschaften einer Struktur bereits allein durch die Beträge $|F_{hkl}|$ bestimmt sind. Er fand eine ebenso spezifische wie praktisch nützliche Antwort auf diese Frage. Sie erwies sich als Wendepunkt für Theorie und Praxis der Kristallstrukturanalyse.

In Anbetracht der Tatsache, daß Patterson als erster Verhalten und Eigenschaften einer neuartigen Fourierreihe aufzeigte, deren Koeffizienten die $|F_{hkl}|^2$ sind, nennt man eine solche Reihe üblicherweise eine *Pattersonfunktion*. Ihre graphische Darstellung nennt man im engl. Sprachgebrauch gelegentlich auch kurz „the Patterson" – . Pattersons Ableitung soll im Anschluß an eine andere, etwas einfachere Ableitung vorgestellt werden.
fachere Ableitung vorgestellt werden.

Die Fourierreihe mit den Koeffizienten $|F_{hkl}|^2$

Das Quadrat des Betrages einer komplexen Größe läßt sich leicht durch Multiplikation dieser Größe, in unserem Fall F_{hkl}, mit der konjugiert komplexen Größe $\bar{F}_{hkl}$ erhalten. Dies läßt sich am Zeigerdiagramm der Abb. 1 leicht verstehen. Dort sind F_{hkl} und ihre konjugiert komplexe Größe $\bar{F}_{hkl}$ in Realteil A_{hkl} und Imaginärteil iB_{hkl} getrennt. In dieser Zerlegung lauten die komplexe und die dazu konjugiert komplexe Größe

$$F_{hkl} = A_{hkl} + iB_{hkl} \tag{2}$$

$$\bar{F}_{hkl} = F_{\bar{h}\bar{k}\bar{l}} = A_{hkl} - iB_{hkl}. \tag{3}$$

Der in Gl. (3) wiederholte Zusammenhang zwischen $\bar{F}_{hkl}$ und $F_{\bar{h}\bar{k}\bar{l}}$ ist bereits im Kapitel 5 (Gl. (3,5)) erläutert. Multipliziert man die beiden vorstehenden Gleichungen miteinander, erhält man

$$\begin{aligned} F_{hkl}\bar{F}_{hkl} &= (A_{hkl} + iB_{hkl})(A_{hkl} - iB_{hkl}) \\ &= A_{hkl}^2 - iA_{hkl}B_{hkl} + iA_{hkl}B_{hkl} + B_{hkl}^2 \\ F_{hkl}\bar{F}_{hkl} &= A_{hkl}^2 + B_{hkl}^2. \end{aligned} \tag{4}$$

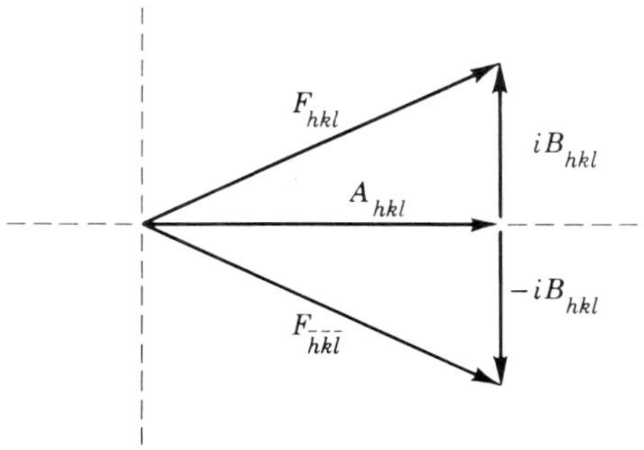

Abb. 1. Zeigerdiagramm zweier konjugiert komplexer Amplituden.

Die rechte Seite der Gl. (4) ist zahlenmäßig gleich dem Quadrat der Hypothenuse eines rechtwinkligen Dreiecks, dessen Katheten die Längen A und B besitzen. Demnach ist Gl. (4) gleichwertig mit

$$F_{hkl}\bar{F}_{hkl} = |F_{hkl}|^2 . \tag{5}$$

Um sich die Eigenschaften einer Fourierreihe, deren Koeffizienten die $|F_{hkl}|^2$ sind, klarzumachen, drückt man die linke Seite der Gl. (5) durch die Streuanteile der einzelnen Atome der betrachteten Struktur aus. In Gl. (24,3) war die komplexe Amplitude F einer mit hkl indizierten Streuwelle

$$F_{hkl} = \sum_j f_j \exp [i2\pi(hx_j + ky_j + lz_j)]; \tag{6}$$

dabei erstreckt sich die Summe über alle Atome j der Struktur. Die dazu konjugiert komplexe Welle wird durch

$$\bar{F}_{hkl} = \sum_j f_j \exp [-i2\pi(hx_j + ky_j + lz_j)] \tag{7}$$

beschrieben. Der quadrierte Betrag der Wellenamplitude besteht, im Einklang mit Gl. (5), aus dem Produkt beider Summen, nämlich

$$F_{hkl}\bar{F}_{hkl} = (\sum_j f_j \exp [i2\pi(hx_j + ky_j + lz_j)])\,(\sum_j f_j \exp [-i2\pi(hx_j + ky_j + lz_j)]). \tag{8}$$

Im allgemeinen Glied dieses Produktes sind die beiden Summationsparameter j nicht notwendig die gleichen, d. h. sie beziehen sich im allgemeinen auf verschiedene Atome. Ersetzt man daher j in der ersten Klammer durch m, in der zweiten durch q, erhält das Produkt die Form

$$\begin{aligned} F_{hkl}\bar{F}_{hkl} &= \sum_m \sum_q f_m f_q \exp \{i2\pi(h[x_m - x_q] + k[y_m - y_q] + l[z_m - z_q])\} \qquad (9)\\ &= \sum_m \sum_q f_m f_q \exp \{m, q\}. \end{aligned}$$

In der letzten Zeile ist der geschweifte Klammerausdruck symbolisch abgekürzt; ausgeschrieben lautet er

$$\{m, q\} = \{i2\pi(h[x_m - x_q] + k[y_m - y_q] + l[z_m - z_q])\}.$$

Um sich die Bedeutung der Summe verständlicher zu machen, nehme man zunächst an, die Struktur enthalte nur zwei Atome, 1 und 2. Damit bekommen die Gln. (6) bis (9) folgende Gestalt:

(6′) $F_{hkl} = f_1 \exp [i2\pi(hx_1 + ky_1 + lz_1)] + f_2 \exp [i2\pi(hx_2 + ky_2 + lz_2)]$

(7′) $\bar{F}_{hkl} = f_1 \exp [-i2\pi(hx_1 + ky_1 + lz_1)] + f_2 \exp [-i2\pi(hx_2 + ky_2 + lz_2)]$

$$(8')\quad F_{hkl}\bar{F}_{hkl} = (f_1 \exp[i2\pi(hx_1 + ky_1 + lz_1)] + f_2 \exp[i2\pi(hx_2 + ky_2 + lz_2)]) \cdot (f_1 \exp[-i2\pi(hx_1 + ky_1 + lz_1)] + f_2 \exp[-i2\pi(hx_2 + ky_2 + lz_2)])$$

$$(9')\quad F_{hkl}\bar{F}_{hkl} = f_1^2 + f_1 f_2 \exp\{i2\pi(h[x_2 - x_1] + k[y_2 - y_1] + l[z_2 - z_1])\} + f_1 f_2 \exp\{i2\pi(h[x_1 - x_2] + k[y_1 - y_2] + l[z_1 - z_2])\} + f_2^2 .$$

Die nähere Betrachtung der Summe in den Gln. (6') und (9') ergibt, daß sie im folgenden Sinn vergleichbare Formen besitzen: In Gl. (6') setzt sich eine Welle aus zwei Gliedern zusammen, wobei jedes Glied eine atomspezifische Amplitude f besitzt und eine Phase, die von den Koordinaten xyz des streuenden Atoms bestimmt wird. Die rechte Seite der Gl. (9') darf man in analoger Weise als eine Welle ansehen, welche sich aus vier Gliedern zusammensetzt. Jedes Glied besitzt eine Amplitude von der Größe des Produktes einer beliebigen Paarkombination der beiden Atome aus Gl. (6') und eine Phase, die durch die Differenz der Koordinaten des betrachteten Atompaares bestimmt wird. Die ursprüngliche Welle, Gl. (6'), entsteht durch die Streuung zweier Atome, während die Welle nach Gl. (9') so aussieht, als sei sie über vier Atome entstanden, wovon zwei im Ursprung sitzen und die beiden anderen zueinander zentrosymmetrisch liegen.

Die allgemeinere Produktform in Gl. (9) läßt sich in ähnlicher Richtung interpretieren. Wenn die Struktur aus n Atomen besteht, über die sich die Summe j in Gl. (6) erstreckt, lassen sich die Produkte der Gl. (9) nach einem quadratischen Schema folgendermaßen ordnen:

$$\begin{matrix} f_1 f_1 \exp\{1,1\} & f_1 f_2 \exp\{1,2\} & f_1 f_3 \exp\{1,3\} & \cdot\ \cdot \\ f_2 f_1 \exp\{2,1\} & f_2 f_2 \exp\{2,2\} & f_2 f_3 \exp\{2,3\} & \cdot\ \cdot \\ \cdot & \cdot & \cdot & \cdot\ \cdot \\ \cdot & \cdot & \cdot & \cdot\ \cdot \end{matrix} \qquad (10)$$

mit dem allgemeinen Glied

$$f_m f_q \exp\{m, q\} = f_m f_q \exp\{i2\pi(h[x_m - x_q] + k[y_m - y_q] + l[z_m - z_q])\} .$$

Die einzelnen Glieder sind als die Beiträge einer Welle $F_{hkl}\bar{F}_{hkl}$ zu verstehen. Jeder einzelne Beitrag besteht aus einer Amplitude, deren Größe das Produkt eines Paares m, q von f-Werten aus Gl. (6) ist und deren Phase durch die Koordinatendifferenz des betrachteten Paares bestimmt wird. Die Glieder entlang der (von links oben nach rechts unten laufenden) Hauptdiagonale des Schemas (10) haben die Amplitude f_j^2 und Phasen, die zu den Koordinaten 000 passen, d. h. Phasen mit dem Winkelwert 0.

Werden alle F_{hkl} aus Gl. (6) als Koeffizienten einer Fourierreihe benutzt, entsteht ein Elektronendichtebild, in dem jedes Atom eines der Koordinatentripel $x_j y_j z_j$ aus Gl. (6) besitzt und eine Elektronenzahl Z_j zeigt, die im Streuvermögen f_j steckt. Benutzt man in genau der gleichen Weise alle $F_{hkl}\bar{F}_{hkl} = |F_{hkl}|^2$ der Gl. (9) als Koeffizienten einer Fourierreihe, so entsteht ein Dichtebild, das scheinbar aus Atomen mit den Eigenschaften von Paaren der Gl. (9) zusammengesetzt ist. So besitzt beispielsweise das „Atom" mit der Bezeichnung mq eine „Elektronenzahl" $Z_m Z_q$ entsprechend einem Streuvermögen $f_m f_q$ und befindet sich an einem Ort mit den Koordinaten $x_m - x_q$, $y_m - y_q$, $z_m - z_q$.

Alle vorstehenden Ergebnisse sind einfache Folgerungen aus der algebraischen Gleichung, wonach man das Quadrat des Betrages einer komplexen Zahl F durch die Produktbildung $F\bar{F}$ findet.

Einige Eigenschaften der Pattersonfunktion

Lage der Maxima. Die Bedeutung der Koordinatendifferenzen in den Gln. (9) und (10) läßt sich über eine vektorielle Darstellung der Atomkoordinaten der Kristallstruktur besser würdigen. Zweidimensional sind die in Frage kommenden Beziehungen in Abb. 2 skizziert. Hier sind zwei mit 1 und 2 bezeichnete Atome an den Enden der Vektoren $\mathbf{r}_1$ und $\mathbf{r}_2$ abgetragen. Bezogen auf die (nicht notwendigerweise orthogonalen) Achsen X und Y lauten die Komponenten $x_1 y_1$ und $x_2 y_2$. Die Differenz zwischen den beiden Vektoren $\mathbf{r}_2$ und $\mathbf{r}_1$ ist $\mathbf{r}_2 - \mathbf{r}_1$; sie stellt einen neuen Vektor dar, dessen Komponenten aus den Differenzen der Komponenten der beiden Ausgangsvektoren bestehen. Solche Komponentendifferenzen sind es, die in der Pattersonfunktion auftreten. Dreidimensional werden die Differenzen gewöhnlich mit u, v und w gemäß der Tab. 1 bezeichnet.

Die Betrachtung der Koordinatendifferenzen in Gl. (10) als Komponenten eines Vektors erlaubt nicht nur eine vereinfachte Schreibweise, sondern auch eine treffende Beschreibung derjenigen Orte, an denen die Pattersonfunktion hohe Funktionswerte besitzt. Die vereinfachte Bezeichnungsweise besteht zunächst im Ersatz der Differenzen in Gl. (9) durch die uvw-Koordinaten gemäß der rechten Spalte der Tab. 1 und führt Gl. (9) über in:

$$F_{hkl}\bar{F}_{hkl} = \sum_m \sum_q f_m f_q \exp\left[i2\pi(hu_{mq} + kv_{mq} + lw_{mq})\right]. \qquad (11)$$

Die Kurzform zur Beschreibung der Orte hoher Dichte in der Pattersonfunktion zeigt zweidimensional die Abb. 3. Für den gesamten Kristall seien zunächst nur drei Atome 1, 2 und 3 angenommen. Die (gestrichelt gezeichneten) Vektoren, die zu den einzelnen Atomlagen führen, erscheinen nun im Pattersonbild nicht explizit; es erscheinen nur die (dick ausgezogenen) Differenzvektoren. Die letzteren bestimmen die Orte, in denen die Pattersonfunktion maximale Werte annimmt. Jeder zwischenatomare Vektor im Kristall wird im Pattersondiagramm ein Vektor, der, vom Nullpunkt aus abgetragen, zu einem Punkt hoher Dichte in der Pattersonfunktion führt.

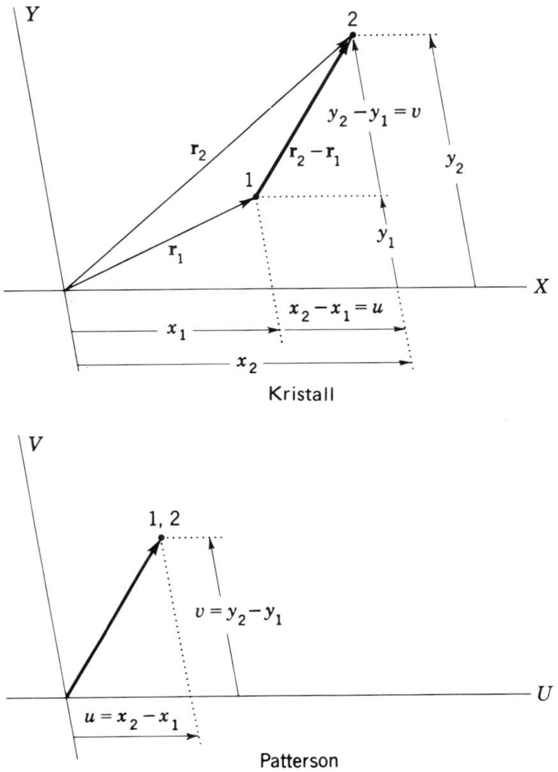

Abb. 2. Beziehung zwischen den Kristallpositionen eines beliebigen Atompaares 1, 2 und der Lage seines Maximums in der Pattersonfunktion.

Tabelle 1. Beziehungen zwischen den Orten hoher Dichte in der Pattersonfunktion und den Atompositionen im Kristall.

Atompositionen in der Kristallstruktur		Orte hoher Dichte in der Pattersonfunktion	
Vektorlage	Vektorkomponenten	Vektorlage	Vektorkomponenten
$\mathbf{r}_2$	$x_2 y_2 z_2$	$\mathbf{r}_2 - \mathbf{r}_1$	$x_2 - x_1, y_2 - y_1, z_2 - z_1 = u_{12} v_{12} w_{12}$
$\mathbf{r}_1$	$x_1 y_1 z_1$		

Wie Abb. 3 zeigt, lassen sich die Lagen der Pattersonmaxima vorhersagen, indem man alle zwischenatomaren Vektoren des Kristalls vom Ursprung der Pattersonfunktion aus abträgt.

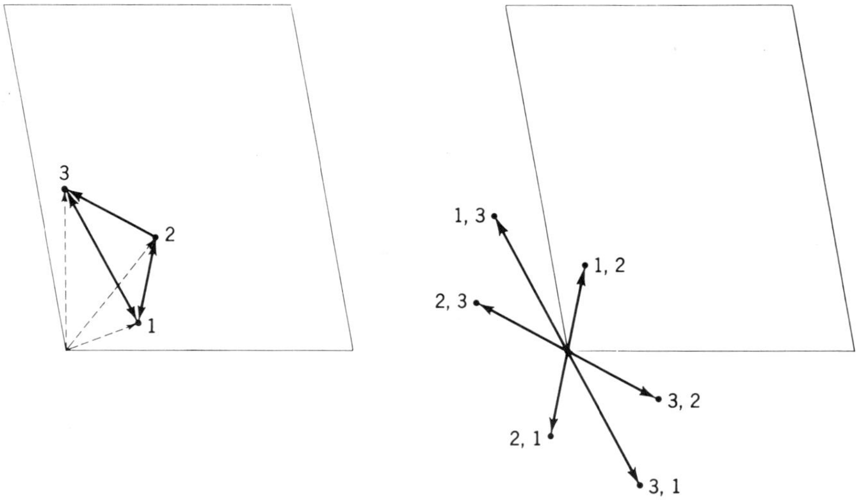

Abb. 3. Ein zweidimensionaler „Kristall" aus den Atomen 1, 2 und 3 (links) und die Maxima seiner Pattersonfunktion (rechts).

Die Zelle. Vergleicht man die F-Werte der Gl. (6) mit den F^2-Werten der Gl. (9), also

$$(6)\quad F_{hkl} = \sum_j f_j \exp\{i2\pi(hx_j + ky_j + lz_j)\}$$

$$(9)\quad |F_{hkl}|^2 = \sum_m \sum_q f_m f_q \exp\{i2\pi(h[x_m - x_q] + k[y_m - y_q] + l[z_m - z_q])\},$$

so wird klar, daß beides Funktionen der gleichen Gesamtmenge von Koordinaten h, k und l des reziproken Gitters und beides Funktionen der gleichen relativen Zellkoordinaten x, y und z sind. Dies bedingt, daß beide Funktionen in allen drei Dimensionen die gleiche Periodizität besitzen.

Daher hat die Pattersonfunktion die gleiche Periodizität wie der Kristall und beide werden auf die gleiche Zelle bezogen. Beispielsweise ist der Vektor $\overrightarrow{1\,2'}$ von einem Atom 1 in der einen Zelle zu einem Atom 2′ in einer anderen Zelle genauso groß wie die Summe aus dem Vektor $\overrightarrow{1\,2}$ innerhalb einer Zelle plus der Gittertranslation **t**. In der Pattersonfunktion der Abb. 4 fällt der zum Vektor $\overrightarrow{1\,2'}$ gehörende Punkt mit dem Endpunkt von $\overrightarrow{1'2'}$ zusammen, der von einem um **t** verschobenen Nullpunkt aus abgetragen ist. D. h., das Parallelogramm 1,2,2′1′ im Kristall (linkes Teilbild) besitzt sowohl im Kristall wie in der Pattersonfunktion die gleiche Periodizität.

Gewichte der Pattersonmaxima. Nach den Ausführungen des Kap. 12 baut die Fourierreihe mit den Koeffizienten F_{hkl} eines Kristalls ein Bild seiner Struktur in Form seiner Elektronendichteverteilung auf. Wo immer ein

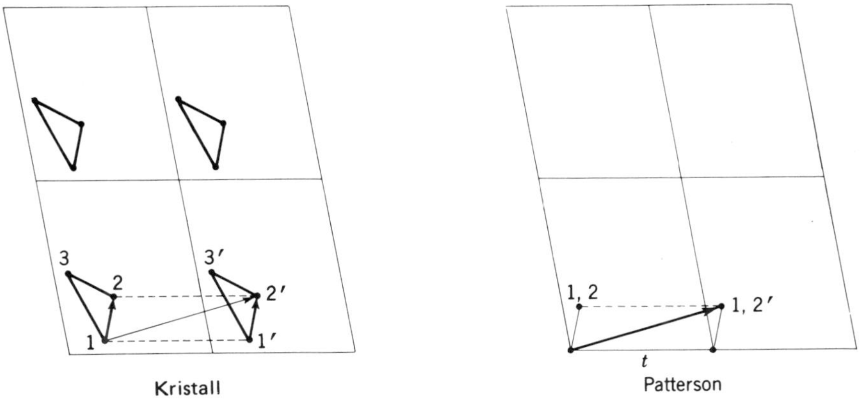

Abb. 4. Periodizität von Kristall und Pattersonfunktion. Der Pattersonvektor **12′** entspricht dem um die Kristallgittertranslation **t** verschobenen Pattersonvektor **12**. Kristall und Pattersonfunktion haben die gleiche Periodizität.

Atom in der Struktur auftaucht, zeigt sich dies in einer Erhöhung der Elektronendichte, wie sie das Atom besitzt. Die Atome heben sich daher als Maxima von einem unbedeutenden Untergrund ab, dessen Dichte im wesentlichen verschwindet. Enthält die Kristallzelle n Atome, dann erzeugt die Fourierreihe n Maxima an den Enden von Vektoren, die vom Zellursprung abzutragen sind; die Maxima weisen die folgenden Elektronenzahlen auf:

$$\text{Vektoren vom Ursprung aus} \quad \mathbf{r}_1, \ \mathbf{r}_2, \ \mathbf{r}_3, \ \ldots, \ \mathbf{r}_n \tag{12}$$

$$\text{Anzahl der Elektronen} \quad Z_1, Z_2, Z_3, \ \ldots, Z_n. \tag{13}$$

Auf eine ganz ähnliche Weise baut die Fourierreihe, deren Koeffizienten die $|F_{hkl}|^2$ des Kristalls sind, ein Bild der Pattersonfunktion dieses Kristalls auf. Diese Funktion hat hohe Dichtebeträge für Ortskoordinaten, die der Differenz je eines Vektorpaares aus (12) entsprechen. Die Stellen dieser hohen Beträge der Pattersonfunktion werden daher durch das geordnete Schema (14) gegeben und das zugehörige Produkt der Elektronenzahlen ist an der entsprechenden Stelle der Anordnung (15) zu finden.

$$\begin{array}{lcccc}
 & \mathbf{r}_1 - \mathbf{r}_1 & \mathbf{r}_2 - \mathbf{r}_1 & \mathbf{r}_3 - \mathbf{r}_1 \ \ldots & \mathbf{r}_n - \mathbf{r}_1 \\
 & \mathbf{r}_1 - \mathbf{r}_2 & \mathbf{r}_2 - \mathbf{r}_2 & \mathbf{r}_3 - \mathbf{r}_2 \ \ldots & \mathbf{r}_n - \mathbf{r}_2 \\
 & \mathbf{r}_1 - \mathbf{r}_3 & \mathbf{r}_2 - \mathbf{r}_3 & \mathbf{r}_3 - \mathbf{r}_3 \ \ldots & \mathbf{r}_n - \mathbf{r}_3 \\
\text{Vektoren} & \cdot & \cdot & \cdot & \cdot \\
\text{vom} & \cdot & \cdot & \cdot & \cdot \\
\text{Ursprung} & \cdot & \cdot & \cdot & \cdot \\
 & \mathbf{r}_1 - \mathbf{r}_n & \mathbf{r}_2 - \mathbf{r}_n & \mathbf{r}_3 - \mathbf{r}_n \ \ldots & \mathbf{r}_n - \mathbf{r}_n
\end{array} \tag{14}$$

$$\begin{array}{lccccccc} & Z_1 Z_1 & Z_1 Z_2 & Z_1 Z_3 & \dots & Z_1 Z_n & \\ & Z_2 Z_1 & Z_2 Z_2 & Z_2 Z_3 & \dots & Z_2 Z_n & \\ & Z_3 Z_1 & Z_3 Z_2 & Z_3 Z_3 & \dots & Z_3 Z_n & \\ \text{Elektronen} & . & . & . & & . & \\ \text{Produkt-} & . & . & . & & . & \\ \text{werte} & . & . & . & & . & \quad (15) \\ & Z_n Z_1 & Z_n Z_2 & Z_n Z_3 & \dots & Z_n Z_n . & \end{array}$$

Üblicherweise bezeichnet man jede in (14) auftretende Position als Maximum mit der „Elektronenzahl" des entsprechenden Produktwertes in (15). Es ist jedoch wichtig festzuhalten, daß der Ausdruck Maximum hier nicht in jedem Fall ein diskretes Maximum bedeutet: d. h. es ist nicht sicher, ob ein Maximum stets von benachbarten Maxima zu trennen ist, wie dies für die Maxima der Elektronendichteverteilung gilt. Tatsächlich verschmelzen die Maxima der Pattersonfunktion in charakteristischer Weise miteinander, wobei zusammengesetzte Gebilde mit hohem Relief entstehen.

Wenn der Kristall, wie in (12) und (13), n Atome pro Elementarzelle besitzt, zeigen die quadratischen Anordnungen (14) und (15), daß die Pattersonfunktion n^2 Maxima pro Zelle besitzt. Auf Grund der physikalischen Eigenschaften der Atome sind die n Maxima der Fourierreihe, die den n Atomen entsprechen, auch diskrete Maxima. Man darf jedoch nicht erwarten, daß die n^2 Pattersonmaxima im allgemeinen in diskrete Maxima aufgelöst sind. Ein praktisches Beispiel, das deutlich macht, wie diese Maxima gewöhnlich ineinanderlaufen, wird später (mit Abb. 13) gegeben.

Das Maximum im Ursprung. Von den n^2 Maxima liegen diejenigen entlang der (von links oben nach rechts unten laufenden) Hauptdiagonale der Anordnungen (14) und (15) an den Enden von Vektoren der Art $\mathbf{r}_j - \mathbf{r}_j$; diese Vektoren haben alle die Länge Null, weshalb alle zugehörigen Maxima im Ursprung der Pattersonzelle übereinanderfallen. Ihre Elektronenprodukte Z_j^2 addieren sich im Nullpunkt und führen zu einem Maximum mit dem Wert $\sum_j Z_j^2$. Dieses hohe zusammengesetzte Maximum im Zellursprung ist eines der auffallendsten Merkmale der Pattersonfunktion. Die n^2 Pattersonmaxima zerfallen daher in zwei Kategorien, wovon eine aus den n im Ursprung zusammenfallenden Maxima besteht, die zweite $n^2 - n$ Maxima enthält, die außerhalb des Ursprungs liegen.

Zentrosymmetrie. Eine wichtige Eigenschaft jeder Pattersonfunktion läßt sich aus den quadratischen Anordnungen (14) und (15) ablesen. Zu jedem Maximum am Ende eines Vektors von (14), etwa $\mathbf{r}_2 - \mathbf{r}_1$, gibt es ein Maximum am Ende eines zweiten Vektors, der bezüglich der Hauptdiagonale symmetrisch zum ersten liegt; dieser Vektor, etwa $\mathbf{r}_1 - \mathbf{r}_2 = -(\mathbf{r}_2 - \mathbf{r}_1)$, ist mithin inversionssymmetrisch zum ersten. Die Maxima sind gleich hoch und liegen vom Ursprung aus an entgegengesetzten Stellen. Dies gilt für jedes Maximum, weshalb die Pattersonfunktion bezüglich des Ursprungs zentrosymmetrisch sein muß.

Weitere Ableitung der Pattersonfunktion[22]

Die ursprünglichen Ausführungen Pattersons über die Art einer Fourierreihe, deren Koeffizienten die F^2_{hkl} sind, folgen einer anderen als der zuvor gegebenen Richtung. Sie sind zwar etwas komplizierter, offenbaren aber andere nützliche Eigenschaften der Funktion.

Elektronendichteprodukte. Um sich eine Fourierreihe auszudenken, deren Koeffizienten nur aus Absolutbeträgen bestehen, muß man Produkte der Art $F_{hkl}\bar{F}_{hkl} = F_{hkl}F_{\bar{h}\bar{k}\bar{l}}$ benutzen. Patterson erreichte dies durch Multiplikation zweier Fourierreihen, die den gleichen Elektronendichteverlauf, jedoch örtlich gegeneinander verschoben, beschreiben. Um die Ableitung zu vereinfachen, sei der Fall eindimensional betrachtet; die Ableitung läßt sich anschließend sehr leicht auf zwei und drei Dimensionen erweitern. Die relative Koordinate x und die absolute Koordinate X stehen in der Beziehung

$$x = X/a. \tag{16}$$

Die Elektronendichtewerte für einen eindimensionalen Kristall werden an zwei Punkten, etwa X und X + U, gegeben durch

$$\rho(X) = (1/a) \sum_h F_h \exp\left[-i2\pi hX/a\right] \tag{17}$$

und

$$\rho(X + U) = (1/a) \sum_h F_h \exp\left[-i2\pi h(X + U)/a\right]. \tag{18}$$

Multipliziert man jetzt beide Reihen miteinander, so ist das Ergebnis $\rho(X)\,\rho(X + U)$ das Produkt zweier Elektronendichten im selben Kristall, die voneinander einen vorgewählten Intervallabstand U haben. Integriert man dieses Produkt über alle Werte X einer vollen Periode a, nämlich von X = 0 bis X = a, liefert das Integral ein Maß für die Gesamtmenge an Elektronendichte, die von anderer Elektronendichte um das Intervall U getrennt ist. Die Integration lautet:

$$P(U) = \int_0^a \rho(X)\rho(X + U)\, dX \tag{19}$$

$$= \int_0^a \left\{(1/a) \sum_h F_h \exp\left[-i2\pi hX/a\right]\right\} \left\{(1/a) \sum_h F_h \exp\left[-i2\pi h(X + U)/a\right]\right\} dX. \tag{20}$$

---

22 Dieser Abschnitt kann vom Leser ohne Beeinträchtigung für das Verständnis der weiteren Erörterungen dieses Kapitels übersprungen werden.

Die Glieder in den beiden geschweiften Klammern haben im allgemeinen unterschiedliche Indizes h. Bezeichnet man sie mit m und q und zieht die nicht variablen Teile vor das Integral, so folgt der Reihe nach:

$$P(U) = \int_0^a \{(1/a) \sum_m F_m \exp[-i2\pi mX/a]\} \{(1/a) \sum_q F_q \exp[-i2\pi qX/a] \exp[-i2\pi qU/a]\} dX \quad (21)$$

$$= (1/a^2) \sum_m \sum_q F_m F_q \exp[-i2\pi qU/a] \int_0^a \exp[-i2\pi(m+q)X/a]\, dX \quad (22)$$

Für q = –m reduziert sich der Exponent des Integranden auf Null und das Integral besitzt den Wert a. Für alle anderen Werte von q bedeutet die Exponentialfunktion eine über X/a periodische Sinus- und Cosinusfunktion mit (m + q) vollständigen Zyklen, deren Integral verschwindet. Da die einzigen nicht verschwindenden Glieder diejenigen mit q = –m sind, bleibt allein übrig

$$P(U) = (1/a^2) \sum_h F_h F_{\bar{h}} \exp[-i2\pi(-h)U/a]\, a$$

$$= (1/a) \sum_h F_h F_{\bar{h}} \exp[i2\pi hU/a], \quad (23)$$

wobei q = -m = h gesetzt ist. Unter Verwendung relativer Koordinaten u = U/a wird aus Gl. (23)

$$P(u) = (1/a) \sum_h F_h^2 \exp[i2\pi hu]. \quad (24)$$

In Gl. (24), wie auch in den folgenden Gleichungen dieses Kapitels, steht vereinfachend F_h^2 statt $|F_h|^2$. Das Ergebnis läßt sich mit Hilfe der Eulerschen Beziehung

$$\exp i\phi = \cos\phi + i \sin\phi \quad (25)$$

noch weiter vereinfachen. Setzt man zunächst den Ausdruck (25) ein

$$P(u) = (1/a) \sum_h F_h^2 \{\cos(2\pi hu) + i \sin(2\pi hu)\}, \quad (26)$$

und berücksichtigt sowohl die Symmetrie der trigonometrischen Funktionen wie auch die Gleichheit $F_h^2 = F_{-h}^2$, so entstehen bei der Summation über alle h paarweise Sinusglieder für +h und –h der Form

$$F_h^2 i \sin(2\pi hu)$$

und $$F_{-h}^2 i \sin(2\pi \bar{h} u) = -F_h^2 i \sin(2\pi hu), \quad (27)$$

die sich gegenseitig wegheben, während die entsprechenden Cosinusglieder gleiches Vorzeichen haben. Somit entsteht

$$P(u) = (1/a) \sum_{h=-\infty}^{+\infty} F_h^2 \cos(2\pi hu) \quad (28)$$

Diese Funktion hat für +u und −u den gleichen Wert und ist daher zum Ursprung symmetrisch. Das besagt, daß alle Pattersonfunktionen ein Symmetriezentrum im Ursprung besitzen.

Die zwei- und dreidimensionalen Formen der Gl. (28) sind

$$P(uv) = (1/A) \sum_h \sum_k F_{hk}^2 \cos 2\pi(hu + kv) \tag{29}$$

bzw. $$P(uvw) = (1/V) \sum_h \sum_k \sum_l F_{hkl}^2 \cos 2\pi(hu + kv + lw); \tag{30}$$

darin ist A der Flächeninhalt der zweidimensionalen Elementarzelle und V das Volumen der dreidimensionalen Zelle.

Allgemeine Bedeutung. Zu Beginn dieser Ableitung der Pattersonfunktion war betont worden, daß die Funktion (19) hohe Werte annimmt, sobald U (und deshalb auch u) zwei Stellen hoher Elektronendichte im Kristall verbindet. Da in den Schwerpunkten der Atome hohe Elektronendichtewerte auftreten, erreicht die Pattersonfunktion offensichtlich einen hohen Wert, sobald u mit dem Abstand zweier Atome zusammenfällt. Erreicht, umgekehrt, die Pattersonfunktion für einen bestimmten Parameter u einen hohen Wert, befinden sich offenbar irgendwo im Kristall zwei Atome (oder auch mehrere Paare), die einen relativen Abstand u voneinander haben. In Abb. 5A ist eine willkürliche eindimensionale Elektronendichtefolge über zwei Translationsperioden dargestellt. Solange der Abstand u_g willkürlich gewählt und dann über den Bereich einer Zelle verschoben wird, wird man keine Stelle im Elektronendichtebild finden, wo er irgend zwei Maxima (Atomschwerpunkte) verbindet. Wenn man aber speziell den Abstand so gewählt hat, daß er zwei Maxima der Abb. 5A verbindet, z. B. u_{12}, u_{13} oder u_{23}, sieht die Sache günstiger aus. Wenn jetzt nämlich x die Koordinate eines Maximums ist, ist x + u die eines zweiten Maximums, weshalb für diesen Wert von u das Produkt $\rho(x)\,\rho(x + u)$ einen hohen Wert erreicht und folglich auch das Integral über alle x groß wird. Für solche u-Werte hat die Pattersonfunktion hohe Werte, wie Abb. 5B zeigt. Umgekehrt verrät jeder hohe Wert in Abb. 5B, daß irgendein Atompaar der Abb. 5A durch einen Abstand u voneinander getrennt ist.

In der eindimensionalen Darstellung der Abb. 5 ist der Abstand u eine einfache positive oder negative Zahl, eine skalare Größe. In zwei oder drei Dimensionen ist der Abstand durch einen Vektor **u** auszudrücken. Die Pattersonfunktion kann deshalb den Vektor selbst oder dessen Komponenten parallel der Kristallachsen als Argument haben. Für die Komponentenschreibweise des Abstandsvektors **u** benutzt man die relativen Koordinaten u, v, w, d. h. man gibt die Komponenten in Bruchteilen der Zellkantenlänge a, b und c gemäß den Gln. (29) und (30) an.

Das Maximum im Ursprung. Eine besondere Eigenschaft jeder Pattersonfunktion ergibt sich daraus, daß auch der Nullvektor als Abstandsvektor **u** auftritt; da dieser mit beiden Vektorenden auf denselben Raumpunkt fällt, fällt er stets auch auf hohe Elektronendichtewerte. Das führt zu einem sehr

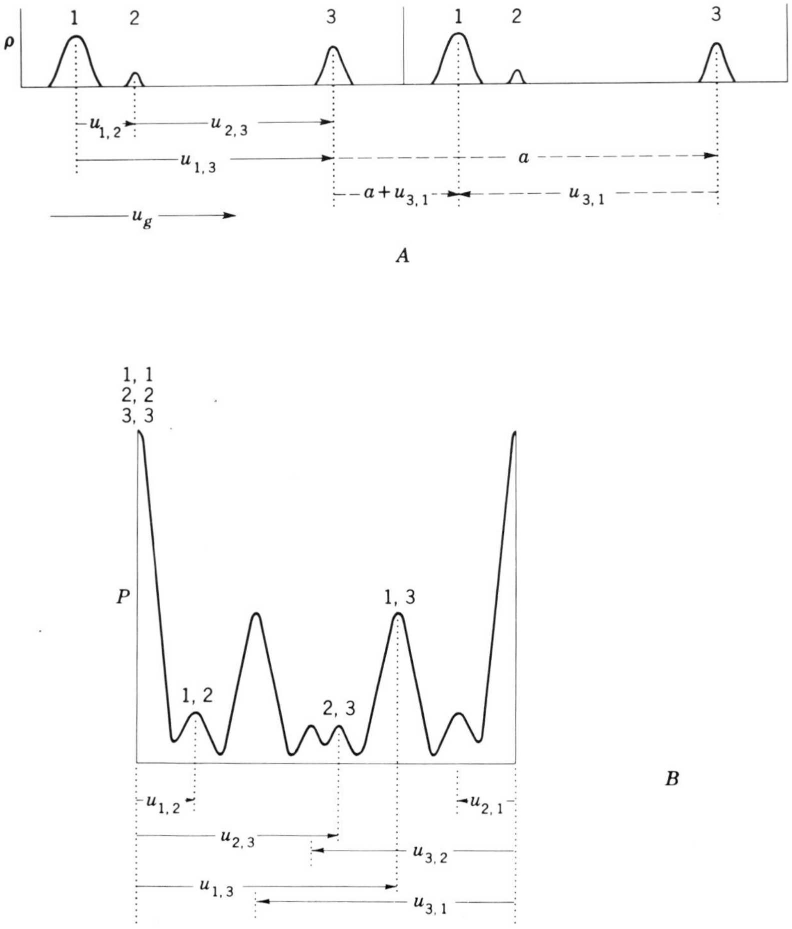

Abb. 5. Entstehung der Pattersonfunktion (Teilbild B) durch Verschieben zweier gleicher Elektronendichtebilder (Teilbild A) um den variablen Vektor **u**. [Abgeändert nach M. J. Buerger: Vector space and its application in crystal-structure investigation (Wiley, New York, 1959) 14].

hohen Maximum am Ende des Vektors der Länge Null, d. h. im Ursprung der Pattersonfunktion. Das Maximum im Ursprung besitzt den absolut höchsten Betrag, da die Funktion cos $2\pi(hx + ky + lz)$, die das Pattersonbild moduliert, im Nullpunkt ihren Maximalwert 1 annimmt; nach Gl. (30) gilt

$$P(000) = \Sigma F_{hkl}^2/V.$$

Der allgemeine Informationsinhalt der Pattersonfunktion

Eine Fouriersynthese mit den F_{hkl} als Reihenkoeffizienten liefert ein weitgehend naturgetreues Bild der Atomanordnung in einer Kristallstruktur. Benutzt man aber als Koeffizienten allein die Quadrate der Beträge der F_{hkl}, so erfährt man jeweils nur die geometrischen Beziehungen zwischen Atompaaren in der Struktur. Diese beiden Möglichkeiten zeigen eine gewisse Analogie zu dem unterschiedlichen Kenntnisstand über eine Stahlkonstruktion, die sich aus Trägern, Balken, Bändern und Stützen zusammensetzt. Eine genaue Werkzeichnung, die die exakte Lage aller Einzelteile und der sie verbindenden Schrauben und Nieten zeigt, gleicht dem Bild von der Anordnung der Atome im Kristall, also demjenigen Bild, das eine Fouriersynthese mit den F_{hkl} liefert. Dagegen entspricht eine Zeichnung, in der die einzelnen Bauteile etwa nach steigender Länge einfach mit ihrer endgültigen Richtung aufgeführt sind, ohne Angabe, in welcher Weise sie zusammenzusetzen sind, einer Pattersonsynthese, d. h. einer Fouriersynthese mit den Größen $|F_{hkl}|^2$. Auf Grund der Lochabstände auf den Einzelteilen ist die Beziehung zwischen je zwei Verbindungsbolzen zwar bekannt, nicht aber ihre für das Bauwerk spezifische Lage.

Die Symmetrieinformation der Pattersonfunktion

Einschränkungen bezüglich der Symmetrien der Pattersonfunktionen. Wie bereits gezeigt wurde, besitzt jede Pattersonfunktion im Ursprung ein Symmetriezentrum. Von den 230 Raumgruppen sind genau 92 zentrosymmetrisch; daher sind die Pattersonsymmetrien auf diese 92 Möglichkeiten beschränkt.

Indes existiert noch eine weitere Einschränkung, die sich aus Abb. 6 ergibt. Alle Eigenschaften einer Kristallstruktur, einschließlich ihrer Atomlagen sowie ihrer zwischenatomaren Abstände, müssen mit der Raumgruppensymmetrie vereinbar sein. Beim Übertragen eines zwischenatomaren Vektors einer Kristallstruktur auf die Pattersonfunktion geht der Fußpunkt dieses Vektors verloren, da alle Vektoren im Pattersonraum vom Ursprung aus abgetragen werden. Sind, wie in Abb. 6A, zwei Vektoren durch eine Kristallsymmetrie gekoppelt, die eine Translationskomponente enthält, dann geht die Translationskomponente bei der Übertragung in die Pattersonfunktion verloren, obschon die Richtungen der Vektoren erhalten bleiben. Daraus folgt, daß Symmetrieoperationen, die in der Kristallstruktur Vektoren koppeln, in der Pattersonfunktion nur mit ihren translationsfreien Anteilen erscheinen. Die *Symmetriereduktion* betrifft genau solche Schraubenachsen und Gleitspiegelebenen, die isogonal mit den Drehachsen und Spiegelebenen einer Punktgruppe sind. Sie läßt sich dagegen nicht auf Schraubenachsen und Gleitspiegelebenen anwenden, die einen zentrierten Gitterpunkt (falls vorhanden) mit dem Gitternullpunkt koppelt, da ja die

Tabelle 2. Mögliche Symmetrien für die Pattersonfunktion.

Kristall-system	Zentrosym-metrische Kristall-klasse	Pattersonraumgruppe
Triklin	$\bar{1}$	$P\,\bar{1}$
Monoklin	$\frac{2}{m}$	$P\,\frac{2}{m}$, $A\,\frac{2}{m}$
Orthorhombisch	$\frac{2}{m}\frac{2}{m}\frac{2}{m}$	$P\,\frac{2}{m}\frac{2}{m}\frac{2}{m}$, $C\,\frac{2}{m}\frac{2}{m}\frac{2}{m}$, $I\,\frac{2}{m}\frac{2}{m}\frac{2}{m}$, $F\,\frac{2}{m}\frac{2}{m}\frac{2}{m}$
Tetragonal	$\frac{4}{m}$ $\frac{4}{m}\frac{2}{m}\frac{2}{m}$	$P\,\frac{4}{m}$, $I\,\frac{4}{m}$ $P\,\frac{4}{m}\frac{2}{m}\frac{2}{m}$, $I\,\frac{4}{m}\frac{2}{m}\frac{2}{m}$
Hexagonal	$\bar{3}$ $\bar{3}\frac{2}{m}$ $\frac{6}{m}$ $\frac{6}{m}\frac{2}{m}\frac{2}{m}$	$P\,\bar{3}$, $R\,\bar{3}$ $P\,\bar{3}\frac{2}{m}\,1$, $P\,\bar{3}\,1\frac{2}{m}$, $R\,\bar{3}\frac{2}{m}$ $P\,\frac{6}{m}$ $P\,\frac{6}{m}\frac{2}{m}\frac{2}{m}$
Kubisch	$\frac{2}{m}\,\bar{3}$ $\frac{4}{m}\bar{3}\frac{2}{m}$	$P\,\frac{2}{m}\bar{3}$, $I\,\frac{2}{m}\bar{3}$, $F\,\frac{2}{m}\bar{3}$ $P\,\frac{4}{m}\bar{3}\frac{2}{m}$, $I\,\frac{4}{m}\bar{3}\frac{2}{m}$, $F\,\frac{4}{m}\bar{3}\frac{2}{m}$

Pattersonfunktion die gleichen Translationsperioden wie der Kristall aufweist.

Obgleich also die Pattersonsymmetrien auf den Raumgruppen aller Translationsgittertypen beruhen, begrenzen die zusätzlichen Einschränkungen die fraglichen Raumgruppen auf solche, die keine charakteristischen Schraubenachsen oder Gleitspiegelebenen enthalten. Das sind genau diejenigen Raumgruppen, die man erhält, wenn man die 11 zentrosymmetrischen Punktgruppen in den Punkten der symmetrieverträglichen Translationsgitter ansetzt. Von dieser Art gibt es 24 verschiedene Raumgruppen; sie sind in Tab. 2 aufgeführt.

Rückgewinnung der Symmetrieinformation. Da ein Kristall irgend eine der 230 Raumgruppensymmetrien besitzt, seine Pattersonfunktion aber nur eine von 24, könnte man vermuten, daß sich die Kristallsymmetrie nicht aus der Pattersonfunktion bestimmen ließe; denn die Translationsanteile irgendwelcher charakteristischer Schraubenachsen und Gleitspiegelebenen gehen ja verloren. Glücklicherweise ist das nicht so; von ungünstigen Fäl-

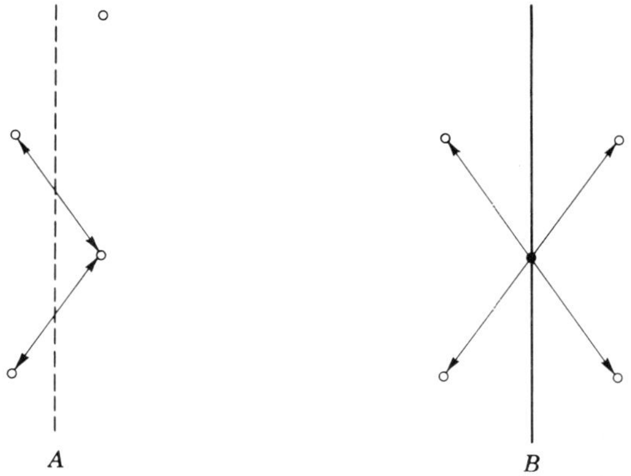

Abb. 6

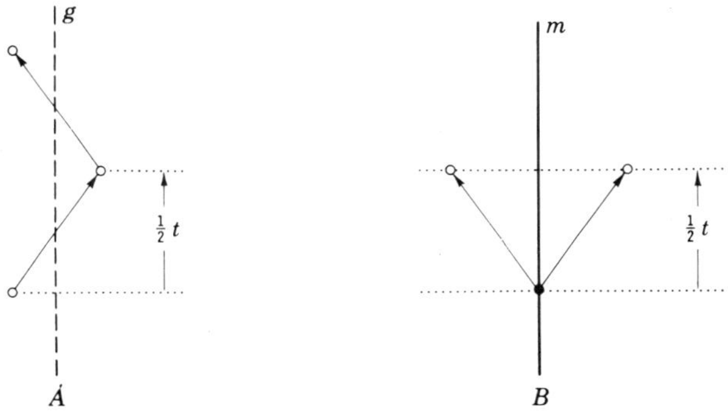

Abb. 7

Abb. 8

Abb. 6–8. Symmetriemerkmale. Kristallsymmetrien mit Translationskomponenten (Teilbild A) und ihre Wirkungen in der Pattersonfunktion (Teilbild B). Abb. 6: Schraubenachse, Abb. 7: Gleitspiegelebene. Zum Vergleich verschwindender Translationskomponenten, Abb. 8: Spiegelebene.

len abgesehen, offenbart die Pattersonfunktion die vollständige Kristallsymmetrie.

Die Grundlage für die Symmetriebestimmung aus der Pattersonfunktion erläutern die Abbildungen 7 und 8. In Abb. 7A sind die Atome einer Punktlage durch eine Gleitspiegelebene gekoppelt und durch ihre zwischenatomaren Vektoren verbunden. Überträgt man diese Vektoren in die Pattersonfunktion, so entsteht die Abb. 7B. Hier haben sie zwar den Translationsanteil der Gleitspiegeloperation verloren, aber jeder der Vektoren hat die gemeinsame Komponente t/2 zwischen Fußpunkt und Pfeilspitze behalten, wobei t eine Gittertranslation bedeutet. Folglich findet man eine erhöhte Punktansammlung entlang einer Geraden, die normal zur Gleitspiegelebene liegt und die Gleitspiegelebene in einem Punkt schneidet, der vom Ursprung um die Translationskomponente $\tau = t/2$ entfernt ist.

Ergänzend zeigt die Abb. 8A ein Atompaar, das durch eine reine Spiegelebene einer Kristallstruktur gekoppelt ist. Für eine reine Spiegelebene ist selbstverständlich $\tau = 0$; deshalb liegen die Vektoren, die derartige Paare verbinden, in der Pattersonfunktion der Abb. 8B, mit ihren Endpunkten auf einer Normalen, die senkrecht zur Spiegelebene durch den Ursprung verläuft.

Daraus kann man schließen, daß eine Symmetrieebene der Kristallstruktur – ob sie nun eine reine Spiegelebene oder eine Gleitspiegelebene ist – ihre Anwesenheit in der Pattersonfunktion durch eine Anhäufung von Maxima entlang einer Geraden senkrecht zur Symmetrieebene verrät. Die Gerade ist um die Translationskomponente τ der Gleitoperation vom Ursprung entfernt. Wenn die Symmetrieoperation eine reine Spiegelung ist, verschwindet τ und damit läuft die Gerade selbstverständlich durch den Ursprung.

Ganz ähnlich läßt sich auch zeigen, daß sich die Verbindungsvektoren zwischen Atomen, die über eine Drehung gekoppelt sind, in einer Ebene normal zur Drehachse sammeln. Bei einer reinen Drehung enthält die fragliche Ebene den Ursprung; enthält die Drehung eine Translationskomponente, liegt also eine Schraubenachse vor, ist die Ebene um den Abstand der Translationskomponente vom Ursprung entfernt.

Die Anwesenheit charakteristischer Drehachsen und Spiegelebenen läßt sich normalerweise also feststellen[23], wenn man die Pattersonfunktion nach der Anhäufung von Maxima auf Ebenen senkrecht zu möglichen (oder erwarteten) Symmetrieachsen und auf Geraden senkrecht zu möglichen (oder erwarteten) Symmetrieebenen absucht. Die beschriebene Eigenschaft der Pattersonfunktion folgt allein aus den Beträgen $|F_{hkl}|$ der Röntgenreflexe und erlaubt es im allgemeinen, die Raumgruppe zu bestimmen. Dagegen sind mit den Auslöschungen allein nur 122 verschiedene Beugungssymmetrien zu erkennen, darunter 58, die eine Raumgruppe eindeutig charakterisieren, wie sich nach Kap. 5 ergibt. Der Grund für die Tatsache, daß die Pattersonfunktion als Symmetriebestimmungsmethode der Suche nach Aus-

---

[23] Jedoch können sich dann Schwierigkeiten einstellen, wenn die Kristallstruktur eine Unterstruktur besitzt. In diesem Fall haben einige, aber nicht alle Atome spezielle Lagen; diese Lagen geben Anlaß zu Punkthäufungen, die jedoch Symmetrien nur vortäuschen, da nicht alle Atome über die scheinbare Symmetrie gekoppelt sind.

löschungen überlegen ist, besteht darin, daß bei letzterer nur eine qualitative Eigenschaft der $|F_{hkl}|$ betrachtet wird – nämlich ihre Friedelsymmetrie und die Liste der identisch verschwindenden F_{hkl} – während man bei der Suche nach Häufungen von Pattersonpunkten die Beträge aller $|F_{hkl}|$ (selbstverständlich unter Einschluß der zwischen ihnen bestehenden Friedelsymmetrie) berücksichtigt. Somit liefert die Pattersonfunktion auch eine eindeutige Charakterisierung der reinen Drehachsen und der reinen Spiegelebenen und gestattet z. B. auch die Unterscheidung zwischen 4- und $\bar{4}$-Achsen.

Zur Erleichterung der Raumgruppenbestimmung gibt es Tabellen, in denen die möglichen Häufungsörter der Pattersonmaxima vermerkt sind. Allein schon durch die Feststellung der Lage ein- und zweidimensionaler Punkthäufungen in der Pattersonfunktion lassen sich die einzelnen Raumgruppen im allgemeinen unterscheiden; davon ausgenommen sind lediglich die 11 enantiomorphen Paare, wie z. B. $P3_1$ und $P3_2$, sowie 8 weitere nicht enantiomorphe Paare[24]; die Raumgruppen dieser letztgenannten 8 Paare lassen sich indessen über gewisse Beziehungen zwischen ihren Punkthäufungen voneinander unterscheiden.

Harkergeraden und Harkerschnitte. D. Harker hatte erstmals festgestellt, daß sich die Pattersonmaxima, die aus symmetriegekoppelten Atompaaren entstehen, wie soeben besprochen, auf bestimmten Geraden bzw. Ebenen häufen, je nachdem, ob es sich bei den Symmetrien um Spiegelungen oder Drehungen handelt. Dementsprechend nennt man den Häufungsort Harkergerade oder Harkerschnitt.

Während nun die Pattersonmaxima, die zu beliebigen Atompaaren gehören, irgendwo in der Raumzelle der Pattersonfunktion liegen, enthalten die Harkergeraden und -schnitte im Idealfall nur Maxima symmetriegebundener Atompaare. Maxima dieser Art werden in der Kristallstrukturanalyse gerne benutzt, da sie einfacher als Maxima allgemeiner Lage zu interpretieren sind. Besondere Bedeutung erreichen sie beim Aufsuchen der Lage eines Satzes schwerer Atome, deren Koordinaten zur Strukturaufklärung nach der Schweratommethode erforderlich sind. Am einfachsten sind Harkerschnitte zu interpretieren, da deren Maxima besser aufgelöst sind als die der Harkergeraden. Es existiert sogar eine vollständige Theorie, die *Implikationstheorie*, mit der sich die Strukturinformation präzisieren läßt, die man bei der Auswertung eines beliebigen Harkerschnittes gewinnt. Im Idealfall vermag der Harkerschnitt die Atomlagen an Hand einer Projektion der Kristallstruktur zu liefern – wenn auch unter dem Vorbehalt gewisser

---

[24] Die Paare sind: $\begin{Bmatrix} P1 & P3 & R3 & P4 & I4 \\ P\bar{1} & P\bar{3} & R\bar{3} & P\bar{4} & I\bar{4} \end{Bmatrix}$

$\begin{Bmatrix} P\bar{6} \\ P6/m \end{Bmatrix}$

$\begin{Bmatrix} I222 & I23 \\ I2_12_12_1 & I2_13 \end{Bmatrix}$

Mehrdeutigkeiten, die vom Wert n der n-zähligen Drehachse, zu welcher der Harkerschnitt gehört, abhängen.

Leider enthalten Harkerschnitte neben den gewünschten (durch Symmetriekopplung entstehenden) Maxima noch andere, *falsche Harkermaxima*; sie werden durch Atompaare hervorgerufen, deren Abstand parallel zur Translation der Symmetrieoperation zufällig mit der Größe der Translationskomponente in etwa übereinstimmt. Die falschen Harkermaxima erzeugen einen Untergrund, der verwirrt und die Nützlichkeit der Harkerschnitte ernstlich begrenzt.

Maxima symmetriegekoppelter Atompaare. Gemäß den vorstehenden Ausführungen liegen diejenigen Pattersonmaxima, die aus symmetriebezogenen Atompaaren entstehen, auf besonderen Örtern, den sog. Harkerlinien und Harkerschnitten. Enthält die Kristallsymmetrie mehr als eine Symmetrieoperation, stehen selbstverständlich die Koordinaten aller Maxima untereinander in Beziehung.

Die Ursache für diese Beziehung entnimmt man Abb. 9; sie zeigt die Symmetrieelemente in der Nachbarschaft eines Inversionszentrums der Raumgruppe P2/m, sowie einen allgemeinen Punkt mit den Koordinaten $\bar{x}$, $\bar{y}$, $\bar{z}$. Die einzelnen Symmetrieoperationen innerhalb der Zelle enthält die erste Spalte der Tab. 3. Die Operationen sind in Abb. 9A durch die Symmetrieelemente gekennzeichnet. Jede Operation erzeugt aus dem Anfangspunkt $\bar{x}\bar{y}\bar{z}$ einen symmetriegebundenen Punkt. Die neuen Punkte, sowie die Verbindungsvektoren zwischen den alten und allen neuen Punkten sind ebenfalls in Abb. 9A eingetragen und zusätzlich in der zweiten und dritten Spalte der Tab. 3 aufgelistet. Einen Satz von Vektoren, die von einem gemeinsa-

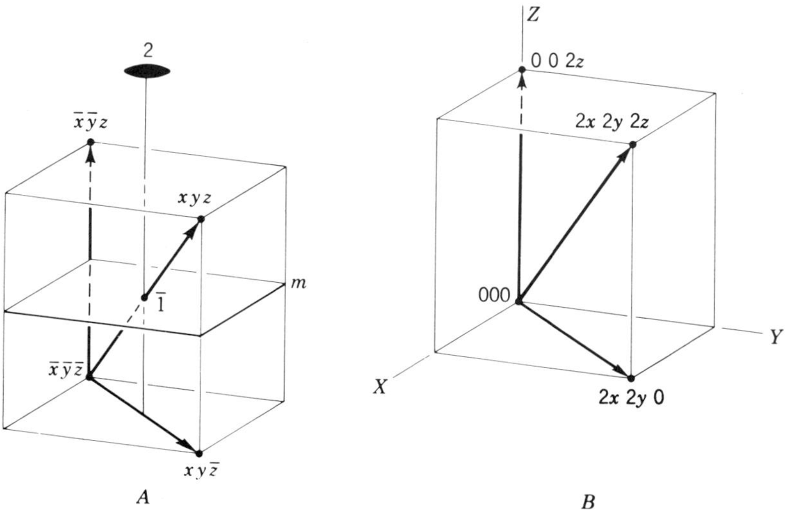

Abb. 9. Charakteristische Vektorbüschel (Teilbild A) werden geschlossen in die Pattersonfunktion überführt. – Symmetrie P 2/m.

Tabelle 3. Punkte, die durch Operationen innerhalb einer Zelle mit der Symmetrie P 2/m aus einem Anfangspunkt mit den Koordinaten $\bar{x}\bar{y}\bar{z}$ erzeugt werden.

Kristall		Pattersonfunktion	
Operation	vom Punkt $\bar{x}\bar{y}\bar{z}$ erzeugter Punkt	Koordinaten des Maximums	Bezeichnung
1	$\bar{x}\bar{y}\bar{z}$	$\bar{x}-\bar{x}, \bar{y}-\bar{y}, \bar{z}-\bar{z}=0\ \ 0\ \ 0$	Identität
m	$\bar{x}\bar{y}z$	$\bar{x}-\bar{x}, \bar{y}-\bar{y}, z-\bar{z}=0\ \ 0\ \ 2z$	Spiegelung
2	$xy\bar{z}$	$x-\bar{x}, y-\bar{y}, \bar{z}-\bar{z}=2x\ 2y\ 0$	Drehung
$\bar{1}$	xyz	$x-\bar{x}, y-\bar{y}, z-\bar{z}=2x\ 2y\ 2z$	Inversion

men (alten) Punkt zu anderen Punkten führen, nennt man ein *Vektorbüschel*. Verbindet das Büschel insbesondere einen Punkt mit allen übrigen symmetrieäquivalenten Punkten, so spricht man von einem *charakteristischen Vektorbüschel*, da es für die Wirkung der Symmetrieoperation auf einen Kristallpunkt charakteristisch ist. Überträgt man jeden Vektor im Kristall nach Abb. 9B in die Pattersonfunktion, überführt man offenbar das gesamte charakteristische Büschel als Einheit. Da ferner die Vektoren des Büschels geometrisch miteinander verknüpft sind, gilt dies auch für die Koordinaten der Maxima an den Vektorenden.

Es ist üblich, die Vektoren eines charakteristischen Büschels und die Maxima an ihren Pfeilspitzen durch die Symmetrieoperation zu kennzeichnen, die das Atompaar verknüpft und aus der dann der Vektor nach Abb. 9A entsteht. Diese Maxima werden allgemein als *Symmetriemaxima* bezeichnet, im einzelnen als Drehungs-, Spiegelungs- oder Reflexions-, Schraubungs-, Drehinversions- und Inversionsmaxima entsprechend der das Atompaar verbindenden Symmetrieoperation. Die drei nichttrivialen Operationen der Raumgruppe P2/m in Abb. 9A führen zu Spiegelungs-, Drehungs- und Inversionsmaxima, wie es in der letzten Spalte der Tab. 3 verzeichnet ist.

In diesem einfachen Beispiel sind die Vektoren des charakteristischen Büschels, sowie die Maxima in ihren Enden, in durchsichtiger Weise miteinander verknüpft. Solche Verknüpfungen sind charakteristisch für jede Symmetrie. Der tiefere Grund liegt darin, daß für jede Symmetrie die Operationen eine mathematische Gruppe bilden. Das hat zur Folge, daß die Kombination zweier beliebiger Operationen äquivalent zu einer anderen Operation innerhalb der Gruppe ist. Folglich ist auch die Vektorsumme zweier Vektoren, die aus zwei beliebigen Operationen hervorgehen, gleich einem weiteren Vektor, der sich aus einer anderen Operation ergibt.

Üblicherweise betrachtet man die Symmetriemaxima mit den allgemeinsten Koordinaten als die *fundamentalen Symmetriemaxima*, die daraus spezialisierten als *Satelliten*. Die Bezeichnung „Satellit“ ist so zu verstehen, daß seine Koordinaten von denen der fundamentalen Maxima abhängen. Gewöhnlich sind die allgemeinsten Maxima die Inversionsmaxima; tritt daher die Inversionsoperation in einer Raumgruppe auf, sind die anderen Symmetriemaxima Satelliten zu den Inversionsmaxima. Das geht aus Abb. 9 sowie aus der vorletzten Spalte von Tab. 3 hervor: Die Koordinaten der Reflexions- und Drehungsmaxima sind Spezialisierungen der Koordinaten der Inversionsmaxima und daher deren Satelliten. Es sind aber weder die Drehungsmaxima Satelliten der Spiegelungsmaxima noch umgekehrt die Spiegelungsmaxima Satelliten der Drehungsmaxima. Gleichwohl gibt es andere Symmetrien, in denen die Spiegelungsmaxima Satelliten zu den Drehungsmaxima sind.

In einem Symmetriesatz aus p Atomen führen von jedem Atom aus p Vektoren zu den Atomen des Symmetriesatzes, wenn man den Nullvektor, der zum herausgegriffenen Atom führt, mit einbezieht. Von jedem der p Punkte geht daher ein charakteristisches Büschel von p Vektoren aus, so daß die Pattersonfunktion für jeden Symmetriesatz von p Atomen pro Zelle p^2 Vektoren enthält. Die Gesamtheit der p^2 Vektoren erhält man, wenn man ein charakteristisches Büschel von p Vektoren am Pattersonursprung ansetzt und mit den Patterson-Symmetrieoperationen multipliziert, die sich im Nullpunkt schneiden. In dieser Weise läßt sich das charakteristische Büschel als Motiv in die Pattersonsymmetrie einsetzen, womit man alle Maxima der Pattersonfunktion bekommt, die sich aus der Gesamtheit der Atompaare des Symmetriesatzes ergeben. Bei diesem Verfahren kann es nun vorkommen, daß ein Symmetriemaximum mit einem anderen desselben Büschels identisch zusammenfällt, nachdem dieses Büschel durch die Pattersonsymmetrie in eine andere Stellung gebracht worden ist. Dann hat das resultierende Maximum doppeltes (allgemeiner: ein ganzzahlig mehrfaches) Gewicht.

In Kristallen mit Symmetriezentrum ist jedes zentrosymmetrische Atompaar *selbstinvers*, wogegen alle anderen Atompaare – seien sie nun in irgendeiner anderen Art symmetriegekoppelt oder nicht – durch das Symmetriezentrum verdoppelt werden. In der Pattersonfunktion zentrosymmetrischer Kristalle besitzen daher die Inversionsmaxima einfaches, alle anderen zweifaches (oder möglicherweise ein geradzahlig vielfaches) Gewicht.

Die Bilddarstellung der Pattersonfunktion

Die Pattersonfunktion läßt sich geometrisch in einer Form beschreiben, die geeignet ist, die Kristallstruktur aus ihr herauszulesen. Nach dem bisher Gesagten entsteht die Pattersonfunktion, indem jeder zwischenatomare Vektor im Kristall so verschoben wird, daß sein Fußpunkt im Ursprung der Pattersonfunktion liegt und an seiner Pfeilspitze das betreffende Maximum gesetzt wird. Der resultierende Satz von Maxima bildet die Pattersonfunktion. Man betrachte jetzt irgend ein Atom A der Kristallstruktur und ziehe die Vektoren von A zu allen Atomen der Kristallstruktur. Verschiebt man alle diese Vektoren mit ihren Fußpunkten in den Ursprung, so daß sie von dort radial auslaufen, ist das geometrische Ergebnis das gleiche, als hätte man die gesamte Struktur durch eine einmalige Translation so verschoben, daß das Atom A im Ursprung sitzt. Dieser Teil der Pattersonfunktion entspricht dem, der sich ergibt, wenn man die Struktur von dem herausgegriffenen Atom A aus betrachtet. Er läßt sich daher treffend als das von A aus gesehene *Bild* der gesamten Kristallstruktur beschreiben. Einem früheren Abschnitt zufolge gehört zu jedem Maximum eine bestimmte Elektronenproduktzahl, die gleich der Elektronenzahl Z_A, Z_B, Z_C, . . . das Maximums A, B, C der Struktur multipliziert mit der Elektronenzahl Z_A von A ist. Die Bilder dieser Atome haben in der Pattersonfunktion daher die Gewichte

$$Z_A Z_A, \quad Z_A Z_B, \quad Z_A Z_C, \ldots = Z_A (Z_A, Z_B, Z_C, \ldots),$$

was besagen soll, daß das von A aus gesehene Bild mit dem Gewicht der Elektronenzahl Z_A versehen ist.

In analoger Weise tragen die Vektoren von irgend einem Atom B zu allen Atomen der Kristallstruktur ein weiteres Bild derselben Kristallstruktur bei, jedoch unter dem Blickwinkel von Atom B. Die Maxima der Pattersonfunktion an den Enden dieser Vektoren haben die Elektronenproduktzahlen

$$Z_B Z_A, \quad Z_B Z_B, \quad Z_B Z_C, \ldots = Z_B (Z_A, Z_B, Z_C, \ldots).$$

Diese Prozedur ist auf jedes Atom der Kristallstruktur anwendbar. Demnach sind die geometrischen Lagen der Maxima der Pattersonfunktion als Summe der verschiedenen, von jedem Atom der Struktur aus betrachteten Bilder der Kristallstruktur anzusehen. Jedes Bild hat ein Gewicht, das der Elektronenzahl desjenigen Atoms entspricht, von dem aus das Bild gesehen wird. Enthält die Zelle n Atome, läßt sich die Pattersonfunktion als Überlagerung n gegeneinander versetzter Bilder der Kristallstruktur beschreiben. Dabei sitzt in jedem Bild ein anderes der n Atome im Ursprung; die Elektronenzahl des Ursprungsatoms liefert das Gewicht für das zugehörige Bild. Ein einfaches Beispiel dazu ist in Abb. 10 dargestellt.

Diese Betrachtungsweise hat den Vorteil, daß sie Ordnung in das ursprüngliche Gewirr von Vektoren der Pattersonfunktion bringt. Die Funktion erscheint jetzt sauber nach n Bildern der Kristallstruktur organisiert.

Aus der vorstehenden Beschreibung der Pattersonfunktion geht offenbar hervor, daß der Verlust der Phaseninformation bei den Röntgenbeugungsmessungen eine Aufspaltung des dreidimensionalen Kristallstrukturbildes in n mit Gewichten versehene sog. „Geister" zur Folge hat. Wenn es irgend einen Weg gäbe, einen der Geister zu isolieren, sein Gewicht zu vergrößern oder verschiedene Geister zu verschmelzen, könnte aus der Pattersonfunktion die zulässige Kristallstruktur extrahiert werden.

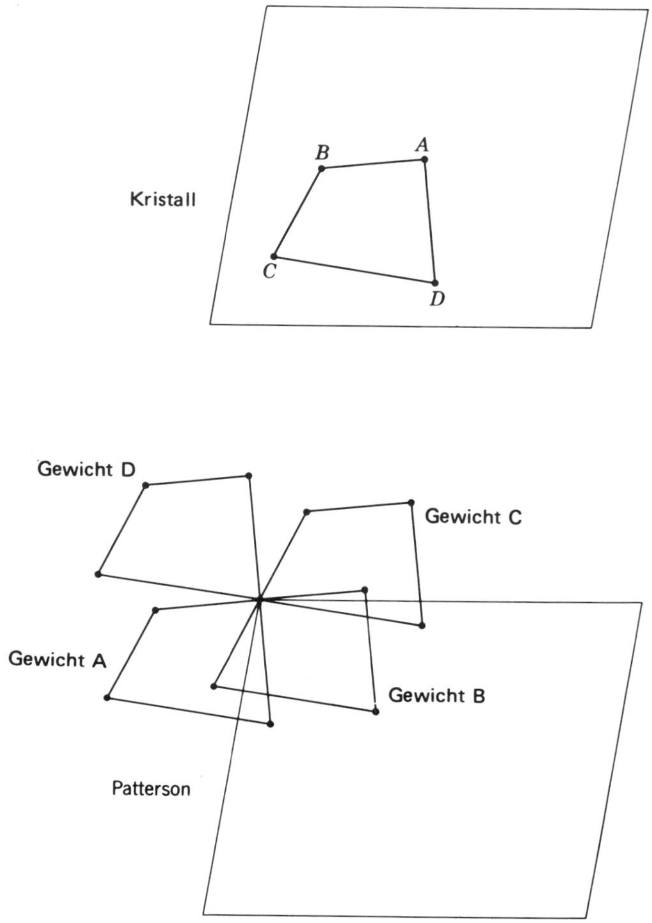

Abb. 10. Die Pattersonfunktion (unten) als Überlagerung aller Bilder der Struktur (oben).

Die Pattersonfunktion von Punktsätzen

Ungefähr um das Jahr 1950 entdeckten verschiedene Forscher unabhängig voneinander Beziehungen zwischen einem Punktsatz und seiner Pattersonfunktion, mit denen sich der ursprüngliche Punktsatz aus der Pattersonfunktion ableiten ließ. Mit dieser Entdeckung entstand sogleich die Hoffnung, daß sich die Kristallstruktur durch Bearbeitung ihrer Pattersonfunktion prinzipiell lösen lassen müsse. Die Hoffnung hat sich jedoch nicht erfüllt. Um den Grund für die Notwendigkeit wirksamerer Methoden einzusehen, wenn man sich mit wirklichen Kristallstrukturen befaßt, sollen hier zunächst die auf den Punktsätzen beruhenden Methoden kurz vorgestellt werden.

Punktstrukturen. An Stelle einer wirklichen Kristallstruktur sei ein künstlich vereinfachter Fall betrachtet, in dem jedes Atom durch einen Punkt dargestellt wird. Das Punktgewicht sei gleich der Elektronenzahl des Atoms; dies ist gleichwertig mit der Vorstellung, das gesamte Streuvermögen eines Atoms – nämlich das seiner Z Elektronen – im Atomschwerpunkt zu vereinen. Zu dieser Punktstruktur gehört eine Elektronendichteverteilung, die aus diskreten Punkten mit Gewichten in Höhe der Zahl der Atomelektronen besteht.

Die zugehörige Pattersonfunktion besteht aus Maxima, die ebenfalls mit Gewichten versehene Punkte sind. Da die Struktur aus einer diskreten Punktverteilung besteht, setzt sich auch die Pattersonfunktion aus diskreten Maxima zusammen, sofern sich keine Punkte identisch überlagern. Allerdings ist das Maximum im Ursprung selbstverständlich stets mehrfach überlagert; falls ein zentrosymmetrischer Kristall vorliegt, sind mit Ausnahme der Inversionsmaxima auch alle anderen mindestens doppelt.

Gewinnung der Punktstruktur mittels Koinzidenzen. Im Jahre 1950 hatte man entdeckt, daß sich der Punktsatz einer Kristallstruktur über eine einfache, zweidimensional leicht anwendbare Prozedur aus der Pattersonfunktion zurückfinden läßt. Dazu zeichnet man die (punktförmigen) Maxima der Pattersonfunktion zweimal auf Transparentpapier und verschiebt die beiden Vorlagen (ohne sie zu verdrehen) so weit gegeneinander, bis sich ein Punkt P der einen mit dem Ursprungspunkt O der anderen Vorlage überdeckt (Abb. 11). In einer derartigen Position fällt immer ein vollständiges Bild der Struktur aus der ersten Vorlage mit einem vollständigen Bild der Struktur aus der zweiten Vorlage zusammen. Die Gesamtheit der sich überlagernden Punkte bestimmt die Punktanordnung in der Kristallstruktur unter der Voraussetzung, daß die Struktur zentrosymmetrisch und der auf O fallende Punkt P kein mehrfaches Maximum ist.

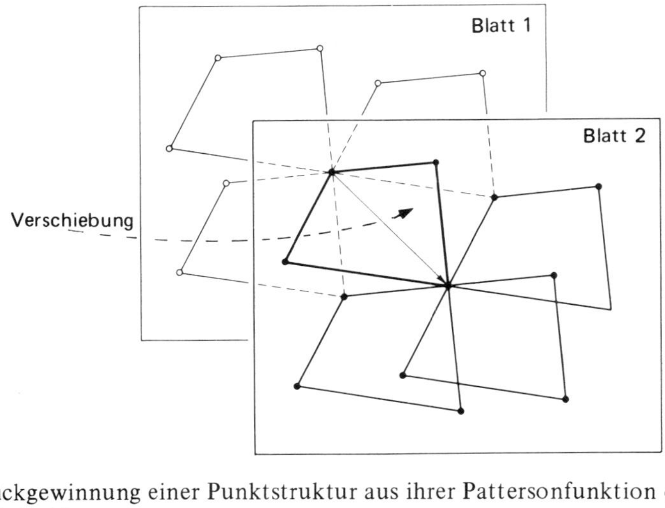

Abb. 11. Rückgewinnung einer Punktstruktur aus ihrer Pattersonfunktion durch Markieren der Koinzidenzen.

Weitere Methoden. Die vorstehend beschriebene Methode besitzt den Vorteil der Einfachheit. Doch gibt es mindestens zwei weitere Methoden, die insofern eleganter sind, als sie mit allen Pattersonpunkten arbeiten und daher die Informationen besser ausschöpfen. Für Punktstrukturen sind sie wichtiger, weil sie den Beweis einschließen, daß die gefundene Lösung korrekt ist und nicht etwa nur einem zufälligen Koinzidenzsatz entspricht. Einzelheiten seien hier jedoch übergangen, da sich alle Methoden, die auf Punktstrukturen beruhen – wie sich nachstehend ergibt – als unrealistisch erweisen, wenn man sie auf die Lösung echter Kristallstrukturen anwenden will.

Charakteristische Merkmale wirklicher Pattersonfunktionen. Methoden, die bei Punktstrukturen erfolgreich arbeiten, eignen sich bei echten Kristallstrukturen im allgemeinen nicht, solange nicht besondere Bedingungen erfüllt sind. Diese besonderen Bedingungen liegen z. B. vor, wenn die Struktur aus einer Punktlage schwerer Atome und sonst leichten Atomen besteht, wie in gewissen organischen Kristallen. In solchen Fällen können die gerade beschriebenen Methoden zum Ziel führen, da sich aus den n Bildern der Struktur die wenigen starken, von den schweren Atomen aus gesehenen Bilder in der Pattersonfunktion hervorheben. Die Pattersonfunktion einer allgemeineren Kristallstruktur ist jedoch zu kompliziert, um sie mit solchen Methoden anzugehen, selbst wenn – wie das folgende Beispiel zeigt – n verhältnismäßig klein ist.

Die orthorhombische Struktur des Minerals Berthierit, $FeSb_2S_4$, hat in der asymmetrischen Einheit, die ein Viertel der Elementarzelle einnimmt, nur 7 Atome. Die Zelle enthält demnach $n = 4 \cdot 7 = 28$ Atome; die Pattersonzelle besitzt $n^2 = 28^2 = 784$ Maxima, von denen sich 28 im Ursprung überlagern, so daß im übrigen Zellvolumen $784 - 28 = 756$ Maxima verbleiben. Da der Kristall zentrosymmetrisch ist, führt jedes seiner 28 Atome zu einem Inversionsmaximum, während sich die restlichen $756 - 28 = 728$ Maxima paarweise zu doppelten Maxima überlagern. Somit liegen $728/2 = 364$ doppelte und 28 einfache Maxima, zusammen also 392 Maxima vor. Auf die Viertelzelle entfallen nun $392/4 = 98$ Maxima.

Die Fouriersynthese der Kristallstruktur (Abb. 12) liefert die 7 Atome der Viertelzelle sauber getrennt als diskrete Maxima. Die Viertelzelle der Pattersonfunktion enthält dagegen 14 mal soviele Maxima, daneben das Ursprungsmaximum. Diese Maxima haben etwa den doppelten Radius der Maxima der Abb. 12. Jedes in Abb. 13 erkennbare Maximum der Pattersonfunktion muß daher notwendigerweise eine Verschmelzung vieler Pattersonmaxima sein. Der Kontrast zwischen den aufgelösten Maxima der Abb. 12 und ihren verschmierten Maxima in der Pattersonfunktion der Abb. 13 wird durch die eingetragene Punktstruktur verdeutlicht. Versuche, selbst so relativ einfache Strukturen wie die des Berthierits mit Punktstrukturmethoden zu lösen, sind offensichtlich unrealistisch.

Versuche, eine wirkliche Struktur auf eine Punktstruktur zu transformieren. Da sich Punktstrukturen aus ihren (ebenfalls punktförmigen) Patterson-

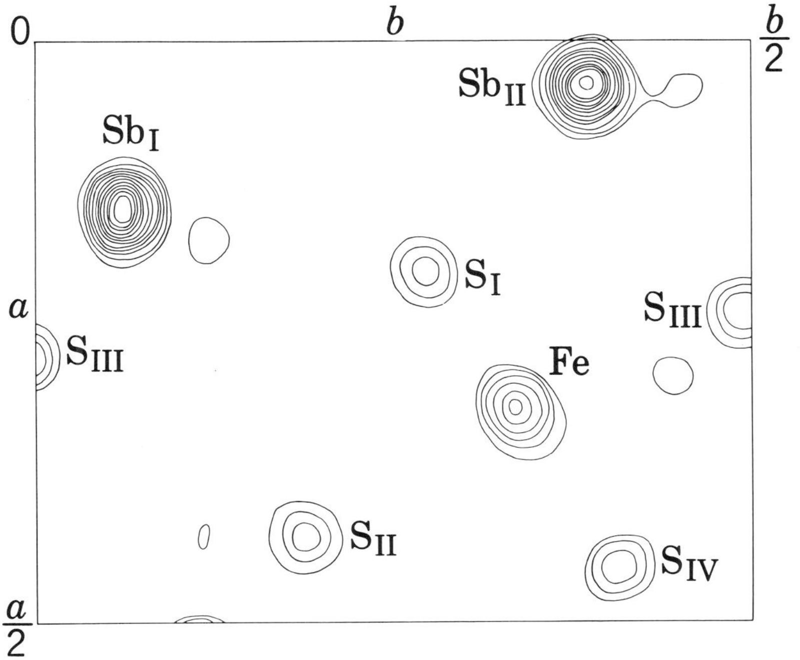

Abb. 12. Elektronendichte $\rho(xy)$ von Berthierit, $FeSb_2S_4$.

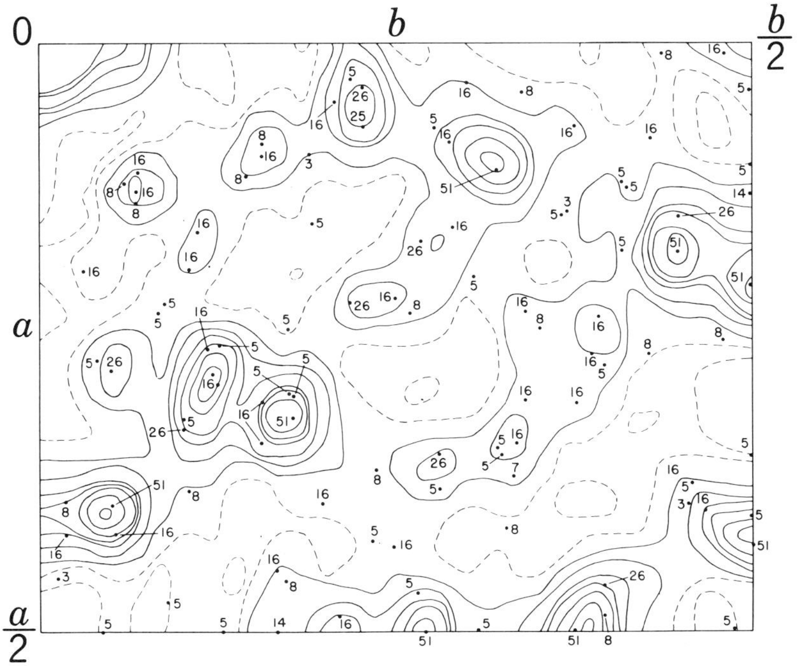

Abb. 13. Pattersonfunktion P(xy) von Berthierit. Jeder Punkt bezeichnet ein berechnetes Maximum; die danebenstehenden Zahlen sind die zugehörigen Produkte der Elektronenzahlen. [Abb. 12 u. 13 aus: M. J. Buerger u. Th. Hahn: Am. Min. **40** (1955) 228, 229].

funktionen leicht gewinnen lassen, mangelt es nicht an Versuchen, die Pattersonfunktion einer wirklichen Kristallstruktur auf die Pattersonfunktion der entsprechenden Punktstruktur zu transformieren, d. h. die *Pattersonfunktion zuzuspitzen.* Es existieren viele, hier nicht weiter verfolgte Wege, wie sich das Ziel teilweise erreichen läßt. Es sei hier lediglich bemerkt, daß man dabei versucht, die thermische Bewegung der Atome sowie den Abfall der Atomstreukurve mit sin θ (Abb. 2,3) zu berücksichtigen. Gelänge dies vollständig, würde die dreifach unendliche Fourierreihe eine Pattersonfunktion darstellen, die tatsächlich aus einem Satz diskreter Punkte besteht.

Aus vielerlei Gründen läßt sich dies jedoch nicht durchführen. Der Hauptgrund ist der, daß nur endlich viele Koeffizienten $|F_{hkl}|^2$ für den dreifach unendlichen Indexsatz hkl zur Verfügung stehen und auch nur zur Verfügung stehen können, da immer nur Reflexe mit niedrigen Indizes beobachtbar sind. Weitere Gründe sind darin zu sehen, daß wir sowohl für die thermische Bewegung wie auch für den Verlauf der Atomstreukurve nur rohe Näherungen besitzen. Die theoretisch begründete Unmöglichkeit der Berechnung von Pattersonfunktionen, deren Maxima genügend scharf sind, um Punktstrukturmethoden anzuwenden, ist auch durch vergebliche Versuche, brauchbare Pattersonkarten mit diskreten Punkten zu erzeugen, hinreichend gefestigt.

Bildsuchmethoden

Die einfachen Methoden, mit denen ein Punktsatz aus seiner Pattersonfunktion herausgefunden werden könnte, versagen deshalb, weil im allgemeinen die Bereiche, in denen die Pattersonfunktion hohe Werte erreicht, keine individuellen Maxima sind, sondern aus der Überlappung vieler Maxima bestehen. Die erstrebten Lage- und Höhenwerte der Maxima bleiben stets in einem Untergrund versteckt, was das Auffinden erschwert. Gleichwohl ist aber die Strukturinformation in der Pattersonfunktion enthalten und müßte auf irgendeine Weise zugänglich sein. Um den Zugang zu erreichen, hat man eine andere Kategorie von Methoden ersonnen, die sich mit dem Suchen und Finden gerade von solchen Bildern befassen, die unaufgeklärt im Untergrund liegen. Solche Methoden, die die weiter unten beschriebenen Bildsuchfunktionen benutzen, können die gewünschte Strukturinformation erbringen, falls die Anzahl der Atome in der Elementarzelle nicht zu hoch ist.

Das Theorem der Bildstellung. Die einzelnen Bilder einer Kristallstruktur sitzen in der Pattersonfunktion an Stellen, die in einer einfachen (noch zu erläuternden) Beziehung zur Geometrie des Bildes stehen. Diese Beziehung ermöglicht die Anwendung der Bildsuchmethoden.

Es sei eine einfache Kristallstruktur betrachtet. Ihre Atome A, B, C und D sitzen an den Enden von Vektoren $\overrightarrow{OA}$, $\overrightarrow{OB}$, $\overrightarrow{OC}$ und $\overrightarrow{OD}$ die radial vom Ursprung O auslaufen, wie es Abb. 14 zeigt. Um das von A aus gesehene Bild der Struktur ABCD darzustellen, ist das Viereck ABCD so zu verschieben, daß in der Pattersonfunktion A über O liegt, d. h. die Struktur muß um $-\vec{OA}$ verschoben werden. Entsprechend muß man ABCD um den Vektor $-\vec{OB}$ verschieben, wenn man das von B aus gesehene Strukturbild einträgt. Wenn diese Prozedur für alle Bilder in der Pattersonfunktion durchgeführt ist, hat man die Struktur aus ihrer ursprünglichen Stellung in Abb. 14 der Reihe nach durch die Vektoren $\vec{AO} = -\vec{OA}$, $\vec{BO} = -\vec{OB}$, $\vec{CO} = -\vec{OC}$ und $\vec{DO} = -\vec{OD}$ verschoben. Die Verschiebungsvektoren sind also gerade entgegengesetzt gleich den Vektoren, die die Lage der Atome in der Struktur angeben. Der Vektorsatz, der die Stellung der verschiedenen Bilder in der Pattersonfunktion beschreibt (Abb. 15), bestimmt daher einen Satz von Punktpositionen, der genau invers zu dem Satz der Atompositionen der Struktur ist (Abb. 14). Belegt man jede Position der Bildansiedlung mit dem Gewicht des zugehörigen Bildes, so ergeben sich wieder die Gewichte, die auch die Atome an den entsprechenden Stellen in der Struktur haben.

Lehrsatz:
Die Ansiedlung eines kompletten Bildsatzes, in der jede Bildposition mit dem Bildgewicht gewichtet ist, liefert die Anordnung und Elektronenzahl der Atome in der inversen Struktur.

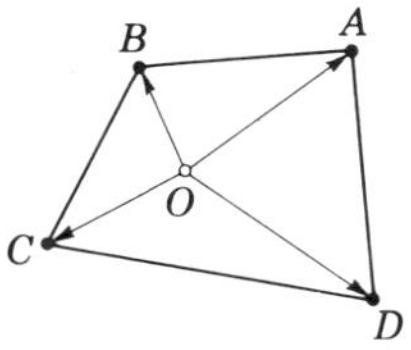

Abb. 14. Struktur aus vier Atomen A, B, C, D vom Ursprung O aus durch Vektoren beschrieben.

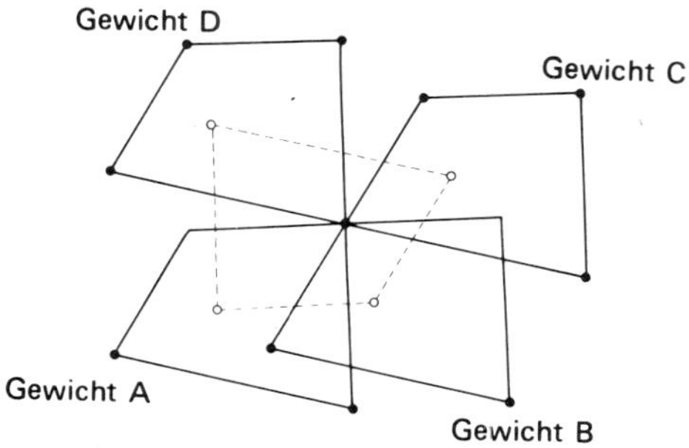

Abb. 15. Pattersonfunktion der Struktur der Abb. 14, dargestellt durch den kompletten Bildsatz.

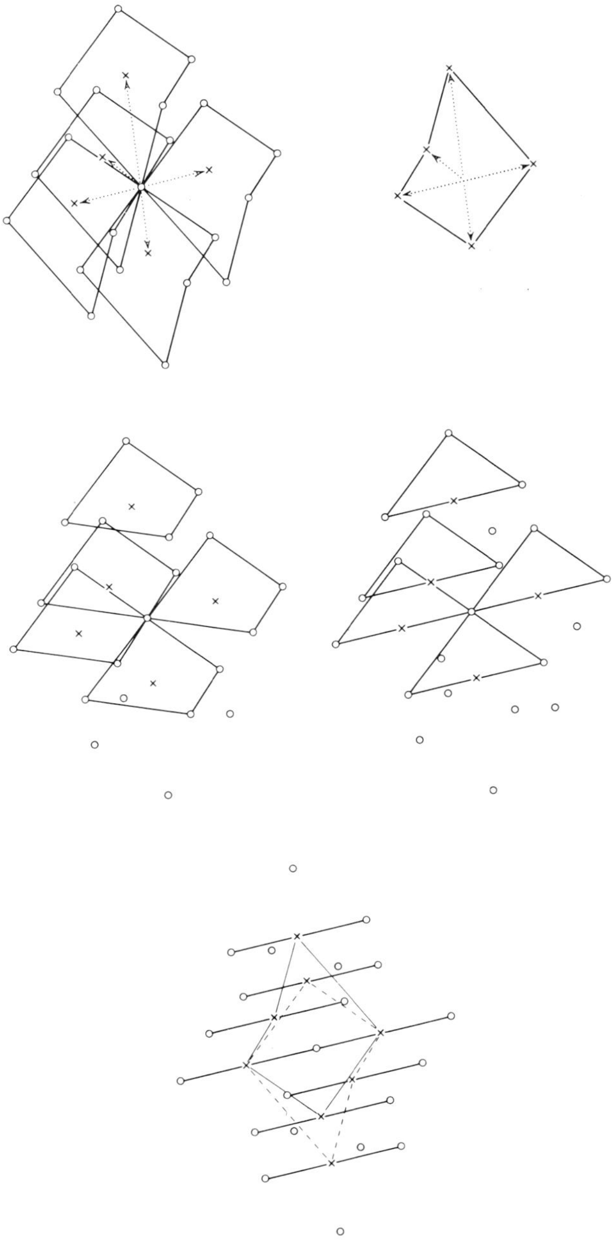

Abb. 16. Das links oben stehende Diagramm zeigt die Pattersonfunktion in 5 Bilder der Struktur zerlegt. Im Diagramm rechts oben sind die Bildansiedlungsstellen durch kleine Kreuze markiert; die Gesamtheit der Kreuze stellt ein Bild der Punkte der invertierten Struktur dar. Die beiden mittleren Diagramme zeigen, daß die Ansiedlungsstellen von Bildfragmenten der Struktur die selben Lagen wie die vollständigen Bilder bezeichnen. [Aus M. J. Buerger: Acta Cryst. **4** (1951) 533, 534].

Angenommen, die Kristallstruktur sei bekannt. Verschiebt man die Atomanordnung mit ihrem Ursprung O systematisch über die Pattersonfunktion, erkennt man die Bilder, eines nach dem anderen. Markiert man in der Pattersonzelle mit jedem registrierten Bild den zugehörigen Punkt O und verleiht ihm das Gewicht des jeweiligen Bildes, so ergeben die eingetragenen Punkte das Inverse der ursprünglichen Struktur.

Ansiedlung von Bildfragmenten. Das vorstehende Ergebnis ist zwar interessant, praktisch aber nutzlos, da ja die Struktur noch unbekannt ist. Es ist jedoch ein glücklicher Umstand, daß auch dann, wenn man nur einen geeigneten minimalen Bruchteil der Struktur kennt, jener Bruchteil allein mit seinem eigenen Teilbild registriert wird. Die Sammlung etwa der Schwerpunkte derartiger Bildfragmente ist gleichbedeutend mit der Sammlung der Ansiedlungsstellen des vollständigen Bildes, wie sich Abb. 16 entnehmen läßt.

Der kleinste geeignete Bruchteil besteht im allgemeinen aus drei Punkten, die nicht auf einer gemeinsamen Geraden liegen; ist der Kristall jedoch zentrosymmetrisch, so genügen auch zwei Punkte, wobei einer im Ursprung der Pattersonfunktion liegen kann. (Weiter unten bei der Besprechung der Abb. 18 wird sich herausstellen, daß der zweite Punkt ein Punkt mit Einheitsgewicht ist. Falls sich ein derartiger Punkt identifizieren läßt, kann die Interpretation der Pattersonfunktion bei Informationen ansetzen, die die Pattersonfunktion selbst enthält.) Unter diesen Umständen kann schon die Kenntnis der Koordinaten eines einzigen Atompaares genügen – was einem recht bescheidenen Kenntnisstand entspricht –, um die gesamte Kristallstruktur mit Hilfe ihrer Pattersonfunktion zu lösen.

Da man z. B. die chemische Zusammensetzung eines in Untersuchung stehenden Kristalls gewöhnlich kennt, ist es meist nicht schwierig, die geometrische Konfiguration eines Molekülteils oder irgend einer kleinen koordinierten Atomgruppe vorherzusagen. Ist ihre Orientierung durch die Symmetrie festgelegt, so ist sie als Fragment für die Bildsuche geeignet. Ist die Orientierung zunächst nicht bekannt, läßt sie sich oft mit verschiedenen anderen, hier nicht besprochenen Hilfsmitteln finden.

Bildsuchfunktionen

Durch Einsetzen der Punktkoordinaten eines Bildfragmentes in der Pattersonfunktion erhalten die Bildsuchmethoden eine wirksame Basis. Beispielsweise sei die relative Lage zweier Atome A und B in der Kristallstruktur bekannt. Ihre Koordinaten seien $x_A y_A z_A$ und $x_B y_B z_B$. In der Pattersonfunktion erscheint der Vektor von Atom A nach Atom B mit seinem Fußpunkt im Ursprung 000 und sein Ende in $u = x_B - x_A$, $v = y_B - y_A$, $w = z_B - z_A$. Man kann diesen Sachverhalt auch so formulieren: die Bilder der Atome A und B vom Atom A aus gesehen haben die Koordinaten 000 und uvw. Das entspricht einem minimalen Bildfragment. Dieses sei nun die-

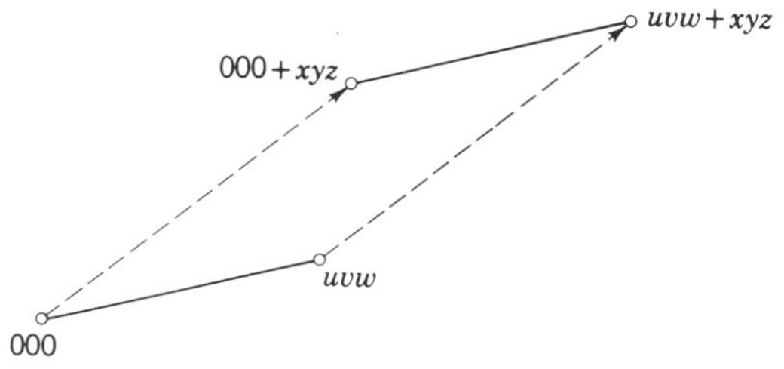

Abb. 17. Ein Bildfragment, das hier aus dem Vektor **ua** + **vb** + **wc** besteht, wird über die Pattersonfunktion verschoben, um die anderen Stellen seiner Ansiedlung zu finden.

jenige Zeichnung des Bildfragmentes, die über die Pattersonfunktion verschoben werden soll. Die Zeichnung kann nach Abb. 17 z. B. um einen Vektor mit den Komponenten xyz über die Pattersonfunktion verlagert werden. Danach haben die zwei Punkte, die ursprünglich die Koordinaten

$$\begin{matrix} 000 \\ \text{und uvw} \end{matrix} \qquad (31)$$

hatten, die neuen Koordinaten

$$\begin{matrix} 0+x, 0+y, 0+z \\ u+x, v+y, w+z \end{matrix} \quad \text{oder kürzer} \quad \begin{matrix} 000+xyz \\ uvw+xyz \end{matrix} \qquad (32)$$

Nach dieser Vorbereitung läßt sich eine *Bildsuchfunktion* folgendermaßen definieren: Sie ist eine Funktion der *Pattersondichten* (d. h. von Funktionswerten der Pattersonfunktion) an den neuen (durch (32) gegebenen) Koordinaten, die anzeigt, wann durch die Translation xyz das zugrunde gelegte Bildfragment in eine Position gelangt, in der es auf ein Doppel des Bildfragmentes in der Pattersonfunktion trifft.

Um zu erkennen, wie sich das Bild gewinnen läßt, sei Abb. 18A betrachtet. Sie zeigt eine Kristallstruktur mit einer Anordnung von 6 Atomen in der Elementarzelle. Die Maxima der zugehörigen Pattersonfunktion sind in Abb. 18B eingezeichnet. Es möge jetzt die Stellung der beiden Atome bekannt sein, die durch den in Abb. 18A eingezeichneten Vektor verbunden sind. Dieser Vektor erscheint in der Pattersonfunktion so, wie es Abb. 18B darstellt. Die Koordinaten seines Anfangs- bzw. Endpunktes sind 000 bzw. uvw. Werden jetzt beide Punkte um die variablen Koordinaten xyz verschoben, sind die neuen Punktkoordinaten die von (32). Immer dort, wo die beiden Vektorpunkte mit Hilfe von xyz auf eines ihrer eigenen Bilder rücken, sind sie in Abb. 18C durch Verbindungsstrecken gekennzeichnet. Markiert man eine passende Stelle der Strecke, etwa ihren Mittelpunkt, mit einem Kreuz, so sieht man, daß der Satz von Kreuzen die gleichen Positionen wie in der ursprünglichen Struktur der Abb. 18A kennzeichnet.

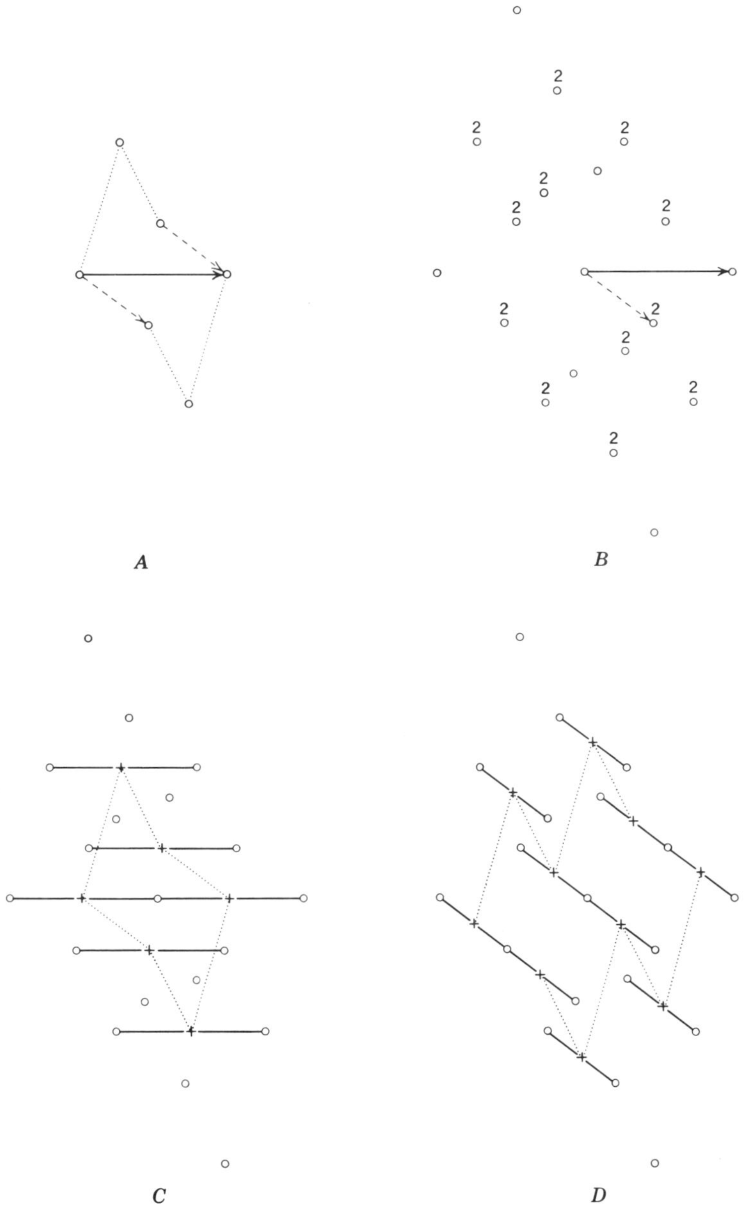

Abb. 18. Schrittweise Konstruktion (C) der Struktur (A) aus ihrer Pattersonfunktion (B) mit dem eingezeichneten Vektor als Bildfragment. – Wird als Bildfragment ein Vektor benutzt, der zu einem Doppelpunkt führt (in (A) und (B) gestrichelt), wird auch die Struktur verdoppelt (D). [Aus M. J. Buerger: Acta Cryst. **4** (1951) 536].

Eine Bildsuchfunktion ist nun eine Funktion der Pattersondichten an den durch (32) gegebenen Stellen, die erkennen läßt, wann xyz die Strecke der Abb. 18B in eine der eingetragenen Linienpositionen der Abb. 18C überführt. Da die Pattersondichte an den fraglichen Stellen der Abb. 18C hohe Werte erreicht, lassen sich leicht Funktionen der Koordinaten dieser Punkte finden, die dort ebenfalls hohe Werte annehmen. Drei einfache Funktionen mit dieser Eigenschaft hat man vorgeschlagen und benutzt, nämlich: die Summen-, die Produkt- und die Minimumfunktion.

Die Summenfunktion. Bildet man kontinuierlich die Summe der Pattersondichten an den End- oder Eckpunkten des umherwandernden Bildfragmentes in Abhängigkeit von dessen Translationskoordinaten xyz, so entsteht die Summenfunktion S(xyz). Es läßt sich leicht zeigen, daß sie mit der Elektronendichte $\rho(xyz)$ über eine Ungleichung der Art

$$S(xyz) \geqslant K_1 \, \rho(xyz) \tag{33}$$

verknüpft ist, mit einer festen Konstanten K_1. Die Summenfunktion entpuppt sich indessen als wenig geeignete Bildsuchfunktion, da die gewünschten Maxima in der von ihr erzeugten Elektronendichtekarte von einem Rudel unerwünschter, falscher Maxima umgeben sind.

Die Produktfunktion. Zeichnet man das Produkt der Pattersondichten an den Endpunkten des umherwandernden Bildfragmentes als Funktion der Translationskoordinaten xyz kontinuierlich auf, so entsteht die Produktfunktion $\Pi(xyz)$. Sie ist mit der Elektronendichte $\rho(xyz)$ durch die Ungleichung

$$\sqrt[p]{\Pi_p(xyz)} \geqslant K_2 \, \rho(xyz), \tag{34}$$

verbunden, worin p die Anzahl der Punkte des Bildfragmentes und K_2 eine Konstante ist. Die Produktfunktion liefert eine bessere Annäherung an die Elektronendichte als die Summenfunktion.

Die Minimumfunktion. Sowohl die Summen- als auch die Produktfunktion werden von einem starken Untergrund ungünstig beeinflußt und erweisen sich wegen der auftretenden Nebenmaxima als relativ aussagearm. Vorteilhafter ist es, wenn man den Minimalwert aus den Pattersondichten an den Endpunkten des umherwandernden Bildfragmentes als Funktionswert benutzt. Für die entstehende Funktion, die als Minimumfunktion M(xyz) bezeichnet wird, läßt sich ebenfalls eine Ungleichung mit der Elektronendichte aufstellen. Es gilt

$$M(xyz) \geqslant K_3 \, \rho(xyz) \tag{35}$$

mit einer festen Konstanten K_3.

Gewöhnlich haben die Atome, die in den Punkten des Bildfragmentes sitzen, unterschiedliche Elektronendichtewerte. In diesem Fall sind die Funktionswerte der Pattersonfunktion, auf die man an den Punkten des umherwandernden Bildfragmentes stößt, mit Gewichten zu belegen, bevor ihr

Minimalwert fixiert und registriert wird. Auf diese Weise erhält jeder Punkt die gleiche Chance bei der Bildortung.

Rang einer Bildsuchfunktion. In der vorangehenden Diskussion war vorausgesetzt, daß man der Pattersonfunktion ein minimales Bildfragment entnommen hatte. Mit diesem Bildfragment wurde anschließend die Pattersonfunktion nach allen Koinzidenzen abgesucht. Bei der Auswahl des *anfänglichen Bildfragmentes* muß man jedoch gewisse Vorsichtsmaßnahmen beachten. Hat man nämlich mit dem Bildfragment etwa einen (mehrfach) überlagerten Punkt erwischt, wie es der gestrichelte Vektor in Abb. 18A bzw. 18B andeutet, besteht das Ergebnis nach Abb. 18D aus einem Paar gekoppelter Lösungen. Hat man aber eine günstige Wahl getroffen, findet man als Ergebnis jedenfalls eine rohe Darstellung der Elektronendichte. Das Ergebnis ist deshalb nur roh, weil man für die Bildsuche nur ein kleines Bildfragment benutzt hat, bei dem es auch zu zufälligen Koinzidenzen kommen kann. Wenn sich jedoch die erhaltene rohe Näherung der Elektronendichte mindestens teilweise interpretieren läßt – so daß sich eine oder mehrere neue Atomlagen der Kristallstruktur ergeben – kann man diesen Umstand wenigstens zur Erweiterung und damit zur Verbesserung des Bildfragmentes ausnutzen. Auf diese Weise erhält das Bildfragment und damit die Bildsuchfunktion einen höheren *Rang*. Mit dem höherrangigen Bildfragment kann man die Bildsuche in einem zweiten Zyklus wiederholen. Gewöhnlich liefert der zweite Versuch weniger zufällige Koinzidenzen und verbessert daher die Annäherung an die Elektronendichte.

Die im Bildfragment benutzte Punktzahl p zeigt man mit einem tiefgestellten Index an. Z. B. ist $M_2(xyz)$ eine Minimumfunktion vom Rang zwei, der ein Bildfragment aus zwei Punkten zugrunde liegt. Bei dem vorstehend beschriebenen Verbesserungsprozeß könnte der Rang der Funktion auf $M_3(xyz)$ oder $M_4(xyz)$ oder auf einen noch beträchtlich höheren Rang p angewachsen sein. In diesem Zusammenhang läßt sich übrigens, außer der Inversion, jede vorhandene Symmetrie in einer einfachen systematischen Weise gebrauchen.

Berechnung. In der Anfangszeit nach Aufkommen der Bildsuchfunktionen mußten diese mühsam mit Hilfe von Tischrechnern aus Pattersonwerten gewonnen werden, die man bereits zur Darstellung des Pattersonfunktionsverlaufes berechnet hatte. Später wurde die Rechnung durch die graphische Verarbeitung verdrängt, wobei man nur die Höhenlinien der Minimumfunktion skizzierte. Auf diese Weise wurden viele Strukturen gelöst, zu deren Aufklärung zweidimensionale Projektionen ausreichten.

Auch bei dreidimensionalen Pattersonfunktionen hat man graphische Methoden eingesetzt und dazu die Funktion in zweidimensionale Schnitte zerlegt. Diese Untersuchungsweise war jedoch außerordentlich zeitraubend. Heute, mit den schnellen elektronischen Rechenanlagen, sucht man routinemäßig dreidimensionale Pattersonfunktionen nach den Strukturbildern ab. Dabei kann man Minimumfunktionen mit beliebigem Rang erzeugen, wobei sich der Rang sukzessive in dem Maße erhöhen läßt, wie die Elektronendichte Struktureinzelheiten preisgibt.

Beispiele von Strukturaufklärungen mit Hilfe von Minimumfunktionen. Einige Beispiele von Minimumfunktionen und der ihnen entsprechenden Kristallstrukturen, wie sie sich schließlich durch die Fouriersynthese ihrer Elektronendichte ergeben, sind in den Abbn. 19 bis 21 einander gegenübergestellt.

Grenzen der Bildsuchmethoden. Die Pattersonfunktion und ihre Enträtselung mit Bildsuchfunktionen wirft etwas Licht auf die Grenzen, die der Aufklärung von Kristallstrukturen bei fehlender Phaseninformation gesetzt sind. Bildsuchfunktionen bringen nur Nutzen, wenn sich geeignete (Bildfragment-) Maxima vom unerwünschten Untergrund hervorheben. Hier besteht eine gewisse Ähnlichkeit mit dem Problem, ein Signal in Gegenwart unerwünschter Störgeräusche zu erkennen. Mit Bildsuchfunktionen wurden Kristallstrukturen aufgeklärt, die etwa bis zu 30 Atome pro Elementarzelle enthalten, was verlangt, daß man die Strukturbilder aus einem Gewirr von mehr als 900 sich gegenseitig durchdringender Pattersonmaxima findet. Die Lösung von Aufgaben dieses Umfanges erfordert die Kenntnis gewisser Mindesteigenschaften der Struktur. Oft lassen sie sich allein schon aus den Eigenschaften der Pattersonfunktion selbst bestimmen; mit welchen Methoden man dabei vorgeht, kann jedoch hier nicht erläutert werden. Eine Lösung läßt sich ferner einleiten, wenn man von der Struktur weiß, daß sie spezifische Bildfragmente, wie z. B. ein AlO_6-Oktaeder oder einen Benzolring enthält. Um derartige Vorkenntnisse zu gewinnen und sie auszunutzen, hat man verschiedene Rechenprogramme entwickelt.

Zusammenfassung

Es ist zunächst unmöglich, die Elektronendichte eines Kristalls dadurch zu finden, daß man die experimentellen Amplitudendaten in einer Fouriersynthese benutzt, da sich nur die Beträge der Amplituden messen lassen. Nach Patterson gewinnt man aber mit einer Fourierreihe, deren Koeffizienten die Quadrate der Amplitudenbeträge sind, nützliche Informationen über die Kristallstruktur. Diese Pattersonfunktion liefert für jedes Atompaar der Struktur ein Maximum. Das Gewicht, das zum Maximum gehört, (d. h. das Integral der Funktionswerte über den Volumenbereich, über den sich das Maximum erstreckt) ist gleich dem Produkt der Anzahl der Atomelektronen des Paares. Das Maximum sitzt (mit seinem Schwerpunkt) am Ende eines Vektors, der in Größe und Richtung dem zwischenatomaren Vektor des Atompaares gleich ist. Leider entstehen mit n Atomen pro Elementarzelle n^2 Atompaare und somit auch n^2 Maxima in der Pattersonfunktion; davon fallen n im Ursprung zusammen. Die Pattersonzelle hat so viele Maxima, daß viele miteinander verschmelzen müssen, es sei denn, n ist eine sehr kleine Zahl. Jede Pattersonfunktion ist von Natur aus zentrosymmetrisch.

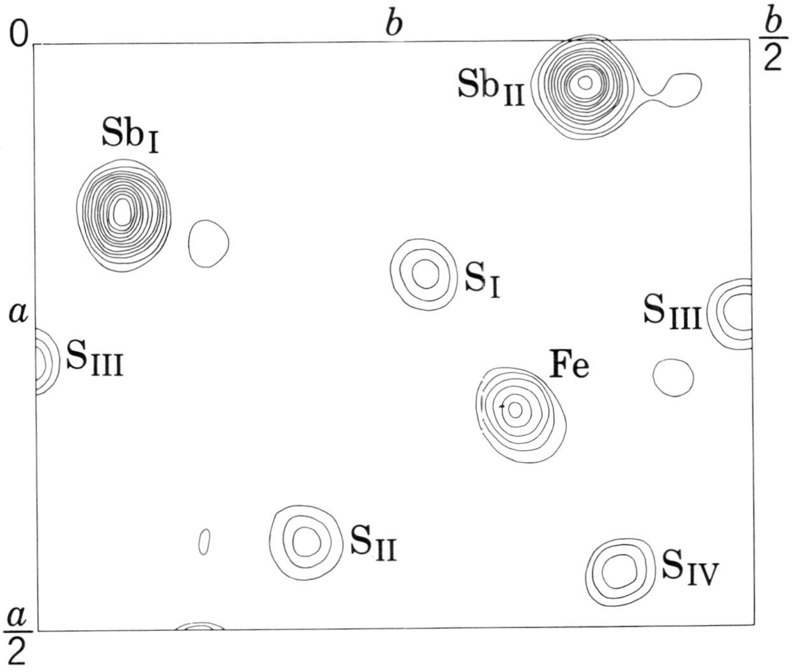

Abb. 19. Minimumfunktion M_8 (xy) (oben) und Elektronendichteprojektion ρ(xy) für Berthierit $FeSb_2S_4$. [Aus M. J. Buerger: Acta Cryst. **4** (1951) 543].

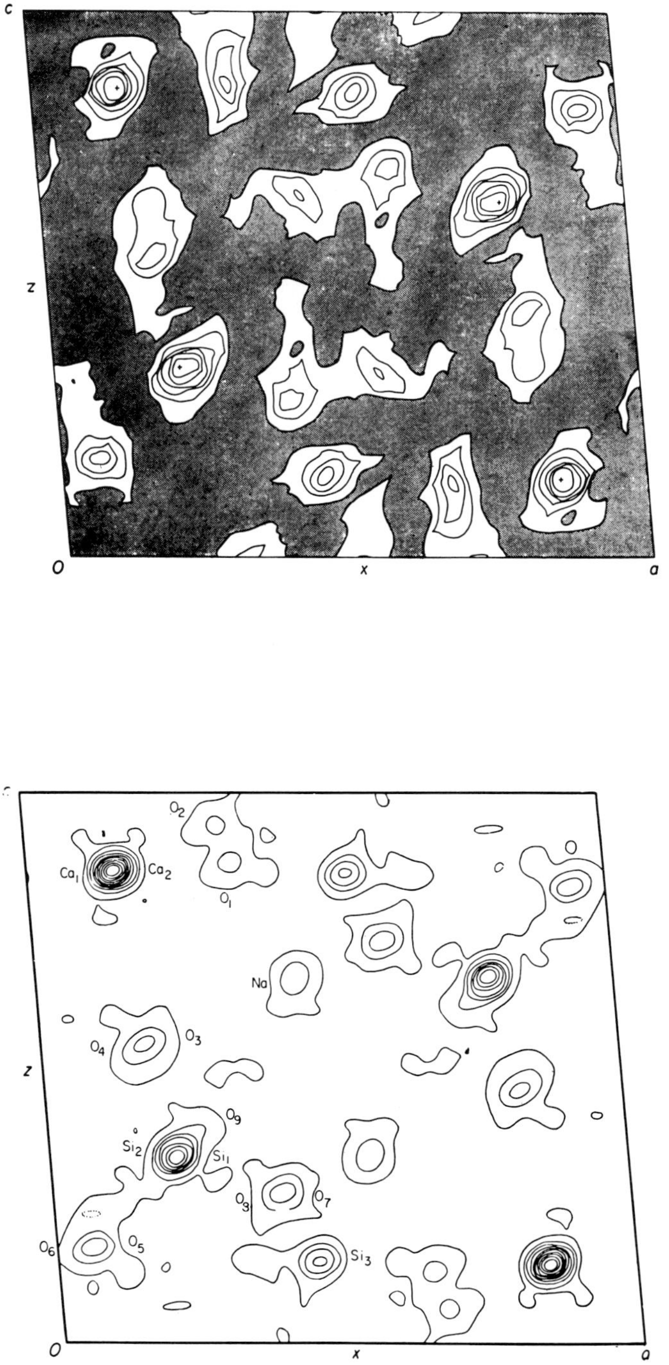

Abb. 20. Minimumfunktion M_4 (xz) (oben) und Elektronendichteprojektion ρ(xz) für Pektolith $NaHCa_2Si_3O_9$. [Aus M. J. Buerger: Z. Kristallogr. **108** (1956) 254, 255].

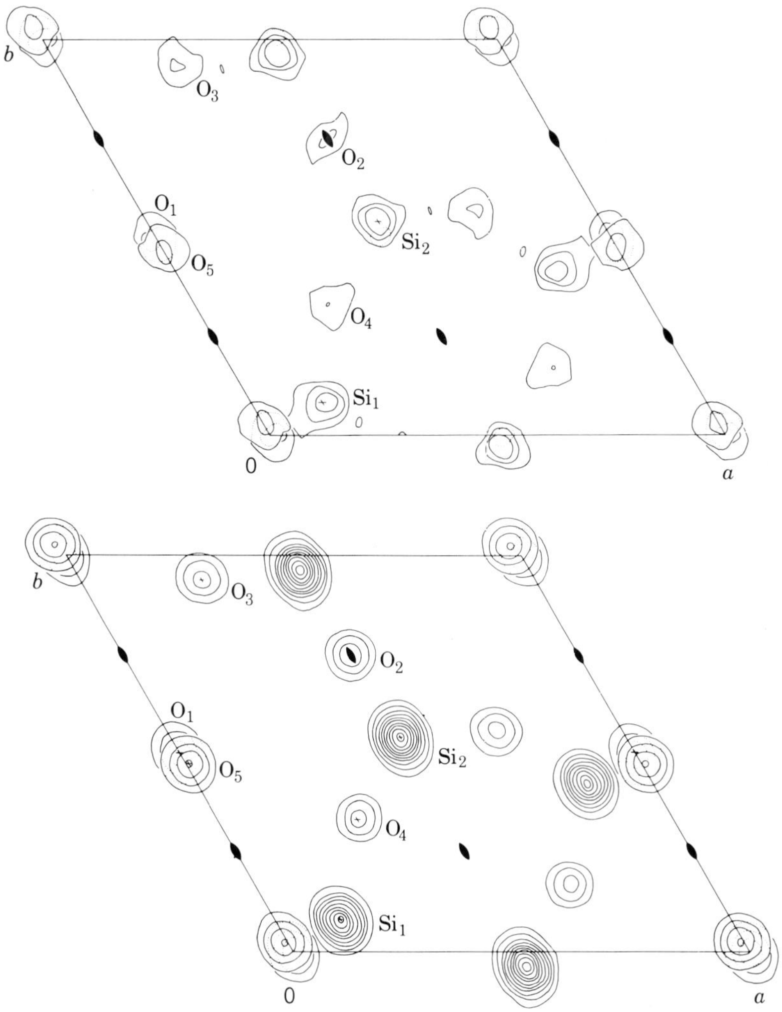

Abb. 21. Projektion von Coesit, SiO_2, auf (001). – Oben: Die Minimumfunktion M_8 (xyz) mit ihren Maxima in unterschiedlicher Höhe z, wobei die Maxima mit dem größten Durchmesser gezeichnet sind. Unten: Zum Vergleich die Elektronendichtefunktion ρ(xyz). [Aus T. Zoltai und M. J. Buerger: Z. Kristallogr. **111** (1959) 136, 138].

Obgleich ein Kristall irgend eine von 230 möglichen Raumgruppensymmetrien haben kann, sind die Pattersonfunktionen auf nur 24 unterschiedliche Raumgruppen beschränkt. Doch ist die Symmetrieinformation in der Pattersonfunktion nicht verloren, vielmehr erscheint sie nur in kurioser Weise: Maxima von Atompaaren, die über Spiegel- oder Gleitspiegelebenen symmetriegebunden sind, erscheinen entlang einer Geraden, die senkrecht auf der fraglichen Ebene steht und deren Abstand vom Ursprung gleich der Translationskomponente der Gleitoperation ist. Maxima von Atompaaren, die über axiale Symmetrieelemente gekoppelt sind, erscheinen auf einer Ebene senkrecht zu dieser Achse, wobei der Nullpunktsabstand der Ebene gleich der Translationskomponente der Schraubungsoperation ist. Wenn man den Vorteil dieser Information wahrnimmt, kann man die Raumgruppensymmetrie einer Kristallstruktur aus den Eigenschaften ihrer Pattersonfunktion bestimmen.

Die Interpretation der Pattersonfunktion wird durch die Bildtheorie erleichtert. In Termen dieser Theorie läßt sich die Pattersonfunktion als Bild der Kristallstruktur auffassen, wie es von einem Atom aus gesehen wird, in Überlagerung mit den Bildern, wie sie von allen anderen Atomen gesehen werden. Wenn sich ein Bild isolieren läßt, ist die Kristallstruktur gelöst. Vorausgesetzt, daß nicht allzu viele Atome in der Zelle sitzen, kann man die Isolierung eines Bildes mit Hilfe von Bildsuchfunktionen herbeiführen. Eine Bildsuchfunktion gründet sich auf ein minimales Bildfragment, das aus dem Nullpunkt und einem nicht überlagerten Maximum der Pattersonfunktion bestehen kann. In nicht allzu ungünstigen Fällen verrät die einfache Bildsuchfunktion die Lage einiger weiterer Atome der Struktur, so daß man mit dieser neuen Information eine wirksamere Bildsuchfunktion starten kann. Iterative Wiederholungen dieses Zyklus liefern schließlich die meisten Atome der Elementarzelle.

Geschichtliche Anmerkungen

Die Pattersonfunktion wurde im Jahre 1934 von A. L. Patterson eingeführt. Sie stellte die vektorielle Erweiterung einer Methode dar, die schon 1927 F. Zernike und I. A. Prins benutzt hatten, um die Nahordnung der Atome in Flüssigkeiten zu untersuchen, und die dann später ausgedehnte Verwendung fand, um die Anordnung der Atomnachbarn in Gläsern aufzuklären. Nur zwei Jahre nach Pattersons grundlegender Arbeit zeigte D. Harker, daß es für symmetrische Kristalle gewisse Ebenen und Geraden in der Pattersonfunktion gibt, auf denen im Idealfall nur Maxima liegen sollten, die zu symmetrieverknüpften Atompaaren gehören. Sie wurden als Harkerschnitte und Harkergeraden bekannt. Die Maxima auf diesen geometrischen Örtern erwiesen sich im Hinblick auf die Atompositionen in der Struktur als besonders leicht interpretierbar. Im Jahre 1946 formulierte dann M. J. Buerger mit der Implikationstheorie die exakte strukturelle Deutung der Harkerschnitte und erläuterte, wie sich mit ihrer Hilfe die Raumgruppen trotz des Friedelschen Gesetzes bestimmen lassen.

Dorothy Wrinch führte die Bilddarstellung in die Pattersonfunktion ein. Buerger entwickelte den Begriff weiter und es gelang ihm zu zeigen, daß sich damit ein beliebiger Punktsatz (sofern er richtig gewählt ist), über mehrere Wege aus der Pattersonfunktion wiedergewinnen läßt. Dies führte zum Lehrsatz der Bildansiedlung sowie auf die Bildsuchfunktionen, mit denen sich endlich viele Kristallstrukturen direkt aus den $|F|^2$-Werten lösen ließen.

Weiterführende Schriften

Martin J. Buerger. Vector space and its application in crystal-structure investigation. (Wiley, New York, 1959) 347 Seiten.

M. J. Buerger. Image methods in crystal-structure analysis. In Advanced methods of crystallography, herausgegeben von G. N. Ramachandran. (Academic, London, 1964) 1–24.

Grundlegende Werke und Einzelveröffentlichungen

A. L. Patterson. A Fourier series method for the determination of the components of interatomic distances in crystals. Phys. Rev. **46** (1934) 372–376.

A. L. Patterson. A direct method for the determination of components of interatomic distances in crystals. Z. Kristallogr. (A) **90** (1935) 517–542.

David Harker. The application of the three-dimensional Patterson method and the crystal structure of proustite, Ag_3AsS_3, and pyrargyrite, Ag_3SbS_3. J. Chem. Phys. **4** (1936) 381–390.

D. M. Wrinch. The geometry of discrete vector maps. Phil. Mag. **27** (1939) 98–122.

M. J. Buerger. The interpretation of Harker syntheses. J. Appl. Phys. **7** (1946) 579–595.

M. J. Buerger. Vector sets. Acta Cryst. **3** (1950) 87–97, 243.

M. J. Buerger. A new approach to crystal-structure analysis. Acta Cryst. **4** (1951) 531–544.

Kapitel 14

Verfeinerungsverfahren

Einführung

Die Schwierigkeit einer Bestimmung der Atomanordnung in einem Kristall besteht darin, irgendwie an einen Satz roher, im Prinzip aber richtiger Atomlagen heranzukommen. Hat man dies einmal erreicht, ist das Haupthindernis beseitigt, und es ist nur noch eine Routineangelegenheit, die

Rohstruktur auf diejenige Genauigkeit zu verfeinern, die die Daten zulassen. Zwar gibt es viele Wege, die Verfeinerung durchzuführen, nachstehend werden aber nur ein paar allgemein gebräuchliche Verfahren erläutert. Einige bemerkenswerte Informationen, die man zunächst wahrscheinlich nicht erwarten würde, können als beiläufiges Ergebnis der Verfeinerung anfallen, wie sich am Schluß dieses Kapitels herausstellen wird.

Der R-Wert

Die fortschreitende Anpassung des rohen Modells an den verfeinerten Endzustand wird gewöhnlich mit Hilfe des R-Wertes verfolgt,

$$R = [\Sigma|\,|F_{obs}| - |F_{cal}|\,|]/\Sigma|F_{obs}|,$$

der bereits mit Gl. (31,11) eingeführt und dort besprochen worden ist. Gesetzt den Fall, man hätte F_{obs} vollständig genau gemessen und das Modell würde mit der wirklichen Kristallstruktur vollkommen übereinstimmen, dann würde der Zähler der vorstehenden Gleichung und damit auch der Wert R verschwinden. Der R-Wert widerspiegelt daher den Fehler, der noch im Modell sowie in den Intensitätsdaten steckt. Die Meßfehler der F_{obs} lassen sich durch Vergleich der Meßwerte symmetrieäquivalenter F_{hkl} abschätzen. Bei sorgfältig mit einem Diffraktometer gemessenen und geeignet korrigierten Intensitäten, einschließlich der Lorentz-, Polarisations-, Absorptions- und Extinktionskorrektur, können sich die mittleren Unterschiede zwischen den fraglichen Reflexen auf 2% oder noch weniger belaufen. Diese Unterschiede stellen die Meßfehler dar, die dem Wert R schließlich eine untere Grenze setzen.

Die Abweichungen zwischen den experimentellen F-Werten symmetrieäquivalenter Reflexe lassen sich sauber bestimmen, wenn man die Intensitäten an einem kugelförmig geschliffenen Kristall mißt und diesen Kristall für die Datensammlung um eine Achse höchster Symmetrie dreht. Unter diesen Bedingungen sind die Korrekturfaktoren für alle symmetrieäquivalenten Reflexe gleich und irgendwelche Intensitätsunterschiede sofort feststellbar.

Die Rohstruktur

Das vorläufige Modell, das dann verfeinert werden soll, kann auf irgendeine der zahlreich bekannten Möglichkeiten zustande kommen, z. B. an Hand einer Pattersonkarte mit Hilfe einer Minimumfunktion, oder über eine direkte Phasenbestimmung, vielleicht auch über eine der indirekten Phasenbestimmungsmethoden, etwa die des isomorphen Ersatzes. Das vorläufige Modell kann schließlich sogar das Ergebnis einer reinen Vermutung sein, die sich darauf stützt, wie sich die verschiedenen Kristallatome anderer, bereits bekannter Strukturen zu Koordinationsgruppen (Koordinationspolyedern) zusammenfinden; um zum Modell zu gelangen, muß man in diesem Fall ein Verknüpfungsschema zwischen den Koordinationsgruppen finden, das mit der Raumgruppensymmetrie und den Zellmaßen verträglich ist.

Zunächst ist der R-Wert, unabhängig von der Herkunft des Modells, wahrscheinlich hoch. Für eine völlig falsche Struktur liegt der R-Wert theoretisch bei 82,8% wenn der Kristall zentrosymmetrisch ist, bzw. bei 58,6% wenn der Kristall kein Symmetriezentrum besitzt. Liegt der R-Wert für ein Modell bei 45% oder weniger, darf man das Modell im großen und ganzen als richtig betrachten; der mäßige R-Wert beruht dabei auf merklichen Abweichungen der Atomkoordinaten sowie anderer Parameter (wie etwa der Temperaturfaktoren) von ihren korrekten Werten. Mit einer Verfeinerung wird man für eine derartige Struktur leicht einen kleinen R-Wert erzielen können. Ein leidlich hoher R-Wert kann jedoch auch von einem nur teilweise richtigen Strukturmodell herrühren. Gewöhnlich läßt sich ein derartiges Modell allein über die Methode der kleinsten Quadrate, die noch zu beschreiben bleibt, nicht verfeinern; irgendwelche falschen Annahmen in einem Modell kann man aber bei bedächtiger Anwendung verschiedener Fouriermethoden aufdecken und anschließend korrigieren.

Die Anpassung der Parameter

Die allererste Verfeinerungsmethode bestand darin, eine Liste der gemessenen und berechneten Reflexintensitäten darauf zu untersuchen, ob sich rechnerisch ein Parameter, z. B. eine Atomkoordinate, in erkennbarer Weise so anpassen läßt, daß die Intensitäten besser übereinstimmen. Wenn die Zahl der Parameter klein ist, insbesondere dann, wenn die Intensitäten eines bestimmten Reflexsatzes nur von den Parametern eines Atoms abhängen, ist dies tatsächlich eine Vorwärtsmethode, d. h. eine Methode, die direkt zu Verbesserungen führt. Heute benutzt man diese Methode nur noch selten, das hat vor allem zwei Gründe. Einmal ist die Anzahl der Atome und ihrer variablen Parameter so groß, daß jede Reflexintensität eine Funktion sehr vieler Variablen ist. Zweitens braucht man die Berechnungen nicht mehr manuell durchzuführen, da man über elektronische Rechenanlagen verfügt; diese lassen aber gewöhnlich keine Zwischenergebnisse erkennen, weshalb die Auswirkungen der Parametervariationen eines Atoms auf einen Reflexsatz nicht im einzelnen erkennbar sind.

Sukzessive Fouriersynthesen

Bei der Besprechung der Schweratommethode im Kap. 12 ergab sich, daß ein Satz schwerer Atome unter günstigen Umständen einen so hohen Beitrag zur Beugungsamplitude liefert, daß die Phase des Schweratombeitrages maßgebend für die Beugungsamplitude ist. Für zentrosymmetrische Kristalle bestimmt der Schweratomsatz bereits die Phasen der meisten Reflexe, sofern die Atome genügend schwer sind. Deshalb eignen sich solche Phasen für die Berechnung einer Fouriersynthese, die dann die Lagen einiger weiterer oder sogar aller restlichen Atome verrät. Unter diesen Umständen verbessert man in aufeinanderfolgenden Fouriersynthesen ein Modell, das sich auf eine begrenzte Anfangskenntnis der Struktur stützt, sukzessiv so lange, bis man die Positionen aller Atome kennt.

Aus ganz ähnlichen Gründen weist eine Fouriersynthese, die auf der Phasenkenntnis (also der Lagekenntnis) vieler, aber nicht aller Atome einer Struktur beruht, die wichtige Eigenschaft auf, daß sie nicht nur die Maxima an den bereits bekannten Atomlagen wiedergibt, sondern auch weniger stark betonte Maxima an denjenigen Stellen, die von den noch unbekannten Atomen besetzt sind. Auch in diesem Fall stellen sukzessive ausgeführte Fouriersynthesen ein Programm zur Strukturverbesserung bei begrenzter Anfangskenntnis dar. Wenn man die Methode zum Auffinden zusätzlicher Atome verwenden will, ist eine wichtige Regel zu beachten: Die aus einem Atomsatz bestimmten Phasen weisen in der anschließenden Fouriersynthese die Atome angenähert an denjenigen Stellen wieder aus, an denen sie angenommen worden waren, unabhängig davon, ob sie wirklich dort sitzen. Deshalb pflanzt sich irgend ein Fehler in einer angenommenen Struktur in der Fouriersynthese immer weiter fort. Es ist daher große Sorgfalt geboten und man darf in die Phasenberechnung kein Atom einbeziehen, dessen Lage irgendwie zweifelhaft ist. Ein derart angezweifeltes Atom wird aus der Fouriersynthese nämlich auch dann zu erkennen sein, wenn die Phasen ohne dieses Atom berechnet sind.

Sind alle Atomlagen einer Struktur annähernd bekannt, läßt sich die Kenntnis ihrer Lagen mit einem Programm aufeinanderfolgender Fouriersynthesen verbessern. Der Vorgang ist am einfachsten an einer zentrosymmetrischen Struktur zu verstehen. In diesem Fall sind die Phasen der Reflexe entweder 0 oder π, womit dem F-Wert jedes Reflexes entweder ein positives oder ein negatives Vorzeichen zugeordnet wird.

Der Verfeinerungsprozeß läßt sich an einem hypothetischen Beispiel veranschaulichen. Dazu möge der Kristall zentrosymmetrisch sein und eine orthogonale Zelle mit $a = b = c = 10$ Å besitzen. Die Struktur bestehe aus einem Paar zentrosymmetrisch angeordneter gleicher Atome. Die Atome seien vom Typ eines Alkali-Ions mit einem auf $Z = 1$ normierten Maximalwert des Streuvermögens. Die Reflexe hk0 sollen im Bereich $-10 \leqslant (h, k) \leqslant 10$ zur Verfügung stehen. Das Atompaar liege auf der a-Achse bei einem unbestimmten Parameterwert x. Für den Anfang möge ein Grund zu der Annahme $x \simeq 0{,}18$ bestehen. Mit dieser Versuchskoordinate wird ein Vorzeichensatz für F(hk0) z. B. mit Hilfe von Gl. (20,11) berechnet; nachdem die Vorzeichen den korrekten (d. h. den experimentell gemessenen) Beträgen $|F_{hk0}|$ zugeordnet sind, können die einzelnen Fourierkoeffizienten A_n gebildet werden, die für die Fouriersynthese der Elektronendichte entlang der a-Achse, etwa nach Art der Gl. (28,11), erforderlich sind. Die Vorzeichen sind in der Tab. 1 in der ersten Zeile, die mit „Stadium I" bezeichnet ist, aufgelistet. Die damit berechnete Synthese liefert die gestrichelte Kurve der Abb. 1. Obgleich für die Vorzeichenberechnung der (rohe) Koordinatenwert x = 0,18 benutzt wurde, erscheint das Maximum der Elektronendichte in der Fouriersynthese bei dem größeren Wert x = 0.19. Dieser Wert wird einer erneuten Vorzeichenberechnung zugrunde gelegt, deren Ergebnis in der Zeile „Stadium II" der Tab. 1 verzeichnet ist. Bei der Vor-

Tabelle 1. Folge der Verfeinerungsschritte durch sukzessive Fouriersynthesen für das theoretische Beispiel Abb. 1.

Stadium	x	Vorzeichen der Fourierkoeffizienten											Fourier-Maximum gefunden bei
		A_0	A_1	A_2	A_3	A_4	A_5	A_6	A_7	A_8	A_9	A_{10}	
I	0,18 (angen.)	+	+	–	–	–	+	+	–	–	–	+	0,19
II	0,19	+	+	–	–	+	+	+	–	–	–	+	0,195
III	0,195	+	+	–	–	+	+	+	–	–	+	+	0,20
IV	0,20	+	+	–	–	+	+	+	–	–	+	+	0,20

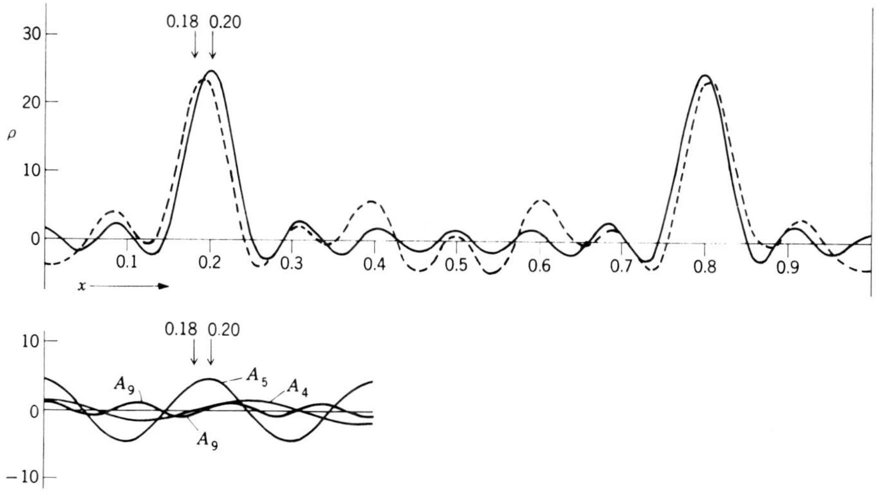

Abb. 1. Theoretisches Beispiel zur Verfeinerung einer einfachen Struktur über aufeinanderfolgende Fouriersynthesen. – Die beiden Atome sind anfangs in x = ± 0,18 angenommen. Nach 3 Verfeinerungszyklen in aufeinanderfolgenden Fouriersynthesen erreicht die Koordinate den korrekten Endwert bei x = 0,20. Während dieses Vorganges (Zwischenergebnisse s. Tab. 1) änderten zwei Fourierkoeffizienten A_4 und A_9 die Vorzeichen. Man erkennt in dem unteren Teil der Abb., daß diese Koeffizienten kleine Amplituden nahe bei der korrekten Koordinate haben. Andere Koeffizienten, wie etwa A_5, haben große Amplituden, die sich in diesem Bereich wenig ändern.

zeichenberechnung mit dem Wert x = 0.19 findet man, daß der Fourierkoeffizient A_4 gegenüber dem I. Stadium sein Vorzeichen gewechselt hat. Die erneute Fouriersynthese mit den korrekten (d. h. den experimentell gemessenen) Beträgen $|F_{hk0}|$ und dem korrigierten Vorzeichensatz zeigt das Maximum nunmehr bei x = 0.195. Die Wiederholung der Berechnung mit diesem x-Wert im III. Stadium bringt einen Vorzeichenwechsel für den Koeffizienten A_9. Die dritte Fouriersynthese, mit diesem Vorzeichensatz, verschiebt das Maximum auf x = 0.20 (durchgezogene Kurve der Abb. 1). Eine Vorzeichenberechnung mit diesem x-Wert bestätigte im IV. Stadium die Vorzeichen aller Fourierkoeffizienten des III. Stadiums. Würde man damit eine neue Fouriersynthese berechnen, bliebe das Ergebnis gegenüber dem III. Stadium unverändert. Folglich hat die Koordinate des Maximums bei x = 0.20 ihren Konvergenzpunkt erreicht.

Die Verhaltensweise in diesem Prozeß hängt von den Beträgen der gemessenen F-Werte ab, die für die (zunächst noch nicht gänzlich bekannten) richtigen Atomlagen korrekt sind; sie hängt außerdem ab von den zuerkannten Vorzeichen der F-Werte, von denen die meisten richtig, aber eins oder einige wenige anfangs falsch sind. Die teilweise richtige Synthese kann man sich in zwei Anteile zerlegt denken: Eine Synthese mit den F-Werten, deren Vorzeichen richtig sind, und eine zweite, auf wenigen F-Werten beruhende Synthese, in der zwar die Beträge richtig, aber die Vorzeichen falsch sind. Solange die Anzahl der F-Werte in der letzteren relativ klein ist, überwiegt der richtige Teil der Fouriersynthese. Die gesamte Fouriersynthese liefert dann Maxima, die von den angenommenen Lagen in Richtung der korrekten Lagen verschoben sind. Das beruht auf der Tatsache, daß ein Atom, das beinahe seine korrekte Lage erreicht hat und davon nur noch durch den Vorzeichenwechsel eines oder weniger F-Werte getrennt wird, beim Vorzeichenwechsel nur dann kleine Koordinatenänderungen erleidet, wenn die F selbst kleine Beträge haben. Dies illustriert der untere Teil der Abb. 1. Im vorliegenden Beispiel haben die Koeffizienten A_4 und A_9 im Verlauf der Verfeinerung ihr Vorzeichen geändert. Der Tatsache, daß die Beträge der F-Werte mit unrichtiger Phase klein sind, wenn das Atom nahezu seine richtige Position erreicht hat, ist es grundsätzlich zu verdanken, daß aufeinanderfolgende Fouriersynthesen zum richtigen Endwert konvergieren.

Auch in nicht zentrosymmetrischen Fällen führen aufeinanderfolgende Fouriersynthesen zur Verfeinerung der Struktur. Da die Phasen nicht nur 0 oder π betragen, sondern kontinuierlich veränderlich sind, konvergieren die angenommenen Atomlagen langsamer gegen ihre Endwerte. Um die Konvergenz zu beschleunigen, hat man gewisse Regeln aufgestellt, etwa in der Weise, daß man für den folgenden Zyklus die Atomlage um den doppelten Abstand dessen korrigiert, was die Fouriersynthese anzeigt.

Leider sind die endgültigen Atomlagen, die man mit der Konvergenz einer Folge von Fouriersynthesen erreicht, nicht die genauen Atomlagen. Eine vollkommene Fouriersynthese der Elektronendichte würde nämlich die Verwendung aller Fourierkoeffizienten für h, k, l im Bereich von $-\infty$ über

Null bis + ∞ einschließen. Die F_{hkl}-Werte stehen aber experimentell immer nur in einer begrenzten Anzahl – sagen wir 2000 für eine dreidimensionale Fouriersynthese – mit den relativ niedrigsten h, k und l zur Verfügung. Das Fehlen experimenteller F-Werte mit höheren h, k, l erzeugt einen *Abbrucheffekt* der Fourierreihe, der u. a. auch kleine Fehler in der Lage der Elektronendichtemaxima hervorruft. Dieser Effekt ist schuld daran, daß die Methode sukzessiver Fouriersynthesen für die vollständige Verfeinerung der Atomlagen unbefriedigend bleibt.

Differenz-Fouriersynthese

Mit der Konvergenz einer Anzahl sukzessiver Fouriersynthesen haben sich die Phasen aller F_{hkl} stabilisiert. Mit diesen Phasen lassen sich zwei Fouriersynthesen vorbereiten, eine mit den gemessenen, eine zweite mit den berechneten F-Werten:

$$\rho_{obs} = (1/V) \sum_h \sum_k \sum_l F_{obs} \exp\left[-i2\pi(hx + ky + lz)\right] \tag{1}$$

und

$$\rho_{cal} = (1/V) \sum_h \sum_k \sum_l F_{cal} \exp\left[-i2\pi(hx + ky + lz)\right]. \tag{2}$$

Falls das Modell ρ_{cal} mit der wahren Struktur ρ_{obs} vollkommen übereinstimmt, müssen beide zu identischen Ergebnissen führen. In Wirklichkeit wird dies aber nicht der Fall sein, denn die Beträge von F_{cal} und F_{obs} können geringfügig voneinander abweichen. Zieht man Gl. (2) von (1) ab, kann die Differenz

$$\rho_{obs} - \rho_{cal} = (1/V) \sum_h \sum_k \sum_l (F_{obs} - F_{cal}) \exp\left[-i2\pi(hx + ky + lz)\right] \tag{3}$$

kleine Unterschiede in der Elektronendichte zeigen. Man nennt die Darstellung (3) eine *Differenz-Fouriersynthese* oder *Differenzsynthese*. Sie läßt sich sehr einfach berechnen, indem man als Fourierkoeffizienten die Differenzen der Beträge aus F_{obs} und F_{cal} einsetzt und ihnen die Phasen der F_{cal} zuordnet (die ja mit denen der F_{obs} übereinstimmen, wenn der Endzustand erreicht ist).

Die Differenzsynthese hat einige bemerkenswerte Eigenschaften. Wenn das Modell in allen Einzelheiten mit der tatsächlichen Struktur übereinstimmt, erwartet man für die Dichtedifferenz (3) überall den Wert Null, mit Ausnahme kleiner zufälliger Funktionsschwankungen, die von den zufälligen, mit der Messung der $|F_{obs}|$ eingeschleppten Fehlern verursacht werden. Allgemein liefert die Differenzsynthese eine Elektronendichteverteilung der Differenzen, die zwischen der wahren Struktur und der im Endmodell angenommenen bestehen. Wie können solche Abweichungen noch immer vorhanden sein? Sie gäbe es nicht, wenn eine unendliche Zahl an Fourier-koeffizienten zur Verfügung stünde. Wenn aber nur eine endliche Anzahl vorhanden ist und benutzt werden kann, besteht ein kleiner aber endlicher Spielraum, innerhalb dessen die Atomposition ohne Vorzeichenwechsel eines F-Wertes verschiebbar ist; ein ebensolcher Spielraum ergibt sich auch für das thermische Verhalten des Atoms.

Ein Beispiel, wie sich die Differenzdichte verwenden läßt, bringt Abb. 2. Angenommen, die Maximumposition unterscheide sich im Modell ρ_{cal} um eine kleine Verrückung ϵ von der wirklichen Struktur ρ_{obs}, dann weist die Differenzdichte bezüglich der Lage des Modellatoms in derjenigen Richtung eine positive Anomalie auf, in der das Atom zu verschieben ist; entsprechend ist die Anomalie negativ in entgegengesetzter Richtung. Die Höhe der Anomalie ist ein Maß für die Verschiebung, die erforderlich ist, um das Modell mit der wirklichen Struktur in Einklang zu bringen. Nach richtiger Anpassung würde eine neu berechnete Differenzdichtekarte am Ort der Atomlage keinen asymmetrischen Dichteverlauf mehr ergeben.

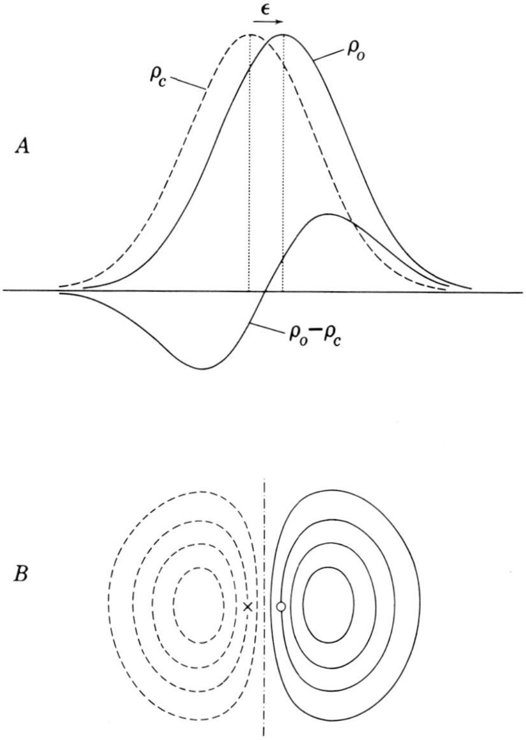

Abb. 2. Typische Differenzelektronendichte um ein Atom, dessen Lage durch eine Verschiebung ϵ zu korrigieren ist.

Ein weiterer, aus der Differenzdichte leicht erkennbarer Fehler ist die Verwendung eines unrichtigen Temperaturkoeffizienten in dem Modell. Es sei einmal angenommen, in der wirklichen Struktur herrsche eine stärkere thermische Bewegung als man für das Modell vorgegeben hat. Als Folge der erhöhten thermischen Bewegung verteilen sich dann die Atomelektronen in Wirklichkeit auf ein größeres Volumen, so daß die Elektronendichte ρ_{obs} im Maximum des Atoms niedriger als die vorgegebene Dichte ρ_{cal} ist (Abb. 3). Die Differenzdichte zeigt dann eine negative Zone im näheren Bereich des Atomschwerpunktes, die von einer positiven Zone ringförmig umgeben ist. Eine anisotrope thermische Bewegung macht sich gewöhnlich durch einen kleeblattförmigen Dichteverlauf, wie in Abb. 4, mit abwechselnd positivem und negativem Bereich bemerkbar. (Ein etwa ähnlich verlaufender, allerdings gröber gestalteter Effekt rührt von einer unsauber korrigierten anisotropen Probenabsorption her; damit verrät sich ein Fehler in den $|F_{obs}|$.)

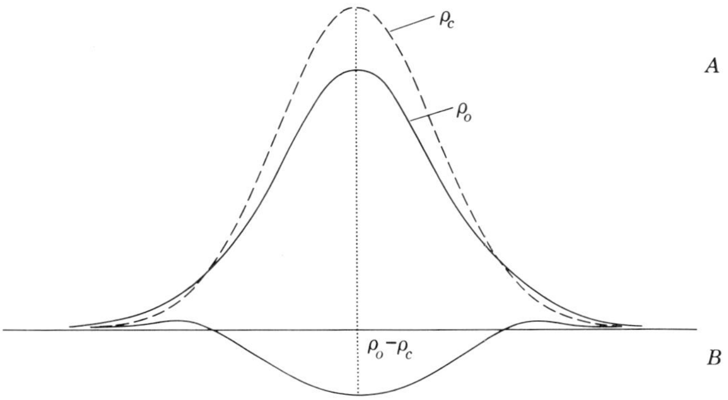

Abb. 3. Typische Differenzelektronendichte um ein Atom, dessen Temperaturbewegung überschätzt ist.

Abb. 4. Typische Differenzelektronendichte um ein Atom mit anisotroper thermischer Bewegung; die maximale Wärmebewegung verläuft links-rechts. [Abb. 2 bis 4 aus M. J. Buerger: Crystal-structure analysis (Wiley, New York, 1960) 605, 606].

Karten der Differenzdichteverteilung sind nahezu frei von Reihenabbrucheffekten, weil diese Effekte für ρ_{obs} und für ρ_{cal} fast gleich sind und sich daher bei der Subtraktion weitgehend wegheben. Aus diesem Grunde sind Differenzdichtekarten für die Verfeinerung nützlicher als normale Elektronendichtekarten.

Differenzdichtekarten haben noch eine weitere sehr nützliche Anwendung gefunden. Wenn z. B. ein Kristall Atome enthält, die sich über einen weiten Bereich des periodischen Systems erstrecken, sind sehr leichte Atome neben schweren in einer gewöhnlichen Fouriersynthese der Elektronendichte nur schwierig oder gar nicht zu entdecken; denn die Maxima der leichten Atome bewegen sich ungefähr in gleicher Höhe wie die Untergrundschwankungen. Da aber die Untergrundschwankungen von ρ_{obs} und ρ_{cal} nahezu die gleichen sind, heben sie sich in der Differenzsynthese weitgehend auf. Als Rest verbleiben irgendwelche tatsächlichen Unterschiede zwischen den Elektronendichten von Struktur und Modell. Selbst ein Wasserstoffatom, das sein einziges Elektron an die Wasserstoffbindung abgibt, kann in Anwesenheit von C, N und O an Hand einer Differenzdichtekarte unschwer lokalisiert werden. Tatsächlich hat sich die *Differenz-Fouriertechnik* als hauptsächlichste direkte Methode zur Lokalisierung von H-Atomen in organischen Kristallsubstanzen herausgebildet. Auf ähnliche Weise lassen sich Be- und B-Atome in Anwesenheit schwererer Atome lokalisieren und selbst Sauerstoffatome (mit $Z = 8$) sind in Anwesenheit von Uran ($Z = 92$) zu finden.

Die Methode der kleinsten Quadrate

Allgemeine Grundlagen. Wird irgend eine Größe mit einem Experiment bestimmt, so ist die Messung stets mit einem (klein angenommenen) Fehler behaftet. Bei wiederholter Messung derselben Größe findet man dabei immer Ergebnisse, die um den genauen, selbstverständlich unbekannten Wert streuen. Im folgenden sei nun von einer physikalischen Größe q angenommen, daß sie von einer Anzahl Veränderlicher x, y, z . . . entsprechend der Gl. (4) linear abhänge:

$$q = ax + by + cz + \dots \tag{4}$$

Darin seien a, b, c verschiedene aber bekannte Koeffizienten. Mit jeder Messung von q ist ein gewisser Fehler E verbunden, so daß der wirklich gefundene Wert $q + E$ ist. Bei Ausführung einer speziellen, durch den Indexwert 1 gekennzeichneten Messung, scheint die spezielle Beziehung (5) vorzuliegen:

$$q_1 + E_1 = a_1 x + b_1 y + c_1 z + \dots \tag{5}$$

Der Fehler ergibt sich daraus zu

$$E_1 = a_1 x + b_1 y + c_1 z + \ldots - q_1 . \tag{6}$$

Weitere Beobachtungen, die man jeweils mit anderen Werten a, b, c durchführt, liefern andere Ergebnisse q mit anderen Fehlern E, so daß man ein System (7) von Gleichungen der Art (6) erhält, nämlich:

$$\begin{aligned} E_1 &= a_1 x + b_1 y + c_1 z + \ldots - q_1 \\ E_2 &= a_2 x + b_2 y + c_2 z + \ldots - q_2 \\ E_3 &= a_3 x + b_3 y + c_3 z + \ldots - q_3 \\ &\;\;\vdots \\ E_m &= a_m x + b_m y + c_m z + \ldots - q_m . \end{aligned} \tag{7}$$

Wenn die Anzahl m der Beobachtungen die Anzahl der Variablen x, y, z . . . übersteigt, sind sie überbestimmt. Für diesen Fall gewinnt man die besten *Schätzwerte* der Variablen x, y, z . . . gemäß dem Prinzip der kleinsten Quadrate (Legendre, Gauß). Das Prinzip verlangt, daß die Summe der Fehlerquadrate,

$$\sum_{j=1}^{m} E_j^2 = E_1^2 + E_2^2 + E_3^2 + \ldots + E_m^2 \tag{8}$$

$$= \sum_{j=1}^{m} (a_j x + b_j y + c_j z + \ldots - q_j)^2 , \tag{9}$$

für die besten Schätzwerte x, y, z . . . den kleinstmöglichen Wert annimmt. Mit Hilfe des Differentialkalküls lassen sich aus der Minimalforderung für Gl. (9) die besten Schätzwerte leicht bestimmen.

Anwendung auf die Verfeinerung der Atomkoordinaten. In der Kristallstrukturanalyse ist die technisch meßbare Größe der Betrag von F_{hkl}. Da man in diesem Stadium der Untersuchung auch die Phase im wesentlichen schon kennt, ist die Abhängigkeit von den N Atomlagen der Struktur durch die komplexe Gl. (6,13) gegeben:

$$F_{hkl} = \sum_{s=1}^{N} f_s \exp\left[i2\pi(hx_s + ky_s + lz_s)\right]. \tag{10}$$

Leider ist die Abhängigkeit keineswegs linear, wie es die Anwendung der Methode der kleinsten Quadrate verlangt. Wenn jedoch die Atomlagen einigermaßen genau bekannt sind, treten nur noch kleine Koordinatenverschiebungen

$$\Delta x_s, \Delta y_s, \Delta z_s$$

auf, und bezüglich dieser kleinen Verschiebungen verhält sich F_{hkl} nahezu linear.

Um dies einzusehen, sei als Beispiel einer der Exponentialfaktoren der Gl. (10), etwa $\exp(i2\pi hx_s)$, betrachtet. Wird sein Argument, vom Näherungswert x_s' ausgehend, um Δx_s geändert,

$$x_s = x_s' + \Delta x_s \text{ mit } |\Delta x_s| \leqslant 1,$$

so findet man der Reihe nach:

$$\begin{aligned}\exp(i2\pi hx_s) &= \exp(i2\pi h\,[x_s' + \Delta x_s])\\ &= \exp(i2\pi hx_s') \cdot \exp(i2\pi h\Delta x_s)\\ &= \exp(i2\pi hx_s')\,\{1 + i2\pi h\Delta x_s/1! + \text{nahezu verschwindende}\\ &\qquad \text{Glieder höherer Potenzen von } \Delta x_s\}.\end{aligned}$$

In der geschweiften Klammer wurde die zweite Exponentialfunktion in Reihe entwickelt. Bricht man diese Entwicklung nach dem 2. Glied ab, so ist der entstehende Näherungsausdruck umso genauer, je kleiner $|\Delta x_s|$ ist. Bezüglich der Koordinatenänderung Δx_s ist die Näherung

$$\exp(i2\pi hx_s) \simeq \exp(i2\pi hx_s') + i2\pi h\Delta x_s \exp(i2\pi hx_s')$$

offensichtlich linear, da x_s' festgehalten wird. Das zweite Glied der rechten Seite ist der mit Δx_s multiplizierte erste Differentialquotient der Funktion. Allgemein ausgedrückt, hat man vorstehend eine Funktion der Variablen x_s um die Stelle x_s' in ihre sog. Taylorreihe entwickelt (und nach dem linearen Glied abgebrochen). Die Funktion F_{hkl} der Gl. (10) hat im allgemeinen viele Variable. Der Anfang der entsprechenden Reihenentwicklung lautet dann

$$\begin{aligned}F_{hkl} = (F_{hkl})' + \left(\frac{\partial F}{\partial x_1}\right)' \Delta x_1 + \left(\frac{\partial F}{\partial y_1}\right)' \Delta y_1 + \left(\frac{\partial F}{\partial z_1}\right)' \Delta z_1 + \ldots + \left(\frac{\partial F}{\partial z_n}\right)' \Delta z_n\\ + \text{Glieder höherer Potenzen in den } \Delta.\end{aligned}$$

Die an den Klammern angehängten Striche bedeuten, daß die Funktionswerte für die Näherungsstelle $x_1', y_1', z_1', \ldots z_n'$ gelten.

Setzt man

$$F_{hkl} = F_{obs} \text{ und } (F_{hkl})' = F_{cal}$$

und vergleicht jetzt den Versuch, die berechneten Werte an die Beobachtung anzugleichen,

$$F_{obs} - F_{cal} = \sum_{s=1}^{n} \left\{\left(\frac{\partial F}{\partial x_s}\right)' \Delta x_s + \left(\frac{\partial F}{\partial y_s}\right)' \Delta y_s + \left(\frac{\partial F}{\partial z_s}\right)' \Delta z_s\right\},$$

mit dem Klammerausdruck der obenstehenden Gl. (9), so entspricht jedem j ein bestimmtes Indextripel hkl mit

$$F_{obs} - F_{cal} = q_j, \ \Delta x_1 = x \text{ usw.},$$

$$\left(\frac{\partial F}{\partial x_1}\right)' = i2\pi h \cdot f_1 \exp\left[i2\pi(hx'_1 + ky'_1 + lz'_1)\right] = a_j \text{ usw.}$$

In dieser Form gilt die Gl. (9) zunächst für einen Kristall, der außer der Translation keine weitere Symmetrie besitzt. Da man in diesem Fall die Koordinaten für den Zellnullpunkt frei wählen kann, darf man ein Atom willkürlich (z. B. in den Zellnullpunkt) setzen, so daß sich die Zahl der Variablen in Gl. (9) auf

$$3\,n = 3\,(N-1)$$

erniedrigt, wenn N die Gesamtzahl der Atome ist.

Mit jeder zusätzlichen Symmetrie verringert sich die Variablenzahl für die Ausgleichsrechnung. Trotzdem bleibt die Rechenarbeit in allen Fällen so umfangreich – zumal sie nur eine Näherung liefert und daher iterativ wiederholt werden muß –, daß sie praktisch nur mit Hilfe von Computern bewältigt werden kann. Die Entwicklung der schnellen Hochleistungsrechner hat die Durchführung derartiger Berechnungen so sehr erleichtert, daß sie heute routinemäßig für die Verfeinerung der Kristallstrukturen üblich ist.

Die Wärmebewegung

Allgemeine Grundlagen. Bei Abwesenheit störender Kräfte ist jedes Atom einer Kristallstruktur an seine Gleichgewichtslage in der Struktur fixiert. Die Wärmebewegung veranlaßt jedoch die Atome zu Schwingungen um ihre Gleichgewichtslagen. Mit der Abweichung u eines Atoms aus seiner Ruhelage läßt sich die Größe der Temperaturbewegung durch das *mittlere Abweichungsquadrat* $\langle u^2 \rangle$ ausdrücken. Die Größe $\langle u^2 \rangle$ wird in der Statistik als *Varianz* bezeichnet. Sind die rücktreibenden Kräfte, die das Atom in seine Gleichgewichtslage ziehen wollen, in allen Schwingungsrichtungen gleich, dann sagt man, das Feld der rücktreibenden Kräfte ist isotrop. In diesem Fall ist das mittlere Abweichungsquadrat in allen Richtungen gleich groß und beschreibt die Oberfläche einer Kugel.

Im allgemeinen ist das Feld der rücktreibenden Kräfte jedoch richtungsabhängig. Als Folge davon ändert sich auch der Vektor des mittleren Abweichungsquadrates mit der Richtung. Es läßt sich zeigen, daß die Vektorendpunkte auf einer Hüllfigur liegen, die durch eine Fläche zweiter Ordnung beschrieben wird. Unter der Voraussetzung, daß die Kräfte linear mit u zunehmen, ist die Fläche ein Ellipsoid mit drei zueinander orthogonalen Achsen $\overline{OX}$, $\overline{OY}$ und $\overline{OZ}$. Diese Achsen fallen im allgemeinen nicht mit den Zellachsen zusammen, es sei denn, Symmetrieeinschränkungen verlangen es. Das Ellipsoid wird auch als *Schwingungstensor* oder *thermisches Ellipsoid* bezeichnet.

Die Korrektur für die isotrope Wärmebewegung. Würden alle Atome eines Kristalls ohne thermische Bewegung verharren, dann würde im Idealfall jedes Atom eines translationsäquivalenten Satzes mit seinem Schwerpunkt einen Punkt eines Translationsgitters besetzen. Beim Betrachten des Reflexes einer Ebenenschar (hkl) säße jedes Atom mit seinem Zentrum exakt auf einer Netzebene der Schar. Unter diesen Umständen würden alle Atome einer herausgegriffenen Netzebene exakt phasengleich streuen und sie würden um genau 2π phasenverschoben gegenüber den Atomen auf der nächstbenachbarten Ebene streuen. Damit würde jedes Atom des translationsäquivalenten Satzes des Kristalls mit der Amplitude f phasengleich streuen.

Unter einer isotropen thermischen Bewegung bleiben die Atome nun nicht genau innerhalb ihrer eigenen Netzebene der Schar (hkl). In Wirklichkeit schwingen die Atome einer bestimmten Netzebene aus letzterer ein wenig hinaus, was die ideale Phasenbeziehung zwischen den Atomen zerstört und damit die Gesamtstreuung der Netzebene beeinflußt. Die entstehende Aufrauhung der Netzebene vermindert die ursprüngliche Streuamplitude f um einen Faktor, den im Kap. 11 bereits erwähnten *Temperaturfaktor*, der – wie man zeigen kann – die Form $\exp(-M)$ hat.

Die Phasenstörung in der Streuung eines Atoms ist nach Gl. (1,11) proportional der Abweichung u des Atoms von der Netzebene und umgekehrt proportional zur Netzebenenperiode d_{hkl}. Der Exponent des Korrekturfaktors schließt daher $\langle u^2 \rangle$ und $1/d_{hkl}$ ein, wobei die letztgenannte Größe dem Abstand des reziproken Gitterpunktes hkl vom Ursprung entspricht. Der richtige Ausdruck des Temperaturfaktors für die isotrope thermische Schwingung lautet:

$$T_{hkl} = \exp\left[-2\pi^2 \langle u^2 \rangle / d_{hkl}^2\right] \tag{11}$$

$$= \exp\left[-2\pi^2 \langle u^2 \rangle r_{hkl}^{*2}\right] \tag{12}$$

$$= \exp\left[-2\pi^2 \langle u^2 \rangle (4 \sin^2 \theta)/\lambda^2\right] \tag{13}$$

$$= \exp\left[-B(\sin^2 \theta)/\lambda^2\right], \tag{14}$$

mit

$$B = 8\pi^2 \langle u^2 \rangle \tag{15}$$

und

$$r_{hkl}^* = 1/d_{hkl} = (2 \sin \theta_{hkl})/\lambda. \tag{16}$$

Die verschiedenen Schreibweisen entsprechen denen der Gln. (29,11) bzw. (30,11).

Die Korrektur für die anisotrope Wärmebewegung. Wie schon erwähnt, ist die mittlere thermische Bewegung eines Atoms durch ein Ellipsoid zu beschreiben, falls die rücktreibenden Kräfte, zwar linear, aber richtungsabhängig sind. Die Längen und Richtungen der Ellipsoidhauptachsen bestimmen das Ellipsoid und liefern das mittlere Abweichungsquadrat $\langle u^2 \rangle$ des Atoms für jede Richtung. Um dieses Ellipsoid näher zu untersuchen, muß der in

Gl. (12) stehende Temperaturkoeffizient in einer Weise verallgemeinert werden, die der Richtungsabhängigkeit der rücktreibenden Kräfte Rechnung trägt. Zu diesem Zweck muß man das Produkt $\langle u^2 \rangle\, r^{*2}_{hkl}$ ausführlicher mit den einzelnen Parametern des reziproken Gitters beschreiben. Mit Einführung der reziproken Basis **a***, **b*** und **c*** folgt

$$\mathbf{r}^*_{hkl} = h\mathbf{a}^* + k\mathbf{b}^* + l\mathbf{c}^* \tag{17}$$

und

$$r^{*2}_{hkl} = \mathbf{r}^*_{hkl} \cdot \mathbf{r}^*_{hkl} \tag{18}$$

$$\begin{aligned} &= (h\mathbf{a}^* + k\mathbf{b}^* + l\mathbf{c}^*) \cdot (h\mathbf{a}^* + k\mathbf{b}^* + l\mathbf{c}^*) \\ &= h^2\mathbf{a}^{*2} + k^2\mathbf{b}^{*2} + l^2\mathbf{c}^{*2} \\ &\quad + 2hk\mathbf{a}^* \cdot \mathbf{b}^* + 2kl\mathbf{b}^* \cdot \mathbf{c}^* + 2lh\mathbf{c}^* \cdot \mathbf{a}^*. \end{aligned} \tag{19}$$

Zur Verallgemeinerung der thermischen Bewegung muß anstelle des isotropen Produktes $\langle u^2 \rangle\, r^{*2}_{hkl}$ jedes der sechs Glieder der Gl. (19) mit seinem spezifischen $\langle u^2 \rangle$ multipliziert werden, was ergibt

$$\begin{aligned} u^2 r^{*2}_{hkl} &\to u_{11} h^2 a^{*2} + u_{22} k^2 b^{*2} + u_{33} l^2 c^{*2} \\ &\quad + 2u_{12}\, hka^*b^* \cos\gamma^* + 2u_{23}\, klb^*c^* \cos\alpha^* \\ &\quad + 2u_{31}\, lhc^*a^* \cos\beta^* \\ &\to U_{11} h^2 a^{*2} + U_{22} k^2 b^{*2} + U_{33} l^2 c^{*2} \\ &\quad + 2U_{12} hka^*b^* + 2U_{23} klb^*c^* + 2U_{31} lhc^*a^* \end{aligned} \tag{20}$$

worin $U_{12} = u_{12} \cos\gamma^*$ usw. gesetzt ist.

Die verallgemeinerte Form des anisotropen Temperaturkoeffizienten lautet daher

$$\begin{aligned} T_{hkl} = \exp[-2\pi^2(&U_{11} h^2 a^{*2} + U_{22} k^2 b^{*2} + U_{33} l^2 c^{*2} \\ &+ 2U_{12} hka^*b^* + 2U_{23} klb^*c^* + 2U_{31} lhc^*a^*)]. \end{aligned} \tag{21}$$

Es werden allgemein noch zwei weitere Schreibweisen des anisotropen Temperaturkoeffizienten benutzt, und zwar:

$$\begin{aligned} T_{hkl} = \exp[-\tfrac{1}{4}(&B_{11} h^2 a^{*2} + B_{22} k^2 b^{*2} + B_{33} l^2 c^{*2} \\ &+ B_{12} 2hka^*b^* + B_{23} 2klb^*c^* + B_{31} 2lhc^*a^*)] \end{aligned} \tag{22}$$

und

$$T_{hkl} = \exp[-(\beta_{11} h^2 + \beta_{22} k^2 + \beta_{33} l^2 + \beta_{12} hk + \beta_{23} kl + \beta_{31} lh)]. \tag{23}$$

Die Größen B_{ij} in der Gl. (22) sind vergleichbar mit dem Koeffizienten B der isotropen Form in Gl. (14). Für die Berechnung bevorzugt man Gl.

(23), da sie die geringste Anzahl Größen aufweist. Die einzelnen Formen sind untereinander durch die Gln. (24) verknüpft.

$$\begin{aligned} \beta_{11} &= B_{11}a^{*2}/4 = 2\pi^2 U_{11} a^{*2}, \text{ usw.} \\ \beta_{12} &= B_{12}a^*b^*/2 = 4\pi^2 U_{12} a^*b^*, \text{ usw.} \end{aligned} \tag{24}$$

Jeder der Exponenten der Gln. (21) bis (23) ist so gebaut, daß er die Gleichung für die Oberfläche eines Ellipsoides in einem beliebigen Koordinatensystem liefert. Die Gleichung einer derartigen Fläche wird gewöhnlich in der Form der Gl. (25) angegeben,

$$Ax^2 + By^2 + Cz^2 + 2Dxy + 2Eyz + 2Fzx = 1. \tag{25}$$

Das erste Glied Ax^2 in Gl. (25) wird in Gl. (21) durch das Glied $2\pi^2 U_{11} h^2 a^{*2}$ gebildet, wobei die Konstante $A = 2\pi^2 U_{11}$ und die Variable $x = ha^*$ ist. Im nächsten Abschnitt wird sich herausstellen, daß die Konstanten A, B, C . . . , die für ein gegebenes Kristallatom einer Punktlage spezifisch sind, aus den Beugungsdaten mit Hilfe einer Verfeinerung nach der Methode der kleinsten Quadrate gewonnen werden können.

Das durch Gl. (25) beschriebene Ellipsoid ist im Koordinatensystem des reziproken Gitters dargestellt. Dieses Koordinatensystem besitzt im allgemeinen keine einfache Beziehung zu den drei Hauptachsen des Ellipsoids. Hat man jedoch die Hauptachsen des Ellipsoids gefunden und bezieht das Ellipsoid auf das natürliche Achsenkreuz, das seinen Hauptachsen parallel liegt, verschwinden die Koeffizienten D, E und F in Gl. (25) und die Gleichung zeigt die einfache Gestalt

$$Ax^2 + By^2 + Cz^2 = 1. \tag{26}$$

Mit der Substitution

$$A \equiv 1/a^2, B \equiv 1/b^2, C \equiv 1/c^2 \tag{27}$$

überführt man Gl. (26) in die wohlbekannte Form

$$x^2/a^2 + y^2/b^2 + z^2/c^2 = 1, \tag{28}$$

in der a, b und c die Längen der drei zueinander orthogonalen Hauptachsen des Ellipsoides sind.

Die Transformation von der allgemeinen Darstellung eines gegebenen Ellipsoides, nach Art der Gl. (25), auf die *Hauptachsendarstellung* (28), wird zwar meistens mit Hilfe der Matrizenalgebra elegant erläutert, tatsächlich aber oft über Iterationsverfahren berechnet. Hat man die Hauptachsentransformation für das thermische Ellipsoid, dessen Koeffizienten die $2\pi^2 U_{ij}$ der Gl. (21) waren, erreicht, verschwinden wiederum die gemischten Glieder

$i \neq j$. Übrig bleiben die drei Glieder $2\pi^2 U_{11}$, $2\pi^2 U_{22}$ und $2\pi^2 U_{33}$. Diese U-Werte liefern die mittleren Abweichungsquadrate in Richtung der drei Ellipsoidhauptachsen. Die Richtung jeder der Achsen verläuft im allgemeinen schräg zu den Kristallachsen, weshalb zur vollständigen Beschreibung des thermischen Verhaltens eines Atoms, neben der Längenangabe der Ellipsoidachsen, auch die Angabe der Winkel (bzw. Richtungskosinusse) zu den drei Kristallachsen gehört.

Die Verfeinerung der thermischen Parameter mit der Methode der kleinsten Quadrate

Ein interessantes Ergebnis der Differenzsynthese war die Tatsache, daß man aus den Anomalien im Dichteverlauf um einen Atomschwerpunkt herauslesen kann, ob man den Debyeschen Temperaturkoeffizienten B, der den berechneten Amplituden F_{cal} zugrunde liegt, über- oder unterschätzt hat. Wie schon weiter vorne in diesem Kapitel betont, ließe sich bei entsprechender Anpassung des Temperaturkoeffizienten eines herausgegriffenen Atoms die Anomalie verringern und somit schließlich für alle Atome ein besserer Temperaturkoeffizient finden.

Als die Methode der kleinsten Quadrate Eingang in die Strukturverfeinerung fand, lag es nahe, zusätzlich zu den Koordinaten xyz eines Atoms, als weiteren individuellen Atomparameter auch den Temperaturkoeffizienten B zu verfeinern. Im Zuge der Rechenerleichterung, die der Computereinsatz mit sich brachte, ging man allgemein dazu über, nach allen sechs thermischen Parametern – den β_{ij}, den B_{ij} oder den U_{ij} entsprechend den Gln. (23), (22) oder (21) – zu suchen, um die bestmögliche Anpassung der Variablen an die Meßdaten zu erreichen. Rechnet man die sechs thermischen Parameter jedes Atoms zu seinen drei Lageparametern, so mußten für jede Atompunktlage, d. h. für jeden Satz symmetrieäquivalenter Atome, insgesamt neun Parameter über die Methode der kleinsten Quadrate gefunden werden. Unter der Voraussetzung, daß die Anzahl der unabhängig gemessenen Intensitätsdaten die Zahl der zu verfeinernden Parameter um einen vernünftigen Faktor übersteigt, führt dies gewöhnlich auch zum Erfolg. Im allgemeinen muß die Anzahl der Intensitätsdaten ein Vielfaches der Anzahl derjenigen Parameter betragen, die festgelegt werden sollen. D. h. die Parameter müssen um ein vernünftiges Maß überbestimmt sein. Gelegentlich wird als untere Grenze des Quotienten:

$$\text{Anzahl der Intensitätsdaten/Anzahl der Parameter} \simeq 3$$

genannt.

Ein Beispiel zu der thermischen Information, die sich für die Atome einer Struktur gewinnen läßt, bietet die Untersuchung von Kim und Jeffrey über die β-DL-Arabinose. Ihre Ergebnisse sind in Tab. 2 zusammengestellt. Die Kristalle dieser Verbindung besitzen die Symmetrie $P2_1/c$ bei den Zell-

Tabelle 2. Charakteristische Werte der thermischen Ellipsoide der einzelnen Atome im Kristallmolekül von β-DL-Arabinose aus Abb. 5. [Nach S. H. Kim und G. A. Jeffrey. Acta Cryst. **22** (1967) 537–545.]

Die Wurzel des Verschiebungsquadrates U_i gehört zur i-ten Hauptachse des Ellipsoids; θ_{ia}, θ_{ib}, θ_{ic} sind die Winkel zwischen der i-ten Achse und den kristallographischen Achsen a, b, c.

	i	B_i[1]	U_i	θ_{ia}	θ_{ib}	θ_{ic}
C (1)	1	1,720 Å^2	0,1476 Å	146,2°	79,8°	48,7°
	2	2,215	0,1675	86,0	155,0	66,5
	3	2,694	0,1847	56,5	67,5	50,4
C (2)	1	1,570	0,1410	83,9	19,1	108,9
	2	1,919	0,1559	50,4	107,7	143,7
	3	2,062	0,1616	40,2	83,0	60,3
C (3)	1	1,478	0,1368	131,0	50,5	59,2
	2	2,088	0,1626	126,8	140,0	70,8
	3	2,279	0,1699	62,7	95,3	37,5
C (4)	1	1,827	0,1521	76,6	105,0	27,8
	2	2,186	0,1644	80,7	160,1	108,8
	3	2,328	0,1717	16,4	77,2	109,6
C (5)	1	1,815	0,1516	108,1	86,3	9,2
	2	2,519	0,1786	62,8	149,8	82,6
	3	3,089	0,1978	33,6	60,1	84,6
O (1)	1	1,755	0,1491	122,9	53,9	47,1
	2	2,247	0,1687	130,3	138,4	75,1
	3	4,051	0,2265	57,6	107,8	46,7
O (2)	1	1,621	0,1433	94,2	140,5	50,6
	2	2,155	0,1652	173,8	89,6	86,5
	3	2,349	0,1725	94,6	50,5	39,6
O (3)	1	1,372	0,1318	138,7	66,7	49,6
	2	2,155	0,1652	93,1	40,4	128,9
	3	3,718	0,2170	48,8	59,1	64,5
O (4)	1	1,863	0,1536	86,9	3,6	88,6
	2	2,279	0,1699	170,0	87,3	70,7
	3	2,817	0,1889	80,5	92,4	19,4
O (5)	1	1,615	0,1430	133,2	94,0	33,8
	2	2,274	0,1697	78,1	166,7	86,3
	3	2,993	0,1947	45,7	77,4	56,5

[1] $B_i = 8\pi^2 U_i^2$.

maßen a = 5.925 Å, b = 7.820 Å, c = 13.357 Å und $\beta = 99°45'$. Die Zelle enthält 4 Moleküle der Zusammensetzung $C_5H_{10}O_5$. Tab. 2 enthält die thermischen Angaben jedes Atoms auf zweierlei Art: Erstens in Form der Debyeschen Temperaturkoeffizienten B_1, B_2, B_3, parallel den drei Ellipsoidachsen, und zweitens in Form der Wurzeln u_1', u_2', u_3' des mittleren Abweichungsquadrates ebenfalls parallel diesen drei Ellipsoidachsen. Der Winkel zwischen der ersten Ellipsoidachse und der kristallographischen a-Achse ist mit θ_{1a} bezeichnet, für die anderen Winkel gelten analoge Bezeichnungen, so daß die Orientierung jedes zu seinem Atom gehörenden Ellipsoids im kristallographischen Koordinatensystem zu ersehen ist. Mit diesen Angaben können die thermischen Ellipsoide konstruiert werden, wie es in Abb. 5 geschehen ist.

Aus Tab. 2 liest man für die Größen u_i', die ein Maß für die *mittlere Schwingungsamplitude* sind, Werte zwischen rund 0.13 und 0.22 Å ab. Für organische Kristalle sind diese Werte normal, in anorganischen Kristallen liegen sie niedriger. Die in Abb. 5 dargestellten Ellipsoide weichen nicht viel von der Kugelform ab. Ein Beispiel stärkerer Anisotropie in der Atombewegung liefert Abb. 6, wie die Formen der dort gezeichneten Ellipsoide erkennen lassen.

Es muß jedoch noch einmal betont werden, daß eine Interpretation dieses Befundes schwierig ist. Um sicher zu sein, daß die Ellipsoiddaten tatsäch-

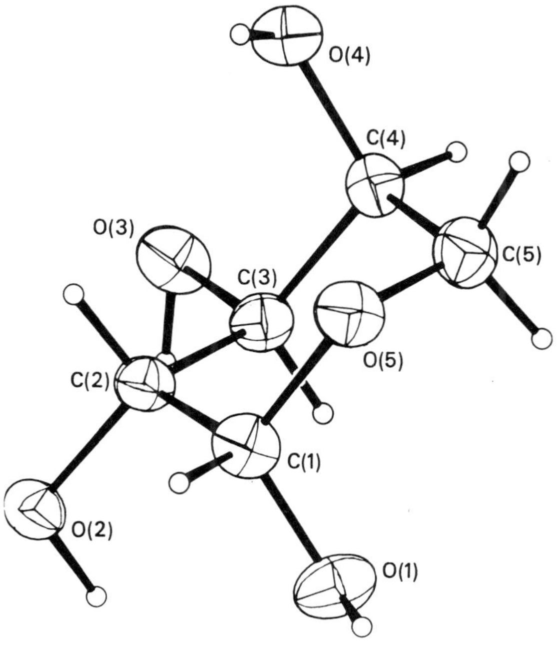

Abb. 5. Thermische Ellipsoide im Kristallmolekül von β-DL-Arabinose ($C_5H_{10}O_5$).
[Aus S. H. Kim und G. A. Jeffrey, Acta Cryst. **22** (1967) 537–545].

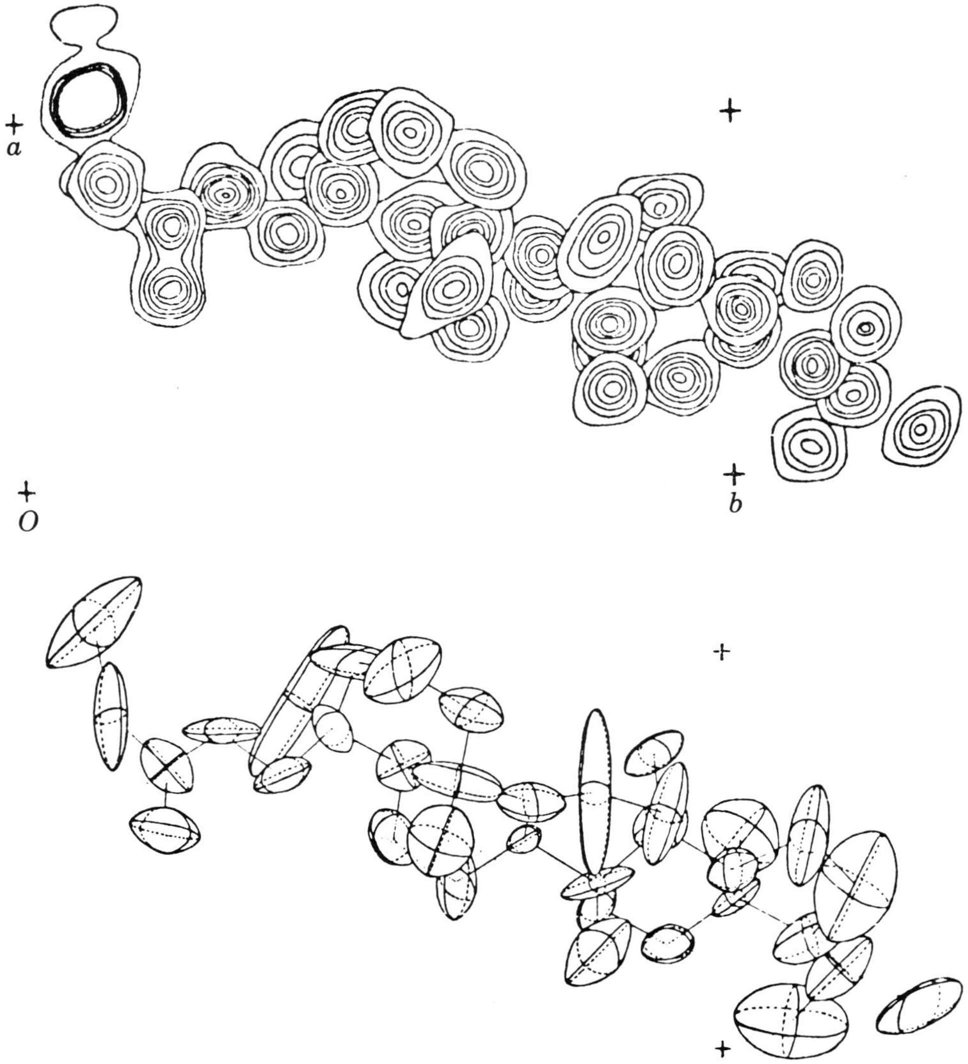

Abb. 6. Die Atome eines Moleküls von Davallol-Jodacetat. Oben: Fouriersynthese, unten: Thermische Ellipsoide. [Aus Yow-Lam Oh und E. N. Maslen, Acta Cryst. **20** (1966) 852–864].

lich die Temperatureinflüsse wiedergeben, muß man die F-Werte sehr sorgfältig gemessen und korrigiert haben und über ein sehr gutes Strukturmodell verfügen. Bereits früher wurde darauf hingewiesen, daß z. B. der Absorptionsfaktor in hohem Maße mit dem Temperaturfaktor korreliert ist. Gleiches gilt auch für die Extinktion. Schließlich können auch Anisotropien in den Atomformamplituden zu scheinbaren Temperatureffekten beitragen.

Zusammenfassung

Das Haupthindernis, das es bei einer Strukturanalyse zu überwinden gilt, ist das Auffinden einer geeigneten Rohstruktur. Dieser Teil des Problems kann wirkliche Erfindungsgabe erfordern. Sobald man aber einmal eine Rohstruktur angeben kann, stehen mehrere Standardverfahren bereit, einerseits um die Genauigkeit zu erhöhen und andererseits um mehr Struktureinzelheiten ans Licht zu bringen. Den Grad, bis zu dem ein Strukturmodell an die wirkliche Struktur angepaßt ist, mißt man allgemein an einem Abweichungsindex

$$R = (\Sigma | |F_{obs}| - |F_{cal}| |)/\Sigma |F_{obs}|.$$

R ist nur ein grobes Maß, in dem sich die Unterschiede zwischen berechneten und gemessenen Beugungsamplituden ausdrücken. Der Zahlenwert von R ist ebenso durch die Qualität der Meßdaten wie durch die Vorstellungen, die das Modell betreffen, begrenzt und kann bis auf 2% und darunter abfallen. Bereits gut verfeinerte Strukturen liefern R-Werte um 5 bis 6%. Für eine vollkommen falsche Struktur beträgt der Erwartungswert für R im zentrosymmetrischen Fall 82.8%, im asymmetrischen Fall 58.6%. Für Modelle mit R-Werten ab 45% und darunter lohnt es sich, einen Verfeinerungsversuch zu unternehmen.

Auch mit Hilfe von trial-and-error, d. h. durch geschicktes Probieren, kann man versuchen, die Parameter eines Modells der Struktur anzupassen. Diese Prozedur ist indessen mühsam oder sogar unmöglich für Strukturen mit vielen Atomen und wird in der Praxis selten benutzt.

Mit einer Reihe aufeinanderfolgender Fouriersynthesen hat man die Möglichkeit, eine angemessene Verbesserung eines im wesentlichen richtigen Strukturmodells zu erreichen. Gerade in Fällen, in denen nicht alle Atomlagen von vornherein feststehen, lassen sich mit behutsam wiederholten Fouriersynthesen die Lagen zunächst nicht lokalisierter Atome auffinden. Als wichtigste Vorsichtsmaßnahme gilt dabei die Regel, kein Atom, dessen Lage unbekannt oder zweifelhaft ist, in diejenige Strukturfaktorberechnung einzubeziehen, die die Phasen für die Fourierkoeffizienten liefert. Wegen des unvermeidlichen Abbrucheffektes führt das Verfahren sukzessiv berechneter Fouriersynthesen nur auf einen mäßigen Verfeinerungsgrad. Der Abbrucheffekt ist eine Folge der Tatsache, daß immer nur eine begrenzte Anzahl gemessener F_{hkl} in die Synthese einbezogen werden kann, anstatt der Gesamtheit aller F im Bereich $-\infty < (h, k, l) < \infty$.

Die Verfeinerung läßt sich auch mit Differenz-Fouriersynthesen erreichen; man kann sie als Subtraktion einer Fouriersynthese mit berechneten F_{hkl} von einer Fouriersynthese mit gemessenen F_{hkl} ansehen. Eine derartige Synthese liefert den Unterschied in den Elektronendichten zwischen wirklicher Struktur und dem zugrunde gelegten Modell. Sie liefert somit die Karte der Anomalien, die jeweils noch im Modell stecken. Aus der Gestalt der Anomalie läßt sich entnehmen, ob ein Atom völlig falsch sitzt, ob es ein wenig zu verschieben ist – um welchen Betrag und in welcher Richtung – und ob der Temperaturkoeffizient unter- oder überschätzt ist. Wenn die Karte der Differenzsynthese fehlerfrei ist, sind Modell und wirkliche Struktur gleich. Differenzsynthesen sind nahezu frei von Abbrucheffekten und liefern daher gut verfeinerte Strukturen.

Differenzsynthesen eignen sich auch zum Auffinden der Positionen leichter Atome, die sich der Bestimmung aus einer normalen Fouriersynthese sonst entziehen würden. Dieser Umstand ist bei der Lokalisierung von Wasserstoffatomen, besonders in organischen Strukturen, von großem Interesse.

Auf Grund der Entwicklung und Verbesserung der elektronischen Hochleistungsrechenanlagen ist es heute durchweg üblich, die Strukturen mit der Methode der kleinsten Quadrate zu verfeinern. Bei diesem Ausgleichsverfahren sucht man nach den besten Schätzwerten für die freien Parameter jedes Atoms, mit denen sich die beste mittlere Übereinstimmung mit den beobachteten Intensitäten erzielen läßt. Sie wird nicht nur gebraucht, um die besten Koordinatenwerte für alle Atome zu finden, sondern auch um deren thermische Parameter zu ermitteln. Wenn ein Atom in einem Kraftfeld schwingt, dessen lineare rücktreibende Kraft richtungsabhängig ist, wird das mittlere Verschiebungsquadrat durch ein dreiachsiges Ellipsoid beschrieben. Das Ausgleichsverfahren nach der Methode der kleinsten Quadrate wird bewußt dazu benutzt, Abmessung und Orientierung dieser Ellipsoide für jedes einzelne Atom der Struktur zu gewinnen. Interpretationen dieser Art setzen jedoch voraus, daß man sehr sauber gemessen und systematische Fehler sorgfältig beseitigt hat.

Geschichtliche Anmerkungen

In der Anfangszeit der Strukturanalyse beschränkte man sich auf Kristallarten mit wenig freien Parametern. Diese einfachen Strukturen verfeinerte man in der Weise, daß man die angenommenen Atomkoordinaten bis zur bestmöglichen Übereinstimmung zwischen berechneten und gemessenen Intensitäten anpaßte. Als in den 30er Jahren die Fouriersynthesen in Gebrauch kamen, erkannte man die Möglichkeit, die Atomkoordinaten in aufeinanderfolgenden Fourierreihen sukzessive zu verfeinern. Aber man war sich auch darüber im klaren, daß die so erhaltenen Endkoordinaten durch Abbrucheffekte beeinflußt waren und stellte verschiedene Überlegungen an, um die verbliebenen Fehler zu korrigieren.

Seit den 30er Jahren ist der Index $R = (\Sigma||F_{obs}| - |F_{cal}||)/\Sigma|F_{obs}|$ in Gebrauch, der eine Aussage über die Abweichung zwischen gemessenen und berechneten Strukturamplituden liefert und seitdem allgemein als Maß für die Beurteilung eines Strukturmodells verwendet wird.

Während des zweiten Weltkrieges entwickelte Bunn eine „Fehlersynthese“; dabei handelt es sich um eine Fouriersynthese mit $(F_{obs}-F_{cal})_{hkl}$ als Koeffizienten, bei der aber nur solche Glieder berücksichtigt waren, für die $F_{obs} = 0$ war. Für diesen Fall stimmte die Phase des Fourierkoeffizienten mit der von F_{ber} überein. Eine so konstruierte Fouriersynthese besitzt die Eigenschaft, ungeeignet plazierte Atome an ihren Orten durch negative Werte anzuzeigen. Leider besteht diese Fourierreihe aus so wenig Gliedern, daß sie keine genauen Ergebnisse liefert und daher nicht leicht zu interpretieren ist. – Dies war die erste Form einer Differenzsynthese. Wenn nun die Struktur bekannt ist, kann man die Anzahl der Glieder auf alle, oder nahezu alle, hkl ausdehnen. Diese Art, erstmals von Booth 1948 für die Verfeinerung vorgeschlagen, wurde von da ab benutzt, um die Güte eines fertigen oder nahezu fertigen Strukturmodells zu prüfen. Aber nicht nur zur Strukturverfeinerung wurde sie eingesetzt, sondern auch zum Auffinden der Positionen sehr leichter Atome, wie etwa Wasserstoff.

Die Methode der kleinsten Quadrate hatte Hughes bereits 1941 eingeführt, um die Bestwerte von Parametern durch Anpassung an die Amplitudendaten zu bestimmen; sie ist tatsächlich also eine der älteren Methoden. Wegen der mühevollen Rechenarbeit erfreute sie sich zu jener Zeit keiner allzu großen Beliebtheit. Der Nachteil war jedoch in dem Moment behoben, wo man über elektronische Hochleistungsrechner verfügen konnte. Dies war etwa um 1950 der Fall. Von da ab wurde die ursprünglich nur für die Verfeinerung von Atomlagen gedachte Methode auch auf die Verfeinerung thermischer Parameter ausgedehnt, sowie auch auf andere, gelegentlich auftretende Parameter, wie z. B. die partielle Substitution einer Atomart durch eine andere in einem Mineral.

Weiterführende Schriften

Martin J. Buerger. Crystal-structure analysis. (Wiley, New York, 1960) 585–628.

H. Lipson und W. Cochran. The determination of crystal structures. (G. Bell, London, 1966) verb. Aufl. 300–310, 317–357.

Grundlegende Werke und Einzelveröffentlichungen

E. W. Hughes. The crystal structure of melamine. J. Am. Chem. Soc. **63** (1941) 1737–1752.

A. D. Booth. An expression for following the process of refinement in x-ray structure analysis using Fourier series. Phil. Mag. **36** (1945) 609–615.

Andrew D. Booth. A new Fourier refinement technique. Nature **161** (1948) 765–766.

D. Crowfoot, C. W. Bunn, B. W. Rogers-Low und A. Turner-Jones. The x-ray crystallographic investigation of the structure of penicillin. The chemistry of penicillin. (Princeton, Princeton, N. J., 1949) 310–367.

W. Cochran. The effect of anisotropic thermal vibration on the atomic scattering factor. Acta Cryst. **7** (1954) 503–504.

David R. Davies und J. J. Blum. The crystal structure of parabanic acid. Acta Cryst. **8** (1955) 129–136.
Jürg Waser. The anisotropic temperature factor in triclinic coordinates. Acta Cryst. **8** (1955) 731.
D. W. J. Cruickshank. The determination of the anisotropic thermal motion of atoms in crystals. Acta Cryst. **9** (1956) 747–753.

Englisch-deutsches Fachwörterverzeichnis

Argand diagram	– Zeigerdiagramm
back-reflection	– Rückstrahlreflex
body-centered = bc	– innenzentriert
cleavage	– Spaltbarkeit
diffraction	– Beugung
end-centered	– einfach flächenzentriert
equi-inclination condition	– Pseudoäquatorbedingung
equipoint = equivalent points	– Punktlage
extinction	– 1) Auslöschung (von Reflexen), 2) Extinktion (eines Wellenzuges)
face-centered = fc	– allseitig flächenzentriert
fiber diagram	– Faserdiagramm
Fourier-transform	– 1) Fouriertransformierte, 2) Fouriertransformation
fractional coordinate	– relative Koordinate
general equivalent positions	– allgemeine Punktlage
generating operation	– Erzeugungsoperation
glide plane	– Gleitspiegelebene
goniometer head	– Goniometerkopf
grating	– Beugungsgitter, physikalisches
indices of plane	– Ebenensymbol
integrated reflection	– (über das Beugungsprofil) integrierter Reflex
isometric system	– kubisches System
lattice	– (Punkt-)Gitter
Laue cone	– Lauekegel
layer line	– Schichtlinie
layer structure	– Schichtstruktur
level	– Schichtebene, Schicht
map	– Karte (z. B. der Elektronendichte)
mirror = reflection plane	– Spiegelebene
multiplicity	– Zähligkeit
n-fold	– n-zählig
obverse setting	– II. Aufstellung (der rhomboedr. Zelle im hexagonalen Achsenkreuz)
oscillating-crystal method	– Schwenkmethode
pattern	– 1) Muster, 2) Bild, Photographie
pinhole	– Lochblende
polycrystalline powder	– Kristallpulver
proposed structure = model	– Strukturvorschlag
rational plane	– rationale Ebene, Netzebenensatz
reflecting power	– Reflexionsvermögen
reflection plane	– Spiegelebene
refractive index	– Brechzahl
reverse setting	– I. Aufstellung (der rhomboedr. Zelle im hexagonalen Achsenkreuz)
rotation axis	– Drehachse
rotational symmetry	– Drehsymmetrie
rotoinversion	– Drehinversion
rotoreflection	– Drehspiegelung

screw axis	– Schraubenachse
screw motion	– Schraubung
setting	– Aufstellung (von Achsenkreuzen)
sharpened Patterson function	– zugespitzte Pattersonfunktion
sheaf of vectors	– Vektorbüschel
solid solution	– Mischkristall
space group	– Raumgruppe
spacing	– Netzebenenabstand, Netzebenenperiode
special equivalent positions	– spezielle Punktlage
sphere of reflection	– Ewaldsche Ausbreitungskugel
structur factor	– Strukturamplitude
target	– Anode der Röntgenröhre
termination effect	– Abbrucheffekt
translation-reflection	– Gleitspiegelung
unique axis	– singuläre Achse, kristallographische Hauptachse
unit cell	– Elementarzelle
wavelet	– Wellenzug
X-ray	– Röntgenstrahl

Autorenregister

Sachregister